设计的智慧：建筑和历史的对话

——2016—2017"清润奖"大学生论文竞赛获奖论文点评

《中国建筑教育》编辑部　编

中国建筑工业出版社

图书在版编目（CIP）数据

设计的智慧：建筑和历史的对话：2016-2017"清
润奖"大学生论文竞赛获奖论文点评/《中国建筑教育》
编辑部编 . —北京：中国建筑工业出版社，2020.2
　　ISBN 978-7-112-24594-9

Ⅰ.①设…　Ⅱ.①中…　Ⅲ.①建筑设计—作品集—中
国—现代　Ⅳ.①TU206

中国版本图书馆CIP数据核字（2020）第016618号

内容提要

本书为《中国建筑教育》•"清润奖"大学生论文竞赛2016年和2017年竞赛获奖论文及点评的结集。本书的特点在于，针对每一篇获奖论文，编辑部同时邀请竞赛评审委员、论文指导老师以及多位特邀编委，分别点评，剖析每篇论文的突出特点，同时侧重提出论文提升和改进的建议。本书还收入了所有获奖作者的论文写作心得，这将有益于学生之间的学习与借鉴。希望这样一份扎实的耕耘成果，可以让每一位读者和参赛作者都能从中获益，进而对提升学生的研究方法和论文写作有所裨益。

版权声明

凡获奖论文一经刊登，视为作者同意将其作品文本以及图片的版权独家授予本出版单位使用。本社有权将所刊内容收入期刊数据库，有权自行汇编作品内容，有权行使作品的信息网络传播权及数字出版权，有权代表作者授权第三方使用作品。作者不得再许可其他人行使上述权利。

责任编辑：李　东　陈夕涛　徐昌强
责任校对：张惠雯

设计的智慧：建筑和历史的对话
——2016—2017"清润奖"大学生论文竞赛获奖论文点评
《中国建筑教育》 编辑部　编

*

中国建筑工业出版社出版、发行（北京海淀三里河路9号）
各地新华书店、建筑书店经销
逸品书装设计制版
北京市密东印刷有限公司印刷

*

开本：880×1230毫米　1/16　印张：26¼　字数：782千字
2020年5月第一版　　2020年5月第一次印刷
定价：**128.00**元
ISBN 978-7-112-24594-9
（35162）

编 委 会

目录

2017"清润奖"大学生论文竞赛获奖论文　硕博组

一等奖

二等奖

三等奖

2017"清润奖"大学生论文竞赛获奖论文　本科组

一等奖

目录

陈心怡
（天津大学建筑学院 硕士三年级）

界面、序列平面组织与
类"结构"立体组合
——闽南传统民居空间转译方法解析

The Organization of Interface, Sequence & The Stereoscopic Combination of "Structure"
— The Analytic Method for Spatial Transform of The Traditional Dwellings in Minnan Area

■摘要：本文提取闽南传统民居中具有调节建筑气候功能的空间，并从历史发展中得到三个典型的类型空间，闽南官式大厝的"院落—街巷"空间、手巾寮的"天井—通廊"空间、局部楼化或洋化古厝的"外廊—通廊"空间。以三种类型空间为基础，探讨平面与立体中的空间转译方法：传统民居空间的界面、序列控制平面空间布局以及三种类型空间以类二维画面中的平面"结构"形式，在建筑内部空间中进行立体化组合。

■关键词：闽南传统民居；类型空间；空间转译；设计方法

Abstract：Extract the adjusting climate model from Minnan traditional dwellings, and sum up three typical space：the "courtyard–street" space in "Palace–style" Dwelling, the "Atrium–Passageway" space in Shou–jin–liao（Zonary Bungalow）, the "Veranda–Passageway" space in partial westernized Dwelling. Based on these typical spaces probing into two feasible methods of spatial transform：the two–dimensional plane formed by the interface and sequence of traditional dwelling controlling, and three typical spaces assembled like structure of cubism in the interior construction spacing.

Key words：Minnan Traditional Dwellings；Typical Space；Spatial Transform；Design Method

一、引言

闽南地区位于福建沿海，东临台湾海峡，其余三面被闽中山脉包围，仅西面部分与广东省接壤，整个区域山地多平原少，土地贫瘠，在交通条件落后的情况下形成一种陆地封闭、以海为生的地域特色（图1）。其气候特征为"高温、高湿、多雨、多阳"的亚热带海洋性气候，同时是台风灾害频发区，这些因素使闽南传统民居从官式大厝到手巾寮，再到近代局部楼化或洋化的古厝，都呈现"降温、除湿、防风、遮阳"的空间特点。

图1 闽南港口（从上到下、从左到右分别为：厦门内港图，漳州平原，明清漳州港，泉州崇武古城，泉州港洛阳桥）

阿尔多罗西认为"建筑的外部形式和生活都是可变的，但生活赖于发生的形式类型是自古不变并存有基本的架构"。因此，根据历史发展，对闽南传统民居中的具有共性的空间类型进行归类。根据空间规律特征，将闽南传统民居空间分为"院落—街巷""天井—通廊"及"外廊—通廊"三种类型空间，并结合类似湿热气候的国家、地区地域建筑案例进行可行性论证，解析以界面、序列引导平面的空间布局及三种类型空间的类"结构"①组合构成建筑层次这两种转译方法。

二、三种传统居住空间类型

建筑往往是由多个子空间集合而成的空间系统，闽南传统民居空间序列很大程度是建立在促进自然通风的基础上，通过虚实体块穿插引导风穿行与停留。根据热环境温度测量数据及风量计算数据结果（图2~图4）及12个闽南传统建筑走访对其空间状态进行深浅

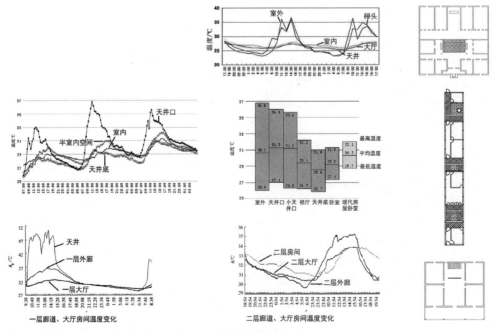

图2 官式大厝、手巾寮、洋楼化古厝三种类型的热压通风测量数据资料

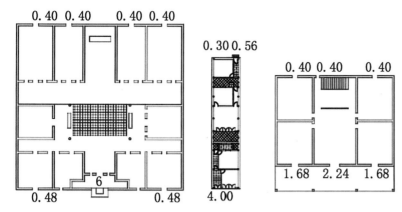

图3 多开口组合的 α_A 数值计算法及开口处的风量系数

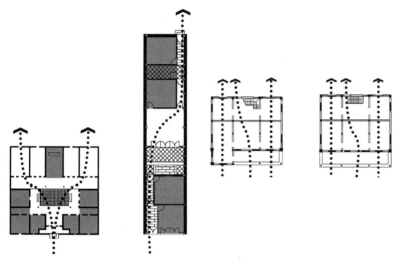

图4 官式大厝、手巾寮、洋楼化古厝三种类型的风压通风主线

描绘（图5），其温度变化范围波动较大，多数集中于虚体空间中，并且官式大厝、手巾寮以及近代局部楼化或"洋化"的古厝呈现三种不同的深浅空间状态——由均匀向四周规律排列，再到线性排列最后发展为"匚"形立体向排列（图6）。

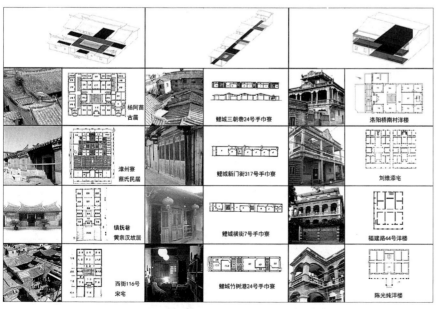

图5 从左到右、从上到下为杨阿苗古居、蔡氏民居、镇抚巷黄宗汉故居、泉州西街116号宋宅、鲤城三朝巷24号手巾寮、鲤城新门街317号手巾寮、鲤城横街7号手巾寮、鲤城竹树巷24号手巾寮、洛阳桥南村洋楼、刘维添宅、福建路44号洋楼、陈光纯洋楼，标出不同的虚体空间围合限定空间进行总结归纳

指导教师点评

作为指导老师，首先祝贺弟子陈心怡获此荣誉，学生能在毕业后的工作时间之余重新整理、凝练硕士论文，注重学术研究，甚慰。

从1990年代中期起一直对国内建筑学研究生硕士论文研究成果持有某种怀疑态度，认为论文写作应以设计研究为主，即注重设计能力的提升与培养，希望学生关注其设计作品背后的理论与方法体系，培养学生独立设计与研究并重的能力。我们工作室近几年来以空间操作、形式生成、场所建构与建造逻辑为关键词引导学生进行论文写作，希望学生结合当代建筑思潮，根据自己的兴趣点拟定论文主题与大纲。陈心怡同学首先选择了"设计研究"作为其硕士论文研究目标，以其家乡泉州作为设计研究背景，并展开了为期半年的研究型设计。这位来自厦门大学的学生在天津大学充分展现了其优秀的设计与表现能力，其成果亦达到了研究生毕业标准。在这个过程中，美中不足的是其地域性内涵表达尚不够成熟，文字表达与理论深度有待进一步提高。在后续的半年时间内，作者经过大量的案例研究、图解分析、实地考察与阅读思辨使其设计研究论文水平呈现质的跃迁，成为近几年我们工作室优秀论文之一。

很多事情，当你刻意为之反而收获甚微，我们工作室并未有组织地让学生参加"清润奖"投稿，而是让学生自主选择，当获知学生获奖时非常高兴，便解析了一下论文获奖原因，认为以下两点尤为关键。首先，论文扣题：尽管作者以空间操作为研究线索，然而关于特殊气候条件下闽南传统民居空间分析具有其独特的视角，而将传统空间布局作为设计资源进行转译，对当下中国建筑界亦具有重要的意义；其次，作者运用大量清晰的自绘图解去阐释空间构成，图与文彼此关联，相互对应，易于引起评委们的共鸣。设计研究将是建筑界永恒的主题，纯文字型的思辨与论述诚然是一种方式，然而未来建筑师的培养应该以线条与空间模型去构建新的建筑范式。建筑设计硕士研究生的培养应以升华设计能力与提高建筑修养为培养目标。

孔宇航
（天津大学建筑学院院长，博导，教授）

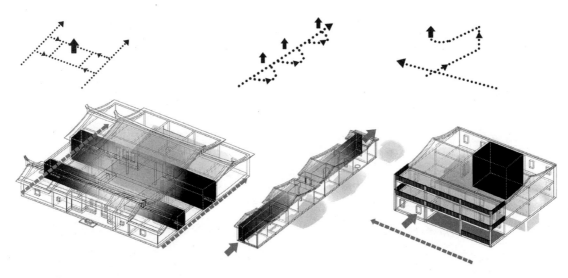

图 6 官式大厝、手巾寮、洋楼化古厝三种类型的通风模式

（一）"院落—街巷"空间类型

将官式大厝具有气候调节功能空间提炼为"院落—街巷"空间——由天井、廊道以及宅第间巷道等虚体空间构成。以官桥镇的蔡氏古民居为代表对官式大厝空间构成进行分析，三个虚体空间在总图中形成具有 4:3 比例向心分形关系——巷道空间形成方形体块围合，水平四等分后得到埕空间[②]，垂直六等分确定内部天井纵向位置，继续水平、垂直二等分确定内部天井位置，最后构成一个向下偏心围合空间（图 7）。

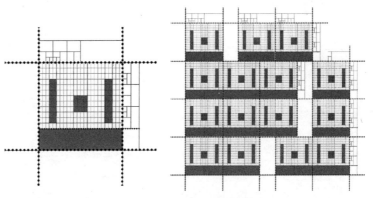

图 7 蔡氏民居空间图解分析，在群体构成中形成的点线面构成

此外，"院落—街巷"中的天井空间与岭南、江南一带南方天井的构成具有差异性，后者天井中每个构件能够围合成较为完整的立体向面域，而前者是不同构件在错位互补中"片段式"的围合空间（图 8）——中部凹陷与挑檐形成第一层局部围合，四面柱子不规则排布形成第二层局部围合，片墙与柱子相平行错位形成第三层局部围合（图 9）。在整个空间体系中，墙体依旧是限定主导，柱子没有从墙体承重体系中脱离出来，建筑与街巷交接边界为封闭的石墙，四面呈现同种状态，在内部形成一种环状均质状态。

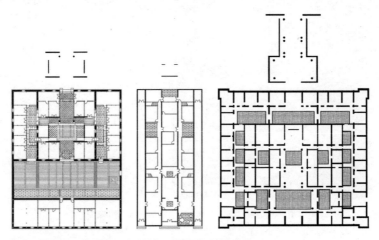

图 8 蔡氏民居、关西大屋、潮汕某宅天井空间构成关系比较

（二）"天井—通廊"空间类型

"天井—通廊"空间由手巾寮中的气候适应性空间构成，其呈线状虚实序列及逐步脱离环状均质的状态。其空间体系建立在两片墙体所限定的线性空间中，以一系列通廊、天井交替形成连续的线性虚实空间，由于狭长，柱子基本隐于墙体中，空间中柱廊空间被弱化，伴随天井空间与通廊空间并置形成平面空间上的偏移，形成一种逐渐从均质空间③分离的状态。从整个空间的序列关系看，"天井—通廊"空间由一个整体性均质空间通过"减法"，间断减去实体，形成单元组合趋势，逐步分离均质空间；在实体部分继续进行"减法"并转移，把两次减去的实体转移到已减去的虚体中，最后在两侧片墙的限定下形成连续性空间（图10）。

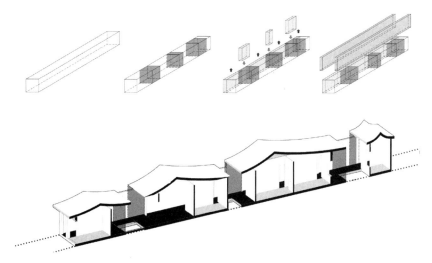

图10　手巾寮空间"减法"与天井空间的檐廊与墙体的限定关系

（三）"外廊—通廊"空间类型

近代局部"楼化"或洋化古厝的气候调节主要集中于"外廊—通廊"空间，大量活动空间向外廊转移，在用地局促无法提供足够天井与埕空间的情况下，弱化天井作用，结合当地人迁徙型生活④的习惯，创造最经济通风模式（图11）。其空间柱子脱离了墙体束缚，形成独立承重体系，限定建筑轮廓，空间的立体向"匚"状发展，形成前后两种不同开敞—封闭状态的偏心（图12）。

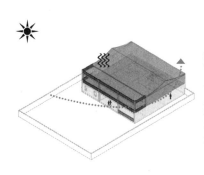
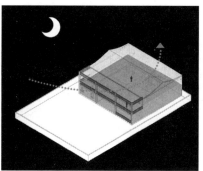

图11　迁徙型生活方式的最经济通风模式

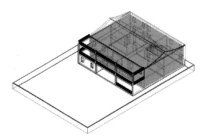

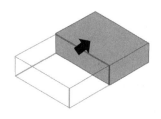

图12　"外廊—通廊"空间在场地中的偏向性

图9　由中部凹陷、片墙、柱子、屋檐各种构件错位构成的天井空间，形成从开敞到逐步封闭的向心空间

5

"外廊—通廊"空间与"院落—街巷"空间相比，平面在三个开间的基础上，封闭性递增且由环状转变为线状（图13）。这种线状封闭性特征与"天井—通廊"空间有所区别，后者是"通廊""天井"在封闭空间中呈水平交替排布，前者则以"通廊""天井"交替并向竖向叠加，并随着叠加天井空间消失，"通廊"部分转变为"外廊"，呈纵向发展状（图14）。

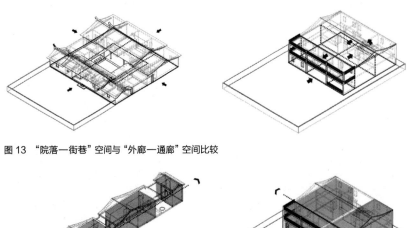

图13 "院落—街巷"空间与"外廊—通廊"空间比较

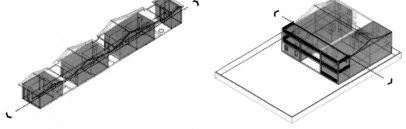

图14 "天井—通廊"空间与"外廊—通廊"空间比较

三、界面界定与空间序列转译方法

（一）界面界定

路易斯·康认为"一幢建筑必始于不可度量的预感，经过可度量的阶段才能完成，这可能是建造房屋的唯一方式"[⑤]，"不可度量的预感"可理解为一种空间抽象化过程，而"可度量"则为重组过程。在此基础上，建筑空间转译可通过界面、序列对空间进行抽象处理，这种方式可为空间构成元素替换、结构系统及材料拼贴改变等。

界面（Interface）是空间的限定因素[⑥]，文中对空间界面研究是指三种类型空间中如"院落—街巷"中的埕、天井、通廊、街巷空间；"天井—通廊"中的天井、通廊空间；"外廊—通廊"中的外廊、通廊、楼井空间等（图15）。不同空间围合程度、构成元素、方式都各具差异。其中，构成方式是前两者相近情况下区别空间界面的重要因素，如"院落—街巷"中"天井空间"在构成元素、围合程度相近的情况下，构成方式呈现"片段化"，明显区别与岭南、江南、闽北等地的天井空间，因此，可维持这种"片段化"构成方式对当中构成元素进行替换，形成新的空间状态（图16）。

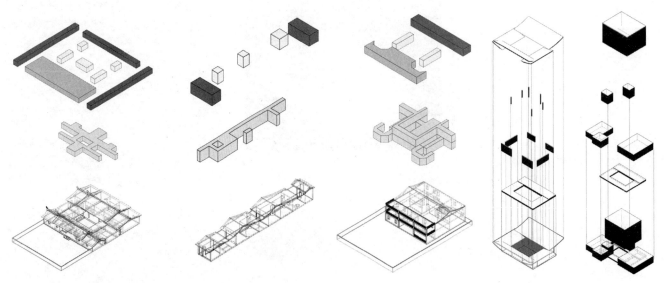

图15 闽南传统建筑空间原型中不同的空间界面

图16 "天井"界面提取，构件替换

巴拉干（Luis Barragan）的地域建筑设计实践暗示了这种界面转译方法的可行性——运用现代主义的抽象写实提炼历史空间，赋予几何精神意义，以此体现墨西哥式地域风格[⑦]。在巴拉干自宅中，可发现其对墨西哥传统"天井空间"的界面抽象运用（图17）。首先，整个平面保持传统对外的封闭性，工作室与宅第主要围绕两个"天井"布局。工作室处"天井"在传统的天井界面基础上进行墙柱构件位置替换，二层"L"形平台制造天井空间的斜向错位，替换廊道空间，丰富内部空间变化（图18、图19）；而在宅第中"天井"构件在围合程度、构成方式不变的情况下，廊道、柱子构件替换为台阶、片墙构件，台阶打破传统天井的层次性，形成空间螺旋上升，将原有仅向上敞开的空间分解到四个立面中，由于片墙元素的保留，"天井"依旧具有很强的内向型（图20）。这种界面转译方法一方面保持原有的封闭性与向心性，另一方面以新的空间形式诠释传统构成关系。

Hotel Rincón de Josefa in Pátzcuaro　　Callejones de Janitzio　　Callejón del Romance, Morelia, Michoacán. México.

图17　墨西哥米却肯州Michoacán民宿内部及Janitzio及Romance小巷

图18　将自宅平面的居住与工作室空间作为两个单元分析，可以发现其有各自"天井"，并围绕"天井"进行虚实空间分隔。"天井"有一系列小门厅和台阶围绕，形成一个向心空间

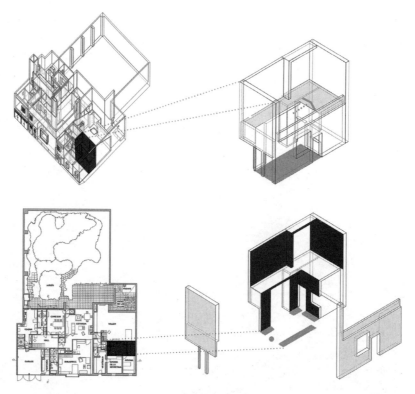

图 19　自宅中工作室"天井"界面打破传统柱子与墙体的对称性，通过片墙、短柱错位形成灵活空间，二层平台将天井空间向右偏离

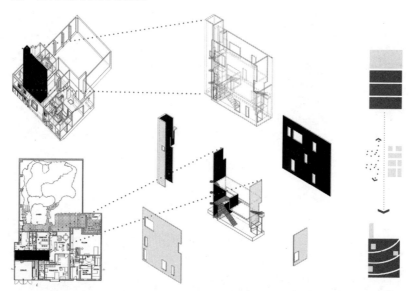

图 20　自宅宅第"天井"界面中台阶和片墙替换传统建筑天井中廊道及柱子，形成螺旋向上空间，同时瓦解天井口，随螺旋线转移到四面，而片墙的保留保持其围合感

　　闽南地区的老城区通常较为拥挤杂乱，一方面受地形限制，另一方面重商轻农的思想也使城市肌理沿商业走向发展。以泉州市惠安县崇武古城为例，其城中有块地原是明清军事指挥处的遗迹，今为古城活动聚集地——一个临时搭建的农贸市场，坐落在古城五条主要街道的交汇点，四周是低矮无序的自建房，零星散布着几个古厝、庙宇，缺乏视线上、方位上的联系。而农贸市场左右两侧有0.9m、1.2m高差，同时被围墙分割着，使得场地更为破碎，交通更为紧张，大部分空间得不到合理利用。笔者旨在通过传统空间界面转译，拆除原有临时搭建农贸市场和围墙，用新建筑（渔民会馆）去改善整个老城区核心空间，增加基地与周边社区的互动性，促进该区域人的行为活动（图21、图22）。渔民会馆方案一中整个建筑按照"院落—街巷"空间中的"天井空间"和"天井—通廊"空间中的"通廊空间"进行界面转译，将柱子、檐口替换成方盒子，延续片段化组合方式进行空间转译：在场地两侧高差处用两条细长的廊道作为限定，取代原有的围墙，其中廊道抽取"通廊空间"界面（图23），形成具有半围合性的场所，增加可进入性；总图中两个中部大体块分别以周边古厝与庙宇肌理为基础，共同组成多重围合关系，实质上是对"天井空间"屋檐构件的置换；此外，部分原本是柱子的空间也替换为体块，形成体块与片墙之间的片段拼贴，共同围合"天井"界面（图24）。

图21 方案一 渔民会馆总平面图

技术指标

建筑面积：7260 m²
占地面积：3400 m²
绿地面积：1220 m²
旧建筑场地面积：3260 m²

总平面图 1:2000

图22 方案一"天井空间"界面转译对场地进行片段化围合

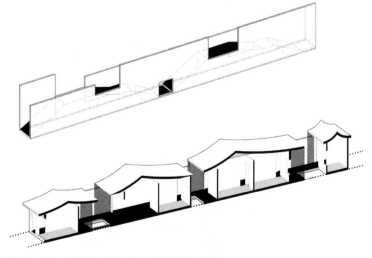

图23 方案一 廊道通过构件替换来转译"通廊"界面

竞赛评委点评

　　论文《界面、序列平面组织与类"结构"立体组合——闽南传统民居空间转译方法解析》以建筑类型学思路为基础，对闽南传统民居进行空间类型解析，并参照世界上若干经典传统空间类型转译案例，用具体的设计实践探讨对闽南传统民居空间类型转译的思路。文章紧扣"历史作为一种设计资源"的竞赛主题，无论对历史对象的分析和思考，还是将之应用于实践的转译探索，都做到了逻辑严谨、条理清晰、解析深入、不发空论，是一篇精彩的建筑学学术论文。作者在论文开始部分，引用阿尔多·罗西的话，强调"生活赖以发生的形式类型"，但后文的分析和转移过程却以形式操作为主，较少提及其与生活形态的关联，是论文的不足之处，有待在后续思考和写作中改进和提高。

李振宇

（同济大学建筑与城市规划学院院长，
博导，教授）

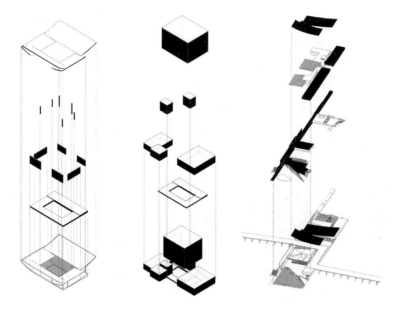

图24　方案一"天井"界面的构件替换图解

（二）序列组织

空间序列引导着空间的虚实、格局变化与转折起承，这种变化规律某种程度上也暗含着一种地域性特征。如伊斯兰清真寺通常以正方形为中心，以四个对角方向为中心进行几何衍生，并保持极强的向心性（图25）。在 Schmidt Hammer Lassen 设计的沙特阿拉伯利雅得外交部大楼，其布局遵循传统伊斯兰建筑的几何空间序列（图26）：在平面中，首先将正方形对角线分割，隐去一侧三角形空间；后以三角形三个顶点为中心进行对角线衍生为三个小正方形，同时对三个小正方形按原三角形的三条边进行减法操作；再以小正方形的对角线继续衍生发展正方形空间；最后将步骤二中小正方形减去的体块拼成矩形作为入口，由于矩形与小正方形存在空间上的锐角冲突，所以进行部分曲线化，同时以局部几何变化强调入口（图27）。在空间序列的控制下，延续伊斯兰传统建筑几何衍生规律对布局的影响，实现空间上的转译。

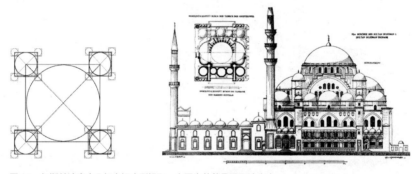

图25　伊斯兰清真寺几何空间序列提取，右图为苏莱曼尼耶清真寺

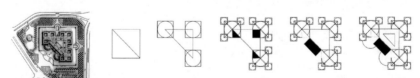

图26　以几何对角衍生的空间序列形成的沙特阿拉伯利雅得外交部大楼

图27　厚重的墙体、狭小的开窗以及中庭水景及入口处圆弧柔化界面

闽南传统民居空间序列与其空间类型紧密联系，空间序列虚实关系分别延续空间上呈面状、线状及"匚"状分布（表1）。因此，方案一空间设计中将面状、线状两种序列关系，与周边建筑肌理相结合，形成两种关系的叠加，建立整个基地秩序。整个建筑遵循从外部到内部墙体限定为实，高差限定的空间为虚：右侧"廊道"为"实"，满足室内活动；左侧"廊道"则为"虚"，当步入较高一侧可达社区中庙宇前空地，当走入相对较低区域进入建筑中，形成线状虚—实—虚—实关系（图28）。而与周边庙宇相结合一起则呈面状虚—实—虚—实—虚空间序列关系（图29~图31）。序列在空间转译过程中起空间导向作用，暗示空间转折变化，延续闽南传统民居的空间转折变化规律。

闽南传统建筑中三种主要空间的空间序列总结归纳　　　　　　　　表1

空间序列状态	"院落—街巷"空间	"天井—通廊"空间	"外廊—通廊"空间
明、暗	面状：明—暗—明	线状：明—暗—明—暗—明—暗	"匚"状：明—暗—明—暗—明
高、低（有顶部分）	面状：低—高—低	线状：低—高—低—高—低—高	"匚"状：低—高—低
长、短	面状：短—长—短	线状：短—长—短—长—短—长—短—短	"匚"状：短—长—短—长
虚、实	面状：虚—实—虚—实	线状：虚—实—虚—实—虚—实—虚—实	"匚"状：虚—实—实—实—虚

图28　方案一"通廊"虚实序列关系

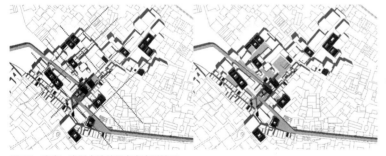

图29　方案一渔民会馆总图虚实序列关系

四、类"结构"立体组合转译方法

19世纪建筑师森佩尔曾在《受进化论者拉马克和达尔文影响》一书中提出，面对时代的"生活模式"以及为新建筑类型寻求形式的需求……应对古老的形式进行重新组合⑧。"空间组合"在文中是指剥离功能问题的空间在组合中的一般规律，两个或两个以上的空间之间存在某种特定的关系，这种"关系"从形式上可以理解为"结构"，类似二维画面中的平面"结构"形式，探讨建筑内部空间组织可采取的策略，即将画面空间分隔成若干个区域，把"院落—街巷""天井—通廊""外廊—通廊"空间放在不同的格子里或相互重叠进行空间组合。

竞赛评委点评

《界面、序列平面组织与类"结构"立体组合——闽南传统民居空间转译方法解析》论文以闽南传统民居空间为研究对象，提取了"院落—街巷""天井—通廊""外廊—通廊"三种典型空间为原型，从界面界定与空间序列等层面分析了其构成的基本规律，并提出了类"结构"立体组合的空间转译方法。论文作者以现代的研究视角与模式语言，通过大量的图解分析，解读了传统地域建筑空间的构成特质。论文的研究成果对于我国地域建筑的传承与创新提出了有益的思路，同时也为解读复杂性空间的构成机制提供了适宜的方法。

梅洪元
（哈尔滨工业大学建筑学院院长，
博导，教授）

图 30　方案一渔民会馆一层平面图　　　　　　　　　　图 31　方案一渔民会馆二层平面图

"院落—街巷"空间关系呈面状分布，类似"面"构成，"天井—通廊"类似"线"构成，而"外廊—通廊"空间垂直向上发展，常与楼梯间相结合，可作类似"点"构成，三种类型空间在空间中形成类似"面""线""点"组合（图32）。在这图底关系中，类型空间实质上是虚体空间，"底"才是实体空间，组合过程实质上是一个立方体空间做减法的过程。厦门嘉庚风格建筑中以建南大礼堂为例也是一种将传统空间进行类似的"面""点"构成——"点"为一层、三层西洋柱廊空间，结合楼梯空间；"面"为二层、三层与屋顶共同构成传统大厝格局，空间叠加形成中部上空大礼堂，而三层的柱廊制造进深使屋顶脱离墙体，因此区别于古厝与其他地区的洋楼，形成独立风格（图33）。

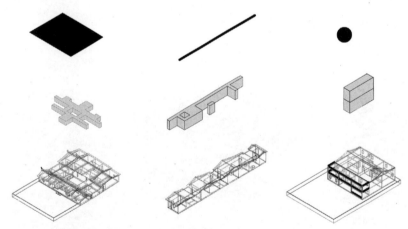

图 32　三种闽南传统建筑空间形成的"面""线""点"构成

图 33　左图：晋江市全福村番仔楼；右图：厦门大学建南大礼堂

将这种类似"面""线""点"构成控制建筑内部空间层次，带入路易斯·康设计的孟加拉国达卡国民议会厅及勒·柯布西耶设计的艾哈迈达巴德工厂主协会大楼，进行构成逻辑分析，论证此方法的可操作性。

（一）类"面""线"空间构成

孟加拉国建筑风格受伊斯兰及印度莫卧儿时期建筑风格影响。从路易斯·康设计草图中可寻其建筑暗含的伊斯兰建筑几何序列，其基于这种序列关系发展为"双重网格"[9]（图34），整个建筑首先用"面"确定正方形网格，平铺中部；后沿对角方向衍生菱形网格，以"线"限定其边界作强调；进一步用"线"的偏向性强调正方形网格系统，同时在十字方向形成独立通风系统；最后用菱形"面"将各自发展的单元空间进行统一，其中，"面"与"面"在中部叠加具有空间透明性——在圆形的议会厅空间能够感受对角线空间，也能感受正方形的十字延伸（图35、图36）。

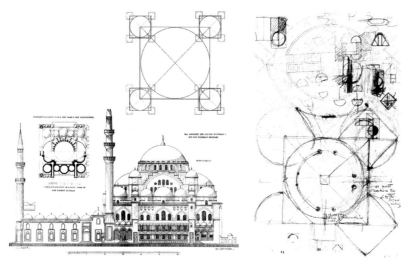

图34　苏莱曼尼耶清真寺的几何构成与孟加拉国达卡国民议会厅设计草图对比

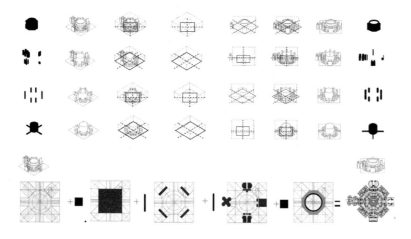

图35　孟加拉国达卡国民议会厅类"线""面"空间组合分析

（二）类"面""点"空间构成

在20世纪30年代之后，勒·柯布西耶地域风格的建筑元素开始以抽象母体为主，工厂主协会大楼在某种意义上可理解为将印度元素抽象呈几何形体进行的空间构成。工厂主协会大楼所在的艾哈迈达巴德市有较多印度教寺院与陵墓等古迹，如 Jamma Masjid 清真寺石柱廊。工厂主协会大楼中，空间大部分以柱子为结构进行组织，整个建筑空间建立在一个3×4的网格体系上，将中部柱子替换为承重片墙及电梯井，强调中心轴线（图37）；接着将以处于第二条轴线的螺旋状卫生间体块作为"点"放置空间中；第二层继续以"点"叠加，在平面中与一层"点"空间中形成竖向错位，横向以坡道入口处的通高空

竞赛评委点评

　　该论文运用空间形态学的基本方法展开对闽南传统民居空间组织特征的认知研究，作者着重于空间的气候调节机理，展现了诠释闽南传统民居地域特征的新视角。作者从中梳理总结出"院落—街巷""天井—通廊"和"外廊—通廊"三种典型的空间组织类型，继而结合设计实践探讨了上述平面格局的立体化转换策略，从而较好地回应了"历史作为一种设计资源"的论文竞赛主题。作者的研究根植于对闽南传统民居的深度调研，娴熟运用空间分析的图解方法，并使之成为从认知转向设计探寻的主要操作媒介，表现出作者在理论思考与设计实践的往复交织中驾驭设计研究的良好素养与能力。

　　略显不足的是论文对影响闽南传统民居空间组织架构的成因分析不够完整，从而难以判断气候调节功能在空间组织影响因子中的权重。换言之，与其他影响因子相比，这种空间调节是先发性的干预，还是后发性的调适策略？此外，就文中所述的从"平面"到"立体"的转译方法，其关键性难点何在，又如何应对？此一疑惑尚可继续探讨。这倒也说明该文提出的议题对地方传统在当代的传承与创新中的确具有积极的探索价值。

韩冬青
（东南大学建筑学院院长，
博导，教授）

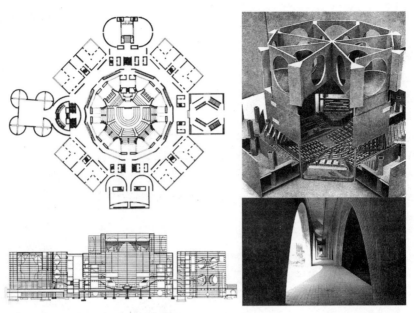

图36　孟加拉国达卡国民议会厅空间透明关系

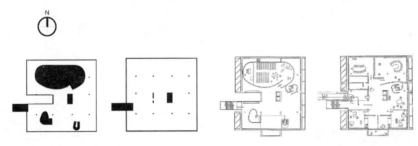

图37　工厂主协会大楼平面构成分析

间继续强调第二条轴线；而第三层"面"叠加后，在"点"中的坡道入口处发生透明现象，能够同时感受到上下层轴线的错位；最后一层"点"植入后与"面"也产生透明现象，由于"面"中的通高空间与该层"点"中的楼梯空间处于方向相反的两条轴线上，这种错位轴线关系极大地丰富了空间深度（图38）。

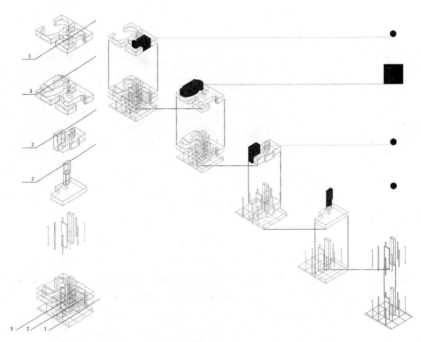

图38　工厂主协会大楼类"点""面"构成分解图示

整个操作过程遵循勒·柯布西耶所提出的"多米诺"体系，"面"作为活跃要素穿插在空间中，模糊空间层级，增强纵向感；"点"作为轴线强调，产生轴线错位影响，如在二层为中间轴线，四层则置于最边，这种错位关系在与"面"相叠加时产生不同位置的现象透明（图39）。

图39　工厂主协会大楼"点""面"叠加中的透明性空间：二层坡道入口处上下视野，二层到三层、三层到四层空间中的透明现象，能够同时感受三层的空间

（三）类"面""线""点"的空间转译

通过以上案例论证了关于类"面""线""点"空间组合方法的可操作性，在崇武古城渔民会馆方案二中进行该方法的设计实践。方案二设计首先立足于古城的外部景区与古城的大关系，崇武古城外部两侧为带状沙滩的度假村，前面是崇武古城礁石风景区，三面环海具有极佳的风景，但是城内没有任何制高点，感受不到与风景度假区的关系。并且，在走访调研的数据统计中，城内74%为住宅，公共建筑仅为8%，古城内部的公共设施严重匮乏使得城内人开始迁出古城，移到新城区中居住（图40）。因此，将建筑设计为一个八层高楼作为城内活动中心，内部功能包括农贸市场、办公空间、图书馆、影院、展厅、茶室。由于尺度上与周边建筑相差极大，为了减缓空间所带来的压抑感，设计为错层的板状建筑，将其中几层的空间释放，用作户外活动场所，保证周边居住区的通风采光（图41）。

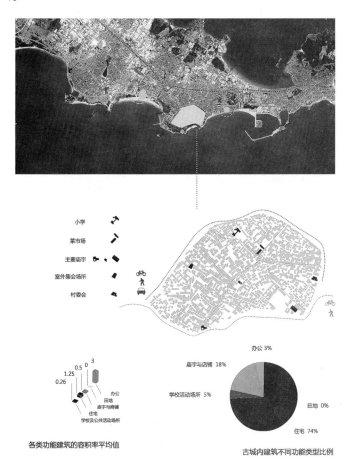

图40　崇武古城的建筑类型位置与分布比例

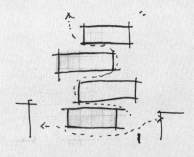

图41　方案二概念草图空间的板状错位

图42　方案二巨大的尺度差异策略：通过释放几个楼层空间，形成半室外活动场所，保证区域通风与采光

　　然后根据观景最佳朝向对方案二中的板状体块进行切割，暗示城外三个风景区的方位，底层拆除围墙，通过阶梯坡道打破两侧高差，制造空间流通（图42）。三种类型空间中建筑形成六种体块围合关系（图43）的组合操作平面布置——在每层平面布置"点""面""线"进行体块"减法"操作，布置依据为崇武古城中五条主要街巷建筑的肌理提取，抽象到每层平面中（图44），最后形成如下空间构成关系：第一层体块为三"面"、一"点"组合；第二层体块为一"点"、一"面"、一"线"组合；第三层体块为两"面"组合；第四层体块为"线"构成（图45）。在平面的叠加中，第一个体块由于存在多个"面"，因此户外围合的空间较多；第二个体块由于存在"线""面"组合，因此空间存在双重网络体系；第三个体块则形成空间均质，产生两个独立体块，第四个体块仅有"线"构成，空间具有连续性并强调建筑的其中一个轴线（图46、图47）。

图43　闽南传统建筑的六种体块类型及其具有的空间偏向性

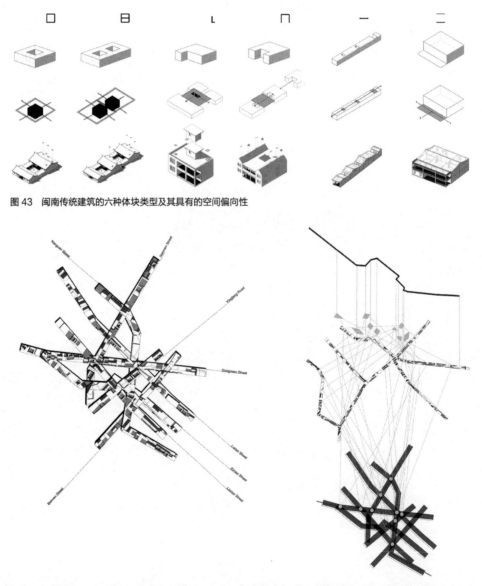

图44　方案二平面中"点线面"构成要素的确定：首先对古城中五条主要街道进行拼贴组合，提炼出重叠的节点碎片

　　考虑到尺度与周边建筑存在巨大差异，建筑体块垂直方向上除了板式错位，还结合"面""线"进行体块减法，形成局部上空，消解尺度差造成的压抑感。由于中间三个体块都有"面"的构成，叠加后在纵向产生空间透明（图48），一方面丰富纵向视野，另一方面与原有的街巷空间形成微气候调节（图49、图50）。

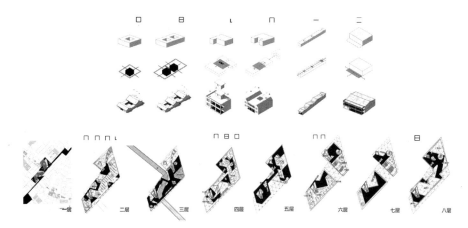

图 45　方案二平面中"点线面"构成要素的确定：最后将确定的体块形态带入平面中

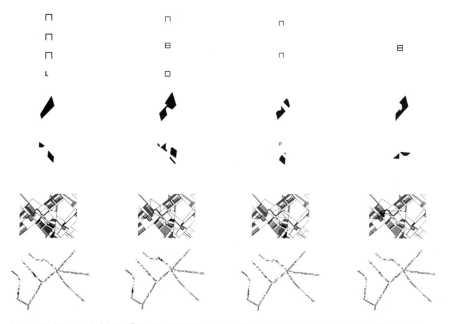

图 46　方案二平面中"点线面"构成要素的确定：将形成的碎片拼贴为体块形态，提取其中的建筑类型

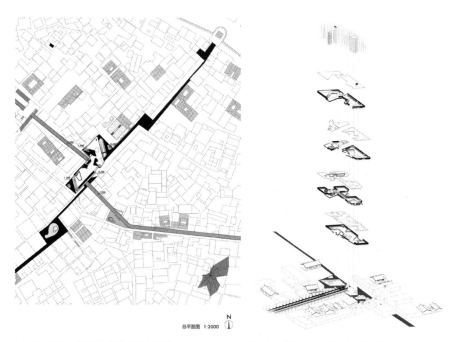

图 47　方案二总平面图体块之间的关系　　　　图 48　方案二每层体块之间的叠加产生的透明空间

作者心得

论文是八年建筑学习与研究的心路历程。从论文选题伊始，便希望能够扎根于故土，将所学知识运用到故乡传统建筑中，并以此为切入点进行系统思辨与转译。在此过程中，经历过挫折与自我质疑，幸好导师孔宇航教授不断地解惑与引导，使自己对建筑学习之路充满信心；在论文完成过程中，得以攻克难关。十一工作室的胡一可、辛善超、张真真等师兄师姐们的经验和知识分享对论文完成起到了重要的作用，在此表示诚挚的谢意。

论文研究从三个层面展开：首先是当代语境下地域性建筑的再思考。亚历山大·楚尼斯和利亚纳·勒贤夫尔提出批判的地域主义建筑特点具有双重批判性，肯尼斯·弗兰普姆顿认为批判的地域主义并非排斥现代主义建筑中进步和解放的因子，而更强调场所对建筑的关联作用以及对建构要素的分析与运用。其次，是关于"形式与气候"的关联性解读，传统建筑空间是文化传承、社会习俗与地理环境等因素相互作用的结果。阿尔多·罗西认为，尽管很多影响要素随时代发展而不断变化，但地域性的自然气候条件却相对恒定。建筑对气候的回应主要通过空间来体现。最后，研究核心以空间研究为线索，对闽南传统建筑的空间构成进行探究，通过案例解析与设计论证进行转译；立足当代时空，探讨以"空间"为主线的地域性建筑设计方法。

伯纳德·屈米在《建筑与断裂》中提出的空间具有相对独立性，并存在构成逻辑体系，即构件所构成盒子间的空间组合状态，暗示空间存在相互转换的可能性。布鲁诺·塞维在《建筑空间论》中进一步指出"空"是"主角"，强调空间构成的状态。在论文写作过程中尽量避免风格、建构等相关要素的影响，力求借助空间图解对当代闽南建筑进行重新诠释。论文研究提取闽南传统民居平面布局中关于界面、序列的构成逻辑，从民居三维空间中提取"面""线""点"三种要素进行归纳与分析。在写作过程中，通过预先设定、实地测量与案例分析对地域性建筑设计方法进行可行性论证，从而为其复杂性空间构成机制展开深层解读。

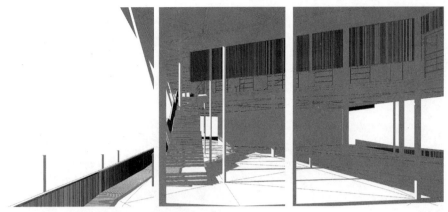

图 49　方案二"点"与"线"空间叠加产生的透明空间

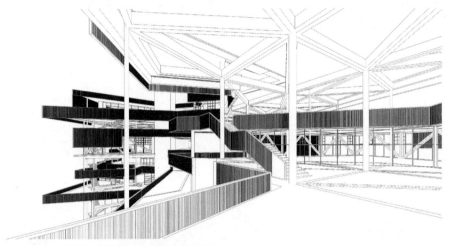

图 50　方案二"点"与"面"空间叠加产生的透明空间

　　整个建筑的结构系统为三角形桁架拼接组装，设计源于地处在古城中心路口，三角形三个方向分别与交汇的街道呼应，通过每层的"线""面"强调场地区域性（图 51~ 图 53）。在场地高差的处理中，将原有 0.9m 处的农贸市场，改为朝街区降坡的阶梯空间，同时向 1.2m 社区起坡，连接两边社区，一层平面局部下沉，减少农贸市场腥味的延伸，并与街道形成视觉高差保证半封闭性（图 54~ 图 56）。

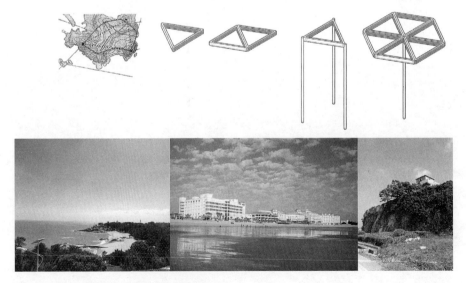

图 51　方案二三角形杆件与古城外的三个风景区

图 52　方案二夜间效果

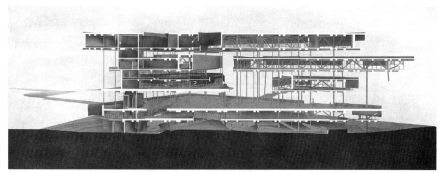

图 53　方案二剖面板状结构空间关系

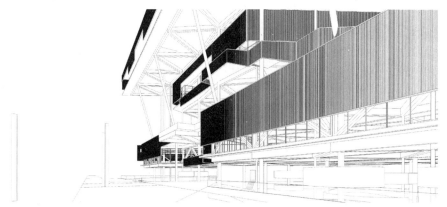

图 54　方案二由北到南的街区示意

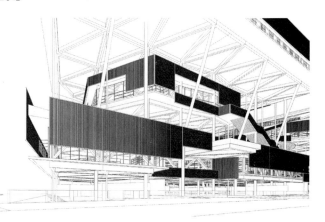

图 55　方案二东南转角处的街区示意

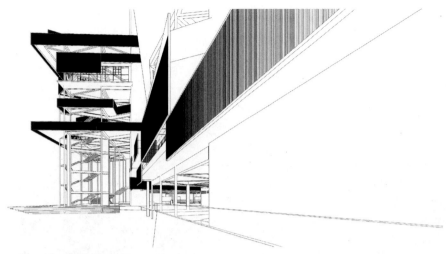

图56 方案二西面的街区示意

五、结语

本文旨在对地域建筑的空间认识，在避免材料、风格以及细部局限的前提下，重新解读闽南传统民居空间，以抽象几何的方式运用到现代闽南建筑空间设计中。在对闽南传统民居形成三种类型空间的分类归纳中，提取界面、序列的构成逻辑以及抽象为类"面""线""点"构成，结合场地肌理特征进行空间组合，强调地域性。在整个研究过程中，通过预先设定、实地测量与案例分析对地域性建筑设计方法进行可行性论证，从而为其复杂性空间构成机制展开深层解读。

注释：

① 类"结构"组合是对屈米在《建筑与断裂》(*Architecture and Disjunction*) 中认为空间具有相对独立性，并存在一套自有的逻辑体系的一种理解：通过构件所构成的盒体与盒体之间在空间中组合、裂变、穿插、衍生所形成的空间形态，是一个相对封闭、相对完整界面的空间，这个空间内部也包容着一种空间组织上的逻辑关系，通过与其他空间的富有逻辑关系的组合交织则产生不同的空间类型和组织方式。

② 埕空间为主体建筑前面的空地，其面积等于与大厝一进的面积，可达三进式大厝整体建筑面积的三分之一。数据测量来源：赵亮，陈晓向．埕与骑楼——闽南传统建筑外部空间演变 [J]．福建建筑，2010(03)．

③ 均质空间是对密斯以范斯沃斯住宅为代表的空间的通俗说法，西格弗里德·吉迪恩对其描述为"单一的流动空间"，柯林·罗形容为"三明治式的空间"，原口秀昭称其为"水平板式空间"。

④ 闽南地区迁徙型生活方式总结：早晨，二层房间逐渐因为持续受到日照辐射升温而变得不适合使用，二层外廊则可利用充足阳光进行晾晒活动；而一层通廊、房间因为遮挡形成较高的舒适度，空间功能通常为客厅、餐厅、厨房，符合白天起居情况，在一楼通廊进行编织、处理海产品等需要采光又需避免直射活动；夜晚，二层外廊因为高度，通风环境由于一层有通廊，室内空气交换量较大，湿度较低，因此舒适性高于一层空间，正好是人进入卧室睡眠时段；此外，夏夜通风强度较小时，二层外廊能够放置凉床供人在室外纳凉休息，同时避免突然降雨等情况。

⑤ 选自顾大庆．建筑形式生成的方法学 [J]．东南大学学报，1990(09)．

⑥ 选自（挪威）诺伯格·舒尔兹．存在·空间·建筑 [M]．尹培桐译．北京：中国建筑工业出版社，1990．

⑦ 选自（英）威廉 J·R·柯蒂斯．20 世纪世界建筑史 [M]．本书翻译委员会译．北京：中国建筑工业出版社，2011：492—498．

⑧ 选自（英）威廉·J·R·柯蒂斯．20 世纪世界建筑史 [M]．本书翻译委员会译．北京：中国建筑工业出版社，2011：29．

⑨ 选自（日）原口秀昭．路易斯·康的空间构成 [M]．徐苏宁、吕飞译．中国建筑工业出版社，1998：28．

参考文献：

学术期刊部分

[1] 肖毅强，刘穗杰．岭南传统建筑气候空间的尺度研究 [J]．动感：生态城市与绿色建筑，2015．

[2] 顾大庆．建筑形式生成的方法学 [J]．东南大学学报，1990(09)．

[3] 陈晓扬．泉州手巾寮民居夏季热环境实测分析 [J]．建筑学报，2010．

[4] 顾大庆．从平面图解到建筑空间——兼论——透明性-建筑空间的体验 [J]．世界建筑导报，2013．

[5] Elke Mertens .*Bioclimate and city planing–open space planing*[J].Atmospheric Environment，1999．

理论著作部分

[1] 麦克哈格．设计结合自然 [M]．苗经纬译．北京：中国建筑工业出版社，1992．

[2] 彼得·柯林斯著．现代建筑设计思想的演变 [M]．英若聪译．北京：中国建筑工业出版社，2003．

[3] 亚历山大·楚尼斯，利亚纳·勒费夫尔．批判性地域主义——全球化世界中的建筑及其特性 [M]．王丙辰、汤阳译．北京：中国建筑工业出版社，2007．

[4] 肯尼思·弗兰姆普敦．现代建筑：一部批判的历史 [M]．张钦楠译．北京：三联书店，2004．

[5] 肯尼思·弗兰姆普敦．建构文化研究——论 19 世纪和 20 世纪建筑中的建造诗学 [M]．王骏阳译．北京：中国建筑工业出版社，2007．

[6] 勒·柯布西耶.走向新建筑[M].陈志华译.西安：陕西师范大学出版社，2004.1.

[7] 布鲁诺·赛维.建筑空间论[M].北京：中国建筑工业出版社，2006.

[8] 高鉁明.福建民居[M].北京：中国建筑工业出版社，1987.

[9] 陆元鼎.中国民居建筑[M].广东：华南理工大学出版社，2003.

[10] 陆琦.广东民居[M].北京：中国建筑工业出版社，1990.

[11] 戴志坚.闽台民居建筑的渊源与形态[M].福州：福建人民出版社，2003.

[12] 林宪德.人居热环境[M].台北：詹氏书局，2009.

[13] 曹春平.闽南传统建筑[M].厦门：厦门大学出版社，2006.

[14] 黄汉民.老房子，福建民居[M].南京：江苏美术出版社，1996.

[15] 徐金松.中国闽南厦门音字典[M].南天书店，1982.

[16] 原口秀昭.路易斯·康的空间构成[M].徐苏宁、吕飞译.北京：中国建筑工业出版社，1998.

[17] 柯林·罗.柯林·罗建筑论文集 风格主义与现代建筑[M].伊东丰雄、松永安光译.彰国社，1981.

[18] 威廉·J·R.柯蒂斯.20世纪世界建筑史[M].北京：中国建筑工业出版社，2011.

[19] 顾大庆，柏廷卫.空间、建构与设计[M].北京：中国建筑工业出版社，2011.

[20] 诺伯格·舒尔兹.存在·空间·建筑[M].尹培桐译.北京：中国建筑工业出版社，1990.

[21] 约翰·D.霍格.伊斯兰建筑[M].杨昌鸣等译，刘壮羽中校，1999.

[22] W.博奥席耶.勒·柯布西耶全集 第六卷 1952—1957[M].牛燕芳、程超译.北京：中国建筑工业出版社，2005.

[23] 柯林·罗.透明性[M].金秋野，王又佳译.北京：中国建筑工业出版社，2008.

[24] Louis I. Kahn，Robert Twombly，Louis Kahn：Essential Texts；W. W. Norton & Company；2003.

硕博士论文

[1] 傅晶.泉州手巾寮式民居初探[D].厦门：华侨大学，2000.

[2] 杨思声.近代泉州外廊式民居初探[D].华侨大学，2002.

[3] 朱怿.泉州传统民居基本类型的空间分析及其类设计研究[D].厦门：华侨大学，2001.

[4] 杨江峰.泉州传统民居灰空间研究[D].哈尔滨：哈尔滨工业大学，2009.

图片来源：

图1 根据福建省地理附图绘制；向达校注《西洋番国志》，漳州规划局，日本海军《厦门内港图》，自摄照片.

图2 作者参考整理：何苗.闽南砖木结构官式大厝热环境与节能措施分析——以厦门市新垵村新垵社为例[J].厦门理工学院学报.2015.06；陈晓扬.泉州手巾寮民居夏季热环境实测分析[J].建筑学报，2010；薛佳薇.泉州洋楼民居的夏季热环境测试与分析[J].华侨大学学报（自然科学版）2012，03.

图3 作者参考绘制：林宪德.人居热环境[M].台北：詹氏书局2009：61.

图5 作者参考整理自绘：曹春平.闽南传统建筑[M].厦门：厦门大学出版社，2006；傅晶.泉州手巾寮式民居初探[D].华侨大学，2000；杨思声.近代泉州外廊式民居初探[D].华侨大学，2002；朱怿.泉州传统民居基本类型的空间分析及其类设计研究[D].华侨大学，2001；杨江峰.泉州传统民居灰空间研究[D].哈尔滨工业大学，2009.

图6 作者参考绘制：何苗.闽南砖木结构官式大厝热环境与节能措施分析——以厦门市新垵村新垵社为例[J].厦门理工学院学报.2015.06；陈晓扬.泉州手巾寮民居夏季热环境实测分析[J].建筑学报，2010；薛佳薇.泉州洋楼民居的夏季热环境测试与分析[J].华侨大学学报（自然科学版）2012，03.

图7 作者参考数据尺寸资料绘制：曹春平.闽南传统建筑[M].厦门：厦门大学出版社，2006.

图17 参考来源：http://www.flickr.com/photos/lucynieto/2609829797/；http://blog.mexicodestinos.com/2015/02/7-lugares-romanticos-en-mexico-para-vivir-el-amor/.

图20 分析自绘，平立剖面尺寸参考出处：Luis Barragan.Barragan：TheComplete Works[M]. New York：Princeton Architectural Press. 1996.

图25 分析自绘，右图出自（美）约翰·D.霍格.伊斯兰建筑[M].杨昌鸣等译，刘壮羽中校，1999.

图27 资料来源：www.akhn.org/architecture/project.asp？id=563.

图34 资料来源：右：（美）约翰·D.霍格.伊斯兰建筑[M].杨昌鸣等译，刘壮羽中校，1999；左：Louis I. Kahn，Robert Twombly，Louis Kahn：Essential Texts；W. W. Norton & Company，2003.

图35 分析自绘，平立剖面尺寸参考出处：Louis I. Kahn，Robert Twombly，Louis Kahn：Essential Texts；W. W. Norton & Company，2003.

图36 资料来源：Louis I. Kahn，Robert Twombly，Louis Kahn：Essential Texts；W. W. Norton & Company，2003.

图37 分析自绘，平面尺寸参考出处：《勒·柯布西耶全集 第六卷 1952—1957》.

图39 资料来源：archdaily.com；corbusier.totalarch.com/ahmedabad.mill_owner_association.

其余图为作者自绘、自摄。

杜娅薇
（武汉大学城市设计学院 硕士二年级）

武汉汉润里公共卫浴空间设计使用后评价研究

A Study on Design of Public Toilets and Bathrooms in Hanrunli Historical Residential District Based on Post Occupancy Evaluation Analysis

■摘要：武汉汉润里自建成至今已经有近百年的历史，作为现存比较完整且一直在使用的里分住宅，它中西合璧的建筑空间格局及居住者自下而上的微更新都具有较高的研究价值。汉润里递进式的公共空间层级特点鲜明，但随着其居住者数量激增，建筑的历史传承和功能更新之间的矛盾日益凸显。在此情境下，本文以汉润里公共卫浴空间布局作为切入点，基于使用后评价的方法，分析和归纳其影响居住者的主要因素，为里分住宅的保护与再利用提供新思路。

■关键词：汉润里；使用后评价；公共卫浴空间；空间层级；微更新

Abstract：Wuhan Hanrunli Historical Residential District, a local and lively community been built and in use for almost a century, has great research value for it building spatial pattern and vivid culture of living. Hanrunli District has distinct characteristics in its hierarchic public space and combined both Chinese and Western layout. However, the contradiction between history value and use value become more outstanding with the rise in number of occupants. This paper takes public toilets and bathrooms in Hanrunli as a starting point for analysis, from the user point of view, and further summarized the main factors which affect the occupants, providing new ideas for future conservation and reuse in Li-fen house.

Key words：Hanrunli Historical Residential District；Post Occupancy Evaluation；Public Toilets and Bathrooms；Hierarchic Space；Micro Renovation

引言

近代汉口是中西文化的汇聚地。自开埠以来，西方文化与技术的输入推动了武汉近代城市建设的高峰。从城市的基础设施规划到建筑建造都可以体现出中西文化的碰撞与相互影响。里分住宅①即是在这样的背景下在武汉较普遍建造的一种多栋联排式住宅。使用后评价（POE）②是指在建筑使用过程中，以科学的、系统化的方法，以使用者感受为出发点，进行数据信息收集与分析并对项目进行评判。本文通过 POE 的方法对汉润里改造现象普遍、对居民生活影响很大的卫浴空间进行研究，有助于从根本上理解空间更新的内因。

一、武汉汉润里住区的历史溯源及建筑特点

武汉里分住宅从产生到兴盛经过了多个发展时期，从最开始时代背景下朴素的经济产物到被打磨成为特色鲜明的住宅建筑历经了几十年时间。在社会发展与政府督导的共同作用下，后期的里分住宅朝着更加规范化、人性化、社区友好化的方向发展。

（一）汉润里历史溯源

武汉近代里分住宅在 19 世纪末 20 世纪初迅速兴起。起初这类住宅的建造适应房地产开发的快节奏并能满足使用者经济适用的居住需求，从而一度成为市场的主流。此时里分住宅设计较为粗糙，一般为三间两厢或两间一厢，没有厨房和厕所，更不用提细部的环境设计。③

自 1911 年起到日军轰炸武汉之间，武汉里分住宅经历了难得的发展时期，此时的设计与建造均比上个阶段有较大的提升。户型设计上功能更趋于完整，空间紧凑灵活，建筑外观及外部环境处理表达更加多元化、配套设施逐步完善。汉润里是这个时期比较有代表性的里分住宅之一，在整个里分住宅发展进程中属于设计与质量处于中上水平的住宅区。④

汉润里由商人周九扶出资建设，后几经转手抵债，至 1947 年为集成公司所有⑤。起初，汉润里由于其得天独厚的地理位置与灵活的空间布局，不仅作为住区被人们使用，还一度承担起一些公共建筑职能。见表 1：

汉润里历史功能   表 1

时期	功能	使用对象
1918—1949 年	金融机构⑥	金城银行汉口分行直到 1930 年迁入新址。1921 年—浙商厚德钱庄、汉商泰记钱庄、浙商泰衡等
	文娱行业	1925 年—良友图书公司分支机构 1926 年—汉口华商总会，直到 1935 年迁出 1937 年—《大公报》汉口版筹备地点位于汉润里 2 号 1937 年—董必武与熊子民在汉润里 42 号筹办《七月》期刊
	名人寓所	汉剧泰斗余洪元住所 董必武、胡风住所

1930 年后，汉口市政府颁布了较为严格的规划与建筑法规，使里分住区的规划与设计更为规范化。在新中国成立初期，武汉城市建设基本处在停滞状态，此后里分住宅被新型单元住宅代替。随着城市更新，许多里分被彻底拆除，而现存的部分里分也因为年久失修、居住者自发式加建改建而掩藏了原来的面貌。

（二）汉润里建筑特点

武汉汉润里位于汉口中山大道以东，南京路以北，地处原英租界扩展区（图 1）。汉润里三面嵌于街区之中，南侧、北侧与东侧分别与宝润里、同丰里、崇正里相邻。目前崇正里刚刚拆除，对周边交通造成较大影响。汉润里临街部分为街屋式里分⑦，下店上宅。住区内部共 35 栋高等级砖木混合结构住宅单元。整个住区占地 821 市方丈，属于现存规模较大的里分住区。

1. 层次分明的街巷空间

在整体规划方面，汉润里主次道路层级分明，主巷宽 4.5 米，次巷宽 4.5 米，支巷宽

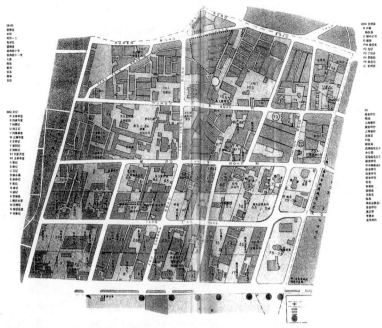

1931年汉口特三区（原英租区）街道房屋图

图1 武汉汉润例历史区位

3米。街巷两侧依序混合排列两开间、三开间的住宅，端部有几处变体户型（图2）。汉润里由主次巷道、入口天井、后天井形成公共性递减式的空间层级（图3），创造出共享式的街巷空间，增强社区居民交往。这样多层次的空间与之创造出的丰富居民活动也有利于加强空间防御等级，即社区居民的交往与关怀为街区提高了安全感。

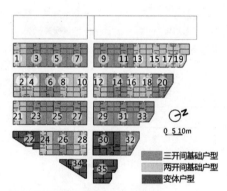

图2 汉润里户型分布及编号示意图

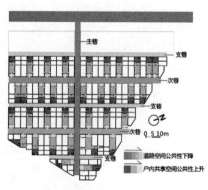

图3 汉润里的空间序列

2. 中西合璧的平面布局

从汉润里的平面布局中可以看到湖北民居格局的一些特征，即中轴对称、以天井为中心组织空间（图5）⑧。但与传统民居建筑尊卑有序的空间序列不同的是，汉润里是以围合入户天井的主要居住空间和围合后天井的生活服务空间进行分层（图4）。主辅空间分区明确，等级差距明显。这样的平面布局是西方建筑分区思想与中国传统居住模式碰撞的体现。

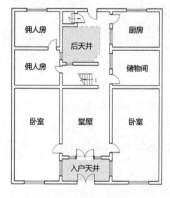

图4 汉润里三开间基础户型一层平面

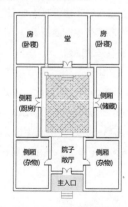

图5 湖北四合院型民居布局

3. 简洁实用的建筑装饰

汉润里没有过多的建筑装饰，统一风格的入户大门以两侧设计简洁的壁柱强调了入户的仪式感。主要功能房间的开窗面积较大，虚实分明。临巷房间窗户外设有百叶窗，结合装饰与实用功能于一体[9]。尤其是卫生间的百叶窗设计很有必要，阻挡外部视线以增强卫生间的私密性。

4. 自下而上的微更新

在汉润里权属的变化进程中，房屋的使用者从社会名流到普通市民，从低密度到高密度，居住模式发生了巨大变化。在原始建筑格局的限定下，新居民为了改善居住状态，在物质形态上通过自发性的改造不断为自己争取更多的生活空间，在行为上也衍生出一系列室内外空间互补利用的生活方式。在这些自下而上的建筑改造与抗争中，人与空间的关系在制约中不断发展，将相互之间的特点体现得分毫毕现。在接近一个世纪的居住历程中，建筑的特点被充分体现与考验，而居住体验中的优点与障碍也充分被展现。

二、汉润里公共卫浴空间利用分类与分析

（一）汉润里公共卫浴空间使用概况

汉润里原位于英租界，是一家一户的高档住宅区。每户卫生间设有抽水马桶[10]，是当时配置较高的卫生设施。汉口开埠后，英商与租界管理者采取一系列措施促使城市基础设施不断完善，具体见表2。英租界的举措对于带动武汉的市政建设与规划都有一定的积极影响。

汉口开埠后英租界基础设计建设情况　　　　　　　　　表2

时间	事件	标志	备注
1906 年	通电	英商首先建立"汉口电灯公司"用于本租界供电[11]	英商带动了电能发展。对电的使用，武汉三镇是全国最早用电的
1906 年	通水	商办汉镇济水电股份有限公司成立	中国 11 位商人在张之洞的支持下联合筹办水电公司，掌管汉口租界水电经营
1914 年	统一排水	英租界公布公共卫生及房屋建筑章程	规定本租界内所有房屋需要统一设计阴阳沟、统一管理，不得违规
1916 年	统一排污	英租界粪便管道建成	英租界粪便管道全长 9653 米，设有专门的排污机房，将污水排入江边，再由粪夫清除

新中国成立后，汉润里是一家一层或者一家一套间的居住方式并存的普通居住区，居住条件仍算是当时不错的水平，共用卫浴空间的现象普遍存在。70 年代开始，普通住宅成套率逐步达标，独立的卫浴空间已经成为新的居住标准。而汉润里居住密度的提高与居住观念的转变，都加剧了侵占公共空间的自建行为。汉润里本身灵活可变的公共空间与可达 3.7 米的室内高度都为这些改造提供了可能。根据 2000 年研究统计，汉润里的住户在当时由原先的 35 户增加到 254 户[12]，其居住密度可见一斑。如今，汉润里又恢复到两到三户共用一层的状态。

汉润里的室内空间中，辅助空间受到卫生间的影响，居住质量明显下降（图6）。为了缓解公共卫浴空间的使用压力，居住者将卫生间的三大主要功能——盥洗、淋浴与便溺尽可能分开。除了在室内加建盥洗设施外，居民在主巷室外加建多个水龙头，如图7所示。巷道里洗衣、做家务的场景成为社区独特的风景。同时，有条件的家庭加建私有淋浴间现象也较为普遍。但由于卫生间管道设施铺设受限，其加建行为相对较少发生。

（二）汉润里公共卫浴空间改造的分类

居住者对汉润里公共卫浴空间进行多种自发性的改造。一些具体而微的设计很大程度上改善了居住体验，促进了邻里交往。也有一些盲目改造降低了整体空间质量，得不偿失。汉润里公共卫浴空间改造基本可以分为以下三种类型：

（1）柔和处理——居住者基本保持建筑的原有格局，通过柔性手段解决部分基础的使用问题。居住者在建筑细节上进行人性化改造，在居住行为上适应现有设施，比如对盥洗设施的错峰使用，在室外街巷使用。

作者心得

本文的撰写源于对武汉汉润里居住空间的思考，在这个城市中心的历史居住区中，居住者们在受到原有建筑布局限制的情况下，通过自下而上的改造不断提升自己的居住质量。其中最具有争议性且对居住者有重要影响的是他们所公用的卫浴空间，本文以这类空间为切入点进行研究。

既往研究对汉润里的历史、发展过程及现有空间分异情况进行了详细的阐述，也为本文的进一步分析提供了丰富的基础资料。在此基础上，笔者对汉润里进行实地调研。本文的写作受到了挚友陈同学及汉润里许多住户的全力支持，在他们的帮助下，笔者得以身体会居住者的感受，并以使用者的视角记叙了改造的动因、改造中许多充满智慧的细节以及改造后仍然存在的问题。在实地调研之前，笔者也曾经有过一些主观的假设，但是在深入的调查与分析后，却得到大相径庭的结果。在这个不断发现、不断更新对居住空间改造认知的过程中，汉润里居民的生活实践为笔者上了生动的一课。

历史的变迁、居住方式的改变、生活用具的更新都为居住者及其居住空间带来了新的矛盾关系，这种关系的改善不仅在于居住者自发性的改造行为，也在于更多专业性及保护性的改造与提升。笔者希望在对原有社区居住生活与居住环境最小破坏的基础上，进一步提升居住舒适度，并保持住那一份原汁原味的邻里生活。

此外，本文在写作过程中也受到了指导老师及工作室同门们无微不至的关怀与支持，在此向他们表示感谢。

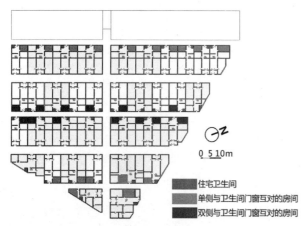

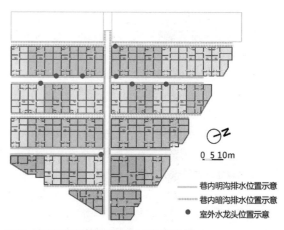

图 6 汉润里原有卫生间分布及对周边影响情况

图 7 汉润里排水沟及加建室外水龙头位置示意

图例（图6）：
- 住宅卫生间
- 单侧与卫生间门窗互对的房间
- 双侧与卫生间门窗互对的房间

图例（图7）：
- 巷内明沟排水位置示意
- 巷内暗沟排水位置示意
- 室外水龙头位置示意

（2）水平方向加建——居住者在水平方向的户内外空间加建，增加卫浴空间面积，缓解使用压力，但可能会引室内空间起采光通风不畅等问题。

（3）垂直方向加建——居住者在纵向加建以私有卫浴功能，方便管线的排布，部分满足自己需求的同时很大程度上影响了建筑外观。

根据现场调研与文献查阅，现将汉润里卫浴空间改造现状进行分类。调研过程中也存在极少数不能进入的情况，根据不完全统计，情况见表3：

2016 年汉润里卫浴空间改造情况 表3

改造方式 \ 设施	盥洗设施	卫生间	淋浴间	示例
柔和处理	4、5、7、9、14、16、28加设户外水龙头，分布情况见图7	2、7、15、18——住户通过微小的改造改善使用情况	1、2、24 等——通过改造改善通风情况	 户外水龙头
水平方向加建（加建灵活，占据原有公共空间或者在天井上加建）	2、3、16、18、19、24、30等用户在户内空间加建水池	15、11、24、29等用户在原卫生间附近或者靠外墙户内空间加建	6、21、29 等用户加建独立淋浴间	 水平加建厨卫空间
垂直方向加建（一般在原有卫浴空间上部加建，伴随着其他居住空间一起加建）	16——三层屋顶平台作为露天洗漱间、洗衣房	30——垂直加建卫生间	24、28——垂直加建淋浴间	 垂直加建卫生间

三、武汉汉润里公共卫浴空间使用后评价与分析

使用后评价（Post-occupancy Evaluation，POE）是西方建成环境评价的中心概念，亦称作"建筑病理学"，强调的是建筑在使用状态中的综合技术性研究[⑨]。在西方实践中，POE 围绕科学性、社会性与经济性三个方面的取向取得一系列研究成果。我国的 POE 研究与运用相对起步较晚，也在理论与实践上取得了很大的进展。但在历史建筑保护与再利用方面，POE 程序的探索与应用刚刚开始，尚未形成较完整的流程。所以，本文通过对汉润里公共卫浴空间进行原始数据收集及整理后，形成一个能体现大部分卫浴设计及使用问题的评估框架（图 8），并以此为依据对典型案例进行深入分析。

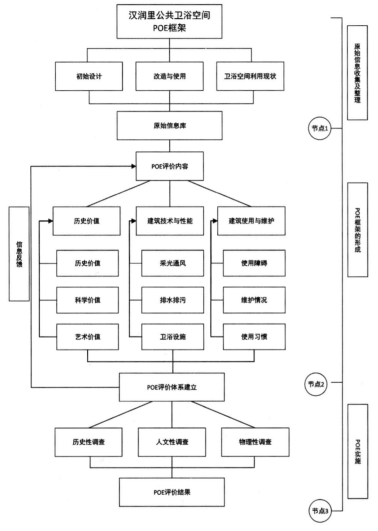

图 8　汉润里公共卫浴空间 POE 框架

在对汉润里公共卫浴空间进行基础了解之后，笔者对影响使用者评价三大要素进行预测，即建筑空间布局、居民使用模式、卫生间产权的权属。本文将运用 POE 的方法，以汉润里公共卫生间使用客观物质情况与使用者主观感受两方面为基础，综合客观地对建筑的历史价值与社会价值进行评价。本文以三个典型案例的详细剖析，探讨影响公共卫浴空间使用满意度的根本原因。案例的选取遵循以下原则：①包含上文所述的所有卫浴空间改造类型；②覆盖尽可能多样化的改造结果、使用方式；③选取汉润里居住十年以上的资深住户，为调研提供更加全面的资料。为了保护住户的隐私，下文将隐去具体住宅编号。此次调查对将公共卫浴空间的满意度分为 5 级：非常不满意，比较不满意，一般，满意，很满意，以下为调查结果。

汉润里 X1 号二层卫浴空间分析：

图 9　二层公共走廊空间

图 10　公共水池

图 11　公共卫生间

基本信息	户数、人数	一层： 局部用于环卫工人集体宿舍、储藏间。A户：2人——独立使用一层后天井区域 二层： B户2人与C户2人合用	 图12 住宅产权示意图
	改造情况及产权	一层： 建筑入口格局有改动，入户天井部分被改为单独房间。除住户私有外，其他同于环卫工人居住与储物 二层： 入户天井二层被加建为房间，除住户私有空间外，二层公共空间为两家均分	
公共卫浴空间情况	公共卫浴设施分布情况	二层公卫生间兼有便溺与淋浴功能，总面积约1.5m²，为两户共同使用。公共洗手池为两家共用 B户将入户天井上方加建阳台作为厨房使用，室内设洗手池后，对公共洗手池的使用频率降低	 图13 二层公共卫浴设施分布示意图
	环境质量	1.采光照明——卫生间窗挂有透光窗帘，一般情况下白天关上门可自然采光。夜晚，卫生间内设两个照明电灯，由两家户内开关分别控制，以方便夜间使用	
		2.通风换气——卫生间可自然通风，同时窗前设有风扇，有助于排湿排气	
		3.外观形象——水泥砂浆地面，墙面贴瓷砖，整体比较简洁、明亮	
		4.整洁度——整体感觉较为干净、整洁	
	基础设施	公共卫生间设有蹲便器，无冲水水箱，需要用水管冲洗；也设有热水器及淋浴设施、盥洗水龙头。受到面积制约，设施配置十分精简	
使用者评价	B户	整体满意度：较不满意 盥洗：在户内进行，比较方便 洗澡与便溺：在心理上更希望使用独立的户内卫生间。因为使用公共卫生间流线过长、夜晚与下雨天尤其不便。水压小、置物不便等问题也影响使用体验。对于公共卫生的保持，各使用者都比较注重。此户表示如果是单独使用卫生间，使用满意度会有很大提升。一是可以不用在使用高峰期间等待，二是可以将卫浴设施进行彻底的改造，方便使用 其他：在室内没有加洗手池之前，需要把洗衣机搬到公共洗手池处，很费力	
	C户	整体满意度：中等 盥洗：公共洗手池在一个入户门口，使用起来相对方便。但周围空间太小，洗菜洗衣服摆不开 洗澡与便溺：卫生间面积小，还要上台阶才能进去，使用起来局促，但是多年也习惯了 其他：虽然卫生间近，相对方便一些，但是窗户对着公共走廊隐私性差。不过对老房子很有感情，感觉很舒服	
价值评价	建筑历史价值	建筑历史价值在改造中有一定损失。年久失修使得原有门窗损毁，损失原有艺术价值。此处住户对于卫浴空间改动较小，基本保持原有格局。但对于公共空间的侵占，使得建筑原有条件下的自然采光、通风进一步减弱，损失了科学价值	
	建筑社会价值	此户虽然没有从根本上解决卫浴空间的使用缺陷，但是人性化、生活化的设计与改造提高了居住的舒适度，而且改造的性价比比较高	

汉润里 X2 号：

基本信息	户数、人数	一层： 局部用于杂物间及公共宿舍，原用户已经迁出 二层： 仅 F 户 3 人居住，原有其他用户已迁出	
	改造情况及产权	一层： 建筑入口格局有改动。已经没有住户，现为杂物堆放与建筑工人临时居住 二层： 后天井二层被加建为房间，卫生间上加建淋浴间。其他住户已迁出	图 17　住宅产权示意图
公共卫浴空间情况	公共卫浴设施分布情况	二层公卫生间主要承担便溺功能，总面积约 1.5m²，原为三户共同使用，现仅一户使用。F 户在原有卫生间上加建私有淋浴间，但仍需要使用公共卫生间	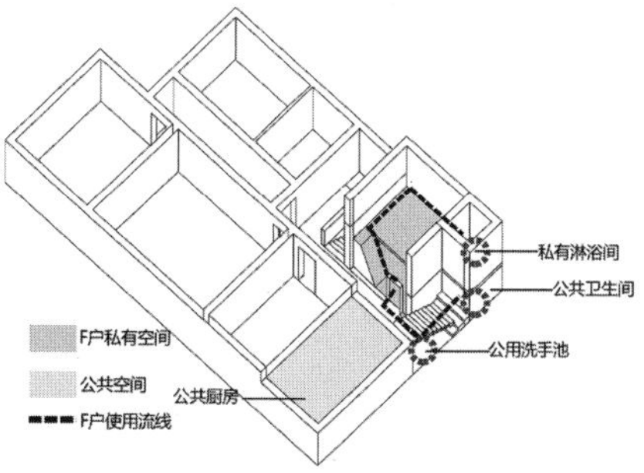 图 18　二层公共卫浴设施分布示意图
	环境质量	1. 采光照明——两个卫生间窗挂有遮光窗帘，可以遮挡西晒及外部视线	
		2. 通风换气——卫生间都可进行自然通风	
		3. 外观形象——都为水泥砂浆地面，墙面，整体看起来比较灰暗	
		4. 整洁度——整体感觉建筑质量较差、不整洁	
	基础设施	公共卫生间设有蹲便器及淋浴设施；私有卫生间屋顶设太阳能热水器，仅有淋浴设施及盥洗设施	
使用者评价	F 户	整体满意度：一般 主要是由于公共卫生间面积小，才加建了私人卫生间方便使用。户内加建夹层，在原有卫生间顶部加建，建造与使用都比较方便。但对于公共卫生还不是很满意。以前其他用户频繁使用公共卫生间对家庭私密性、舒适度都有影响	
价值评价	建筑历史角度	加建卫生间、后天井部分建造粗糙，对建筑原有形态影响较大。一些硬质的自建与改造对建筑造成了不可逆的影响，使建筑丧失大量历史、科学与艺术价值	
	建筑社会角度	建筑经过多次分割与改造，呈现楼上加建、楼下闲置的景象，对原有空间利用不合理，使居民生活空间质量严重下降。加上原有使用者的疏于管理，公共空间设施与卫生质量无人维护，建筑环境进一步下降。虽然加建淋浴间一定程度上缓解了使用压力，却没能从根本上提高居住质量	

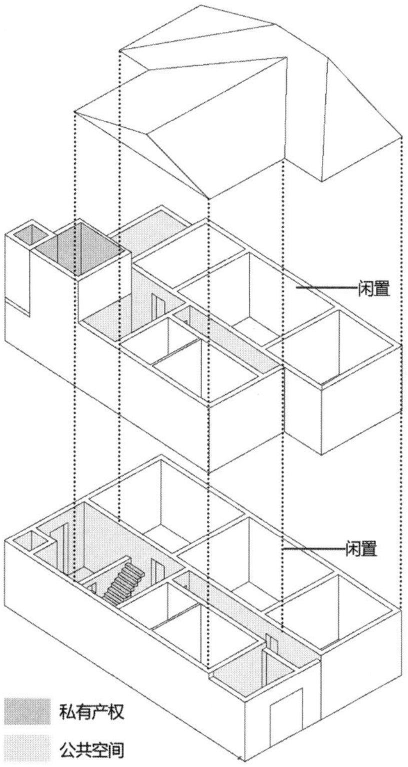

图 17 内标注：闲置、闲置、私有产权、公共空间

图 18 内标注：F 户私有空间、公共空间、F 户使用流线、私有淋浴间、公共卫生间、公用洗手池、公共厨房

图 14　加建淋浴间外观

图 15　户内公共走廊

图 16　户内楼梯

汉润里 X3 号：

图 19　外立面改造

图 20　后天井改造

图 21　户内卫浴空间

基本信息	户数、人数	一层： H 户：2 人——独立使用一层后天井。P 户 3 人使用其他部分 二层： K 户 3 人与 M 户 2 人合用二层	图 22　住宅产权示意图
	改造情况及产权	一层： 建筑后天井有改动，在二层加建透光钢丝，增加使用面积。建筑立面增加遮阳格栅 二层： 入户天井二层被加建为新的厨卫空间	
公共卫浴空间情况	公共卫浴设施分布情况	二层公共卫生间主要承担便溺功能，总面积约 1.5m²，为两户共同使用。公共洗手池为两家共用。K 户在加建室内加建全套卫浴设施后，已经完全满足自己使用需求	图 23　二层公共卫浴设施分布示意图

私有产权

公共空间

公共厨房

公用洗手池

公共卫生间

私有卫生间

K户私有空间

公共空间

K户原使用流线

K户现使用流线

	环境质量	1. 采光照明——两个卫生间可自然采光。夜晚，卫生间内设照明电灯。私有卫生间不仅有窗户采光，还有透光玻璃隔断，光环境较好
		2. 通风换气——卫生间可自然通风。私有卫生间有排风设备
		3. 外观形象——公共卫生间为水泥砂浆地面、墙面。整体色调灰暗。私人卫生间采用浅绿色瓷砖贴面，色彩清新，感受舒适
		4. 整洁度——两者整体感觉都较为干净、整洁
	基础设施	公共卫生间仅设有蹲便器及盥洗水龙头，设施较为简陋。私人卫生间设有冲水马桶、淋浴、水池等，设施齐全
使用者评价	K户	整体满意度：非常满意
		在没有私人卫生间之前，户内利用阳台加建了淋浴间，但仍需使用公共卫生间。距离远、上下台阶、空间狭小、非常不便。尤其是家中老人更是无法使用
		经过专业设计师的改造，现有的私有卫生间可以满足日常生活使用，也可以无障碍地供老人使用，非常方便
	G户	整体满意度：很不满意
		公共卫生间高差、面积小是这里住宅的通病，虽然现在基本是一户在使用，但是还是很不方便
价值评价	建筑历史价值角度	本建筑K户将入户天井改造成厨卫空间，且通过专业设计师对外立面进行百叶加建。天井的改造拆除了建筑部分横梁，对建筑科学价值有不可逆的损失。此外，改造中，也使建筑木梁结构部分裸露出来，成为空间装饰的一部分，使得建筑历史性得到表达
	建筑社会价值角度	公共卫浴空间在设计师的指导下，有很大的变化，一定程度上破坏了建筑的历史价值，却也从本质上改善着空间质量，解决了使用中存在的问题。这样的改造使历史建筑与现代化的卫浴设施相互适应，让建筑焕发出新的活力

四、武汉汉润里公共卫浴空间使用后评价（POE）总结及改造建议

（一）影响汉润里公共卫浴空间 POE 的主要因素

经过对汉润里公共卫浴空进行 POE 分析，本文将其提到的共性问题进行分析，总结出影响卫浴使用的三个主要因素。

1. 原始户型层的空间布局

在原始户型设计上，主辅空间分级明显，环境质量差别显著。卫浴空间布局在角部最独立的位置，使用流线过长、使用路径无风雨遮蔽、高差显著等问题从建成之初就一直存在。这与当时住宅私有卫生间刚刚普及，将其布置在离主要空间的最远的区域以减小影响的设计思想顾虑有关。但随着技术的进步，卫浴空间形象逐步改变，历史上先进的卫浴设施已经无法满足社会发展的需要，从而为使用者带来诸多不便。

2. 居住者的价值观念

居住者自身的观念很大程度上影响着居住者的心理与行为。在心理层面上，居住观念很大程度上影响着满意度。比如有的居民比较注重空间的权属与私密性，不想共用卫浴空间，认为这样自己没有单独支配的权利，从而不尽满意。有的居民舍不得这里邻里友好的生活状态，从而接纳或者忍受着低于社会一般水平的居住质量。同时，随着里分住区的不断拆除，这个陈旧的历史街区在社会中的价值定位也很模糊，这也影响着居住者对其的改造行为。自发地、低价的改造缓解暂时的问题即可，而不会有彻底的、高质量的设计。

3. 居住者的改造能力

在原始格局制约下，住户的改造能力是最终落实物质空间质量的因素。由于汉润里建筑产权的分散，改造公共空间变得困难重重，而改造的质量也良莠不齐。居住者基于自身设计的低成本的、不成熟施工不仅使得建筑失去原有的自然采光与通风优势，也使空间环境进一步恶化。而专业的、有品质的改造往往能在一定程度上改善问题。

（二）基于 POE 的汉润里公共卫浴空间的改造策略

在对汉润里卫浴空间的研究中，笔者体会到这里悠久的建筑历史与不断积累的生活经验都是珍贵的设计资源。原始的建筑空间经过时间的洗礼，居住者的打磨呈现出今日的场景。汉润里住区本身创造了浓郁的社区感、接触自然的生活空间、亲密的邻里空间，在西方设计思想中体现出中国传统的居住价值观。但这里也存在不可忽视的设计缺陷，在社会进程中不断被暴露。对汉润里公共卫浴空间的改造建议，本文认为应从以下三个方面进行提升。

1. 兼顾平衡的价值取向

在历史建筑再利用的过程中，不得不提的是历史价值与社会价值之间的博弈。许多

里分住宅因建筑物质条件无法满足现代化的居住需求而被淘汰，其历史随着形式一起消亡。在面对社会不可逆转的发展进程时，唯有将汉润里历史上的建筑特色与时代中新的使用需求结合起来，让汉润里继续扬长避短地发挥使用价值，才能真正意义上地将它保存下来。

2. 与时俱进的建筑内涵

在汉润里刚刚建成的时期，其卫浴空间布局与当时技术水平紧密相关，体现出超前的居住理念。经历近一个世纪的变迁，居住者自下而上的改造与适应，仍存在许多亟须解决的空间问题。汉润里灵活的空间属性为这些改造提供了空间，通过自上而下的合理规划，新技术、空间设计手段的合理运用，解决卫浴空间的基本生活障碍并不困难。而为历史住区注入与时俱进的居住理念是保持其活力的唯一出路。

3. 多元友好的社区生活

在历史上不同的时期，汉润里曾承担过多种社会职能。今天这里依旧处在汉口核心商业文化的中心，只是由于物质条件的落后而繁华不再。在物质条件改善的基础上，居住者基础的生活问题得到解决，原有社区活动必能焕发新生。优越的位置属性、悠久的历史内涵与丰富灵活的空间配置仍然是吸引新的住户与新产业的巨大优势。

结语

经历了近百年风雨的汉润里，从历史的先进走向现在的不适应，建筑设计的特色与价值，人民生活的智慧与抗争，都谱写出一段生动的建筑史。在与居住生活密切相关的卫浴空间里，技术的发展、居住理念的变化都鲜活地展现在这方寸之间。本文选取汉润里公共卫浴空间为研究的切入点，从历史设计布局、居民自主更新到现阶段的使用性能出发，收集原始信息。再根据基础资料结合使用后评价（POE）的方法确定继续研究的方向与深度，并选取典型案例进一步剖析。在原始建筑形态的基础上，居住者自下而上的物质更新与生活适应体现了历史建筑精神内涵与物质形态的矛盾冲突。这些源于汉润里初始布局的使用问题，在居住者不懈的自发改造下、长年的亲身体验中分毫毕现。这些自下而上的微更新展示出使用者的居住智慧，也表达出自主改造的局限性。而要使汉润里继续存活下去，必然要让其继续在社会进程中担当适宜的角色，展现出与时俱进的风采。在科学的改造解决其物质性问题基础上，汉润里的精神内涵与潜力将进一步被发掘。

注释：

① 武汉近代里分住宅，主要是指 19 世纪末到 20 世纪上半叶，在武汉较普遍建造的一种多栋联排式住宅，它较集中分布在汉口的江汉区、江岸区以及武昌沿江工业区地段，是近代武汉的一种主要居住建筑类型。这种住宅形式，在上海被称为 "里弄" 或 "弄堂"。李百浩，徐宇甦，吴凌 . 武汉近代里分住宅研究 . 华中建筑，2000（3），第 116 页。

② 1988 年，美国 Preiser 等人在其著作《使用后评价》中定义：POE 是在建筑建造和使用一段时间后，对建筑进行系统的严格评价过程。POE 主要关注建筑使用者的需求、建筑的设计成败和建成后建筑的性能。所有这些都会为将来的建筑设计提供依据和基础。POE 被译成中文主要意思是使用后评价或使用状况评估。不同的学者根据自己的研究对象对 POE 有不同的定义。赵东汉 . 国内外使用状况评价（POE）发展研究 . 城市环境设计，2007（02），第 93 页。

③ 李百浩，徐宇甦，吴凌 . 武汉近代里分住宅研究 . 华中建筑，2000（3），第 116 页。

④ 汉润里是中等里巷住宅。参见《江岸区志》，武汉：武汉出版社，2009 年，第 158 页。

⑤ 参见蓝宾亮主编：《武汉房地志》，武汉：武汉大学出版社，1996 年，第 17 页，1947 年汉口市各大里分房屋业主调查表。

⑥ 武汉地方志编纂委员会：《武汉市志·金融志》，武汉：武汉大学出版社 1989 年，第 23 页。

⑦ 街屋式里分是街屋建筑的一种，位于里分住区的临街部分，采用 "下店上宅" 的形式，亦有在临街底层设置骑楼。李百浩，徐宇甦，吴凌 . 武汉近代里分住宅研究 . 华中建筑，2000（3），第 116 页。

⑧ 黄绢 . 武汉里分住宅堂屋空间流变与分析 . 华中建筑，2007（01），第 169 页。

⑨ 王汙吾 . 汉口汉润里 . 武汉文史资料，2012（02），第 52 页。

⑩ 王汙吾 . 汉口汉润里 . 武汉文史资料，2012（02），第 55 页。

⑪ 武汉市江岸区地方志编纂委员会 .《江岸区志》，武汉：武汉出版社，2009 年，第 241 页。

⑫ 数据统计详见，李百浩，徐宇甦，吴凌 . 武汉近代里分住宅研究 . 华中建筑，2000（3），第 116 页。

⑬ 朱小雷 . 建成环境主观评价方法研究，南京：东南大学出版社，2005 年，第 20 页。

参考文献：

[1] 安春啸 . 旧建筑更新调研主观评价方法初探 [D]. 天津：天津大学，2006.

[2] 简·雅各布斯（Jan Jacobs）. 美国大城市的死与生 [M]. 金衡山译 . 南京：译林出版社，2005.

[3] 湖北省建设厅编著，李百浩主编 . 湖北近代建筑 [M]. 北京：中国建筑工业出版社，2005.

[4] 黄绢 . 武汉里分住宅堂屋空间流变与分析 [J]. 华中建筑，2007（01）.

[5] 黄浩 . 江西民居 [M]. 北京：中国建筑工业出版社，2008.

[6] 李百浩，孙震 . 汉口里分研究之一：汉润里 [J]. 华中建筑，2008（01）.

[7] 李百浩，徐宇甦，吴凌 . 武汉近代里分住宅研究 [J]. 华中建筑，2000（03）.

[8] 卢玉 . 武汉里分的改造探讨 [D]. 武汉：华中科技大学，2010.

[9] 陆地 . 建筑的生与死——历史性建筑再利用研究 .[M] 南京：东南大学出版社，2004.

[10] 罗威廉（William T.Rowe）. 汉口：一个中国城市的冲突和社区（1796—1895）[M]. 鲁西奇译. 北京：中国人民大学出版社，2008.

[11] 蓝宾亮主编. 武汉房地志 [M]. 武汉：武汉大学出版社，1996.

[12] 李晓峰、谭刚毅. 两湖民居 [M]. 北京：中国建筑工业出版社，2009.

[13] 武汉地方志编纂委员会主编. 武汉市志·城市建设志 [M]. 武汉：武汉大学出版社，1996.

[14] 武汉地方志编纂委员会主编. 武汉市志·金融志 [M]. 武汉：武汉大学出版社，1989.

[15] 武汉市江岸区地方志编纂委员会. 江岸区志 [M]. 武汉：武汉出版社，2009.

[16] 武汉市城市规划管理局主编. 武汉市城市规划志 [M]. 武汉：武汉出版社，1999.

[17] 王汗吾等. 汉口租界志 [M]. 武汉：武汉出版社，2003.

[18] 王汗吾. 汉口汉润里 [J]. 武汉文史资料，2012（02）.

[19] Wolfgang F. E. Preiser, Harvey Z.Rabinowitz, Edward T. White. *Post–Occupancy Evaluation*，New York：Van Nostrand Reinhold Company，1988.

[20] 杨茜. 汉润里半公共空间空间异化现象及类型研究 [D]. 武汉：华中科技大学，2013.

[21] 于志光. 武汉城市空间营造研究 [M]. 北京：中国建筑工业出版社，2010.

[22] 朱小雷. 建成环境主观评价方法研究 [M]. 南京：东南大学出版社，2005.

[23] 张松. 城市文化遗产保护国际宪章与国内法规选编 [M]. 上海：同济大学出版社，2007.

[24] 周卫. 历史建筑保护与再利用：新旧空间关联理论及模式研究 [M]. 北京：中国建筑工业出版社，2009.

[25] 周卫. 从等级空间切入的城市历史性住区改良——以汉润里住区更新为例 [J]. 建筑学报 .2008（04）.

[26] 赵东汉. 国内外使用状况评价（POE）发展研究 [J]. 城市环境设计，2007（02）.

[27] 庄惟敏. 建筑策划与设计 [M]. 北京：中国建筑工业出版社，2016.

图片来源：

图 1　为作者改绘，底图来自王汗吾等. 汉口租界志 [M]. 武汉：汉汉出版社，2003 年，1931 年汉口特三区（原英租界）街道房屋图。

图 2　4、6、7、8、12、13、16、17、18、22、23 作者自绘。

图 3　作者根据李百浩，徐宇甦，吴凌. 武汉近代里分住宅研究 [J]. 华中建筑 .2000（03），汉润里的空间序列图改绘。

图 5　作者根据李晓峰、谭刚毅主编. 两湖民居 [M]. 北京：中国建筑工业出版社，2009，第 215 页，图 4、图 5 湖北枣阳邱家前湾某宅改绘。

图 9~ 图 11、图 14~ 图 16、图 19~ 图 21　作者自摄。

表 1~ 表 3　作者自绘。

夏明明
（清华大学建筑学院　博士三年级）

"弱继承"，一种对历史场所系统式的回应

——以龚滩古镇为例

"WEAK INHERITANCE", A SYSTEMETIC RESPONSE TO THE HISTORICAL SITES

— TAKE GONGTAN ANCIENT TOWN AS AN EXAMPLE

■摘要："继承"一词在对历史场所的转换中一直扮演着重要的角色，而"继承"这一进程让人们想到的通常是对核心建筑、街区原真性的保护。笔者提出的"弱继承"，是指在历史场所的再造中不再局限于对某个标志性的建筑或街道的狭隘关注，而是对构成场所历史性特征场景要素更全面的系统式回应。笔者通过运用空间模拟软件对重庆龚滩古镇的空间结构加以分析，并对山地城镇构成的深层逻辑予以阐述，借此诠释"弱继承"在传统山地城镇改造中如何体现，以期待这一新的继承模式能够起到批判和借鉴的作用。

■关键词：弱继承；山地城镇；空间；系统分析；逻辑

Abstract：The word "Inheritance" plays an important role in the transformation of the historic sites，and people usually believe that the process of "Inheritance" means the authentic protection to the core buildings and streets. The author presents the concept of "Week Inheritance"，which represents the concern to the site will no longer be limited to the symbolic buildings and streets，but it is a comprehensive and systematic response to the elements those make up the historic feature scenes. The author explains how to reflect the emergence of "Week Inheritance" in the reestablishment of Gongtan ancient town based on the analysis of the space structure through using the space simulation software，and elaborates the deep logic which controls the formation of the traditional mountainous towns. The author hopes the new inherit mode can play a critical and guiding role in the future.

Key words：Week Inheritance; Mountain Town; Space; Systematic Analyze; Logic

一、提出问题的背景

对于历史场所保护与复兴的争论在工业革命之后变得愈发激烈，也产生了很多发人深省的保护理论。19世纪法国建筑修复运动代表人物维奥莱·勒·迪克（Eugene Viollet-le-Duc）提出了"风格化"的继承和保护思想，但"反干预派"代表约翰·拉斯金（John Ruskin）则在其著作《建筑的七盏明灯》中描述到：我们无论如何都没有触碰它们（历史建筑）的权利，它们部分属于建造它们的人，另一部分属于我们的子孙；这一观点充分地表达了对"风格化"继承和保护思想的批判。[①]而意大利建筑师卡米洛·博依托（Camillo Boito）则通过对历史建筑修复措施的可识别性的强调以及对历史建筑干预强度的确定，对以上两种观点进行了微妙的融合。从对历史场所的"继承"来看，以上理论关注点偏重于某个核心建筑或街道，但笔者的研究对象——山地城镇由于地形的限制，很多山地城镇是作为一个相对匀质的整体存在，并不存在所谓的"核心建筑"，所以对很多传统山地城镇历史的"继承"而言，以上的修复理论并不适用。所以，笔者提出"弱继承"的概念，是指在历史场所的再造中不再局限于对某个标志性的建筑或街道的狭隘关注，而是对构成场所历史性特征场景要素更全面的系统式回应。就传统的山地城镇而言，"弱继承"的保护方式有着更广阔的适用性：对于构成场地基本要素的全面关注有助于更好地理解山地城镇中特有的自然场域、空间层级架构等特征，并进一步探析城镇群落背后的隐藏逻辑，形成对山地城镇的全面认知，为场地历史文脉的延续提供更加准确、全面的参考和指导。

二、研究范本的选定

法国著名哲学家米歇尔·德·塞托（Michel de Certeau）在其著作《日常生活实践》中提到：人们对于城市的认知来源于发生在城市普通场所中日常生活的经历。[②]重庆大学徐坚博士在其论文《山地城镇生态适应性城市设计》中也指出：山地环境作为承载山地城镇的物质环境空间，其中紧凑的空间形态、多变的景观效应，其复杂结构在遵循了一定的组织逻辑后，为居民提供了个性化的生活空间，这为山地城镇研究提供了切入点。[③]由此可以看出，对个性化生活空间的分析是把握山地城镇物质形态背后关键逻辑的一个重要突破点，对生活图景的再现也成为对历史城镇"弱继承"的重要组成部分。基于以上对于研究对象的挑选标准，笔者认为位于重庆市酉阳县西部，乌江江畔的龚滩古镇是一个难得的研究范本。从历史的角度出发，龚滩古镇成于蜀汉，兴于明清，距今已有1700多年的历史，古代巴国人选址而居，兼具战争要塞和商贾交通之用，并且在2006年由于彭水水电站修建需要，龚滩古镇进行过一次集体的搬迁，从之前所在的乌江险滩向北整体搬迁到更高的凤凰山山坡上，历史文脉复杂深厚。以笔者的观点，选择龚滩古镇作为研究对象并非因为它在建筑表达上具有传统民居再表达"范本"式的水准，也不仅是它具有靠危崖，近险滩的地理特质，而整体搬迁之后的龚滩古镇从整个城镇规划的宏观层面再到街道肌理、建筑重建的微观层面都最大限度地保留了龚滩古镇原有的历史特质，并且龚滩古镇长期以来陆路交通的封闭性导致了古镇内部所保存的生活层面的空间图景较少受到当今城镇运动的干扰，这使得"弱继承"所倡导的对历史场所整体要素系统式的回应得到了很好的体现。接下来笔者将从自然场域、街巷感知、空间图景和场域细节四个层面对"弱继承"在古镇中的呈现方式予以辨析。

三、对自然场域的继承

挪威建筑理论家诺伯舒茨（Christian Norberg-Schulz）在其著作《场所精神》一书中从现象学的角度阐述了自然场所的结构和层次对空间感知带来的影响，并通过"地景"的概念对不同类型（如宇宙式地景、古典式地景、浪漫式地景等）的自然场域以及对人感知层面的影响进行了分类叙述。[④]诺伯舒茨明显受到了海德格尔的存在主义哲学思想的影响，并认为：自然场域里的地景决定了空间主要的存在内涵，自然场域为人提供了最为宏观和基本的感知。以山地为基底的自然场域，是笔者研究对象最主要的承载基底。以龚滩古镇所在的自然场域环境而言，自然地理构成要素非常复杂，这一复杂性不仅构筑了山地环境中丰富的空间层级关系，也很突出地展现出了诺伯舒茨地景类型分类中浪漫式地景的特质：这样的地景中不存在一种"单一意义"的空间，每一座山丘、每一块岩石背后都有一个新的场所，我们必须用移情的方式去接近自然，对自然亲密的参与比抽象化的元素和秩序来得更加重要。对于研究对象龚滩古镇所在的自然场域而言，最突出的地理特征是以乌江为中轴线，两岸山地围合而形成的"V"字形空间横断面，但当我们将点型空间剖面内的节点放大观察的时候，我们可以发现这个"V"字形的空间剖面系统是由多个具有自相似性的子系统叠加而成。以古镇所在的东侧山地空间为例，从河流至上至少有三种不同的"微结构"：浅滩、缓坡地和陡坡地。浅滩为江面和山地空间提供了一个可达的缓冲空间，并且由于下游大坝对江水水位的控制，使得浅滩这一缓冲空间能够持续稳定的存在；而坡地随着地势的不断升高呈台阶状布置，这样的自然场域结构也为该区域的空间布局起到了暗示的作用（图1~图4）。在对城市空间与自然场域关系的探讨中，英国著名的景观生态学家伊恩·麦克哈格在其著作《设计结合自然》中以一个"自然主义者"的身份对城市开发和景观建设的模式提出了质疑，在将城市建造从"纯建筑空间观"到"综合环境观"转变的过程中，麦克哈格的观点至今仍然具有很高的指导意义：空间秩序的营造需要通过感知来实现，城市空间与环境的适应性，也就是选择一个恰当的环境并适应那个环境，有机体实现更好的适应而不是将人造环境强加于自然，而是融合于其中；取而代之"城市空间序列"的将是"自然生态序列"，以达到一种城市空间与自然场域共生形态的和谐。⑤谈到如何处理现代城镇建造与自然场域的关系，我们也可以从国内近年来数次举办的以"乡村建筑设计"为主题的竞赛中看出国内学术界对于在自然场域内的人工环境营造的观点。在对获奖作品的品读中，我们可以多次看到设计师和评委使用"轻触式""低干预"的设计方法和评价体系。"轻触式"是最大限度减少对原有自然场域的不必要占用，而"低干预"则是把对自然场域内地形、地貌等自然要素的尊重放到最大。无论是麦克哈格在其著作中提到的"共生形态"思想，还是越来越受到重视的"轻触式""低干预"的建筑模式，这些对自然场域特征的继承以及对自然要素积极的回应在龚滩古镇街巷空间的更新中都得到了充分的展示。这不仅是"弱继承"在最宏观层面的体现方式，同时也给人带来自然、和谐的空间感知效果。

图1 场地自然地貌

图2 场地自然地貌

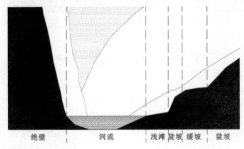

图3 场地空间断面

图4 场地竖向空间坡度关系

四、街巷感知

（一）街巷结构

回归到古镇本身。由于地形的限制，古镇内的公共街巷空间在水平和垂直方向上的尺度都较小。为了对古镇内部空间结构形成客观准确的认知，笔者将古镇的街巷空间导出成一个个微小的空间单元，并通过空间模拟软件在二维和三维的向度上对内部空间的属性进行分析，以求深入地了解空间结构在新旧古镇之间的继承关系（图5）。通过空间句法分析软件：depthmap 对古镇街巷空间的连接度和整合度（这两个指标是衡量古镇内部空间单元与其周边空间单元相互之间连接强弱程度的指标）的计算可以得知古镇内部街巷的活力强度和可达指数，散点图内街巷空间指数的分布可以更清楚了解不同空间单元指标的变化特征（图6）。由于场地内地形中高差的存在，单一水平向度的分析缺乏说服力，所以笔者结合场地的三维模型并通过地理信息分析软件——ARCGIS 对场地内空间单元垂直

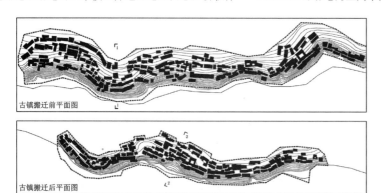

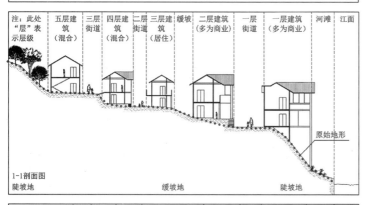

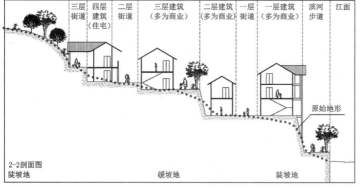

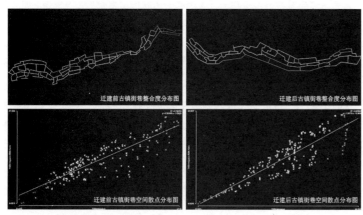

图5　迁建前后总平面和剖面

图6　depthmap 空间分析结果

向度的连接进行了分析。从分析的结果我们可以看出，从街巷结构的整合度和连接度而言，迁建后的城镇空间很好地继承了先的带状结构，整个空间系统中呈现出相似的以高连接度街巷沿长向贯穿的特征，这一横向街巷在空间剖面中对应第一或第二个街道层级（图7）。同时我们考察散点图（图6左下、右下）所反映的整个空间结构指标的函数分布关系，可以看出迁建前后的古镇街巷空间的各项指标的分布情况是大致相似的，都满足一次函数的线性关系。但当我们将平面内的核心区域放大后我们可以发现：迁建后的街巷结构中部靠近江面区域为一个积极的空间活力点，笔者认为这一变化跟带状空间的不同转折有关系；同时在放大图中我们可以看到连接水平主街的横向次一级巷道的连接度都较低（整合度都在17～30，而连接度较高的街巷整合度值在40以上），这充分说明了在街巷空间的营造中，对这一层级街巷通达性考虑的缺失（图8）。从笔者现场调研的情况来看，横向街巷连接度的缺失跟这一层级内空间建筑布局关系和场所内部导向有很大的关系：很多横向连接的街巷所面对的都是建筑的消极界面，并且多为单一的线性空间，缺乏空间尺度和场域细节等方面的连接优势。从空间软件所提供的结果来看，在空间结构这一宏观层面，迁建后的古镇空间很好的完成了对原有结构的"弱继承"。但在对微观一级的空间中，现有的古镇空间并未很好地利用临江部分新增的活力点，同时竖向的主街巷之间缺乏优质的对接空间。

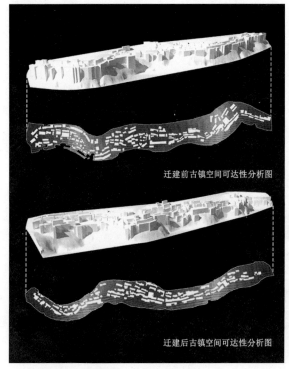

迁建前古镇空间可达性分析图

迁建后古镇空间可达性分析图

图7　ARCGIS 分析结果

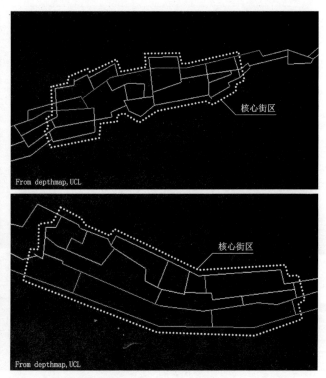

From depthmap, UCL

核心街区

From depthmap, UCL

核心街区

图8　核心街区的空间连接度

（二）对空间感知的继承

从空间感知的层面出发，山地城镇与平原城镇相比能够通过自然地势的竖向变化创造出更加丰富的空间层级，同样可以根据视线的指引不断强化城镇整体与山地地貌的关系。从空间感知出发对山地城镇空间肌理进行组织的方式在西方建筑历史上出现过非常经典的城镇案例，以笔者的亲身经历而言，位于瑞士南部意大利语区的山地小镇贝林佐纳卡斯特罗大城堡建筑群（Castello di Sasso Corbaro）在参观感知过程中具有很强的引导性，在围绕主要步行路径进入城堡建筑群的过程中，人的感知不断地被强化为三个层次（如图9、图10所示）：近处的古堡城墙内部的街巷空间、中远处贝林佐纳城镇空间和最远处的山景。在行进过程中虽然三个层次的空间比例会根据路径中视点的变化而变，但每一个层级的空间都会有固定的层级特征以强化人对场所的感知。以山体为例，在路径中重要节点所得到的视图中可以看出在远景山体之间"V"字形的夹角所暗示的空间关系在不同视点反复出现，这一自然场域的提示信息在龚滩古镇中同样可以感受到（图11）：在街巷的线性空间或者放大的广场空间都可以充分感知古镇东西两侧山体的不同的坡度关系，这种人造场域与自然场域的持续性对接能够从空间感知上大大提高人工场域的在地性。中国传统街区空间是中国传统文化的重要表现形式，在古镇街巷空间内部，相较于被现代商业过度侵蚀的很多古镇而言，龚滩古镇的街巷空间组织采用了一种非常具有生命力的模式：以商业性为主导的街巷和以生活性为主导的街巷在坡地上平行布置，这一布置模式使节奏快慢相异的空间相互影响，促成了一种具有生命力的城镇肌理空间。而龚滩古镇内部则是通过"商业街巷"和"生活街巷"来对空间"快"和"慢"的属性加以划分。

1. 商业性街巷的"快"

笔者通过 Depthmap 对古镇街巷空间进行重塑，与讨论街巷结构的分析所不同的是，笔者将空间从线状结构转换成面状结构，这样能够更客观地反应不同空间之间的连接关系。在对面状空间模型的分析中，Depthmap 通过"空间深度"这一指标来量化空间内每一个面状单位之间到达的距离，从而得知相应空间单元的"空间深度"（红色部分表示节点距离总和较长，空间深度深）。从图12中可以得知，商业性街巷主要集中在图中部分"空间深度"较浅的区域，并且这一片区街巷尺度相对开敞，并且街巷在一段距离的线性延展后会有局部放大的广场空间，这一广场的功能不仅是作为商业街巷"快"速流动之后的缓冲。从使用功能上来讲多为商品售卖店、客栈大堂和餐厅等，街巷内部的D/H比值的变化范围维持在0.8～1.3之间（日本著名建筑理论家芦原义信在其著作《外部空间设计》中指出城市中街道的D/H比值在1左右从人的感知层面出发较为舒适，否则会显得压抑或空旷）。⑥同时，这一空间与前文所提及的"自然场所"的感知紧密联系，形成图13所示的感知视角，以暗示人工街巷与自然场域的紧密对接。

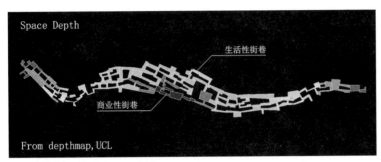

图12　迁建后的古镇街巷空间深度图

图9　贝林佐纳大城堡与环境的关系

图10　贝林佐纳大城堡与环境的关系

图11　龚滩古镇与环境的关系

2. 生活性街巷的"慢"

相对于商业街巷的而言，生活街巷的"慢"是更令笔者感动的真实场所，因为在生活性街巷中，蕴含了龚滩古镇有别于其他古镇的历史和生活文脉仍然在这些"慢"街巷里生生不息。如图14所示，生活性的"慢"街巷主要集中在图中红黄色部分空间深度较深的区域，这些区域主要位于场地的南北两侧和东侧山坡海拔较高处（图5"2-2剖面图"中的第三层级街巷）。这一层级的街道在结构是单侧建筑围合，另一侧为自然地貌的街巷空间（如图15所示），街巷的尺度也较为开敞，D/H的比值也是在0.6～1之间。而此类街巷空间所承载的功能更加复杂：公共集会时的餐厅、厨房、居民休息空间、特色文化活动空间、建筑生活性出入口等；一侧的建筑也通常作为古镇中特有的生活、文化性产品的作坊，古镇居民住宅的会客厅等。从人的感知层面来说，生活性街巷内部的空间充满了可参与性，每一个特殊的生活场景：一群在屋檐下纳凉老人的交谈，正在进行的传统食品的加工制作，都是能给人留下深刻印象的感知材料。⑦并且这一蕴含了生活场景的街道空间通常通过垂直的次级巷道空间与第一层级的商业性街巷串接，形成了一个没有隔墙、充满暗示的城镇网络，这种充满了"孔隙"的城镇网状结构真正地实现了城镇资源的共享，人们在这个网状街巷系统中活动，可以不断地从观看、参与再到观看的角度真正成为这个城镇"空间图景"的一个重要部分。⑧

图13　古镇商业性街巷空间关系

图14　古镇生活性街巷空间关系

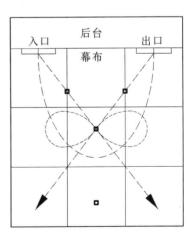

图15　舞台上演员位置和行动路线之间的空间关系

五、对空间图景的继承

在当下对山地城镇的建设中，对效率全面倾斜的建设模式使得设计者对山地城镇中除物质形态以外其他层面鲜有关注。但这样的模式不仅会使我们怀疑，在现代性将我们的城镇去特质化之后，这样的纯物质空间能否继续担当存储空间记忆、唤起空间感知的角色？笔者认为，对于一个具有历史性特质的城镇而言，城镇中所承载的不同类型的空间图景可以看作是历史或记忆片段的再演绎。清华大学李晓东教授在其著作《中国空间》一书中对中国传统戏剧的舞台空间布局和内涵进行了阐述：舞台空间内涵不是靠实际的物质实体来划分是通过演员位置的相互关系来确定，演员的表演为舞台空间创造了意义。这一类型的空间关系中有两类要素：动态表演和与之相对应的静态空间环境。[9] 在对古镇空间的调研中，笔者认为从构成空间意义的两大要素——动态的空间"表演"和静态的空间环境——对空间图景意义的解析同样适用：在古镇的特殊历史环境中，动态空间的"表演"可以看作是在不同功能空间内部的人的行为习惯以及人的行为背后对古镇空间带来的影响；而"静态环境"可以理解成构成这个复杂古镇空间网络内部不同尺度的空间单元，可以简化为：院子、平台、广场、檐下空间等。笔者选择龚滩古镇内部具有代表性的图景空间为对象进行分析：

（一）图景一

如图16所示，该区域为古镇内部生活性巷道与商业性巷道相互交接的一个半室外区域，笔者也认为该区域是整个龚滩古镇生活图景保留、营造最为成功的区域之一。

从动态活动和静态环境两个方面来讲，这一半室外空间很好地承载了数种空间"主角"的"表演"：以古镇原住居民为"主角"的娱乐、纳凉"表演"，以游客为"主角"的"观看和拍照表演"。每一种空间的"表演"都存在着相互渗透性和时间性，同时每一种"表演"的内容都在为这个场所填充着充满"不确定性"的空间图景。日本著名建筑师伊东丰雄在现代建筑演绎中对空间的"不确定性"在其设计作品仙台媒介中心和相关著作《非线性建筑设计》一书中有着精辟的解释（图17），伊东丰雄的对空间"不确定性"的理解受到了法国后现代主义哲学家吉尔·德勒兹的影响，通过"游牧"这一概念对"不确定性"空间进行了诠释：空间打破原有层级性、统一性和整体性的限制，空间及其内涵自由拓展，不断创造新的连接，不断衍生出新的差异。[10] 空间内这一"不确定性"的特征也可以看作是伊东丰雄通过建筑空间的重新组织对现代主义中客观和工具理性的一种"非理性"回击。回归到古镇场所本身，这一区域的空间图景中所蕴含的"不确定性"活动成为这一灰空间场所价值和趣味的体现，这一图景的营造不论是自发形成还是人为之，都可以看作是龚滩古镇所蕴含的高超的空间技艺。

图16 古镇内商业性和生活性街巷交叉的空间图景

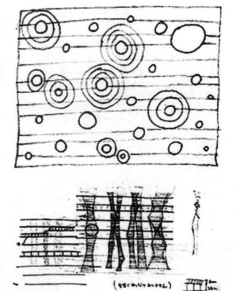

图17 仙台媒体中心手绘设计图纸

（二）图景二

图18所反映的是古镇空间剖面竖向标高中位于最上一层的生活性街巷，该街巷也反映了最高一层的生活性街道单侧围合、尺度较为开敞的空间尺度特征。与图景一所反映的"生活性"与"商业性"相互混合不同，图景二更多的是对"生活性"街巷内部图景多样性的暗示。笔者在前一章节对生活性街巷的"慢"的描述中，提到过这一层级的公共空间内古镇居民生活的丰富性：古镇居民家族聚餐、自发的文化娱乐活动、生活用品售卖等一系列生活图景，就与之对应的物质空间而言，这一生活层级的街巷和纯商业性街巷的空间架构具有一些明显的区别。图19为该区域街巷内部分室外公共空间的平面图，从街巷的平面结构我们可以看出，除满足在街巷空间内部的交通流线需求之外，在街巷的横向部分会通过一侧对山地的开凿和另一侧建筑的退让在交通空间旁形成"微广场"空间，这一空间的面

积通常很小（一般在 15～20 平方米），但是对街巷生活图景的营造是至关重要的：如建筑门前的微广场空间可以成为展示古镇传统手工艺的展览场，山坡坡地一侧的微广场空间则可以被用作古镇居民大规模聚餐时的公共厨房和餐厅（图 18）。线性街巷内的"微广场"空间触发了街巷内的"微场景"，而这些与当地地域空间行为紧密联系的"微场景"使得古镇的街巷不仅满足了日常通行的基本交通需求，也为龚滩古镇注入了有别于被资本过度浸润的其他山地城镇，也有别于其他类似传统古镇的地域特质。[⑪] 从对以上两幅空间图景的分析而言，无论是在空间的物质组织层面还是在物质层面之上的对"空间行为"的引导，都使古镇所呈现的空间图景充盈着一种"不确定性"，而正是这种仿佛以片段予以呈现的"不确定性"，会让人对城镇空间的感知呈现出一种意犹未尽、纷至沓来的丰盈和独特之感。

六、对场域细节的继承

按照空间的操作逻辑，从空间结构和层级初步确定，到街巷系统搭接关系的完成，再到内部空间图景的成功塑造，一个古镇空间体系似乎已经完整地进行了从宏观到微观的操作过程，就像前文《中国空间》中提到一个舞台已经进行了从舞台物质环境再到演员站位表演的整体筹备。但一个能够使人在"一见钟情"的热情褪去之后仍然能够"流连忘返"的城镇空间，除了在街巷结构和图景营造层面的步步引导，同时也依赖于场域内空间或场景细节给人感知所带来的某种微妙的情感对接，这种场景的细节就像是舞台剧中演员的化妆、服饰，舞台布置中突出的色彩、空间特点等，与人的感知形成持续性的勾连，从而滋生出人对某一场所或场景的特殊情结。

不可否认的是，对空间"标志物"的识别通常是人们对于某个场所建立感知的首要方式，但对于一个在历史进程中自发形成的古镇而言，整个城镇空间内部并没有高大的、尺度夸张的、与周边环境形成强烈反差的空间单元能够成为所谓的"标志物"，但对于龚滩古镇的游客或者古镇居民而言，场所内部所包含的雕花窗、叠桥、跨街拱门、石台阶等，这些散布在古镇场所内的空间细节构成了一种微观层级的"标志物"。清华大学周榕教授所著的《向互联网学习城市——"成都远洋太古里"设计底层逻辑探析》一文中将人对这一空间层次的感知形容为"身体粘度"的增加，并认为在当代的商业街区中，这一层次的空间设计会通过"自拍"这一方式迟滞空间内人的行进速度，形成空间形象的地毯式传播。[⑫] 但对于生活性场景和商业性场景相互叠加的龚滩古镇而言，笔者认为在物质层面，这一层次的设计更重要的作用是为更加丰富的空间活动的产生与交织提供引导与可能；在感知层面，由空间细节和在内部发生的活动场景共同叠合而成的图景使得龚滩古镇成为一个不可断章取义的整体"标志物"。笔者利用 Depthmap 对街巷空间内的一个主要空间节点进行了视线集成度的分析（高集成度较高的区域表示具有良好的视线通达性和可视性），从图 21 中我们可以看见在小尺度的街区中，由于建筑之间的相互遮挡，区域内的视线整合度较低，但在该区域内视线整合度较高（红黄色部分）的区域集中在两条或三条街巷的交叉处或者建筑临近街巷的主要转角处，形成了环绕中心遮挡物视觉集中带。在古镇的实际布局中，在只有在右下角的视线集中区域设置了相应的空间标志物与之对应，而另两个集中点并未有任何相应空间处理。笔者认为如果能够加强对该区域视线集中区域内标志物的处理，能进一步增强空间场域与人感知之间的勾连，昭示着古镇空间是作为一个

图 18 生活性街巷的空间图景

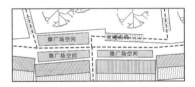

图 19 生活街巷的局部平面图

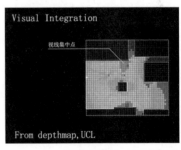

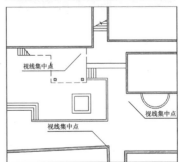

图 21 空间节点视线整合度分析图

图 20 街巷空间细部节点处理

整体的"标志物"而存在。

七、总结与反思

在当前对于古镇空间开发愈演愈烈的大背景下，我们几乎每隔一段时间就可以看到披着"文化""历史"外衣的古街、古镇粉墨登场，招摇过市。但当我们仔细审视这些快速呈现的城镇空间，发现它们所缺失的正是在自我宣传中所努力标榜的东西。®但反观龚滩古镇，笔者认为它呈现给我们的却是一个真实、完整的古镇范本：完整性表现在古镇空间重构的过程中从山地自然地理环境的适应，到街巷空间肌理的编织和建筑群落布局关系的再造，再到场域细节在街巷空间内散布并达到对空间活动产生起到诱导和提升作用，龚滩古镇向我们展现了一套不同于商业资本操作之下城镇空间的生长模式；而真实性则体现在古镇几乎完整地保留了上千年所沉积下来的历史印记和当地居民传统的生产、生活方式。这一系列的空间图景都通过真实而又让人充满想象的方式在古镇的街巷中一一呈现，这一对历史建筑全局式的回应正好就是"弱继承"所倡导的保护理念。笔者认为"弱继承"给我们带来的启示可以从如下几个层次予以呈现：

（一）场地关系

"弱继承"中"弱"这一量度词表明了建筑与环境的相接方式是通过"轻触式"与"低干预"实现的，这也暗示了人工环境对自然场域最低限度的影响。山地城镇中特殊的地理环境不仅是城镇选址和布局中的重要因素，并且自然环境与城镇的密切联系会密集地渗透人对整个场地环境的感知中，并且这一联系会比在平原中的城镇体现得更加全面、深刻。所以，"弱继承"中最宏观、最基本的层面就体现在城镇空间底层界面以最低干预的方式与自然地貌的接触之上。

（二）街巷肌理

在山地城镇的更新中，对街巷肌理的"弱继承"不是指对原有街巷结构的原封不动的照搬，而是在对原有的街巷结构进行充分认知后，在新的城镇以"弱"的方式与自然地貌相互连接的基础之上，重新完成对城镇肌理的编织。新的城镇肌理从构图层面来讲和旧肌理之间也许会有较大的区别，但新城镇内不同功能体块之间的架构关系以及街巷结构对整个城镇空间的影响（如前文中提到的空间连接度、整合度、深度等）是相似的。

（三）生活图景

对生活图景的继承是在完成了对物质空间继承的基础之上对空间精神内涵的进一步填充，也是"弱继承"这一系统性回应方式的重要组成部分。"弱继承"中对古镇空间图景的延续不仅是对原住民在古镇中居住场所的保留，更多的是通过商业和生活空间的相互浸润激发原住民对于古镇历史积淀（如传统食品、手工艺等）的改进和再利用，从而发掘出新的历史和商业价值。"弱继承"理论中对生活图景的延续不仅能缓解商业资本对古镇空间过度的侵袭，同时能更好地凸显每一个古镇的自我特征。

（四）场域细节

场域细节是"弱继承"理论所关注的最微观的层级，但也是不可或缺的一个层级。"弱继承"理论在这一层级内所关注的是对古镇内"微空间"的氛围营造，这一层级空间氛围的质量取决于空间细节本身的历史、美学价值以及在街巷整体空间内部的位置关系。从前文的分析中我们可以得知，街巷空间中不同街巷的交接处和建筑的转角空间是人的视线最易抵达的区域，在这一区域内对场域细节有力的表达能够营造高质量的可感知对象，使整个古镇空间成为一个连续、饱满的整体场域。

本文的研究是通过对龚滩古镇内部空间结构逻辑的深层次分析对"弱继承"保护理论从宏观到微观层面的一次全面诠释。笔者认为"弱继承"这一保护理论不仅为历史城镇的保护提供了一种新的视角，同时也是一次对传统山地城镇更新运动的一次批判性反思，笔者认为在广大建筑师、规划师心中"根深蒂固"的设计套路已经愈发具有局限性，而突破这些局限性的方式不是去寻找更华丽、炫目的设计方式，而是抱着"弱继承"的心态，去发掘古镇肌理中所蕴含的那些控制古镇生长、发展的内在逻辑，因为这些饱含着情怀的历史场所才是当下和未来的设计师们取之不竭的设计资源。

注释：

① 见约翰·拉斯金.建筑的七盏明灯 [M]. 济南：山东画报出版社，2012，09：157-177.

② 见米歇尔.德.塞托.日常生活实践 [M]. 方琳琳译.南京：南京大学出版社，2009：89-99.

③ 见徐坚.山地城镇生态适应性城市设计 [M]. 北京：中国建筑工业出版社，2008：55.

④ 见诺伯舒茨.场所精神：迈向建筑现象学 [M]. 施植明译.武汉：华中科技大学出版社，2010，07：23-47.

⑤ 见伊恩·麦克哈格.设计结合自然 [M]. 芮经纬译.天津：天津大学出版社，2006，10：166.

⑥ 见芦原义信.外部空间设计 [M]. 尹培桐译.北京：中国建筑工业出版社，1985：18-19.

⑦ 见 JACOBS.JANE. *Great Streets*[M]. Massachusetts：MIT Press，2001：302-303.

⑧ 见 PEPONIS，J，R. CONROY-DALTON，ET AL. *Measuring the effects of layout on visitors' spatial behavior in open exhibition settings. Environment and Planning B：Planning and Design*[D]. 2004 中关于 spatial behavior 的观点.

⑨ 见李晓东、杨茳善.中国空间 [M]. 北京：中国建筑工业出版社，2007：80-99，对中国戏剧中隐喻空间的论述.

⑩ 见伊东丰雄建筑设计事务所.非线性建筑设计：从仙台到欧洲——建筑大师论坛系列 [M]. 北京：中国建筑工业出版社，2005，12，对于仙台媒体中心设计过程的论述.

⑪ 见 CONROY-DALTON，R. *Spatial Navigation In The Immersive Virtual Environments*[D]. Bartlett School of Architecture. London，University of London. PhD，

2001，13-14，关于 Pedestrian Movement and Emergent Phenomena 的论述.

⑫ 见周榕.向互联网学习城市——"成都远洋太古里"设计底层逻辑探析 [J].建筑学报，2016，06，对"太古里"功能分区部分的论述.

⑬ 见肯尼斯·弗兰普敦.建构文化研究：论 19 世纪和 20 世纪建筑中的建造诗学 [M].王俊阳译.北京：中国建筑工业出版社，2007：第十章 后记：1903—1994 年间的建构之路中对现代性的批判.

参考文献：

[1] CONROY-DALTON，R. *Spatial Navigation In The Immersive Virtual Environments*. [D] Bartlett School of Architecture. London，University of London. PhD，2001.

[2] JACOBS.JANE. *Great Streets*[M]. Massachusetts：MIT Press，2001.

[3] 肯尼斯·弗兰普敦.建构文化研究：论 19 世纪和 20 世纪建筑中的建造诗学 [M].王俊阳译.北京：中国建筑工业出版社，2007.

[4] 李晓东，杨茳善.中国空间 [M].北京：中国建筑工业出版社，2007，08.

[5] 芦原义信.外部空间设计 [M].尹培桐译.北京：中国建筑工业出版社，1985.

[6] 米歇尔·德·塞托.日常生活实践 [M].方琳琳译.南京：南京大学出版社，2009.

[7] 诺伯舒茨.场所精神：迈向建筑现象学 [M].施植明译.武汉：华中科技大学出版社，2010，07.

[8] PEPONIS，J，R. CONROY-DALTON，ET AL. *Measuring the effects of layout on visitors' spatial behavior in open exhibition settings.Environment and Planning B：Planning and Design*.[D] 2004.

[9] 徐坚.山地城镇生态适应性城市设计 [M].北京：中国建筑工业出版社，2008.

[10] 伊东丰雄建筑设计事务所.非线性建筑设计：从仙台到欧洲——建筑大师论坛系列 [M].北京：中国建筑工业出版社，2005，12.

[11] 伊恩·麦克哈格.设计结合自然 [M].芮经纬译.天津：天津大学出版社，2006，10.

[12] 约翰·拉斯金.建筑的七盏明灯 [M].济南：山东画报出版社，2012，09.

[13] 周榕.向互联网学习城市——"成都远洋太古里"设计底层逻辑探析 [J].建筑学报，2016，06.

图片来源：

图 1　场地自然地貌：笔者自绘.

图 2　场地自然地貌：黄超摄.

图 3　场地空间断面：笔者自绘.

图 4　场地竖向空间坡度关系：根据笔者自摄图片改绘.

图 5　龚滩古镇总平面图和剖面图：根据重庆龚滩古镇拆迁规划部图纸改绘.

图 6　Depthmap 空间分析结果：Depthmap 软件导出.

图 7　ARCGIS 空间分析结果：ARCGIS 软件导出.

图 8　根据 Depthmap 计算结果自绘.

图 9　贝林佐纳大城堡与环境的关系：吕诗旸摄.

图 10、图 11　龚滩古镇与环境的关系：笔者摄.

图 12　Depthmap 软件导出.

图 13、图 14　古镇街巷空间关系，笔者自摄.

图 15　舞台上演员位置和行动路线之间空间关系：《中国空间》，中国建筑工业出版社.

图 16　古镇内商业性和生活性街巷交叉的空间图景：作者自摄.

图 17　仙台媒体中心手绘设计图纸：《非线性建筑设计：从仙台到欧洲——建筑大师论坛系列》，中国建筑工业出版社.

图 18　生活性街巷的空间图景：笔者自摄.

图 19　生活街巷局部平面图：笔者自绘.

图 20　街巷空间细部节点处理：笔者自摄.

图 21　空间节点视线整合度分析图：Depthmap 导出.

张书铭
（哈尔滨工业大学建筑学院 博士二年级）

近代建筑机制红砖尺寸的解码与转译

Analysis of the machine-made red brick size of modern architecture

■摘要：建筑机制红砖尺寸，是工业标准化的产物。在近代建筑中，不同国家机制红砖规格的尺寸有差异，这与各国营造尺的不同有关，通过文献的解码、与实物相互印证以及营造尺的探究，研究探析出建筑机制红砖尺寸背后的大量历史信息，并从政治权属、时间属性等多维度对红砖尺寸进行解码和转译，以对还原历史建筑原貌、重新审视当代砌块建筑的设计理念提供一种新视角，并尝试将历史作为一种设计资源进行阐释。

■关键词：机制红砖；近代建筑；标准；尺寸

Abstract：Machine-made red brick size is the product of industry-standard. Through a method which measure many size of red building brick，finding out the size whether or not to agree with the literature. This study determined impacts on size changing by different political regimes，These findings of the research have led to the conclusion that decoding the mysteries of history use different standard sizes.

Key words：Machine-made Red Brick; Modern Architecture; Standard; Size

　　机制红砖的尺寸、规格冗杂多样，这种差异不仅仅是因为复杂的政治、经济环境，还受殖民国家之间迥异的工业标准体系影响，因此对机制红砖尺寸的研究就显得尤为重要，早在 1932 年长仓不二夫在《满洲建筑杂志》上发表《新规格炼瓦に就て》、1939 年的《满洲建筑概说》中就记载了中、日、俄三国的标准机制红砖尺寸和推行时间。现代以来，日本学者山尾敏孝、高柳正胜在《構造材料からみた熊本県の近代土木遺産の特徴に関する考察》中记述了国际标准化运动对日本红砖尺寸的影响。早稻田大学的百野太阳撰文《近代日本の煉瓦生産改良を巡る建築家と材料生産者の相互交流》介绍了推动红砖标准化的建筑师。清华大学的刘珊珊在博士论文《中国近代建筑技术发展研究》中对近代红砖如何契入中国进行了溯源。笔者基于前人的研究，运用文献与实测证据相互印证的方法，着重对东北近代建筑使用红砖的规格进行梳理，并总结出相关规律。

一、东北机制红砖的发展沿革

1886 年李鸿章在东北修建旅顺军港时，德国工程师善威（Samwer）引进"西法"制砖用于军港建设，红砖生产技术引入东北。[①] 早期的红砖建筑可见于 1890 年英国在营口兴建的太古洋行，建筑所用红砖全船从英国运来，可以看出这一时期的红砖，仅限于建筑单体的应用，并没有大面积推广。真正的推广是在 1897 年俄国修筑中东铁路，由于旅顺、哈尔滨、大连等城市的建设工程量极大，当地的青砖供给和远途输送都不能满足建设需求，以大连港为例，早期中国承包商承建了很多砖厂，用露天式的炉子烧制红砖，这批红砖规格误差很大，质量很差，砌筑参差不齐，既不美观，墙体的稳定性也差。而机制红砖则不同，以苏联国家标准 530-41 为例，为保证墙体砌筑的坚固和美观，成品砖一等品与标准尺寸的偏差，长度在 ±5mm 以内，宽度和厚度在 ±3mm 以内，二等品为长度 ±8mm 以内，宽度和厚度在 ±4mm 以内，超过容许偏差的砖将成为残品处理，在砌筑建筑时采用同等级的砖进行砌筑，不符合强制性标准的产品，禁止生产、销售和进口。[②] 所以，为了改善砖的质量并保证城市建设所需，大连工程管理机关在城市和铁路线结合部（今大连春柳和金家街一带）建起了砖厂，采用高夫曼炉烧制，年产达到 420 万块。[③] 哈尔滨在西郊的顾乡屯建有铁路局直辖的砖瓦工厂，有露天窑厂数十个和年产 1200 万块红砖的霍夫曼窑窑 2 座。[④] 旅顺在孙家沟净水厂附近仍残留用青砖砌筑的霍夫曼窑烟囱遗迹，这一时期俄式建筑采用印有 T 字标志的红砖，整条中东铁路大量采用 270mm × 130mm × 65mm 规格的机制红砖。

甲午战争后，日本开始在东北开办砖厂，如 1903 年日本人松浦如之郎在牛庄（营口）开办砖厂，1905 年"日俄战争"后日本通过《朴茨茅斯和约》攫取原中东铁路宽城子至旅顺口段铁路，1906 年成立南满铁道株式会社，开始在南满铁路沿线采用"轮窑"和"登窑"生产红砖。通过对营口、旅顺、大连的日本建筑红砖进行实测，发现主要采用 230mm × 110mm × 60mm 规格的红砖，1931 年日本发动"九·一八事变"侵占整个东北，日本红砖突破满铁附属地的局限在东北地区推行，仅长春一地 1934 年产量高达 2.3 亿块[⑤]。

洋务派在 1881 年开设开平煤矿矿务局，兴建砖厂生产"开滦砖"，在东北销售。到 1907 年松毓等人订购德国制砖机在吉林开办吉新机器造砖有限公司，沈阳、哈尔滨、吉林等地的民族砖厂陆续兴起，[⑥] 但由于日、俄红砖的竞争，中国民族红砖处于萎靡状态。以营口老街为例，当时中国人经营的永同和油坊、宝和堂等商铺采用 230mm × 110mm × 60mm 规格的东京旧制红砖，日本红砖在开埠城市占有大部分市场。1910 年代后期中国红砖窑业开始迅猛发展，1910 年中国人聚居的傅家甸地区还是青砖的平房，到 1916 年傅家店的头道街至十六道街两侧已商铺林立，建筑工程日多，砖瓦之需要亦日广，经营窑业者，先后继起，栉比鳞次，大有蒸蒸日上之势，[⑦] 1917 年沙俄被推翻，中国窑业获得发展契机，加之中东铁路部分权收回，奉系军阀对东北的统一，使得沈阳、锦州、吉林、黑河等重镇城市得以发展，沈海、吉海、呼海等民族铁路着手兴建，中国砖厂生产的红砖开始采用原煤为燃料，用轮窑焙烧，与白俄砖业角逐东北市场。1929 年"东盛窑"经理翟肇东等人发起成立半官方行业组织"东省特别区哈尔滨市砖窑同业公会"，登记造册的同业砖窑（有字号的）82 座，其中最有名的半机械化制坯窑业有王兰亭的"同兴窑"、杨美声的"义和机器窑"、洪宝华的"大东窑"。当时哈尔滨市的青红砖年产量超过 3000 万块，民族制砖业蓬勃发展。[⑧] 1938 年后日本开始限制中国人独资开办砖厂，并插手中国民族窑业公司，哈尔滨"同兴公司""义和大窑"逐渐被日本人操控。1939 年哈尔滨开办的"福昌窑业公司"蚕食中国民族窑业，到 1942 年，全市所有较大、较有名气的砖瓦窑场都被吞并进窑业组合，所生产的砖瓦由福昌公司统一出售，对中国私人个体小窑场构成严重的威胁，一些民办小窑场纷纷停业或倒闭。[⑨]

二、红砖尺寸的解码

侯幼彬教授所著的《中国建筑之道》中列举了重建历史事实的多种方法，其中有三种表述如下：

第一，深入到古典文献内部去阅读，用训诂、考据等国学传统方法去研究，可获得一种具有历史感或贴近古人经验的体认与感受；

第二，用考古类型学方法研究古建筑的形态构成及演化规律……突破了文献研究的局限性，将实物与文献并重，使得中国建筑史获得了规范化的学科形态；

第三，对古建筑的尺度规律进行研究。以陈明达、傅熹年等学者为代表，通过分析古建筑各部分的数据，推测当时工匠的建造用尺，进而探究设计方法与规律，甚至勾勒出建造与大修的可能轨迹。

论文以近千栋东北近代建筑红砖尺寸为样本，进行逐一实测，并通过这三种方法对建筑机制红砖尺寸进行解码与转译。

（一）文献的解码

机制红砖规格作为工业标准，在各国规范中有明确的规定，并且严格遵循。

1. 日本红砖

日本标准红砖在东北主要推行两类，早期在满铁沿线应用东京旧型标准红砖，尺寸为230mm×110mm×60mm。[⑩]1924年3月27日颁布实施日本标准规格（JES），并在第8号类别A规定日本标准红砖尺寸为210mm×100mm×60mm，[⑪]满铁于1928年3月7日将230mm×110mm×60mm、210mm×100mm×60mm两种尺寸红砖定为满铁工业品标准规格。1931年东北沦陷后，傀儡政权的满洲营缮需品局将230mm×110mm×60mm的红砖尺寸定为官厅标准，在整个东北推行。[⑫]

2. 俄国红砖

沙俄标准机制红砖尺寸为270×130×65mm，苏联接管中东铁路后，在1925年左右已经开始大规模使用250×120×65mm的苏联机制红砖，1928年5月1日正式在苏联全国推行新制标准红砖，废止原沙俄标准红砖。[⑬]

（二）实物与文献并重

然而在红砖规格缺乏文献的情况下，运用考古类型学方法，通过对已知采用该类红砖建筑进行尺寸的测量，将实物与文献并重，利用红砖形式和材料的原真属性，逆推出该类红砖的标准规格。

1. 中英开滦红砖

1900年英商墨林公司攫取开平矿务局，改名开平矿务有限公司，生产质量优异的耐火砖、缸砖。1912年与滦州煤矿合并，成立开滦矿务局。出产"CALCO"英文商业标识的砖制产品。1913年以后为防止仿冒，开滦矿务局放弃原商标，改用开滦矿务局英文（Kailan Mining Administration）的缩写"KMA"字样新标。通过对哈尔滨、秦皇岛等地采用的该耐火砖、红砖规格进行实测，发现KMA字标的红砖多在220mm×110mm×55mm上下偏移，从而逆向推测出英资控制的KMA红砖采用该尺寸，实例有1928年开滦矿务局秦皇岛发电厂。

2. 中国红砖

中国红砖的规格较为复杂，以哈尔滨道外为例，则出现了245mm×120mm×55mm、230mm×120mm×50mm、235mm×110mm×50mm、250mm×120mm×50mm等数十种红砖规格，砖长230~250mm，宽在110~120mm，厚50~55mm，与日、俄、英三国红砖差异明显，在实测中发现，240mm×115mm×55mm这种机制红砖规格用量较大，哈尔滨吉黑榷运总局、同兴公司办公楼、同兴街住宅群均采用这一尺寸，而承建人是哈尔滨最大的半机械化制坯窑业"同兴窑"的厂主王兰亭，由此推测"同兴窑"的制砖机采用该规格。[⑭]此外，还有由中国官办的民族铁路呼海铁路的兴隆镇砖窑厂也采用该规格（图1、表1）。[⑮]

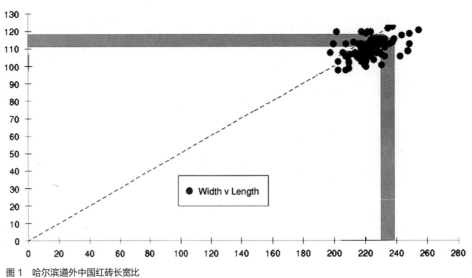

图1 哈尔滨道外中国红砖长宽比

哈尔滨部分民族建筑红砖尺寸一览表^⑯表述 → 表 1

现址（哈尔滨）	曾用名	建设时间	尺寸（mm）
呼海铁路松浦站	呼海铁路总局旧址	1926—1927 年	240×115×60
呼海铁路松浦站	铁路水塔	1926—1927 年	240×115×60
呼海铁路松浦站	铁路附属小学	1926—1927 年	240×115×60
呼海铁路松浦站	铁路附属建筑	1926—1927 年	220×110×55
道外区新马路 78 号	哈尔滨八区吉黑榷运总局	1924 年	240×115×55
南岗区同兴街 7 号	同兴公司办公楼	1920s	240×115×55
南岗区同兴街 11 号	医生贾连远住宅	1920s	240×115×55
南岗区同兴街 13 号	俄侨住宅	1920s	240×115×55
道外南二道街 27 号	同义福	1921 年	240×115×55
道外北马路 32 号	天兴福账房营业所	1920 年	240×115×55

（三）建造用尺的探究

红砖在砌筑时采用一丁一顺砌法较多，这种砌法可以增强砖块之间的咬合度，使得墙体更为坚固，加之红砖墙体具有装饰功能，常砌筑出英式砌法、法式砌法、荷兰砌法，以方便砌筑、减少劈砖错缝，这就需要砖的长度与 2 个宽度加灰缝的尺寸吻合，长宽比一般接近 2:1，当时的英、法、俄、德诸国，甚至连英殖民地的南非、加拿大等国，因采用度量衡的差异和保护本国工业免受冲击，采用差异很大的红砖标准规格，^⑰导致了建造尺不同，并表现在红砖规格上的差异：

英国标准红砖：8.5 寸 ×4 寸 ×2.55 寸 =215mm×102.5mm×65mm（1 英寸 =2.54cm）

沙俄旧型红砖：6 寸 ×3 寸 ×1.5 寸 =267mm×133.5mm×66.75mm（1 俄寸 =4.45cm）

东京旧型红砖：7.5 寸 ×3.6 寸 ×2 寸 =232.5mm×111.6mm×61mm（1 寸 =3.1cm）

中国东北红砖：9.5 寸 ×4.5 寸 ×2.2 寸 =241.3mm×114.3mm×55mm（1 英寸 =2.54cm）

从上述我们可以看出，英国标准红砖采用英寸为度量衡造砖，中国沿用英寸，而沙俄采用俄寸，日本则使用日本寸。

两次变革对红砖规格有所影响，第一次浪潮是 1875 年 5 月 20 日由法、俄、德等 17 个国家签署《米制公约》，用于协调国际单位制，并促使米制成为万国公制得以普及，各国履约将本国工业产品规格向公制取整。

沙俄旧型红砖：270mm×130mm×65mm（原 267×133.5×66.75mm）

东京旧型红砖：230mm×110mm×60mm（原 232.5×111.6×61mm）

第二次变革是 1914 年"一战"中，英国受益于在铁路、公路、海军、空军、制造业中推行标准化，节约时间和材料，冲破国内地区之间的贸易壁垒，极大地提高了生产效率。^⑱世界各国看到了标准化的巨大好处，纷纷仿效英国统一国家标准，德国率先在 1917 年，美国、荷兰、法国在 1918 年，加拿大在 1919 年，奥地利、匈牙利在 1920 年，日本于 1921 年，推行工业体系的标准化。^⑲各国逐步淘汰旧的红砖尺寸，推行新的国家红砖标准。其实早在 1901 年英国就已成立工程标准委员会（ESC 或 BESC），对工业产品的规格进行简化和约束，包括英国红砖采用帝国标准尺寸（Imperial size），在工业标准化浪潮的推动下日、苏分别在 1924 年、1928 年推出新的红砖规格：

苏联标准红砖：250mm×120mm×65mm（沙俄旧型红砖：270mm×130mm×65mm）

日本标准红砖：210mm×100mm×60mm（东京旧型红砖：230mm×110mm×60mm）

三、红砖尺寸的转译

（一）政治权属和历史建筑的甄别

各政治势力间的红砖标准尺寸差异很大，在测量时可识别性强，只要用尺子去测量，就能为鉴别不同国家的建筑以及改建情况提供参考。在测量中发现，大连满铁本社西馆采用了 270mm×130mm×65mm 的沙俄旧制红砖，东馆采用 230mm×110mm×60mm 的东京旧制红砖尺寸，而西馆 B 原为大连沙俄商业学校，几经转手后被满铁接管成为大

作者心得

在田野调查中发现，不同时期建筑用砖并不相同，其中砖的尺寸差异最为明显，随着调研的深入，发现在几百公里的铁路沿线建筑上竟然都出现了这种现象，随即用尺子测量大量近代建筑用砖的尺寸，结果发现在同一时期同一地区建造的建筑上，砖的尺寸竟然高度吻合，为什么呢？带着这一疑问翻阅大量文献，并幸运地找到了答案，当时的殖民列强已步入工业化，对制砖机和砖的尺寸有着严格的约束，采用统一的工业标准。经过简单的梳理后，我将这一现象和几种机制砖的尺寸写入了硕士毕业论文《长春中东铁路居住建筑研究》，虽然仅仅寥寥数语，但为后续的研究埋下了伏笔。进入博士阶段后，有一次作报告，我的导师刘大平先生针对这一总结性结论提出了很多疑问，如哈尔滨的俄国人修建的建筑并不都采用 270mm 这一尺寸，一个反例驳倒先前的归纳，这让我明白需要深入研究的地方还有很多。导师还给予了很多关于制砖技术的博士论文，这对我的帮助很大，填补了很多文章中的漏洞和增加了限定条件，使得一篇调查报告成了严谨的学术文章，随之参加 2015 年在旅顺举办的第十四届中国近代建筑史年会，承蒙会务组抬爱，有幸在会议上宣讲，获得了很好的反响，并收获了很多前辈中肯的建议，清华大学的张复合先生提出了各个国家的砖按照其度量衡生产，那为何所测的数据近似于公制的整数呢？同济大学的钱宗灏先生提出单从砖的"度"出发并不完善，要将砖的"法"也融入到研究中去。带着满满的收获和好的问题，又回到了书海中寻找答案，由于当时课业繁忙，"清润奖"的这篇论文撰写时间短，结构、逻辑和措辞尚欠推敲润色，受资料和篇幅的限制，《近代建筑机制红砖尺寸的解读与转译》仍是阶段性的成果。能获奖实属意料之外，但也是莫大的鼓励，而这篇论文是在诸位师长的启迪下写成的，一把卷尺伴随着我行程千里，去探寻隐藏在小小砖块背后宏大的历史！

连满铁本社。满铁仿照西馆 B 修建东馆 A，并将两栋建筑链接起来（图 2）。

图 2　满铁本社

A　270mm × 130mm × 65mm
B　230mm × 110mm × 60mm

通过调研实测还发现，大连露西亚町建筑群大量采用 270mm×130mm×65mm 的俄国旧制红砖，但东清轮船株式会社却采用 230mm×110mm×60mm 的东京旧制标准红砖，这是为什么呢？据《南满洲写真贴》[②] 记载，该建筑在修筑日本桥时进行了迁移并重新修饰，对红砖进行了更迭和替换，现建筑为日本迁建之俄国建筑（图 3）。

230mm × 110mm × 60mm

图 3　东清轮船会社

通过这种方法，还甄别出长春的满铁樱木寮、兴安寮，还有赖特的学生远藤新在 1940 年设计建成的"新京高等女学校"宿舍"杏花寮"，[③] 均采用尺寸为 230mm×110mm×60mm 的日本红砖（图 4），而"杏花寮"在远藤新的《続·生き続ける建築—3 遠藤新》作品中并未标明现存，由此揭开了这栋已废弃建筑的真实历史身份。

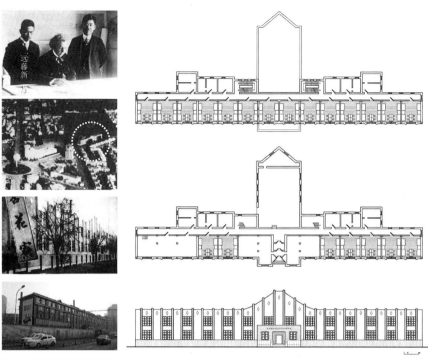

图 4　长春远藤新的杏花寮

当然也会有特殊情况，1949 年新中国成立时，东北政治、社会环境复杂，清末、民国、日本等多国机制红砖并存的状况，如 1953 年建成的哈尔滨建筑工程学院土木楼（哈尔滨工业大学建筑学院）、哈尔滨造船厂船务街 39 号等建筑仍采用日本标准红砖（210mm×100mm×60mm）砌筑。虽然早在 1951 年 5 月 28 日，哈尔滨市计划委员会和基本建设委员会开始着手统一红砖规格，[22] 但当时中国自己的制砖工业尚未成熟，政府不得不整修日伪时期遗留的砖厂继续生产。据统计，1953 年末黑龙江地区的 82 家国营砖瓦企业中，使用原日伪砖厂的企业有 14 家，产量占哈尔滨产砖量的 45%，所以日本标准红砖仍在使用。[23] 直到 1953 年哈尔滨的国产红砖才开始完全自给。[24] 采用"八五红砖"（216mm×105mm×43mm）和"九五红砖"（240mm×115mm×53mm）的机制红砖，日伪尺寸的机制红砖开始慢慢得以取缔。其中"八五红砖"在"一五"时期的大量援建建筑上使用，如哈尔滨亚麻厂、1951 年的满洲里苏联专家楼等，而"八五红砖"尺寸较小，强度不足，现在多用于砌筑水池、花坛等临时建筑，"八五红砖"在 50 年代的使用反映了当时新中国初建时经济的困顿，而随着"九五红砖"的逐渐普及，东北机制红砖尺寸的混乱时代才宣告结束。（图 5）

综上所述，各势力间红砖尺寸差异巨大，通过尺子测量，就可以初步辨别权属，在大连、旅顺等日、俄皆曾殖民的城市，两国西式建筑鱼龙混杂，红砖尺寸的测量对辨别中、日、俄近代建筑提供了科学依据，比分辨建筑风格更为可靠。

（二）时间属性和推行范围

日、俄两国旧有的标准红砖随殖民的开始契入东北，并受政权更迭、国际标准化浪潮的影响。比如沙俄控制的中东铁路主线及南部支线哈尔滨至宽城子段，在 1897—1917 年间推行沙俄旧制红砖（270mm×130mm×65mm），南部支线宽城子至旅大段在 1898—1905 年间推行该红砖。1917 年随着沙俄覆灭，沙俄旧制红砖退出历史舞台，而 1924—1935 年苏联控制中东铁路时期在富拉尔基、双城子等苏联火车站上使用苏联红砖（250mm×120mm×65mm），1945 年后苏军进驻旅大时期，苏联红砖也有少量应用。日本满铁在 1905—1931 年间在满铁附属地推行东京旧型红砖（230mm×110mm×60mm）。1928 年日本推行新的日本标准红砖（210mm×100mm×60mm）并在 1928—1945 年并行使用，同时还在 30 年代出现了带有条纹刮痕的日本红砖。[25] 1931 年日本侵占东北，日本红砖尺寸在整个东北推行，而中国红砖在在 1910 年代后期到 1931 年前高速发展，在商埠区、老城厢大量使用，在日俄红砖工业的夹缝中求生，甚至与日、俄两国制砖业展

哈尔滨建筑工程学院土木楼

哈尔滨造船厂船务街 39 号

哈尔滨亚麻厂居住区

满洲里苏联专家楼

图 5　新中国成立后哈尔滨的部分红砖建筑

49

开激烈角逐。从早期的北洋红砖（220mm×110mm×55mm），到1920年代大量使用的240mm×115mm×55mm规格的红砖，直到新中国成立后"八五红砖""九五红砖"的应用。这种日、俄依托铁路专用地、附属地、租借地，中国依托老城厢和独资铁路在各自势力范围内推行本国标准红砖的情况，成为东北社会半殖民地半封建社会的生动写照（图6、图7，表2）。

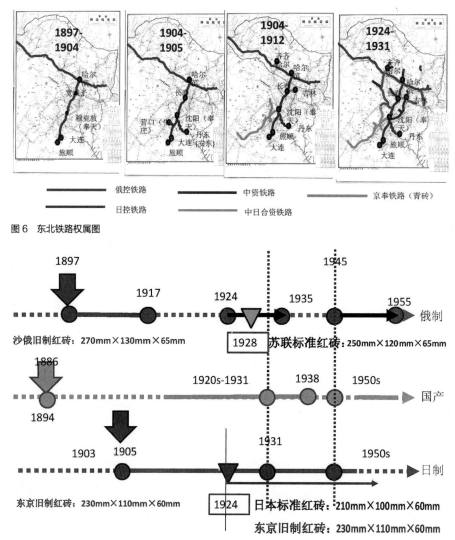

图6 东北铁路权属图

图7 机制红砖盛行时期表

东北机制红砖盛行时期 ®　　　　　　　　　　　　　　　　　　表2

政治势力	红砖砖型号	长（mm）	幅（mm）	厚（mm）	推行时期
沙皇俄国	沙俄旧型	270	130	65	1898—1917
苏联	苏联标准	250	120	65	1924—1935
日本	东京旧型（满铁标准）	223.7	109.1	60.6	1905—1945
	日本标准	210	100	60	1924—1945
	"伪满州国"都营缮需品局红砖	230	110	60	1932—1945
	条纹红砖	230	110	60	1930s—1945
清末民国	北洋红砖	220	110	55	1886—1930s
	教堂红砖	240	120	60	1910s—1930s
	关内红砖	228	110	60	1910s—1930s
	哈尔滨红砖	245	120	55	1910s—1930s
	哈尔滨红砖	250	116	55	1910s—1930s
新中国	九五红砖	240	115	53	1910s—至今
	八五红砖	216	105	43	1949—1950s

（三）对历史建筑的加建情况和原貌进行复原

历史建筑作为住宅使用时，常常由于要满足居住需要而发生改建，原有的建筑格局和使用功能遭到严重破坏，如长春的敷岛寮，现状为外廊式合院式建筑，但通过对红砖尺寸的测量发现敷岛寮使用东京旧制红砖（230mm×110mm×60mm），而在其外廊加建部分使用了新中国成立后的"九五红砖"（240mm×115mm×53mm），通过除去加建部分，作者结合建筑布局和楼梯位置对建筑进行复原，证明其为内廊式建筑（图8）。

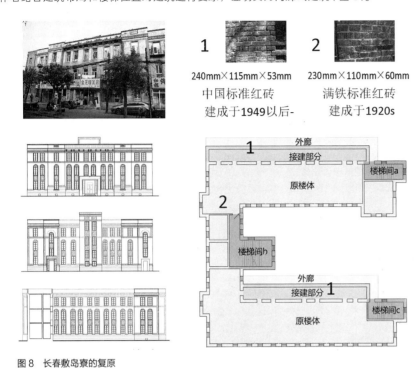

图8　长春敷岛寮的复原

日本接收中东铁路时，会对原中东铁路住宅进行改建，在建筑外加建浴室、厕所，在1935年苏联转让昂昂溪中东铁路管理权后，会发现采用230mm×110mm×60mm的满铁规格红砖搭建的浴室和厕所，后续的现代居民采用"九五红砖"加建，同一栋建筑上出现了中、日、俄三国在不同时期加建的红砖，成为铁路权属更迭的鲜活写照。

（四）通过红砖的尺寸复原消失的历史建筑

红砖的尺寸对历史建筑的复原意义较大，如民族铁路呼海铁路建筑遗存较少，大部分站舍已拆除，仅存照片，通过实测发现现存的呼海铁路建筑采用规格240mm×115mm×55mm的标准红砖，并采用锯齿状砖叠涩檐口、转角布置琢石等通用范式，加上对砖缝宽度、砌筑方式的考量，就可以获得准确的构件尺寸，准确还原消失的历史车站，如海伦站、兴隆镇站，从而复原历史车站的图纸，将消失的建筑展现在世人面前（表3）[⑳]。

四、结语

通过文章的论述可以得出标准机制红砖规格的差异背后，与社会变革、政权更迭等诸多因素息息相关，同时也是不同国家的工业体系标准、度量衡之间的差异所导致的，这对近代建筑的甄别、断代和保护历史建筑的意义很大，然而在近代建筑的修复和改造中，红砖的原真性往往被忽视，甚至进行换砖，就好像锈迹斑驳的青铜器被漆上了金漆，历史建筑成了仿古建筑，所以应将历史红砖尺寸的原真性提升到重要地位，不得随意替换旧有红砖，迫不得已时也应采用相同尺寸和工艺的替代品，这是因为红砖尺寸真切反应了当时的建筑、社会、历史、考古和材料状况，是近代社会思潮、建筑思潮、工业思潮变革的微观写照。

红砖作为建筑的"基因"，即使采用同样的图纸，同样的砌筑方式，但营造尺如英寸（1inch=2.54cm）、俄寸（1вершка=4.45cm）、日本寸（1 寸 =3.1cm）的巨大差异，使得

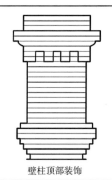
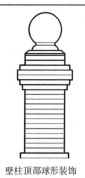
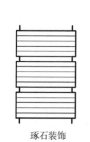
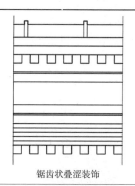

壁柱顶部装饰　　　　壁柱顶部球形装饰　　　　琢石装饰　　　　锯齿状叠涩装饰

学校附属建筑转角壁柱上端　　学校转角壁柱上端球状装饰　　学校附属建筑转角壁柱　　呼海铁路局锯齿状叠涩

站舍转角壁柱上端　　海伦站转角壁柱上端球状装饰　　海伦站转角壁柱　　海伦站锯齿状叠涩

低等车站，泥河车站、康金井车站，立面单门双窗		 泥河、康金井车站
中等级车站 兴隆镇车站 立面单门四窗		 兴隆镇车站
高等级车站 立面三门六窗		 绥化-海伦间车站
中心站 造型丰富 绥化站 海伦站		 海伦车站

以其为模数的红砖在砌筑建筑时，形成独特的建筑性格和视觉感受，如俄国建筑厚重敦实，而日本建筑轻盈俊秀，在进行当代建筑的设计时，我们可以通过这种砌块规格的变化，来构建不同的建筑表达，可以说小小的红砖尺寸背后，蕴藏着厚重的历史积淀，并作为一种设计的资源，继续影响着当代，不容被忽视。

注释：

① 项城袁氏家集·阁学公集 [M]. 天津华新印刷局代印.

② 基普廷科·雷斯. 苏联造砖法 [M]. 沈阳：辽宁人民出版社，1955.

③ 蒋耀辉. 大连开埠建市 [M]. 大连：大连出版社，2013：75-76.

④ 哈尔滨市地方志编纂委员会编，岳玉泉主编. 哈尔滨市志 建材工业 木材工业 第 13 卷 [M]. 哈尔滨：黑龙江人民出版社，1999：391.

⑤ 越泽明. 伪满洲国首都规划 [M]. 北京：社会科学文献出版社，2011.

⑥ 吉林省地方志编纂委员会. 吉林省志·卷 2·大事记 [M]. 长春：吉林人民出版社，2002：193.

⑦~⑨，同注④。

⑩ 日本建筑学会新京支部编撰委员会. 满洲建筑概说 [Z]. 日本建筑学会新京支部，1939.

⑪ 百野太阳. 近代日本の煉瓦生産改良を巡る建築家と材料生産者の相互交流 [Z]. 2014.

⑫、⑬ 同注⑩。

⑭ 黑龙江省地方志编纂委员会，杨丽彬、谷清泉本卷主编. 黑龙江省志 建材工业卷 第 30 卷 [M]. 哈尔滨：黑龙江人民出版社，2003：203.

⑮ 呼海铁路修建相册 [Z]. 1926.

⑯ 中国铁路史编辑研究中心编. 中国铁路大事记 [M]. 第一版. 北京：中国铁道出版社，1996.

⑰ 贝濑谨吾. 全满规格标准化提倡 [J]. 满洲建筑技术杂志. 1932，52：433.

⑱ Iso 官网. http://www.iso.org/iso/home.html[Z].

⑲ 同注⑫。

⑳ 守屋秀也. 南满洲写真贴 [M]. 大连：满洲日日新闻社，1917.

㉑ 井上祐一. 续·生き続ける建築—3 遠藤新 [J]. INAX REPORT. 2012（181 特辑 1）：16.

㉒ 哈尔滨市地方志编纂委员会编. 哈尔滨市志 5 建筑业 房产业 [M]. 哈尔滨：黑龙江人民出版社，1995：529.

㉓、㉔ 同注④。

㉕ 张书铭·郭璇. 赖特的条纹面砖 [C]. 北京：清华大学出版社，2014.

㉖ 同注⑩。

㉗ 张书铭·刘大平. 东北民族铁路的复兴之路——以呼海铁路工业建筑遗产为例 [C]. 广州：2015.

图片来源：

图 1-8 为作者自测自绘制，表 1-3 为作者自绘。表 3 中的历史照片源自呼海铁路修建相册 [Z].1926。

傅世超

（昆明理工大学建筑与城市规划学院 硕士生三年级）

"历史"—"原型"—"分形"—"当代"

——基于复杂性科学背景下的建筑生成策略研究

"History"-"Prototype"-"Fractal"-"Contemporary"

— research on building generation strategy based on Complexity Science

■摘要：本文从建筑师面对场地开始，从历史的"历时性"和"共时性"作为分解，以"原""元""源""原"四个中文字作为演变，在复杂性科学的背景下进行分析，提出了"历史—原—语言"和"分形法则"的概念。文本整体以德勒兹的哲学概念作为植入，以"历史—原—语言"作为建筑起点，以"分形法则"作为逻辑关系，以"当代建筑"作为建筑终点，试图从"当前历史原型—当代建筑生成"的发展进行启示，并且提出设计策略。

■关键词：历史；原型；源头；分形

Abstract：This paper starts from the architects face field, from the history of the "di achronic" and "synchronic" as decomposition, from the "original" and "Yuan" and "sourc" and "original" four Chinese characters as the evolution analysis in complexity science background, put forward the "History—language" and "Fractal Theory" concept. The whole text in the philosophy of Deleuze's concept of "history as implants, to the original language" as the starting point of building, with "fractal rule" as the logical relationship between "modern architecture" as a building to end inspiration from the "development of the history of contemporary architectural prototype generation", and put forward the design strategy.

Key words：History; Prototype; Source; Fractal

　　什么是"历史"？索绪尔曾经对历史语言提出了一对术语——历时性和共时性，索绪尔又用形象的比喻来说明这两者关系，"共时和历时是有独立性的又是互相依赖的，这好比树干加以横切和纵切后所看到的情景一样，他们是一个依赖另一个；纵的切口表明植物的纤维本身，而横的切口是纤维组织的个别平面；但是第二个切口与第一个切口不同，在纵的切口平面上要求发现纤维之间的某些关系是不可能的。"[1] 历史性也就是一个系统发展的历史性变化情况；而共时性，就是在某一特定时刻该系统内部各因素之间的关系。简而言之，历史也就分为自然科学史和人类社会史两方面，就是本质历史和叠加历史。在原始社会中，原始人由于生产力极其落后和相应技术的缺乏，住在热带雨林或天然的洞穴中，后来使用原料的工具进行搭建活动，创造了石屋、树枝棚、帐篷以及长方形房屋建筑形式；在东方，由于聚落民居生存环境的独特性、发展演变的根源性、建筑形式的地域性、材料使用的本土性、建造技术的适应性、建筑文化的多元性等一系列的场所性质，则当地人民会结合当地的历史、技术、文化，以此来适应各个地方的场地存在，并来进行自身的民居建造（图1）。

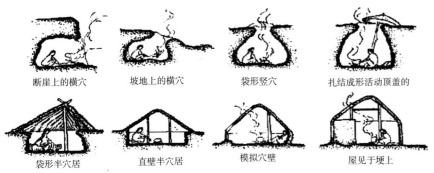

断崖上的横穴　　坡地上的横穴　　袋形竖穴　　扎结成形活动顶盖的

袋形半穴居　　直壁半穴居　　模拟穴壁　　屋见于埂上

图1　云南聚落的演变

什么是"建筑场地"？场地不只局限于自然地貌及其轮廓，还是建造的基础所在，甚至包含了人类的活动经验、记忆以及行为方式。什么是"建筑空间"？水壶正是因为里面有水，所以水壶才存在。建筑正是因为里面有空间，所以建筑才与人使用。对于宇宙而言，空间无边无际，是无限的；对于个别事物而言，空间具有横宽高，空间是有限的。老子曾说："埏埴以为器，当其无，有器之用。凿户牖以为室，当其无，有室之用，故有之有利，无之为用。"[2] 那么，建筑历史空间的起点是哪里呢？建筑历史大环境的背景是什么？建筑空间组成方式法则有什么不同呢？"古代历史元素—当代建筑生成"有什么必然的法则联系呢？当我们在面对一块场地的时候，我们应该如何思考？如何展望？如何动笔呢？

一、对"原""元""源""原"释义

对于场地来说，什么是"原"？"原"也就是原形，包括地形和山貌，比如：地球上的荒野、山林、山地、盆地、草原、海岸。什么是"元"？"元"也就是人类最初建构的空间语言，比如，在东方，对王宫的九经九纬的建立、四合院空间的组成、庭院浮生的宗教信仰；在西方，古罗马，古希腊，埃特鲁斯坎对于房屋的基本比例的确定，这就是"元"。什么是"源"？源是水源，"原""元"是在时间维度上的流变来进行认知的，"源"则是感性的起点，是一种建筑情感处理的开始。那么，什么是当下的"原"？什么是场地"原型"呢？当下，由于每块场地存在和记忆储存的不同，则"原""元"的总体历史概念成立，并且在"源"的历史长河脉络联系关系下，则构成了现如今建筑场地历史资源的"原型"记忆。

"原—元—源—原"又是怎么回归呢？在笔者整理下发现，当代建筑的整个建筑发展历程是从"原"—"元"—"源"—"原"不断地交替生长和变化的，这些敏感性词汇在建筑历程上总是不断螺旋上升与交替，甚至是回归，并且在新的背景下赋予了新的含义——"原型"。

指导教师点评

本论文虽紧扣"清润奖"论文题目要求而作，但更可以看成一个建筑设计及其理论的研究生对涉及历史、当代建筑、建筑设计的建筑学问题的总体思考。论文从两个层面展开了作者的思考并将其较为有效地整合，形成了一个较为清晰的思想脉络和认识路径。

首先，历史作为一种资源，"原型"的钩沉尤为重要，但作者并没有简单地去看"原型"，而是从历时性、共时性两个方面阐释了自然的原初、人类最初的空间语言，它们的源流以及它们在螺旋上升及交替演进中与"原型"建构的有机关系；换言之，"原型"也是不断被建构出来的。在此基础上，作者提出了"历史—原—语言"的概念，并进一步综合自然与人文要素，将"历史—原—语言"分为了"场地—原—语言""文化—原—语言""肌理—原—语言""行为—原—语言"四部分。上述认识有较好的思辨，以我们当下的知识来看，以上对历史"原型"的解读基本是合理、可信的。

继而，作者并未停留于此，而是进一步借助复杂科学中"相似与分形"的思想对"原型"的类推、转换进行了方法论层面的思考，以跨学科的方式介入和探究了"相似分形"在"原型"演化及发展中的工具作用，并在分形建造的视野下，探析了迭代整合、分支交叉、镶嵌图解等建筑空间生成策略及方法，把当代建筑的相关思想脉络及案例解析进行了较为有力的逻辑整理。

论文最终将上述认知回归到建筑师的设计过程中，提出了"在地与分析—逻辑与分形—图形与创作"这一基本设计路径。既较好地回应了上述对历史、当代建筑的思考和认知，也使得建构的"方法"与回归历史、回归本质、回归生活更多地关联了起来。

论文虽然在写作及语言驾驭上还略嫌稚嫩和毛糙，但作者在学术上的独立思考及其自主研究却是应该肯定并值得称道的。

王　冬
（昆明理工大学建筑与城市规划学院
教授）

二、"历史—原—语言"的解释与剖析

"原—元—源—原"这四种内容的推演变化，笔者针对最后的"原"提炼出了"历史—原—语言"的概念。我们的设计初步根据每块场地的自然科学史和人类社会史的关系，进行提炼、分析、推演，并且成为较为完整编码系统，归纳出了建筑的基础关系和设计的初步依据。

（一）历史—原—语言

在历史"原"的推演关系中，可以看到每个城市，都是由自然要素和人文要素两大要素组成，自然要素分为无形要素和有形要素，人文要素分为物质要素和精神要素。历史是把本质与复合进行叠加处理，所以笔者把"历史—原—语言"分为了"场地—原—语言""文化—原—语言""肌理—原—语言""行为—原—语言"四部分。（图2）

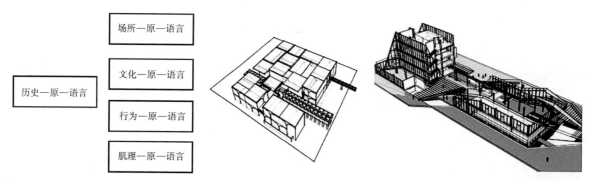

图2　历史—原—语言表格（左图）；龙美术馆（中图）；海蓝博物馆（右图）

（二）场地—原—语言

"场地—原—语言"："场地"作为建筑场地历史自然史之一，每块场地都有自己的地形和地貌，如高山、盆地、悬崖、海岸等，并且对这个内容进行抽取、简化、转译，让它变成建筑单体的几何造型，如敦煌羌寨变成梯形体。设计者在保证了它的外观形态和基本空间状态的同时，也保证了场所记忆。

具体案例：魏春雨将地形变为自己的主观参考，常德三馆位于常德新城景观轴上，场地的周边有浅丘、南面有大片湖泊。设计师根据隆起的浅丘设置了公共平台，将大部分功能藏在地下。整体策略是"提取—（周边的起伏丘陵）—转化—（三个体块，其中一部分上扬，一部分下沉，还有两部分结合）—成形（用较为简单的，功能块的内容开展一定的处理）"。（图3）

图3　常德三馆平面分析图（左）和鸟瞰图（右）

（三）"文化—原—语言"

"文化"作为建筑场地历史社会史之一，每块建筑场地只要有城市的历存，都有文化的符号，如印度文化、洛阳文化、曼陀罗文化等，并且对这个内容进行自身符号的抽取、简化、转译，让它变成建筑单体的简单平面，比如曼陀罗十字变成宗教文化体。（图4）

  礼拜"十字"图　　中国古代十字形族徽

图4　文化肌理图

具体案例：李晓东建筑师在做淼庐的时候，玉龙雪山脚下是一片开阔的平野，四周有山环绕，前有玉湖水库，斑驳的火成岩和绿

树清水相映，并且为这一块地区提供了丰富的颜色和质感。中国的传统院落，无论是北方的四合院还是南方的天井式住宅，建筑边界几乎皆是墙壁，景色藏于院中，则在这个设计中相反。整体策略：打开，转置（取四合院）—提炼，并置（曲折叠加）—功能，转化（建筑功能）—片墙，引导（环境一体）。（图5、图6）

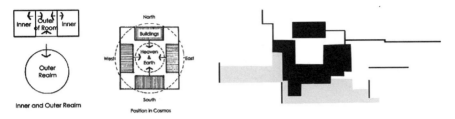

图5 四合院分析图（左、中）和淼庐平面分析图（右）

（四）"肌理—原—语言"

"肌理—原—语言"：肌理作为建筑场地的历史社会史之一，是城市设计中的重要内容，为了在城市空间中更好融入并且激发活力因素，那么需要研究城市肌理要素以及构造原则，以"路径、区域、边境、结点、地标"进行提取，成为建筑关系体之一。

具体案例：马岩松皇都艺术中心位于老北京的核心，基地正对面是中国美术馆，西侧是现存的四合院胡同，东侧是现代轴线大道——商业街和旅馆。其基本肌理是四合院和胡同。艺术中心被设计为一座由多层庭院空间堆栈而成的城市肌理组织。具体策略：抽取、转化（抽取肌理、胡同）—并置、存放（处理场所、功能）—迭代、成型（叠加空间、层面）—化整、为零（交通空间、置入）。（图7、图8）

图6 淼庐透视图

图7 皇都艺术中心透视图

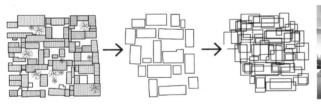

图8 城市肌理叠加图（左）和室内透视图（右）

（五）"行为—原—语言"

"文化—原—语言"：当代建筑师一直致力于"人·环境·建筑"这一课题的探讨，力求使建筑、环境与人心理、生理以及文化达到一种和谐的状态，并且开始搜集建筑场地上人的行为方式，如喝茶、饮酒、散步等一系列当地人的活动，以这个活动体，设计出空间单元体。

具体操作：屈米在卡尔洛夫的住宅中，企图建立建筑空间与建筑场景的关系。他选了三个场景的行为事件进行转化：①舞蹈场景。将演员的脚步记下，沿着这个轨迹两侧树立起墙体，围合成空间。②追逐场景。记录两人追逐的场景，根据演员的跑动路线记录下来一个狭长的空间。③搏斗场景。三个人之间的搏斗，记录师记录下了三人冲击、扭打在一起的过程，变成一个弧线。设计策略：抽取活动（选择场地活动）—筛选活动（选择重要活动）—形成空间（处理空间形式）—串并联置（置入活动路径）。（图9）

图9　屈米行为意向图（左）和屈米建筑解析图（中、右）

（六）小结

简而言之，"历史"的关键点是用哲学—时间的维度分解，通过对场地历史信息的提取，拆分为"场地—原—语言""文化—原—语言""肌理—原—语言""行为—原—语言"四部分。在笔者看来，这就是对场地历史元素的解读方式，通过这个起点可以根据建筑法则进行建筑生成，这部分也就是对"历史"的剖析和重组，并且形成了建筑的基本"单元"和"词汇"。

三、重组法则——转化、嬗变、分形（历史—元—语言）

在前文提到了历史的基本"单元"和"词汇"，建筑需要复杂性科学中的相似与分形作为它的基本法则，并且可以让他们变为当代建筑。在自然界中，我们抽取了"迭代整合、分支交叉、缝隙聚合"这几个常见的自然现象，并让它理论化。霍金曾经提到21世纪是复杂性科学的年代，德勒兹在哲学创作中出现了图解、块茎、游牧等理论。格雷尔·林恩是受德勒兹抽象性图解影响的代表性建筑师之一，他认为德勒兹图解"抽象"内涵更多地说明了一种创造性的、演化式的和生产性的方式，即一种增值、延伸和展开。而与现代建筑概念中的抽象——一种内向固定形式本质的还原即一种简单简化是截然不同的。[3] 这些内容可以和各个自然现象相结合，并且形成一定的建筑控制法则。这一方面使建筑师关注建筑生成过程，实现了建筑形体和空间从建筑静态到动态的转化，另一方面对分形现象进行解释并且提出了分形法则，实现了"当前历史元素—当代现代建筑"的逐步生成。

（一）迭代整合

从树叶、树枝等自然形态可以发现，它的组合关系是相似和迭代关系。单元体基于一定原则的移动、旋转、缩放以及空间拓扑变形得到的复杂形态，在这里可以体现出相对位移、相对旋转、相对缩放和相对拓扑关系。

1. 列转——迭代分形

具体操作：设计者抽取建筑原型和场地关系，并且对于建筑产生序列性的横、纵、旋转的变化。由于会受到建筑场地、建筑视野、建筑关系、建筑草和树的关系，则会在场地中不断地进行转变、提取，并且把这个应用到建筑场地。如图10所示，草砖博物馆，抽取他的原型——L形，根据场地进行伸缩和旋转变化。陶瓷博物馆如图11所示，根据场地关系，上下变化，并且形成建筑设计关键，来开展建筑空间关系。

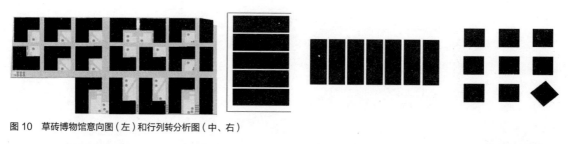

图10　草砖博物馆意向图（左）和行列转分析图（中、右）

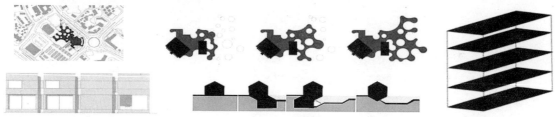

图11　陶瓷博物馆分析图（左）和层分析图（右）

2. 缩放——迭代分形

具体操作：在"大尺度"和"小尺度"单元同时并置，建筑实际上就是由单元体根据自身关系变换成密集组合的关系，并且形成了建筑单体。如图12所示，李兴钢对于绩溪博物馆的处理，是来自于场地—原—语言，开始提取了村庄徽派建筑的原型，之后对其功能关系进行整合和缩放，庭院穿插和屋顶错落、扭曲，并且形成了绩溪博物馆的整体感觉。

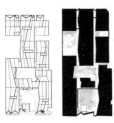

图12 绩溪博物馆平面图

3. 拓扑——迭代分形

具体操作："拓扑"是关注于几何学，是研究几何学或者空间的连续本质，但是最后呈现不同的建筑关系，比如园林的向心性，层次性，山水性（图13）；廊道的起伏展现，透视点移，疏密有致。赖特对于住宅的处理方法就是拓扑几何（图14）。

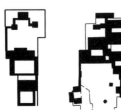

图13 各大园林向心分析平面图

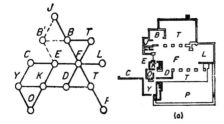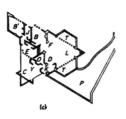

图14 赖特住宅拓扑分析图

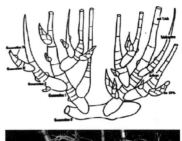

（二）分支交叉

分支是最典型的分形现象之一。分支系统是根据自身的生长规律形成鲜明的整体系统，无论是外在视觉效果还是隐藏的生成规律都有明显的自我相似特征，是一种容易被直接辨别的自我相似分形系统。

1. 块茎——分支分形

"块茎"（rhizome）是德勒兹和加塔利共同提出的哲学概念，他强调的是后结构主义状态。"块茎"结构既是地下的，同时又是一个完全显露于地表的多元网格，由根茎和枝条所构成。它没有中轴，没有统一的源点，没有固定的生长取向，而只有一个多产的、无序的、多样化的生长系统。[④]如图15所示：

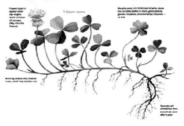

图15 建筑块茎分析图

案例：一些事务所对于学校建筑的处理中，由于建筑交通空间和建筑功能性空间较为多，可以看见廊道空间和功能性空间处理方法。李虎在设计新四方小学的时候，抽取了"场所—原—语言"的概念，模仿了自然地形，以交通廊道为茎，以普通教室为块，大功能空间放在底层，并且根据日照和光，进行块的不断摆放和扭曲。（图16）

图16 北京新四方小学鸟瞰图和透视图

59

2. 折叠——分支分形

"褶子"可以翻译为折叠，或者是建筑中的复杂部分。褶子就是差异与重复，差异就是外部差异与内部差异，同时也是内外之间的差异，建筑的产生意味着将各种差异折叠后的再现，褶子无处不在，"意蕴、折叠、解褶、再折叠"，解读了褶子所表现的表皮层次性与空间层次性问题。

具体操作：FOA事务所在做日本横滨国际机场时，首先，提取了场地—原—语言，让建筑场地变为"山谷、丘陵、缓坡、洞穴"等一系列的建筑关系，其次模仿了行为—原—语言，抽取了行为—原—语言，让建筑师运用了折叠的手法将建筑中的各种连续、异质的元素融合在一起，使空间的层次性变得更加丰富，并且利用率更高。(图17)

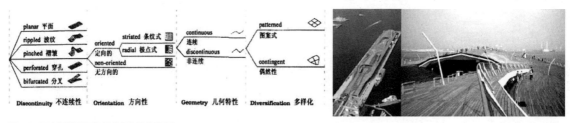

图17　日本横滨国际机场分析图和透视图

（三）镶嵌图解

镶嵌是用一种或者多种单元形状无缝，并且无重叠地铺满平面和三维空间区域的算法，空间具有连续性和准周期性的关系，具有重复性、连续性、连接性的一些性质。从空间上来说是"自下而上"的过程，并且有一定的重叠性。(图18)

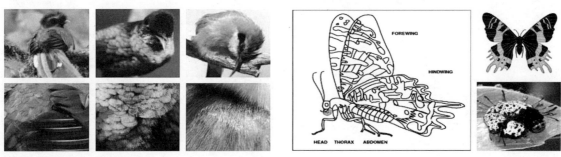

图18　蝴蝶翅膀、羽毛镶嵌分析图

1. 集群——镶嵌分形

"集群"是指一定数量的单元体，粒子叠合在一起的结果，从空间上来说，有灵活性、重叠性、相似性等相关性质，因此，集群不是无中生有的虚构。

具体操作：日本建筑师桢文彦的集群形态理论，首先指出了"集群形态"，将它作为一种新的城市思维，探索人性尺度之下建筑群体间的都市状态，关注公共空间整体公共性的建立。他把建筑和城市设计视为"群造型"和"作为秩序发生机制的城市结构"的建筑思维方式，抽取"场地—原—语言"，并从建筑形式上反思现代主义建筑，从构成理念上概括建筑和城市形态特征的基本理念。(图19)

图19　集群分析图

2. 游牧——镶嵌分形

鸟在天空中的飞行，在一些关键点地碰撞可以开展一定的集群变化，自下而上的集群职能，能够有效地模拟城市自发聚合的过程，如欧洲中世纪的村庄、巴西贫民窟模仿自然形态形成的过程。"平滑空间"具有生成性、异质性与多元性相结合的特点，非长度的，无中心的，块状的多元性，它在不"计算"情况下占据空间。正如游牧民在向四面八方侵蚀扩张的平滑空间里栖居，他们不离开那里并亲手扩展他们。[⑤]

具体操作：SANNA 首次在建造过程中的"房间的分离"，圆形的方向性弱化，并没有强调圆形边界的存在，建筑被分为 24 个形态各异的房间，他们尽量保持走廊的通达性是一个生成原则。日本妹岛和世在金泽 21 世纪美术馆等建筑的关键处理中，把体块进行分解，巧妙地把"体积和人引入到深远的室外景色"的内外连续性，并且抽取了"行为—原—语言"，归纳与演绎内外连续性的分块操作原理与方法。（图 20、图 21）

图 20　SANNA 作品分析图（一）

图 21　SANNA 作品分析图（二）

3. 泡状——镶嵌分形

泡状物是由林恩提出的，并且在世界范围内产生了巨大影响，它不能被还原为更加简单形式，并且依靠自身吸引和积聚单元。"单子"是戈特弗里德·威廉·莱布尼兹提出的，表示不能以时间组成事物的最小单位，事物也是由"呈褶子状盘旋的单子"组成。（图 22）

具体操作：

伊东丰雄提到"滑平空间"。在做仙台媒体中心的时候，模仿树的生长形态和植物水草的结构体，用的是包裹型的结构体，在这些建筑关键中，使用了泡状物单子的两点做了建筑状态，从场地—原—语言，文化—原—语言中去抽取建筑形态，成为建筑"原型"，由 13 组结构筒体比喻成随着水流自由飘动的海藻，结构因为流动变得摇曳不定，扭转变形。流动性是液体和气体的特征，伊东丰雄将空间首次进行空间层的划分，并且形成了立面的横向分解，支撑楼板层则分解成为辅助空间。（图 23）

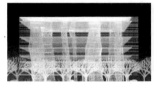  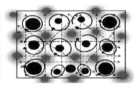

图 23　仙台媒体中心分析图

4. 小结

从历史、人文、经济、生态角度去建立平衡点，并且要迫不及待地建立法则和秩序。在大关系的历程中，对于"原"的拆解，对于"历史—原—语言"进行整理，并且在分形理论"迭代整合、分支交叉、缝隙聚合"下，展开出逻辑法则关系，对建筑空间展开更加层次化、秩序化、方法论的整理。

四、"历史—当代"启示与生成策略

（一）"古代历史元素—当代建筑生成"的启示

1. 历史维度—变—三维—四维转变

在普通建筑设计中，笔者发现建筑与历史、精神、时间点的脱离，虽然外形视觉冲击力较大，但是经不起四维—时间的推敲，逐渐把建筑从长、宽、高从三维状态，放到了时间四维的关系中。从历史中去寻找起点，从自然中去寻找法则，从复杂性科学中去形成片段，从设计三维关系变为四维转变，增加了"时间"这一历史时间维度。

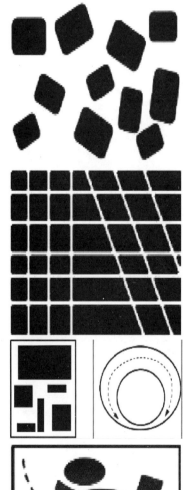

图 22　泡状肌理分析图

2. 历史逻辑——紧——切入点 "原型"

在对之前方案的积累和整理中，笔者可以看到建筑切入点较广和复杂，比如建筑美学、建筑符号学等一些较为肤浅表面的建筑点来开展内容和关系，建筑方案的手法杂糅和切入点的不同。对于 "历史建筑" 的回归和整理，切入点可以小，并且均质，从历史、较大的叙事方式、逻辑性的递推，进入到小叙事的方式，从小环境作为起点的创作手法。

3. 历史法则——趋于—— "本质" （essence）

本质，指本身的形体，本来的形体；指事物本身所固有的根本的属性。语出晋刘智《论天》："言暗虚者，以为当日之冲，地体之荫，日光不至，谓之暗虚。凡光之所照，光体小于蔽，则大于本质。" 自然科学中的 "分形法则" 作为法则，从历史的自然关系出发，和环境融合，并且趋于历史，趋于自然，趋于常态，回归历史，回归本质，回归生活。

（二）建筑逻辑路径——新生

1. 在地与分析

在地：对于基地的处理，是建筑创作的开始，建筑创作基地的过程则是对于现状的一定的剖析和分析，并且可以明确基地的内容。

具体操作：

通过各种软件处理，以及软件变化，设计者开始置身于城市或者是乡土之间，通过软件配合，基于历史地段保护与利用的 "结构—类型" 策略、基于土地集约化利用的 "紧凑城市"、基于生态学原理的 "设计结合自然"、城市基础设施主导的 "TOD 模式" 等新主张无不突破传统的形体空间概念而跃升到对城市的结构关联的追问。⑥

分析：设计者针对历史的历时性和共时性两点关键，对建筑设计地段相关的基地资源条件的综合分析，如地貌、景观资源、所在环境基地进行处理。

具体操作：

自然形态分析（场地—原—语言）：建筑基地的自然形态的提取和分析，用网格捕捉建筑整体的山形和脉络、就地取材用当地的材料、植被、自然因子等一系列关键点，顺应和延续了当地的关键和地形处理。

文化意向分析（文化—原—语言）：设计者对于基地的真实感受，抽取当地的文化因子，并且把它变为建筑基地的一部分，平面图关系，人们在行走的过程中可以更多地感受到现代建筑的关系，因此只是一种 "真实" 的感受。

城市叠加分析（肌理—原—语言）：设计者从出现城市开始以 5—10 年作为一个时间隔断，把肌理—原—语言的关系全部提取出来，整合成一个关键的网状，把这些关键点变为一定的内涵，并且形成相应建筑元素，进行结合、处理、叠加、变形。

空间行为分析（行为—原—语言）：设计者吸取了基地分析、视觉分析、类型学分析、行为心理学分析，通过各种关系在城市中蔓延的分析，把各种感受、各种行为关系记录下来并且进行系统性的表述。（图 24）

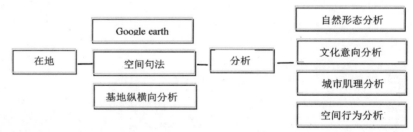

图 24 在地与分析示意图

2. 逻辑与分形

逻辑：城市设计的过程是对城市环境的研究和创造的结合。因此，会表现一些理性和感性之间的共荣互动的一种思维方式，研究过程首先是要素分析和理性判断，设计者则运用逻辑方法设计所涉及各个要素之间的因果、并列、互动、权重、矛盾等，并且用思维逻辑正反推导过程进行一定逻辑叠加和并置。

分形：分形则是 "迭代整合、分支交叉、缝隙聚合" 这常见的分形现象，霍金提到 21 世纪是复杂性科学的年代，德勒兹则在这个哲学创作中，出现了图解、块茎、游牧的理论……并且这个可以引用到建筑创作中并和各个自然现象相结合，提出了较为肤浅的理念。

迭代整合：原始图形经过特定函数的变化映射后形成图形的集合。IFS 的迭代核心也就是在于物体在空间中的相对关系，也就是物体在空间坐标上的相对位移、相对旋转量、相对比例关系以及拓扑变形的关系等，并且提到一元—迭代—分形、二元—迭代—分形、三元—迭代—分形等一系列的关键点。

分支交叉：分支系统是根据自身的生长规律形成鲜明的整体系统，无论视觉效果还是隐藏的生成规律都有明显的自我相似特征，是一种容易被直接辨别的自我相似分形系统，块茎—迭代—分形、折叠—迭代—分形等一系列建筑分形是关键历时点。

镶嵌图解：镶嵌式用一种或者多种单元形状无缝，并且无重叠地铺满平面和三维空间区域的算法，空间具有连续性和准周期性的关系，目的是利用种类有限的单元高效率地覆盖平面区域。镶嵌系统具有空间连续性的特点，所有单元体链接，不需要另外的构件连接。有集群—镶嵌分形、游牧—镶嵌分形、泡状—镶嵌分形等一系列分形现象。

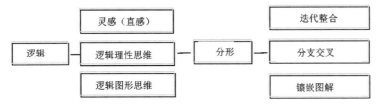

图25　逻辑与分形示意图

3. 图形与创作

图形：对场地处理到的信息和建筑分形手法进行罗列，让它变为系统网格图，比如思维导图等一系列的网格关系图。图形和文本是城市设计者最主要的操作关系、分析图则是需要的图形技术。通过历史的点—原型，分解为场所—原—语言、文化—原—语言、肌理—原—语言、行为—原—语言，在过程的展开和变化开始，以分形法则作为联系，形成一个基本的建筑体，则达到建筑雏形。

创作：建筑的可达性分析、动静分区、私密公共分区等一系列基础建筑关键点的分区，并通过格式塔心理学、荣格心理学、当代哲学美学的背景融合，形成一个建筑雏形，通过技术的变化，声、光、热、结构、细部、绿色建筑的整体操纵，把功能、形式、空间、结构、表皮等一系列的建筑学术名词进行罗列和处理，最终形成当代建筑体。

4. 小结

这个篇章，从"在地—分析—逻辑—分形—创作—图形"创作出了一条基本线路，从"历史基地元素"到"当代建筑生成"展开出了一条主要的历史逻辑脉络，可以对历史的剖析和对当代建筑的重组进行思考。

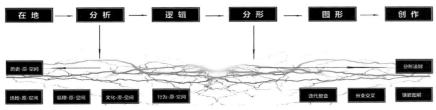

图26　建筑逻辑路径示意图

五、总结

在之前，学者的研究兴趣主要放在历史建筑"是什么""怎么样"这些大量的建筑测绘图中，考古的历史沿革的论述也都属于这一方面。随着学术思想的进一步开放，国外学术发展的进一步提高，关于历史建筑"为什么"方面的研究也日益增长，关于古建筑"意义"的研究，空间"质"的研究，空间"场所"研究，关于"起点"和"终点"的研究等方案深入人心。[7] 对于历史应该"怎么用"与当代建筑"怎么联系"，应该如何"取其精华，去其糟粕"，历史如何作为一种设计资源，笔者也仅仅是根据建筑背景的"原—元—源—原"逻辑关系的整理，较为肤浅地提出了"历史—原—语言"的概念，并且在复杂性科学背景下用分形理论去开展组合关系，进行整理，肤浅地提出了"在地与分析—逻辑与分形—图形与创作"这样一条"分形"创作逻辑线，对于"原—元—源—原"的回归，望学者可以在之后的方案中进行深度探寻。

注释：

① （德）索绪尔：《一般语言学教程》，俄文译本，1933 年，莫斯科版，88 页。

② 老子：《道德经》，《无之为用》，第十一章。

③ lynn，G 1998，Folds，Bodies and Biobs，Pnncetion Architectural Press，New work

④ 陈永国：《游牧思想——吉尔·德乐兹 费利克斯·瓜塔里读本》，吉林人民出版社，第 8 页、第 154 页，2004。

⑤ 同上，第 317 页。

⑥ 韩冬青：《城市形态学在城市设计中的地位与作用》，《建筑师》170 期，第 36–37 页。

作者心得

原-语言，是来自于叙事手法的迭代，宏大叙事变成微小叙事，微小叙事变成日常叙事，建筑学在不断地理论折叠，拓扑创新，这个是对于当代的一种理论的展望和拓扑。对于我来说，建筑的起点并不是宏大的，象征的，而是日常，是光、声、味，不是在于手法主义的冗余，而是生活的点滴。

⑦ 王贵祥:《东西方的建筑空间：传统中国与中世纪西方建筑的文化阐释》，中国建筑工业出版社，1998 年，总结。

参考文献：

[1] 伯努瓦·B. 芒德勃罗. 大自然的分形几何学 [M]. 陈守吉，凌复华译. 上海：上海远东出版社，1998.

[2] 肯尼思法尔科内. 分形几何——数学基础与应用 [M]. 曾文曲等译. 沈阳：东北大学出版社，1991.

[3] 勒·柯布西耶. 走向新建筑 [M]. 陈志华译. 西安：陕西师范大学出版社，2004.

[4] 刘先觉. 现代建筑理论 [M].（第二版）. 北京：中国建筑工业出版社，2008.

[5] 王贵祥. 东西方的建筑空间：传统中国与中世纪西方建筑的文化阐释 [M]. 北京：中国建筑工业出版社，1998 年.

[6] 麦永雄. 光滑空间与块茎思维：德勒兹的数字媒介诗学 [J]. 文艺研究，2007，12：75-84+183-184.

[7] 刘杨. 基于德勒兹哲学的当代建筑创作思想研究 [D]. 哈尔滨：哈尔滨工业大学，2013.

[8] 靳铭宇. 褶子思想，游牧空间——数字建筑生成观念及空间特性研究 [D]. 北京：清华大学，2012.

[9] 邰蓓. 德勒兹生成思想研究 [D]. 北京：北京外国语大学，2014.

[10] 韩波. 图解 [D]. 大连：大连理工大学，2013.

[11] 李佳丽. 基于德勒兹哲学的城市广场空间"游牧"属性研究 [D]. 重庆：重庆大学，2015.

[12] 韩冬青. 城市形态学在城市设计中的地位与作用 [J]. 建筑师，2014，04：35-38.

[13] 韩冬青. 城市设计的创作方法论探讨 [J]. 规划师，1998，02：98-101.

[14] 赵远鹏. 分形几何在建筑中的应用 [D]. 大连：大连理工大学，2003.

[15] 林秋达. 基于分形理论的建筑形态生成 [D]. 北京：清华大学，2014.

表格：

表一，表二，表三：作者自制

图片来源：

图 1   云南聚落的演变；（杨大禹，云南民居）

图 2   左图：历史—原—语言表格 中图：龙美术馆 右图：海蓝博物馆（作者自制）

图 3   左图：常德三馆平面分析图（作者自制），右图：鸟瞰图（www.ikuku.com）

图 4   文化肌理图（王贵祥著，《东西方的建筑空间：传统中国与中世纪西方建筑的文化阐释》）

图 5   左图、中图：四合院分析图（李晓东 中国空间），右图，淼庐平面分析图（作者自制）

图 6   淼庐透视图（www.ikuku.com）

图 7   皇都艺术中心透视图（www.ikuku.com）

图 8   左图：城市肌理叠加图 右图：室内透视图（www.ikuku.com）

图 9   左图：屈米行为意向图 右图：屈米建筑解析图（作者自摄）

图 10   左图：草砖博物馆意向图 中图、右图：行列转分析图（作者自制）

图 11   左图：陶艺博物馆分析图 右图：层分析图（作者自制）

图 12   左图：绩溪博物馆平面图（www.ikuku.com 作者修改），右图：（作者自制）

图 13   各大园林向心分析平面图（作者自制）

图 14   赖特住宅拓扑分析图（作者自制）

图 15   建筑块茎分析图（靳铭宇. 褶子思想，游牧空间—数字建筑生成观念及空间特性研究. 作者修改）

图 16   李虎—北京新四方小学建筑鸟瞰图和透视图（www.ikuku.com 作者修改）

图 17   左图：日本横滨国际机场（分析图）右图：日本横滨国际机场（透视图）（作者自制）

图 18   蝴蝶翅膀、羽毛镶嵌图解分析图（建筑跟随自然 创新设计仿生原理 英文）

图 19   集群分析图（作者自制）

图 20   SANNA 作品分析图（SANAA 建筑设计中的四个空间原型 作者修改）

图 21   同上

图 22   伊东丰雄 仙台媒体中心分析图（伊东丰雄建筑设计的 _SuperFlat_ 超平 _ 现象研究 作者修改）

图 23   泡状肌理分析图（伊东丰雄建筑设计的 _SuperFlat_ 超平 _ 现象研究 作者修改）

图 24   在地与分析示意图（作者自绘）

图 25   逻辑与分形示意图（作者自绘）

图 26   建筑逻辑路径示意图（作者自绘）

潘 玥
（同济大学建筑与城市规划学院　博士一年级）

在历史之内获得历史之外的创生
——意大利建筑师卡洛·斯卡帕的建筑与怀旧类型学

History Redux and History
Transcended Renovations
— The Italian Architect Carlo Scarpa's works and
Typology of Nostalgia

■摘要：伴随着中国向现代转型过程中错综复杂的态势，建筑师对待历史的态度经历着剧烈的变化。在当下回归传统的呼声中，建筑师亟须在历史之内获得历史之外的创生：在历史累加的古层中寻找到新旧交融的创生方式；在全球化语境中重建风土个性与民族身份。本文借由意大利建筑师卡洛·斯卡帕的作品中成功转化历史元素为设计资源的优秀案例，以崭新的角度指明其史观为反思型怀旧；其设计策略与中国语境下的建筑师实践同道近途；并详细分析与提炼其具体转化策略，以资当代建筑师参考借鉴。

■关键词：历史；卡洛·斯卡帕；类型学；怀旧；反思

Abstract：With the perplexing procedure of modernization，the architects' attitudes towards history undergo great changes. The resounding voices of return to the tradition nowadays promote those renovations which will rebuild the character of vernacular architecture and identity of nation. This paper focus on the Italian architect Carlo Scarpa's works which show his profound insight of history as a resource of design. The Strategies will be summarized in three aspects in the view of typology of nostalgia.

Key words：History; Carlo Scarpa; Typology; Nostalgia; Reflective

一、问题的提出

　　大卫·洛文塔尔（David Lowenthal）在《过去即他国》(*The Past is a Foreign Country*)中指出，我们对待过去的态度无非以下几种：其一怀旧，其二遗忘，其三修复，其四重演，其五沙文主义，其六悔恨，这六种回应方式或被正确使用或被滥用。

在 30 年的城镇化对乡土中国的风土遗存带来无可避免的大量破坏面前，我们对待历史的态度也开始经历着剧烈的变化，吐故纳新的现实需求已成为无法回避的挑战，我们已经认识到需要抢救的已不仅是历史建筑，更是如何在保护之外，延续历史，使历史作为一种设计资源回应当下的语境。因此，我们今天面对的是传统的延续、转化的问题，是如何在历史累加的古层中寻找到本土的创生方式，重建风土个性与民族身份的问题。即建筑师究竟如何在历史之内获得历史之外的创生？

在启蒙现代性的基础上进一步发展而来的西方的历史保护理论与实践，作为一面镜子，反映的是对待历史的理念的流变以至搭建理论框架的完善这一历史进程——从单一的"扬古抑新"式封存传统发展到更为开放的"与古为新"式转换传统。我们由西方对待历史的变化可以获得有益的经验，但仍不能跳过必经的步骤，因为我们同样无法脱离对新与旧二元对立的先验式限定，而这必然使得我们将某种程度地重复西方的道路，换言之，刻舟求剑的尴尬便在于我们总记得自己处于传统这艘船上，却忘记了我们还处在流动的水域之上——不歇地驶向未来的时间之流。未来的建筑将不单是像勒－杜克们那样复原某一种历史的风格，也不会是文丘里们那样将历史作为一种拼贴的元素使用，而会是"掷身于宇宙"的同时，把握住历史的一抹珍贵的古色（patina），将之聚焦并巧妙扩大，并让这抹古色伴随我们前行。

带着这样的疑问，我们怎样将历史作为一种创生的资源，得到不仅修补过去，同时朝向未来的延续方式？特立独行的意大利建筑大师斯卡帕（Carlo Scarpa），以其高超的提炼历史元素的设计手法以及深富洞见的对待历史的态度为我们书写了令人振奋的答案。过往对他的研究，往往会限于建筑本体的形式分析。若从转化历史资源的策略角度观察，他更是一个兼具书写历史与描绘未来的思想者与预见者。

在斯卡帕 55 年的设计生涯中，完成了 238 项设计，其中，直接与历史建筑修复类的项目有 29 项。该类型的实践始于 1935—1937 年之间的弗斯卡里大学的历史建筑改造，能比较典型地反映其设计思想的有中期的一些项目：1954 年的阿巴特里斯宫改造；1955—1957 年的卡诺瓦石膏像陈列馆改扩建；1957—1958 年的维罗纳古堡博物馆改造；1957—1958 年的威尼斯圣马可广场奥利维蒂商店改造；1961—1963 年的斯坦帕里亚基金会更新，以及晚期的若干作品：1971 年的布雷西亚城堡博物馆改造；1972 年的威尼斯建筑学院的入口改造等。

斯卡帕在历史建筑修复方面得到盛誉，他更大的造诣在于他在新旧并存的处理中显示出的创造能力，以及在其设计作品中反映出的深厚的历史积淀。但他本人并未将其思想以理论的方式做过系统的归纳与总结，对他的赞誉更多来自于被他作品所折服的业主，从学理角度该如何深入地体察他的设计思想？回顾他本人留下来的作品及草图，以及他的一些致辞、讲演、访谈和书信，他如何利用历史的思想脉络重新显得清晰可见了。

二、怀旧类型学

如今，我们处在无处不怀旧的世界中，怀旧俨然是人类的宿命。机械化时代使我们可以轻松地获得比真品更为完美的仿制品，物与我们的关系似乎变近了，因而历史与我们的关系也已然是一种看似亲密的连接，尽管此物非彼物。事实上，这样的连接并不可靠，1975 年，比尔·沃恩这样写道"除非你万分确定你已经回不到过去，否则怀旧就是危险的"。怀旧这一动作一旦发生便伴随着一个事实获得确认，这就是我们再也无法回到过去。

斯维特兰娜·博伊姆（Svetlana Boym）在《怀旧的未来》(The Future of Nostalgia) 中索性指出，人类的未来将是怀旧的未来。

在 17 世纪，怀旧曾经被认为是一种可以医治的疾病，瑞士医生认为，鸦片、水蛭以及到阿尔卑斯山的远足可以治愈这种疾病。但是到了 21 世纪，人类的进步没有医治好怀旧情感，反而使之趋于多发。全球化激发出对于地方性事物的更强烈的依恋。与我们迷恋于网络空间和虚拟地球村现状对应的，是不亚于此的全球流行病般的怀旧。怀旧从一种可医治的疾病转化成为一种无法医治的状况——从思乡病（maladie du pays）到世纪病（mal du siècle）。这是对于某种具有集体记忆的共同体的渴求，在一个被分割成片的世界里对于延续性的向往。

斯维特兰娜·博伊姆进一步指出，治疗怀旧存在着类型学。可以阐明怀旧诱惑和操纵人们的某些机制。可以区分出两种怀旧：第一，修复型怀旧（Restorative nostalgia）。强调返乡，尝试超历史地重建失去的家园。第二，反思型怀旧（Reflective nostalgia）。自视并非怀旧，而是真实与传统，关注人类怀旧和归属的模糊涵义，不避讳现代性的种种矛盾。修复型怀旧要维护的是绝对的真实，而反思型的怀旧则对它提出疑问。

斯卡帕对待历史的方式，借助怀旧的类型学来阐释，为对立于"修复型怀旧"的"反思型怀旧"。所谓的反思型怀旧并不追随某一个单一的主题，而是探索包容着许多地域和想象不同时空的各种方法；喜爱的是细节，却不是表征。较修复型怀旧而言，反思型怀旧能够提出某种伦理的和创造性的挑战，并对传统和当下发问，是一种指向未来的怀旧，而不只是午夜愁绪泉涌的借口。从这两种不同的怀旧，我们可以区分民族记忆和社会记忆：修复型怀旧以民族身份的单一议题为基础，反思型怀旧追求其标志性，但是并不限定个体记忆的集体框架组成来源。简言之，回不去的地方是故乡。这就意味着反思型怀旧以积极与反思的态度对待失去。即使怀旧这一动作一旦发生确实伴随着再也无法回到过去这一事实获得确认，但也就意味着我们只能带着历史的记忆飞入未来。因此，建筑师选择反思型怀旧意味着对于人类失落家园的正面救赎，也意味着艺术家对于社会具有的道德义务与伦理使命。

那么在斯卡帕的建筑设计实践中，这样的反思型怀旧如何展现其深厚的道德意味呢？以下三方面可以显示出斯卡帕的思考：第一，"古层"与痕迹叠加，即保留并揭示历史建筑在过去的各种叠印的历史信息。第二，间离与角色重谱，即使用间离的批判性设计方法提高对历史对象的理解力。第三，历史情境并置，即包容古典主义、文艺复兴、巴洛克等传统作为形成历史情境的方法，将其并置，回归至调动身体感官体验的层面。在斯卡帕的设计作品中，有时这三者兼具，有时则更为凸显在某一点上。

（一）"古层"与痕迹叠加

尼古拉斯·佩夫斯纳（Nikolaus Pevsner）在《过去的未来》中写道："且不说斯科特对哥特教堂的修改是那样的精美和富于创造力，若要将维多利亚时代对教堂的美化再复原到其以前的样子，就是重复了那个时代的错误。如果这样，我们的后代也会像我们清算维多利亚学派那样清算我们。"对于历史，我们不能自负地以纠错者自居，否则我们就是在重复历史的错误。历史的痕迹是叠加变化的，历史建筑经历时光留下种种痕迹，构成承载各种历史信息的"古层"，无论这些痕迹是否出于历史时期社会群体或个体更好的选择，我们都不能去人为改变。克制的谨守这一不可逾越的原则，反映在了斯卡帕的早期的作品特别是历史建筑的修复与改造的设计实践中。

1954年，49岁的斯卡帕在西西里的巴勒莫完成了为期一年的阿巴特里斯宫的修复工作。这座建筑为文艺复兴初期的建筑，建于1490—1495年，1539年时曾经过加建，在南侧增加了一个哥特—加泰罗尼亚风格的小教堂。"二战"期间，建筑遭到严重破坏。"二战"后，宫殿的走廊和门廊经过重建。五百年间，建筑除了有记载的增建重建之外，还经历诸如地震及人为破坏。这些在漫长历史中或者人为或者自然的痕迹形成了阿巴特利斯宫颇具沧桑感的"古层"（图1a）。

斯卡帕在修复的过程中，对历史真实信息与干扰信息作了细致的鉴别。庭院中的立面铁艺花阳台、庭院中的喷泉及室内的仿古顶棚均为近期加建，尽管这种较近期的历史信息也可以说是建筑痕迹的一部分，但是对于理解历史作品的视觉逻辑造成极大困扰。而保留"古层"的目的是指向古色（patina）的聚焦和放大的，因此历史信息是需要删减取舍的，并非所有痕迹都是需要保留的。斯卡帕选择了对铁艺花阳台、庭院中的喷泉及室内的仿古顶棚作局部的拆除。对于保留下来的建筑"古层"主体，进行了细致的修复（图1b）：①保留外墙面的瘢痕，外墙面在清洗、粉刷后，保留了斑驳的历史痕迹——这是斯卡帕所珍视的古色（patina），尽管这些细微处不仔细观察不会引起注意；②完整保留立面的阿拉伯连拱窗；③使用可拆卸的维护窗体，窗户需适应作为博物馆使用这一新的功能需要，同时新的窗体根据需要可以拆卸，即是可逆的。因此，新的金属窗框被放置在了窗洞内侧，与连拱窗脱离，形成了清晰的对比。

图1a 阿巴特里斯宫修复前　　　图1b 阿巴特里斯宫修复后

在担任阿巴特里斯宫设计工作期间，斯卡帕早期的对待历史的理念已形成：不违背真实的历史信息；保留优先于修复；提倡局部修复优先于整体重建；以是否影响对历史建筑初建原貌的认识为标准，对某一历史时期的局部加建的建筑构件进行保留或拆除。而在时隔三年后的历史层系更为复杂的维罗纳古堡博物馆修复工作中，他继续修正和发展了这一在古层中保留历史痕迹叠加的立场，即不再坚持局部拆除历史各时期形成的"伪饰"，而是作为历史叠印的痕迹予以完整保留，代之以暗示层系的强烈倾向。

斯卡帕在1957年展开对维罗纳古堡博物馆的改造工作，共持续了8年，至1964年

指导教师点评

潘玥对意大利现代创意性古迹修复大师卡洛·斯卡帕的研究，在她跟随卢永毅教授攻读西方建筑历史与理论硕士学位时就已开始了。自从她在我指导下攻读建筑遗产方向的博士学位以来，潘玥拓展了研习的视野，从历史和遗产交叉的视角，重新探究了斯卡帕在古迹修复方面的思想精髓和创作意匠。这篇获奖论文就是她近来的代表性写作之一。

在本文中，潘玥以文献研读和实地考察为基础，借鉴美国学者斯维特兰娜·博伊姆《怀旧的未来》一书中关于"反思型怀旧"的观点，对斯卡帕在阿巴特利斯宫和维罗纳古堡等古迹修复工程中的创意设计，作了"怀旧类型学"的解析，从古锈存真、古式并置和古韵重谐三个层面，深度诠释了斯卡帕作品中所展现的批判性修复观和新旧拼贴的艺术张力。

纵观全文，同时具理论高度和思考深度，并有建筑学论文所常见的发散性思维特点，纵横恣肆、博通广联。总之，整篇读来言之有物，论之有据，咀之有味，思之有意，所以我认为这是一篇很有参考价值的评述性好文。

常　青
（同济大学教授、中国科学院院士
戊戌夏日于沪上寓所）

完成。古堡始建于 1354 年，维罗纳城主斯卡里基瑞大公同时修筑了保护城堡的城壕，在阿迪济河上建桥连接城堡与对岸，临河建三层高的居住区（Reggia）。1797 年，拿破仑占领维罗纳时期，法军在城堡北部和东部加建了两层高的营房，平面为 L 形。1825 年，道路自内庭院直接连接斯卡里基瑞大公时期建造的桥，自此东部营房与西部居住区一分为二，同时，桥不再为古堡独用。1882 年，由于阿迪济洪水泛滥，营房遭损，部分拆除。1923 年，建筑师弗拉迪（Forlati）对古堡进行了一次大的修复。拿破仑时期的北营房立面的方窗被改造为哥特风格，并改立面为对称式布局，北营房前的军营操场被改造为意大利风格的花园。用壁炉和烟囱掩盖了 14 世纪留下的沿河城堞上的枪眼。室内装饰风格则模仿 16、17 世纪的历史风格。1962 年，在斯卡帕的修复工作期间，出土了 14 世纪斯卡里基瑞大公时期的城壕遗迹（图 2a、图 2b、图 2c）。

图 2a　维罗纳古堡始建于 1354 年的城壕遗迹　　　　　　　　　　图 2b　维罗纳古堡 14 世纪　　图 2c　维罗纳古堡博物馆改造后斯卡里基瑞
的斯卡里基瑞大公像　　　　大公像摆放位置

　　斯卡帕经过对大量文献的检索，并在做了场地清理和遗迹考证后判定：弗拉迪在 1923 年的改造是违背历史原初风貌的"伪饰"，18 世纪拿破仑时期加建的营房和城堞在当时也是对古堡的破坏，营房的加建缩小了庭院空间，营房与城堞截断了庭院与阿迪济河的关系，也隐瞒了历史原初风貌。在这次的修复工作中，对于历史的判断，斯卡帕显得更为审慎。他认识到古堡是历史的层层累积，各个年代层次的建筑遗存均各有其价值，对时间和人类的活动造成的破坏需加以修复，但是干预将尽可能少。因此，弗拉迪的哥特里面的构图和材料得以保留，外墙经过仔细的清洗与粉刷，保留了 1923 年弗拉迪改造的原貌。更进一步的，为了暗示古堡复杂叠印的历史层级，斯卡帕在墙面选择性地保留了一些部位，露出拿破仑时期营房砖砌墙面的构造（图 2d）。
　　这种清晰的层级关系，在二楼的屋架修复上得到了更集中的体现。斯卡帕选择对原屋架进行修复，新加的结构构件与原结构体系进行清晰的区分。斯卡帕加建了新的工字梁和铜皮屋面，保留原有拿破仑时期遗留的屋脊木梁和瓦屋面，为了揭示层系，屋面不采用通常掩盖内部构造的做法，而是暴露新加的与原有的结构和材料，层层缩进与剥离，新与旧的关系，如建筑剖面图般一目了然（图 2e、图 2f）。对于 1962 年修复进行中出土的城壕遗迹，则在原址上完整保留并加以维护。
　　斯卡帕的特立独行之处在于他的做法迥异于同僚的做法。在同时代的意大利，历史建筑的修复乐于披上仿古的表皮。普鲁金在《建筑与历史环境》中写道："建筑师们以修复某建筑为由，进行哥特式和罗马式建筑设计的练习，他们甚至在没有古建筑的地方漫无目的地修建塔楼和尖顶，这在那个时代是常有的，甚至可以说是太普遍的事情。"为此，斯卡帕采取了不同于一贯的温和态度，做出了针锋

图 2d　维罗纳古堡博物馆的墙面露出拿破仑时期营　　图 2e　维罗纳古堡博物馆的屋脊　　图 2f　维罗纳古堡博物馆的屋面新建工字梁和铜皮屋面及原有
房砖砌墙面的构造的部位　　　　　　　　　　　　木梁和瓦屋面与斯卡里基瑞大公　　　　拿破仑时期遗留的屋脊木梁和瓦屋面
像的位置

相对的回应："如我所说，我总是与威尼斯的规划条例以及那些对这些条例解释的官员们有矛盾。他们要求你模仿古代建筑的窗户，但是却忘了这些窗户是在不同时期、另一种生活条件下建造的，学习的是用另外的材料和另一种技术建造的'窗户'。不管如何，这些愚昧的模仿看上去是低俗的。"①斯卡帕身处在战后重建的时代，意大利盛行将历史建筑修复到"原初状态"，按照博伊姆的怀旧类型学，可归之于"修复型怀旧"，当意大利保护界人士意识到"这是一种在对待受损或遭到破坏的古迹时可以理解但依然应当批评的多愁善感"时也是在近二十年后了。在一种整体保护理论尚在完善期间的过程中，斯卡帕对待历史的超前态度必然是孤独的，他对意大利保护界的批评虽然偏激，但也反映了他个人的深刻思考：他选择的道路指向的是"反思型怀旧"，批判性地修补过去的同时，朝向怀旧的未来。

在近二十年后，意大利保护界在1972年正式通过的《意大利修复宪章》②印证了斯卡帕的预见性。宪章的核心标准为，坚持"对古迹历史真实性的严格尊重，这是一个早在维奥莱－勒－杜克构筑其著名理论之前就已经出现在考古学家和历史学家表述里的观念"，避免在风格统一或"回到最早期形式"的名义下，只选择"原初"部分而移除其他后加部分；反对以牺牲周边环境为代价把古迹孤立起来的做法（往往以投机性活动为目的）；呼吁使用古代建筑物和构筑物，在必要时可采用现代手段和材料对其进行加固。已有的加建部分应具有"可辨识性"这一原则，并且还需有面向一切干预的"可逆性"原则，针对新方法、新材料的"相容性"原则，以及"最小干预"原则。其中值得注意的首要问题是，不管是整修一件独立的艺术品还是一整片历史环境，"新"东西对于现有作品的影响必须尽可能的小。③

而这时，斯卡帕已经是年近七旬的老人了。

（二）间离与角色重谱

布莱希特在《陌生化与中国戏剧》(*Verfremdung und Chinesische Theater*)通过对中国戏曲的研究后认为，中国古典戏剧中存在着"对事件的处理描绘为陌生的"这一"间离方法"，能够产生"陌生化效果"，例如戏曲舞台上的武将背上扎的"靠旗"、净角的各种脸谱、穷人乞丐角色穿的"富贵衣"、开门的虚拟手势、嘴里叼着一绺发辫、颤抖着身体表示愤怒、手执着一把长不过膝的小木桨表示行舟等象征性手法。他进一步指出古典的间离方法可以提高人们的理解力。

布莱希特归纳的间离法不仅适用于戏剧，也适用于其他艺术门类，比如绘画。当塞尚（Cézanne）过分强调一个器皿的凹形时，一幅绘画就被间离了。达达主义和超现实主义使用更极端的方式达到间离的效果，它们原本的主题便从间离中隐去了。斯卡帕可能是第一位使用这种在中国戏剧中发现的艺术手段于建筑设计领域中的革新者。斯卡帕此方面的尝试开始于1952年威尼斯克罗博物馆（Museo Correr）与1953年的西西里大区美术馆（Galleria Regionale di Sicilia）的设计中，在1955年的卡诺瓦石膏像陈列馆（Gypspthèque de Canova）、1956—1964年完成的维罗纳古堡博物馆（Museo di Castelvecchio），以及斯坦利亚基金会博物馆（Fondazione Querini-Stampalia）中有集中体现，在后期1966年的威尼斯建筑学院入口（entrance for the IUAV）改造中则有了进一步发展。

1955年，斯卡帕展开为期三年的帕桑罗卡诺瓦石膏陈列馆的保护与更新工作。陈列馆原馆始建于1831年，为新古典主义式建筑，作为陈放18世纪雕塑家卡诺瓦（Antonio Canova，1755—1822年）的作品使用，由弗朗西斯科·拉查内（Francesco Lazzari）设计。陈列馆平面为长方形巴西利卡形式，由三个相等的展室组成，尽端是半圆形的龛室，每间格子拱顶中央有天窗作为光源。这座私人所有的历史建筑历时百余年风雨，在这次更新项目中，并未作为一座不可拆除的文物被予以重视。斯卡帕在考证了陈列馆的档案文献之后，选择完整保留该建筑，在该建筑一侧的狭长地带做尺度较小的局部的加建——并严格控制新加展室的高度、面积、体量。在这个展览馆的设计中，卡诺瓦古典题材的石膏像作为重要的历史元素（historic element）成为贯穿设计始终的重要线索。

在1831年的陈列馆中，三个展室完全相同（图3a），每个展室都是有中央的参观通

特邀编委点评

设计研究中的诠释学方法

在设计领域借鉴其他学科的研究方法中，除了一直作为显学的量化研究，更为重要但是却很少被提及的是诠释学方法。说其更为重要，第一是因为在大量的建筑历史研究、作品解读、建筑师分析中都在应用诠释学方法，第二个原因是诠释学作为一种关于理解的知识，是历史和艺术等人文学科特有的认识论方法，而人文属性也正是建筑学科本身的重要特点。自然科学的对象是可分解的客体，因此可以通过分析方法去认识。而人文学科的对象是一段历史、一幅绘画、一段音乐、一个建筑作品等等，希望获得的是对对象整体的认识。诠释学就是这样一种认识方法。随着诠释学理论的不断发展，当下的诠释学建立在伽达默尔的理论之上，强调诠释过程实际上是解读者与被解读对象之间的对话，被称为"视界融合"。

本文就是一篇应用诠释学方法的优秀范例。作者通过对怀旧类型学的理论梳理，提出了反思型怀旧作为一种立足历史面对未来的创作态度，并以此角度解读了斯卡帕建筑设计作品中对于历史的态度和方法。作者的视界——当下建筑师如何站在历史之上进行面向未来的创作的普遍问题，与斯卡帕的视界——巧妙地运用历史元素进行建筑创作，获得了很好的相互融合与呼应。文章除了理论和方法运用得当、内容组织条理清楚之外，文笔也相当流畅。吹毛求疵的提一点意见就是对于一些概念的应用需要更严谨一些，例如"我们同样无法脱离对新与旧二元对立的先验式限定"，"先验"这个词的使用值得探讨。"先验"指的是超出经验之上的东西，这里的"新与旧"显然都是人类经验之内的内容。提出这一点来是为了指出，建筑学由于自身没有严谨的学术传统，对于定义和概念的使用常常比较随意。从做天马行空的设计到写逻辑严密的论文，这两者的不同是在设计类学术研究中必须注意的问题。

王韬

（博士，清华大学《住区》杂志执行主编）

图3a　帕桑诺卡诺瓦石膏陈列馆老馆内部

图3b　斯卡帕加建的帕桑诺卡诺瓦石膏陈列
馆新馆

图3c　帕桑诺卡诺瓦石膏陈列馆内的内凹天
窗与教皇克莱门三世的速写模型

道和沿建筑两侧布置的石膏像组成，观者只能观看雕像的正面部分。斯卡帕试图突破传统的观者—历史陈列品的关系，更进一步的，调动诸如空间切分、材料并置、光影导入等建筑元素围猎石膏这一传统雕塑媒材的限制，或者用福柯的话来说："对古典再现的重新再现"。这种革新式的展示方式在两处十分明显：在入口展厅后的方形展厅里，东侧外墙设计一对内凹天窗，底部以环形薄板支撑，中央为透明玻璃。西侧一对天窗的玻璃与墙面平，在两侧墙面和顶棚的交界处为三片相同大小的方形玻璃，玻璃之间直接接触，顶角为三角扁铁。当光线自这四个天窗投下，投射到墙面上，斯卡帕将教皇克莱门三世的速写模型置于墙面悬挑而出的铁质托架上，教皇的视线与观者的角度构成向下俯视的关系，同时雕像在墙面上勾勒出轮廓分明的投影。因而观者首先被展示从天窗投射到墙面的光线所吸引，继而不由自主地抬头仰视这座雕像，注意到教皇正高高在上，威严而不可一世地向众生俯瞰，观者被雕像对空间全局的统摄所震撼，于是驻足凝视，继而陷入对历史的沉思（图3b、图3c）。显然，这是一种为了加深人们对历史对象的理解能力所运用的间离方法。

在完成卡诺瓦石膏陈列馆的工作后，在随后的保护实践中，斯卡帕由历史展品的布置方式作为思考的源起，进一步扩展了这种间离地处置历史遗存的方式。在1966年，威尼斯建筑学院自圣特莱维索（San Trovaso）迁至托伦提尼修道院（Tolentini，图4a），斯卡帕参与校舍入口改建。在修道院的改建过程中出土了一个16世纪的大门遗骸——一扇伊斯特里亚大理石拱门（Pietra d'Istria），门扇不知去向，只余门框。人们提议，使用这扇门供进出学校的师生使用，"合乎情理"地使用门本身的象征意义作为保留方式。斯卡帕摒弃了这种惯常的做法，而选择了"间离"地处置这扇门框——作为新的水池使用。门框横卧于入口，在其中设计曲折迂回的线脚，层层塌陷，犹如历史之"古层"，同时恰好符合叠水跌落之势。旱季残骸显现，雨季残骸被水淹没，季节不同，残骸的底部时隐时现（图4b、图4c），造成遗迹旷古幽奥之感，犹如一位跻艾者之人在讲解着历史现场，这一经特殊的处理后的残骸，成功地引发了观者不由自主的驻足和凝思。

图4a　威尼斯建筑学院
位于托伦提尼修道院的新
校舍入口一角

图4b　威尼斯建筑学院的16世纪大门遗骸（旱季）

图4c　威尼斯建筑学院的16世纪大门遗骸（雨季）

相较于卡诺瓦石膏陈列馆，斯卡帕在这里使用了一项新的技巧，即历史化。他必须把建筑的故旧元素（historical element）当作历史元素（historic element）来进行"角色重谱"：采用历史学家对待过去事物和举止行为的距离感，来对待历史的建筑元素。在古迹遍地的意大利，一个16世纪的大门遗骸并不是一项值得特别注意的考古发现，但经由斯卡帕的间离式处理，人们对这座原本普通的大门感到十分的陌生，并随之激起感情，驻足停留间，伴随不同程度的对历史的反思、对传统的发问等效果，从而使历史遗存完成对观者的教化与身份归属这一伦理功能，最终达成反思型怀旧的目的。

布莱希特曾言，研究"陌生化效果"是为了变革社会，在各种艺术效果里，一种新的戏剧为了完成它的社会批判作用和它对社会改造的历史记录任务，"陌生化效果"将是必要的。

对于延续一座建筑的生命进程而言，"陌生化效果"能够颠覆家喻户晓的、理所当然的和从来不受怀疑的历史建成物的常态，加深甚至完全改变人们对历史对象的理解能力，这种张力往往对峙于新与旧之间。

（三）历史情境并置

在开展了诸多成功的设计委托工作后，斯卡帕逐渐确立了对待历史的原则，第一，"古层"与痕迹叠加，即保留并揭示历史建筑在过去的各种叠印的历史信息，延续古色（patina）。第二，间离与角色重叠，即迁移古典戏剧的间离手法至设计实践中，提高观者对历史对象的理解力，即聚焦古色（patina）。更进一步的，斯卡帕在前二者的基础上，继续扩大古色（patina），即将古典主义、文艺复兴、巴洛克等传统精神，具化为相应的空间感受与艺术表现，将其并置并回归至观者的直觉体验，将历史建筑视作历史情境的容器与舞台，完成将古色（patina）推向极致的最终目的。

在1961—1963年的威尼斯斯坦帕里亚基金会更新项目中，集中体现了斯卡帕的以上三点设计思想。基金会原为威尼斯奎瑞尼家族的府邸，始建于1513—1523年间。1869年，府邸主人乔万尼·奎瑞尼·斯坦帕里亚伯爵去世前将府邸赠给威尼斯政府，威尼斯政府便将其作为收藏艺术品的展览馆使用。1959年，基金会正式委托斯卡帕更新该建筑。

基金会的平面呈L形，共二层，沿河立面有一个水路入口（图5a）。主展厅现状为新近加建的新古典主义风格的过度装饰，难以辨认原初风格。建筑主体长期遭受洪水损害，泻湖每到冬季，海水灌入建筑，结构体被逐渐侵蚀，长期缺乏必要的维护，内庭院现状为废弃不用。在这个复杂的修复项目中，第一个问题是要修复和保留建筑主体，对局部进行拆除，并适当加建；第二个问题是需增加面向广场的疏散口；第三个问题是解决潮水侵害结构体的问题。

关于第一个问题，斯卡帕的方案是完整保留建筑的立面，保留主体结构和构造的做法。对墙面进行仔细的清洗和粉刷，原封不动地保留16世纪的门窗，以及建筑前厅原有的建成结构——粗糙表面的混凝土墙面。设计中使用一系列构造措施增加通风和防潮效果，例如在砖墙前方的白色灰墙板使用钢构件悬吊，固定在顶棚上，以使墙体之间留有空隙通风，墙体不受湿气侵蚀；墙板与地面留有距离，防止潮气上涨浸湿墙板；用金属支架连接的墙板也与砖墙留有通风的距离。局部拆除的部分仅限于主展厅已损坏的木制顶棚。加建的部分包括对室内柱子的维护体，疏通洪水的沟渠，主展厅的新墙板和地面铺装，水路入口的金属格栅门。

关于第二个问题，斯卡帕的方案是在新的疏散入口处新建钢木桥梁。但是，新建的桥梁将突破立面门窗的保存，造成立面中的一扇窗扩大，以改造成门，因而这个申请遭到威尼斯规划部门的反对，认为其破坏了历史建筑的窗户原貌。这一问题最终还是以新建筑物需要增加疏散口为由得到解决。新建桥梁完成于建筑整体修复完成之后，于1963年得以完工。

关于第三个问题，斯卡帕的方案是疏导，即构想底层建筑物是一个复杂的容器，由一道路牙石将平面分为相对标高较低的水渠和相对标高较高的地面，以控制洪水的最高水位。水渠容纳和引导洪水进入建筑内部，按预定的方向流动，设计的水线高度代表潮汐的最高水位，而地面则可以继续正常使用。（图5b、图5c）

斯卡帕在威尼斯的这次改造工作，延续了他在1954—1958年位于西西里岛、帕桑诺以及维罗纳的建筑设计实践中逐渐形成的思想，在延续古色（patina）的基础上，进一

图5a 威尼斯斯坦帕里亚基金会沿河立面的水路入口

图5b 威尼斯斯坦帕里亚基金会疏导洪水的沟渠（无水期）

图5c 威尼斯斯坦帕里亚基金会疏导洪水的沟渠（洪水期）

步聚焦，直至将古色（patina）放大和推向极致，达成历史情境并置。

一方面，回溯平面形式的分析可得到斯卡帕与古典精神的相连。基金会的平面设计具有整体的逻辑和清晰的组织结构。基地被分为一个中心区域，右翼是公共空间，左翼是服务区。其组织描述了一种正统的平面格局（第四个缺失的方形补形到入口系统处）和一个九方格（缺失的第八个和第九个方形补形到花园凸出的位置）。还有一个成对出现的方形图解在入口、展厅及花园处存在。（图 5d）

另一方面，在潮水引入建筑后，斯卡帕埋置了一道线索——只有在冬季洪水期才会形成平日见不到的景象，这个伏笔埋置在 16 世纪的历史建筑遗存——敞厅的两根柱子上，借此形成了迥异于古典精神的巴洛克式的历史情境。

海因里希·沃尔夫林在《文艺复兴与巴洛克》中将巴洛克风格转变的特征归结为三点：①涂绘风格（paintly），建筑不依据其自身的特征，而是努力追求其他艺术形式的效果，它就是："涂绘的"。②庄严风格（maniera grande），尺寸的增加和更为简约和更加统一的构图。③厚重（massiveness）艺术迈向巨大的体积，以给人留下深刻的印象并征服观者。④运动（movement），视觉推动，表达建筑内部的定向运动。这些特征均作为文艺复兴风格的对应物。

当冬日的潮水进入建筑内部，建筑保留的历史遗存，一对柱子形成的一角成为巴洛克式艺术绽放的神龛（图 5e、图 5f）。斯卡帕设计的台阶在离柱子不远处戛然而止，使我们无法到达柱子的近处，冬日的潮水增加了我们观察柱子的障碍，一切变得不确定起来，借由水的隔绝，空间中弥漫着充分的隔绝感，"庄严感"意外产生了，细部不再以明晰的轮廓抢夺注意力，规则分解了，一切在水中摇曳，变得虚空，难以确定。我们产生了新的感受，那变化无常的光影与幻觉一般的运动感，是模糊的，没有边界的，而这正是巴洛克式的，是涂绘（paintly）的，是解构的。一对浸没在水中的柱子，不仅是作为一个历史遗存的片段，此时更成为历史情境的重要投射物。斯卡帕此时已不满足于保留一段古色（patina），他将这段古色（patina）极大地放大，使之生辉。（图 5c）

历史情境的多重并置，便使斯坦帕里亚基金会不再是单纯的历史建筑更新项目，而是一个人文主义式的艺术作品。斯卡帕同巴洛克建筑师们曾经做过的一样，喜好追求戏剧性的艺术效果，而对于艺术风格的多重趣味，往往表现在古典的美学形式、逻辑结构与巴洛克式的空间效果的共存中。因而只注意到斯卡帕建筑中某一项单纯的美学意味会导致丧失对他在建筑中所具有的对于历史风格的多维诠释，以及伴随而来的开放的艺术表现形式的把握。

三、结论

深沉的祖先，控空的头骨，
铁铲层层重负之下，你们
成为泥土，不辨我们足音。
真正大饕，不可除的蛀虫
并不贪食卧碑下的你们；
它靠活者而活，它纠缠我。
——瓦莱里《海滨墓园》19 节④

活者畏惧死亡，隐匿在身体中的恐惧使人同样害怕承载着我们往昔的建筑也会消逝，终成"蛀虫的大饕"。但事实是，即便我们试图挽回，每一座建筑自诞生起便与人类自己一样迎向时间的凛冽刀锋，无时不刻地走向死亡，于是对于历史的怀旧暗含着人类对于自身终有一死的哀婉，这也是人类的未来终将走向怀旧的深刻本质。

自 18 世纪启蒙思潮以来，历史悠久的怀旧情绪以回到希腊为呼声响起，阿波罗般的沉静（apollonian serenity）不再是简洁欧几里德形体的专属，关于"秩序"（order）、"规则"（rules）和"数"（number）的古典回归是斯卡帕对于传统的最高献礼。这便是斯卡帕乡愁的表征，也是他返回故乡的方式。

时至今日，四十年前，斯卡帕对待历史其去伪存真、立足本土、大胆创新的态度正接近于我们今天选择的道路。在中国，从新文化三十年到新中国三十年中，中国转投西方现代性的轨道，使自身现代性的历史呈现为一步步自我简化；过往的每个时代的内在丰富性与矛盾特质都在后一时代的历史叙述中被删节、被化约，造成了一种自我阉割的"不育的现代性"，建筑学的境况作为一种外显物也恰恰显示了中国整体正在经历的此种历史结构影响。斯卡帕的反思型怀旧是与现实的斡旋，同时也是反抗，给予我们的启示是，回归历史与传统并不意味着停下前进的脚步，重返传统、本土创生往往蕴含着更具潜力的创造，反思型怀旧的历史态度暗含着复兴民族身份认同的更大契机，也意味着在历史之内获得历史之外的真正的创生。

注释：

① "……除非这些时光的痕迹是对原初历史价值有所损毁或不相一致的变更；或者是为达成其原初风格而实行的伪造。" 见 1972 年《意大利修复宪章》第 6.2 条。

② 1932 年的《意大利修复宪章》全名为《意大利修复宪章：古迹及美术高级理事会之纪念物修复准则》（Carta Italiana del Restauro, Norme del Consiglio Superiore di Antichit à e Belle Arti per il Restauro dei Monumenti ）

③ 见 1972 年《意大利修复宪章》第 6.2 条。

④ 瓦莱里（Paul Valéry）最早的文章是 1894 年的《达·芬奇的作画法介绍》(Introduction à la méthode de Lèonard de Vinci)，他发现达·芬奇对数学的狂热使他服从于"极其困难的诗歌游戏"里诗韵的非理性原则。1922 年，在他最重要的作品《海滨墓园》(Le cimetière marin)中，瓦莱里指出"艺术是一种既有音乐性又有数学性的语言？"

参考文献：

[1] David Lowenthal. *The Past is a Foreign Country*[M]. New York: Cambridge University Press，2015.

[2] Boym Svetlana. *The Future of Nostalgia*[M]. New York: Basic Books，2002.

[3] Dal Co Francesco & Mazzariol Giuseppe, Carlo Scarpa The complete works，Milano: Electa Editrice，1984.

[4] Pevsner Nikolaus. Fawcett Jane, et al. *The Future of the Past*[M]. London: Thames and Hudson Ltd.，1976.

[5] 李雱. 卡罗·斯卡帕 [M]. 北京：中国建筑工业出版社，2012.

[6] 普鲁金. 建筑与历史环境 [M]. 韩林飞，译. 北京：社会科学文献出版社，2011.

[7] 贝托尔特·布莱希特. 陌生化与中国戏剧 [M]. 张黎，丁扬恩，译. 北京：北京师范大学出版社，2015.

[8] 肯尼斯·弗兰姆普敦. 建构文化研究 [M]. 王骏阳，译. 北京：中国建筑工业出版社，2007.

[9] Querini Stampalia Foundation. *Carlo Scarpa at the Querini Stampalia Foundation Ricordi*[R].Venice：2009.

[10] Cadwell Michael. *Strange Details*[M]. Cambridge: The Mit Press，2007.

[11] 海因里希·沃尔夫林. 文艺复兴与巴洛克 [M]. 沈莹，译. 上海：世纪出版集团，上海人民出版社，2007.

[12] Lejeune Jean-Francisco, Sabatino Michelangelo. *Modern Architecture and the Mediterranean: Vernacular Dialogues and Contested Identities*. London: Routledge，2010.

[13] Marco Frascari.*The Tell-the-Tale Detail*[M] //Theorizing A New Agenda For Architecture（An Anthology Of Architetural Theory 1965—1995）.Kate Nesbitt.New Jersey：Princeton Architectural Press，1996.

图释：

图 1a 阿巴特利斯宫修复前（图片来源：http://www.panoramio.com/photo/65007210）

图 1b 阿巴特利斯宫修复后（图片来源：http://www.skyscrapercity.com/showthread.php?t=654557&page=15）

图 2a 维罗纳古堡始建于 1354 年的城壕遗迹（图片来源：SERGIO LOS.Scarpa1906—1978：Un Poète de L'architecture[M].Berlin：TASCHEN，2009.）

图 2b 维罗纳古堡 14 世纪的斯卡里基瑞大公像（图片来源：同图 2a）

图 2c 维罗纳古堡博物馆改造后斯卡里基瑞大公像摆放位置（图片来源：同图 2a）

图 2d 维罗纳古堡博物馆的墙面露出拿破仑时期营房砖砌墙面的构造的部位（图片来源：同图 2a）

图 2e 维罗纳古堡博物馆的屋脊木梁和瓦屋面与斯卡里基瑞大公像的位置（图片来源：同图 2a）

图 2f 维罗纳古堡博物馆的屋面新建工字梁和铜皮屋面及原有拿破仑时期遗留的屋脊木梁和瓦屋面（图片来源：同图 2a）

图 3a 帕桑诺卡诺瓦石膏陈列馆老馆内部（图片来源：SERGIO LOS.Scarpa1906—1978：Un Poète de L'architecture[M].Berlin：TASCHEN，2009.）

图 3b 斯卡帕加建的帕桑诺卡诺瓦石膏陈列馆新馆（图片来源：同图 3a）

图 3c 帕桑诺卡诺瓦石膏陈列馆内的内凹天窗与教皇克莱门三世的速写模型（图片来源：同图 3a）

图 4a 威尼斯建筑学院位于托伦提尼修道院的新校舍入口一角（图片来源：作者自摄）

图 4b 威尼斯建筑学院的 16 世纪大门遗骸（旱季）（图片来源：同 4a）

图 4c 威尼斯建筑学院的 16 世纪大门遗骸（雨季）（图片来源：同 4a）

图 5a 威尼斯斯坦帕里亚基金会沿河立面的水路入口（图片来源：作者自摄）

图 5b 威尼斯斯坦帕里亚基金会疏导洪水的沟渠（无水期）（图片来源：同图 5a）

图 5c 威尼斯斯坦帕里亚基金会疏导洪水的沟渠（洪水期）（图片来源：同图 5a）

图 5d 凯德威尔的图解分析，显示威尼斯斯坦帕里亚基金会平面的古典秩序（图片来源：CADWELL MICHAEL. Strange Details[M].Cambridge：The Mit Press，2007.）

图 5e 威尼斯斯坦帕里亚基金会敞厅保留下来的柱子（无水期）（图片来源：同图 5a）

图 5f 威尼斯斯坦帕里亚基金会敞厅保留下来的柱子（洪水期）（图片来源：同图 5a）

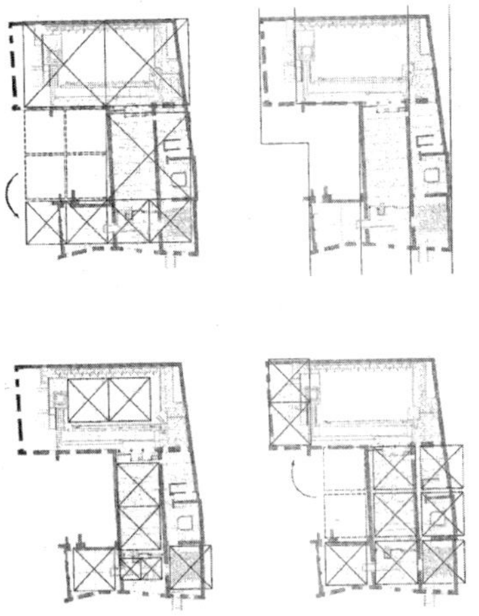

图 5d 凯德威尔的图解分析，显示威尼斯斯坦帕里亚基金会平面的古典秩序

图 5e 威尼斯斯坦帕里亚基金会敞厅保留下来的柱子（无水期）

图 5f 威尼斯斯坦帕里亚基金会敞厅保留下来的柱子（洪水期）

王笑
（东南大学建筑学院　硕士二年级）

历史街区传统风貌的
知识发现与生成设计
——以宜兴市丁蜀镇古南街历史文化街区为例

Knowledge Discovery and Digital Generation of Historical Feature and Building Facade
— A Case Study on the Traditional Architecture and Settlements in Gunanjie Street, Dingshu Town, Yixing

■摘要：传统聚落保护规划实施过程中，由于各责任主体认识和理解上的偏差，导致方案设计与实施之间存在着巨大缝隙；又因缺乏验收标准，使得保护规划难以实施或质量难以保证。本研究拟用数字链系统思维方式实现保护规划设计与实施间客观有效的衔接。以宜兴市丁蜀镇古南街历史文化街区为例，获取表征历史风貌特征的形态要素信息；基于粗糙集理论实现传统街区风貌的知识发现与共享，提取传统立面要素集合与组合规则；通过形态要素生成规则，实现保护规划方案的数字化生成设计。

■关键词：历史街区；传统风貌；粗糙集；知识发现；数字链；生成设计

Abstract：Considering the existing problem in the conservation planning of traditional architecture and settlements' features in China, there is a huge gap between general design and detailed implementation caused by the deviation of comprehension. In this study on Gunanjie Street, Dingshu Town, in Yixing, a new building facade description and evaluation system has been developed by using the intelligent information data technology to code and describe the morphological features of historical characteristic as the database and using the data mining to extract rules of traditional facade elements and their combination modes. Accordingly, the referable facades were generated by program, contributing to establish the acceptance evaluation and compensation decision.

Key words：Traditional Architecture and Settlements；Historical Feature；Rough Set Theory；Knowledge Discovery；Digital Generation

一、引言

（一）研究背景

本文以江苏省宜兴市丁蜀镇古南街历史文化街区为研究对象。该街区位于宜兴丁蜀镇东北部，东依蜀山，西临蠡河，新中国成立前曾是丁蜀镇水上通道的进出端口。加之距离紫砂矿的主要产地黄龙山较近，且交通便利，运输方便，自古就形成了集紫砂毛坯加工、成品烧制、交易洽谈地为一体的紫砂文化发源地。但相比于享誉海外的紫砂器，其文化孕育的土壤和传承的载体往往为人们所忽视——古南街在主流的江南古镇文化圈中也许并不为人所熟知。但随着传统记忆的延续与现代生活的占领所导致的矛盾日益加剧，古南街作为少有的与实体的物质文化相关联的历史街区，其传统风貌与历史文化共生共荣的问题逐渐成为焦点（图1）。

丁蜀镇在宜兴市的位置　　　　　　　古南街在丁蜀镇的位置

图1　丁蜀镇古南街历史文化街区地理位置

现如今，古南街紫砂产业原有的集体性生产逐步退回为个体手工生产方式。同时作为古南街居民的紫砂从业者，在积极性被激发的同时，也失去了对当地传统聚落风貌的关注和控制，古南街及其周边出现了大批良莠不齐的中低档个体紫砂作坊。由于部分居民对古南街的历史文化价值认识不足、保护意识薄弱，其商业经营逐利的诉求与自发改造的积极性没有得到很好的引导，使得古南街历史文化街区内相当一部分民居建筑的传统风貌遭到破坏。而相关职能部门也苦于缺乏对居民自主改造的控制依据和参考。同中国大部分具有一定历史价值但未列为文物保护范围的古村落一样，古南街的传统风貌正在逐步为现代生活方式所蚕食。不同的是，作为聚落的形成和发展与紫砂产业变迁密不可分的街区，古南街本身并不排斥现代化的生产与生活模式。重要的是引导居民商住的需求与传统街区相融合，最大限度地保护和修复建筑聚落的风貌和特色，并给出一定的参考依据和标准予以控制和推广。

从以往的经验当中我们可以知道，传统建筑聚落中风貌保护过程中，各行为主体往往拥有不同教育背景和知识背景，对作为客体的传统建筑聚落历史风貌的理解存在偏差。由图纸、文字所呈现出来的导则，对希望达到的传统建筑聚落的最终历史风貌（包含空间形态、建筑形式等）的描述是较为抽象和主观的，其制定依赖于专业人员本身的知识储备、对保护客体的风貌的主观理解和自身工作经验的积累。由于保护规划中各主体对同一个客体的不同认识而产生的问题，导致保护规划在实施过程中无法按照既定导则实施，既定的导则也无法真正控制实施结果。因此，对于传统建筑聚落的历史风貌保护，首先需要建立能够使各方责任主体达到共识的特征描述体系，通过本体系得到各责任主体对被保护的传统建筑聚落的知识共享，从而才能保证所制定的保护规划方案以及导则能够被各方接受，并顺利实施。

本研究着眼于传统街区的立面表述体系和风貌分析方法的建立，拟采用数字链（Digital Chain）系统思维方式实现保护规划设计与实施之间客观有效的衔接。利用基于粗糙集（Rough Set）理论的数据挖掘方法实现传统街区风貌的知识发现与知识共享，提取

指导教师点评

本论文以宜兴丁蜀古南街历史文化街区为例，研究基于数字链系统的传统建筑聚落保护规划生成设计方法。论文从反映传统建筑聚落风貌特征的街巷立面出发，提取各类要素个体特征与组合关系。基于知识发现获得不依赖于人主观判断的历史风貌规则，通过编程尝试恢复遭到破坏的古南街的街巷立面，以此来探索一种基于知识发现和数字生成的传统建筑聚落历史风貌保护方法。这种方法将区别于目前一般的对传统建筑聚落历史风貌的保护，其导则的制定方法和成果的展现都因为数字技术的参与而更加能够保证历史风貌原真性的准确传递，保护规划方案的有效实施、验收与管理。

本论文运用数字技术探索解决传统建筑遗产保护问题，融合了计算机领域的成果，具有较好的推广应用价值，也为突破经典建筑学学科壁垒、探索学科新领域抛砖引玉。虽然，文中对于传统街巷立面要素关系提取与生成设计问题的研究中获得了有效的方法，但在初始阶段的问卷调查中，样本偏少，调查对象过少。其次，在对传统建筑聚落风貌特征的研究中，还应对除立面以外的三维空间肌理等进一步的量化分析，以获得更为合理和精确的成果。为此，本论文可以说是疏通和整理出了一整套工作方法，为今后更为精细的传统建筑聚落的历史风貌规则提取和生成设计搭建了良好的框架。对于数据的收集、统计和量化分析还需要更精细化的工作流程。

唐 芃
（东南大学建筑学院，东南大学城市与建筑遗产保护教育部重点实验室副教授）

石 邢
（东南大学建筑学院，东南大学城市与建筑遗产保护教育部重点实验室教授）

传统立面要素集合与组合规则；通过形态要素生成规则完成保护规划方案的数字化生成设计。这种以广泛认知为设计前提、以数字技术为支撑的方法，使得设计的出发点和走向是相对客观的。它需要从人类的普遍认知和意识中发掘和学习知识，提取设计的依据和规则，进而以此为约束条件，在限定的范围内进行精细化的运算和生成，并不断与条件进行比对和优化，从而得出符合条件的最优解。一方面运算和生成的过程是可介入的，另一方面可能会出现人脑不可预见的演算结果，从而具有更丰富的可能性，一定程度上避免了各方理解的偏差和设计师自身知识储备的限制，从而建立上述提到的达到共识的描述体系和知识语境，指导方案实施后续的操作。

（二）国内外研究现状

数字技术与传统街区的保护与更新相结合的探索方面，国内外许多卓有成效的探索和实践不胜枚举。而粗糙集以及相关的知识发现应用在建筑学领域仍是新兴的热点。粗糙集理论在建筑学知识发现中的运用，日本建筑学会都市建筑感性工学分会（The Japan Society of Kansei Engineering）的森典彦、田中英夫、井上胜雄等于2004年出版了《ラフ集合と感性‐データからの知識獲得と推論》一书，成为都市／建筑感性工学领域中粗糙集理论较权威的论著。之后斋藤笃史等，将粗糙集理论运用于京都重要历史街区产宁坂的传统建筑立面更替的研究中，实现专业人士、非专业人士、政府管理部门对历史风貌保护的信息共享和知识共识。宗本晋作将粗糙集理论运用于博物馆空间的设计，也是该理论在建筑空间设计研究上的尝试。这些研究都为粗糙集理论在建筑学领域的研究提供了很好的示范。

（三）研究目标

本研究一方面试图走通一条运用更为理性的工具介入传统聚落保护的路径，探索其可行性和有效性，以总结出一套具有借鉴意义的流程方法作为范式；另一方面针对案例实际问题，结合所述方法尝试给出具有实践价值的成果作为论证。其更为深远的意义正如前文所说，旨在以数字链思维方式填补保护规划设计与实施间的缝隙，从而作为思考传统街区保护乃至历史文化传承问题的一种回应。具体研究思路为：利用智能信息数据技术对历史风貌特征的形态要素进行编码和描述，建立数据库；利用数据挖掘实现知识发现与知识共享，得到反映各方共识的历史风貌形态要素生成规则；基于知识发现的这一生成规则，通过程序算法可以支持保护规划方案的数字化生成设计；进一步指导立面导则的编制。

二、主要理论与方法

本文的主要研究方法与技术路线如图2所示：首先对古南街的现状立面进行调研与测绘。在对其立面外观的传统性感知进行认知调查，结合立面要素的整理与矩阵化描述得到传统性评价表。接下来使用基于Rough Set理论的数据挖掘软件获得影响街区立面外观传统性认知的要素间层级关系以及构成传统立面要素的集合以及组合规则。最后将其运用到数字化生成设计中去，帮助编制立面导则。

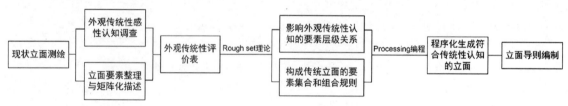

图2 研究方法与技术路线图

本研究过程中，支撑技术路线的基本理论和方法主要有：

1. 问卷调查

问卷调查作为一种常见的社会调研方法，可以用来直接获得被试者对古南街现存民居建筑的感性认知评价。该方法包括问卷设计、现场调查、结果分析等步骤。问卷设计主要针对研究感兴趣的居民认知设计问题和选项，以确保结果具有参考性。现场调查的形式主要是确定调查对象和范围之后现场填写和回收问卷。调查结果的分析包括统计学上的分析以及趋势性的预测和潜在规律的归纳总结，其结果用于后续的粗糙集分析。

2. 现状测绘与文献调研

调研过程中，对古南街现有的主街两侧沿街立面和沿河立面进行了图像拍摄采集。并对每一栋建筑的部分关键尺寸，如开间、檐高、洞口间距、大小等，进行了测量。根据这些操作获得的数据，通过拼合与矫正获得了沿街、沿河的连续立面图像（图3）。进而绘制成CAD图纸，便于下一步的分析和操作。同时还对宜兴市周边的村镇，乃至无锡一带的传统民居的各部位具体做法进行了调研，总结与归纳了当地较为典型的传统民居的立面式样。并对《营造法原》中的相关记载做了相应的文献资料阅读和图纸绘制。

3. 知识发现与粗糙集理论

本文研究过程中，知识发现作为线索是激发和引导研究的核心。其利用计算机对传统建筑风貌特征数据库中的数据知识的理解和学习，从而获得和发现数字化生成设计所需要的知识是十分重要的环节。而粗糙集理论可以支持知识发现的多个步骤，如数据预处理、数据缩减、规则生成等。在证据理论中的对属性，数据或知识等局部的信念及计算全局信念的函数，以及在模糊集理论中对隶属度与隶属度函数，均需要凭借系统设计者的经验实现给定，即这些不确定性的确定带有强烈的主观色彩。而粗糙集理论无需这些先验的信息，无需对知识或数据的局部给予主观评价，也就是说粗糙集理论对不确定性的描述相对客观。本课题主要使用Rough Set理论发现影响传统性认知的要素重要性层级，以及提取传统要素集合和其组合规则。

4. 数字生成设计与 Processing

本研究通过知识与规则进行的立面恢复与重建，采用了数字生成设计的方法。一方面由于获得的数据结果适用于计算机处理，另一方面如前文所述，数字生成设计的依据客观、走向可控、结果多样，不依赖于设计师和利益相关方的知识储备和认知。建筑的数字化生成设计和优化，是信息技术介入和辅助建筑设计的一大研究领域，通过基于相应的计算机算法进行的编程可以实现模拟聚落空间的生成、建筑的建构等功能。本文使用的程序语言是基于 JAVA 的 Processing 语言，可以让创造者快速创建复杂的图形和交互性应用，同时尽量最小化与软件编译和组建相关的麻烦问题。基于此项优势，本文利用其编写建筑立面的生成程序。

三、基于数字链系统的传统街区立面要素规则获取与生成设计

（一）问卷调查与统计结果

基于对古南街传统民居现状的梳理，我们选取了 48 个具有代表性的民居作为样本（图 4），包含了古南街民居中出现的不同层高、开间、新旧等的建筑样式，作为问卷的内容。考虑到受试者的知识背景和文化水平的差异，问卷要求受试者只需判断图片上的建筑在他们看来是不是传统的即可，并用 1 代表传统、0 代表非传统作为回答（图 5）。而后续的知识发现过程可以从受试者的判断中，结合样本特点提取有用信息。

图 3 部分沿街立面

图 4 选取的 48 个具有代表性的民居样本

在试验调查阶段，我们选择了 5 位具有建筑学背景的人士和 5 位不具有建筑学背景的人士进行调查。具有建筑学背景的受试者包括建筑学专业学生和建筑设计从业人员，非建筑学背景的人士涉及土建、经济、能源等其他领域的学生和从业者。有无建筑学专业背景的受试者均被考虑进来，可以使调查结果更具普遍性，符合普通大众的认知，避免专业视角对结果的影响。每一个受试者的问卷调查均得到了有效的反馈，部分样本的判断结果呈现出明显的倾向性，表明其历史性特征明显。根据以上调查问卷结果，我们将超过半数及以上的受试者认为具有传统型的样本，认定为其在大众认知中具有传统性。以此统计出了调查样本的传统性认知评价结果。

（二）立面形态要素编码

为了获得古南街历史街区立面要素的精细化信息，我们对街区建筑的立面单元进行了分解和分类，将其组成要素进行编码，由字母和数字表示每一种立面要素，

图 5 调查问卷首页

作者心得

建筑专业的学生往往擅于用图来表达自己的想法，对论文的写作相对陌生且缺乏训练。而《中国建筑教育》"清润奖"大学生论文竞赛则为学生提供了一个交流学习的平台，以论文写作的形式激发大家对建筑现象进行理性的思辨。在参赛过程中，从结合自身既有的研究进行思考到最终成文提交，笔者对竞赛题目与论文写作本身都有了新的认识。

当遇到"历史"这样一个宏大的命题，如何将其"作为一种设计资源"，来发掘其中的可能性。针对这个问题，本文对古南街历史文化街区的传统风貌进行研究，试图通过生成设计的方式再现和修复当地的传统立面。研究初始笔者仅仅考虑具体的分析方法和技术策略，但没有深入考量问题的价值和研究动机，因而在得出结果和应用方面不尽理想。在数次实地调研测绘、走访当地居民的过程中，通过对街区的观察和人的对话，逐渐感受到传统街区生活逐渐复苏的温度和光彩，从而对研究的意义和需要改变的现状有了深入的理解。也从单一的图像和数据中跳脱出来，思考数字技术方兴未艾的当下，设计的立场、技术和工具与传统建筑、历史街区的关系。

另外一个体会比较深的是论文的写作。当有了比较好的研究成果，还需要将分析过程有逻辑、有条理地表达出来，并且能够做到简洁明了且严谨准确。这样看似简单的要求却需要扎实的文字功底和逻辑思维。如何让读者明白研究的意义和价值，如何突出分析过程中的亮点和重点，如何总结研究结果和提炼自己的观点等等，都是在不断修改中需要注意的问题。同时这样的过程也是审视研究本身的过程，能够发现研究中的问题和不足，从而为之后的研究提供经验。当然这更是研究者本身知识和能力提升的过程。

例如屋顶、二层墙面、一层墙面、门、窗等，从而建立了一套能够量化描述单体立面的矩阵模型。在此基础上，将作为条件属性的矩阵描述与作为决策属性的评价结果相结合，获得了判断建筑外观传统性与否的矩阵表达评价表，便于后续计算机学习和程序化的计算（表1）。

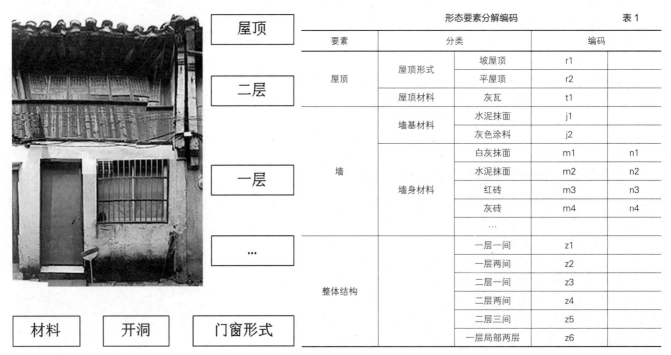

形态要素分解编码　　表1

要素	分类		编码	
屋顶	屋顶形式	坡屋顶	r1	
		平屋顶	r2	
	屋顶材料	灰瓦	t1	
墙	墙基材料	水泥抹面	j1	
		灰色涂料	j2	
	墙身材料	白灰抹面	m1	n1
		水泥抹面	m2	n2
		红砖	m3	n3
		灰砖	m4	n4
		…		
整体结构		一层一间	z1	
		一层两间	z2	
		二层一间	z3	
		二层两间	z4	
		二层三间	z5	
		一层局部两层	z6	

图6　形态要素分解示意

感性认知评价表　　表2

序号	屋顶		一层					二层			其他					整体格局	决策属性
	屋顶形式	屋顶材料	墙基材料	墙面材料	墙面开洞	门样式	窗样式	墙面材料	墙面开洞	窗样式	阳台	栏杆	女儿墙	批檐	雨棚		
1	r1	t1	j2	m1	x1	d5	w2									z1	0
2	r1	t1	j2	m1	x1	d1	w3									z1	1
3	r1	t1	j2	m1	x1	d1	w6									z1	1
4	r2		j2	m1	x1	d7	w12						k1			z1	0
5	r1	t1		m1	x1	d2	w9								c1	z1	1
…								…									
45	r1	t1		m1	x11	d3		n2	y16	w10						z4	0
46	r1	t1		m2	x12	d4	w11	n2	y5	w10						z6	0
47	r1	t1		m1	x13	d1	w2	n5	y15	w9						z5	1
48	r1	t1		m1	x14		w5	n8	y15	w1					c1	z4	1

（三）基于粗糙集的传统形态要素集合及组合规则提取

在立面传统形态要素集合及组合规则的提取中，我们利用基于 Rough Set 理论的计算软件 ROSETTA，对上述评价表进行知识约简处理。目的是剔除影响较弱的要素，留下具有较高重要性的要素，从而获得影响传统性认知的要素层级关系，并通过计算获得传统形态要素及其组合规则，以实现街区传统性特征的知识发现过程（表2）。

通过以上操作获得的核心规则，如图6的结果所示。结果显示对于影响感性认知的传统要素层级按照重要程度分级，首先为二层墙身材料以及门窗样式，其次为墙面材料与墙面开洞，再其次为屋顶形式。有必要指出的是，这与我们通常意识下认为屋顶的形式对于人们判断是否为传统建筑的重要程度有所偏差。但实际调研中，由于古南街多数为坡屋顶建筑，其无差别性使屋顶在本研究的情况下成为相对不重要的要素。

（四）数字生成设计与优化

在通过粗糙集获得了立面传统形态要素集合及组合规则之后，我们尝试将规则导入程序中，对立面进行程序化生成设计。这里的生成是指依据各种制约因素，由初始条件进行演算推导，得出并呈现结果的过程。其主要工作集中在基于规则控制的立面图形绘制，基本步骤如下：

（1）结合实际测绘数据确定单体建筑立面要素的几何尺寸，以建筑左下角为 0 坐标建立坐标系获得各要素的位置坐标以及相对位置关系（图 7），从而使计算机程序依此在屏幕绘制相应的点、线、面等几何元素，构建立面的几何图像。

二层墙身材料(n1) AND 窗(w2) AND 门(d1) => 决策(1)
二层墙身材料(n5) AND 窗(w10) AND 门(d1) => 决策(1)
二层墙身材料(n5) AND 窗(w2) AND 门(d1) => 决策(1)
二层墙身材料(n5) AND 窗(w3) AND 门(d1) => 决策(1)
二层墙身材料(n5) AND 窗(w9) AND 门(d1) => 决策(1)
门(d1) AND 墙身材料(m1) AND 屋顶形式(r1) => 决策(1)
门(d2) AND 墙身材料(m1) AND 屋顶形式(r1) => 决策(1)
门(d2) AND 墙身材料(m10) AND 屋顶形式(r1) => 决策(1)
门(d3) AND 墙身材料(m1) AND 屋顶形式(r1) => 决策(1)
门(d9) AND 墙身材料(m1) AND 屋顶形式(r2) => 决策(1)
窗(w2) AND 门(d1) AND 墙面开洞(x1) => 决策(1)
窗(w2) AND 门(d1) AND 墙面开洞(x13) => 决策(1)
窗(w2) AND 门(d1) AND 墙面开洞(x9) => 决策(1)
窗(w3) AND 门(d1) AND 墙面开洞(x1) => 决策(1)
窗(w3) AND 门(d7) AND 墙面开洞(x8) => 决策(1)
窗(w9) AND 门(d2) AND 墙面开洞(x2) => 决策(1)
…

图 7　Rough Set 理论分析软件及结果

（2）结合要素编码，构建传统建筑单体立面的描述函数，将传统立面的形态要素及组合规则进行数字化转译。把立面要素组合规则表示为坐标以及构件大小等逻辑关系，并将描述性的自然语言转化为程序可以理解的机器语言。

（3）结合 Processing 及其 iGEO 包的特征，将 CAD 图纸分层处理并转换为 .3dm 格式，进而通过程序读取、编辑和生成（图 8）。

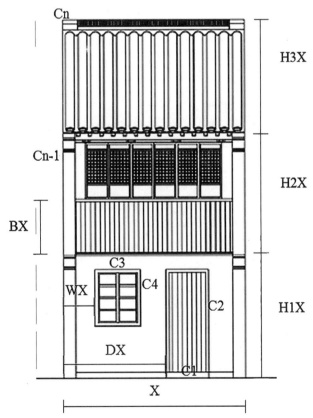

图 8　立面几何分析示意

（4）根据需要生成符合预期的立面图像之后，可将其导出并转换为常见的 CAD 图纸，从而进行下一步的操作和编辑（图 9）。

特邀编委点评

作为一个历史文化街区，采用数字链（Digital Chain）系统思维＋粗糙集（Rough Set）理论的方式，实现传统街区风貌的知识发现与知识共享，提取传统立面要素集合与组合规则；通过形态要素生成规则完成保护规划方案的数字化生成设计。这是一个非常有价值的思路，对于历史文化街区中，建筑信息的承继具有明显的意义。

遗憾的是整个体系中，要素似乎过于简化，屋顶仅仅分为坡／平两种，屋顶的其他重要信息——山墙面还是侧坡面、比例、挑出、檐口做法与高度、材料类型、屋顶构筑物位置与类型等等均未讨论。

一个建筑的元素信息，或者还有限，当这一建筑拓展为村镇，拓展为一个历史城区，拓展为某个地区的历史建筑特色时，需要收集、分析的就是海量的数据空间。

但是如果没有海量的数据，就不必需要粗糙集的坚实支撑，也无从支持粗糙集的专业性价值，也就失去了这一工作的意义。

此外，现有数据外，现代家庭的需求，是否应当成为另一维度？是对这一"数据链"结构的疑问。

对于一个现代小镇家庭，窗子是否还需要密集格栅，是否能够同时解决保温，是否需要解决空调问题，能不能不开窗，也看到外面的山水？一层一间还是两间，是否可以由业主决定？

没有未来视野的历史街区图景，对社群居民而言，是以损失生活价值与社会利益为代价的，不知是否能得到衷心的支持。

张亚津

（联邦德国注册建筑师／规划师；
德国斯图加特大学城市规划学博士；
北京交通大学兼职教授；
德国意厦国际规划设计 合伙人／北京分公司总规划师）

图9 Processing 软件读取并编辑立面图示意

四、结果分析及讨论

（一）实际问题的应对

通过以上操作，我们获得了古南街传统立面风貌的基本生成规则，并通过程序计算实现了对古南街立面的生成设计的一系列初步尝试。并证实这样的一套基于数字链系统的操作能够帮助我们实现历史街区构成要素的知识发现与知识共享。通过程序方法生成的整条沿街立面，基本控制住了街区整体风貌、各部分几何关系以及重要部位的形态特征。在此基础上，可根据需要进一步优化方案和深化设计，作为历史街区立面导则编制的参考依据。

结合古南街民居的具体现状，由于整条街区各个单体、组团乃至片段的新旧程度、损毁状况程度不尽相同，性质和产权也较为复杂，导致采取的解决方法也应具有针对性和多样性。研究尚已完成操作，目前可以解决两类不同程度的问题：

一是对于主体保存完好，仅门窗形式、各部位材料做法不符合传统，或存在私自加建引起的风格不符等问题，可以根据立面要素集合和组合规则对各部位的材料样式进行替换，对不符合传统的冗余要素进行剔除，从而对街区整体立面做到自动生成，并直接用于历史街区风貌保护导则的编制（图10、图11）。

图10 民居现状（一）

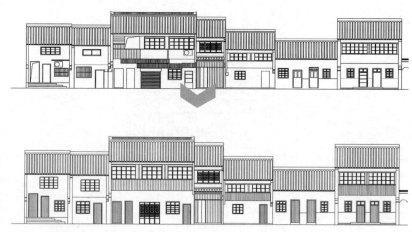

图11 要素替换与整治

二是对于立面存在洞口位置不合理、墙体缺失乃至整栋建筑由于灾害等原因损毁仅存结构骨架的情况，根据其开间、层高，由立面几何特征分析结果和立面要素规则控制，可以生成可参考的复原立面。而对于这一类问题的解决，在历史街区风貌保护中尤为有效（图12、图13）。

基于上述两种问题的解决，我们尝试将这样的基于数字链系统的知识发现—生成设计的方法和结果利用在古南街的立面导则编制中。作为指导保护规划实施的导则，一方面依据知识发现提取到的立面要素集合和组合规则制定了立面要素的控制图则，另一方面将生成结果处理，展示了古南街整体沿街以及沿河风貌，同时给出了单体改造参考案例和细部做法，从而完成了这一保护规划（图14～图16）。

图 12　民居现状（二）

图 13　缺失的建筑单体生成示意

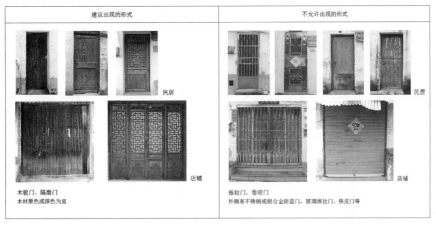

图 14　立面导则控制图则

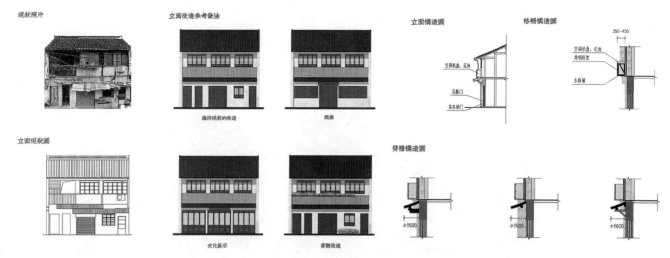

图15 立面导则参考案例及做法

图16 最后编制的沿街立面

（二）改进与完善

由于本研究刚刚起步，是对整个操作流程进行的一次完整的试验和检测，还处于十分初步的阶段。考虑到研究的完整性以及今后应用到实际问题的实用性和可操作性，后续研究还需要诸多方面的改进。

首先，在最初的问卷调查中我们只选择了有限的人员进行调查。在今后的研究中，调查问卷发放的数量和范围可以更广泛，可以覆盖当地居民、政府机关、管理部门、施工单位等。另外，考虑到问卷的易读性，目前只选择了48个案例进行问卷评价。理论上在一定范围内，有效的样本容量越大，评价结果越客观。因此，选取更多的案例更完整体现古南街的风貌也是今后研究需要调整的部分。

其次，在现有结果的基础上，后续研究希望通过程序的优化、更有效算法的引进，解决更多的实际问题。比如，当历史街区中存在片段建筑集体缺失，数栋建筑不知道其开间、高度的情况下，通过学习相邻乃至整条街道的风貌特点，搜索类似的立面特征情况，从而生成相对协调的立面要素组合，再根据前述研究对每一个单体立面进行立面生成，从而实现整个街区的立面的完整修补等。这部分的研究工作现已展开，已能够对缺失的片段轮廓进行初步的推敲（图17）。

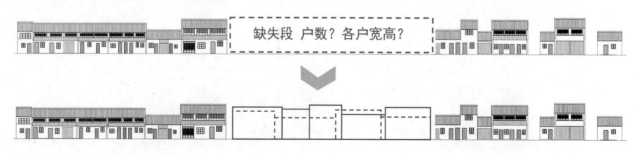

图17 沿街立面缺失片段轮廓生成示意图

再次，由于立面生成过程中各要素呈现模块化特征，其对应的构造做法、成本费用均可通过市场调研计算获得。基于数字链系统的程序计算，可以结合构造做法与相应成本费用库的数据，在生成过程中相应给出其指导做法和参考价格，增加构造做法、相应经济预算等项目，从而有助于建立相应的经济补偿机制，进一步细化街区传统建筑改造修缮导则和验收办法。

最后，古南街和其他历史街区一样，当地居民的活动将成为街区活力保障的最重要因素。而历史文化街区的保护很大一部分也是为生息于此的人们延续传统的生活方式和文化记忆。因紫砂而生，因紫砂而荣的古南街，其活力的延续和重生也离不开文化的认同和商业的繁荣。因此，对这种传统街区的保护和更新，不应该是打造包裹和掩蔽人们琐碎生活、堆砌传统符号碎片的容器。古南街的传统建筑，在对现代生活不断适应融合的过程中，正由传统的居住建筑转变为带有商业、文化展示等多重功能的载体。这种多义性的转变导致其相应的立面形态、要素构成也随之变化。数字链思维下的历史街区传统风貌知识发现和生成设计系统，理应顺应时代需求，在保障历史风貌不被破坏的基础上，基于人们不断发展的认知和功能需求，能够提供优化方案，重建一个与人们活动相关的有机的生活场景，为人们提供参与建设和更新这种生活场景的依据，将传统街区的文化和活力延续下去。

参考文献：

[1] 程浩然 . 传统古建聚落营建工艺的传承与保护 [D]. 合肥：合肥工业大学，2013.

[2] 钱岑 . 苏南传统聚落建筑构造及其特征研究 [D]. 无锡：江南大学，2014.

[3] 日本ファジィ学会：ファジィとソフトコンピューティングハンドブック、共立出版、2000.

[4] 森典彦、田中英夫、井上胜雄：ラフ集合と感性 - データからの知識獲得と推論 - ，海文堂，2004.

[5] 王珏，苗夺谦，周育健 . 关于 Rough Set 理论与应用的综述 [J]. 模式识别与人工智能，1996，04：337–344.

[6] 姚承祖 . 营造法原 [M]. 北京：中国建筑工业出版社，1986.

[7] 斋藤笃史、宗本顺三、松下大辅，*Study on Description Methods for Concept of Traditional Fade by Employing Ontology—A case of Sanneizaka preservation district for groups of historic buildings*，京都大学，2005.

[8] 宗本晋作：ラフ集合を用いた空間要素の組合せ推論に基づく印象評価の研究—国立民族学博物館の企画展を対象として - 日本建築学会計画系論文集、第 608 号、pp.235 - 241、2006.10.

[9] 宗本晋作，感性評価を取り入れた展示の空間構成法に関する研究，京都大学，2008.

[10]《平遥古城传统民居保护修缮及环境治理实用导则》，2015 年，平遥县人民政府。

[11]《平遥古城传统民居保护修缮及环境治理管理导则》，2015 年，平遥县人民政府。

[12]《宜兴市蜀山古南街历史文化街区民居修缮实施意见》，2015 年，宜兴市人民政府。

[13]《宜兴蜀山古南街历史文化街区保护规划》，2012 年，东南大学城市规划设计院。

图片来源：

图 1 《宜兴蜀山古南街历史文化街区保护规划》

图 10、图 12 作者自摄，其余作者自绘。

王艺彭
（山东大学土建与水利学院 硕士研究生）

浅论中国古典园林空间的现象透明性

Primary Exploration of Phenomenal Transparency in Chinese Classical Garden

■摘要：文章从现象透明性的理论出发，通过比较立体主义绘画与中国文人山水画中的现象透明性，论述中国古典园林现象透明性的存在。从平行透视组织下的空间层叠、空间秩序的穿插互渗、形式与功能的分层三个层面进行分析，以提供一种研究园林的新思路，帮助建筑师运用从历史的园林中获取服务当下设计的思路。

■关键词：立体主义；现象透明性；中国山水画；中国古典园林

Abstract：This article bases on the theory of phenomenal transparency, and tries to explore the existence of phenomenal transparency in Chinese classical gardens by comparing Chinese landscape painting with Cubism painting. This article analyzes Chinese classical garden's phenomenal transparency in three aspects, space layers in parallel perspective scene, Infiltration and infiltration between space orders, department of form and function. The aim is to provide a new train of thinking to study Chinese classical garden to help architectural designing nowadays.

Key words：Cubism；Phenomenal Transparency；Chinese Landscape Painting；Chinese Classical Garden

一、绪论

现象透明性的理论是 20 世纪由西方一系列建筑理论家提出并逐步深化的，其主要是从绘画艺术作品（尤其是立体主义绘画）中探索到现象透明性概念的存在，而后转译到现实三维空间中用以分析建筑，并逐步总结整理为一种设计的手段，以实现建筑空间的多义性和丰富性。其中，对透明性理论具有开创性意义的当属柯林·罗（Colin Rowe）和罗伯特·斯拉茨基（Robert Slutzky）共同完成的《透明性》，他们在其中将现象透明性与物理透明性这两个概念结合建筑作品做出了明确的区分。[①] 现象透明性对于建筑的意义在于创造更大的空间张力和更丰富的空间可读性，这一理论无论在时间上还是地域上，看似与中国古典园林毫无关系可言，但从其对于绘画的解读来看，中国古典园林广泛借鉴的中国山水画中亦能发现现象透明性的存在，且中国古典园林中空间诗性的张力和丰富的可读性历来为中外建筑师所称道。以透明性理论为工具，探寻园林空间中的诗意，或许能为古典园林的研究提供一些新的思路。

二、透明性概述

（一）物理透明性与现象透明性

1941 年，在《空间·时间·建筑》中，希格弗莱德·吉迪恩（Sigfried Giedion）曾就现代建筑的透明性发表过阐述，他将绘画与建筑相关联，对透明性做出了定义：即面与面之间的相互渗透。他通过分析瓦尔特·格罗皮乌斯（Walter Gropius）设计的包豪斯校舍来对这个概念进行了诠释。[②]吉迪恩所提及的透明性主要是一种物理透明性（literal transparency），即主要从材料本身的透明特性入手，是指物质（物体）能够容许光或空气透过的属性或状态；在 1944 年，戈尔杰·凯普斯（Gyorgy Kepes）发表了《视觉语言》（Language of Vision），对透明性做出了新的论述："一个人如果看到两个或多个图形彼此重叠，并且每一个都要将重叠的公共部分占为己有，那么我们就面临一种空间维度的矛盾。要解决这个矛盾就必须设想一种新视觉品质的存在图形具有透明性；也就是说，它们能够互相渗透，却又不在视觉上彼此破坏。然而，透明性不仅仅意味着一种视觉品质，它还意味着一种更为广泛的空间秩序。透明性就是同时感知不同的空间位置。空间不仅有深度，而且一直处在深浅的变化之中。随着每一个图形在我们眼中忽近忽远，透明图形的位置获得了模棱两可的意义。"[③]此论述借鉴了格式塔心理学（完形心理学）的理论，将透明性向现象透明性的层面推进。而后，在 1964 年，柯林·罗（Colin Rowe）和罗伯特·斯拉茨基（Robert Slutzky）在耶鲁大学的建筑刊物《Perspecta》第 8 卷上发表了《透明性》，其主要通过对立体主义绘画的研究，引入了现象透明性（phenomenal transparency）的概念，现象透明性，概括而言是指物质（图形、空间）之间能够相互渗透（interpenetration），但不破坏彼此视觉属性的情形。在现象透明性的情形下，外在的视觉效果容易造成观察者的错觉，使其想象中的景象（空间）与实质发生背离，从而产生一种矛盾（contradiction）和暧昧不明（ambiguity）的体验，具有这种不确定性的景象相对于那些可以被准确感知的"物理透明"的景象有着将更多的多义可读性和精神性。柯林·罗和罗伯特·斯拉茨基将现象透明性归结为一种组织关系的本来属性，其中，秩序和层次为两大基本要素。进而，在 1968 年，伯纳德·霍伊斯里在将《透明性》翻译成德文之后，对透明性理论又做了相关的评论，并在 1982 年写作了一篇《补遗》，其意义在于对"广义透明性"这一概念的定义，即在同时同地能够感受到两种空间秩序，则意味着现象透明性。[④]随着对透明性的研究不断深入，从柯林·罗等人基于柯布西耶建筑所作的分析，在不同历史时期、不同风格的建筑中，均能够发现现象透明性的存在。无论是教堂建筑还是住宅建筑，皆有这研究的切入点，因此，研究中国古典园林空间的张力，也具有历史层面的可行性。

（二）立体主义绘画与中国山水画中的现象透明性比较

如前文所言，柯林·罗和罗伯特·斯拉茨基对于现象透明性的研究首先是基于在立体主义绘画作品，其首先通过对比毕加索的《单簧管乐师》（图 1）与布拉克的《葡萄牙人》（图 2），来对物理透明性和现象透明性进行进一步的区分。对于毕加索的《单簧管乐师》，他认为只是一系列物理的透明性使我们看到一些物体的交叠，对于后者，给人的感觉类似于物体被扯成碎片，又被重新捏合在一起，形成了一种所谓的"浅景深空间"，由此，观察者必须通过慢慢感受，才能逐步察觉空间的深度，进而使主题获得具体形态。在毕加索后期的作品如《下楼梯的裸女》《格尔尼卡》等，则展现出一种将时间、空间一次性压缩在同一画面中，而通过艺术的处理使其故事性增强。涉及对于空间认知的领域，比较典型的例子还有柯林·罗和罗伯特·斯拉茨基所举的塞尚的《圣维克多山》（图 3）："整幅画面中，正面视点的平行透视得到高度强调，明确暗示景深的元素被大大缩减，结果前景、中景和背景被挤压收缩，塞入同一个紧凑的画面当中。"[⑤]

这种"浅景深空间"其实在中国传统文人山水画中占据更为重要的地位，文人以"三

指导教师点评

中国古典园林永远是建筑教育的绝佳教材

王艺彭同学的论文在选题之初就是基于问题导向，希望借助西方建筑理论方法作为工具，研究中国古典园林的空间，有所发现，有所收获。在这次论文写作中最重要的就是形成一个对中国古典园林的新的观察视角，能够从另一个角度发现园林之美，进而能对今后的设计实践有所借鉴和启发。在写作过程中，王艺彭在前期的思路建立上花费了很多心思，也最耗时，在广泛的阅读和亲身调研的基础上，反复揣摩，希望搭建"现象透明性"与中国古典园林空间的联系。此篇论文在整个结构上较为完整，论述逻辑性较强，从"现象透明性"的起源处便开始搭建其与中国古典园林的桥梁，即绘画艺术。藉由他对中国古典园林的热爱和自身的阅读基础，能够形成扎实的论述，并具体到空间类型的解读。

但是，此篇论文在长达一万多字的论述中，行文的重点并没有很好地突出出来，尤其是前半部分对于中国画与西方印象派绘画的比较占用了较大的篇幅，而在文章收尾时，总结和梳理做得不够有力，且未向设计实践中延伸，这是该论文值得改进的地方。

总体而言，王艺彭同学对于研究的热情和态度是他今后做研究值得葆有的优势，如今他已经开始了博士研究生的学习，在今后的学习中，希望他仍然关注建筑学科中的现实问题，以问题为导向，扎实取证，认真思考，取得更好的成绩。

傅志前
（山东大学土建与水利学院
建筑学系主任，副教授）

图1 单簧管乐师

图2 葡萄牙人

图3 圣维克多山

远法"创作山水画时，主要以散点透视为主，展现在画面上，往往初看给人的感觉是远景、中景、近景被压缩得景深很浅，而随着进一步深入欣赏画作，则开始慢慢体会到画中空间之深邃旷远。以北宋范宽所作的《溪山行旅图》为例（图4），作者基于散点透视，将山水空间层层挤压到画面中，运用"高远法"将山的"远"转化为画面中的"高"，而使空间的景深被一层层压缩，正如米芾对于范宽的评价所言："范宽山水丛丛如恒岱，远山多正面，折落有势。"这句话中就包含了现象透明性最初提出时所强调的两个特点：一个是"丛丛"，一个是"正面"。范宽运用了正面视角，创造了一种层层叠景的画面，形成现象透明性，将眼前的现实与想象的意境重构。欣赏者浏览这幅画的时候，意识所处的位置和空间形态一直处于模糊不清的状态，这种"浅景深"的空间，使画面中充满了多个层次的可读性，层次看似压扁，其实在内部反而互相作用，互相影响，不同的空间氛围在画面中互相渗透互相感染，形成一种具有现象透明性的多义性景观。

由此观之，虽然现象透明性理论出自西方建筑史对于西方绘画的研究而得出，但从中国山水画中，也有着许多创造"浅景深空间"来制造空间的现象透明性的例子。虽然古人并未将此总结为一套理论和方法，其所形成的艺术空间，都是趋向于创造一种空间的多重解读性，在现实空间与意识空间中创造差异以使空间具有更多可能性。因此，以现象透明性理论解读中国山水画成为可能。而中国古典园林的营造，多是取材于中国文人山水画和画论，是建筑、绘画和文学三者最为典型的组合，因此，以现象透明性的理论解读中国古典园林空间，亦存在着可能性和可行性。

（三）建筑空间中的现象透明性

谈及现实空间中的透明性，在柯林·罗和罗伯特·斯拉茨基的论文中，通过比较柯布西耶的建筑与格罗皮乌斯的包豪斯校舍，总结出建筑师通过设计使建筑形体的纵深关系不断被弱化消解，因而形成一种空间深度慢慢体现中的"浅空间"现象，使得"空间本身就是水晶"，同一时刻同一地点具有多种氛围的重合，便出现了现象透明性。通过对柯布西耶建筑的分析，柯林·罗和罗伯特·斯拉茨基将绘画中呈现的现象透明性成功译到三

图4 [宋]范宽 溪山行旅图

维的现实空间中，分别由加歇别墅和国联大厦竞赛方案而生成建筑中的现象透明性的解读（尤其是国联大厦方案对于主轴线垂直方向上的条状分层）展示了建筑空间的现象透明性的魅力。"柯布西耶的平面就像刀子，专门用来空间切片，如果我们把空间比作水，那么他的建筑就像水坝。"建筑形体纵深方向上的关系不断被横向的元素弱化消解，形成一系列层状的"浅空间"，因而在轴线上往会议厅方向前进时，仍然处在多种空间氛围的交错中，空间变得可读性更强，观察者必须通过慢慢感受，才能逐步察知空间深度，进而使主题获得具体形态，并慢慢显现出来（图5、图6）。这一系列论述在当时为分析柯布西耶建筑提供了一种全新的思路。

当然，现象透明性并不仅仅存在于柯布西耶的建筑中，柯林·罗和罗伯特·斯拉茨基之后进行透明性研究的理论家们发展了现象透明性的历史广度，通过对不同历史时期不同地域建筑的分析得出，透明性并不专属于任何历史阶段和地域范围，而是广泛存在的空间组织形式。

对于中国古典园林空间，建筑、小品、水系、山石、植物等景观元素，始终都是互相掩映，形成层层递进之感，而少有一览无余之景观，"景贵乎深，不曲不深"⑥的造景手法，也契合了现象透明性的论述。王澍曾说："园林不只是园林，而是针对基本建筑观的另

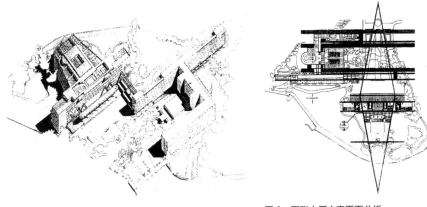

图5 国联大厦方案轴测图　　　　　　　　图6 国联大厦方案平面分析

一种方法论。"[7]在这一的建筑观之下审视园林，更能从园林的历史中寻找到对于当下建筑的启示。透明性理论作为一种空间分析的工具，对于园林的研究，将为我们提供一种认识历史的新角度。

（四）现象透明性——一种历史的工具

伯纳德·霍伊斯里在1968年对于透明性所作的评论中，认为透明性为我们创造了重新观察熟悉的历史建筑的全新视角。[8]透明性是针对空间本身向形式和功能之间阐发的一种形式与组织元素之间的关系状态，所以借助透明性的工具进行比较和理性分析，可以对历史的建筑空间实现再挖掘。

霍伊斯里认为透明性是一种形式—组织元素之间的关系状态，在这种状态下，多重的空间秩序得到相互交叉影响，使人身在一处，而能感受到多种空间秩序的干预。他发展出了广义的透明性："总的来说，凡是拥有两种或两种以上的参照系的空间位置，都会出现透明性现象，在那里，分级尚未完成，在一个级别与另一个级别间进行选择的可能性保持开放。……这在空间中任何一点都能感知：观察者一会觉得与一种空间秩序发生关系，一会又觉得起作用的是另外一种空间秩序，结果张力越来越大，深度解读的动力由此产生。"[9]这样一来，空间就成为事实与隐喻之间的辩证统一体，而不是非此即彼的肯定形态。借助透明性这一工具，我们可以探索不同历史时期建筑空间的诗性阐释，帮助我们再次认识历史建筑。对于中国古典园林，所谓的"以小见大"的空间张力表达，正是现象透明性加强空间张力的表现之典型。

三、中国古典园林中的现象透明性

中国古典园林追求"以小见大"，将自然山水之奇趣通过艺术处理，浓缩到一个相对较小的场所范围中，而往往在很小的范围中，空间的趣味即得到极大的延展和发挥。《浮生六记》中说："若夫园亭楼阁，套室回廊，叠石成山，栽花取势，又在大中见小，小中见大，虚中有实，实中有虚，或藏或露，或浅或深。"[10]这其实就是空间张力的营造，通过"大"与"小""虚"与"实""浅"与"深"的丰富变化，创造出更多解读的可能性，这正与现象透明性的理论不谋而合。

由此观之，从思想的源头来看，现象透明性是通过基于散点透视的立体主义绘画的研究而起，而进一步拓展到建筑空间中，而中国古典园林亦是以散点透视的山水画为营造的艺术指导，创造出浓缩的山水：这说明二者具有来源的共通之处。从指向上来看，现象透明性是为了扩大空间的张力而使空间具有多种解读的可能性，而中国古典园林的追求也是将有限的场地在人的思想中扩展为无限的自然山水：这说明二者具有指向的共通之处。因此，基于来源和指向的共通，探索中国古典园林空间中的现象透明性成为可能，通过对此二者的结合，对古典园林的再认识，亦将有所拓展。

从伯纳德·霍伊斯里对于《透明性》的发展性评论中看出，具有现象透明性的空间，并不是简单的一种空间类型，而是空间的深度的延伸。在中国古典园林空间中，现象的透明性空间特质可从三个方面入手：平行透视组织下的空间层叠、空间秩序的穿插互渗、

作者心得

与古为新的入门

这次论文写作的选题，是我整个硕士生涯的缩影。在刚刚进入硕士研究阶段的时候，我只喜欢欣赏那些具有现代感而时尚的建筑作品，更热爱那些当红的大师，而对中国传统的空间之美并不能产生感悟。所以，一开始更多地会去阅读关于西方建筑理论的东西，学习西方的方法。当我积攒了一定的理论认知之后，像一个突然的顿悟，恍然发现中国古典园林原来有如此的魅力，且有着无穷的诗意。于是，我希望自己能够像冯纪忠先生那样，做一个与古为新的建筑学人。当今众多新的中式建筑，大多仅仅对传统的建筑和园林进行一些符号化的模仿，而少有对空间精神的继承。而我认为，空间精神才是中国古典园林最吸引人的地方，她可以"虽由人作、宛自天开"，不是因为形式做得美，而是用一些最基础的园林造景元素，结合地形，巧妙营造，才有了那些不可言说的诗意。

在西方近两个世纪的理论发展中，虽然更多的在追求功能至上和新技术融入，但对空间和场所的探索一直没有停止，舒尔茨的《场所精神》、安东尼亚德斯的《建筑诗学》、加斯东巴什拉的《空间的诗学》等，都在探寻空间背后的更多意味。而柯林·罗的《透明性》在我阅读之初就让我想起中国古典园林中的山水亭台，也有众多学者在之前做过类似的讨论。于是我也希望从自己的角度去思考"现象透明性"对于中国古典园林空间研究的可操作性，这次参赛的文章便是一次尝试。其中可能有诸多不足，但是这代表了我对"与古为新"这个价值观的更进一步思考，我希望在今后的研究中，仍然能不断拓深。

形式与功能的分层。

（一）平行透视组织下的空间层叠

柯林·罗和罗伯特·斯拉茨基的透明性理论是建立在静止视野和正面视角的前提之下的。从正面看去各空间要素层层重叠，由格式塔心理学，各个空间要素在人的意识中都能够形成完整的解读，多种解读集中于同一画面，随着认识的深入，各种元素交替对人的感觉产生影响，又互相产生反应，空间氛围越来越丰富。在初读之时，仿佛各元素被压缩到同一个面上的"浅空间"，随着进一步深入地观察和解读，则展现出难以卒读之"深"。这种深，反而更增加了空间的内涵。在中国传统的空间中，这种由视觉上的"浅"所凸显的心理上的"深"，则更为多见。如欧阳修《蝶恋花》中有云："庭院深深深几许，杨柳堆烟，帘幕无重数。"庭院究竟有多深？其并不能通过物理的距离来衡量和感知，而是通过堆烟的杨柳和无数重的帘幕强化了庭院之深，从园林的手法上来看，可以说是一种"障景"的手法，从现象透明性的理论上看，正是通过植物和建筑将院落空间进行了层化的切分。这种由初看"浅"而造成的印象的"深"更能够展现一种幽深的氛围，是一种超越现实的诗意的"深"。

如前文所述，柯林·罗和罗伯特·斯拉茨基通过对柯布西耶加歇别墅和国联大厦方案的分析，可以得出，"浅空间"的营造主要借助两点来实现：限制观察者的正面视角、垂直于景深方向上的层化分割。如加歇别墅，通过道路的设计限制人只能从正面观察，且借助空间分层的处理使建筑具有现象透明性（图7、图8）。

 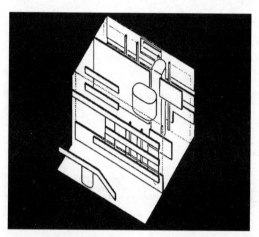

图7　加歇别墅正面照片　　　　　　　　　　　图8　加歇别墅分析图

在中国古典园林空间中，也较多地以此来创造对于观察者而言的"浅空间"的"假象"。园林往往借助障景、框景等手法来限定观察者的视野范围，类似于加歇别墅的做法。这样对于观察者来说，随着不断移动和转换观察角度，第一印象将会被多次打破，景观由原来的一个面不断地衍生出更多的存在，狭小的空间渗透出多种的可能性，深空间的现实不断被浅空间的暗示反驳。

不论是园林中的整体格局还是小场景的营造，设计者都竭力地避免一览无余的景观出现，通过各种方式，试图给人以重重叠叠的印象，以形成所谓的"浅景深空间"。以网师园的梯云室南北两个大小不同的小庭院为例，在其北面的入口处从建筑的门到墙体，有6m的深度，然而从图中照片来看，建筑与墙体之间的空间景深被压缩，借助假山、植物等层次，景深的深度被藏匿起来，人从室内向外观察时，感觉到室外的空间秩序向室内逼近的错觉，仿佛是贴在门框上的一幅画（图9）。当人走出室内，会突然感到空间的真实深度。这一空间多层互渗的处理可以看作是中国山水画在小空间范围内的压缩再现。平行透视规定的视野下，基于格式塔心理学的理论，多重层次的互相遮挡并不能影响各个元素的完整性，即便门对假山有所遮挡，在观者的想象中可以在意识中重新补充完整，后面树的形象亦然，因此，多种层次可以在观者的想象中不断再现，景观变浅之后反而造成了想象的延伸，这也就是透明性的目的之所在（图10）。而在梯云室南面的庭院中，更深的庭院则借助更多更丰富的分层，以使空间趋向于"浅景深"。（图11）

相对较大的场景中，现象透明性更能够将空间的可读性再度加强。园林中水系往往是视线开阔之处，然而园林中，尤其是江南园林中，往往通过各种方式将园林水面进行分隔，使得水面像是绵延不绝，人们无从对水面的整体形状做一个概括性的观察。例如，在拙政园中，倒影楼往南和留听阁往南的水系，相对而言都是长而直的形态，极易形成一览无余的视线通廊。因此，横向元素的出现就避免了这一情况的出现，以倒影楼南面水系为例，通过廊的划分，打断了视线，对面的宜雨亭也被部分遮挡，虽然与倒影楼互为对景，但是中间的轴线被山石驳岸植物廊桥一层层分隔，在观者的视线中又重组，看上去水面的距离并不是那么长了，而随着人沿着水边的廊道行走，才发现原本的"浅空间"一点点深化了。（图12、图13）

对于空间的层化处理使景观的景深一点点变浅，然而却并不影响观者对每一个空间元素的想象，所以存在着由看上去的浅再变成体验上的深的可能。柯布使用台阶、窗、柱子等元素将空间一层层如手术刀一般地分层分割，而中国园林中常用的分层的元素诸如亭子、廊、桥、花墙、植物、建筑等，本身具有不同的物理透明性，加之组合的多样，穿插交错，使园林空间的现象透明性增加了更多的可能。

图9 梯云室北面庭院

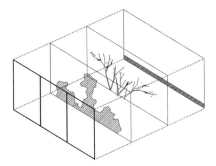

图10 梯云室北面庭院分析

图11 梯云室南边庭院平面分析

图12 倒影楼一带
平面分析

图13 倒影楼南望宜雨亭

（二）空间秩序的穿插互渗

　　按照霍伊斯里对《透明性》的评论中所做出的广义的透明性的阐释，现象透明性简而
言之就是在任意空间位置中，只要某一点能同时处在两个或多个关系系统中，透明性就出
现了。① 霍伊斯里通过举文艺复兴时期教堂建筑的例子，以十字为主的教堂平面布局，加
之主轴线两侧的侧龛，使建筑横向的轴线与纵向的轴线在十字的中心处相重合，因而在轴
线相交的地方就产生了一种模糊，空间富有了现象透明性。现代主义的众多建筑大师，如
赖特，也特别青睐十字形的平面模型，在十字的交叉处所形成的两个秩序的共同作用为空
间赋予了现象透明性。

　　中国古典园林中所推崇的"步移景异"是秩序与秩序互相交叠互渗的更加复杂化的表
现。所谓"步移景异"，不仅仅是每走一步看到的风景的视觉上的变化无穷，更是随着移
动和变换角度而出现的空间整体氛围上的不断变化。这一表现，即是对于多种空间秩序的
交错和叠加，使得空间与空间之间的氛围得以互渗，空间如同水晶折射各类光线一般，透
着从各个方向渗透的空间氛围，而使得场所中始终存在着多种解读的可能性。例如留园曲
溪楼前的一组建筑中，从南到北，主轴线串联起曲溪楼、西楼、清风池馆等组成的建筑序

列，与建筑大大小小的轴线相重叠，行走其中能够不断感受到空间秩序的多样化发展，然而同时水面又是这一序列的统一，因此多元变化中又有着恒常不变的滨水气质。统一的整体中的不同部分的交叉联系又各不相同，空间序列就具有了一种内置的弹性，空间解读在观者的行进中不断发生、不断改变。（图14）

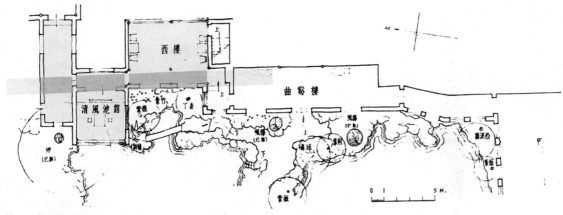

图14 曲溪楼一带平面分析

此外，园林的"借景"手法则是更多秩序交叠的更高境界，在《园冶》中计成曾专门以《借景》作为全书最后一章。将园外的景观纳入到园内的秩序中，成为造景的元素，使人虽在园内，却可以游目骋怀，享受无边的风月，园内的小秩序和园外的大秩序交替影响人的体验，这也是现象透明性在园林的诗性空间中有所突破原有理论的形态。"缩天地于盈亩"的境界就在这一借中得到升华，《园冶》中说："堂开淑气侵人，门引春流到泽。"⑫ 恰当的借景所营造的现象透明性能够将整个空间的张力扩大，使空间更加意味深长。如无锡寄畅园中多处观景点都可从不同角度远眺到锡山龙光寺塔，远山上的高塔如同"高悬檐际"⑬，为园林空间增加了一重层次，人在园中，不光被眼前山水所感动，亦能远眺而享远景，空间关系系统更加丰富。（图15）

无论是对于轴线的交错，还是外界空间秩序的引入，都将空间的意蕴从眼前的现实有所升华，中国古典园林空间中对于多重秩序的建立方法可谓千变万化，现象透明性在中国古典园林空间中的存在也更加丰富。借助这样的理解和分析，我们获取了将古典园林中的千变万化的空间形态借助现象透明性转译到当下建筑的可能性。这便是作为历史工具的现象透明性理论对于历史建筑所起的帮助的展现。

（三）形式和功能的暧昧关系

现象透明性意味着事实与寓意之间的辩证统一，亦即在同一空间中，现实与寓意能够同时在发挥作用。建筑空间不再是一种解决使用需求的单纯的容器，而是功能和诗意的复合体。透明性在建筑功能与形式之间起到一种"缝合"的作用。基于现象透明性理论"容忍甚至鼓励对整体系统的不同部分之间的交互联络的多元解读"⑭，因此功能与形式不再条分缕析，而更多展现一种暧昧不清的模糊状态，这同时也为建筑空间增加了更多的精神涵义。从功能意义上说，现象透明性的意义就在于建立了"实际空间与假想空间之间的辩证关系"⑮，而实现了建筑中形式与功能的分层。这一分层使得空间在观察者的假想中超出了实际，而空间的张力不断被扩大。

在中国古典园林中，空间中的功能多是被弱化的，似乎所有在园林中的活动，包括散步、赏景、饮茶、吟诗、读书等，都可以被归为"游憩"，因此园林空间的营造也更加的诗意化而更少地体现其功能性。童寯先生曾说："吾国园林，名义上虽有祠园、墓园、寺园、私园之别，又或属于会馆，或傍于衙署，或附于书院，惟其布局构造，并不因之而异。仅有大小之差，初无体式之殊。间有设高堂正厅者，亦不足为规则式之特征。对称布置，则除宫室庙宇而外，征之园林，绝无仅有。……中国一园之内，则兼各式各体而有之也。"⑯

图15 寄畅园中借景

不同的园主人自有不同的喜好，而园林空间所特有的丰富性和多义性体现出了其价值。这也符合了柯林·罗和罗伯特·斯拉茨基现象透明性的论述中关于功能与形式问题的讨论。各种空间在园林中几乎都存在着不确定性，空间的形式不只是为了功能而设计，空间的互相影响，互相渗透，更串联起一系列功能的序列，使空间的功能亦具有了模糊性。功能因此与形式的关系不再一一对应，园林空间中人的各种动作，也因为空间的现象透明性的作用，产生一种暧昧。正是透明性所创造的丰富性给予了空间更大的包容性。例如，狮子林便是较为典型的一个例子。狮子林原为佛宇，在清初改为黄氏涉园，后来几易其主，其必然经历了使用上的众多变潜，而主体格局却在岁月中对多代园主的多种需求从容应对，狮子林中占据园中一半面积的大型假山，在岁月中始终发挥着其多个层面价值。从某种意义上讲，这座假山亦可作为园林中的建筑之一，人可以在其中穿梭游走，作为游玩之乐；亦可登顶远望，以饷观景之情；更能够作为亲水平台，戏水纳凉。其作为该园核心景观的造景效果更是统领了整个园林的景观，观赏价值自不需多言。（图16）可见园林中各个空间对功能—形式之间的一种多义化处理。这一假山也只是园林中较为典型的一个例子，而这样多义的空间形态，在园林中随处可见，且互相交织，赋予园林空间无限的可能性。

园林空间的现象透明性使得建筑单个形体的审美和空间的现实功能意义被冲散，不同氛围、不同功能的空间相互串联沟通，彼此又含蓄曲折，只有空间氛围和场所精神是唯一的主角。像王澍所说的："作为那种纪念性造型物体的建筑学观念被抛弃了，它将被一种更重视场所和气氛的建筑学所代替；作为那种有着意义等级秩序的建筑语言被抛弃了，它将被一种在某种漫无目的、兴趣盎然、歧路斜出的身体运动所导致的无意义等级的建筑学所替代。"[17] 中国古典园林空间中的现象透明性的存在的意义，就是使空间成为建立在现实意义之上的精神场。

四、小结

现象透明性理论具备成为一种历史工具的价值，其分析中国古典园林具有历史层面的可行性：首先，我们可从中国山水画中寻到一些立体主义绘画相似的现象透明性的存在，而后延伸到以山水画和画论为蓝本而营造的园林空间中。其次，基于柯林·罗和罗伯特·斯拉茨基的论述和之后的霍伊斯里的评论，可以总结出透明性理论如何从形式—组织的关系上分析历史建筑的空间，进而运用到中国古典园林的空间分析中，继而发现中国古

图16 狮子林假山

典园林空间中现象透明性的广泛而多元的存在。在对中国古典园林诗意的空间分析中，我们从形式—组织关系入手，挖掘园林空间中透明性的秘密，这对于古典园林的研究提供了一种新的角度。

此外，由于中国古典园林中丰富的空间变化，堪称是诗歌、绘画以及建筑艺术典型的综合体，其诗性的空间意蕴，存在着无限解读的可能性，无论从设计方法、空间使用、文化基础等各个方面，与柯林·罗和罗伯特·斯拉茨基和霍伊斯里等人所分析的以柯布西耶建筑为代表的一系列西方建筑都有着极大的不同，而透明性亦能够在其中无处不在，丰富着空间。因此，分析中国古典园林空间中的现象透明性，从某种角度上讲，对已经发表半个世纪的透明性理论，在某种意义上给予了一定的补充和发展。

对于现在的建筑设计而言，现象透明性理论对古典园林的研究可以帮助我们将园林空间的诗意向当下的建筑设计去转译，为新的建筑添加古典园林空间的丰富意蕴，为我们的设计中提供一种有助于丰富空间意识层面内涵的尝试思路。在当今众多建筑师的实践中，我们也能发现一些现象透明性的存在案例，譬如，一直推崇向古典园林汲取灵感的王澍，在宁波滕头案例馆的设计中，从设计的开始就有意借鉴中国古典园林营造的方法——向山水画中获取空间的意境。他在设计中，借鉴明代陈洪绶的《五泄山图》(图 17)，从图面的中下部取一个长方体的空间，而将其中的内容向建筑语言转化，虽然在建筑的外部我们只能看到一个简单的方盒子，但是当进到内部时，一系列的正面视角的观察下的层化空间在进深方向上一层层往后推，其现象透明性便呈现出来（图 18）。王澍在描述这座建筑的设计时说："院落被墙体分割的有六七处，边界在图纸边被直接切断，意志这个世界是连绵的。六七个生活事件在同时发生，连带不同的器具与织物、植物与动物、构造与尺度，一个有差异且细节丰富的世界一齐被我们看见。"⑧ 这正符合了"同时对一系列不同的空间位置进行感知"的现象透明性的特点。

图 17 《五泄山图》分析

图 18 滕头案例馆内部

中国古典园林空间对我国建筑师而言，是取之不竭的灵感之源，园林在过去为人们创造了一个又一个诗意的载体，而在新的时代，我们仍需要去一再地学习园林、运用园林，在新的建筑中注入园林般的诗性。在这个过程中，现象透明性的理论或许能够成为一座将园林中的诗意向当下建筑设计转化的桥梁。

含蓄蕴藉，这不仅仅是中国历代文人对于吟诗作画所作的艺术追求，也是中国人在生活各个方面体现出的含而不露、追求内涵的诗性品质，建筑与园林亦然。物理透明性与现象透明性对中国古典园林的研究也不可能存在着一种放之四海而皆准的理论，现象透明性既不是中国园林的唯一特质，也不为中国古典园林所独有。现象透明性是为我们提供了一种观察历史建筑和指导设计实践的思路，帮助我们理解园林空间为何如此诗意而丰富，也帮助我们在新的建筑实践中，做出更富有张力、更充满可读性的建筑和景观空间。

注释:
① 〔美国〕柯林·罗，罗伯特·斯拉茨基. 透明性 [M]. 金秋野，王又佳译. 北京: 中国建筑工业出版社，2008.

② （瑞士）希格弗莱德·吉迪恩.空间·时间·建筑：一个新传统的成长[M].王锦堂，孙全文译.武汉：华中科技大学出版社，2014.

③ Gyorgy Kepes. *Language of Vision*[M]. United States：Dover Publications，1945.

④ 同[1]，57-84.

⑤ 同[1]，27.

⑥ （唐）房玄龄.晋书[M].北京：中华书局，1996：文苑传.

⑦ 王澍.造房子[M].长沙：湖南美术出版社，2016：自然形态的叙事几何.

⑧ 同[1]，44.

⑨ 同[1]，评论：61.

⑩ （清）沈复.浮生六记[M].北京：人民文学出版社，1999：卷二，闲情记趣.

⑪ 同[1]，85.

⑫ （明）计成.园冶注释[M].陈植，注释.北京：中国建筑工业出版社，1988：借景.

⑬ 童寯.江南园林志[M].北京：中国建筑工业出版社，2014：造园.

⑭ 同1，98.

⑮ 同1，60.

⑯ 同13.

⑰ 同7.

⑱ 同7，剖面的视野——滕头案例馆.

参考文献：

[1] （唐）房玄龄.晋书[M].北京：中华书局，1996.

[2] Gyorgy Kepes. *Language of Vision*[M]. United States：Dover Publications，1945.

[3] 韩艺宽.再读透明性[J].华中建筑，2015，09：17-20.

[4] （明）计成.园冶注释[M].陈植，注释.北京：中国建筑工业出版社，1988.

[5] （美国）柯林·罗，罗伯特·斯拉茨基.透明性[M].金秋野，王又佳译.北京：中国建筑工业出版社，2008.

[6] 刘敦桢.苏州古典园林[M].北京：中国建筑工业出版社，2005.

[7] （清）沈复.浮生六记[M].北京：人民文学出版社，1999.

[8] 王澍.造房子[M].长沙：湖南美术出版社，2016.

[9] 童寯.江南园林志[M].北京：中国建筑工业出版社，2014.

[10] （瑞士）希格弗莱德·吉迪恩.空间·时间·建筑：一个新传统的成长[M].王锦堂，孙全文译.武汉：华中科技大学出版社，2014.

[11] 曾引，王蔚."透明性"之始末[J].室内设计，2009，04：3-6+14.

图片来源：

图1、2、3、5、6、8　柯林·罗，罗伯特·斯拉茨基.透明性[M].金秋野，王又佳译.北京：中国建筑工业出版社，2008.

图4、17、18　王澍.造房子[M].长沙：湖南美术出版社，2016：自然形态的叙事几何.

图7　http://www.ad.ntust.edu.tw/

图11、12　刘敦桢.苏州古典园林[M].北京：中国建筑工业出版社，2005.

图9、10、13、14　笔者根据园林史料绘制.

图15　童寯.江南园林志[M].北京：中国建筑工业出版社，2014.

图16　笔者拍摄

唐 莉
（武汉大学城市设计学院 建筑学博士研究生）

从童山濯濯^①到山明水秀

——武汉大学早期校园景观的形成和特点研究

From Barren hills and Dry lands to Picturesque scenery

— Formation and Characteristics of the Campus Landscape of Wuhan University

■摘要：相较于武汉大学校园历史的研究成果而言，关于武汉大学早期校园景观的形成和发展则鲜有论述。本文利用武汉大学档案馆中关于早期校园规划与建设的文字与图像资料，美国麻省理工建筑学院年鉴和圣保罗高中校友录中关于开尔斯的相关资料，以及多种民国文献的相关记载，分析武汉大学校园景观建设的思想来源，并总结出其景观建设的特点：因借自然条件、我国传统园林意匠与西方校园景观设计元素的结合、校园色彩景观的营造。

■关键词：武汉大学；校园规划；开尔斯；校园景观

Abstract：Compared to the bulk of research on the history of Wuhan University，it remains largely unknown how the campus landscape was formed. Based on papers and images information at Archive of Wuhan University，Technology architectural record and St. Paul's School Alumni Horae relevant information on Kales and news discovered materials of the Republic on the subject. This paper analysis of ideological source of Wuhan University campus landscape，and summarizes the characteristics that include the borrowing natural conditions，the organic combination of both of Chinese and Western landscape elements，and the utilization of plans colors.

Key words：Wuhan University；Campus Planning；Kales；Campus Landscape

　　国立武汉大学早期校园是指自1928年开始筹备，于1930—1937年建设实施，并于1932年正式迁入，由美国建筑师开尔斯（Francis Henry Kales）总体规划设计的国立武汉大学珞珈山校区，现已经发展为武汉大学核心区域。早期校园的基础建设奠定了现在武汉大学校园景观山明水秀、历史悠久、风格独特的基础。众多建筑群在这一时期落成，武汉大学山水校园的景观肌理由此展开。

一、武汉大学早期校园景观建设概况

（一）校园选址

1928 年 7 月，国民党政府大学院（后改为教育部）正式决定筹建国立武汉大学，时任大学院院长的蔡元培表示要建立一所非地域性[2]的大学，故以"国立"命名，并指派刘树杞（湖北蒲圻人，时任湖北省教育厅厅长）、李四光等 8 人成立建校筹备委员会，暂以原武昌中山大学一院[3]为校址，开展组建工作。10 月 31 日，国立武汉大学在武昌东厂口（现武汉市武昌区阅马场东部）正式开学上课，共有学生 493 人[4]。然自北伐战争后，东厂口校园破败（校园建筑均为一层的四合院，只有一栋两层的砖木楼阁），屋宇陈旧[5]，"很不像一个学校的样子"[6]，这似乎有悖于新政府"教育兴国""创办高等教育学府"的希冀，也无法表达国立武汉大学的"不办则已，要办就当办一所有所崇高理想的一流大学"的办校宗旨和学校精神[7]。经李四光先生提议，武汉大学决定筹办新校区。所以，在 1928 年 8 月大学院院长蔡元培任命李四光、王星拱、张难先、石瑛、叶雅各、麦焕章等人为国立武汉大学新校舍建设委员会委员，李四光为委员长[8]（表 1）。经过一段时间的实地考察，地理学家李四光、林学家叶雅各和受邀来的美国工程师、建筑师开尔斯均认为武昌城外珞珈山一带"东北西三面滨水"，除南面落驾山比较大之外，其余山"……均类似冈阜……荒山旱地居多，水田池塘较少"[9]。湖水、泉水充足、山石水体均可利用，"烟户寥寥，清幽僻静"[10]，是建校社学育才的佳地。故在 1929 年 8 月 15 日湖北省政府发布公告，征收土地，圈定红线范围："东以东湖湖滨为界，西以茶叶港为界，北以郭郑湖为界，南面自东湖滨起至茶叶港桥头止……西约 3 里，南北约 2.5 里，共计三千亩"[11]（如图 1 所示）。自此，国立武汉大学校址选定，校园规划建设和景观建设就此展开。

指导教师点评

"武汉大学早期建筑研究"是唐莉同学一直关注的一个课题，我见证了该篇论文的选题和撰写。在这个过程中该同学始终满怀激情，严谨热忱，我想其除了怀有作为一位"武大人"的山水情怀外，还有一颗刨根问底的好奇心。武汉大学早期校园建设的基础史料相对粗糙破碎，该篇论文充分挖掘了相关原始文档图纸等，对武汉大学早期建筑的景观的发展历程和特色做了一定的梳理。路漫漫其修远兮，希望随着史料的丰富和研究的深入，该同学仍始终满怀热情，有更为丰富的研究成果。

童乔慧

（武汉大学城市设计学院教授，博士生导师）

国立武汉大学建校筹备委员会和建筑设备委员会主要成员受教育经历一览表　　　　表 1

	姓名	简介	教育经历
1	王世杰（1891—1981）	建筑设备委员会会员；首任校长（1929.03—1933.06）1933 年 6 月任教育部部长（宪法学家）	1909 年入湖北优级师范理化专科学校学习；1911 年肄业于天津北洋大学（今天津大学）；1917 年获得英国伦敦大学政治经济学学士学位；1920 年获得法国巴黎大学法学研究所法学博士学位
2	刘树杞（1890—1935）	建校筹备委员会主任委员，时任湖北省政府委员兼教育厅长；建筑设备委员会会员；代理校长（1928.07）（化学家）	1917 年获得伊利诺大学和密西根大学化学工程学士学位；1918 年获得哥伦比亚大学硕士学位；1919 年获哥伦比亚大学化学工程博士学位
3	李四光（1889—1971）	建校筹备委员会；时任中央研究院地质研究所所长；建筑设备委员会委员长（地质学家）	1909 年左右入湖北优级师范理化专科学校学习；1910 年毕业于日本大阪高等工业学校造船机械专业；1919 年获得英国伯明翰大学地质学硕士学位；1931 年被英国伯明翰大学授予自然科学博士学位
4	王星拱（1888—1949）	建校筹备委员会；时任中央大学教授；建筑设备委员会会员；国立武汉大学代理/副校长（1928.08—1934.05）；校长（1934.05—1945.07）（化学家）	1902 年考入安徽高等师范学堂；1916 年获得英国伦敦大学帝国科学技术学院（又称帝国理工学院）硕士学位
5	石瑛（1879—1943）	建筑设备委员会会员，时任湖北省建设厅厅长（辛亥元老）	1903 年乡试中举；1909 年左右入湖北优级师范理化专科学校学习；1904 年被选派留学比利时，后在法国海军学校、伦敦大学学习；1913 年赴英国伯明翰大学学习矿冶，后获硕士学位
6	叶雅各（1894—1967）	建筑设备委员会委员兼秘书，湖北省建设厅农业专家（林学家）	1916 年毕业于广州岭南学堂；1918 年获得美国宾西法尼亚大学森林系科学学士学位；1919 年获得美国耶鲁大学森林硕士学位
7	麦焕章（1889—1940）	建校筹备委员会委员，时任汉口特别市党部委员；建筑设备委员会会员（辛亥革命志士，社会活动家）	1904 年考入广西政法专门学校；1912 年留学法国巴黎大学，1923 年回国
8	曾昭安（1892—1978）	建校筹备委员会会员，原武昌中山大学教授（数学家）	幼时就读宜昌公立高等小学堂；1908 年考入武昌文化书院中学部（现华中师范大学中学部）；1917 年毕业于武昌高等师范学校（该校第一届毕业生）；1915 年留学日本东京高等物理学校和东京高等师范学校；1918 年入纽约哥伦比亚大学攻读数学，1925 年获得理工博士学位
9	张难先（1873—1968）	建筑设备委员会会员，时任湖北省财政厅厅长（民主革命家）	3 岁从姻长冯大林师读；少时读《纲鉴》总论，17 岁读《左传》。尊孔孟之道，尤其服膺孟子"民为邦本，本固邦宁"及"民为贵，君为轻"的思想，以为八股非正学，颇厌恶

资料来源：作者自绘

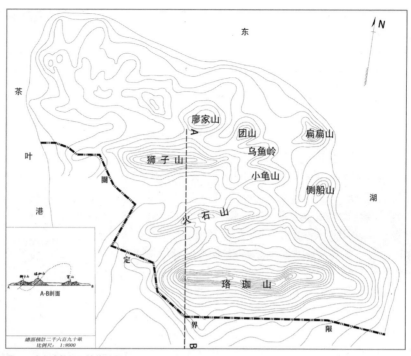

图1　珞珈山校区用地范围图

（二）校园绿化

武汉大学早期的校园景观建设主要分为三个阶段：

1928 年至 1937 年抗日战争爆发期间，校园的景观建设主要集中在改善基地环境，为了使位于城外郊区，"烟户寥寥"且坟地散落的基地初具校园功能，新校舍建筑设备委员会有条不紊地展开了建筑、道路和"林树种植"等工作。在校舍建设方面，因地就势，开山平地[12]，狮子山、侧船山、火石山三面山体围合成武汉大学早期校园的核心区域，开尔斯精心设计的重要建筑群集中于此。重要建筑组群主从有序散落在三面山体上，运动场布置在山体围合的低洼处；在校园道路建设方面：修建联通洪山至珞珈山马路后曰大学路，并设置汽车站，增进新校区与城区的联系，更有利于新校舍建设材料运输；新校址内修长五里的环校路，环校一周，通行无阻；沿东湖沿线修长三余里的滨湖路沿东湖边展开，景观效果极佳；环绕珞珈山腰部，修建半山路，极饶幽趣[13]（如图 2 所示）。至 1937 年抗日战争爆发，新校址内主要道路网基本形成，各个建筑组群成一联通整体；在校园绿化方面：学校积极开展"林树种植"，"种植大树于路边，小树于校林"，并且坚持每年春天组织师生遍植树木，注重树木种类多样性[14]。此时期武汉大学新校舍建设大体完成，"童山濯濯"的荒山旱地已经大体具备成为理想校园的模型（如图 3、图 4 所示）。

图2　新校舍设计平面总图（1930 年）

图3　珞珈山校址风景图（1929 年）

1946—1983 年，是武汉大学早期校园景观发展的第二个阶段：

1937 年日本发动全面侵华战争，1938 年 10 月武汉沦陷，珞珈山校舍建设工程被迫中断，武汉大学被迫西迁四川乐山，珞珈山校园被日军占领（如图 5 所示）。八年沦陷，荒芜甚多。校舍大体完整，门窗和地板破坏严重，其中以文学院、理学院损失巨大（在 1946

图 4　国立武汉大学校园风貌（1933 年）

年展开复校事宜时，文理学院仍为十五师所占）[⑤]；校园道路，八年失修，路面到处崩塌，大雨时泥泞不堪；原农学院在东湖附近的五千多亩林场苗圃，颓废荒芜。1946 年武汉大学回迁，学校全面展开对珞珈山校舍的修整复原工作。首先是对因抗战而停工的校舍复工，如农学院的主楼和附属建筑在抗战前已经建造至二层楼面，复原后继续建造，并于 1947 年竣工；其次是对原有受损建筑进行修复，主要是对建筑内部进行了大规模的修整；同时开展的是对校园景观环境的修复，特别是校园道路及荒芜农场的垦荒兴种工作。例如，叶雅各等人从峨眉山、庐山、黄山、神农架以及国外等地引进大量种苗，对校园进行植树造林工作。此时校园的植树已经不再是单纯的服务于道路与校林了，而是开始考虑到不同片区建造植物专类园以形成武汉大学校园的区域特色。新中国成立后，武汉大学校园建设依旧继续传承和延续了 30 年代以来的"民族形式"风格，校园景观愈发丰满秀美（如图 6 所示）。

图 5　日本军队在武汉大学召开的长江北岸诸部队祝贺会（1939.1.5）

图 6　国立武汉大学校园风貌（1958 年）

作者心得

　　研究始于问题，因为对某个事物或者某个现象发生疑问，百思不得其解，激发了穷根究底的热情，于是卷进一场上下求索的漫漫研究路。作为本校的学生，对校园内的建筑和景观充满了感情的同时也有很多疑惑。这次有幸以武汉大学早期校园景观为研究课题，得益于指导老师的点悟。在论文撰写过程中的那份骄傲、感动和谨慎更是无法言表的；通过对档案文献的深入挖掘和现场调研，笔者将武汉大学早期校园景观置在武汉大学早期校园建设的整体背景下研究，注重中西设计团队、营造团队以及其相关建筑观念的影响，对武汉大学近代史料的考证与互辩。立体看待武汉大学早期校园景观的建设，多维探索其是如何从童山濯濯的荒山旱地成长为树木葱茏的山水校园，这对作者的思维逻辑有了一个质的训练，受益匪浅；该篇论文有幸得到专家同仁的抬爱是对作者展开武汉大学早期校园研究的莫大的鼓励。虽然文中仍有很多不足，但我相信这仅仅是一个开始，我将会在以后的学术研究中饱含热情，奋力疏搏。

1983 年至今，是武汉大学早期校园景观发展的第三个阶段：

1983 年学校委托湖南省建筑设计院对校区建设进行了总体规划，武汉大学校园景观建设进入快速发展阶段。对茶港、湖滨一带的道路坡岸、园林绿化等进行了统筹安排；校园建筑，继承早期建筑群布局特点和建筑特色，并且与时俱进引用新材料新手法，如新增加的人文馆和新图书馆；校园景观建设更加成熟且固有特色突出，如学生生活区以花卉名称命名（现已形成樱园、梅园、枫园、桂园等学生生活区），既起到了美化校园的作用，又增添了校园的文化底蕴。据不完全统计，今日珞珈山有种子植物 120 科、559 属、800 余种，占武汉市种子植物种类的 80% 以上[⑯]。特别是植被分布合理，因地制宜，校园大小山脉的林区已经建成了一批自然林带，宛然成为一个天然植物园。更被郭沫若赞为武汉三镇的"物外桃源"。当初童山濯濯的荒山旱地已经变得树木葱茏，山明水秀（如图 7 所示）。

图 7 武汉大学校园风貌（21 世纪）

（三）校园理想：开尔斯的校园规划理念与民族主义的新生

1928 年由李四光推荐，46 岁的美籍建筑师开尔斯（Francis Henry Kales，1882—1957[⑰]）被聘为国立武汉大学新校舍总设计师。这位美国人对武汉大学校园建设的影响"不得不提"[⑱]。同年 11 月到实地进行勘探考察，认为珞珈山一带非常适合建筑新校舍，随即全力以赴展开设计，仅用一年时间就完成了新校舍建筑详图，并且协同校方招标和聘请工程师等[⑲]，后被武汉大学授予荣誉建筑师称号。在抗日战争爆发之前，开尔斯持续保持着对武汉大学新校舍建设的关注。

开尔斯 1907 年[⑳] 从麻省理工学院（Massachusetts Institute of Technology）建筑专业毕业。接受了麻省理工学院严格的鲍扎式（Beaux-Arts，国内也称学院派）[㉑] 建筑教育体系的训练，经历了美国 19 世纪末 20 世纪初大学校园的发展。该体系以法国巴黎美术学院的鲍扎式学术思想为源泉，在美国大学里发展壮大并且开始辐射全世界。"鲍扎"是"折中主义"在学术上的极致表现，以欧洲古代建筑理论和遗产为思想源泉，强调利用对称、均衡、主次有序等设计手法，体现逻辑思维和纪念性的布局以及构图原则[㉒]。19 世纪末—20 世纪初美国新建的大学校园规划（如 1881 年建设的哥伦比亚大学、1916 年的麻省理工学院新校区）和教育培训都采用了类似的体系。特别是美国最早建立建筑学专业的麻省理工学院，该校认为鲍扎体系"最能使学生掌握建筑设计的原则，并且能清晰表达设计成果"[㉓][㉔]（从其教育模式和 1916 年新校园整体规划都严格的遵循了鲍扎式学术体系）。

20 世纪初的美国大学教育经历了 2 个多世纪的发展[㉕]，已经脱离了英国哥特式学院制（collegiate system）[㉖] 和德国"纯科学"的研究传统[㉗]，在鲍扎式教育模式的影响下，其校园规划已经形成了自身的特色。在校园格局（Campus planning）上，将合院的一面敞开（如哈佛大学），以长向草坪的"广场空地"（the mall）确定主要轴线，次要轴线与之相垂直，端头以形式庄重的大礼堂或图书馆等重要建筑为收束，草坪空地的两侧散布建筑组群。这种校园空间格局通过杰斐逊（Thomas Jefferson）设计的弗吉尼亚大学（University of Virginia）大放异彩，特别是其根据公平、自由和民主的"学术村"（academical village）[㉘] 理念设计的校园核心区域（如图 5 所示，在校园核心区域把教学楼、教师公寓和学生宿舍紧凑地布置在一起[㉙]，旨在促使教授与学生之间进行思想和学术方面的交流与砥砺），通过建筑实现教育理念，利用校园环境孕育学术氛围，在校园规划史上具有革命性的意义。弗吉尼亚大学的"广场空地"被评为"最令美国人引以为豪的建筑景观"[㉚]。"布局开放而舒展，却也不乏围合而私密的环境"[㉛]，在继承西方传统文明的同时，也称颂并践行了崭新而深邃的美国精神（如图 8、图 9 所示）。弗吉尼亚大学校园建设成为此后校园规划的主导潮流和建筑师们仿效的模版。

特色鲜明的美国大学校园布局模式和教育理念，都能动地浸润在开尔斯的设计思维中，从建筑教育启蒙到其自由成熟地进行建筑设计，古典主义所代表的理性主义、人文关怀以及美国大学开放进取的资产阶级民主都深刻影响着其建筑实践，国立武汉大学新校舍的建筑实践是其鲍扎式校园理想的集中表现。

1928 年，国民政府希望国立武汉大学校园是一所能"恢复传统和古典文化"，"具有中国固有之形式"的民族主义高等院校，而这种所谓的民族主义在建筑设计上其实是折中的、又是创造的，本质上是把传统元素和现代结构用传统建筑中不曾有过的新的构图句法组合起来[㉜]。开尔斯制定的校园规划完善地"图解"了中西教育环境的共同性以及古今教育理念的永恒性[㉝]，他一方面在复杂的鲍扎知识系统下，运用折中历史主义的思路对待中国传统建筑形式和风格，"……将中国古建筑的韵味深入到西式墙身"[㉞]；另一方面也把美国大学校园规划中的具有资产阶级民主社会的开放的公共领域空间格式和具有科学理性世界观的纪念碑式的建筑元素运用到了武汉大学的早期校园规划和

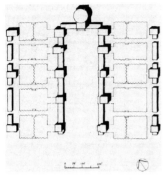

图 8　弗吉尼亚大学校园核心区域平面
示意图

图 9　弗吉尼亚大学广场（B.Tanner1827 的版画作品）

建筑设计中。构成了武汉大学校园的核心景观，成为我国近代大学校园规划的典范。

二、校园景观规划的特点

武汉大学早期校园景观是中国传统山水园林与 19 世纪末 20 世纪初美国大学校园推崇的 "风景如画（Picturesque nature）"⑤、学院派规划理念（the Beaux-arts movement）⑥ 的交互和新生。既继承我国传统山水园林 "可行、可望、可游、可居""步移景异" 的特点，又有学术自由开放、和谐规整、万物竞发的生机与活力。武汉大学校园景观具有以下三个特点。

（一）山环水抱，因地制宜

荒山旱地、烟户寥寥、童山濯濯这些词曾是珞珈山一带的微影，然而正是这些基地特征成就了武汉大学拥山环水、蜿蜒旖旎的物外桃源美名。珞珈山校园内有 "落驾山⑦、狮子山、团山、廖家山、郭家山等处，惟南面落驾山稍高大，面积约占千亩余，均类似冈阜，地形凹凸不一，东北西三面滨水"。相较而言，珞珈山海拔较高，为群山之首；狮子山次之，静卧在校园西北，与珞珈山南北相望；其余几座小山头簇拥在它们周围；东湖自东北两向校园渗透，与山体互为对景（见图1）。登高远眺，东湖、磨山、桂子山，官山等自然景观尽收眼底。

校园建设主要集中在珞珈山、乌鱼岭和狮子山之间的区域。图书馆建筑组群、理学楼组群、大礼堂建筑群、工学院建筑群以及体院馆等各建筑组群 "轴线对称、主从有序、中央殿堂、四隅崇楼" 地布置在各冈阜上，因山就势，各建筑群相互独立又面面相观，最大限度地扩大和丰富了环境的空间层次，使校园建筑宜 "藏、修、息、游"⑧，步移景异，韵味无穷（图10）。

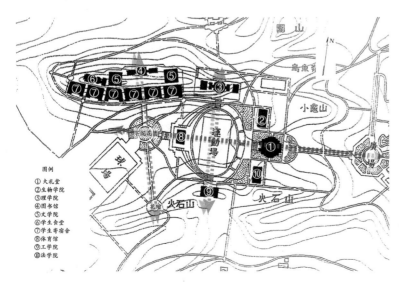

图例
①大礼堂
②生物学院
③理学院
④图书馆
⑤文学院
⑥学生食堂
⑦学生寄宿舍
⑧体育馆
⑨工学院
⑩法学院

图 10　开尔斯规划校园核心区设计意向分析图

正是巧于因借自然条件，将校园各项功能融于山水景观，才构成了武汉大学校园现有的山水意境，其营造意匠延续至今。

（二）相映成趣，中西合璧

作为接受过鲍扎式教育培训的建筑师，开尔斯在接到邀请时，基于受过双重文化教育的以李四光为委员长的建筑设备委员会的不求装饰华美，但要宏伟壮观的建设原则下，也鉴于民国初期中国国内的教会大学以及美国建筑师在中国本土的校园建设实践（见表2），也许最为稳妥的设计手法就是以在美国正大行其道的鲍扎风格以及杰斐逊的学术村构想为原型；加之基地辽阔（东西长约570米，南北宽约360米），也可以使开尔斯从容地布置"广场空地"。

20世纪初美籍建筑师在国内的建筑实践一览表   表2

	姓名	在华主要建筑实践	备注
1	墨菲 （1877—1954 Murphy.Henry.Killam）	长沙湘雅医学院、国立北京清华大学（1914）、金陵女子大学、北平燕京大学（1914）、广州岭南大学（部分建筑）；南京灵谷寺国民革命军阵亡将士纪念塔、纪念堂、汉口花旗银行大楼等	"中国传统建筑复兴"的代表人物，在1914—1954年活跃于中国近代建筑舞台上，留下了许多传世杰作，主要建筑实践集中在北京、南京和广州，大多以校园规划和建筑设计为主。毕业于耶鲁大学，1908年与同事丹纳（Richard Henry Dana, Jr）创办事务所Murphy&Dana, Architects，俗称茂旦洋行，我国部分第一代建筑师都在其洋行工作或与之合作过
2	哈沙德 （1879—? Elliott Hazzard）	华安大楼（今上海金门饭店1926）、汉口标准石油公司大楼（美孚大楼1923）、永安公司新楼（1933，今华侨商店）、西侨青年会大楼（今上海体育大厦1933）、上海电力公司大楼（1929）、中央企业银行大楼（1931）、枕流公寓（Broohsite Apartment.1930）⑩	1899年毕业于佐治亚理工学院（Georgia Institute of Technology），1920年初到中国时曾在茂旦洋行担任办公室经理职务（office manager）⑩。后与建筑师菲利普斯（Edward. S. J. Phillips）合伙组建哈沙德洋行（20世纪20年代末30年代初在上海很有影响）
3	柏嘉敏 （?—? J.Van Wie Bergamini）	圣保罗教堂（St.Paul's Church，上海江湾路1924）、武昌安德鲁教堂（St. Andrew's Church）、三一教堂（Trinity Church）、圣救世主教堂（St. Saviour's Church）、圣希尔达学校礼拜堂（St.Hilda's School Chapel）、文华大学翟雅阁健身所（James Jackson Memorial Gymnasium）、汉口圣洛伊斯学校礼拜堂（St. Lois School Chapel，Hankow）、华中神学院（The Christian School）等⑪	美国长老会（American Church Mission）建筑师，1914—1919年在华美国圣公会，1920—1924任汉口教区主管（Diocese of Hankow），"本土化教堂运动"美国传教士代表之一（另外两位美国传教士代表是Chareles Gunn，Qalter Taylor），主张用本土形式来展现其内心信仰⑫，所以在中国建造基督教建筑时应该结合中国传统因素
4	伯捷（1874—1933 Charles Souders Paget）	伯捷别墅（被称为广州白宫，1910）、亨宝轮船公司仓库（今渣甸仓旧址，建于1913—1930年间）、码头及填筑工程、粤海关大楼（1914—1916）、大清邮政局、瑞记洋行新楼、花旗银行新楼、岭南学堂马丁堂（在今中山大学南校区，1905—1906）、法国医院、的近公司新楼、美国南浸信传道会和伦敦会学校、住宅等⑬	美国工程师，20世纪初广州最知名建筑师，沙面岛上很多建筑都由其设计，被称为"沙面建筑之父"。1902年来华，1904年与澳籍建筑师珀内尔（Arthur William Purnell）在广州合伙开办伯捷洋行（Purnell&Paget1904—1911），被基督教青年会聘为中国当地建筑的顾问建筑师。1921年出任广州市政厅设计委员，先后设计了当时的广州市消防总局、广州市公安局部分建筑等
5	史摩尔（?—? A.G.Small）	金陵大学北大楼（1917—1919现南京大学北大楼）	生卒年月不详，国内译名集中为史摩尔、司迈尔两种。本文以潘谷西先生在《中国建筑史 第五版》中的译名为准
6	沙特克和赫士 （?—? Shattuck&Hussey）	北京中央医院（1915—1917现北京大学人民医院）	Harry Hussey为加拿大籍建筑师，美国基督教青年会带到中国来的"自己的建筑师"⑭，被聘用的在中国的顾问建筑师。沙特克（Walter F.Shattuck）是Hussey在芝加哥的合伙人。二人曾在北京协和医学院项目中是墨菲的主要竞争对手

资料来源：作者自绘

新校址的核心区域以三面山势围合的下沉大花园和体育场确定主要轴线，在东西主轴两端以形式庄重宏大、纪念性较强的大礼堂和体育馆为收束，花园和体育场两侧有序散布各教学和宿舍建筑组群。并且同美国同时期的校园规划类似，东西主轴线以外有与之相交的两个轴线，南北主轴理学院建筑群与工学院建筑群遥遥相望，与东西主轴十字垂直；图书馆建筑群穿过男生及宿舍与南端花坛相交于下沉花园（见图9）。构图原则不同于我国古典建筑的南北主轴，层层递进，而是以对称、均衡、有序为指导，既通过物质空间表达了民国初期的政治背景和新型人才的教育理想又构成了武汉大学校园重要景观，宏伟却不压抑。

在"以中国固有之形式"和以"宏伟、坚劳、适用为原则，不求华美"的建设原则下，各建筑组群的空间形制以我国宫殿建筑为原型，"中央殿堂、四隅崇楼"。南北主轴一端的图书馆位于狮子山山顶中央，坐北朝南，左文学院，右理学院，并且与南面抱山而建的4栋男生寄宿舍、屋面水平线同一水平线，远观寄宿舍如传统建筑基座一般，拱卫着图书馆。近看外有三个古罗马拱券门连接的男生寄宿舍，灰砖绿瓦，歇山顶；内则以混凝土框架结构建筑技术为支撑。中西的交融，各得其所，虽风格迥异，却在园林的大格局下，整体环境自由有序，中西合璧，相映成趣，每次都给观者不同刺激，使人常见常新。

（三）四季缤纷，嘉木有情

武汉大学早期校园景观特色自然离不开"山高水长，流风甚美"[45]的花木配置和情景交融的文化内涵。随四时不同而变化丰富的樱园、桂园、枫园、梅园以及品种繁多、错落有致的花木配置。四季缤纷，花木荫翳。

武汉大学对于植物的关爱和珍惜是从"骨子"里就有的，原校址的童山濯濯，抗战结束后的失而复得，经过代代校友的精心栽植和哺育，嫣然山明水秀，浪漫缤纷。武大仁人对校园的深情和自豪，情不自禁地流露在校园建设中，表白在校园景观建设上。如最具特色的以植物名命名的校园分区：浪漫雅致的樱园，金桂飘香的桂园，红枫似火的枫园，寒梅傲雪的梅园，既增强了校园的识别性也赋予了武汉大学景观以文化内涵。据不完全统计，现珞珈山有种子占武汉市种子植物种类的 80% 以上，舒展的大屋檐，翡翠的琉璃瓦掩映在树木葱茏、山清水秀的画卷之中，成为近代山水校园的典范。"山上有葱茏的树木，遍地有畅茂的花草，山下更有一个浩渺的东湖……太平时分在这里读书，尤其教书的人，是有福了"[46]。

三、总结

关于武汉大学早期校园景观建设的研究多集中在对景观规划形制和各要素的逐点分析上，且多语焉不详。特别是缺乏对景观规划形制以外的政治、社会和文化等因素的关注。本文从民国文献和英文原始资料中梳理出武汉大学早期校园景观的发展历程和其影响因素，并且总结武汉大学校园景观的规划特点。旨在将武汉大学早期校园的建设投置在全球视阈下加以考察，凸显其作为中国近代校园规划和建设的典型代表的全球关联性。并且从根源文献着手，挖掘其形成机制的多方面成因，总结其内在特征，为武汉大学提升校园固有特色以及校园保护规划和制定建筑保护方案提供建设意见，更争取为我国近代校园保护和利用提供历史依据，激发现代校园景观建设和校园总体规划的地域性设计灵感。

注释：

① "新校址，童山濯濯毫无林木点缀风景，自勘定为新校址后，每年春天遍植林木……"详见参考文献 [5]：第 64 期第一版《珞珈山新校舍工程近况》一文。

② 1928 年 5 月 18 日，时任湖北省教育厅厅长的刘树杞呈送改组武昌中山大学为湖北大学，当时任大学院院长的蔡元培先生主张应该避免地域性，而明确定位国立。在 1929 年 9 月 30 日发表的《本大学举行开学典礼时校长及各学院教授代表演说词》中法学院教授代表周鲠生说到："武汉大学必须成为一个中国中部的学府，以容纳湖北、湖南、四川、安徽……几省求学的青年，在这里去完成中国政治上，教育上，文化上的使命"。详见参考文献 [5]：第 29 期第一版。

③ 1926 年北伐军来到武汉，百废待兴的武汉渐渐成为全国革命的中心，各个方面都面临着建设，其中国立武昌中山大学又称为国立第二中山大学的成立就是教育方面的成果之一。因经费和用地紧张，学校校址分设三处，原来的武昌大学校址为中大一院，前武昌商科大学简称中大二院，省立法科大学简称中大三院，相较之，一院校舍面积最大，校舍情况较好。

④ 民国 18 年 1 月 10 日发布的《武汉大学筹备委员会诏安报告》里介绍国立武汉大现有在校生共 493 人，生源是原武昌中山大学的良好学生以及在北平、南京、上海招来的学生；学生类型有三种：大学部、预科部以及要毕业的专门部和师范部。据民国 18 年 9 月 30 日的《本大学举行开学典礼时校长及各学院教授代表演说词》中法学院教授代表周鲠生介绍，他在民国 17 年年底来武大时，学校仅有学生约二三百人。短短时间内，武大学子翻倍，可见武大作为一种新型大学受到了众多诚心求学青年的热诚拥护。一方面也可以看出旧校址的房屋设备日益不能满足倍受青年学子青睐的理想大学的需要，新校址建设刻不容缓。详见参考文献 [5]：第 6 期第一版和第 29 期第一版。

⑤ 国立武昌大学是国共第一次合作产物，随着反革命失败和武汉国民政府汪精卫的公开背叛，被视为共产党大本营的武昌中山大学的教育和校园自然也遭到严重破坏。

⑥ 民国 18 年 5 月，法学院教授燕树棠在国立武汉大学全体学生举行王校长莅校欢迎会上发言，评价"去年开学以前，学校只有几间破房，图书馆只有一堆破书，很不像一个学校的样子"。详见参考文献 [5]：第 23 期第一版《国立武汉大学全体学生举行王校长莅校欢迎会志盛》。

⑦ 民国 18 年 1 月 5 日，刘树杞校长在开学典礼上致开会辞中谈到武汉大学的特点之一便是"新学校外表新鲜，建筑伟大，认为新校舍是学校精神的弘扬，可以吸引优秀教授聚集，刺激学校学术的勃兴"。见参考文献 [5]：第 6 期第一版《国立武汉大学补行开学典礼志盛》。

⑧ 详见参考文献 [22]：103；另外，武大的校务第一批人，如石瑛、李四光、王世杰、王星拱、周鲠生等

这些均是蔡元培的忠实拥护者，积极辅佐其教育政策，革新校政等，这些人之前几乎都受蔡先生邀请，陆续在北大校园任教过。耳濡目染，毫无疑问在后来武大校园建设方面他们也多循着蔡元培的"兼容并济"教育思想，走上了发展之路。详见参考文献 [23]：蔡先生与武大 .03–09.

⑨ 民国 18 年 8 月 15 日，兼代理主席方本仁发布湖北省政府布告《湖北省政府关于武大建筑新校舍征收落驾山土地的布告》，如是描述珞珈山一带景观。

⑩ 同注释⑨。

⑪ 民国 18 年 8 月 15 日，兼代理主席方本仁发布湖北省政府布告《湖北省政府关于武大建筑新校舍征收落驾山土地的布告》，公布了珞珈山校区的红线范围。

⑫ 开山，第一期标包之饭厅一大栋，系建筑于狮子山之西头，该地全属石块，第一步工程，需将石块坪开，现有汉协盛招包开山工人，用炸药开挖，计已完成百分之七十强，第二期建筑之文理两院教室，系建筑于狮子山东部及顶部一带，该地最高部分高出水平面一百九十五尺，照工程师规定，需将山顶高度截去三十尺，此项铲山工程，理学院教室基地已开去百分之五十，文学院教室基地开去百分之三十。详见参考文献 [5]：第 64 期第一版《珞珈山新校舍工程近况》。

⑬ 环校路，现东，南，北三面已完成，记长约 5 里多。西面有 3 里多还未完成。此路若通，环校一周，通行无阻见……珞珈山新马路，是由大东门外，街口头起到新校舍止，有 3 里又 3 分之一，宽 3 丈，两旁树植道木，极饶幽趣。详见参考文献 [5]：第 64 期第一版《珞珈山新校舍工程近况》和参考文献 [6]：《民国 22 年国立武汉大学一览》所附地图。

⑭ 在新校舍绿化方面，筹备委员会不仅雇佣工人种植，每年春天学校都会组织师生去新校区遍植林木，在农学家叶雅阁先生的指导下，树木种类配比科学，类型丰富。并且为了可持续发展，委员会在扁担山南，开地 25 亩为苗圃，收集种子，种植花卉树苗。详见参考文献 [5]：第 64 期第一版《珞珈山新校舍工程近况》。

⑮ ……教职员住宅，校舍内现住有第十五师官兵全部计九千余人，将学生宿舍、体育馆、文学院及老二区房屋占用。日俘伤病医院仍住工学院大楼……校舍：工学院最为完整，现仍为敌人伤病医院所占；法学院亦尚好为干训传所用；文学院及理学院损失较大，现为十五师所用，文学院之校长室及楼下一教室仍未复校委员会保存办公；图书馆封闭堆存箱子俟军队搬走方能修理；男生宿舍屋顶亦坏；体育馆驻兵玻璃及地板均需大家修理现均不能动。详见参考文献 [5]：第 357期和第 360 期第四版《校闻》。

⑯ 详见参考文献 [12]：21.

⑰ 关于 Kales 的中文翻译有很多种翻译方式，本文采与 Kales 有过频繁接触的甲方代表、武大第一任校长王世杰多次在公开场合对其的称谓开尔斯，详见参考文献 [5]；另外国内相关文献关于开尔斯生卒年月如《武汉市志·人物志》记录其生于 1869 年、《弗莱彻建筑史》第 20 版记录其生于 1899 年等。以及英文名全称均有不同，本文以 MIT 建筑协会（MIT architectural society）主编的建筑学院年鉴《技术建筑记录》(Technology architectural record) 以及其联系紧密的圣保罗高中校友录（St. Paul's School Alumni Horae）为准。详参考文献 [17]：160.Obituaries 2.

⑱ 详见参考文献 [1] 中的《纪王雪艇先生谈珞珈建校》一文，第 35 页。

⑲ 详见参考文献 [11]：179.

⑳ 开尔斯经历了母校老校区在城市用地上的尴尬阶段，20 世纪初位于波士顿市市中心的麻省理工学院正面临着使用用地紧张，多次几乎被哈佛合并的问题。1916年经过多年筹建、建设，最终搬到位于郊区的查尔斯河靠近剑桥市的岸边，校园规划就是采用了严整规划的鲍扎式校园风格。详见参考文献 [11]：175.

㉑ 鲍扎，即美术。相当于英语中的 fine Art，音译为"鲍扎"。是西方建筑学"学术思想"的代名词，始于法国"皇家建筑研究会"及其学校，它由一种建筑学说演变出一套建筑学教育体系。国内建筑学界常用"学院派"鲍扎（或布扎）"混称"巴黎美术学院"及其学术思想。其实该教育体系主要学术思想是对古希腊、古罗马、文艺复兴等古代建筑遗迹和理论进行再挖掘和再创造并利用的表现。

㉒ 见参考文献 [14]：09

㉓ MIT 的建筑课程由几个部分组成。首先是建筑史和艺术史。学生必须深刻理解各种风格背后的渊源；其次是设计课，指导学生正确使用古希腊、古罗马和文艺复兴的柱式、拱廊等，老师认为古典柱式是世界各种风格的根源；同时学生还要兼修装饰设计课程，熟知各个时代的装饰母题和风格；此外，MIT 非常重视结构和材料课程，传授现代建筑材料的性质和用法。详见参考文献 [3]：17–18.

㉔ 详见参考文献 [3]：39.

㉕ 详见参考文献 [14]：9–15.

㉖ American higher education has largely adhered to the "collegiate" ideal rooted in the medieval English universities, where students and teachers lived and studied together in small, tightly regulated colleges ... they took on many collegiate characteristics, in contrast to the typical pattern of continental European universities, which more often concentrated on academic matters and paid little attention to their students' extracurricular lives ... They strengthened it further by another innovation, the placing of colleges in the countryside or even in the wilderness ... Another trait that typifies American college planning is its spaciousness and openness to the world. 详见参考文献 [14]：3–5.

㉗ 19 世纪末德国的大学深刻影响了美国的大学教育，德国高等教育相较而言，不注重基础研究和应用研究，而是崇尚"纯科学"的传统研究。详见参考文献 [19]：133–136.

㉘ Academical village：While designing the University of Virginia, Thomas Jefferson described his goal as the creation of an "academical village". This term expressed Jefferson's own views on education and planning, but it also summarizes a basic trait of American higher education from the colonial period to the twentieth century：the conception of colleges and universities as communities in themselves—in effect, as cities in microcosm. This reflects educational patterns and ideals which, although derived from Europe, have developed in distinctively American ways. 详见参考文献 [14]：3.

㉙ University of Virginia, Charlottesville, designed by Thomas Jefferson, 1817.Schematic plan, based on the Maverick engraving of 1822. Central space, called the Lawn, is flanked by ten Pavilions(each serving as a professor's house and classroom), linked by colonnades onto which students' rooms open. At north end of Lawn is domed Rotunda, serving principally as the library. Behind Pavilions are gardens, enclosed by serpentine brick walls. Beyond these are extra students' rooms and dining halls. 详见参考文献 [14]：77.

㉚ The only university in the United States to be designated an UNESCO World Heritage Site, the lawn – its central heart – was voted in 1976 by the American Institute of Architects as the 'proudest achievement in American architecture. 详见参考文献 [14]：201.

㉛ The University of Virginia is, in the end, an essay about balance. It is open, yet enclosed；rhythmic, yet serene；a model village, yet a set of discrete buildings. And it is at once an homage to Western civilization, and a celebration of all that is new and profoundly American. 详见参考文献 [15]：128–129.

㉜ 详见参考文献 [25] 中的《政治文化——中国固有形式建筑在南京十年（1927—1937）的历史形成框架》一文，第 110 页。

㉝ 详见参考文献 [24] 中的张良皋先生的《序·2》一文，第 7 页。

㉞ 详见参考文献 [16]：373–385.

㉟ PICTURESQUE NATURE：Nature was the first of these themes to find expression in the nineteenth-century college... Locations overlooking seas or lakes，or those perched on elevated hilltops were increasingly sought-after amongst new schools，achieving an unparalleled relationship with the natural environment. 详见参考文献 [10]：13.

㊱ THE BEAUX-ARTS MOVEMENT：The Beaux-Arts approach to planning was based on the 'City Beautiful' movement，a movement originating in the 1893 World's Columbian Exposition in Chicago. The most consummate，impressive case of Beaux-Arts planning to be produced in the United States，the Exposition had a resounding impact upon both city and campus design. The approach prescribed formal axes on a grand scale lined with monumental buildings，which complemented the ethos of the modern American university. 详详见参考文献 [10]：14.

㊲ 关于珞珈山的原名民间有很多种说法，如战国时期楚庄王曾在此在此安营扎寨，平定叛乱，取落驾之意；也有说是观音经过时袈裟落于此山，故名落袈山；或说该山以前为一罗姓人家所有，故名罗家山；又根据《江夏县志》记载，此山为罗家山，唐代开国元勋尉迟恭在洪山读书时，罗成访尉迟恭于罗家山。关于该山的原名已无从考证，根据 1928 年武汉大学建校平面总图纸和湖北省政府关于武大建筑新校舍征收落驾山土地的布告（1929 年 8 月 15 日）可见，当时称为落驾山。机缘巧合，建校后，文学院首任院长闻一多先生更名为珞珈山，"落驾"与"珞珈"二字谐音，是佛教中观音居住地"补怛珞珈（Potalaka 或 Potala、Potaraka）"之略。现在较为主流的观点是分解珞珈二字：珞，是石头坚硬的意思；珈，是古代妇女戴的头饰；寓意当年在落驾山筚路蓝缕、辟山建校的艰难。

㊳《礼记. 学记》："君子之于学也，藏焉，修焉，息焉，游焉。"郑玄注："藏谓怀抱之；修，习也。"后以"藏修"指专心学习。游息：1. 犹行止。2. 游玩与休憩。1939 年 3 月 3 日，国立武汉大学第 351 次校务会议通过了"校训校歌迭奉部令饬拟呈报应如何办理案"，议决"推定徐天闵、刘博平、朱光潜三先生组织校歌撰拟委员会，由徐天闵先生召集"的校歌中就有"藏焉修焉，息焉游焉；朝斯夕斯，日就月将"。

㊴ 详见参考文献 [21] 第 48–49 页。

㊵ During that hectic fall and early winter，Murphy helped choose Forsyth's replacement，Elliott Hazzard，who was due to arrive in China at the first of the year，and he hired Edward S. J.（Ted）Phillips，a draughtsman who had worked in Cass Gilbert's New York practice since 1908. ... Murphy worked harmoniously with his new office manager Hazzard from the outset，and as the two prepared for the 1921 spring and summer construction season，hopefully with a more invigorated esprit decorps，Ginling College and Yenching University work again became important in the newly-named office of Murphy，McGill & Hamlin. 详见参考文献 [2] 第 226，227，229 页。

㊶ 详见参考文献 [18]. Editorial Board. The Chinese recorder and educational review.1939—1941.

㊷ For example，the congregation of St. Paul's Parish，Kiang wan，felt that the old church building had become too shabby and small and that a larger one must be erected. Land for this purpose had been given some years before by the late pastor. the Rev.H.N.Woo. It was decided to put up a new church to his memory. When several plans for the new church were presented to the committee. Those drawn up by Mr.J.V.W. Bergamini in the Chinese style were adopted instantly. 详见参考文献 [18]. Throop，Montgo. ery Hunt. An Indigenous Church.1924. Vol.55：58.

㊸ 详见参考文献 [4] 的《晚清寓华西洋建筑师述录》一文，第 178–179 页。

㊹ We are glad to introduce to the missionary body of China，Mr. H. Hussery，B.S... .Shuttuck & Hussey... The firm has already had experience in handing mission building in China. Mr. Hussey has been in China before for the purpose of giving particular attention to mission requirements. The firm will therefore be able to take any class of work；has indeed had much special experience with church buildings，hospitals，and Y.M.C.A. building，especially institutional churches with large Sunday Schools. The China office will，like the head office，be organized to work out in all places. 详见参考文献 [18]A missionary architecture firm 1915.Vol.46：661.

㊺ 20 世纪 60 年代，董必武也写下"珞珈之山，东湖之水，山高水长，流风甚美"的佳句来赞美武大

㊻ 1938 年，郭沫若先生深深地为珞珈山的美景所陶醉，他在《洪波曲》一书中，作了如此描绘和极口赞叹。

参考文献：

[1] 陈明章 . 学府纪闻：国立武汉大学 [M]. 南京：南京出版社，1981.

[2] Cody，Jeey William. Henry K. Murphy，an American architect in China，1914—1935[D].1989.

[3] Department of Architecture. *Massachusetts Institute of Technology*[J]，Boston，1904.

[4] 汪坦，张复合编 . 第五次中国近代建筑史研究讨论会会议论文集 [C]. 北京：中国建筑工业出版社，1998.

[5] 国立武汉大学编 . 国立武汉大学周刊（1—367 期）[N]. 1928.12–1947.05.

[6] 国立武汉大学教务处 . 国立武汉大学一览 [M]. 善印股藏 . 民国 18 年—22 年 .

[7] 郭杰伟.谱写一首和谐的乐章——外国传教士和"中国风格"的建筑 1911—l949 年 [J].朱宇华译.中国学术,2003.01:68-118.

[8] 黄遐.晚清寓华西洋建筑师述录 [C]:汪坦,张复合编.第五次中国近代建筑史研究讨论会会议论文集 [M].1998:164.

[9] 商务印书馆编.教育杂志 [J].上海:上海商务印书馆,1930.

[10] Jonathan Coulson,Paul Roberts,Isabelle Taylor. *University Planning and Architecture—The search for perfection*[M]. Routledge Press,2011.

[11] 刘珊珊、黄晓.国立武汉大学校园建筑师开尔斯研究 [J].建筑史 33 辑.

[12] 李晓红,李协强.武汉大学早期建筑 [M].武汉:湖北美术出版社,2007.

[13] 南京国都设计技术专员办事处编印.首都计划 [M].民国十八年(1929)2.

[14] Paul Turner. *Campus,An American Planning Tradition*[M]. Cambridge. Massachusetts:The MIT Press.1984.

[15] P. *Goldberger,Perfect space:University of Virginia*[J]. Travel and Leisure,vol.19,September 1989.

[16] 潘谷西.中国建筑史 [M].(第五版).北京:中国建筑工业出版社,2004.

[17] St. Paul's School Alumni Horae[J]. Volume 37. issue 3. Autumn 1957.

[18] The Chinese recorder and educational review[J]. Shanghai:American Presbyterian Mission Press. 1915,1924,1939—1941.

[19] William. H. Cowley and Don Williams. *International and Historical Roots of American Higher Education*[M]. New York and London:Garland. Publishing Company,1991.

[20] 武汉大学校史编辑研究室.武汉大学校史简编 [M].武汉:武汉大学出版社,1983.

[21] 伍江.旧上海外籍建筑师 [J].时代建筑,1955.04.

[22] 吴贻谷著.武汉大学校史 1893—1993. [M].武汉:武汉大学出版社,1993.

[23] 徐正榜编.武大逸事 [M].沈阳:辽海出版社出版,1999.

[24] 张亦.教育学视阈下的中国大学建筑 [M].青岛:中国海洋大学出版社,2006.11.

[25] 赵辰,伍江.中国近代建筑学术思想研究 [M].北京:中国建筑工业出版社,2003.

图片来源:

图 1 作者根据国立武汉大学地形图和张德仁《武昌附近地质简述》整理绘制.

图 2 国立武汉大学一览(民国 19 年)插图.

图 3 国立武汉大学一览(民国 18 年)插图.

图 4 国立武汉大学一览(民国 22 年)插图.

图 5 左:《支那事变画报》第五十辑第 30 页;右:《支那战线写真》第 75 报第 8 页.

图 6 武汉大学校史博物馆.

图 7 http://www.hb.xinhuanet.com/school/2004-03/23/content_1829889.htm#.

图 8 参考文献 14:77.

图 9 参考文献 14:77.

图 10 作者根据开尔斯设计校园总平面分析绘制.

张琳惠

（合肥工业大学建筑与艺术学院　本科三年级）

"虽千变与万化，委一顺以贯之" *①

——拓扑变形作为历史原型②创造性转化的一种方法

"While Thousands and Thousands Transforms Going on，the Spirit will Last Forever"

— Analysis of the Topological Transformation of Historical Archetype

■摘要：本文以探究建筑设计中历史原型的创造性转化为目标，尝试以拓扑变形法解读当代设计与历史原型的关联。研究从一般拓扑转化方法中的同形、同胚和非同胚三类变化入手，探究了其与建筑设计中的历史原型布局、空间、形式、构造和材料等方面创造性转化的关联；最后结合设计对拓扑变形法做了运用尝试。

■关键词：拓扑；形变；历史；原型；转化

Abstract：In this paper, we focus on how to recreate the historical archetype to new forms. First, we introduce the topological transformation into architecture designing field，and then we find out the regular of the recreations which is based on topological method，and summarize the transforms as three types. Then we analysis the designing cases from different aspects，such as environment，space，form，structure，material，etc. Finally connect theories to practice，and make a summary.

Key words：Topology；Shape Change；History；Archetype；Transform

建筑必须源于它们的历史渊源，就好比一棵树，必须源于它们的土壤。

——贝聿铭③

* 中央高校基本科研业务费项目（JZ2015HGXJ0164），"传统建筑建构方式与其风格特征生成的关联性研究"

一、引言

如果说历史是建筑之树的土壤，那么如何将历史转化为建筑，如何在建筑设计过程中利用历史，是当代建筑师需探索的问题。建筑的"历史原型"作为当代建筑存在的背景和设计出发点，是重要的设计资源；对其进行符合当下生活情境的转化，是建筑设计的重要内容。

不同的转化方式蕴含着对历史原型的不同理解，也体现出不同的转化表达。当代设计中既有对历史原型形式的具象引用④，也有对历史原型观念的抽象表达⑤。不过，大量的设计操作主要体现为对历史原型的几何变形。传统的变形方法主要基于欧式几何对空间形式的尺度、比例和形状的讨论⑥。而拓扑学作为一门近代发展起来的数学几何学分支，它所研究的形式和空间变形不只包含长短、大小、形状和体积等度量性质和数量关系，也关注图形变化过程中保持不变的特性。对于建筑的历史原型的转化，拓扑变形法为其提供了新的思路：基于建筑的历史原型的拓扑形变或许既可以延续场所、文化等不变的特质，又能够回应当下发生变化的生活情境的需求。

二、拓扑变形法

作为一门数学分支，拓扑学研究领域非常广泛。拓扑学所究的形式变化方式，与设计手法密切相关的主要有以下三种：同形拓扑、同胚拓扑和非同胚拓扑。它们大致涵盖设计中对历史原型转化的各种层次。如果将这些拓扑变形移植到设计中来，那么同形拓扑可以认为是没有改变形状特性的变形；同胚拓扑可以认为是改变了形状的特性，但未发生撕裂和粘连，未改变其他性质的变形；而非同胚拓扑可以认为是改变了形状的特性，发生了撕裂和粘连，但未改变其他性质的变形。从同形拓扑到非同胚拓扑，对原型的抽象程度越来越高，还原度越来越低（图1）。

类型	变化图例	变化说明
同形拓扑	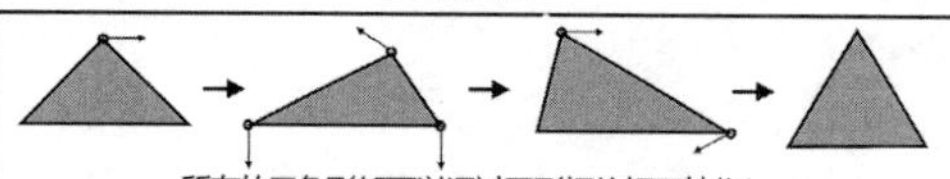 所有的三角形都可以通过同形拓扑相互转化	在变化过程中，图形的特性始终未变：所有的图形都由三条线段首尾相接闭合而成
同胚拓扑	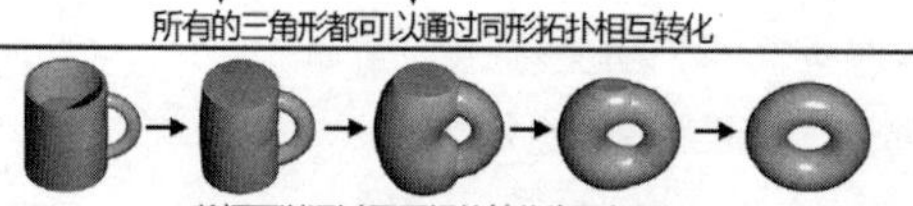 茶杯可以通过同胚拓扑转化为面包圈	在变化过程中，图形始终没有发生撕裂和粘连；图形始终只有一个洞
非同胚拓扑	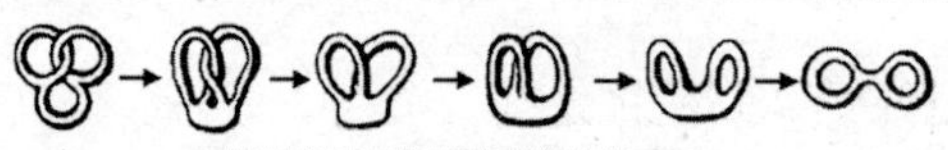 三环可以通过非同胚拓扑转化为两环	在变化过程中，发生了粘连：图形从三个洞变成了两个洞在同胚拓扑后发生突变

图1 设计中的三种拓扑变形

例如，人类头骨的进化过程中，虽然各个部位的形状有所改变，但由于头骨整体的形状特性没有改变，因此是同形拓扑；桌上圆口水杯中呈圆柱体的水，在轻轻晃动的过程中改变了圆柱形的形状特性，未溅出水滴的情况下，图形未发生撕裂和粘连，因此是同胚拓扑；将两团橡皮泥黏成一朵花的过程发生了粘连，因此是非同胚拓扑。

拓扑变形产生的图形可能是线性的，也有可能是非线性的，相较于欧式几何变形具备更多的可能性，更适应设计建造方式的发展和审美倾向更迭的趋势。

三、建筑设计中历史原型的拓扑变形

同形拓扑、同胚拓扑和非同胚拓扑等变形方法映射在建筑设计过程中，必须与总体布局、空间生成、形式塑造、结构与构造构思和材料组织等结合。

（一）山水错变序犹存——布局的拓扑

即在继承历史原型总体布局的特征、延续其尺度感和韵律感基础上进行的拓扑变形操作。建筑物的平面布局逻辑决定了建筑物与场地、人的方位和尺度关系。

例如苏州博物馆的布局设计。贝聿铭设计的苏州博物馆延续了苏州园林的总体布局方式。传统苏州园林的水系是整个建筑群的中心，水面附近产生多个景观视点，并延伸出多个内院。虽然苏州博物馆的建筑尺度、比例有变，但总体布局体现了更多的是不变：布局的特点没有改变——依旧是以水面为布局的核心；流线的特点也没有改变——依旧是围绕水面而展开。苏州博物馆总体布局的拓扑变形主要体现为尺度和比例的变化，而未对其所选取的历史原型的图形特性做改变，因此可以视为对历史原型的同形拓扑（图2）。

（二）无有之用续乡情——空间的拓扑

空间拓扑即在历史原型空间进行拓扑变形，通过对其尺度、比例、形状和组织关系的变形，使之符合当代需求。空间拓扑可以依据拓扑操作的起点分为平面拓扑、剖面拓扑和整体拓扑。

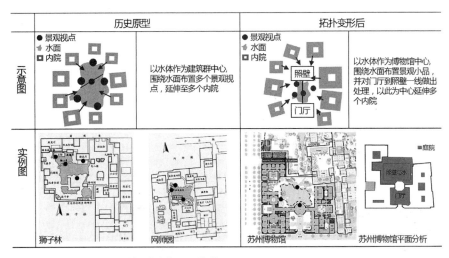

图2 园林布局的拓扑，图形特征未改变，同形拓扑

1. 平面拓扑

即主要在水平方向进行拓扑变形操作。如安藤忠雄设计的住吉的长屋是对日本关西传统长屋平面组织的变形和延续。关西传统长屋每户住宅约 4 米宽，每户连续排列，其内部会出现中庭和过道，并在庭院中设置小景观。住吉的长屋也在中部设置了庭院，并通过添加连廊来活跃室外空间，加强两端室内空间的联系。原型变形仍然保持着方向性——有长边和短边；及向心性——内部仍然存在庭院，因此平面的图形特性未改变，可以视为对历史原型的同形拓扑（图3）。

	历史原型	拓扑变形后
示意图	传统的长屋每户住宅约4米宽，每户连续排列，其内部会出现中庭和过道，并在庭院中设置小景观	长屋原型变形后仍然保持着方向性——有着长边和短边；以及向心性——内部仍然存在庭院，因此平面的图形特性未改变
实例图	关西的长屋	住吉的长屋

图3 对长屋的空间拓扑（平面拓扑），图形特征为改变，同形拓扑

再如 TAO 设计的北京四分院，是对北京四合院的平面的拓扑变形。传统四合院格局强调庭院在空间组织上的核心作用，庭院作为一个公共空间，像客厅一样容纳活动。但这样的庭院在当代却难以满足居住生活的私密性。四分院将原有的庭院空间封顶作为公共客厅，并对原有实体空间位置进行移动，产生四个私密庭院，更加强调单身公寓每户的生活质量。在这个过程中，历史原型的图形特性由向心性改变为离心性，因此不是同形拓扑，而可以视为同胚拓扑（图4）。

2. 剖面拓扑

即主要在垂直方向进行拓扑变形操作。例如隈研吾设计的浅草文化观光中心。传统塔建筑有向上发展的动线，建筑师通过继承传统的塔建筑空间的垂直方向秩序，并对原型坡屋顶的形状进行推拉，增加了建筑物的空间层次。变形过程维持了每一层空间原有的空间形状特性，因此可以视为对历史原型的同形拓扑（图5）。

3. 整体拓扑

指在水平和垂直方向上都有明显的拓扑变形操作。例如华黎设计的水边会所方案。

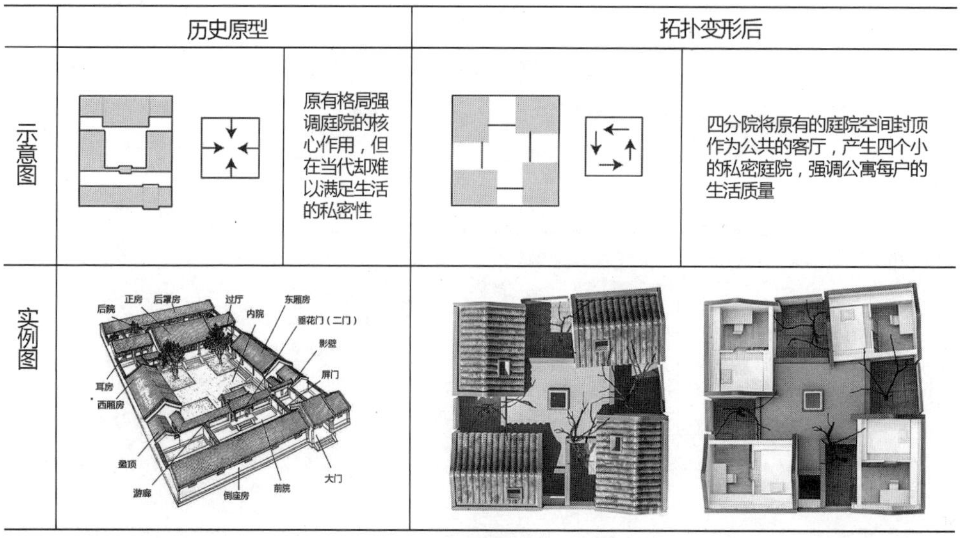

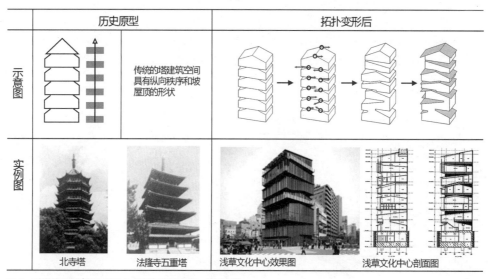

	历史原型		拓扑变形后	
示意图		原有格局强调庭院的核心作用，但在当代却难以满足生活的私密性		四分院将原有的庭院空间封顶作为公共的客厅，产生四个小的私密庭院，强调公寓每户的生活质量
实例图	正房　后罩房　过厅 后院　　　　　内院　东厢房 耳房　　　　　　　　垂花门（二门） 西厢房　　　　　　　影壁 攒顶　　　　　　　　屏门 游廊　　侧座房　　　大门 　　　　　前院			

图4　对四合院的空间拓扑（平面拓扑），图形特征改变，同胚拓扑

	历史原型		拓扑变形后	
示意图		传统的塔建筑空间具有纵向秩序和坡屋顶的形状		
实例图	北寺塔	法隆寺五重塔	浅草文化中心效果图	浅草文化中心剖面图

图5　对塔的拓扑（剖面拓扑），图形特征未改变，同形拓扑

密斯·凡德罗的范斯沃斯住宅具有四面通透，打破室内外界限的特性。建筑师为了使得建筑以一种通透的状态参与场地，以范斯沃斯住宅为原型进行拉长，环绕和黏合，不仅仅继承通透的空间效果，还与场地通过高差进行互动。转化过程发生了两端的粘连，形成了完全不同的拓扑关系，因此可视为非同胚拓扑（图6）。

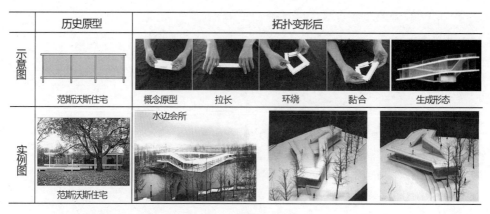

	历史原型	拓扑变形后				
示意图	范斯沃斯住宅	概念原型	拉长	环绕	黏合	生成形态
实例图	范斯沃斯住宅	水边会所				

图6　对范斯沃斯住宅的拓扑（整体拓扑），发生黏合，非同胚拓扑

以上三种不同起点的空间拓扑方式，涵盖了设计拓扑变形中的同形、同胚和非同胚拓扑三类。因此，拓扑变形法在空间原型的转化中有很大的发挥空间。

（三）虚实叠运不终穷——形式的拓扑

即在选择性地继承形式原型的功能优势和美学特征基础上，对建筑形式的变形操作。

例如坎波·巴埃萨的一座浴室设计中的顶部开洞的形式。其历史原型为阿拉伯古浴室，通过在浴室顶部开点窗，突出了光作为光束的特殊质感。巴埃萨通过拓扑古浴室的顶部形式，应用丁达尔效应生成了独具一格的“光线浮动的空间”。在变化前后，顶部点窗的形状特性没有改变，空间的质感也未改变，是对历史原型的同形拓扑（图7）。

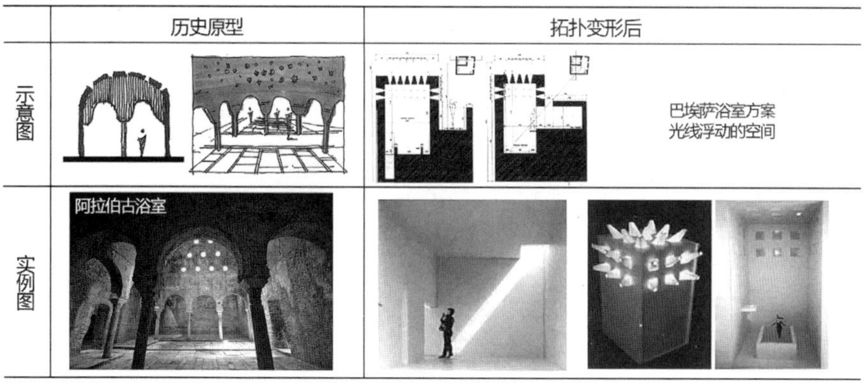

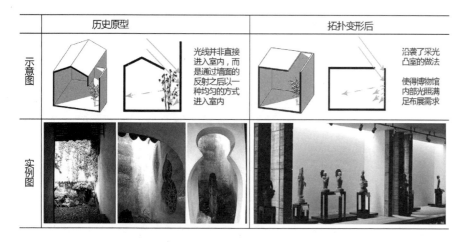

图7　浴室顶部点窗的拓扑，图形特征未改变，同形拓扑

刘家琨的鹿野宛石刻艺术博物馆中对凸室的设计也是形式的拓扑。传统江南园林中常用采光凸室的做法，光线并非直接进入室内，而是通过墙面的反射之后以均匀的方式进入室内，并在采光口下方布置竹和水等景观小品。由于在转化过程中未改变凸室这一形式的围合关系，因此可以视为对历史原型的同形拓扑（图8）。

图8　凸室的拓扑，图形特征未改变，同形拓扑

除此之外，苏州博物馆和绩溪博物馆对传统园林中假山意象也是对形式的拓扑变形操作。传统园林中的假山是由人工叠石而成供观赏的小山。“峨嵋咫尺无人去，却向僧窗看假山。”⑦通过模仿山的形态，假山达到了将山川置于一窗之中的艺术效果。在李兴刚的绩溪博物馆中，将假山转化为欧式几何体的形式；苏州博物馆则将假山转化为更为抽象的山水起伏形式。在转化过程中，即使新生成的形态不同，但都是对山的形态的模仿，且未发生撕裂和粘连，所以二者都可以视为对假山这种历史原型的同胚拓扑（图9）。

再如贝聿铭对苏州博物馆屋顶的折叠处理。老虎窗是一种天窗的演变形式，是从斜屋面上凸出来的窗，通过多次反射，避免直射光的射入。博物馆中屋顶的设计继承并转化原有形式来调节室内的采光：通过斜面与垂直面的结合，产生了多层次的窗的手法维持不变。转化过程中，每个老虎窗单元的生成都是同胚拓扑（图10）。

竞赛评委点评（以姓氏笔画为序）

建筑设计是以形体表达空间存在的一种技能。设计的原创和空间生成的逻辑表达构成了建筑学最本质的命题，对空间生成的原型探究也就成为了建筑学这一命题的关键。作者以探究建筑设计中空间造型的创造机制为目标，以历史原型的创造性转化为切入点，尝试以拓扑变形法解读当代设计与历史原型的关联，论文的选题有新意。

文章中表达出来的两个观点：一是认为作为当代建筑存在的背景和设计出发点，建筑的空间造型应当有“历史原型”；二是这种由“历史原型”向现代空间语汇转变的过程中是有某些机制和内在规律可循的。其论点对探究建筑设计的原创问题和今天我们提倡设计的原创性，具有一定的启发意义。

作者借鉴了拓扑学的研究成果，将拓扑变形的原理移植到建筑设计中历史原型的转变的探究中，将一般拓扑转化方法与建筑设计中的历史原型布局、空间、形式、构造和材料等方面的转化相关联加以论述，并结合自身的设计对拓扑变形法做了运用尝试，结论和以此进行的设计实践成果具有一定的借鉴意义。

作者将诸多设计作品都以“拓扑变形”来进行解读，尽管有调研，有分析，层析分明，论述逻辑，并以实践印证，但仍有些“抓其一点不及其余”的武断的感觉。但就作者的洞察力和逻辑清晰的论述，这仍是一篇优秀的论文。

庄惟敏

（清华大学建筑学院院长，院士，博导，教授）

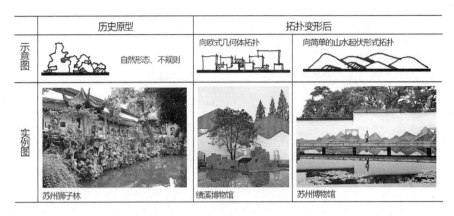

	历史原型	拓扑变形后	
示意图	自然形态、不规则	向欧式几何体拓扑	向简单的山水起伏形式拓扑
实例图	苏州狮子林	绩溪博物馆	苏州博物馆

图 9　假山的拓扑，图形特征改变，未撕裂粘连，同胚拓扑

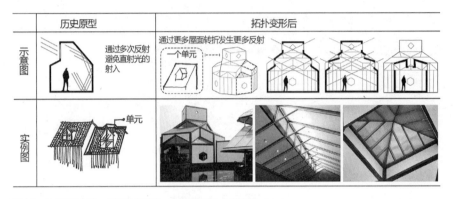

	历史原型	拓扑变形后
示意图	通过多次反射避免直射光的射入	通过更多屋面转折发生更多反射　一个单元
实例图	单元	

图 10　老虎窗的拓扑，图形特征改变，未撕裂粘连，同胚拓扑

　　大量新地域主义建筑[⑧]都会采用模仿历史原型的形式的处理手法，虽然保持了一定的特性不变，但形体会发生复杂的变化，如万科第五园等。因此，可以视为对历史形式原型的非同胚拓扑。综上，形式拓扑也可以涵盖设计拓扑的同形、同胚和非同胚三个层次。

（四）飞檐榫卯挠不移——结构与构造的拓扑

　　即对有历史原型的受力结构和构造做法的延续和变形。安藤忠雄的日本光明寺、王澍的水岸山居和何镜堂的上海世博会中国馆，都对传统建筑的屋架进行了拓扑，但即使是同一构造，不同建筑师的理解不同，因此过程中继承的性质不同，最终建造的形态也不同。

　　安藤忠雄提取出的原型特点为纵横交错，因此光明寺突出了纵横向的穿插关系和水平的延伸；王澍提取出的特点为迂回转折，因此水岸山居突出了蜿蜒曲折的形态；而何镜堂读出的是向上的动势，因此中国馆为向上托举的造型（图 11）。

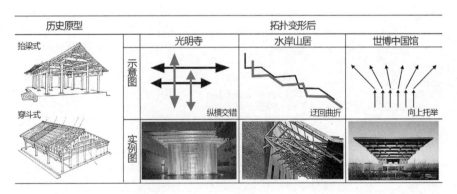

历史原型	拓扑变形后		
	光明寺	水岸山居	世博中国馆
抬梁式　穿斗式	示意图　纵横交错	迂回曲折	向上托举
	实例图		

图 11　屋架的拓扑

　　同时，对结构与构造的拓扑也表现在同一建筑之中。比如光明寺抽象概括了不同样式的斗拱。

　　在传统建筑中，斗主要承担的是承接的作用，拱主要承担的是出挑的作用，在光明寺中，用交点和沿进深方向探出的木条来概括；在传统建筑的屋架中，角科斗拱位于四角，剩余位置为平身科斗拱，建筑师同样以木条的不同交错方式对这两种构造原型进行了拓扑转化。

　　但在以上案例所述过程中，历史原型的形状特性已经发生变化，因此不能说是同形拓扑。实际上，在结构与构造拓扑过程中，除了完全沿用历史结构与构造原型（并沿用原型力学结构）为同形拓扑之外，由于建筑物的结构与构造和力学性质是一脉相承的，都可以找到历史原型，因此当代建筑中的结构和构造都可以视为对历史原型的非同形拓扑。

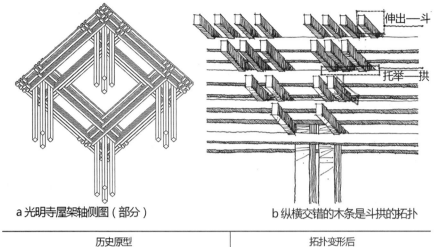

a 光明寺屋架轴侧图（部分）　　　　　b 纵横交错的木条是斗拱的拓扑

历史原型		拓扑变形后
角科斗拱		角科斗拱
平身科斗拱		平身科斗拱

图12　光明寺屋架对斗拱的拓扑

（五）青瓦白墙深不变——材料的拓扑

即对材料使用的延续和创新，利用人对传统材料的感知拓宽其用法，使得当代建筑具有指向历史的线索感。

比如王澍对瓦的拓扑。瓦片是传统建筑中重要的屋面防水材料。建造中建筑师收集当地居民废弃的瓦片重新利用，除了瓦屋顶外，还产生了瓦片墙、瓦园、瓦片铺装等，改变了由瓦构成的曲面的形状和位置（图13）。

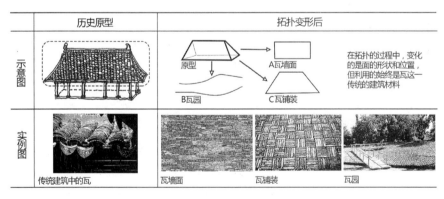

	历史原型	拓扑变形后
示意图		在拓扑的过程中，变化的是面的形状和位置，但利用的始终是瓦这一传统的建筑材料
实例图	传统建筑中的瓦	瓦墙面　　瓦铺装　　瓦园

图13　瓦片的拓扑

再如朗香教堂中对彩色玻璃窗的拓扑。利用彩色玻璃窗来烘托宗教神秘氛围是教堂建筑一贯的形式，而柯布西耶的朗香教堂彩色玻璃窗改变了原本具象、有高度对称性的彩色玻璃窗的图形特征，通过将彩色玻璃部分打散和揉碎，生成混沌、抽象的朗香教堂立面，在现代建筑中继承了传统的宗教氛围（图14）。

当瓦和彩色玻璃窗这一类视觉符号出现在人的视野中时，其所携带的信息会使人与历史原型产生联想，但却与现代建造手段密切结合。在转化中，利用的是传统的建筑材料，这即为拓扑中保持不变的性质。而因为材料拓扑难以界定其形状特性发生改变的程度，所以难以将其归入设计中的同形、同胚和非同胚三类拓扑手法之中。

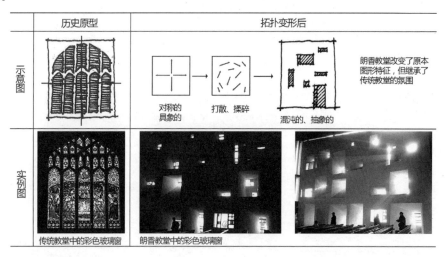

图 14　彩色玻璃窗的拓扑

（六）小结

正如王澍所说："保护传统，传统还是会消亡；更重要的是，在保护传统的同时，能让传统有生气地活着。"[⑨]通过以上案例分析和对比，可以发现通过某种拓扑变形，建筑传统和历史原型得到延续和发展，拓扑变形成为让传统"有生气地活着"的一种方法。通过对这一变形法的归纳，大致得到拓扑变形与设计操作的关联（图15）。

图 15　拓扑变形与设计操作的关联

四、基于拓扑变形法的设计探索[⑩]

通过对拓扑变形法转化历史原型的案例研究，可以归纳出作为设计操作方法的拓扑变形法。因此，在大三上学期为期四周的"社区文化设施"短周期课程设计中，笔者尝试运用了拓扑变形法，以期更好地理解和运用作为设计资源的历史原型，并检验和改进方法的可行性。

（一）选取历史原型

设计选址位于河北省唐山市与秦皇岛市交界的滦河上。一方面，40年前的"唐山大地震"使得整个区域的面貌表现为某种"断裂"，在城市空间中体现为一种传统公共空间缺失的"失忆"状态，因此新设计应当关注如何填补这种缺失；另一方面，城市缺少居民交往空间，怎样促进交流也成为亟待解决的问题。

因此，如果找到适当的历史原型进行拓扑，促进区域交流，则可以解决这两个问题，赋予城市新的活力。传统的"风雨桥"不仅仅可以满足交通的需求，也是重要的交往场所，因此选取风雨桥作为历史原型进行拓扑变形。

（二）对历史原型的拓扑变形

在设计的过程中，笔者运用了空间的拓扑和形式的拓扑，选择历史原型的对应部分进行转化。

1. 交往空间重生

在传统的风雨桥建筑中，桥的平面被人的行为划分为两种功能区：交通联结区与休息闲聊区。在交通空间的两侧产生了交流空间。根据扬盖尔理论[⑪]，面向周围活动的休息区域使用频率最高，因此休息闲聊区非常活跃。桥上的行人可以选择不进入交流区域，一直沿交通空间走到对岸；也可以选择进入几个闲聊区域之后再到达对岸。这种平面形式对社区文化设施而言非常适合。

因此，我选择上文提到的从平面的拓扑开始进行空间拓扑的方法。由于历史原型的平面空间呈现条带状，因此笔者将纸带进行平面上的重叠穿插后，通过两带的合并与分离，产生了不同的开间和进深，也就产生了更多个层次的公共性和私密性，这样的操作极大地丰富了风雨桥历史原型的空间层次。因为过程中发生了对图形的粘连，因此是对原有空间原型的非同胚拓扑（图16）。

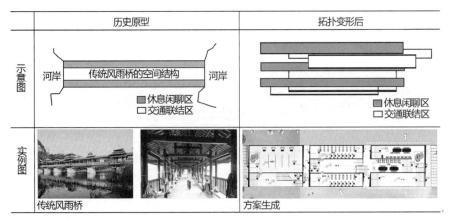

图16 对风雨桥的空间拓扑（非同胚拓扑）

2. "拱"的拓扑变形

为了丰富建筑物的形式和剖面的变化，笔者选择"拱"这一历史原型进行了形式拓扑。拱有时上行，有时下行，就产生了不同标高的空间，也便产生了更为丰富的景观层次。通过把单拱进行翻转、延伸和拉长的拓扑变化，生成了类拱的新形式。在变化过程中拱的形状特性未发生改变，是对拱这一原型的同形拓扑（图17）。

（三）拓扑变形法生成的社区文化设施

方案通过空间拓扑——对传统风雨桥空间的平面非同胚拓扑，使得原有的"三条带"

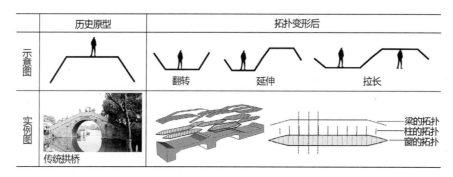

	历史原型	拓扑变形后		
示意图		翻转	延伸	拉长
实例图	传统拱桥			梁的拓扑 柱的拓扑 窗的拓扑

图 17　对拱桥的形式拓扑（同形拓扑）

式平面得以丰富；以及形式拓扑——对"拱"这一形式进行的同形拓扑，产生了高差丰富的剖面。且因为拱的形式适合于风雨桥的条带形空间，因此两方面的拓扑变形得到协调，整个拓扑过程比较连贯。

因为整个变形过程可以用对条带的阵列和上下浮动来进行连贯的演绎，所以空间拓扑和形式拓扑得到统一。但不论如何形变，建筑物始终秉持着方向性、垂直于流线方向的通透性和连接两岸的功能性，这是源于历史原型——风雨桥的性质，是拓扑变形法中应当保持不变的性质（图 18、图 19）。

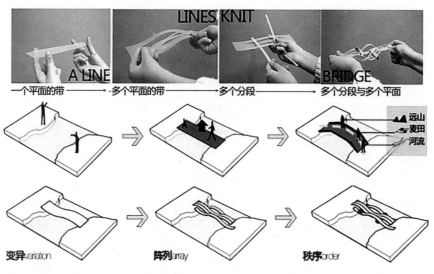

图 18　完整的方案拓扑过程图

图 19　模型照片

方案加强了东西两岸的联系，并为居民创造了丰富的交往空间；且通过拓扑变形法对历史原型进行创造性转化，使得城市的记忆得以重塑。解决了设计之初历史和交流的双重问题。

五、结语

　　在建筑发展的历史上，不论是柯布西耶追求建筑塑性与情感的探索，或是密斯、路易斯·康那种追求秩序与建构的追求，20世纪现代主义盛期的大师们始终在一条探索的路上——他们基于时代的科学技术和美学思潮，不断地推陈出新，使得建筑学发展一脉相承。在当代语境下，怎样使得建筑具有历史性、地域性和文化性——即成为一个值得探讨的问题。

　　当设计者将历史当中的建筑作为一种设计资源时，可以借用拓扑学的概念，研究一定特性（值得保留的特性）保持不变下，对历史原型的拓扑形变：即"虽千变与万化，委一顺以贯之"。这个过程实际上是对历史原型融会贯通的过程。新的建设不是一味地破坏和剔除，也不是简单地模仿和抄袭，而是要逐渐变为一个以对历史原型的拓扑变形来适应地域及文化特性相互渗透交流的新进程；而拓扑变形中的不变的性质，正是设计中应当去着力追求和控制的切入点，拓扑变形中变化的内容会是设计创新的重要维度。

注释：

① 出自白居易《无可奈何歌》："彼造物者，云何不为？此与化者，云何不随。或煦或吹，或盛或衰，虽千变与万化，委一顺以贯之。"

② 将历史原型中的"原型"一词译作 archetype，英文含义为 a number of concepts in psychology, literature, philosophy。它是源自心理学学家卡尔·荣格的名词，指神话、宗教、梦境、幻想、文学中不断重复出现的意象，它源自民族记忆和原始经验的集体潜意识。这种意象可以是描述性的细节、剧情模式，或角色典型，它能唤起观众或读者潜意识中的原始经验，使其产生深刻、强烈、非理性的情绪反应。这里指建筑中的布局、空间、形式、结构和构造以及材料等可以唤起记忆的载体。

③ 原文出自贝聿铭美秀美术馆访谈《贝聿铭谈贝聿铭》："我个人认为，现代日本建筑必须源于他们自己的历史根源，就好比是一棵树，必须源于土壤之中。互传花粉需要时间，直到被本土环境所接受。"

④ 建筑中对历史原型的具象引用，如我国20世纪五六十年代建设中出现的"大屋顶"建筑现象。

⑤ 抽象表达如万科第五园中对江南传统民居白墙黑瓦的现代诠释，以及后文提到的拓扑变形过程。

⑥ 1990年 Mitchell William J 所著的《建筑的逻辑》(The logic of Architecture：Design, Computation and Cognition, London：MIT press, 1990）一书中，就从欧式几何的角度分析了空间的构成。

⑦ 唐代郑谷《七祖院小山》诗："峨嵋咫尺无人去，却向僧窗看假山。"

⑧ 百度百科："新地域主义（Neo-regionalism），指建筑上吸收本地的，民族的或民俗的风格，使现代建筑中体现出地方的特定风格。作为一种富有当代性的创作倾向或流派，它其实是来源于传统的地方主义或乡土主义，是建筑中的一种方言或者说是民间风格。但是新地域主义不等于地方传统建筑的仿古或复旧，新地域主义依然是现代建筑的组成部分，它在功能上与构造上都遵循现代标准和需求，仅仅是在形式上部分吸收传统的东西而已。"

⑨ 曹中，缪剑峰，侯玄，现代建筑的文化传承——安藤忠雄和王澍的作品分析 [J]，华中建筑，2014（6）

⑩ 出自笔者大三的社区文化设施设计作业（四周），指导教师：刘源。

⑪ 扬盖尔在《交往与空间》一书中，提出过"能很好观察周围活动的座椅就比难于看到别人的座椅使用频率更高"的总结。

参考文献：

[1] 安藤忠雄. 安藤忠雄论建筑 [M]. 白林译. 北京：中国建筑工业出版社，2003.

[2] Baeza. *Alberto Campo de Baeza Works and Projects*[M].Italy：GG press，1999.

[3] 鲍威. 北京四分院的七对建筑矛盾 [J]. 时代建筑，2015（6）.

[4] 曹中，缪剑峰，侯玄. 现代建筑的文化传承——安藤忠雄和王澍的作品分析 [J]. 华中建筑，2014（6）.

[5] 华黎. 水边会所——折叠的范斯沃斯 [J]. 城市环境设计，2011（Z3）.

[6] 刘宾. 拓扑学在当代建筑形态与空间创作中的应用 [D]. 天津：天津大学，2011.

[7] Mitchell William J. *The logic of Architecture：Design, Computation and Cognition*[M]. London：MIT press，1990.

[8] 邱枫. 架起传统与现代的桥梁——建筑历史与理论课程体系教学改革的思考 [J]. 宁波大学学报（理工版），2004（12）.

特邀评委点评

　　这是一篇结构完整、逻辑清晰、分析深入的研究"设计方法"的论文，主要体现在以下两方面：

　　一、方法定义—方法分析—方法应用的"三段论"整体论述结构，完整清晰，递进逻辑关系通顺。

　　方法定义部分（"一、引言；二、拓扑变形法"）：开篇提出文章主题，分析拓扑变形法对历史原型的转化，并进行相关界定；方法分析部分（"三、建筑设计中历史原型的拓扑变形"）：结合案例，运用图解及文字，解析五种利用历史原型的拓扑方法；方法应用部分（"四、基于拓扑变形法的设计探索"）：结合作者设计，论述如何具体运用拓扑方法。

　　二、文章重点的方法分析部分（"三、建筑设计中历史原型的拓扑变形"），理论概念清晰，分析手段合适，探讨内容深入。

　　从建筑设计方法的基础角度（总体布局、空间生成、形式塑造、结构与构造构思和材料组织）入手，解析出五种对历史原型进行转化的拓扑方法。每个方法的证明案例选择精准，文字分析清晰、有条理，图解画法指向明确、繁简适度。

　　笔者以为，探讨"设计方法"的论文大致可分为三类：①科研类，作者需要了解某种设计方法的历史脉络与发展现状，弄清自己研究的定位，明晰自身的贡献所在；②教材类，即将与某种设计方法相关的案例，围绕专业基础概念与基本理论，进行归类、整理、提炼；③作者类，即以写作者（设计者）主观角度对某种设计方法进行阐释，或用自己的设计推导出独特论点，或对已有案例进行有意识新解（误读）。

　　本文开篇的"方法定义部分"，主要是研究背景综述，文字中有诸多"大量、传统的、新思路"等定义含混的词汇，论述较空泛，难以清晰看到"拓扑"领域的历史与发展趋势，由此导致读者对后面"方法分析部分"内容的新意贡献难以确定，这一点在参考文献的时效性中也可看出端倪。

　　从文章重点的"方法分析部分"看文章类别，应属于"教材类"，其分类标准、分析手段，均可在建筑学基本原理与基本方法中找到依据，案例、文字、图解这几方面的着力点，主要体现在深入、完整、精准，出新不是重点。所以，假如写作中更加清晰本文定位在教材类，背景综述可

（下转第 117 页）

[9] 汤凤龙.间隔的秩序与事物的区分 [M].北京：中国建筑工业出版社，2012.

[10] 隈研吾.场所原论——建筑如何与场所契合 [M].李晋琦译，刘智校.武汉：华中科技大学出版社，2014.

[11] 王庭蕙，王明浩.中国园林的拓扑空间 [J].建筑学报，1999（11）.

[12] 吴坡.浅谈拓扑学在建筑设计中的应用 [D].天津：天津大学，2011.

[13] 扬盖尔.交往与空间（第 4 版）[M].何人可译.北京：中国建筑工业出版社，2002.

[14] 朱光亚.拓扑同构与中国园林 [J].文物世界，1999（4）.

图片来源：

图 1 设计中的三种拓扑变形：示意图上：作者自绘；中：吴坡.浅谈拓扑学在建筑设计中的应用 [D].天津：天津大学，2011.下：刘宾.拓扑学在当代建筑形态与空间创作中的应用 [D].天津：天津大学，2011.其余图作者自绘

图 2 对园林的布局拓扑：狮子林，苏州博物馆和网师园平面：百度图片

图 3 对长屋的空间拓扑（平面的拓扑）照片：百度图片；其余作者自绘

图 4 对四合院的空间拓扑（平面的拓扑）示例图左：百度图片；中、右：鲍威.北京四分院的七对建筑矛盾 [J].时代建筑，2015（6）.
其余作者自绘

图 5 对塔的拓扑（剖面的拓扑）照片：隈研吾.场所原论——建筑如何与场所契合 [M].李晋琦译，刘智校.武汉：华中科技大学出版社，2014.其余作者自绘

图 6 对范斯沃斯住宅的拓扑（整体的拓扑）会所照片及效果图：华黎.水边会所——折叠的范斯沃斯 [J].城市环境设计，2011（Z3）.范斯沃斯住宅照片：百度图片；其余作者自绘

图 7 浴室顶部点窗的拓扑：巴埃萨方案照片：Baeza。Alberto Campo de Baeza Works and Projects[M]. Italy：GG press，1999.古浴室照片：百度图片；其余作者自绘

图 8 对凸室的拓扑：照片：作者自摄；其余作者自绘

图 9 对假山的拓扑：绩溪博物馆 http://www.archreport.com.cn/show-6-3363-1.html 其余照片：作者自摄；其余分析：作者自绘

图 10 贝聿铭对老虎窗的拓扑：照片：作者自摄；其余作者自绘

图 11 屋架的拓扑：作者自绘

图 12 光明寺屋架对斗拱的拓扑：照片：百度百科；其余作者自绘

图 13 对瓦的拓扑，照片：原型：作者自摄；王澍做法：曹中，缪剑峰，侯玄.现代建筑的文化传承——安藤忠雄和王澍的作品分析 [J].华中建筑，2014（6）.其余作者自绘

图 14 对彩色玻璃窗的拓扑：照片：百度图片；其余作者自绘

图 15 总结表格：照片来源同上；其余作者自绘

图 16 对风雨桥的空间拓扑（平面的拓扑）照片：百度图片；其余作者自绘

图 17 对拱桥的形式拓扑：照片：百度图片；其余作者自绘

图 18 作者自绘

图 19 作者自制或自摄

作者心得

2016年暑假，我抱着试试看的心态参加了本次竞赛。最初觉得本科阶段距离创作一篇论文遥不可及，只是希望将其作为有益的尝试。后来随着文稿多次"脱胎换骨"——从一篇结构零散、思路模糊的课堂作业，逐步"成长"为一篇结构较规范、思路较明确的小论文，自己也在反复探索中感受到了创作的快乐。作为一次颇有收获的经历，本次参赛对我的影响主要有五个方面：

第一，更加善于积累灵感。大二写生时，苏州博物馆对历史原型的再现方法强烈地震撼了我，所以当看到赛题时就产生了将当时想法记录下来的念头。写作初稿时，只是对基本手法的分析，但在深化过程中，因读到朱光亚教授的《拓扑同构与中国园林》，便开始思考拓扑学的形变理论与历史原型转化过程的联系，选定了"拓扑变形法"贯穿全文，作为主线。构思写作的过程，使我懂得积累是灵感的源泉，因此更重视生活中的观察、思考和求证。

第二，所学知识更加巩固。"学而不思则罔"。在论文的写作过程中，为了清晰地表达观点，自己尝试运用表格、图像和示意图辅助论述。在提炼对比要素的过程中翻看了大量文献，对以往所学进行总结归纳，加速了对知识的"内化"，也加深了对所学的理解。

第三，治学态度更加严谨。以往的课堂作业若以论文作为结课作业，自己必高兴得"欢呼雀跃"：以为写字比画图容易得多。可当此次我尝试更正了翻译、批注和参考文献编纂的错误，精炼了文字表达，经历了从架构、逻辑到内容的完整构思和创作过程后，才深刻地意识到论文的创作是更加严谨求实、追求真知的学术研究：只有斟酌的妥当每句论述，理清所有观点的因果关系，如破案般一步步得出结论，才能真正体验到探寻真知的成就感。

第四，更加善于超越自我。经过大四上半年的学习，现在回顾这篇论文时感觉仍存在一些问题：比如，分析图画得不够美观，部分图表没有把信息充分反映出来；一些观点有些牵强等。这使得我学着用动态发展的眼光看待以往的作品，取长补短，在未来的创作上更进一步。

第五，更加注重沟通合作。参赛不是一个人的战斗：父母的鼓励促使我参与比赛；而曹老师的点拨，更使我收获了宝贵的经验。故借此机会，谢谢和蔼认真的曹老师多次耐心的批改，以及一同奋战的伙伴赛前赛后的帮助和鼓励。

（上接第115页）
以更加简化，案例选择可增加些国内外新建项目比例，图解方法可在多样性、多尺度层面深化，以充分实现"教材类设计方法论文"在帮助读者扩展眼界、扎实学习上的作用。

范文兵
（上海交通大学教授，设计学院
建筑学系系主任）

杨博文

（北京工业大学建筑与城市规划学院　本科三年级）

提取历史要素　延续传统特色

By Extracting the Historical Elements to Continue the Traditional Characteristics

■摘要：通过参加建造节的活动，梳理学习建筑历史的感悟。基于对历史要素在建筑设计中的若干途径的分析，针对目前侗族传统建筑更新所面临的问题，提出在提取侗族建筑历史要素的指导下，利用装配式钢结构建筑来替代侗族传统干栏式木楼的解决方案。

■关键词：历史；要素；创作；侗族；解决方案

Abstract：By participating in the activities of the construction Festival，combing the learning of architectural history. Analysis of several ways of historical elements in architectural design based on the currently facing Dong People Traditional Building update problem，proposed the extraction of the building under the guidance of historical factors，solutions using assembled steel structure to replace the traditional Dong Ganlan style wooden case.

Key words：History；Element；Design；Dong People；Solution

　　在建筑学专业的课程设置中，与历史相关者并不少见，不仅有中国建筑史、外国建筑史，还有园林史、城市建设史等。说实话，对于这些历史类的课程，套用网络上常见的一句话，那就是"一开始我是拒绝的"。但是，随着学习的深入，我对历史的认识，逐渐有了一些改变，同时也对历史和设计的关系进行了一些思考。

一、从一个"露营装置"方案谈起

　　近期，与国内外二十余所高校的师生一起，参加了一次"建造节"活动。本次建造节的主题是"露营装置"，要求利用竹子来搭建。

　　根据建造节的设计要求，我们开始进行设计构思。我们首先从两个关键词"竹子"和"露营"入手。竹子这种材料有其自身的特性，便于加工，可以利用最简单的绑扎手段来进行搭建。"露营"则有简易、临时的性质。于是，我们联想到在农村经常可以看到的"窝棚"或《中国建筑技术史》一书中所载的"看青棚子"（图1），就是这种简易"露营装置"的原型。建筑史资料以及大量的实践表明，最简单的窝棚，基本上都是先用两根树杆或竹竿交叉绑扎成人字形支架，再将两组人字形支架树立起来，然后把一根长杆搁置在支架上，就构成了窝棚的基本骨架；在这个骨架上再覆盖树叶、树皮或其他材料，就可满足基本的"露营"或临时性的居住要求。因此，"人字形支架""绑扎"就成为我们方案的基本出发点。

图1　河南洛阳郊区的"看青棚子"

在搭建方案模型的过程中，我们注意到：人字形的窝棚的主要出入口是在所谓的"山墙"位置，这一位置又是日常活动最为频繁的去处，常见的窝棚并不能对这一位置予以有效的庇护。因此，将屋面部分向外延伸应该是一种最简单的解决方案，这也就是我们常说的"悬山"屋顶的由来。不过，我们也注意到，在我国云南的景颇族民居中，有把屋脊部分向外延伸的方式，也就是通常所说的"长脊短檐"。有学者分析，"长脊短檐"的出现，起初可能是出于节约材料的考虑。我们从推敲模型的过程中也发现，只将窝棚的屋脊向外延伸，确实可以达到既可为入口遮风避雨又能节省材料的目的（图2）。

悬山屋顶　➡　防雨要求　➡　节省材料　➡　防止下垂　➡　增设披檐　➡　歇山屋顶

图2　"长脊短檐"演化过程示意

实用的问题解决之后，我们还希望能尽可能考虑景观的要求。我们注意到，延长的屋脊有一种压抑感。是否能够将屋脊适当抬高呢？带着这个问题，我们又查找了资料。发现在东南亚地区的某些少数民族的建筑中，大多数"长脊短檐"的建筑，屋脊端部都是高高向上翘起的（图3）。这也说明，屋脊上翘的做法，既有功能上的考虑，也有视觉上的要求。受此启发，我们利用竹子可以弯曲的特性，将朝向主要景观方向的屋脊以适当的

图3　东南亚少数民族建筑

弧度向外延伸，另一端则适可而止，构成了一个既有向上腾飞的动势，又不失稳定的建筑形象。

　　在接下来的方案推敲过程中，我们又注意到另外一个问题。这就是人字形窝棚的内部空间较为狭窄，视线也被限制在前后两个方向上。如何加以改进？我们想到了北京故宫的角楼（图4）。角楼利用十字脊的屋顶，巧妙地解决了视线的限制问题。于是，我们在人字形窝棚的基础上，增加了一个十字脊，使得内部空间的观感得以明显改观，同时也增加了整个建筑造型的变化。

　　至此，我们的方案就基本上定型了（图5）。

图4　北京故宫角楼

图5　建造节作品"露营装置"

　　概括来说，这个"露营装置"方案，几乎完全是来自历史的启迪。我们从前人的经验中，提取了若干历史要素，催生了我们的设计方案。这时，我才对一位前辈大师所说的"建筑的历史，其实就是设计思想发展的历史"这句话有了较为深刻的理解[1]。

二、再现流逝岁月

　　从前述"露营装置"的方案构思过程可以看出，即便是搭建一个简易的"露营装置"，我们也需要不断地从历史中去寻求灵感。历史，正是在我们构思的过程之中，以直观或抽象的方式，转换成丰富多彩的资源，渗透进我们的设计方案之中。另外，我们也可以通过对历史要素的提取，再现流逝的岁月。

　　然而，历史与现实之间，毕竟是有差距的。无论古代的建筑多么精美，都不可能把它们原封不动地直接照搬到现代的建筑设计之中。那么，究竟有哪些途径可以提取历史要素并转化成为设计的资源呢？有许多建筑师用他们的作品给出了一些参考答案，可以供我们借鉴。

（一）具象的方式

　　建筑史资料表明，人类早期的建筑活动中有一种共同的倾向，这就是排斥前人留下的建筑物。在中国古代改朝换代的时候，新的政权经常会将前朝的宫殿付之一炬，就是一个最好的例证。直到明清之际，保留改造前朝的宫殿才逐渐成为惯例。欧洲人对上一时代留下的建筑的有意破坏也持续了好几个世纪。"1535年到1539年间一些修道院的解散，无意间促成了建筑保存的萌芽。850间修道士房间的关闭使人们感到失落，因此而产生了恢复过去、至少是记录过去的愿望。"[2]人们开始有意识地将一些废弃建筑的材料加以重新利用。因此，早期对于历史要素的提取，基本上停留在具象的保留或利用的层面上。

　　1. 整体保留

　　将原有建筑整体保留下来并且加以适当的改造，可以在代价最小的前提下延续历史文脉。这种方式直观简便，是一种常见的方法。满人入关之后，基本上完整地保留了明代的皇宫，并在此基础上扩充完善，为外来的游牧民族文化与成熟的中原文化的迅速融合创造了良好的条件。

　　在南京色织厂的改造项目中，就分别使用了三座厂房。其中两座是多层钢筋混凝土结构，另一座采用单层钢筋混凝土锯齿形桁架结构。改造后的建筑保留了几幢厂房的原有立面，较为完整地展现了南京色织厂这一工业建筑遗产的整体形象。[3]

　　2. 片段植入

　　随着时代的发展，人们对建筑的功能等要求也在不断发展，整体保留原有建筑毕竟会受到诸多因素的限制。因此，在难以整体保留原有建筑的场合，人们开始注意将原有建筑的一些片段保留下来，并采用多种手法在新的建筑中赋予其新的生命。这种方式有较大的自由度，可以为建筑师提供广阔的舞台，逐渐成为在历史环境中进行建筑创作的一种主要手法。

　　由中国工程院院士崔愷担纲设计的昆山锦溪祝甸村古砖窑文化项目，利用残存的明清古砖窑遗址，改建成砖窑博物馆（图6）。对于砖窑外部，基本保持原来的形象，不做调整，只是在入口、楼梯等位置做一些安全方面的加固和处理。博物馆利用原来窑体内冬暖夏凉的空气，作为屋内温度调节的系统。建筑材料均采用当地生产的砖瓦，与老民房保持一致，建造方法也与老房子基本相同，简单易行，同时这些材料的应用也兼具了祝甸村传统烧砖文化的展示功能[4]。

图6 昆山锦溪祝甸村古砖窑博物馆

3. 新旧对比

在大多数场合，无论是保留整体还是植入片段，都不可能完全符合新的功能要求或满足设计者的构想，这就需要利用一些新的手段或材料，通过对比的方式，在保持历史延续性的同时创造全新的建筑形象。

这类案例很多，例如贾平凹艺术馆的"建筑保留原印刷厂老建筑清水砖墙、外刷深色涂料的基底，选择玻璃、钢架和混凝土三种原建筑没有的词汇作为新元素介入。老建筑基本维持不变，新构件以对话的方式与老建筑并置"⑤。

4. 地方材料

作为建筑的主要构成元素，材料的地方性特点往往蕴含着丰富的历史信息，诸如气候、物产、工艺等。因此，充分利用地方材料，也是提取历史元素的重要途径之一。

广州土楼公舍（都市实践，2008年）、南京诗人住宅（张雷，2007年）以及北京二分宅（张永和，2002年）等案例，都在运用地方材料方面进行了一些积极的探索与尝试。⑥

（二）抽象的方式

具象的方式尽管简便易行，但毕竟会受到一些具体条件的限制。因此，利用抽象的方式来表现历史要素，具有更强的适应性。但是，抽象必须建立在对历史要素深入理解的基础之上，这就要求设计者具备较为深厚的功力。

1. 意境表现

重视意境的创造，是中国古代私家园林的突出特色，但私家园林无论是规模还是游客人数，都是有一定限制的。如果简单地将其照搬到现代的园林规划当中，就会出现不相适应的问题，也不是简单地将古典园林的尺度放大所能解决的。在这种情况下，就"应该领会其精神实质和揣摩其匠心意境，吸取营养，为我所用，不能拘泥形式，生搬硬套"⑦。冯纪忠先生在方塔园的规划中，秉承"与古为新"的理念所作的表现传统园林意境的探索，经过历史的检验，证明是非常成功的。

2. 符号提炼

"传统符号的提炼和恰当组合是大量性建筑文化表达的基本手法。南京1912街区建筑提炼南京民国建筑的符号元素，用丰富的线脚、砖纹肌理创造出具有传统特征的现代建筑。"⑧

3. 原型模拟

通过对某些具有特定意义的建筑形式的原型分析，可以利用环境、形态以及空间场景等对其进行抽象的原型模拟，让人产生身临其境的联想。

玉树行政中心的建筑设计方案吸取了藏式"宗山"建筑的特点，从地域特征、民族历史文化中寻找建筑的原型，对行政建筑所具有的"权力象征"进行了形象的阐释。⑨

4. 记忆联想

利用新的材料和结构手段对一些老的建筑类型进行重构，能够起到唤起历史记忆的作用。

作者心得

持续探索的旅程

我第一次参加《中国建筑教育》举办的"清润奖"大学生论文竞赛，在这个竞赛中取得了一定的成绩。竞赛之初，我在论文选题的时候进行了很长时间的思考，如何能将一篇论文写得有一定的深度？如何将历史及理论的研究与现代的建造技术相联系？这两个问题一直困扰着我。

在撰写过程中，我参阅了一些文献，并亲自前往贵州少数民族地区，感受当地民居的建筑特点，了解当地居民的一些生活习惯，进一步体会到，建筑是由人的行为聚集而成的载体，建筑不能脱离人和自然环境而存在。

本文选取的研究对象是我国贵州地区的侗族民居，这些民居与自然非常协调，它们和我们现代城市住宅的那种混凝土森林的体验完全不同。但是，由于材料和其他因素的限制，这些民居也有一些先天不足，例如在保温、隔声、防火以及卫生设施等方面，都难以适应现代生活的要求。因此，有的村民在新建住宅时就选择放弃传统样式而采用毫无特点的火柴盒式的建筑形式，从而导致村寨原有的民族特色遭到破坏。

这种现象促使我思考，能否在保留侗族民居的优点的前提下，采用新的技术手段来解决那些先天不足的问题呢？这可能恰好是回答那两个一直困扰我的问题的一个突破口。

于是，我从结构形式、材料、平面布局等多个方面对侗族民居进行调研和思考，结合一些成功案例的分析比较，最终完成了这篇论文。

我个人觉得撰写论文是一个相对枯燥的过程，这个过程需要深入的思考和实地考察。与建筑设计相比，这类工作可能会受到一些约束，难以自由发挥创意，但是它可以让我更深入地思考一些理论问题以及更多地了解风土人情，这些可能是我们在课堂上或工作室里无法想象的。

我认为写论文是一个持续探索的旅程，就像旅行一样，我们可以选择多种方式到达目的地，每一种方式都会给我们提供一些旅程中的意外收获，因此旅程本身不是单调无趣的，而是不断有新的发现和惊喜。同样，在撰写论文和思考的过程中，我们会找到一些新的知识点来充实自己。这或许正是建筑学专业的学生撰写论文的乐趣所在。

在天津鼓楼街区 A 地块（西北区）复原与再生项目中，设计者利用玻璃和工字钢建造的新型"罩棚"，令人联想起迁建的老建筑徐家大院原有的"高搭罩棚三丈六"的典型特征，也构成了主入口广场的视觉焦点。⑩

即便是在现有的场地中已经很难找到一些具象的建筑元素，也可以"尽可能包容场地原有的地形结构和元素，使历史的片段记忆有所依托"⑪。

三、适应现代生活

前面我们讨论了历史作为设计资源的若干途径。能否将它们具体地运用在自己的设计之中呢？我们不妨用一个具体方案来进行探讨。这个方案来源于我们对贵州侗族传统民居的考察与思考。

（一）侗族传统民居概述

1. 结构特征

侗族民居建筑属于传统的干栏式建筑，一般做法是将三或五根柱子用枋串联起来成为一个排架，再用枋将二或三五个排架连接为一个整体框架，就构成了基本的屋架形式（图7）。这种屋架，由于在水平方向上都有穿枋互相联系，因而具有很强的抗震性。同时，这种屋架也具有很好的整体性，即使有一两根柱脚因地形起伏而悬空，也不会歪斜或倒塌，易于适应各种复杂的地形条件，可以极大地减少工程土方量，节约大量人力物力。在当时的生产力条件下，这应该是一种较为先进的居住建筑形式。

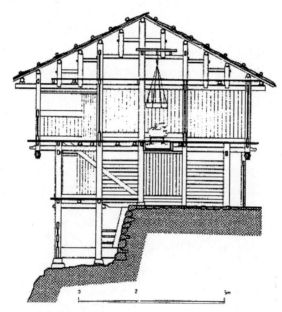

图 7　侗族建筑典型剖面图

早期的干栏式建筑底层一般都是完全架空，最多稍加围挡用于饲养牲畜。随着时代的发展，侗族木楼在这方面也出现了一些变化。大多数木楼的底层尽管仍然主要用来饲养牲畜，同时也放置部分农具和杂物，但却不再完全开敞，而是用木板加以围合，在外观上看起来与普通的汉族楼房建筑相差无几。

2. 平面布局

侗族民居平面布局有一个显著的特点，就是利用宽大的透空走廊来串联多个寝卧空间，这种宽廊所占的面积差不多要占整个建筑面积（底层架空部分除外）的三分之一，它不仅具有交通联系的功能，同时也具有家人聚会、娱乐休息、家务劳动、接待客人等多种功能，可以说是整个家庭除了睡眠之外的主要日常活动的真正舞台（图8）。

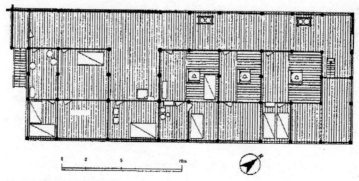

图 8　侗族民居的典型平面

（二）缺点和矛盾

1. 缺点

侗族建筑也有一些先天不足。除了容易失火之外，由于构造上的原因，侗族木楼的隔声效果很差，不夸张地说，同处于一幢木楼上的人，连呼吸声都清晰可闻。这一问题对于居住生活的不利影响是显而易见的。

2. 矛盾

随着侗族群众经济水平的逐步提高，他们已经不再愿意居住在传统的木楼里，而是开始模仿汉族地区常见的砖混建筑样式来建造自己的新居。不少侗族传统村寨的原有风貌已经产生了很大的变化。这种状况引发了不少专家的焦虑，他们希望侗族群众仍然能够居住在木楼里。

不难看出，专家的愿望与群众的想法之间，存在着巨大的差距。我们不应该、也不可能强制要求侗族群众依然在条件较差的木楼中继续生活而无法享受现代化设施带来的便利。专业人士应该做的工作，恰好就应该是在传统与现代之间，找到一种两全其美的解决方式。

（三）途径和案例

1. 途径

正如单德启先生所说："由于材料结构的根本改变，原有干栏式木楼的主要形态，如大坡顶，如穿斗架，如挑廊吊柱，如建筑色彩，如一层'鸡腿'开敞空间等，都随之而消失，人们是会感到面目全非的。但是经过建筑师的努力，旧日形态中的某些特征、某些符号，还是可以延续、保存或变异的。"[12]

2. 案例

事实上，类似的探索已有不少，为我们提供了很好的借鉴样本。例如重庆酉阳龙潭古镇吴家院子更新改造项目，就采用了插入"厨、卫设施标准模块"、进行局部功能置换、铺设管线、恢复院落中部的开敞空间等方法来提高居民生活质量。[13]单德启先生在广西融水县开展的苗寨木楼改建实践也取得了很好的成效。[14]

（四）方案构想

1. 提取历史要素

通过对侗族传统民居的深入分析，我们认为，如果能从传统民居中提取若干最典型的历史要素，作为一种设计资源，也许可以帮助我们解决这一问题。

综观侗族村寨，其传统风貌的构成，主要得益于成片的干栏式木楼（图9）。因此，与干栏式木楼相关联的几个历史要素，例如干栏式、楼、坡屋顶等，就有可能成为延续传统风貌的关键；与此同时，这些历史要素由于材料、经济或操作等方面因素的限制，也存在着一些局限，甚至会有一些负面作用，就需要加以扬弃或改良，才能满足时代的发展和人民的需求。

图9 侗族村寨鸟瞰

简言之，如果我们将这些历史要素作为设计资源提取出来，分析其优缺点，并利用其他材料和手段来展现这些历史要素的主要优点，改进其不足或缺陷，就能够在最大限度地保持传统风貌的情况下，为侗族群众创造相对理想的生活环境。

2. 解决方案构思

就侗族木楼而言，可以提取的历史要素主要有：干栏式结构、木材墙地板、小青瓦屋面、宽廊等，通过分析其优缺点，我们可以找到相应的解决方案（表1）。

侗族木楼的历史要素一览表   表1

要素	优点	缺点	解决方案
干栏式木楼	适应山区复杂地形	火灾风险极大	用装配式钢结构取代
木材墙地板	与周围环境十分协调	防火、隔热及隔声效果较差	用复合材料替代，改用双层地板
小青瓦屋面	与周围环境十分协调	隔热效果较差，浪费黏土材料	用复合材料替代
宽廊	开敞明亮的起居空间		保留
底层架空或局部退让	存放杂物或用作厨房		保留

我们所提出的解决方案是利用装配式钢结构小楼来取代干栏式木楼（图10）。

图10　侗族建筑历史要素及解决方案示意图

这一解决方案的提出，基于以下考虑：

（1）外观与结构。装配式钢结构小楼不仅在外观上完全可以模拟干栏式木楼，而且在结构形式上也与干栏式建筑基本一致。

（2）色彩与防火。利用复合材料板材取代木材，不仅在色泽纹理上可以模拟木材，而且具有较强的防火能力。

（3）景观与节能。利用铺设模拟小青瓦复合材料的坡屋顶，不仅可以保持村寨整体景观的协调统一，而且可以提高建筑的保温隔热效能。

（4）适应现代生活。装配式钢结构小楼还可以在基本保持侗族木楼原有平面格局的前提下，派生出多种平面形式，辅以模块化的卫浴设施，适应现代生活的要求。

（5）延续外观特征。厨房及餐厅布置在底层，底层可根据实际需要，适当退让，延续干栏式建筑的外观特征。

（6）解决隔声问题。针对侗族木楼存在的隔声效果很差的问题，在利用具有较强隔声性能的复合材料地板的同时，采用双层地板的构造做法，彻底解决楼板传声问题。

（五）愿景

我们期望，通过这种途径，能够实现这样的愿景："虽然传统民居的功能在现代建筑的传承中已不能再延续下去，但是其形式是可以被沿袭的。"⑤

当然这一设想目前还停留在方案阶段，是否能够达到预期目的，尚需等待实践验证。我们正在与有关厂家合作，近期有望建造出一幢样板房，待获取实测数据后进行相应修正，争取能够尽早加以推广。

四、结语

历史，就像是深埋在沙堆里的黄金，可能视而不见，可能遍寻无着，那是因为缺少对历史的尊重、缺少对历史的理解。如果我们能够怀着敬畏之心去触碰历史、去解读历史，它可以为我们提供的设计资源，抑或是设计灵感，又何止千千万万！

注释：

① 笔者《中国建筑史》课堂笔记，老师转述徐中先生语录（大意）。
② 引自《参考文献》4。
③ 参见《参考文献》7。
④ 引自崔愷院士讲座笔记。
⑤ 引自《参考文献》6。
⑥ 参见《参考文献》5。
⑦ 引自《参考文献》2。
⑧ 引自《参考文献》9。
⑨ 参见《参考文献》13。
⑩ 引自《参考文献》10。
⑪ 引自《参考文献》3。
⑫ 引自《参考文献》1。
⑬ 参见《参考文献》11。
⑭ 参见《参考文献》8。
⑮ 引自《参考文献》12。

参考文献：

[1] 单德启 . 论中国传统民居村寨集落的改造 [J]. 建筑学报，1992（4）：8–11.

[2] 冯纪忠 . 方塔园规划 [J]. 建筑学报，1981（7）：40–45.

[3] 韩冬青 . 仙林社区服务中心 [J]. 城市·环境·设计，2010（9）：82–85.

[4] 贺 静 . 整体生态观下既存建筑的适应性再利用 [D]. 天津：天津大学建筑学院，2004.

[5] 李振宇等 . 本土材料的当代表述——中国住宅地域性实验的三个案例 [J]. 时代建筑，2014（3）：72–76.

[6] 刘克成 . 赋予老工业建筑以文学的诗性——贾平凹文学艺术馆建筑设计 [J]. 工业建筑，2007（7）：22–35.

[7] 鲁安东 . 南京金陵美术馆设计 [J]. 时代建筑，2014（1）：109–113.

[8] 王晖等 . 广西融水县村落更新实践考察 [J]. 新建筑，2005（4）：12–16.

[9] 王建国等 . 江苏建筑文化特质及其提升策略 [J]. 建筑学报，2012（1）：103–106.

[10] 张颀等 . 钢筋混凝土里的"天津味儿"——鼓楼街区 A 地块（西北区）复原与再生 [J]. 建筑学报，2008（3）：70–75.

[11] 赵万民 . 巴渝古镇有机更新探析——以酉阳龙潭古镇吴家院子为例 [J]. 新建筑，2010（5）：32–35.

[12] 仲德崑 . 建筑终应接地气，春雨润物细无声——试评魏春雨近期建筑设计作品 [J]. 新建筑，2013（6）：70–71.

[13] 庄惟敏等 . 行政建筑的时代特质与地域性表达——玉树州行政中心设计 [J]. 建筑学报，2015（7）：58–59.

图片来源：

图 1 河南洛阳郊区的"看青棚子"，引自：中国科学院自然科学史研究所 . 中国古代建筑技术史 [M]. 北京：科学出版社，1985。

图 2 "长脊短檐"发展过程示意，引自：杨昌鸣 . 东南亚与中国西南少数民族建筑文化初探 [M]. 天津：天津大学出版社，2005。

图 3 东南亚少数民族建筑，引自：杨昌鸣 . 东南亚与中国西南少数民族建筑文化初探 [M]. 天津：天津大学出版社，2005。

图 4 北京故宫角楼，作者自摄。

图 5 建造节作品"露营装置"，UED 杂志社摄影。

图 6 昆山砖窑博物馆，郭海鞍摄影。

图 7 侗族建筑典型剖面，引自：杨昌鸣撰文 . 侗寨建筑 [M]. 北京：中国建筑工业出版社，2015。

图 8 侗族建筑典型平面，引自：杨昌鸣撰文 . 侗寨建筑 [M]. 北京：中国建筑工业出版社，2015。

图 9 侗族村寨鸟瞰，作者自摄。

图 10 侗族建筑历史要素及解决方案示意图，作者自绘。

聂克谋　孙宇珊
（湖南大学建筑学院　本科四年级）

基于"过程性图解"的传统建筑设计策略研究

——以岳麓书院为例

Research on Traditional Architectural Design
Strategy Based on "Process Diagram"
— Take Yuelu Academy as An Example

■摘要：在中国当代建筑设计中，传统建筑设计理念越来越受到重视，然而却少有从设计方法论层面对其进行学习继承。本文选择埃森曼过程性图解的方式，通过功能布局、空间通达、区分强化以及观感调和四个过程，由传统建筑布局原型通过6种平面操作规则对四大书院之一———岳麓书院的平面生成过程进行推演，从而发现传统庭院式平面组织模式在当代设计中的可以借鉴之处，令其重放活力。

■关键字：建筑平面生成；过程性图解；岳麓书院；传统与现代；区分

Abstract：The idea of traditional architecture design has been attached more and more important in nowadays Chinese architecture design. However，little designer learn it from the aspect of methodology . This text choose the method of diagram created by Peter Eisenman and try to analysis how the Yuelu academy which is the most famous academy in China was designed under the simple operating regulations. Hope this texts can give new life to Chinese traditional courtyard's organization pattern.

Key words：Architectural Plan's Generative Process；Diagram；Yuelu Academy；Tradition and Modernity；Distinction

引言

　　传统与现代融合是当代所有非西方文明所面临的共同课题。笔者认为，若要在现代

---

* 中央高校基本科研业务费项目（JZ2015HGXJ0164），"传统建筑建构方式与其风格特征生成的关联性研究"

建筑体系下学习传统，融入传统，正如东南大学建筑学院院长韩冬青提到的"分析作为一种学习设计的方法"①，以西方的方法来审视传统建筑，可以更客观、全面、清晰地解读出区别于东方视角的"只可意会不可言传"的精髓，从而在我们的设计中得到应用。本文正是笔者在对西方建筑理论进行一定研究后回过头来审视本国的传统建筑瑰宝的一次实践。

一、研究方法与对象的选择

在对象的选择上，笔者定位为传统的庭院组合式建筑组群，书院则为这种建筑组群中的典型类型，岳麓书院作为"四大书院"之一，以整体布局和谐统一闻名，自然成为本文的研究对象。

在研究的方法选择上，当下对于传统建筑的研究状况正如彭一刚先生对以往园林研究文章的评述，彭先生认为："以往的文章虽多，但却有一种倾向，即描绘颂扬者居多，而对造园手法做具体分析的则较少，尤其是全面、系统的分析则更为罕见。这些文章其文笔之美确实令人折服，但尽管读起来琅琅上口，可是合上书本后便印象淡然。这样的文章如果用来引导人们欣赏古典园林艺术，确实不失为上乘的佳作，但用来指导创作实践，却不免有隔靴搔痒之感。"②

在对比了多种西方的现代建筑分析方法后，笔者认为过程性图解是最接近设计实践的一种方法。过程性分析图解建筑的方法由彼得·埃森曼在六七十年代开创，在其博士论文《The formal basis of modern architectrue》中就开始以动态图解的方式分析了包括柯布西耶、特拉尼等人的建筑作品，从基本几何原型通过形式操作一步步生成了大师的作品，这也是最早的"过程性图解"。埃森曼认为，以往的图解更多是分析建筑的最终结果和形象，而他的图解关注建筑生成过程中的各种状态，因而是系列的。图解展现了建筑从无到有的各种状态的演化过程，也呈现了控制形式生成的各种因素。相对于前人的分析，埃森曼关注的更多是设计方法论③，而这也是笔者之所以会选择图解这一方法分析岳麓书院的根本原因。

同时，相较于埃森曼的经典形式推演思路，笔者对其也有所修改，即在推演的过程中更偏向于实际而非纯几何纯形式的分析。

无疑，这种图解分析的过程和设计本身一样，是个极具创造性的过程，因为这样的分析本身是基于个人的理解，个性的创造成分占了很大比例。正如雅克·德里达对拷贝副本和原本的关系的讨论："每个拷贝副本在某些情况下都会变成新的原本。而本文的分析便在以类似的方式发挥作用——就像拷贝副本一样，一旦构想出来，就独立成为了新的原本。"④也如彭一刚先生在《中国古典园林分析》中用西方构图理论分析中国古典园林时所说："既然立足于用现代的分析方法来研究传统建筑遗产，那么其侧重点自然应当放在对于事物的感受，而不囿于当初造园者的创作意图。这实质上表现为动机与效果的关系问题，就一般情况而论这两者应当是一致的，但实际上还会有很大的出入。再说经过这么多年的变迁，不仅原作者的意图无从考证，加之后人不断改建，也搞不清哪些是原作，哪些是后续。为此，只好用'就事论事'这句话来做遁词了。就现状而论现状，虽然从历史研究的角度看未免浅薄可笑，但比捕风捉影地猜古人的心思也许要略胜一筹。这种做法虽为历史学家所忌讳，但对于从事设计工作的建筑师来讲也许不会有很大的妨碍。况且西方已有先例，譬如在研究建筑比例问题时，借助于几何图形去分析古代建筑的构图，大概就是属于这种情况，既然西方人这样做了，不妨让我们也来试一试。"⑤

二、图解推演过程

（一）功能布局

书院功能布局如图1所示。

1. 功能需求分析

书院主要的三大核心功能为讲学、藏书、祭祀；典籍的修校、印刷是学问和知识的必备条件；会讲、思悟、问辩的研学方式是古代书院的特色所在；在组织制度上，书院

指导教师点评

向传统建筑借鉴一直是一个热点。而中国传统建筑采用木构，容易腐烂，导致相关研究难以连贯；同时，中国传统建筑注重体验、设计具有整体式的思维方式，导致相关史籍多为现象描述或记录，而缺乏设计理论方面的总结，导致对传统的继承也常常流于表面符号的模仿，缺乏系统性的观察与理解。尝试解读中国古建筑中蕴含的设计原理是该文富有挑战性的出发点。

该文以岳麓书院为研究案例，其为中国传统建筑的典型代表，具有丰富的建筑—院落的空间层次，除了营造一种庄严、神妙、幽远的纵深感和视觉效果外，也体现了儒家文化中尊卑有序、等级有别的社会伦理关系。同时该文并非采用常规的古典建筑造景分析，或者静态的空间组织关系分析，而是尝试运用"过程性图解"方法重现其空间及形态的生成过程，是研究中国古建筑的新方法和新角度。在写作特点上，该论文架构分明、逻辑顺畅、内容翔实；运用平面以及轴测两种图解方法增强了论文的清晰性，同时作者的研究与写作态度也十分严谨，注释引用、图片来源和参考文献纂写扎实规范。

总体而言，这篇论文立意新颖、论述清晰，虽然这类形式分析方法有过度解读的风险，但作为一名本科生，能去学习这类分析方法，并将其与中国经典历史建筑研究结合，不失为是对本次竞赛题目"历史作为一种设计资源"很好的尝试。

柳 肃
（湖南大学建筑学院教授，
博士生导师）

欧阳虹彬
（湖南大学建筑学院建筑系副教授）

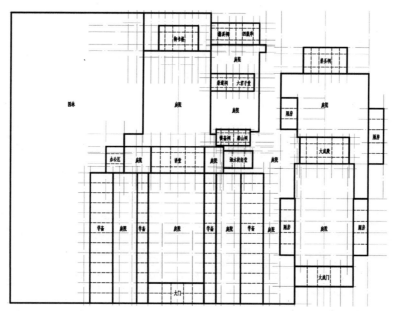

图1 功能初步布局

以山长为首，其实质是山长主导下的知识群体的互动行为。

根据以上的功能需求，产生了岳麓书院的八大基本功能（表1）。

书院的八大基本功能表　　　　　　　　　　　　　　　　　　　　　表1

功能区	功能名称	功能	使用人群	等级	体量需求
讲学区	讲堂	授课	全体	高，核心功能	大
	办公（百泉轩）	讲学后供山长休息	教师	服务讲堂	小
	湘水校经堂	典籍的修校	工作人员	服务讲堂	小
	学斋	学生日常起居与读书自学	学生	低	面积最大
藏书区	御书楼	藏书	全体	最高	大
祭祀区	文庙	祭祀先师孔子，一整套建筑	全体	高	自成一体
	专祠	祭祀学派先贤（6组）	全体	高	大，6组祭祀空间
休息区	园林	问辩、怡情	全体	低	专区

2. 建筑格局图解

中国传统建筑群中的单体建筑由于设计的标准化，其平面基本可被抽象成为由奇数个开间组合而成的矩形。而传统建筑的群体组合大多遵循院空间的矩阵式组合的规律。刘敦桢先生把院空间组织方式归纳为三种："当一个庭院建筑不能满足需要时，往往采取纵向扩展、横向扩展或纵横双向都扩展的方式，构成各种组群建筑。"⑦ 根据中国传统建筑的核心特点，笔者将其总结为房间—庭院—房间的基本模式图解（图2），而各房间相对位置的确定则是根据各功能的等级，按照"将重要的建筑安置在中心轴线上，次要房屋安置在两侧的次轴线上，在纵轴线上，主从有别，一进尊于一进，轴线两侧以左为尊"的原则。

根据传统建筑的基本布局原则以及功能分析中各房间的等级高低，得到了书院的基本建筑格局图解（图3）。

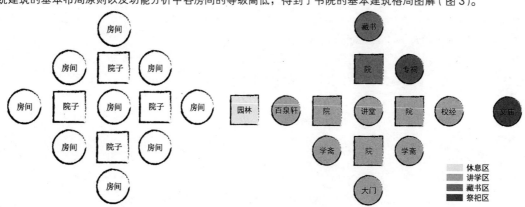

图2 房间—庭院—房间的基本模式图解　　　　图3 基本建筑格局图解

3. 体块推敲

当功能的相对位置关系以及等级被确定后，根据各功能房间的体量需求，依照传统建筑单体中的平面模数系统"开间"对各房间体量进行大致确定，同时根据相邻庭院的功能特点得到其庭院尺度特点。最后得到图1所示功能初步布局（表2）。

各功能体块的特点、体量表　　　　　　　　　　　　表2

功能名称	功能特点	开间数	庭院特点	平面操作
讲堂	序列核心位置；讲学时汇集大量人流	七开间	庭院尺度大，满足人群集散；庭院开放性强	
办公（百泉轩）	功能服务于讲堂；功能单一	三开间	小庭院尺度，满足对讲堂交通联系；私密	旋转：面向景观（园林）方向
湘水校经堂	功能服务于讲堂；功能单一	三开间	小庭院尺度，满足对讲堂交通联系；私密	
学斋	功能性最强，串联式布局；面积要求大以至于一长条不满足需求		庭院私密性强，不需要开阔，提供幽静的氛围	
御书楼	轴线最末端，序列高潮；可以多层	五开间	庭院尺度气派；提供观赏距离	
专祠	有6组先贤需要被祭祀，集中祭祀将产生巨大体量影响整个书院的等级秩序	三组，每组两个三开间并置	提供观赏距离	打散：将体量分散。打散成6块过于零碎，因此打散成3组

（二）空间通达（图4）

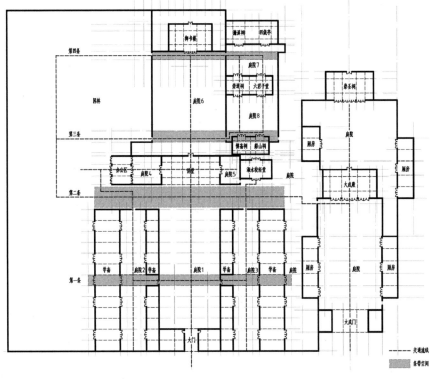

图4　基本交通需求的连接

在功能完成基本布局后，接下来开始建立各功能房间之间的可达性。最后目标为各功能可以被便捷的抵达。

1. 交通需求图解

在各功能房间相对位置确定之后，依照现代建筑的设计方法——泡泡图的方式图解个功能房间之间的通达性需求，以供进一步推演（图5）。

作者心得

如何在现代建筑知识体系下向传统建筑学习一直是我在思考的问题。在我的学校里有着中国四大书院之一的岳麓书院，它以丰富的空间层次而闻名，我一直感兴趣于将它的设计方法提取出来供自己在设计中学习应用。

在课余期间我对于西方科学理性的观察建筑的方法进行了一定研究，我研究了彼得·艾森曼的图解分析法，也对于路易斯·康如何在现代建筑中继承西方古典建筑进行了学习。这次论文竞赛也给我了一个很好的机会运用这些观察法审视自己的传统，通过大师的视角再一次审视传统建筑使我不再盲目欣赏美，而是学会用建筑学的视角分析美之所以美。

时隔一年多再重新回顾我写的论文，我发现仍然存在着一些问题。比如，在分析建筑群的布置时仍然缺乏一个更为整体的视角，而更多是局部的形式操作策略分析；一些对于具体操作的论述不够简洁，不能让读者捕捉到我的用意；对于传统建筑的设计手法提取之后，如何满足当代的建筑组织模式的需求叙述不够。

本论文写在本科三年级结束后的暑假，在撰写论文的过程中，我经历了大量的资料查找，以及一遍一遍的文章修改过程。感谢老师多次耐心的批改，让我对于自己的选题有了进一步的思考与理解，也让我了解了严谨的学术研究的不易。同时也感谢家人的鼓励以及一同奋战的伙伴的帮助。

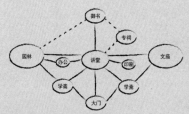

图5　基本交通需求泡泡图

2. 基本交通需求的连接

（1）按照传统庭院的通常处理方式，厢房一般将对主要的庭院开启落地门的形式以保证交通问题，而在岳麓书院中，若学斋以全部开落地门的形式面对庭院1，那么，首先学斋的私密性会受到极大的影响，其次全部开落地门的形式会使得庭院1的人群视线被两侧干扰，因而学斋总体以实墙面对庭院1，只取一间作为交通使用，使学斋在中部可以有一个入口以解决庭院进入学斋的动线过长的问题。在此处的门被开辟之后，第一条横向条带形交通空间形成（图6）。

（2）推移：为了解决庭院1进入左右两侧空间的动线问题，将庭院1之后的空间全部向后推移。为学斋区与讲堂、办公以及校经空间之间拉开了一条条带间隔空间解决横向的交通，形成了第二条条带形交通空间。同时，这条间隔的条带形空间在视觉上也避免了讲堂与学斋直接硬接带来的空间有限的感觉，在间隔产生之后，前排两侧的房子将左右的边界遮挡，形成了讲堂通向两侧空间无尽的感觉（图6）。

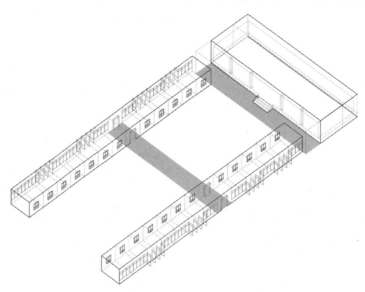

图6　讲堂与学斋局部轴侧

（3）讲堂后部庭院6解决通往园林以及专祠的流线，形成了两条条带形的空间分别靠近讲堂与御书楼侧，保证了庭院6不被条带形的流线所分割。形成了书院的第三、第四条条带形空间。

（4）其余部分均按照合院建筑常规的联通方式进行开门洞的处理解决泡泡图中所确定的各空间可达的基本问题。

（三）区分强化（图7）

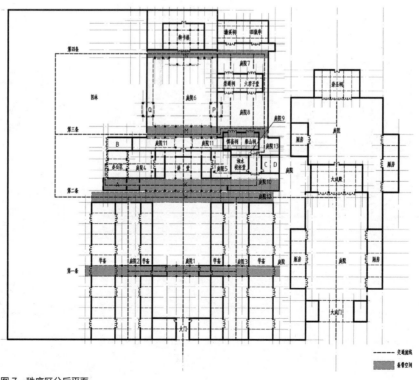

图7　秩序区分后平面

在所有的基本功能需求以及连接关系完成之后，从功能需求的维度而言已经完成了整个平面的生成流程并符合等级的规定。然而在功能需求之外，对于书院的平面还有更高一层级的需求，首先即为对强化书院平面中的各种元素的"区分"，让不同的元素处在自己"唯一且确定"[⑧]的位置上。

1. 不同等级的流线区分（图10）

讲堂前部存在着不同等级的横向流线，一个为通向校经堂与办公的，等级较高较为私密的流线，另一个则为通向学斋、园林与文庙的私密性较低的流线。因此，此处应该区分两条不同交通功能的条带空间K、H。

增加服务房间/增加墙体：在条带K产生后，条带K所连接的校经堂与办公房间自然产生相应的平面操作对条带形空间进行回应。讲堂右侧办公空间在条带K处增加了一个交通性的服务空间A以给出从正面进入办公的空间，由于奇数开间的原则，相应右侧增加服务空间B。讲堂左侧的校经堂前增加了一道墙体以回应条带G，从而分出两个小院落10(图9)和12(图8)以区分两股人流。

图8　院落12透视

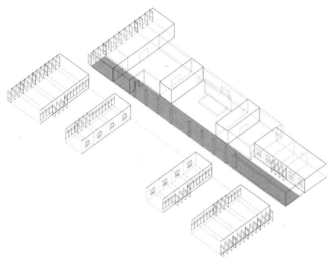

图10　讲堂前不同流线区分

图9　院落10透视

2. 条带空间与院落，条带空间与房间的区分

根据路易斯·康的服务与被服务空间理论[⑨]，条带形的交通空间属于服务空间，在平面的等级上为次一级的空间，从而需要与其旁边的被服务空间进行区分。若不将条带形交通空间区分，以讲堂前庭院为例，人无法识别交通空间（动区）与庭院空间（静区）的区别，从而将整个庭院都被当作交通空间使用，导致秩序的混乱（图11）。因此，应将5条

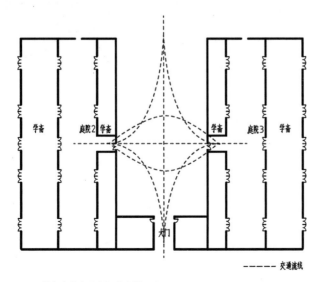

图11　横向走道未限定导致流线混乱

条带形交通功能服务空间 G、H、K、M、N 与相邻空间进行区分。

（1）空间限定（一）：对于条带 G，加入了二门这一实体元素对该条条带进行限定，并且该条带在学斋内部的联通部分相应地以柱廊的方式进行了空间限定。同时，两种空间限定都将原本长条形的庭院空间进行了弱分割，增加了空间的层次（图 12）。

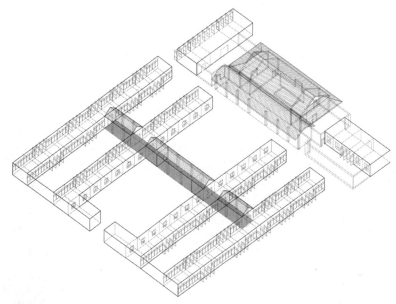

图 12　条带 G 空间限定

（2）空间限定（二）：条带空间 H、K 为两条条带邻接的情况，并且条带 K 又与讲堂空间直接邻接，讲堂由于其教学的功能，需要面向庭院开敞，因而此处平面产生了三种需要被区分的空间。通过在条带 K 上加入柱廊的方式，条带 K 与条带 H 得到了区分（图 13）。

（3）加入服务空间：在讲堂前两条条带被区分之后，接下来需要区分讲堂空间与讲堂前被柱廊限定的条带空间。虽然两个空间被不同的屋顶所覆盖（讲堂—歇山，前廊—卷棚），然而从人的视角看很难分辨出这一区分。通过在讲堂内部加入两个服务空间体，讲堂与前廊部分被挤压成了一个"凸"形，根据认知的简化原理：人的眼睛倾向于把任何一个刺激式样看成已知条件所允许达到的最简单的形状，人可以很容易地将该"凸"形识别为讲堂部分和柱廊部分两个矩形，从而将两个空间区分（图 13、图 14）。

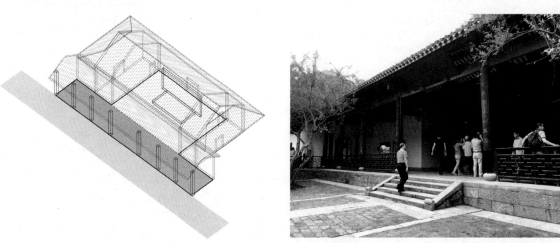

图 13　讲堂、条带 H、K 区分

图 14　讲堂实景

（4）空间限定（三）：对于条带 M、N，同样采取了柱廊的方式对横向交通空间与庭院空间进行了区分。同时也将原本的讲堂后庭院划分成了 11 与 6 两大一小的庭院格局。同上文中的空间限定类似，中间条带的限定同时也分割了庭院空间，为讲堂到御书楼提供了一个视觉缓冲空间，在进入最后一进高潮庭院前有了欲放先收的过程。

3. 不同等级房间、院落的区分

（1）推移房间：条带 K 所确定的服务空间 A 在等级上低于办公区被服务空间，经过 A 正面进入办公区，若 A 采取与办公房间同样的开门方式，那么服务空间与被服务空间在围护方式上不能拉开差别。因而将房间 A 推移，得到一个从侧面进入办公区的门洞，并在围护上采用实体形式与办公区的落地门形式形成虚与实的区分（图 15）。

（2）增加服务空间：专祠区在轴线左侧形成了次一级的轴线，区分于传统庭院厢房的进入策略，专祠区在此应被提供一个从正面进

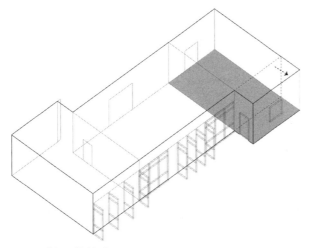

图 15　房间 A 推移操作

入的入口才能显示专祠区的等级。对于专祠区而言提供正面进入的交通有几种策略可供选择，下面将一一分析其优劣：

策略 1（图 16）：直接从讲堂后开辟院落 9 进入，不经过校经堂进入专祠区。优点：与校经堂流线不干扰，可从正面进入并穿过。缺点：院落 9 作为入口庭院需要一个较大的纵深不能过于狭窄，会造成整个 7、8、9 院落系统都成为面宽宽而进深窄的庭院，尺度不合宜。

策略 2（图 17）：从校经堂通过狭窄的院落 9 后直接正面进入专祠。优点：可以保证从正面进入。可以保证 7、8 庭院尺度合宜。缺点：9 庭院过于狭窄，从校经堂到专祠几乎没有院落空间的精神缓冲功能就直接进入，给人不好的体验。流线存在交糅。

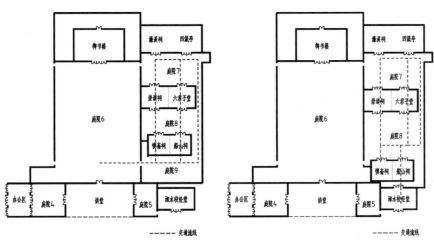

图 16　专祠区处理策略 1　　　　　　　　图 17　专祠区处理策略 2

图 18　庭院 9 透视

图 19　庭院 13 透视

现采用策略：从校经堂中间开间进入，对称于讲堂右侧办公区增加的两个服务开间，校经堂也对应地采取增加开间的方式，向原三开间的左侧加入两个服务空间。由此，校经堂的五开间的功能分配为，左侧两开间服务空间，明间成为可以通向后部专祠区的交通空间（此处也符合了从中间进入的常规做法）。右侧两开间为校经堂实际的功能使用空间。穿过校经堂之后，没有选择直接从狭窄的 9 庭院（图 18）开口进入专祠。校经堂左侧加入两个服务空间与专祠左侧的山墙面形成 L 形围合，于是顺势在此处用 L 形墙体配合围合出一个小庭院 13（图 19），完成了人的精神上的缓冲与过度后，进入到专祠区。此策略保证了人可从专祠的纵深方向进入，符合传统建筑的体验习惯，也保证了 7、8 院取得合宜的尺度。并且由于流线将校经堂功能房间一分为三，通过墙体划分，相对保证了单个功能房间功能的完整性，虽仍存在一定的流线混乱（进入专祠区会经过校经堂的前院），但也是相对合宜的策略选择（图 20）。从功能泡泡图中也可以看到，原本此专祠与校经堂并

图 20　专祠区操作结果

133

无连接,的确是最后的权衡之策(经考证,专祠区为书院后建,因此会出现当前的权宜之策,试想若是一次性设计完整,一定会通过更合理的平面调控将这一问题解决)。

(3)增加房间(亭子):为了给最后一进御书楼的院落与其他院落进行区分,体现其作为流线终端的高潮地位。加入了亭子Q、P,与御书楼共同形成"C"形态势,如同将整个流线末端套住,完成了流线最后段的高潮收束(图21)。

图21 御书楼"C"形终结

(四)观感调和(图22)

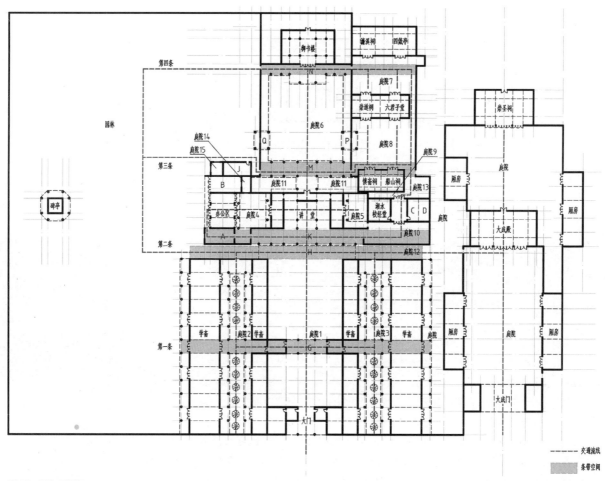

图22 调和后平面

1.增加服务空间

在上述服务开间 A 与功能开间形成构造上的对比之后,由于办公间右侧尽间为休息功能的服务空间,功能上对景观开落地门的需求大于区分的需要，这样在视觉上就形成了左重右轻的格局。为了避免该种情况出现。在办公间右侧再加入一个从视觉上被识别为实体开洞的服务空间 J，功能为盥洗室，由此均衡了办公房间整体的视觉感受。

2. 增加墙体

新的服务空间 J 的加入容易让人不能识别出原有的五开间建筑，需要再一次的区分，开间 B 右侧由此加入一道墙体，完成了对五开间建筑与服务空间的一个界定，同时加入的墙体也配合推移出的房间 A 共同完成对办公区域观景的一个视线引导与界定，远处的碑亭恰好与办公区形成对位（图 23、图 24）。

图 23　百泉轩实景

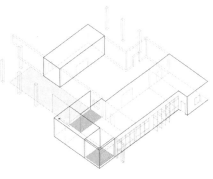

图 24　百泉轩操作示意

3. 推移房间

庭院 11 左右两侧出现不均衡的情况，近办公一侧明显偏长。然而 B 房间不可能大量推移以调和院 11 过长问题（不符合传统建筑结构常理），因此选择将更自由的服务空间 J 向右推移，与 B 围合成一个 "L" 形空间，借势形成一个天井 14 完成对庭院 11 的挤压。使庭院 11 实现了两侧的均衡。相应地，由于 K 的平移也产生了另一个天井 15。通过相邻房间的推移操作，形成了两个次等级的天井小空间（图 23、图 24）。

4. 房间切削

入口大门原本就由两个服务空间（门卫）限定，现将入口服务空间切削一角，大门处形成一个局部的 C 形围合空间，使入口处产生空间局部放大的效果，给人的视觉上造成一种大门可以"纳"人的形象（图 25、图 26）。

图 25　书院大门实景

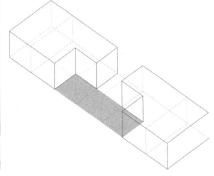

图 26　大门操作示意

图 27　学斋内庭实景

5. 增加植株

在学斋内部种植植株，利用植株的竖向线条，与纵深方向的线条形成对比，打破了原本庭院中纵深方向过于强烈的线条，实现了学斋内院在视觉上的一种均衡。（图 27）

三、总结感悟

（一）简单操作手法，空间效果无穷

引用张家骥的一句话："在一个共同的固定的格式中，表现出不同的个性，正是中国传统艺术的特征。"⑩ 从本文的图解推演过程可以看出，仅仅通过平面正交体系下的 6 种

手法 ⑪，便可以创造出书院如此丰富的平面效果。而我们今天倡导不要建"奇奇怪怪"的建筑，从传统庭院建筑的设计推演过程恰好可以提取一种规则简单却空间效果十分丰富的设计策略。

（二）儒家"礼"的哲学思想与康的"寻找区分"不谋而合

从宏观到微观无不体现着"礼"对设计的影响。宏观上，整体的建筑布局讲究反应等级秩序。而到了中观的建筑层面，也可以发现在设计过程中从流线、走道、庭院、房间无不在寻找着区分，并且通过建筑手段将其表现，明确了建筑的等级秩序，这也与笔者在对路易斯·康的研究中所了解的康的"寻找区分"思想有着些许相似。主动寻找区分不仅是让建筑的平面秩序更为清晰，同时也丰富了建筑的形式，如在书院中就因为主动强化区分，增添了空间的层次，丰富了界面，等等。若在建筑推演分析的过程之中不考虑这一点，我们将很难理解许多平面操作的动机。

（三）中国书院平面中不曾被发现的"条带空间"

"条带空间"本是笔者在西方建筑学理论学习中所了解到的概念：在西方长久以来布置平面的过程中，通常将服务性质空间置于条带形空间之中以保证秩序的清晰以及空间使用的高效。在对岳麓书院的分析过程中，笔者惊奇发现这样的条带形空间在平面中同样体现得十分清晰。条带形空间在书院平面中的出现令整个空间变得十分丰富，并且将服务空间集中于这样一条条形空间中，使空间的使用效率得到了提高。

注释：

① 韩冬青. 分析作为一种学习设计的方法 [J]. 建筑师.

② 彭一刚. 中国古典园林分析 [M]. 北京：中国建筑工业出版社.

③ 彼得·埃森曼. 建筑经典：1950—2000[M]. 北京：商务印书馆.

④ 雅克·德里达（Jacques Derrida，1930—2004），20世纪下半期最重要的法国思想家之一，西方解构主义哲学的代表人物。德里达的理论动摇了整个传统人文科学的基础，也是整个后现代思潮最重要的理论源泉之一。本段话摘自彼得艾森曼的《学科内核与形式研究》。

⑤ 彭一刚. 中国古典园林分析 [M]. 北京：中国建筑工业出版社.

⑥ 王镇华. 书院教育与建筑：台湾书院实例之研究 [M]. 台北：故乡出版社.

⑦ 刘敦桢. 中国古代建筑史 [M]. 北京：中国建筑工业出版社.

⑧ 译自路易斯·康《Essential texts》："in its only position"。

⑨ 服务与被服务空间理论：路易斯·康认为在空间中存在着秩序。在他看来，盥洗室、楼梯间和管道井等本来就属于次要的地位，服务空间在使用功能上服务于被服务空间（即建筑的主要使用空间）。这就是康的"服务和被服务"空间二元关系理论。

⑩ 张家骥. 中国建筑论 [M]. 太原：山西人民出版社.

⑪ 6种手法分别为：增减 [房间（开间）、墙体、植株]；推移；限定（顶棚、地坪、围护）；旋转（90度）；打散；切削。

参考文献：

[1] 伯纳德·卢本等. 设计与分析 [M]. 林尹星译. 天津：天津大学出版社，2003.

[2] 彼得·埃森曼. 建筑经典：1950—2000[M]. 范路，陈洁，王靖译. 北京：商务印书馆，2015.

[3] 彼得·艾森曼. 图解日志 [M]. 陈欣欣，何捷译. 北京：中国建筑工业出版社，2005.

[4] 弗郎西斯·D K. 钦著. 建筑：形式、空间和秩序 [M]. 邹德侬、方千里译. 北京：中国建筑工业出版社，1987.

[5] Geoffrey H.Baker.Design strategies in Architecture.New York，1996.

[6] 高嵩，韩冬青，欧阳之曦，王正. 白鹿洞与岳麓——两个南方古典书院的形态解析与比较 [J]. 建筑与文化，2011（11）.

[7] 韩冬青. 分析作为一种学习设计的方法 [J]. 建筑师，2007，（1）：5–7.

[8] 韩晓峰. 分析作为一种学习方法——现代建筑设计分析初探 [D]. 南京：东南大学 2004.

[9] 柳肃，李哲. 岳麓书院古建筑修复设计的文化思考 [J]. 华中建筑，2009（11）.

[10] 李允鉌. 华夏意匠 [M]. 天津：天津大学出版社，2005.

[11] 冒亚龙. 湖南南岳书院建筑空间形态与文化表达研究——以岳麓书院为例 [D]. 昆明：昆明理工大学，2003.

[12] Peter Eisenman. The Formal Basis of Modern Architecture[M]. Baden：L Mu11er，2006.

[13] 彭一刚. 中国古典园林分析 [M]. 北京：中国建筑工业出版社，1986.

[14] 汤凤龙. "间隔"的秩序与"事物的区分"——路易斯·I. 康 [M]. 北京：中国建筑工业出版社，2012.

[15] 张家骥. 中国建筑论 [M]. 太原：山西人民出版社，2003.

[16] 郑硕. 中国书院的当代建筑设计策略——以江西上饶三清书院设计为例 [D]. 南京：东南大学，2004.

图片来源：

图1~图7、图10~图13、图15~图17、图20、图22、图24、图26　作者自绘。

图8、图9、图14、图18、图19、图21、图23、图25、图27　作者自摄。

赵楠楠

（华南理工大学建筑学院　本科五年级）

古河浩汗，今街熙攘

——《清明上河图》城市意象的网络图景分析

The research on the internet image of Riverside Scene on Tomb-Sweeping Day

■摘要：互联网媒介作为获取信息新的渠道，在影响感知建构的同时也反映出大众的意象认知。本文以网络搜索引擎中有关《清明上河图》的图片为数据来源，采用场景图片叠合分析及要素提取的方法，研究网络媒介中大众对于古代城市意象的认知特征分布。分析结果显示，大众对历史图景中空间意象的认知高度集中在标志物和节点空间。空间意象的集聚，也反映在现实发展的古城街区规划设计中，主要表现为重地标意象与轻街巷环境的"符号化"趋势。

■关键词：清明上河图；城市意象；互联网媒介；大众认知；历史风貌

Abstract：Internet media is both a new source to acquire information and a object that can reflect how public perception is established and influenced. This paper uses data about "Riverside Scene on Tomb-Sweeping Day" from internet searching engine and then adopts overlapping and extraction as the main analysis method. The purpose is to understand how public see ancient urban morphologies. The result shows that the focuses are highly concentrated on certain land marks and node areas. It also reflects the phenomena that the public perception and professional focuses are highly signalized in the development of historical areas.

Key words：Riverside Scene on Tomb-Sweeping Day; City Image; Internet Media; Public Consiousness; Historical Features

引言

　　20 世纪 60 年代，凯文·林奇使用心灵地图来研究人对于城市空间的感知，其城市意象理论成为感知研究的重要理论基础。林奇通过对三个城市样本的研究，归纳出五种城市意象构成要素——节点、路径、地区、边界、地标[①]，这五要素理论成为城市设计领域重要的方法论。然而，由于该理论仅仅是基于小样本研究得出的理论，且林奇将人对城市环境的理解仅仅看作是对物质形态的知觉认识，所以五要素理论的局限性也显而易见②。尽管如此，林奇提出的城市意象和城市可识别性的研究对后来的感知研究产生了深刻的影响。在《城市意象》一书中，林奇认为人们对于物质环境的认知印象很大程度上取决于其具有的可识别性，这种可识别性体现在，对其视觉形象有所认知的人都可以说出与其特性相联系的许多印象和想象，斯特恩（Stern）曾提到这一性质在艺术文化作品中同样存在③。

信息技术的快速发展带来了大众媒介的崛起，以互联网为代表的新媒体深刻影响着人们沟通交流、了解事物和认知社会的方式，同时也承载和反映了人们感知外界的内容与记忆。在 20 世纪中叶西方资本主义社会物质繁荣的背景下，法国学者鲍德里亚（Jean Baudrillard）曾通过对消费社会文化的研究，展示了大众传媒影响下符号文化的主要特征。他认为，个体的需求是以集体语境为索引的，一切社会化的交换，都能够以符号的形式进行④。正因为这种具有差异的符号化交换行为，使得团体意识产生。如今网络媒介便捷、快速、互动的传播方式，不仅使得大众获取信息的渠道更加丰富，并且提供了许多社交网站、博客、论坛等传播平台供人们主动分享信息，在拟象世界中同样形成个体的认知方式⑤。

我国北宋时期的艺术著作《清明上河图》是中国古典现实主义绘画的代表作，该幅长卷对北宋皇城汴京进行了细致入微的描绘，生动地刻画了舟船往复、店铺林立的繁华景象和丰富的社会生活习俗风情，是了解北宋时期城市风貌和民俗文化的重要依据，也是现代大量仿古街区建筑设计的重要灵感来源。

出于《清明上河图》卓越的历史意义和研究价值，诸多学者通过画作内容的分析对北宋城市进行了研究：通过《清明上河图》的延展研究，归纳出了北宋东京街市有两种组构方式⑥，并论证了北宋东京街市的开放性⑦；通过对船只、商铺的统计来探究北宋东京的城市地理情况⑧；通过对《清明上河图》画中人物行为进行详细观察，探究了北宋时期人们的城市文化与生活⑨；通过画中不同空间形态下人群的分布统计，勾画出城市的公共意象图⑩；也有学者通过对画中各种类型街面进行详细分析从而得出北宋东京街市空间界面的特点⑪。由此可见，目前对于《清明上河图》的研究数量众多，但大多内容是停留在图面表层的观察与分析，这种"读图"式的研究从各个方面反映了不同学者对于城市空间场景都有着不同的理解，而这种大量的研究趋势也表明《清明上河图》具有其特殊的历史价值。

但从严格意义上来说，既有的《清明上河图》场景分析均是研究者对名画的一种个体解读，相应的画卷场景观察都不可避免地带有学者自身的价值取向，而忽视了大众层面的场景认知。根据林奇的理论，虽然对于特定的场景不同的个体会形成各自不同的印象，但城市意象是对于特定场景的一种集体记忆或者认知特征，而非单一个体的场景取舍。因此，前述研究都无法反映当代社会的公众认知特征，也就不能称之为集体性的意象研究。鉴于《清明上河图》的长卷图幅，在书籍、网络、图册等平面媒介中，极少有完整的画幅出现，若假定各种片段式的局部图幅反映了社会群体对《清明上河图》的场景认知，那么，对这些局部图幅的汇总、拼缀统计分析，无疑能刻画民众的群体性认知特征，进而有望归纳出当代社会的《清明上河图》集体意象。

在当前各类平面媒介中，互联网媒介是当前媒介中最重要的载体之一，以至互联网越来越成为社会的映射，其中蕴含的丰富数据量为新时期的实证研究带来了新机遇⑫。对于绝大多数类型的实体对象，从个体在互联网中的关注程度可以看得出个体的认知特征，若通过互联网媒介进行集合统计，我们就可以在很大程度上归纳出社会公众的审美倾向。在相关的实证研究中，赵渺希、徐高峰等人（2015）利用谷歌搜索引擎的图片搜索工具，实现了对广东 21 个城市的意象特征比较分析⑬。这些研究的开展，为网络社会下的城市意象分析提供了方法论。

因此，本研究将从历史图景的符号化意象出发，收集网络媒介中《清明上河图》的片段式场景，通过对互联网场景图片的拼缀与统计，以展示当代社会大众对于古代城市的特定认知场景，以此研究网络社会下《清明上河图》的空间意象认知特征，这也是本文研究的主要出发点和创新点。

一、数据来源及分析方法

（一）数据来源

百度搜索引擎作为目前国内最大的中文搜索引擎工具，其延伸出的百度图片也是国内图片库数据最大、提取实时性最强、收录范围最广的搜索引擎。当用户在空间、博客、社区、各大网页等网站上发布了图片后，会被百度搜索引擎依据不同的关键词来定位到原网页，并将图片对应关键词进行收录，被收录的图片在百度图片库里就可以浏览。而百度图片一般的收录来源则是百度蜘蛛爬行较为频繁的网站，例如百科、博客、空间以及发布型网站。

这就为我们得到图片数据提供了便捷的来源，通过对百度图片库中储存的图片数据进行收集和分析，可以较为客观地得知现代公众对于特定物件的群体印象与认知特征。

（二）数据收集过程

在"百度图片"中以"清明上河图"为关键词搜索图片，并在三天内将相关图片逐一保存。选取的相关图片总共 700 张，涵盖北宋、清代、明代三个版本的清明上河图，图片主要来源于各类论坛、个人博客、社交平台网站、学术交流网站。这些来源的图片已经相对完整地代表了互联网中大众审美的取向，其余与《清明上河图》相关的周边图片，如十字绣照片、陶瓷工艺制品照片等，由于其图片内容已经与原图有较大的差异，研究时予以舍弃（图 1）。

《清明上河图》现存有三个版本的图本，一是北京故宫博物院所藏"石渠宝笈三编本"，被公认为张择端原作。二是"台北故宫博物院"所藏"清院本"，这一版本内容丰富、色彩鲜艳，以至于常以"清明上河图"之名被引用。三是辽宁省博物馆藏明代仇英所绘"石渠

图 1　百度搜索相关图片前 32 张示例

宝笈重编本"。

　　自《清明上河图》流入社会以来，各种临本、仿本众多。清雍正皇帝首先见到的应是仇英的仿作，并把它收入"石渠宝笈重编"，但这幅作品江南的痕迹过重，与地处中原的都城开封有较大差异，于是组织了陈枚等五名宫廷画师，参考了其他的临本、仿本，创作出"清院本"。

　　在百度图片搜索出的 700 张图片中，北宋版《清明上河图》有 265 张，清院本《清明上河图》有 380 张，明代版《清明上河图》有 55 张。考虑到特征规律的研究目的，我们主要对网络关注度较高、样本数据较多、图面内容较典型的清院本《清明上河图》进行研究和分析（表 1）。

现存三个版本在样本图片库中所占比例　　　　　　表 1

版本 项目	北宋版	清代版	明代版
相关图片数量	265	380	55
占样本总量比例	37.8%	54.2%	7.8%

　　资料来源：笔者整理

（三）研究方法

　　按照勒菲弗尔（Lefebvre，1991）的理论，每种社会都有属于自己的空间，而意象又是特定群体对客体的一种社会性建构，因此城市意象不能局限于林奇的物质形态知觉认识[⑭]。以此梳理近年来城市意象的实证研究可以发现，媒介所传递的空间意象已经成为屡见不鲜的分析案例，例如文学作品、电视剧、网络媒介所包含的空间意象均成为研究素材[⑮][⑯]。由于城市意象是社会群体对某一时间点的城市空间的集体记忆，而这种集体意象的形成既有可能源自对物理环境的直接体验而形成，也能通过媒介的传递予以建构，例如大多数没有去过拉萨的人会将布达拉宫当作该城市的地标意象。因此，通过互联网媒介考察社会性的城市意象不仅在理论上是成立的，更可以通过来源广泛的丰富素材来尽可能地体现城市意象的群体性，即使这种群体性的素材可能在样本的社会性方面有一定偏离，但也是特定群体的一种集体意象，并最大限度地降低研究者个体的偏好因素。

　　基于上述文献梳理，本文拟采用互联网图片拼缀的方法来研究《清明上河图》的网络意象表达。《清明上河图》是一幅长轴图，现存有北宋原版、明代仇英版及清院本三个版本，原版的《清明上河图》全长 528.7 厘米，但是仅宽 24.8 厘米，横宽比为 21，这样的尺寸在互联网中没有办法展示全貌，因此"众包"上传的网络图片绝大部分都是局部图幅。但也正是千万张不完整的图幅，恰恰成了我们的研究出发点，因为在网络社会中，上传的局部性图幅都是选择性的，正如"萝卜白菜，各有所爱"，如果我们收集尽可能多的《清明上河图》图幅，通过对历史名画的拼贴式统计，我们就可以看出微观个体的认知特征。

在基础数据收集的过程中，借助 GIS、PS 及 EXCEL 等辅助工具进行前期数据的统计，这一过程主要分为两步（图 2）：

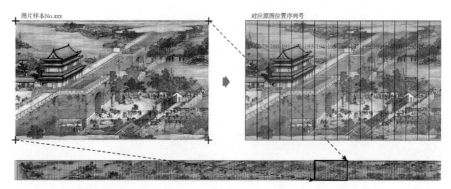

图 2　前期数据准备过程图示

（1）以 5cm 为单位将清明上河图长卷竖向划分成若干列，并赋予每一列编号属性，以清院本为例，全卷分为 255 列。

（2）将样本图片逐一还原至对应的原图位置，并分别记录其所覆盖的列数编号，便于后期对各场景分布密度进行数据分析。

本文主要通过图片内容的覆盖密度及意象要素来判别其空间分布：

（1）图片密度：将样本图片逐一还原至《清明上河图》原图相应位置并编号记录，利用图片覆盖密度的数据进行拼缀分析，显示现代人对《清明上河图》不同绘画区域的认知特征。

（2）意象要素：根据图片所表达出的场景内容提取城市意象符号，对图景意象进行归纳分析。

（3）高频分析：选取公众关注最密集的区域进行场景意象的校核及判别，来显示现代人对古代城市场景的喜好。

在进一步的数据研究过程中，利用 GIS 将前一过程整理出的各列频数反馈到原图中，直观显示长卷中网民关注度的分布情况（图 3）。

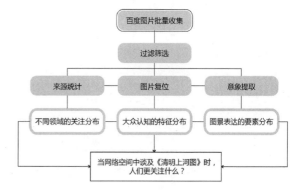

图 3　后期研究过程图示

二、分析结果

现存的《清明上河图》有三个版本，其中清院本网络关注度最高、样本数据最多，并且图幅较长，图面内容与要素更加丰富，因此选择清院本的《清明上河图》来进行深入分析。

清院本的 380 张图片来源网站类型中，来自个人或企业博客的有 181 张，来自各类论坛的有 73 张，来自贴吧的有 67 张，其余 59 张来自各类艺术文化网站。

（一）清院本《清明上河图》网络关注的场景分布

本文研究以完整的清院本《清明上河图》图幅作为分析底图，在此基础上将整幅底图进行格网划分，再将所有网络图片分别与全幅分析底图进行对位。利用工作底图的格网，统计所有局部图幅拼缀后的叠加次数，以其出现的频数为纵坐标，得出所有网络样本图片在整幅《清明上河图》上的密度分布，峰值为网络图片密度最高处。接着对最受网络图片发布者关注的若干峰值区域进行重点研究，深入分析其城市意象特征，讨论现代人关注不同城市场景的一般特征。

根据原图覆盖密度分布图可以看出，对于清院本《清明上河图》网络空间中大众关注度较高的主要有六个场景（图 4）：

（1）城郊乡野：这一区域属于自然景观较为丰富的城外远郊田园景象，画面中有一支扫墓兼带春游的队伍回城，也有热闹戏台，体现了城外农村闲适、自在的田园生活。

（2）虹桥市集：虹桥部分是全画的中心，是全画人物最密集、场面最热烈、画工最精彩的一段。根据孟元老《东京梦华录》记载，这座木结构的桥梁正名为"上土桥"，是距离内城最近的一座飞桥，也是当时汴河上具有典型代表性的特色景观。虹桥地段属于水陆交通的交汇处，两端连接街道，沿街店铺稠密，沿河集中了许多从事河上贸易的船只或者沿河店铺，汴河发达的漕运为其集中了人气。这种漕运经济带动的沿河地区发展也与现代很多傍河的城市发展形态有共同之处。

（3）城楼节点：同样作为城市的重要建筑和空间节点，城楼和虹桥获得了几乎一样的关注度，但是其对于人的行为的影响力则截然不同。城楼作为当时官式建筑，有着不近人体的尺度与冷漠感，于是人数较街道空间也少得多。但在图面上，城楼这样的节点空间却很受现代人的关注，其建筑式样在现代人眼中新鲜有趣，反映在现代古城更新工作中即为尤其重视城楼城墙等标志物、节点空间的构筑与建设。

图4 网络关注场景分布分析图

（4）城内街市：这一场景主要描绘的是城内人流密集的十字街道空间，与城门楼外的疏朗街巷空间有所区别，这里的店铺紧密而豪华，人物与货物密集堆积。与唐代相比，里坊制的崩溃和街市的诞生无疑是北宋汴京最重要、最具特色的空间形态，街道空间从封闭走向开放，逐渐繁华起来，人流密集、建筑丰富、交通工具多样，并且作者对此刻画生动深入。而这片街道区域所呈现出的生动市井生活及富有风味的建筑特色，更吸引了大量来自建筑设计相关领域的关注，以此风貌为参考而建设起来的仿古商业街比比皆是。

（5）皇家园林：这一区域位于西城城墙外，属于金明池皇家池苑内的景观，其秀丽的山水景观及富有趣味的园林空间是属于典型的城市风景园林景观，也成为现代仿古园林的设计参考。

（6）皇宫主殿：清院本在原版《清明上河图》的基础上增补了对金明池的描绘，这一部分属于画卷的尾声，以宏伟的皇宫建筑完善对当时城市风貌的完整呈现。

（二）高频场景的意象要素分布

清院本《清明上河图》相比其他两个版本来说图幅更加完整，整幅画面可分为五个区域，从城外远郊风貌开始，经过城外漕运及市集经济带，进入城内密集街市，最后以金明池这一皇家池苑作为结束。

整体意象体现的是一种"城乡融合"的传统空间秩序。其中以一条繁华大街作为贯穿城内外的交通要道，两侧集中大量沿街店铺。虹桥、城楼及皇宫作为最典型的三处标志物，成为全卷最引人入胜的节点，而东西两处城墙作为城内外的边界，划分图面上城内外空间，呈现出不同的市井生活。

作者心得

六十多年前，凯文·林奇写就的著作《城市意象》对于城市规划与城市设计领域产生了延续至今的深远影响。当看到2016年《中国建筑教育》"清润奖"论文竞赛的题目"历史作为一种设计资源"时，距离截稿只有一个星期，当时我正在进行对古卷《清明上河图》的意象研究，虽然文章框架还未形成，而且时间非常局促，但是抱着尝试的心态，仍选择了古画长卷这样一个有些特别又非常有意思的对象作为题目的切入点。

如今网络媒介中信息传播的速度之快、效率之高与范围之广，都深刻影响了人们获取信息与互动交流的方式，以至于互联网越来越成为社会的映射。因此，我借助网络中大量的数据资源，通过一系列的处理与分析，较为客观地得知现代公众对于特定物件《清明上河图》的群体印象与认知特征，从而思考《清明上河图》中古代场景意象图景作为一种历史资源，影响当代规划设计思潮的历史渊源。

在此非常感谢指导老师在论文选题角度、数据收集与研究方法等方面提供的指导与支持，本文中最为重要的部分是对于网络图景的意象提取与分析方法，在一定程度上，这类研究方法也可能应用于相似内容的研究过程。最后，由于本文是在得知题目之后短时间内写成，时间较为仓促，文字与观点都有许多需要继续推敲的地方，非常荣幸能够得到竞赛评委的认可。

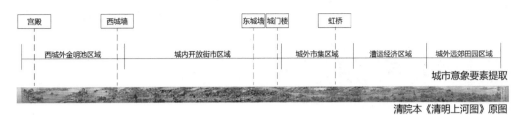

宫殿		西城墙		东城墙 城门楼		虹桥	
西城外金明池区域	城内开放街市区域			城外市集区域	漕运经济区域	城外远郊田园区域

城市意象要素提取

清院本《清明上河图》原图

图5　全卷城市意象的提取分析图

选取场景关注度最高的六个图幅长宽比相同的场景分别进行要素的提取和统计，六个场景的图幅面积占原图的26%，而根据齐藤谦《拙堂文话》的统计，《清明上河图》全图中总共刻画有1643个人物，六个场景中所描绘的人物数量占总人数的比重则达56%，可以看出这六个场景是整幅图面中人物行为活动最丰富的地块。

场景要素提取一览表　　　　　　　　　　　　　　　　　　　　表2

场景名称	人物（人）	建筑（栋）	交通工具（个）	树木（棵）	山体水体（处）
城郊乡野	82	11	2	52	5
虹桥市集	410	20	65	33	2
城楼节点	155	26	10	35	2
城内街市	211	35	23	48	1
皇家园林	25	3	0	23	5
皇宫主殿	38	10	1	20	3

资料来源：笔者整理

行为活动与认知意象有着密切的联系，虹桥与城内外的市集空间属于人车最集中、建筑最密集的区域，在互联网媒介的信息快速传递中引起大众对《清明上河图》产生特定的意象。

《清明上河图》的意象要素主要可分为人文要素和自然要素，树木与山水归为自然要素，其余归为人文要素，将山体水体要素以X10、其他要素X1的权重计算六个场景的两种类型要素分布，可以看到在城外区域，远郊地区自然要素占比略微高于人文要素，但在靠近城门的虹桥市集区域具有非常凸显的人文特征，进一步显示出城内城外发展融合的趋势，表达了当时开放街巷替代里坊制后理想型"城乡融合"的古代城市观念。

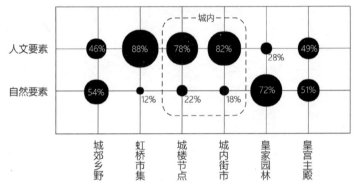

图6　两种类型的意象元素加权后分布比较

三、结语与讨论

根据对鲍德里亚消费理论的理解，艺术作品往往以一些真实物品为载体，形成意识形态的符号[①]。而通过研究人们在观察符号化表达的艺术作品中关注点的不同，在一定程度上也还原了人们对于作品所处真实环境的认知特征。《清明上河图》以北宋末年都城汴京为背景进行描绘的繁华景象，正是当时商业形态从坊市制到街市制的生动写照，商业空间沿街带状发展也带来了城市意象模式的转变，即从传统的区域模式转向街道模式，从城内封闭模式转向城乡融合模式。这种市制改革带来的转变最终以各种各样的符号化表达呈现在《清明上河图》的图面上，对于这些古代场景意象，经过网络社会中各类媒介的视觉传递后，成为大众认知的意象图景。

（一）高频场景意象集中于街道市集空间

根据高频图片密度分析，关注度最高的场景较多集中于城门内外的市集街巷空间内，这一空间由于其呈现出的传统市井风情及独特人文景观格局而被大众所认知，甚至以虹桥、城楼等场景作为《清明上河图》的整体意象指代，网络媒介更加延伸了受众的感知范围和时空距离，将整幅长卷具体为片段式的感知对象，也使得大众的意象映射物不再受限于物质性的艺术作品，而是将认知意象扩展到当时的古代城市背景，直至开始思考现今城市空间的建设模式。这是前互联网时代下，凯文·林奇所无法设想到的巨大变化，本文的研究也是基于网络新媒介背景对其经典城市意象理论的扩展和补充。

《清明上河图》中呈现出的由于街市制兴起而逐渐形成的带状商业空间与现代的商业业态已经趋于相似，因此，虹桥、城门内外区域这类高频场景意象作为整个汴京城街市空间的典型代表被后人所认知，这种认知特征也体现在现代许多历史街区保护规划、仿古街区规划设计以及商业街区建筑设计等项目的出发点上，从规划理念、商业布局、建筑风貌等方面影响着现代街区的建构。例如武汉市沿楚河南岸而建的汉街则是以传统文化为设计出发点的现代商业街区，其规划理念不仅是致力于把汉街打造成"清明上河图"般繁荣的购物旅游商业综合街区，更是由于《清明上河图》当时沿汴河两侧市肆如云、人潮熙攘的繁荣景象深入人心，其中的空间意象得到大众广泛的认可。古画中所打造的街市空间，既是户外活动、社会交往的物质共享空间，也是人类对于城市的记忆和生活的容器，从古至今这种符号化的场景意象延续不绝，人们习惯依水行商，钟爱长街市肆，甚至《清明上河图》中场景意象密度最高的特色标志物如"飞桥""城门"等，在现代城市空间中也作为城市名片受到广泛关注。

（二）大众认知意象受消费导向影响更加注重城市空间的符号化建设

根据场景要素提取分析，发现《清明上河图》中关注度较低的部分主要为城郊连片农田和城内密集店铺区域，前者由于场景要素数量较少而使得关注点不多，后者则是由于场景要素过于单调导致视觉传递中产生审美疲劳，因此成为被人们所略微忽视的区域，而这段城内市肆区域正是较为真实地反映了当时街市制兴起的商业空间，大众对于历史场景意象的忽视，也一定程度地反映了当代规划设计中的欠缺。

整体来看，人们更加关注行为活动密集、意象要素丰富的节点及标志物场景，这也体现出当代消费社会中以消费导向为主的大众认知特征，相比于尊重传统空间的布局和延续历史建筑的风貌，现代消费导向的设计观念更加注重符号化空间的建设，许多古城在城市更新中重视地标的打造，而忽视了街道空间与建筑设计，甚至出现城市空间的批量生产，这种符号化的城市空间建设不是为了恢复历史街区的风貌布局，而是为了吸引消费与投资。例如，大同古城规划初期在不考虑历史要素和现实条件的情况下，先行使界墙围墙与各大节点标志物拔地而起，城内棚户区拆除转向居住区建设，古城原先尺度宜人的历史街区荡然无存，现在的大同古城内仅余瓦砾孤岛。也即是说，网络媒介下的大众认知由于互联网较强的引导性，在一定程度上会出现群体意象的偏离。

本文主要在研究方法上有所创新，从古画的图景意象入手，通过分析网络社会下现代人对于古画的意象认知，探讨图景意象背后古代符号化意象延续至今的作用与影响，作为互联网时代对城市意象经典理论的延伸。要说明的是，受图片素材数量的限制，本文的观点具有一定的局限，而类似的研究还可以进一步深入发掘。

注释：

① Lynch K. *The Image of The City*[M]. Cambridge：MIT Press. 1960.
② 汪原. 凯文·林奇《城市意象》之批判 [J]. 新建筑，2003，（3）：70-73.
③ 同注①。
④ 让·鲍德里亚. 消费社会 [M]. 南京：南京大学出版社，2001.
⑤ 蔵丽娜，李欣. 新媒体对鲍德里亚符号文化的解构 [J]. 新闻与传播研究，2013，（5）：37-39.
⑥ 田银生. 北宋东京街市的组构方式 [A]. 建筑史论文集（第14辑）[C]，2001.
⑦ 田银生. 北宋东京街市的开放性 [J]. 华中建筑，1999.
⑧ 凌申.《清明上河图》与北宋开封城市地理 [J]. 人文地理，1990，（4）：18-22.
⑨ 韩顺发，刘颖林.《清明上河图》事物考 [J]. 中国历史文物，2005，（2）：77-81.
⑩ 谭刚毅，荣蓉.《清明上河图》中的城市与建筑意象 [J]. 南方建筑，2008，（5）：55-57.
⑪ 刘涤宇. 北宋东京的街市空间界面探析——以《清明上河图》为例 [J]. 城市规划学刊，2012，（3）：111-119.
⑫ 陶艺军. 互联网统计：发现数据新世界 [J]. 数据，2011，（5）：48-49.
⑬ 赵渺希，徐高峰，李榕榕. 互联网媒介中的城市意象图景——以广东21个城市为例 [J]. 建筑学报，2015，1（2）.
⑭ 同注②。
⑮ 张梦晗. 中国当代电视剧影像中的城市意象（1978—2012）[D]. 苏州：苏州大学，2012.
⑯ 赵渺希，刘欢. 上海市中心城空间意象的媒介表征 [J]. 人文地理，2012，（5）：36-41.
⑰ 同注③。

图片来源：

图1 作者根据百度搜索相关图片整理。
图2～图6 作者自绘。

特邀编委点评

凯文·林奇的城市意象研究方式，直接简洁地构建了体验者心理感受与物质环境的联通，并归纳出一系列具有强感知力量的结构性元素，即五元素理论。本文试图用非常相似的方式，探索对《清明上河图》这一特殊的文化符号，大众文化的感知热点，这是非常新颖的研究方向，研究方式也简洁明了，成果清晰。但与凯文·林奇的研究方式相比，缺乏对成果的结构性建构这一方面的努力。简单划分为人文要素和自然要素，似乎略显薄弱，仅仅指出六个热点场景，也缺乏进一步的解读。

例如，整体长卷中，虹桥桥头恐怕是最引人注目的节点；为什么这样一个典型的市井混乱之地的即景片段，比皇家园林或繁华街市更广受关注？如果以城市意象理论讨论，这是来自于空间边界、地标建筑、特性节点、路径交叉等系列要素叠加后的张力。

或者这篇研究应当尝试，立足于现有的城市设计理论，进一步建构，形成一个兼具借鉴与创新的模型。

作者最后偏离研究空间，讨论具体案例的得失——以城市意象的研究批评其大规模拆除棚户区，或无必要。或者这反向恰好证明了地标、节点界面的巨大心理价值。

张亚津

（联邦德国注册建筑师／规划师；
德国斯图加特大学城市规划学博士；
北京交通大学兼职教授；
德国意厦国际规划设计 合伙人／北京
分公司总规划师）

张 晗
（武汉大学城市设计学院 本科五年级）

花楼街铜货匠人的叙事空间
——传统工匠生活作为一种设计资源

Narrative Space of the Hualou Street Copper Goods Artisans
— Life of Traditional Artisan as A Design Resource

■摘要：叙事学的研究与发展，为城市记忆的延续提供了新的依据。用 Mapping 的方法分析叙事空间的脉络，为事件空间的设计提供原型和依据。本文在调研花楼街铜货匠人的工作生活的基础上，挖掘手制铜器映射的城市记忆，探究打铜作坊空间的逻辑和原型。

■关键词：传统工匠；花楼街；铜货匠人；叙事空间

Abstract：The research and development of the narrative provides a new basis for the continuation of the memory of the city. Using mapping method to analyze the context of narrative space，to provide the prototype and the basis for the design of the event space. This paper Hualou Street builders in the research work of copper goods life，mining system bronze mapping the memory of the city，explore the play space logic and prototype copper workshop.

Key words：Traditional Artisan；Hualou Street；Copper Ware Craftsman；Narrative Space

一、花楼街的铜货匠人

花楼街位于武汉市江汉区东南角，号称百年老街。记录花楼街最早的文字可追溯到 1861 年（咸丰十一年），"太平街（江汉路）由土路改建成碎石路，向北延伸至花楼街口。"曾经以其繁华闻名武汉（图 1）。

明末清初，汉口市镇兴起，江河沿岸逐渐成为码头街市。过去花楼街分为前花楼和后花楼，1934 年将江汉路至民权路这段路称前花楼正街。此街兴旺时曾有八大行之称（盐、茶、药、杂货、油、粮、棉、水果），记录近代市民生活百态的民间竹枝词曾有记载。1946 年改名为黄陂街。后花楼不仅商贸繁荣，在文化方面也有一段辉煌的历史。早在民国初年，后花楼笃安里天一茶园便举行过京、汉剧合演的活动。而后花楼作为如今的花楼街存在，保留了一部分传统工匠的生活和一方社区人的记忆。杂货手艺作为八大行之一，因为河运贸易的兴盛，在汉口经历了聚集杂糅，点连成线的影响力扩大阶段。

早在康熙年间，汉口长堤街就有制铜作坊。康熙三十年（1691 年），汉口铜器业的手艺人在汉口半边街（今统一街，毗邻花楼街）修建了"江南京南公所"，作为铜锣坊、徽锁坊、铜镜坊、红铜坊、铜盆坊、喇叭坊

图1 汉口打铜业及花楼街的变迁

等铜器业的敬神、议事之所。因紧靠江南京南公所，许多铜器手艺人和作坊集中在这条街上，周围人称之为打铜街。打铜街是"大货帮"的集中地，主要生产日用的铜盆、铜壶、铜墨盒以及供神用的铜烛台、铜香炉等杂器。清末打铜业达到全盛。据清宣统元年（1909年）统计，武汉铜器店800余家，其中700余家分布在这一带，仅打铜街就有230余家。打铜工艺随着工匠的聚集而更趋精湛，1915年巴拿马赛会上，姚春和铜器夺得一等金奖，郑炳兴、姚太和、义太和等铜器获二等银奖。

自1949年新中国成立后开始，打铜业就日趋衰落，在"文革"时期带有蟠龙、凤凰等纹样的铜器也受到"破四旧"的打击。特别是改革开放之后，随着时代的进步，机器制造的搪瓷、铝制日用品更价廉，传统手工铜器渐渐失去市场空间。现在的打铜街上，只剩下零星几家铜器店了。铜壶烛台等也主要作为纪念品面向游客出售。

探寻花楼街，虽然户户打铜声的盛景不在，但打铜作坊仍有少量遗存（图2）。维持营业的主要有两家：胡祥兴自造铜货作坊，李明祥铜货铺。胡祥兴自造铜货作坊主要以手工铜器交易为主，李明祥铜货铺则辅卖铝壶，修理金属器件。胡师傅和李师傅经营的铺面不大，但在街坊间老一辈人的口中，他们依然称得上是"手艺人"。

李明祥打铜铺

胡祥兴自造铜货作坊

胡师傅和他的大伯（上）
铜器半成品（下）

图2 打铜铺遗存

二、传统工匠生活方式的特点

（一）社会地位

"士、农、工、商"，杂货工匠排第三。封建社会并不重视其技艺传承的价值，而认为那是"奇技淫巧"。但随着明代和清代资本主义萌芽和手工业的发展，技艺工作在社会生活中发挥越来越大的作用而有所改观。在行业内部，有实力的工匠则被尊以很高的地位，在一带一街的行业内部形成类似行业头领的地位。

（二）师徒传承

我们在胡师傅闲暇时在作坊里学习下料，被胡师傅的大伯，也是胡师傅的师傅看到，他开玩笑对我们说，这是"徒弟教徒弟"呀。这也正是杂货手艺人的技艺传承方式。师傅带徒弟，凭师傅乐意带、善于教，确保徒弟愿意学、学真功，形成各具特色、分派分系的传承方式。

（三）店铺型制

在李师傅和胡师傅之间我们重点调研了胡师傅的"胡祥兴自造铜货作坊"。店名重点在"自造"，只有牌子上有"自造"的才是正宗的打铜手艺作坊，其他的都是"半瓢水"；号"祥兴"，胡家从清朝咸丰年间就开始从事打铜的行当，从民国开始使用"祥兴"的字号。

以胡祥兴自造铜货作坊为例，其工作和生活分为居住生活区、仓储、作坊、售卖（展示）。打铜作坊分为冷工序和热工序。冷工序一般和店铺结合来做，热工序则集中在工厂区。传统打铜铺店面一般在 10~20 平方米，兼具展示、售卖、冷工序作用，开放性较强。有时也兼具部分仓储功能。

在传统武汉里分住宅的街区形式中，打铜工匠的各个功能区渗透在街区的各个角落，各个行业相互杂糅分布于街巷，形成复杂而充满活力的街区叙事空间。在现代老街区拆迁的过程中，工匠的活动辐射圈进一步扩大到城市范围。

（四）时间分配

手工铜器的制作一般分为选料下料、热加工（包括褪火）、原件制造、二次热加工、打制、焊接、装饰、打磨等后期工作这几个步骤。一般褪火这类步骤会放在冬天进行，下料、打制等步骤则放在夏天进行。后期制作占用时间较长，是体现工匠技艺水平的关键。

三、铜货匠人叙事空间的 Mapping 分析

Mapping 的分析方法应用于城市空间设计，包含了人们对于城市重要事件的沿革，也包含人们在城市生活的感性认识。凯文·林奇的《城市意象》提出的城市意象五要素元素（即道路、边界、区域、节点、标志物），强调城市元素的标志性和可识别性，对城市空间的认识强调物理和生理的识别上，而忽略了城市的社会文化意义对人的活动的影响。本次 Mapping 工作坊的调研方法，在城市背景下，以街道生活的典型人物——胡祥兴手工铜器师傅，作为"跟踪"对象，以胡师傅的城市和生活记忆为线索，以选取街道和作坊作为研究的空间落点，同时辐射回城市的功能空间和历史沿革。宏观上，探寻以胡师傅为主线的城市叙事空间结构；微观上，探寻花楼街的空间活动流线和胡师傅打铜作坊的空间使用。

（一）街道空间：胡师傅的一天

城市的地图不仅仅是我们看到的地图，城市中的每个人每天每年都有着自己的生活轨迹，正是千万人们的生活轨迹交织在一起才有我们的城市生活，才有我们有鲜活生命力的 Map。

花楼街作为胡师傅一天活动的主要场所，同时又是各行各业鱼龙混杂的老街区，在一天之内发生着许多有趣的事（图 3）。

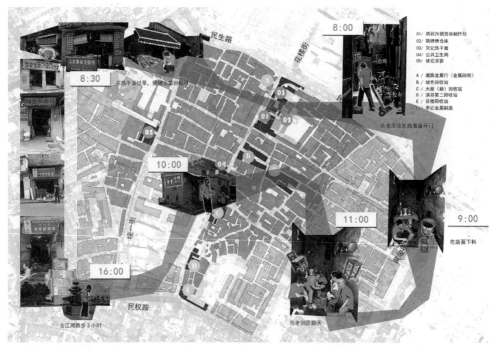

图 3　胡师傅的一天（街道尺度）

主街道商业空间，处处体现小商贩的精明。拥挤不堪的街道，是小商贩摆货占据街道的策略；伸出街道的货台，总是醒目地标示着特色货品；甚至连作坊面前的遮阳棚，因为阳光产生的日晒范围的变化，也会影响胡师傅一天的营业安排。

生活空间和贩卖空间的接合处，街道空间尺度的退让广场，让香樟树占据了空间，成为街坊的一方休憩地；巷道罅隙的开阔，不经意去窜进一只猫，消失在巷道房檐间。

从一天跟踪来看，胡师傅一整天的工作与生活是在整个城市的尺度上进行的（图4）。早上7：30左右胡师傅从店铺旁巷子里的家出发来到旁边的刘记热干面过早。之后便将家（同样是仓库）中的铜器带到店铺。在炎热的夏天里，胡师傅的一天主要是在看报纸、与朋友聊天中度过，偶有来买铜器或者参观的人，胡师傅便与他们进行交谈，天气凉爽时就做一些下料的工作。夏季天气热，很多褪火的工作不好做，来买铜器的人也不多，下午两三点钟的时候就会去汉口江滩散步2~3个小时，晚上便到位于菱角湖万达附近的老父亲家中看看，然后再回到花楼街的家中。

胡师傅一天的工作生活的轨迹地图随着四季的变化也有变化。冬天天气冷，方便做褪火的工作，就在家中店里多做些铜器。夏天天气热在店里做些不用烧火的工作，铜器做得少些，多是卖冬天做好的铜器，由于工作量小，便有更多的闲暇时间。

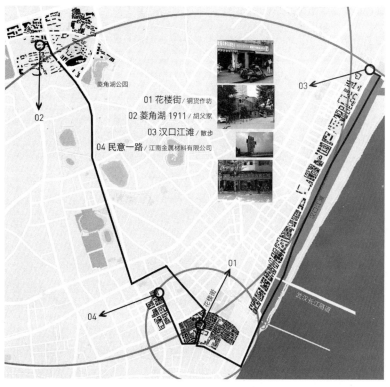

图4 胡师傅的一天（城市尺度）

（二）店铺空间：打铜的步骤和工序

这间"胡祥兴自制铜货作坊"（还原场景如图5）位于花楼街街口200余米处，是一间仅有约5m²的小店，仅靠门户采光，然而同时承载了手工铜制品的非热工操作部分兼具售卖功能。

作坊内的分区存在于空间中的两个向度：水平向度和垂直向度。水平分区前中后分为作业区、售卖区和储藏区；垂直分区上部售卖、下部作业水平分区上，师傅让作业靠近门面，使敲铜声传到街上，吸引人群；垂直作业上，吸引人眼球的售卖区与工作区不会相互干扰（作坊内空间体验如图6、图7）。

在和胡师傅聊天过程中，我们了解并实践了打铜的几个步骤。他在店里能够完成的工作是打铜工序中的下料部分（胡师傅下料场景再现如图8）。下料指的是将完整的铜板剪裁成各种尺寸的制铜原材料，下料动作与用力方式决定了铜料裁剪的精度与速度，同时

作者心得

《重看叙事城市——老行当·新故事》

有幸得到杨丽老师的指导写成这篇论文，让我对城市设计的理论认识更为加深，学习到如何理论系统地将设计在理论的框架下提升。在这里深深感谢杨老师在我写作过程中的耐心指导，感谢给予我支持的工作小伙伴。

回看当时写作论文的点点滴滴，感触良多。叙事学的研究与发展，为城市记忆的延续提供了新的依据。我在对花楼街铜货匠人的叙事空间研究基础上，从历史传衍，"行当"传统工匠生活方式解析，匠人叙事空间的Mapping三个方面，打开由一个手工制"汤婆子"追寻到的老街故事。这三个方面，不仅组成了老匠人在这里的物质的、感性的生活图景，更是这片区域蓬勃兴起不可磨灭的一部分记忆。随着时代的变迁，老行当几近消亡，但是时间的磨砺，让"行当"演变成人们记忆里的一种文化符号，编织起了邻里关系；老工坊经过淘砺，筛选出一部分具有代表性的工坊店面，成为行当空间研究的依据，也为老街区保护性改造提供依佑。

再看当时的工作，发现之中更有许多可以进一步推进的地方。在铜货匠人叙事空间的Mapping分析中，以城市、街道和工坊三个尺度分别描述了铜货匠人的一日生活轨迹，街道空间使用和下料售卖空间的精明策略。在城市尺度中，可以更深入地挖掘行当是怎么在现代城市中生存下来的，从而研究老行当和现代城市相结合的模式；在街道尺度，除了街道空间使用，老物件和老记忆如何存活在邻里关系中，如何成为这里的人的独特符号，它传播主要发生在什么样的场所也可以深入研究。

城市事件作为城市设计的新思路，它可以帮助我们找到城市演替过程中得以保留的部分，它不仅包含人本身的故事，更是城市记忆的故事，在现代城市中成为城市吸引外来游客的城市记忆的一部分，在未来可以成为更多可能的新故事。

平面空间分区

竖向空间分区

图5　胡祥兴自造铜货作坊场景复原展览　　图6　作坊内空间体验（平面空间）

图7　作坊内空间体验（垂直空间）

影响材料的空间摆放模式。作为工作场所，一切空间区划都是为了最便捷的工作。基于此，我们发现以下几点：

图8　胡师傅下料场景再现

　　师傅的下料过程在经验与空间的互相适应中，形成了一套独特的工作方式，进而影响活动轨迹（实景和分析如图9）。在和学员下料方式对比中，师傅的用力方式是借由小臂发力，由手掌将力传导至剪刀上剪断铜板，主要发力部位为小臂；学员A借由大臂摆动与地面的反作用将力传导至剪刀上剪断铜板，主要疼痛部位为大臂；学员B借由小臂与地面的反作用力将力量传导至剪刀剪断铜板，主要疼痛部位为小臂；学员C借由身体的上下摆动与地面的反作用将力传导至剪刀剪短铜板，主要疼痛部位为膝盖。

　　我们会发现，这些微小的举动或多或少都是相互关联着的，师傅用各式各样的"诡计"弥补既有空间的不足，由此我们得以窥见一位普通的匠人栖居的智慧以及生活的无限可能。

　　师傅迈出一小步以拿到较远的废料，然而身体会失衡，这时会借用近处角落一块不起眼的灰砖作业。在店铺的一侧从进深方向上来说，工具的次序依次是废料角、一块灰砖和工具桶。当师傅蹲下下料时，首先需要工具桶，位于一臂半径的范围内，取工具十分便捷。但由于铜板尺寸超过一臂，师傅的操作半径大于他的一臂半径范围，他使用一块灰砖作为支点，在不起身的情况下一手按住灰砖，另一手进行操作，以扩大师傅的活动半径（灰砖对人的活动分析如图10）。下料时节约每一块废料将其"变废为宝"是每个生意人的智慧所在，师傅每剪出一块废料便通过按住灰砖将废料置在店铺角部的区域里，将每一块废料集中放置能够减少最后的收集工作。

　　这样一个看似普通的入口区域在变为操作台时，可以说是以人的工序活动为中心压缩交通空间、提升空间利用率的极致，可以说是在重复传承的经验中以简单而充满智慧的空间划分实现方便操作的极致。

　　师傅选择的下料区域是整个店铺的最前端，蹲下下料的同时不挡住后方展示的完成铜器。同时由于店铺进深较深，前端为自然采光条件最好的区域，在放样时师傅用铅笔在铜板上画出参考线，需要通过反光使得裁剪时精确地看清参考线，这样的区位选择是整个店面最便于工作的位置（光与视线分析见图11）。

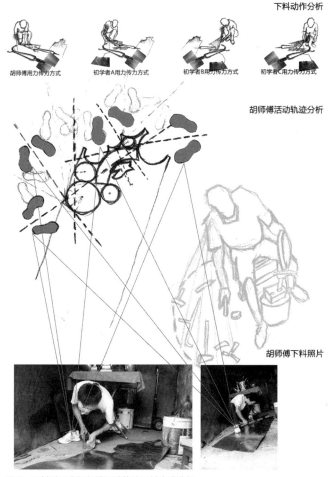

下料动作分析

胡师傅用力传力方式　初学者A用力传力方式　初学者B用力传力方式　初学者C用力传力方式

胡师傅活动轨迹分析

胡师傅下料照片

图9　下料过程中胡师傅活动轨迹及其生成分析

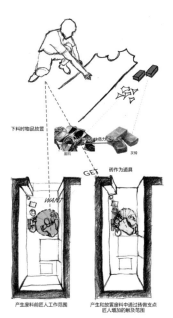

下料时物品放置

砖作为道具

产生废料前匠人工作范围　产生和放置废料中通过砖做支点匠人墙面的触及范围

图10　一块砖能干什么

弯曲的铜板反射光线

铜盘反射光线

闪光的铜器吸引过路人的目光

反射的光线照亮店铺内部

图11　光与视线分析

店铺门口的水泥地面有一块缺角，当师傅下料时剪子与铜板之间的高度正好由这个缺角补全，使得下料时更省力，同时反光的角度更适宜工作。

（三）边界空间：铜货的售卖

作为门店，最重要的功能是售卖。胡师傅说他不会通过做广告或者网络来宣传自己的手艺，这个店铺的生意完全靠老客户们口口相传的口碑。而我们却在店铺的陈设上看出一些胡师傅无意识的隐形广告。

店铺作为展示商品的区域一共有两处，分别为：直对着街道入口墙面的视高位置处和正对店铺门的桌子上（参考店铺场景复原展示如图5）。

直对街道入口的视高位置通过两个钉子与一根铁丝拉成了一个挂铜器的区域，在这里挂着汤婆子、铜锅、铜铲子等生活物件，最外面是卖得最好的汤婆子。进入街道的人们经过这间店铺时能够看见的就是这一面墙，店铺进深较深使得空间较黑，而挂在墙上的铜器能够反光使得经过的人注意到商品的存在，同时作为生活用品，比起其他铜制品能够更快更多地卖出。

正对店铺的桌子上摆着胡师傅精心制作的祭祀用具，一般是有祭祀需要的人和铜器收藏家才会购买的商品。在阳光反射下展示的铜器，摆在这里一方面能够标榜胡师傅的手艺精湛，另一方面能够将买这类用具的人吸引进来，仔细端详商品，延长购买者在店铺里停留的时间。同时桌子的高度为胡师傅操作时不挡住的高度，做到工作与售卖两不耽误。

这里的边界空间是对行人的展示，这种展示是艺人活动为招揽生意的活广告，包含了打铜的视觉和听觉两重体验。将工作和售卖融为一体，在垂直和水平空间上随时穿插，利用边界，将街区和店铺很好地通过边界空间联系在一起。

两处不起眼的商品陈设区域恰恰反映了师傅售卖的技巧，在隐形的逻辑中提高卖出的商品数量，是所有生意人精心布置的智慧。一间简单的店铺即是胡师傅的售卖店，又兼做工作间，在完美而不刻意的空间尺度上最大限度解决了功能与空间的矛盾，提升了小空间在采光不足、功能复杂条件下的商业、工作空间的利用价值，将建筑的务实性发挥到极致。

四、结语

城市事件本身就具有叙事的特征，因为城市名人故事、城市民俗风情、城市传统节日等都包含着本身的故事，它是人们在建设城市过程中所经历的酸甜苦辣的缩影。历史上每一个事件的发生都有其空间载体，有的空间因其事件特别有影响力而存留，而另一些空间载体可能因为时间、战争等原因而找不到痕迹。城市事件本身的叙事性特征是保证城市记忆的重要因素。

在新时代的背景下，手打铜器的作用由实用性和工艺性逐渐过渡为工艺性。主要购买者为收藏家或者外国游客。这种传承物质、非物质文化遗产，为现代旅游业注入新的生命力，也为打铜业手艺人为代表的中国传统工艺的保留和生存留下必要的空间。

同时，通过对花楼街铜货匠人叙事空间的 Mapping 分析，追寻传统工匠生活方式在城市和建筑空间中的印迹，不仅提供了一段城市事件空间的表达，也为事件空间的设计提供了原型和依据。在花楼街以胡师傅为主线的 Mapping 分析来看，这种自下而上的分析方式将作为一种设计资源，将老武汉打铜手艺人传统生活方式还原在商铺当中，在满足工匠工作和生活习惯的同时，保留了传统街区的生存优势，为现代的特色工艺街区的设计起到了指导作用，使之更富生机与活力。

参考文献：

[1] ［美］寇耿，［美］恩奎斯特，［美］若帕波特 . 城市营造：21 世纪城市设计的九项原则 [M]. 赵瑾等译 . 南京：江苏人民出版社，2013.

[2] 李勇军 . 明清时期汉口商业文化探略 [J]. 江汉大学学报（人文科学版），2003，06：61–65.

[3] 谭刚毅 .《武汉竹枝词》中的近代汉口居住形态 [A]. 西安建筑科技大学、中国民族建筑研究会民居建筑专业委员会 . 第十五届中国民居学术会议论文集 [C]. 西安建筑科技大学、中国民族建筑研究会民居建筑专业委员会，2007：6.

[4] 李百浩，徐宇甦，吴凌 . 武汉近代里分住宅研究 [A]. 湖北省土木建筑学会学术论文集（2000—2001 年卷）[C].，2002：9.

[5] 石国栋 . 曼彻斯特城市叙事空间研究 [D]. 长沙：中南大学，2010.

[6] 张楠，城市故事论——一种后现代城市设计的构建性思维 [J]. 城市发展研究，2004，（05）.

图片来源：

图 1　汉口打铜业及花楼街变迁 ——作者绘制

图 2　打铜铺遗存 ——作者拍摄

图 3　胡师傅的一天（街道尺度）——作者及主题 Mapping 工作坊其他成员绘制

图 4　胡师傅的一天（城市尺度）——作者及主题 Mapping 工作坊其他成员绘制

图 5　胡祥兴自造铜货作坊场景展览复原——作者及主题 Mapping 工作坊其他成员布置、拍摄

图 6　作坊内空间体验（平面空间）——作者及主题 Mapping 工作坊其他成员绘制

图 7　作坊内空间体验（垂直空间）——作者及主题 Mapping 工作坊其他成员绘制

图 8　胡师傅下料场景再现 ——作者及主题 Mapping 工作坊其他成员布置、拍摄

图 9　下料过程中胡师傅活动轨迹及其生成分析——作者及主题 Mapping 工作坊其他成员绘制、拍摄

图 10　一块砖能干什么 ——作者及主题 Mapping 工作坊其他成员绘制

图 11　光与视线 ——主题 Mapping 工作坊其他成员绘制

王舒媛

（合肥工业大学建筑与艺术学院 本科三年级）

"观想"——由传统中国画引申的建筑写意之法

Discuss the Use of "Viewing and Conceiving"in Architecture by Taking Chinese Paintings for Reference

■摘要：中国画以"意境"为魂，本文尝试从中国画作中寻求写意美感的产生，并将其运用到建筑中去。从中寻得了"观想"之法，并通过对中国古典园林以及现代典型建筑的分析探讨了"观想"之法的特征及其在建筑中的运用，最后以笔者亲身实践对其具体操作进行了完善。

■关键词：中国画；观想；建筑观想；观想试验

Abstract："Artistic conception" is the soul of Chinese paintings. This passage is wrote to find out the origin of impressionistic aesthetic，and try to apply it into architecture. The way of "Viewing and Conceiving" is founded in the Chinese paintings and the features as well as construction of it are discussed according to the analysis of Chinese classical garden and typical modern architecture.Finally the personal practice of the specific operation has been proposed to improve the idea.

Key words：Chinese Painting；Viewing and Conceiving；"Viewing and Conceiving" in Architecture；The Test of "Viewing and Conceiving"

一、画中取"意"

中国画代表的民族气韵随历史沉淀在国人情感深处，形成民族共鸣，体现了"天人合一"的哲学之道。与西方传统的写实油画相比，中国画并不拘泥于将我们眼前的事物用笔纸一丝不苟地描摹下来，而更讲究诸如"白云抱幽石，绿筱媚清涟"[①]的意境之美。

中国画的灵魂即在其意境，体现的是一种美的境界。作者从大自然中探寻美，用绘画来影响和感化人的心灵、性情和品格，又用"景"间接暗示。品味传统中国画，需要综合体会其文化品位和意境效果。

古有语"得古意而写今心"，而建筑与人的关系应当高于物质，并非仅为盛放人类活动的容器，更应当成为引发人类思考与情感的媒介。

中国画与西方写实油画的对比可以引申到中国传统园林建筑与现代城市建筑的对比，又或是中国古代山水写意法与精准的机械制图术之间的对比。王澍在其博士论文《虚构城市》中提到清末的刳峰全图，即可视为典型的山水写意图解。它并不像现代制图术那样严格按照比例，无论是高大的远山，亦或茅草小屋，蜿蜒的溪流，都以相当的尺度排布于一张图上，并无精细的标注，只有游者可以想见的各样姿态。但即使整幅图纸未有精确比例甚至方向，旅游者手执其图依旧不会迷失方向，反倒更加容易依据图纸想见还未见的前路的样貌。

亦或是张择端的《清明上河图》，并没有严格的空间透视，但那一幅长画卷中所记录的街巷场景却栩栩如生，具有强烈的辨识度（图1）。

图1　中国山水写意式作图法

（左图为清末《刳峰全图》，忽略其比例尺度将山水屋等置于一张图面之上，为山水写意式的路线图解；右为张择端《清明上河图》部分截选，并没有严格的空间透视，依旧将北宋汴京城的街巷场景描摹得栩栩如生。可见中国画中即使是不连续的意象片段，经过写意的组合依旧能够被人们整体感知。）

这说明了在中国画中，即使是不连续的场景片段，在经过一定的组合后，依旧能够被人们整体感知。通过非同时同地的片段组合形成一幅视觉上连续的动态画面，此为"观"，而画者通过自身观察对客观世界加以执笔摹图之法即为"想"，"观""想"相融，即形成了画作所要表达的意境之美。

二、由画中"观想"到建筑"观想"

（一）画中"观想"取"意"之道

"观想"一词可追溯到佛学教义中的"十六观"②，指佛教净土宗所宣示的十六种"观想"的修佛法门。"观"，通常的解释是用眼睛去看，从"日观"起一直到"下品生观"，层层递进，随着个人所"观"的层进，心灵的思想境界也逐步抬升，终得参悟净土的法门；之后再"想"你生到西方极乐世界七宝池中，"作莲花合想，作莲花开想，作花开见佛想"③，现实之"观"得以化于内心构筑出的极乐往生之境。

这种佛学之法也常被中国古代文人拿来所用，在音乐、文学等艺术领域皆有所见，如元代文学家顾瑛的《制曲十六观》，明初文人冷谦的《琴声十六法》，以此为名或是采用此结构，用以表达作者的某种处世情怀。

在画作中也可体味到。如明末画家陈洪绶的《隐居十六观》，通过"内观"与"外观"④来表达隐居于世的情怀。"内观"即指人的内心所想，在画中透过所刻画的人物的体态神情来表现，正如佛教禅宗中的"眼观鼻，鼻观口，口观心，心观自在"；除此之外，也通过对器物的描画勾勒出隐士的"沧桑之感"，"故国之思"。"外观"即为观身外之事，就是宇宙真理，中国画对此的表现尤为精妙，例如通过留白的处理，来影射不同之人的不同世界观，真正达到了中国传统哲学中"天人合一"的境界（图2）。

图2　《隐居十六观》之二（左）、之五（右）

（画中通过左图"内观"即描人之神态，以及右图"外观"即寄情外物来表达"天人合一"的境界。）

（二）建筑"观想"意在笔先

"观想"在建筑与中国画中皆是以"意"为先，求得一种如"托意山水，寄情心弦"的情与境。例如张大千的《黄山文笔峰》，通过对其奇山异石、劲松怪柏、云海奇观的写意描绘呈现出一幅"倏忽云烟化杳冥，峰峦随水入丹青"⑤的妙境；而苏州园林中的拙政园，以亭、榭、馆、楼、阁作为空间以及游线的节点，花、石、树、水、廊为串联的界面，通过整体"成竹在胸"的精心安排，旷奥合宜的空间布局，虚实相间的视觉体验，在有限的空间中浓缩宇宙之精华，将江南"水秀山清眉远长"⑥的山水之媚囊括于一园之中，非动不可观整体之妙（图3、图4）。

山水之"意"通过构者有心呈现出如诗之"境"，此为"意境"；山、水、木、石之物象流转于构者笔下再造呈现，此为"意象"；整幅图景通过画中各物构图或是园林亭榭布局构造成形，此为"意构"。因此，"意"在笔先，由"意构"构筑"意象"成"境"，再由"意境"表筑者之"意"，此即为通过"观想"之法托情传意。

图3　张大千《黄山文笔峰》

图4　拙政园中三个空间场景片段

（《黄山文笔峰》将黄山"倏忽云烟化杳冥，峰峦随水入丹青"之意，呈现在山水树石的写意描绘中。而拙政园以江南山水毓秀之意构庭筑园，呈现了诗般的意境。）

三、"观想"作为一种建筑设计手法

中国园林作为中国山水画的三维空间体现能较好地沟通作画与建筑之法，当代中国建筑中也有不少有园林意趣的建筑，下文就以此类典型案例为分析对象，探寻建筑在中国画的影响下如何尝试"观想"之法，以期能够为今后笔者的建筑设计提供一种新的思路。

（一）由"意"到"境"——建筑"观想"的环境整体性

中国画以意境表达为其灵魂，意境体现了"天人合一"的哲学思想，它表达了一种诗意的场景，从而引发人的情感共鸣或思考，甚至上升到哲学之道。它是设计者要传递的原始想法，也是观者由对建筑的整体感知而带来的情思。"观想"是不可脱离环境整体存在的。

1. 意境的选择

意境的选取源于历史，源于生活，源于人们的所见所思。"意"存在于人的脑海，不同类型的"场景"在人脑中都有着不同的"意境"，它与人的经验和感官密不可分。

意境的选择关乎自然环境、场地文脉以及人的心理体验。以绩溪博物馆为例，建筑师的本心在于通过建筑来纪念当地的地域文脉，唤醒现代社会中人们内心深藏的情感回忆。因此，绩溪的山水文化与往昔的生活场景就成了关键要素。建筑形体中连续的坡屋面描画出城市之中的山文化，白色平整的山墙面形成状如中国画般的留白幕布，与庭院中的青灰色片石一同构成意象上的远近层叠。流水在建筑内部穿行，青灰色片石从垂直方向水平延伸下来，铺于地面忽高忽低，行走其中犹如山间穿行；古木作为历史发生的见证被保留下来，被围合成庭院，重现了往昔熟悉的生活图景（图5、图6）。

图5　江南水乡之景

图6　绩溪博物馆层叠的山水人文意境

（江南水乡图描绘了一幅人杰地灵的山水之境，而绩溪博物馆取其意境呈现了一幅城市中的灵境之景。）

2. 意境的塑造

对绩溪博物馆的分析中，可从其模山拟水之境中大略总结出几种意境的构成要素，即山、水、树、院。它们与当地地域特色以及居民生活息息相关，综合为建筑整体所要表达的意境服务。

建筑师通过现代的处理方式合理地将所选择的意境要素组合与再现：

（1）要素的抽象再现。即抓住元素在人们知识与经验中的普遍形象，然后利用建筑的语言重新表述。例如，山有起伏，有峰有谷，质地坚硬，绩溪博物馆以起伏的屋顶状其形，片石假山与建筑的山形形成了山的远近层次；同样在王澍的水岸山居中，起伏的屋面，青灰色的屋顶，不同石材与木材构筑的墙面肌理，以及在建筑起伏中忽上忽下的阶梯，从视觉、触觉以及动态感觉中皆能还原观者对于自然之山的印象，并且在新的建造方式中找到全新的体验（图7）。

图7　张之道《江南诗意图》

（画作抓住山之起伏绵延之态，意已在画者心中而流转于笔下。）

（2）场地原有要素的保留重构。要素可是实物，也可是空间。保留是因为其具有不可替代性，可以体现某种场所感，是历史与人情的连接纽带。绩溪博物馆对场地的古木进行了直接的保留，并且参与到新建筑的院的构成中，同时形成了对"院"要素的保留，并且完成了两者的双向重构（图8、图9）。

	意境层次：远山—山岩—山屋—山林 建筑轮廓线是远山的剪影，"山墙画"的肌理犹如遥望山间的各种要素：山岩、山中小屋、远山与近山的交叠，山间密林，相隔相间，若隐若现
	形态：连绵起伏的山坡 连绵起伏的屋顶契合象山的起伏，铺展在地块的外边界
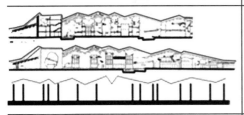	剖立面：山间 建筑轮廓线是远山的剪影，"山墙画"的肌理犹如遥望山间的各种要素：山岩、山中小屋、远山与近山的交叠，山间密林，相隔相间，若隐若现
	材质：山质 自然本身就是万物的相合，纷繁复杂。建筑中各种自然材料的使用为建筑本身添加了一份自然质感，瓦片的拼贴，自然石材的手工贴砌，密排的竹，都在昭示着自然的随性与多样

图8　以"抽象再现"之法对王澍水岸山居的意象分析

图9　绩溪博物馆基址原貌（左和中）、绩溪博物馆内院景（右）
（绩溪博物馆以"要素保留与重构"的方式保留了场址内的古木，用新建筑围合成院，用新的方式再现了旧有院境。）

（3）呼应建筑外部环境。建筑的外部空间作为"外观"要素与"内观"一同形成了空间意境，并通过视线连接起来。园林建筑中的"外观"是形成整体空间意境不可或缺的因素。例如，狮子林水体上有一观瀑亭，此亭建于水面之上、曲桥之中，因在观瀑亭视线所及的假山上有流水从洞口倾泻而下，所以谓之观瀑亭，正因为水面与曲桥以及假山瀑布的存在，才能让观者切实体会到"九层峭壁铲青空，三级鸣泉飞暮雨"⑦的微缩之境（图10）。

（二）由"意"到"象"——建筑"观想"的空间抽象与具象

"意"由物而来，并凭依物而展现，这种赋予"意"的"物"在人脑内的呈现即为"象"，它是人脑内知识和经验的综合。

而建筑中的"意象"则体现在建筑的实体及其包裹的空间之中。

1. 意象的组织

中国画无外乎以一山一树、一石一屋为"象"作画，而上千年来却又产生了无数名家画作。以倪瓒创作于不同时期的四幅画为例⑧，这四幅图分别为《江亭山色图》《秋亭嘉树

作者心得

感谢此次比赛的评委老师们对这篇文章的肯定。回想整个写作过程，我有三个非常重要的收获：知识、方法和态度。

知识：最初的论文选题，在一个大的范围内寻找合适的切入点，于我是困难的，海量的知识难以切中主题。"历史作为一种设计资源"，第一个浮现于眼前的画面就是中国的水墨山水、飞檐翘角。中国古建筑的内敛含蓄吸引着我，我便打算从这里入手。而这于我来说仍是一个大范围的感官概念，自我脑中的经验知识，零碎又过于抽象。于是我开始搜寻记忆，查阅资料。这个过程逐渐理清了原本脑海中不清晰、不明确的抽象概念和具象知识。带着这些初步构架，我和老师进行讨论，最终明晰了切入点——"观想"，也就是穿透空间与时间维度，探讨中国画作与现代建筑中的艺术创作手法的共通之处。这一阶段，是我脑海中的经验知识与后天外部知识之间的联系融合，它们相互影响，最终内化为我自身明确的观点。

方法：阐释观点的过程是一个确定方法论的过程。我的分析对象是作为创作手法的"观想"，而"观想"实施得到的结果是整体的意境，而意境这个结果，是画作和建筑最终的、相一致的呈现。因此，我从最终的结果"意境"出发，层层拆解，至"意象"和"意构"，分层次挖掘"观想"在其中的作用。在论据支撑阶段，为了清楚地找出中国画作和现代建筑之间的共通之处，我将中国古典园林建筑作为两者间的联系媒介，更加快速而明确地找出了"观想"的具体呈现。作为印证和试错，在论述的尾末，我又据此分析了自己的课程设计。至此，一个相对完整的论证方法被架构了出来。

态度：包括最终的整理阶段在内，在思路框架、语言表达、格式规范等方面，文章多次修改，期间我认识到学术性论文的撰写当抱有严谨的态度，因为它不仅是一种专业素养，更决定了自己的观点是否能够准确的表达，并传达给读者。

参加本次竞赛，我第一次完整地体验了学术论文的写作过程，这个过程中学习的知识内化、方法论搭建以及一脉贯承的研究态度，将是今后支撑我攻克一个又一个难题的基石。

图10 狮子林内观瀑亭（左）、假山内流瀑（中）、瀑布之境（右）

（狮子林通过"内观"（建筑之观）与"外观"（环境之观）写意再现了观瀑之境。）

图》《容膝斋图》《幽涧寒松图》，比照画中之物，只能发现山、石、水以及题诗和刻章之类，究其物并无所不同，关键在于其拓扑变形（图11）。

中国山水画的意境美体现在"不似之似"，欧阳修曾诗云："古画画意不画形，梅诗咏物无隐情；忘形得意知者寡，不知见诗如见画。"[⑨]这里的"不画形""忘形"都指掌握形似之后的一种"意象变形"。这种变形意在抒情和表意人生，目的是"得似""神似""得意""传情"。

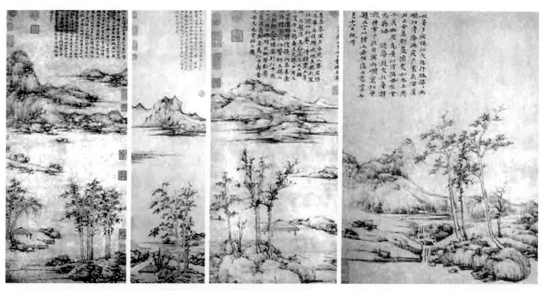

图11 从左到右依次为《江亭山色图》《秋亭嘉树图》《容膝斋图》《幽涧寒松图》

（这四幅图在构成要素上完全相同，不同的是变换了形与位置，体现了一种"不似之似，相似相续"之意。）

建筑中的"不似之似"包含两点，一存在于建筑空间在抽象的过程中，二存在于同一类型"物象"的微差之中。

王澍的象山二期校区使用了合院这一意象。建筑平面中，南北长向的天井合院在东西方向上并置，可清晰地看到回字形脉络。然其平面构图中不同角度的轴线倾斜形成了不同的空间透视关系，南北方向上的退让或推进产生了山墙面不同的灰空间，坡面的不同开窗处理以及不同的坡度与高度造成了长立面上的区分度（图12、图13）。

而从建造的角度看，从材料、色彩、肌理等一系列方式出发则会得到同一意象更加丰富的差异性。

2. 意象的延展

"意象"可作为界面在建筑空间之中延展，界面即限定，与人的感官密切相关，形式多样，可作为游行的线索串联起整体意境，又可作为视觉等感官的先行，身未至而意先到。

中国画以绵延远山，或行云流水为其界面，例如樊圻的《秋山萧寺图》，以山水为系，形成了一幅连续的迷蒙空灵之境，但由于其呈现于有限的空间中，往往只一眼就能观其全貌，因此没有景随身动的效果（图14、图15）。

陈从周先生在《说园》中有："山贵有脉，水贵有源，脉源贯通，全园生动。"山水作为园林之心脉，常为延展的意象，系园内空间。拙政园以水为系，静水与流水，牵动视线与身体的动向，同时整园也融在清丽柔和的氛围之中。狮子林中巧思的假山延续形成一整个空间界面，内外相连，穿行其中趣味无穷。除此之外，树、石、花、草除了制造胜景外，也作为一种界面在游观中起到维系的作用。

首先，在现代建筑中不乏以水为"象"进行延展的，一是利用其形，二是利用其声，三是利用其气，在视觉、听觉、触觉三个方面进行作用强化观者体验。苏州博物馆即利用贯通两层的"瀑布"流水来强调由一层至负一层的动线以及强化通高的空间，落水声响颇有

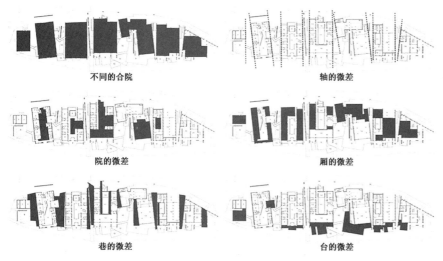

图12　对王澍水岸山居各空间要素微差分析

（上排左：不同的合院　上排右：轴的微差　中排左：院的微差　中排右：厢的微差　下排左：巷的微差　下排右：台的微差）

图13　王澍水岸山居中不同的巷

（水岸山居以院为基本的要素，在其形状、方位、大小、构造等方面存在差异性，可谓"不似之似"，从其巷的不同景象可以发现"院"之意象组织的丰富性。）

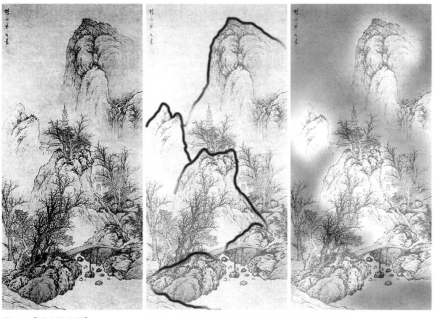

图14　《秋山萧寺图》　　图15　山（左）与水天（右）作为意象在画中延展

（中国画中常以山及水天作为意象呈现一定的意境，而山与水天又在整体构图中联系起整个图面。）

细水长流的轻灵意境（图16、图17）。

　　其次，光线也成为一种新的意象延展维系空间，范曾艺术馆就是"由光串联起的感知线索弥散在整个场所之中"⑨。范曾艺术馆通过四个院落的三层叠加，让中央的"空"成为引导光线进入串联整个空间感知的媒介。水院中的光通过水中反射与折射，使得光感弥漫进视线不可直达的相邻或不相邻的空间之中，整个建筑充盈着光的美感。

图 16 苏州博物馆中以水为界面对空间的维系

图 17 苏州博物馆中贯通两层的水帘

3. 意象的变化

在建筑的"游观"中会产生时间的累积，对观者的内心产生由量变到质变的影响，因此连续中应当有变。

中国画之变在于其虚实断续，"实"表"物"勾连起观者对意象的感知，"虚"表"情"让观者展开思绪，"实"断，然"意"续（图 18）。

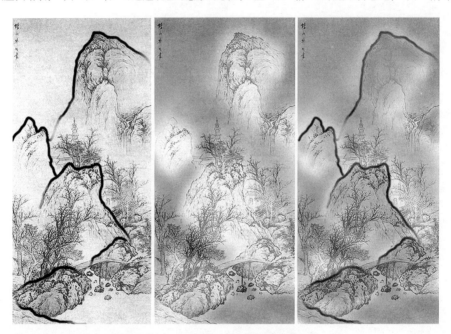

图 18 《秋山萧寺图》中的实界面（左）、虚界面（中）、界面的虚实断续（右）

（一幅山水画中，画者常着实之笔描山，水天则留白，因此虚实相间，但仍旧成其意，且为画作增添了可供玩味的变化之妙。）

（1）利用虚实创造现实的"咫尺天涯"。中国画以墨写实，以白写虚；以重写实，以轻写虚；以气张写实，以气敛写虚，虚实相间，此为静态的虚实。而园林中则随人步移景异，人动，景也动，因此游者在游览的移步中正如场景不断切换，近实远虚，密实疏虚，虚实之变拨动着观者的心绪。

中国园林善用虚实，以山石为奥为实，以水面为旷为虚；树木之隙及其树影斑驳，亭台楼阁竖柱与镂空花窗，皆扰动视线形成动态之景。其纷繁多样的"洞口"更为状写虚实的妙笔，移步过程中视线遇墙则挡，遇窗则放，产生了近实远虚的进深之感，又因其重景的因借，故可达到"窗含西岭千秋雪，门泊东吴万里船"①的功效。

因此，建筑中的虚实体现在视线之远近，空间之旷奥。

一是利用视线之远近。苏州博物馆中巧借窗的手法，因借外景，限定视线，变幻了步移的景色。馆以正常侧窗收放视线，含窗景之变，窗洞形状亦有不同，形成了不同室外构图；以高窗及天窗描光线明暗，以视线感明为实感暗为虚；其中位于西侧直面向水院的方窗更是借用了中国画之意境，以白纱为隔，描摹出一幅朦胧的图景（图 19～图 21）。

二是利用空间之旷奥。现代建筑也常利用水面作为旷之景，但更多则采用院落的方式。例如绩溪博物馆，有三个主院，此为旷之

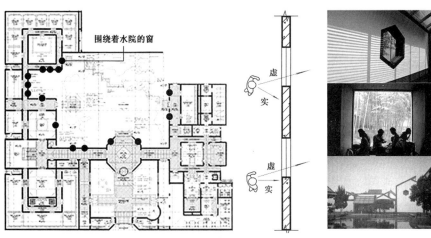

图19 苏州博物馆中围绕着水院的窗分布　图20 视线的虚实　图21 窗景

（苏州博物馆摹园林之镂窗围绕水院作几何之窗，视线遇墙则挡，此为虚，以忆情；遇窗则放，景色入目，此为实，以观景。行走其中，则若虚实相间。）

景为实，而由条状建筑形成的外部"街巷"则为奥之景为虚，整体通过建筑实体的围合形成了旷奥有致的室外空间（图22、图23）。

图22 绩溪博物馆巷为奥为虚，院为旷为实　图23 绩溪博物馆中的院（左）与巷（右）

（绩溪博物馆室外空间巷院相连相间，院为旷景使人放情，即为实；巷为奥景令人心静，即为虚。）

（2）利用曲折"断续留白"。中国画中的曲折在于断续，也就是其虚实，留白之笔正如未知引人无限遐想，它将观者情感认知融入整幅画作的意境塑造之中。

中国园林不若西方园林，亭台楼榭设点自由，利用自然曲折的路径变化来实现因"疑"生"忽"的情绪变化，目见即为实，未知即为虚，游者心绪自然地被放大，参与到整园意境的构筑之中。

现代建筑虽不像园林建筑那样在空间节点的位置处理上较为随心所欲，但在空间流线的组织上也有其变化的精妙。苏州博物馆在其设计中，也应用了曲折的方式以带给游者"豁然开朗"之感。馆入口位于正中院落，对面的水院被围合院落中间的建筑体量阻隔，主展览部分在入口西侧，通过西廊连接；再向北折，才终于看到第一个展厅。从入口到展厅之间经过了两折，而从入口到其正对的水院则经过三折，每一折都刷新了对建筑的认知，逐步形成对建筑的整体观念（图24、图25）。

（三）由"意"到"构"——建筑"观想"的形式与建造

中国画常将非同时同地的场景描摹组合，片段之间进行叠加从而展现出一幅完整的图景。例如张择端的《清明上河图》，其将原本动态的街市景象截成多个时间片段，后布于同一张画布之上，展现了中国12世纪北宋汴京集市中"恍然如入汴京，置身流水游龙间，但少尘土扑面耳"的面貌（图26）。

中国园林讲究"筑山理水"⑫，取自然山水之景再造于四方天地，实也是山景、水景、建筑之景的相合，寄情山水，情发之于景，心动之于情，最终达到情景交融。

而建筑通过取用这种拼接式的构图方式，在建筑形式或构造上进行"意"不同的

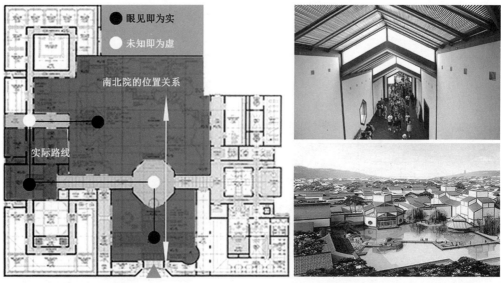

图 24 苏州博物馆的"断续留白"   图 25 苏州博物馆未知的虚（上），实景的实（下）

（苏州博物馆以过渡空间断其前后院景直连，形成了"院—廊—馆—廊—院"的曲折关系，"院"与"馆"若画中之"山"，而"廊"则如画中留白。）

图 26 张择端《清明上河图》

（《清明上河图》将不同场景拼接在一幅长画卷上，构成了整幅画连续的街巷场景。）

"境"或"象"的叠合，从而带来"滟滟随波千万里，何处春江无月明"的时空交错之体验。

1. 形式意构

范曾艺术馆以院为要素，水院波光粼粼，氤氲迷离；石院光影斑驳，空灵通透；井院天光落射，神秘冥静，三者通过竖向叠合组织于建筑整体之中，水院之静，石院之灵，井院之冥相交相融，通过描述不同的"院景"，展现了一幅物我交融、天人合一的静谧之境（图 27、图 28）。

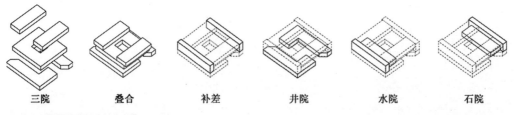

三院   叠合   补差   井院   水院   石院

图 27 范曾艺术馆院落叠合方式

图 28 范曾艺术馆井院（左），石院（中），水院（右）

（范曾艺术馆将三种不同的院景竖向地叠合在同一建筑之中，构筑了三种不同特质的院相交相融之境。）

2. 建造意构

苏州博物馆在屋顶形式的建构上，旧有坡屋顶与简约现代性的几何图形糅合在一起，有原有木构屋顶的架构形式，也有使用了钢材之后高效的承重以及坚固的焊接，在继承原有历史文化的基础上开辟出新的现代意义，在周遭遍布的历史遗存中依然能独树一帜，呈现出具有现代意义的园林之境（图29）。

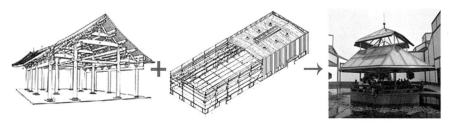

图29 古代木屋顶之构（左），现代钢构（中），苏州博物馆中屋顶的融合之构（右）
（古代木屋之构与现代钢构在苏州博物馆的屋顶上被合宜地拼接交融起来，给观者以时空贯通的交融之感。）

而王澍的水岸山居中选取了多种建造材料，红色的夯土墙面，密排的竹片，堆砌的砾石，层叠的瓦片，排列的木屋架，支撑的钢柱，清素的混凝土。非同质的材料在不同维度组合在一起，建筑材料因此活了起来，产生了一种乡土自然的粗糙之美（图30、图31）。

夯土　　　　　石　　　　　瓦片　　　　　竹　　　　　混凝土

图30 水岸山居墙面所采用的不同材料

图31 水岸山居半混凝土半竹形成的院
（水岸山居在同一空间、同一构件中使用相异的材料构造建筑，杂糅出质朴乡村的粗糙之美。）

四、"观想"试验

将传统中国画的"观想"引申为一种建筑设计方法，形成了解决从概念构思到建造设计的整体性框架。故，笔者试图结合之前的课程设计，从意境到意象再到意构逐层深入，力图检视"观想"方法的实践意义。

（一）意境——"树树皆秋色，山山唯落晖"[⑬]

该设计为一社区活动中心设计，基地北侧为旧城墙基址和旧护城河改建的环城公园，西侧为一塔式仿古建筑，南面城市道路两侧植有颇具历史年代的梧桐（图32、图33）。

绿树映红墙，水波照丽影，这里留有城市中的一片绿色闲静，基地被一片树林环绕，仿佛一片在城市中被包裹出来的极乐之地，人们在这里呼唤自然。方案的设计期望能够配合场地原有的树木，结合自然山林之态，在城市中创造出一片"树树皆秋色，山山唯落晖"的自然写意之所，以回应当地人们对自然的渴望（图34）。

图32　鸟瞰场地周边诗情画意　　　　图33　场地树木参天　　　　图34　画中的山林意境

（二）意象——"绿野山原白满川，子规声里雨如烟"[⑪]

1. 意象的选择

方案选择了"坡"作为意象，有以下的原因：

其一，"坡"作为山的构成要素在中国画中连续不断地出现，"绿野山原白满川，子规声里雨如烟"，"坡"与丛木相间相融，若是站在"山外"看"山内"，山林意趣隐约得见。

其二，"坡"作为中国传统古建的屋顶要素是不可或缺的部分，而场地恰与塔式古建相邻，以"坡"作为勾连，恍若唤起对前世的追忆。

其三，"坡"若山间茅草之屋，若野外营露之帐，从远古到今世，是人们对野性追诉的统一象征。

2. 意象的重塑

选取了意像之后，便开始进行重塑（图35）。

其一，方案未破坏场地中树的要素，顺应狭长的场地布局建筑，使之穿于林间。

其二，为了加深建筑内外的交互渗透，从室内交错地伸出平台，人们可以在其间活动亦或是穿行，一方面可与场地树木亲密接触，体味到"山间嬉戏"之快感；另一方面也在一定程度上解决了坡顶空间狭小的遗憾，并且从三维方向上得到了视线互通的喜悦。

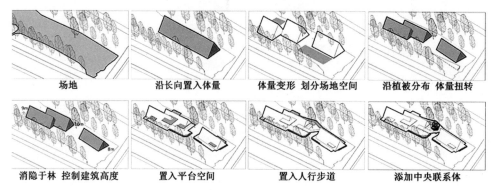

场地　　　沿长向置入体量　　　体量变形　划分场地空间　　　沿植被分布　体量扭转

消隐于林　控制建筑高度　　　置入平台空间　　　置入人行步道　　　添加中央联系体

图35　"坡"之意象

（"坡"若山若屋若营帐，隐于林中颇具山林之趣。）

（三）意构——"野老茅为屋，樵人薜作裳"⑤

方案在建筑的建构上选择了中国古建屋顶的屋架搭建之法，但又有所不同，在"屋脊"之处构件出头，增添了一丝自然的野趣（图36）。

为了表现对自然以及历史的谦卑姿态，笔者调查了场地的树木高度，并且采用了"落地式"的"坡"的姿态来进行构筑，以达到隐于林、露之角的目的，建筑底部做架空，一是为了防潮，二是略有干栏建筑之趣。

从建筑建构与选材上，为了增加亲和力，选择木材作为主要的建构材料，以三角形的构架作为单元，梁柱搭接，结构露于外，更加质朴自然。

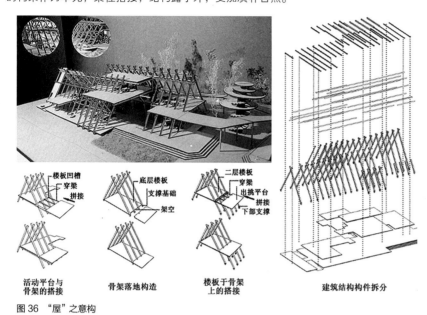

图36 "屋"之意构

（建筑建构以中国古代木构建筑之屋顶、干栏建筑之屋脊之架空相接相合，希望呈现出山林野趣之境。）

五、"观想"未来

由画作到建筑，"观想"实现了由静到动的转变。"观想"于我们是重要的，因为其探求了自然生存之志，物我合一之道，作为历史留存的宝藏，值得我们去学习，去探究，去发展；未来的"观想"定不止于此，因为其所含的哲学之理高于物质，高于情感，必然要更向前进，寻求宇宙真理，"人法地、地法天、天法道、道法自然"，绿色生态将会越来越多地加入到这项议题之中，而绿色的观想、生态的观想也将突破建筑的桎梏，进入到城市设计中，重新开启人与自然的相处法门。

注释：

① 引自谢灵运《过始宁墅》，意为"洁白的云絮抱护着向空壁立的幽峭山岩，而山下清波涟漪，翠绿的蔓藤临岸袅娜，似少女的青丝，照镜自媚"。

② "十六观"出自佛教净土宗五大经典中的《观无量寿佛经》（又名《十六观经》）。在此经中，释迦牟尼佛依韦提希往生佛国之愿，为其开示了十六种观想的修佛法门。此"十六观"分别为：一日观，二水观，三地观，四树观，五池观，六总观，观一切楼地池等，七华座观，八佛菩萨像观，九佛身观，十观音观，十一势至观，十二普往生观，十三杂明佛菩萨观，十四上品生观，十五中品生观，十六下品生观。

③ 引自道元法师讲《佛说观无量寿佛经》之记。

④ 引自王婧. "十六观"于艺术领域之化用方式解读——以陈洪绶《隐居十六观》图册为例 [J]. 美术学报，2015（4）.

⑤ 引自宋吴黯的《因公檄按游黄山》。

⑥ 出自汉乐府名诗《知江南》，作者已不可考。

⑦ 出自白玉蟾《三叠泉》，描绘了泉水从山岩飞溅而下，水汽氤氲的景象，用在此处意在表现身临其境之感。

⑧ 引自金秋野. 凝视与一瞥 [J]. 建筑学报，2014（1）.

⑨ 出自欧阳修的《盘车图》一诗，意思是说："中国画重在写意，并非像西方画那样的一笔笔地一丝不苟地描摹，需要浑厚的基础，所能体现出来的是画的意境，不求工，与外形，而求意蕴。以梅花为代表的画

作，一般情况下，在留白处填写诗词，以借画作抒情，咏物抒怀，借物抒情。"

⑩ 引自张姿，章明，孙嘉 . 院·境 范普艺术馆 [J]. 时代建筑，2014（6）.

⑪ 出自杜甫的《绝句》，用在此处意在表现窗洞所囊括的意境。

⑫ 引自《园林建筑设计》。

⑬ 引自王绩《野望》，意为"每一棵树都凋谢枯黄，每一座山峰都涂上落日的余晖，天空仿佛也比往日透明了许多，秋色像落入宣纸上的颜料，渲染出迷人的图画来"，表达了一种山林之趣。

⑭ 引自翁卷的古诗词作品，《乡村四月》描绘了一幅山坡田野间草木茂盛，稻田里的水色与天光相辉映的美好自然之景。

⑮ 引自李隆基的《早登太行山中言志》，描绘了乡村野屋的意趣。

参考文献：

[1] 陈从周 . 说园 [M]. 济南：山东画报出版社，同济大学出版社，2002.

[2] 陈丹 . 壶井天地，吐纳自然——以拙政园为例品传统私家园林的弹性空间艺术 [J]. 华中建筑，2009（8）.

[3] 范雪 . 苏州博物馆新馆 [J]. 世界建筑，2007（2）.

[4] 金秋野 . 凝视与一瞥 [J]. 建筑学报，2014（1）.

[5] 李兴刚 . 静谧与喧嚣 [M]. 北京：中国建筑工业出版社，2015.

[6] 李兴钢，张音玄，张哲，邢迪 . 留树作庭 随遇而安 折顶拟山 会心不远——记绩溪博物馆 [J]. 建筑学报，2014（2）.

[7] 李小荣，张志鹏 . 净土观想与谢灵运山水意象及意境之关系略探 [J]. 社会科学研究，2007（5）.

[8] 王婧 . "十六观"于艺术领域之化用方式解读——以陈洪绶《隐居十六观》图册为例 [J]. 美术学报，2015（4）.

[9] 郑罡 . 苏州园林的空间设计 [J]. 艺术评论，2008（7）.

[10] 张姿，章明，孙嘉 . 院·境 范普艺术馆 [J]. 时代建筑，2014（6）.

图片来源：

图 1　左图来源于金秋野 . 凝视与一瞥 [J]. 建筑学报，2014（1）. 右图来源于 http://blog.sina.com.cn/s/blog_6a16f9e701015bi6.html

图 2　来源于王婧 . "十六观"于艺术领域之化用方式解读——以陈洪绶《隐居十六观》图册为例 [J]. 美术学报，2015（4）.

图 3　http://www.nipic.com/show/965494.html

图 4　作者自摄

图 5　www.zihua01.com

图 6　左图来源于 www.51zixuewang.com，右图来源于李兴钢，张音玄，张哲，邢迪 . 留树作庭 随遇而安 折顶拟山 会心不远——记绩溪博物馆 [J]. 建筑学报，2014（2）.

图 7　www.kande.com.cn

图 8　作者在金秋野 . 凝视与一瞥 [J]. 建筑学报，2014（1）. 图片基础上加以分析绘制

图 9　左图和中图来源于李兴钢，张音玄，张哲，邢迪 . 留树作庭 随遇而安 折顶拟山 会心不远——记绩溪博物馆 [J]. 建筑学报，2014（2）. 右图来源于 tieba.baidu.com

图 10　blog.sina.com.cn

图 11　来源于金秋野 . 凝视与一瞥 [J]. 建筑学报，2014（1）.

图 12　作者自绘

图 13　除第四幅来源于 sinacn.weibodangan.com，其余都来自 http://sucai.redocn.com/xiazai-1088247.html

图 14　designer.pchouse.com.cn

图 15　作者自绘

图 16　作者在 blog.sina.com.cn 图片基础上加以分析自绘

图 17　作者自摄

图 18　作者自绘

图 19　作者在 http://ziliao.co188.com/d54796318.html 图片基础上加以分析自绘

图 20　作者自绘

图 21　作者自摄

图 22　作者在 http://gc.zbj.com/upimg/ 图片基础上加以分析自绘

图 23　http://gc.zbj.com/upimg/

图 24　作者在 http://ziliao.co188.com/d54796318.html 图片基础上加以分析自绘

图 25　左作者自摄，右 www.shsee.com

图 26　www.nipic.com

图 27　作者自绘

图 28　从左至右依次来源于 www.ntshys.com，www.toooopen.com

图 29　从左至右依次来源于 www.cila.cn，down6.zhulong.com，作者自摄

图 30　http://blog.sina.com.cn/s/blog_49c38be10102e7mx.html

图 31　designer.pchouse.com.cn

图 32，33，34　均来源于网络

图 35，36　作者自绘

韦 拉

（西安建筑科技大学建筑学院 本科五年级）

艺未央·村落拾遗

——基于传统村寨更新的艺术主题聚落设计研究

Study on Artist-in-Residence Design Based on Renewing of Traditional Village

■摘要：关中传统村寨和民居建筑是我国西北地区地域建筑文化的代表，具有极高的历史价值和艺术价值，然而随着当前城市化的推进，传统村寨和民居正在面临着衰亡的严峻挑战，如何保护乡村历史文化资源，继承和发展传统建筑文化，使其适应现代生活的需要，是当前我国城乡发展面临的紧迫问题。以典型关中传统村寨——柳村古寨为例，通过规划设计和典型民居更新设计探讨其作为艺术主题聚落的适应性发展模式，为当前传统村寨的现代化发展提供借鉴。

■关键词：关中民居；传统村寨；地域建筑文化；保护与传承；艺术主题聚落设计

Abstract：The traditional village and architecture in Guanzhong，which has a very high artistic value and historical value，is representative of the regional architectural culture in Northwest China.But as the develop of the city，traditional villages and residential areas are facing serious challenges of rural decline. How to protect the historical and cultural resources，inherit and develop traditional architectural culture，make it adapt to the needs of modern life，is the urgent problem in China's urban and rural development. It is based on the planning and design of typical residential buildings to discuss an adaptive development model of art theme settlement with a typical traditional village in Guanzhong—Liu village of ancient village as an example and provide reference for the modernization development of traditional villages.

Key words：Guanzhong Dwellings；Traditional Villages；Regional Architecture Culture；Protection and Inheritance；Artist-in-Residence Design

一、引言

随着城市化进程的加快，大量的传统村落居民迁居城市。这使得众多具有历史人文价值的传统村落逐渐走向衰败而被人们抛弃。近年来，这些传统村落则慢慢的重新回到人们视野之中，对于它们的开发与再利用成了热门的话题。本文基于以上背景，从艺术主题聚落的视角出发，以柳村古寨为例，通过对关中传统村寨的分析与解析，进行规划设计和典型民居更新研究，为传统村落的复兴及传统文化的传承提供策略。

二、柳村古寨

（一）区位交通

柳村古寨位于中国西部陕西韩城市东北方向，地属韩城市，属于关中文化区。古寨周边交通便利，距离韩城市仅20分钟车程，西侧靠近国道（图1）。古寨通过韩城市与国道便可与全国更大范围的村镇及城市取得联系，便利的交通及区位情况为古寨发展文化旅游产业及外来产业人士的入住提供了优势。

图1 古寨区位层级分析图

（二）周边环境

古寨周边特色鲜明，关中文化氛围浓厚，具有着极强的艺术氛围。首先，古寨具有着极具特征的地形环境。古寨被雄浑的关中黄土沟壑所环绕，仅有一条出入口在西边与外界联通。黄土沟壑一方面作为自然地形为人们展现着天然地貌，另一方面也作为关中文化独特的环境背景向人们展现着地貌艺术。其次，距古寨2500米左右的是被誉为"东方民居瑰宝"的党家村古村寨，集中且真实地展现了关中民居的面貌及关中人民的智慧和审美，是关中著名的旅游目的地，吸引着对关中文化及民居艺术所感兴趣的各类人士。另外，距离古寨仅20分钟车程的韩城市则是历史文化名城，民间艺术种类繁多且文化底蕴丰厚，其中艺术大家数不胜数，涵盖书法、绘画、摄影、文学多个艺术领域。

（三）古寨现状

古寨始建于明朝嘉靖年间，为了防御敌人和野兽的攻击，为避难之用，后期演变为日常生活所用。如今，古寨内部院落荒废化严重，城市化的发展导致了古寨大量居民外迁。年轻劳动力的缺损，致使古寨多处院落及场地荒废无人维修，无人利用。古寨逐渐走向落后与衰败，被人们所遗弃。如何对古寨进行更新，使其满足现代生活的需要，又能传承传统村寨的历史资源是本研究的主要目标。我们对古寨进行了详细的调研，对典型民居进行了测绘（图2）。

图2 古寨现状照片

三、主题定位分析——艺术主题聚落

（一）周边资源优势

1. 黄土沟壑的地貌可作为天然剧场

黄土沟壑的雄浑地貌作为古寨的天然背景，反映了关中的独特文化特质。柳村古寨这一独特的环境优势应充分加以利用。利用基地天然地势形成天然黄土剧场，取自然之大成，以沟壑为背景，以民俗文化为载体，以大手笔的写意，展现关中生活的真实与震撼，为基地进行文化艺术气氛的渲染，最大程度呈现当地文化艺术特质（图3）。经过如此利用改造之后的黄土沟壑便为柳村古寨带来了极强的艺术环境，使古寨吸引艺术家而形成艺术聚落成为可能。

2. 与党家村的历史氛围共同形成关中艺术文化区

与古寨隔沟相望的党家村展现了传统民居的建筑艺术，具有很高的艺术价值，为不折不扣的艺术品，对外具有很强的旅游参观吸引力，是文人墨客及当代艺术家参观考察的文化艺术基地。柳村古寨与党家村相距仅 2500 米左右，可利用党家村关中艺术优势，吸引艺术家群体入驻柳村古寨，使古寨与党家村进行互补：党家村表现出一种受保护下的静态艺术文化氛围，而这里则作为艺术聚落展现出一种动态的艺术文化氛围，从而共同形成关中文化艺术区域（图4）。

图3 黄土剧场　　　　　图4 关中艺术文化区

3. 依托韩城市的艺术文化资源

韩城市是历史文化名城，聚集了大量的艺术家，涵盖了书法、绘画、摄影、文学多个艺术领域，其中不乏有传统艺术大师。而这些艺术家所在的喧嚣的现代城市环境是无法与宁静且具有传统文化底蕴的柳村古寨相比的。所以，这些艺术家则成为极有潜力的入驻人群，为柳村古寨成为艺术聚落奠定了人群基础（图5）。

图5 艺术文化资源分析

4. 古寨自身的资源优势

被荒废的古寨院落具备着较高的历史价值和艺术价值，是不折不扣的艺术瑰宝。独特的关中建筑院落布局及型制，建筑墙面及门窗上精致的雕刻及构造，都吸引着各类艺术家来这里采风及参观。艺术家聚集在这里，办公生活及交流，而荒废的村寨现状反倒为这些艺术家提供了入驻的可能。古寨便利的交通及区位，为人们的利用及开发又提供了基本且坚实的保障。自身的艺术性对艺术家而言具有很强的吸引力，并且幽静且远离城市喧嚣的环境及空废化又为艺术家入驻提供了优势。

（二）目标人群分析

1. 艺术家群体

如今，随着人们生活质量的提高，人们更加追求精神的享受。而艺术家及文人墨客这一群体更是如此，他们往往偏向于寻求一种清净而富有文化内涵的场所进行创作、生活及展览。柳村古寨以关中文化为基础，以雄浑的黄土沟壑为背景，这使其具有着深厚的文化内涵。内部传统的街巷，斑驳的墙面，以及繁茂且精致的院落绿化又使其显得宁静且闲适。这些特点都使古寨在很大程度上满足了艺术家的精神需求。

并且，各类艺术人士往往会在闲暇之时进行外出采风，扩展视野从而用于创作。而柳村古寨浓郁的文化底蕴以及精致的建筑装饰与雕刻和周边雄浑的黄土沟壑及党家村都为这些艺术人士提供了绝佳的采风写生场地，从而使大量艺术家聚集于此。

2. 艺术文化爱好者群体

艺术文化爱好者往往不单单对于所参观的艺术品有着较高的要求，还对于参观艺术时所处的环境有着较高的艺术要求。并且，还需求多样化的艺术参观体验渠道，对于艺术家的创作过程及艺术品的生成过程有着浓厚的兴趣。而柳村古寨极高的艺术人文价值为这些艺术爱好者提供了高品质的艺术环境，并且空废的院落经过艺术家的入驻及改造后形成丰富多样的功能院落，也能满足这些艺术爱好者群体的多样化需求。

四、古寨规划更新设计

（一）村寨总体规划

古寨原本主要的功能为居住。而艺术家的入驻则需要对古寨的整体规划进行适应性的调整。根据人群的需求，古寨被分为较为开放的人文艺术公共区，以及较为内向私密的艺术家创作社区。开放公共是为了实现对外的交流，实现与外来人群的互动，这对于艺术传统文化的外流与促进是相当重要的，这里的氛围应是喧嚣的，热闹的，如同一种集市，只不过这一集市并不是在贩卖商品，而是在传承一种文化，延续以及推动一种文化的发展。外来参观人群来到这里可以参观，参加艺术节等等活动。而内向则希望营造一个舒适清静的氛围，这些艺术家有自己的生活也有自己的工作。在生活之中，他们开始慢慢受到关中文化的影响，开始从中汲取灵感与创意，而这些灵感与创意转换到工作之中则成为一种基于关中文化的新时代的艺术品。在这种情况下，关中传统文化是充满活力的，充满变化的，是不断发展的。

（二）村寨分区规划

1. 人文公共艺术区

人文艺术区力图打造一个能为参观人员带来关中文化展示的窗口，从而也反过来促进文化的交流，为整个基地注入文化活力，营造具有艺术文化氛围的休闲交流场所，人在其中可以跟随艺术文化牵引行走，与艺术自由的对话。该区域主要承载文化体验、艺术展示、艺术交流、艺术体验等功能。由于它的特性，故而人文艺术区要求具有很强的公共性，需选取较为开放的空间，应以街巷空间为载体，以自由、发散为特征，以建筑单体为元素，形成开放的公共空间体系。考虑到这些，将这一区域落位在整个村落的主要道路附近，并且接临基地最大的公共空间节点——涝池区域。该区域北侧多为大院，空间较为流动，灵活性大，有助于形成很好的交流展示的流动空间。南侧多为小院，小巧且精致，适用于休闲惬意的氛围（图6）。

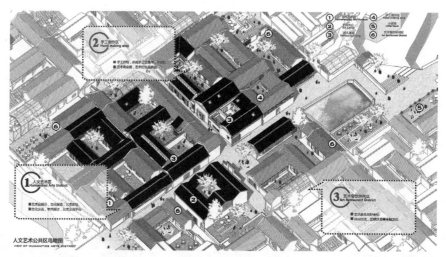

图6 人文公共艺术区鸟瞰图

人文艺术公共区根据场地现状以及院落情况，在保持原有关中院落肌理的情况下，设置了当代艺术馆、手工制作体验展示院落、名人画院展示院落、休闲书吧、艺术中心、小舞台、小剧场。多样化的公共场所允许了多样化的行为发生，外来游客既可在这里观赏表演，也可以观看展览，或是坐在书吧中静静地感受着传统的民俗文化；而艺术家则可以在这里进行布展，宣传，并且与其他的艺术家及外来游客进行交流互动。多样的行为则会使这一区域充满活力。

2. 艺术家创作社区

艺术家创作社区从各类艺术家的人群需求出发。首先对周边艺术资源及艺术家人群进行梳理，得出四个创作区，分别为雕塑创作区、书法创作区、绘画创作区及综合设计区。由于这些区域的艺术家的行为及需求各不相同，便按照各类艺术家的日常生活特点、公共生活特点及精神生活特点这三个方面进行分析，从而确定他们所需求的生活及工作环境，以此为根据来结合基地的院落状况进行各个区域艺术家人群的落位（图7）。

书法创作区和绘画创作区落位于古寨的南侧院落区域，该片区域院落多为小巧且闲适的院落，街巷尺度较小，整体环境清幽宁静，符合书法家及一些画家的生活工作环境所需。雕塑创作区落位于古寨的北侧院落区域，该区域多为大院，能够满足雕塑家的创作及展示需求。综合艺术区落位于古寨的东南角，这一区域荒废的空地与院落相间，有助于灵活的组织空间，符合这一区域艺术家对于灵活的空间环境的要求。

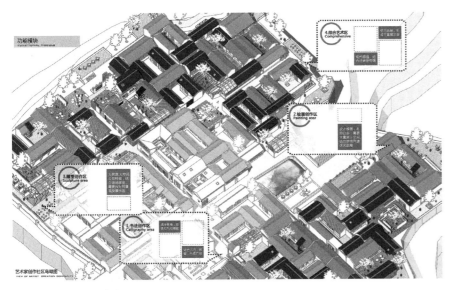

图7 艺术家创作社区鸟瞰图

整体说来，相对于热闹而喧嚣的人文艺术公共区，艺术家创作社区的整体环境应更加私密宁静，为艺术家提供一个很好的创作起居区域——既需求工作的空间，也需求生活的空间。对于这一特性，艺术家创作社区则应选择较为内向的区域进行分布，以院落为个体空间，结合艺术家不同人群的创作及宜人尺度需求，打造丰富多样的创新型院落组合空间。并且，通过街巷以及场地上的节点进行联系，形成完整的体系。

五、典型民居更新设计

（一）更新原则——关中肌理的织补

院落作为一个一个的单体构成了村落整体，这些院落之间具有很强的整体性、关联性及重复性，正是院落之间这样的关系使其构成了一个完整且独特的关中传统村落，并且具备着自身独特的肌理。而在这样一种环境中进行更新设计，肌理的复原与织补则成为重要的原则，再进行适应性的调整。这样才能使更新后的村落仍旧保有村落整体的感受，使其成为一个完整的艺术家聚落。而就是在这样一种肌理下，街巷及村落节点与院落这种公共与私密的关系又为艺术家提供了很好的交流与起居场所，满足了艺术家的日常所需。

（二）更新概念——院中院

院落，这一传统的空间形式已有上千年的历史。人们从公共的环境中围出一个院，围出自己的一片小天地，在公共喧嚣中寻求一种宁静的私密。关中的院落则在关中独特的地形风貌及民风民俗中发展出自身特点，成为不折不扣的文化瑰宝。如今，由于艺术家的入住，这些逐渐被人忘却的历史资源得以重生而得到关注。艺术家需要工作与生活相结合的空间，需要私密与公共相结合的环境。而关中院落及公共街巷的关系对于解决私密与公共具备着先天的优势，所以应当充分利用这些院落，尽量在它的格局下进行改造更新，以院落为单元，进行自由且灵活多样的排列组合，从而满足艺术家对于生活、工作、展览的需求。于是，生成了"院中院"这一概念（图8）。

由于艺术家创作空间的需求，每户艺术家工作室由功能模块被定义为一个居住的"盒子"和一个工作室"盒子"，这两个盒子在院子的组织下形成一个"私密性院落"，满足了艺术家私密性的需求。

结合艺术家展示及交流的需求，植入"展览盒子"和"交流盒子"，将"私密性院落"与盒子的组合，形成了更大层级的院子，通过两层院落的关系，保证了起居办公生活的私密性的同时，展览空间又具有良好的公共性，为艺术家形成了充足的展示面和交流空间。

"院中院"的组合形式形成一个单元块，通过重复组合，形成"组团"，落入基地之中，它们根据每一户各自的基地特征（如朝向、景观、出入口等）进行自由的组合和复制。伴随巷道的延伸，进入每个艺术组团空间。

作者心得

人们对村落有着浪漫的想象，人与自然亲密相处，天人合一，使得村落成了我们的精神家园。关中传统村寨和民居建筑是我国西北地区地域建筑文化的代表，具有极高的历史价值和艺术价值。然而随着城市化进程加速，传统村落的居住模式不再适合人们现代化的需求，许多村落被时代所遗弃，等待着未知的未来。当传统居住模式不再适宜，当村寨文化无人继承，如何保护乡村历史文化资源，继承和发展传统建筑文化，使其适应现代生活的需要，是当前我国城乡发展面临的紧迫问题。

本文基于此背景，以典型关中传统村寨柳村古寨为例，通过深入解析与更新模式的探讨，填补盲点和空白。通过长期的实地调研，本人对村寨逐户进行详细测绘，以院落为单位建立信息档案并进行多项评估，以找寻基地的特质，从而进行规划设计和民居院落更新研究，为传统村落的复兴及传统文化的传承提供策略，将古老的村落从沉睡之中唤醒。

论文的顺利完稿，为本科时代的学习生涯阶段画上了完整的句号。学业期间设计能力的增长与实践经历的积累，以及为此付出的心血一并涌上心头，而所有的收获都离不开老师们的指导与帮助。衷心感谢李涛、李立敏老师，在二位老师的悉心指导下，我对传统村落及民居更新有了更为全面的认知及更深入的理解，论文及设计均顺利完成，并获得了 TEAM20 两岸建筑与规划新人奖、全国专指委优秀作业等若干奖项。通过论文的撰写，也培养了初步的研究能力，为本人硕士阶段的研究实践打下了一定的基础，激励我在今后的学习研究中不断进取，追求更大的进步。

由于艺术家思想交流上的需求，如艺术交流、学术研讨，故在每个组团内，利用典型院落均设计一处"艺术会所"，形成组团的细胞核，为艺术家们的艺术交流、学术研讨提供场所，营造出组团内部里强烈的艺术磁场，从而吸引一些有共同艺术追求和学术要求的群体聚集于此。

通过对不同组团人群日常生活、公共生活、精神生活三个层面的分析，针对不同艺术家的创作模式，分别形成特定的院中院原型，结合艺术家不同人群的创作及宜人尺度需求，营造丰富多样的创新型院落组合空间（图9）。

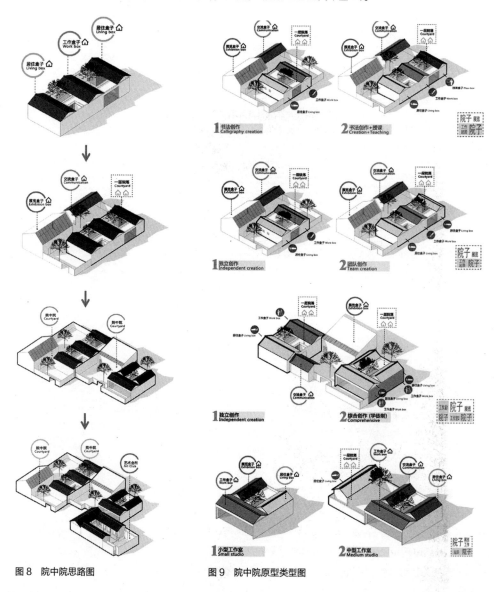

图8 院中院思路图　　　　　　图9 院中院原型类型图

（三）更新方案

1. 更新单体选择

单体更新的院落选定为一个人文艺术公共区手工艺集市院落以及一个艺术家创作社区雕塑家工作室院落（图10）。一个偏公共性质，而另一个偏私密性质，两个院落在更新之时各具特点，各有所需。设计选定两类不同属性的院落是希望通过对两个院落的更新设计，探讨及研究对于各种类型院落的更新设计思路，同时也希望通过这两个不同属性的院落反映出整个基地规划布局的理念。

2. 院落A更新设计

院落A位于人文艺术公共区，性质为手工艺集市，进行工艺品展示，为艺术消费者提供手工作坊，增强互动体验性。院落入口为艺术商业街，进行艺术气氛的渲染。

设计对象现状为三进院落，也是基地唯一的三进院落。通过前期定性定量分析，该院落属于二类院落（院落格局较为完整，整体风貌较协调，主体建筑基本保存，有传统装饰构建）。改造修正后的院落仅存一处建筑，建筑保存完好，院落格局较为完整，但除主体建筑及外墙以外，建筑风貌及建筑质量评定均为拆除对象。基地东侧紧邻名人画院，是等级较高保留较完整的二进院落，地处基地核心位置，具有较高的等级，故更新过程之中对院落严格进行关中肌理的织补，使院落与周边建筑及整体村落协调融合（图11）。

院落A功能分区为公共性质的手工艺集市院落及私密性质的手工艺人起居院落，需要满足手工艺人起居私密性的需求，同时又渴

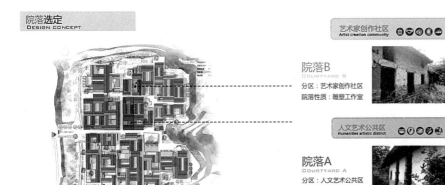

图 10　院落选定

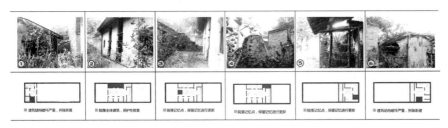

图 11　院落 A 基地现状

望形成流动的公共空间，作为人文艺术公共区流动空间的延伸。基于该院落三进院落的特殊性，设计渴望在关中传统肌理的织补下，找寻新的院落与院落之间的连接关系——院落的空中连接（图 12）。

图 12　空中连廊

　　通过在一层对于院落进行合理的分隔与连接，再用空中连廊进行不同院落的连接，以此在有效增强了公共与私密属性划分的同时也增强了空间的丰富性及流动性。对于不同院落属性而言，院落的空中连接用新的方式界定了院落的街巷，使院落具有更强的归属感及向心性。而对于相同属性的院落空间而言，院落的空中联系增强了空间的流动性，形成了多样的院落视角，形成了高与低、新与旧之间的对话（图 13）。

　　3. 院落 B 更新设计

　　改造院落由于人群的需求将两个院落组合从而形成更大的院落，其中一个院落内存有一个传统老建筑，另一个院落内存有一个新建混凝土平顶建筑和一个传统老建筑。两个院落的室外院子面积均较大，在整个古寨中属于面积偏大的院子（图 14）。该组合院落的功能为雕塑家工作室，满足雕塑家居住、工作、展览及交流功用。院落位于古寨的北

图 13　院落 A 鸟瞰

部，北侧紧邻雕塑家工作区室外节点，再向北便为雄浑的黄土沟壑风貌；东侧为另一个雕塑家工作区院落；南侧为人文艺术公共区手工艺集市院落；西侧则为基地次要街巷。

图 14　院落 B 基地现状

　　该院落的更新改造属于典型院中院概念下的改造设计。由于艺术家创作空间的需求，艺术家工作室由功能模块被定义为一个居住的"盒子"和一个工作室"盒子"，这两个盒子在院子的组织下形成一个"私密性院落"，满足了艺术家私密性的需求，结合艺术家展示及交流的需求，植入"展览盒子"和"交流盒子"，将"私密性院落"与盒子的组合，形成了更大层级的院子，通过两层院落的关系，保证了起居办公生活的私密性的同时，展览空间又具有良好的公共性，为艺术家形成了充足的展示面和交流空间，形成"院中院"院落组织的空间（图 15）。

图 15　院落 B 模型照片

六、结语

　　本研究首先从前期分析入手，通过测绘调研了解基地现状，充分抓住基地特征和周边资源优势，对柳村古寨从区位交通、地形地貌、古寨民居以及人文背景等方面展开调研，结合古村寨现状和人文艺术背景，提出将其定位为艺术主题聚落，进而通过具体的规划设计和单体民居更新设计提出空间构想，为其发展艺术家工坊和相关文化旅游产业提供新思路。而在分析、定位、规划、更新设计这一过程中，并非仅仅局限于对传统文化的保护和传承，更融入了新的生活方式，体现了对传统村寨未来发展的思考，艺术主题聚落或许为当前日渐空废的传统村寨历史文化的传承和发展提供了一种可行的新思路。

参考文献：

[1] 董科敏 . 中国古镇西部行 [M]. 北京：中国建筑工业出版社，2004.

[2] 李改维 . 陕西党家村和杨家沟的公共开敞空间及其环境构件的特征研究 [D]. 西安：西安建筑科技大学，2006.

[3] 刘加平 . 关于民居建筑的演变和发展 [J]. 时代建筑，2006，（4）.

[4] 牟玲生 . 陕西百科全书 [M]. 西安：陕西人民教育出版社 .1992.

[5] 孙笙真 . 关中民居院落空间形态分析及应用 [D]. 西安：西安建筑科技大学，2011.

[6] 王其钧 . 中国民间住宅建筑 [M]. 北京：机械工业出版社，2003.

[7] 叶润祖 . 传统聚落环境空间结构探析 [J]. 建筑学报，2001，（12）.

[8] 叶润祖 . 现代住区环境设计与传统聚落文化——传统聚落环境精神文化形态研究 [J]. 建筑学报，2001，（4）.

[9] 虞志淳 . 陕西关中农村新民居模式研究 [D]. 西安：西安建筑科技大学，2009.

[10] 赵立瀛 . 陕西古建筑 [M]. 西安：陕西人民出版社，1992.

[11] 张壁田，刘振亚 . 陕西民居 [M]. 北京：中国建筑工业出版社，1993.

[12] 周若祁，张光 . 韩城村寨与党家村民居 [M]. 西安：陕西科学技术出版社，1999.

图片来源：

均为作者自绘或拍摄

曹　焱　陈妍霓
（南京大学建筑与城市规划学院　本科二年级）

空间的舞台
——宝华山隆昌寺空间围合与洞口的设计启示

Stage of Space
— Inspiration from the Enclosure and Openings Design in the Longchang Temple，Baohua Mountain

■摘要：从古至今，有一些关于建筑设计的理念是相同的。而在空间围合与洞口方面做得尤为出色的一个例子就是宝华山隆昌寺。本文旨在通过以分析隆昌寺的围合与洞口的关系、洞口与洞口的关系及其采用的手法与之带来的现象学方面的"直接的认识"作为历史资源，就围合与洞口来探索"建筑如何使人感动"这一建筑设计方面的问题。

■关键词：墙；洞；围合；人与空间；情绪引导；隆昌寺

Abstract：Architecture is a dance of space，and people have the same identity with the feeling of spatial characteristics. Therefore，in architectural design，there are some basic techniques and concepts that transcend the times for the treatment of space. Longchang Temple，which is located on the Baohua Mountain，Jiangsu Province，is a particularly outstanding combination of space. In this paper，we will discuss the relationship between enclosures and holes，holes and holes，and the effects between the techniques and direct sense to discuss the design problem of "how architecture moves people".

Key words：Space；Technique；Concept；Enclosure Opening；Direct Sense Move；Longchang Temple

现代经典建筑理论认为：建筑中的面限定着体量与空间的三度容量。每个面的特性，如尺寸、形象、色彩、质感，还有面与面之间的相对关系，最终决定了这些面限定的形式所具有的视觉特征，以及这些面所围合的空间质量。在本文中，笔者将所有的围合面分为两个部分：一种是实体的面，包括墙、顶棚、地面；另一种是相对于实的虚体，即为洞，包括门、窗、天井、柱廊等。这些面的排列组合构成了一组相互联系、相互渗透的空间。笔者将以分析隆昌寺的围合与洞口的关系、洞口与洞口的关系及其采用的手法与之带来的现象学方面的"直接的认识"作为历史资源，就围合与洞口来探索"建筑如何使人感动"

这一建筑设计方面的问题。

隆昌寺坐落于江苏句容宝华山之上，是一组有着悠久历史的佛教寺院建筑。其整体布局别具一格，大致为向心式布局，状若莲花，全寺的高潮——铜殿则点缀于东方；布局大体分为三环，环环相套，中间以门道回廊相随，院院相通，非常巧妙。同时，隆昌寺作为一组佛教建筑，为了塑造触动心灵的精神空间，使用了松紧变化、明暗交替、虚实相生等建筑手法，在大雄宝殿中庭单元、戒坛单元的"鬼门关"、无梁殿—铜殿单元等多个节点创造了令人感动的空间（图1）。

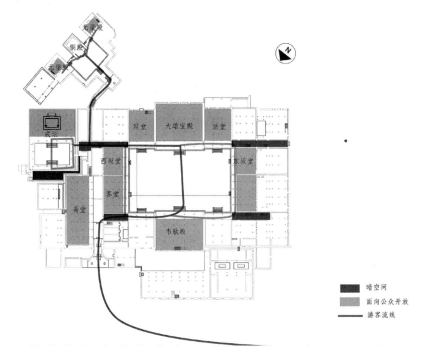

图1 隆昌寺宽窄、明暗、流线分析图（局部）

一、墙与洞

这里所说的墙，更类似于空间界面中的实体。洞则指的是空间界面中的虚体。实体界定了空间，而虚体可以起到串联、延伸空间的作用。即墙限定空间，而洞则刺穿空间。虚实相生，墙与洞从结构上塑造出了一组建筑空间。人身处于建筑空间内部时，往往被空间界面的物理性质所影响，这包括空间界面的材质、尺度或者空间界面之间的围合方式等。当人在一个建筑空间中停留或穿过，合理的空间围合方式将以宽窄、明暗的变化带给人生动的、强烈的身体感受。

（一）松紧变化

空间界面的材料、拼合方式与空间尺度构成了这个空间的空间特性。而当人从具有一个特性的空间踏入具有另一个特性的空间时，随着空间界面虚实相生带来的宽窄明暗变化，空间会呈现出运动感与收缩感。笔者认为这种随着人的运动而体会到的空间变化，就是人的运动所赋予建筑的呼吸（图2~图4）。

从隆昌寺山门到大雄宝殿前院，是一段充满变化的奇妙空间。从广场、山门、天井、廊道到大院短短20米经历了宽松—紧窄—松宽—紧窄—松宽的丰富变化。下文将逐一介绍每个空间的特质。隆昌寺山门前是由巨大条石铺设而成的开阔广场。粗糙的条石铺地限定了底界面，山门狭长，八字墙立于两边，营造出吸纳感，整体有一种向上向内的动感。当人怀着朝圣的心情从悠长香道跋涉上山后，站在开阔的广场上面对高耸狭长的山门，内心肃穆感油然而生。跨过高高的门槛、穿过幽暗狭长的山门，便进入到一个精彩的建筑空间内部前厅。进行之后这是一个天井院落，四面的墙不同程度地向后撤去，柔和的天光缓慢地从空中洒落下来，将天井中央与暗淡于影子之下的院墙做出明显的区分。但左侧的廊道空间界定是模糊的与暧昧的。右转之后便能看到层层叠叠的拱门紧紧相套。狭窄

指导教师点评

2016年春季学期我在南京大学建筑与城市规划学院授本科二年级的"中国建筑史（古代）"课程。授课中曾介绍南京附近的宝华山隆昌寺——这一在群体格局上极具特色的佛寺建筑。曹焱、陈妍宽两位同学在参观后表达了浓厚的兴趣与感触，于是在我的提示和指导下，完成了《空间的舞台》一文。

二年级同学，建筑学的学习尚且初触皮毛，更难谈对建筑历史文化的理解与创新。因此虽然竞赛命题"历史作为一种设计资源"，我并没有从"历史"的角度进行指导，而鼓励她们去体验"在场"，从个人的直观感受入手，启示她们寻找和剖析"感动"的来源与成因。两位同学表现出一定的观察力与敏感度，并随着文章写作中问题的走向几次回访隆昌寺。文章中一手的感触描写与分析也成为亮点。这些感受与分析利用三维模型图示与照片以建筑学手法图象化地表达，完成了一份有新意的作业。

隆昌寺在整体格局和建筑细节中有许多亮点与高潮。文章选取了极为具体的几个细节：以墙体和洞口为主要对象，而最为集中的笔墨落在"鬼门关"区域。这种明确的取舍虽然有失整体性的宏观把握（譬如回避了对寺院格局至为重要的高差利用，有可能对未亲身到访过的读者来说有欠直观），但能够在较短的篇幅内，在所取的细节上尽量深入。作为一篇短小的写作训练，亦不失为一种优势策略。对于作为指导老师的我——一位建筑史教师而言，较为有趣的是两位同学对"鬼门关"的兴趣。这是戒堂单元在传戒大典中特殊的"考试"场所，在位置、格局、形式、材料上都极不起眼，为大部分游客所忽略。但在寺院仪轨中，是最具有冲突性、戏剧性的区域。两位同学对这个区域的选择，正是因为她们自身在这个空间产生了感受，产生了"故事"。她们的理解和观察未必完全符合建筑的历史功能和环境。但事实上在今天的语境下，对于现代建筑师，嵌入当下语境的"故事"（story），而非事实性的"历史"（history），或许会对今天的设计产生更加直接和多样的启示。

最后，必须在此感谢正在西班牙马德里理工大学攻读博士学位的王伟侨老师。她曾对隆昌寺作出非常精彩的空间分析。在与同学们的座谈中，她的视角与方法对我们提供了很大的帮助。

刘 妍
（博士，南京大学建筑与城市
规划学院外聘教师）

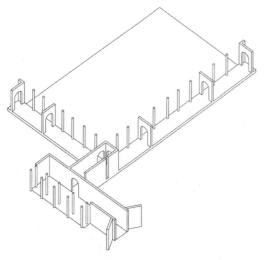

图2　从山门到方形回廊院宽窄变化轴测图　　　　图3　隆昌寺山门　　　　图4　隆昌寺入山门天井

的封闭廊道与开敞的廊道相连，明暗相交，虽然具有相同的尺度但仿佛截然不同的两极世界。在光线的引领下穿过幽暗的廊道，人便立于方形院子的一角。这是隆昌寺内最开阔的院子。灰色条石被严密且有秩序地拼合在地面上，如同一片广阔的灰色海洋。

宽阔开敞的广场与狭长的山门、光线柔和的天井庭院与幽暗廊道、明确的墙与暧昧的柱廊……从山门到大雄宝殿前的方院，路程虽短，却利用墙、洞围合的不同方式，塑造出了封闭与开阔、停滞与流动、清晰与模糊以及明亮与幽暗等充满节奏变化的空间。从图中可以清晰地看出，在这段路程中，狭窄的空间往往是流动的和幽暗的，而宽敞的空间往往是停顿的和明亮的。

（二）明暗变化

明暗与松紧往往相互联系。在没有日常人工照明的建筑物里，日光作为唯一的光照来源，进入建筑的方式与量的多少显得至关重要。而引入日光的"洞"的形状与位置的不同，则赋予建筑空间丰富的明暗变化，并影响着人的内心感受（图5、图6）。

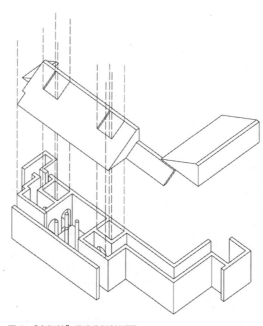

图5　"鬼门关"光照空间照片　　　　图6　"鬼门关"明暗分析轴测图

隆昌寺作为中国最大的律宗道场，每隔两年都会举行戒典。求戒弟子受三戒：沙弥戒、具足戒、菩萨戒。受具足戒时，有一道流程便是要经过"鬼门关"洗清俗世中的罪业。"鬼门关"是设置在戒坛对面墙后的阴暗小道。钱文忠曾在《百家讲坛》中提到此处："设计有一条非常长的过道，过道内光线并不充足，或明或暗，一直延续几百米长。穿越过道时，各人必须在其心中默念，是否还隐瞒了一些亏心事，是否具备了成为一个僧人的条件，是否已经准备好去承担弘扬佛法的职责……就这样缓慢行进，一直走到过道尽头的戒坛处。"要达到这样的效果，"鬼门关"必须要营造出一种能直达人内心的精神空间。

"鬼门关"的入口是一条悠长的小道，由入口的门洞漫射进来的光线在不远处逐渐消退。两侧墙面与屋顶没有开任何洞口，湮没于黑暗之中。随着人缓缓进入，不安感愈发强烈。在幽暗中沿着小道缓缓向前，小道在尽头出现了转折，更深的黑暗从转折处蔓延开来。封闭的墙、蔓延的黑暗、静谧与空旷、转折带来的未知与无尽一下一下地叩击着人的内心。转折过后再走几步，便能看到光线从不远的门洞中微微渗出。绕过门洞，便是一个明暗交加、叹为观止的光照空间。墙与洞经过复杂的组合引入光线、折射光线，在小小的空间中交相辉映，引领人进入一个与入口小道截然不同的精神世界。

这个空间内主要有三个光照来源。有两个是类似天窗的直射光。笔者到"鬼门关"的时候已是傍晚，金色的阳光从天窗照射进来，如同一束金柱。天窗洞口之下四面都有墙围合，但两侧的墙面开有拱门，一侧墙面上开有圆形的窗洞。如此，四面墙限定了日光进入的形状与方向，又通过墙面的洞口再次将日光引入室内。另一个光照来源是北侧的反射光。"鬼门关"与北侧的房屋之间留有一条缝，缝将大部分阳光阻隔于外，一部分光通过北侧房屋灰色的墙面漫射进室内，已变得柔和而温暖。另有一丝光线从缝中滑入室内。金色的细线洒落在朱红的门扇上，细腻平滑的灰砖上，形成点点光斑。当人从幽暗的廊道踏入这光芒与温暖，恰像在鬼门关洗去尘世罪业之后内心所达到的静谧与安详。

（三）空间的节奏感

空间与人是相互影响的。墙与洞围合成的空间是静态的，可以是一个或一组静态的空间。只有当人进入到空间内部，并通过运动体会到空间界面与自己的相对位置在不断发生变化时，这时的建筑空间才是有生命的、有时间性的。墙与洞通过自身及与人的相对位置关系，可以创造出或宽或窄、或明或暗的空间特性。

一方面空间的变化是有节奏的，另一方面人作为行为主体应该被更深层次地考虑到。皮亚杰曾经指出：有机体不止被动地从属于环境，毋宁说是把本身的某一结构强加于环境，因此也修正了环境。空间的节奏变化可以很大程度影响人的情绪。

一段音乐，正弹和反弹谱子，形成的音乐性格完全不同。那么一段路径，行走的方向不同，体会的节奏也不同。从隆昌寺中庭到戒坛的一段台阶，就充满了节奏的变化。

这是一段宽 1.9 米、长 12 米的台阶走道，也是鬼门关的前奏。当笔者由明亮开阔的中庭走进宁静幽深的台阶走廊，便可见远处的光影稀稀落落地洒在逐步抬高的台阶上。台阶逐步而上，笔者的目光随之一直延伸，最终可见一束天光洒落在幽深走廊的末端。而走廊的末端，即是通往神圣的戒坛院落的大门。

这一段路程，神秘狭窄而幽深。相比于开阔的中庭，过道的宽度只可供两人并行。随着空间节奏由开阔到收缩，由明亮到幽暗，人内心的杂念也被黑暗逐渐消解，专一地走向通往神圣戒坛的道路。同时，为了打破过于单一狭长的节奏、缓解狭长幽深的空间知觉，这段长 12 米的过道两侧的墙壁上，出现了两道通往周边院子的小拱门。院子里桂花的香味和绿色一起通过拱门渗透进走廊中，给昏暗的走廊添加了一个停顿，使行人在单一的行径途中有一个新鲜的驻足点。

在终点洒落的光芒的指引下，从中庭前往戒坛的路程是充满信仰和希望的。准备受戒的和尚们从中庭穿过回廊，经过一道道拱门和院子，经历过鬼门关的洗礼，怀着信仰和希望，最终在戒坛举行受戒仪式。

而从戒坛回中庭原路返回的时候，不一样的行走方向又给了人不一样的空间节奏感。回程是不断下行的台阶。台阶随地势缓缓降低，最终有一段平路。由于高差关系，人一眼望不见尽头。往中庭的路是低沉的，前方依旧有光影洒落，在见不到底的走廊中暗示着存在的空间关系。当人走到平地上，便可重新见到远处一道道拱门循环往复，中庭充足的阳光重新洋溢开来，给这段旅程画上了终止号（图 7~ 图 9）。

二、洞与洞

（一）单体的洞

洞作为一个虚体，依赖于实体的墙而存在。抑或说，依赖于实体的边界而存在。其主要功能不外乎通风、采光、景观，隆昌寺的洞口大多是兼而有之，尤其在借天光与造景方面卓有成就。

方形的洞口刚直严肃，而顶部成弧形的洞口则略有向上的趋势，稍显活泼。方圆皆是规整稳定的形制，使人不免想到律宗的森严戒律，更显庄严。

作者心得

2016 年《中国建筑教育》"清润奖"论文比赛征集的时候，我本科大二，正在上刘妍老师教授的中国古代建筑史课。刘妍老师的教学使我对中国古代建筑产生了极大的兴趣，同时心中也存在着困惑：历史建筑／建筑历史如何在当代和未来建筑设计中发挥它的作用？这一困惑与 2016 年的论文竞赛主题"历史作为一种设计资源"不谋而合。于是我和陈妍竞一起，在刘妍老师的指导下写了这篇论文。

十分感谢刘妍老师在百忙之中依旧为论文进行细心的指导，同时感谢王伟侨老师提供的帮助。由于我们写这篇论文时年级低、积累薄弱，刘妍老师建议我们选取优秀案例来进行空间分析。因此，我们在面对"历史作为一种设计资源"这个比赛命题时，把"历史"具象到"历史建筑"这一层级。在具体的写作过程中，我们又从现代的视角出发，将墙、板、洞口等空间元素层层剥离，结合隆昌寺作为宗教建筑所拥有精神性的特质，来探讨这组"建筑"中令人感动的空间成因。

我们的论文中已经选择了一些代表性的空间进行了分析并探究其营造空间的操作手法，在此就不再赘述。因为"令人感动的空间"这一主题本身就具有极大的主观性，论文中采用了大量篇幅来描写作者的情绪感知。虽然我们挑选的被分析空间具有被普遍认同的"精神特质"，这次的研究依旧偏向个人。但是对于我而言这是一次重要的学习方法的探索——探索如何从个人体验出发追本溯源，从精彩的空间中提炼出成因并运用于未来建筑设计之中，也是对于我上完古建史内心存疑"历史如何在当代和未来建筑设计中发挥其作用"的一种可能性的解答。

曹焱

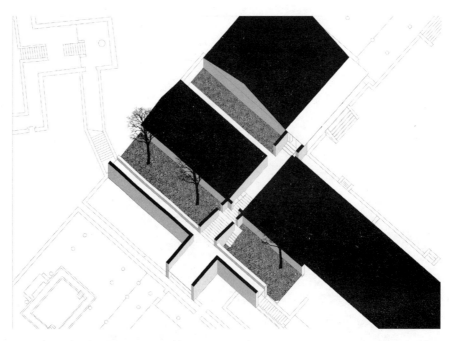

图 7　中庭—戒坛之间的阶梯走道示意图（来源：作者自绘）

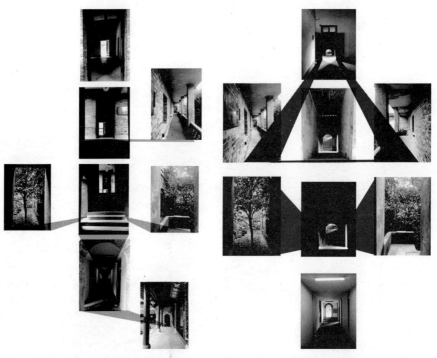

图 8　中庭—戒坛之间的阶梯走道序列拼贴图　　　图 9　戒坛—中庭之间的阶梯走道序列拼贴图

（二）重复的相同的洞

重复一般起着强调的作用，而重复的洞势必是开在重复的墙上的，多重拱门将开敞的空间隔而不围，却又留有拱形门洞相通，加之疏朗有致的柱网阵列其间，仿佛彼此连接却又相互独立的多重世界。从拱门中向前望去，仿佛能对其他"世界"窥见一斑，令人不禁好奇"全豹"又该是怎样的风景，然而向前疾走两步，穿过拱门，却发现亦是同样光景。将相同的建筑语言单纯地有规律地进行重复，中间不渗透任何其他元素，一方面强调出大雄宝殿前的庄重肃穆之感，另一方面加深运动趋势（图 10）。

（三）嵌套的不同的洞

从无梁殿的窗洞向外眺望可以看到通往南山佛学院的山路方向开了一弯月门。洞口狭小如窗洞，让光线除洒在蒲团和菩萨像上外不能过多地透入无梁殿，让人顿感菩萨的神圣；洞口宽大如月门，在视觉上可以最大程度地让人体会到外环境的活泼敞亮，使人世的活泼与仪式空间的严肃形成鲜明的对比（图 11、图 12）。

有别于相同尺度与形状的洞环环相套所营造出的肃穆感，不同的洞相套的视觉意义在于框景。无论两洞相套是否为有意为之，洞

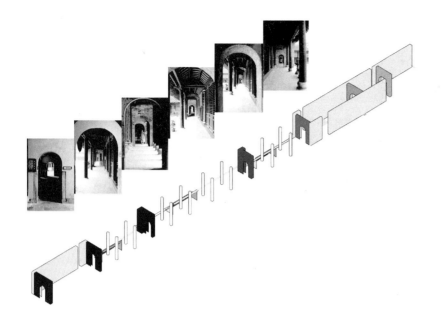

图10 大雄宝殿北侧回廊视图变化

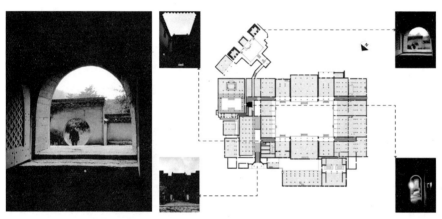

图11 文殊殿西侧窗眺望视角照片　图12 拍摄照片位置

作为虚体，既然其边界既不相同，就排除了功能相通的可能性，笔者认为它们必从属于两个亦不相同的实体（墙）体系。这种空间相较于重复的建筑手法所营造的空间显得更为随性，也更为复杂。虽然图中所示只有两洞相套，但其中包含了五个空间层次：无梁殿内—无梁殿窗洞—窗外门内—弯月门洞—弯月门外。这五个空间没有任何规律性，院内的点点青草与院外的苍树遥相呼应，院外的苍树被院门遮挡一部分又从院门墙头显露出来。伫立窗前，远处山色在窗洞、门洞的遮掩下犹抱琵琶半遮面，别有一番审美意趣。

心理学研究表明：人通过寻找规律性来简化对事物的认知。人识别物体时会识别一些基本形状并以此来识别物体。上例中重复的拱廊具有强烈的规律性，可以看作单一空间形态的不断复制，其本质上是纯粹的，并因其纯粹性营造出精神空间。而不同体系下的洞相套，使各个空间层次相互渗透，却没有绝对的视觉焦点，使空间的流动性更强也更为复杂。

三、总结

如上文所述，墙与洞、洞与洞不同的组合方式都将带给建筑空间不一样的空间个性并以此影响人的精神世界。漫步隆昌寺中，满满都是感动。只有以人为本，才能更深刻地去塑造出令人感动的空间。以笔者从隆昌寺所收获的感动而言，将建筑利用墙与洞来引导情绪分为四个方面：

作者心得

这是大三刚开学的时候和曹焱同学一起在刘妍老师的指导下完成的论文。首先感谢刘妍老师的悉心指导和王伟侨老师的宝贵意见以及曹焱同学的通力合作，这篇论文才能取得一点点小小的成就。

论文完成之时距今已经过去一年多了，如今再回过头来评阅，随着学习的深入与见识的增长，也有了一些不一样的理解。

虽然是论文，但因为是通过现象学的手法、自己"直接的感受"来描述的，隆昌寺的建筑空间得以再现，那些虚实明暗交相辉映的空间还是一如既往的引人入胜。这正是一开始我们选择隆昌寺的初衷，它是一座空间组合手法理念超越时代的建筑，也是一座能让我们真切地去感受的历史建筑。它的空间组合方式以及"鬼门关"等戏剧性的节点让我们尝试去探寻"建筑的故事"与"空间的舞蹈"。在自己"直接的认识"的基础上，我们尝试着自己去思考并用规范化的语言去总结空间组合的规律，从而完成了这篇论文。

然而读着读着，却也有些遗憾。一方面是察觉到了自己笔力的不足，我们并没有办法完全地展现出隆昌寺建筑空间的精妙，也没能很好地梳理出隆昌寺空间围合与洞口带给我们的设计启示。此外，隆昌寺毕竟也是存在一些设计上的缺憾的，这一点是我们暂时没有能力去梳理与弥补的。另一方面，则是对这次论文的实际应用存在着遗憾。虽然这次的出发点是"历史作为一种设计资源"，但在其后的实践中我们并没有很好地把自己感受到的启示运用到自己的课程设计中。这一次为自己的论文写心得，恰好像是一种适当的提醒，提醒我既要善于归纳总结，也要善于活学活用。

陈妍宽

（一）从流线上来引导人的情绪

即规划了人在其中行走的体验，借由设计必经之路，用富于动感的剧烈变化来影响人的情绪，引导游客提前酝酿某方面特定的情绪，为进入目的空间做铺垫。例如，设计参观者必须经由开敞明亮的山门外广场进入相对阴暗狭窄的山门天井再进入宽阔敞亮的中庭，让参观者必须通过对比强烈的空间，先声夺人，震撼心灵；于是再开始游览时，内心便会潜藏一份敬畏。

（二）从尺度上来影响人的情绪

高窄的过道会给人压迫感，封闭的空间会给人压抑感，主要体现在围合之间的相对位置对人心里的情绪的影响。通过身体来影响人的情绪在空间变化对比中显得更为突出。如当人在拱门廊道中穿行时感受到变化的韵律感，每穿过一道拱门便意味着新一道单元的伊始。再如从山门进入到方形廊院中的丰富空间，将空间不断地放松、压缩，人仿佛被挤压、环抱、放开……这种身体感受最终转换为心里的情绪。

（三）从视觉上来影响人的情绪

并不是所有空间都能让人去亲身体验并通过身体唤醒知觉。通过不同层次的视觉经验来形成空间的性格（明暗、封闭或开阔、视线的远近高低、通透、围合即墙体及地面的材质），也是一种影响人内心世界的方法。

在历史中很多建筑都采取了"借景"的手法，将不属于此空间的景致引入空间并给人带来新的视觉体验。在"洞与洞"章节中所描绘的即多为视觉体验。重复的单一空间所营造出的纯粹与肃穆，随性的开敞空间营造出的流动与丰富，都是通过视觉来影响人内心世界。

（四）从场所来暗示相关情绪的发生

这是笔者认为的空间与人相互关系中最为复杂、最为巧妙也是最为深刻的方式。

建筑空间提供了"故事五要素"（时间、场所、人物、事件、缘故）中故事发生的场所。

某些场所自身就是有情绪的，甚至为了更好地服务某些场所的功能，会刻意以建筑空间手段来强化场所的性格情绪。例如，"鬼门关"的曲折幽深不见天日，本身就通过物理手段来使其中的空气比周围的阴冷潮湿，从而使人感到"森冷"；"铜殿"则通过地理位置的居高临下来使人感到"神圣"。

此外，由于长期生活经验的积累，人对某些特定场所会发生的事件、产生的情绪有一定的心理预期。例如，受戒者知道自己通过"鬼门关"的考验之后就能真正到达受戒的戒坛，本身就会对"鬼门关"报以"敬畏"的感情。

当这两者共震时，人对空间感到的震动最大。这时场所提供的意象、人的知觉之间的相互感应就显得尤为重要。这种内外交融的影响是更加深入而持久的。"鬼门关"正是一个这样的空间。受戒者带着即将禁受最后一道考验的敬畏拐过弯后走进没有一丝光的回廊。视觉的封闭使得听觉、触觉异乎寻常的敏锐，也更容易产生幻觉。就场所创造的情绪而言，前方看不见尽头的黑暗与无法退回的后路能充分唤起人对未知的恐惧，增加精神压力；就人对场所带有的情绪预期而言，受戒者本身带着的紧张与敬畏之情也增加了自身的精神压力。在这双重压力的拷问下，受戒者对自身的叩问才是最本质的。只有真正问心无愧的人，才被允许受戒。

墙（实体）和洞（虚体）作为一种围合方式，通过明暗、宽窄、重复可以创造出很多精彩的以引导人的情绪、令人感动的空间。引进光线的手段与要点、营造幽暗空间的尺度与材料质感都有迹可循。但直达人的内心世界需要真正地以人为本，立足人自身去丈量建筑空间。从静态到动态，从单体到组合，从外部影响人到人的自我影响，多方面多维度地来直达人的内心世界，塑造令人感动的精神空间。

参考文献：

[1] 艾术华 . 中原佛寺图考 [M]. 香港：香港大学出版社，1937.

[2] Frank D. K. Ching. 建筑：形式、空间和秩序 [M]. 天津：天津大学出版社，2008.

[3] Norberg-Schulz. 存在 . 空间 . 建筑 [M]. 北京：中国建筑工业出版社，1990.

图片来源：

图 1、图 2、图 6、图 7、图 8、图 9、图 10 作者自绘；
图 3、图 4、图 5、图 11、图 12 作者自摄

田 壮 董文晴

（合肥工业大学建筑与艺术学院 本科四年级）

记忆的签到

——基于新浪微博签到数据的城隍庙历史街区集体记忆空间研究

Memories of Attendance

— The Research of Town God's Temple Historic District's Collective Memory Space Based on SINA Weibo's Attendance Data

■摘要：历史作为城市发展的烙印，始终以集体记忆的形式存在于城市之中。在"互联网+"背景下，依托"大数据"指导城市空间发展与规划，已逐渐成为社会热点。本文以合肥市老城区城隍庙历史街区为例，通过认知地图法研究居民的记忆空间及其形成因素，并通过新浪微博签到数据分析居民的活动空间，发现两者具有一定的吻合度和正相关性。最后得出设计城市记忆空间时，应通过路径串联起标志性节点，功能与结构相结合，加强历史空间的使用率。

■关键词：集体记忆；城隍庙；签到数据；记忆空间；活动空间；居民

Abstract：History as a brand for the development of the city, always exists in the form of collective memory in the city. Guiding urban development and planning relying on "big data", has become a social focus. Using the example of old town God's Temple in Hefei historic district, this essay aims to prove the certain alignment and positive relationship between memory space and activity space. The analysis is based on cognitive-map method and its formation factors as well as attendance data analysis for SINA weibo residents space.Finally the essay concludes that design memory space, landmark nodes should be linked by path, functions and structure should be combined, and strengthen the usage of historic space.

Keywords：Collective Memory；Town God's Temple；Attendance Data；Memory Space；Activity Space；Residents

一、前言

（一）研究背景

伴随着全球化和城市化的快速推进，城市街巷空间的原生态环境和文化生活气息开始退变，城市记忆逐渐缺失，趋同化和均质化的城市危机显现。因此，需要尽可能地保留具有鲜明地域特征和浓郁生活气息的城市空间，以延续城市情感记忆。而城市历史地段作为旧城区极具代表性的城市空间，承载着丰富的记忆元素，沿袭了城市的生长肌理、见证着城市的发展与演变，给人们带来强烈的地域认同感与文化归属感，是城市居民维系邻里关系、寻求身份认同和归属感的重要依托。

社会学家霍夫曼·斯塔尔在1902年首次提出了"集体记忆"这一概念[①]。随着人文社会科学的发展，集体记忆的研究方向不断拓宽，成为一个跨学科的多维研究域。它突出强调在特定场所或空间中群体产生的对历史的记忆，是反映社会群体对各个时间断面内所有有形物质环境和无形精神文化的共同记忆。

同时，随着互联网的快速发展，越来越多的用户开始利用手机获取地理信息或进行签到，随时随地与外界保持信息的快速传递与交流。借助大数据数据量大、类型繁多、实时性的优势，通过获取新浪微博签到数据并进行可视化分析，指导城市空间发展与规划，已逐渐成为社会所关注的热点。

（二）研究方法与思路

合肥城隍庙有"庐州城隍庙，三绝天下稀"之美誉，是老合肥市民集体的记忆归属之一。城隍庙历史街区位于合肥市安庆路北段，为清代庐州府庙，始建于北宋皇祐三年（1051年），是城市历史文化承载空间所在，保存有思惠楼、城隍庙、娘娘殿、孔庙、长江饭店等见证性建筑，是具有城市历史印记的载体（图1）。

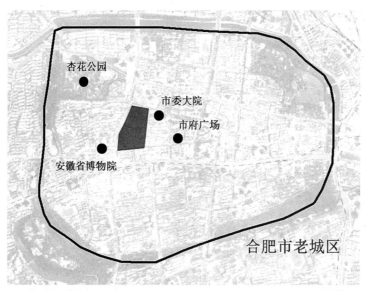

图1　城隍庙历史街区区位

因此，选择合肥城隍庙历史街区作为研究对象，主要从两个方面来研究居民的集体记忆：其一，运用认知地图法结合访谈法，了解历史影响下居民集体记忆的时空特征；其二，运用层次分析法、空间句法分析记忆空间的形成因素，并通过对新浪微博签到数据的研究，分析其对设计城市记忆空间的影响。

认知地图法的概念最早由美国新行为主义心理学家托尔曼于20世纪中叶提出，此后凯文·林奇首次在城市规划领域运用了认知地图法，通过意象草图了解居民城市意象[②]。

通过新浪微博提供的API（应用编程接口）开放平台即可进行签到数据的采集、筛选与处理，并借助ArcGIS进行可视化分析与表达（图2）。

二、基于历史影响下的居民记忆空间分析

（一）集体记忆的时空特征分析

将调研城隍庙得到的记忆草图结合访谈法补充完善，运用认知地图法，分类统计分析空间意向的构成要素，并总结城隍庙居民集体记忆的时空特点。

1. 集体记忆的时间特点

根据居民访谈的结果，结合历史资料，我们梳理出居民集体记忆的五个主要时期，每个时期都有其明显的记忆特点：近现代记忆

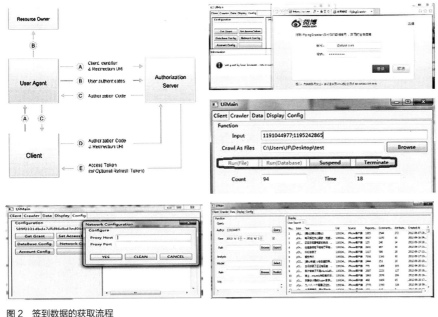

图2 签到数据的获取流程

多为清朝庐州府庙时期李鸿章募捐重建,受名人效应影响;新中国成立之后城隍庙一度沉寂,记忆不深;"文革"时期破四旧毁坏严重改为工厂,记忆淡薄;改革开放后,城隍庙市场成立,成为负有盛名的小商品批发市场,市井生活丰富,这一时期的集体记忆最为深刻;近年的改造建设后,居民记忆多为商业文化和旅游休闲活动(图3)。

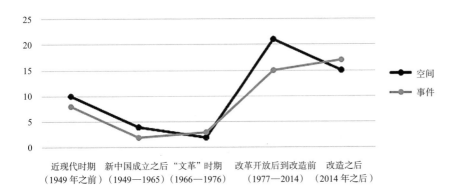

近现代时期　新中国成立之后　"文革"时期　改革开放后到改造前　改造之后
(1949年之前) (1949—1965) (1966—1976)　(1977—2014)　(2014年之后)

图3 集体记忆时间特点

通过统计城隍庙居民五个时期的记忆空间和事件,我们总结出几个特点:

第一,历史时期的记忆多为众所周知的历史事件,并有一定的名人效应;

第二,存在明显的记忆断层,在新中国成立后到改革开放时期记忆淡薄;

第三,改革开放后的记忆最为深刻,记忆空间丰富,多与居民日常生活息息相关。

2. 集体记忆的空间特点

集体记忆空间的要素及特点见表1。

在调查的过程中,我们邀请了两个居民群体绘制他们对城隍庙旧时期(改造之前)与新时期(改造之后)的意向草图,通过认知地图法,根据凯文·林奇提出的意象空间5要素(区域、道路、边界、节点、标志物),对其中涉及的空间要素进行分类统计,再对意向图进行整合整理,发现主要呈现路径型和节点型两种,并分析集体记忆的空间要素演变特点(图4)。

通过统计城隍庙居民的集体记忆空间意向,我们总结出空间要素演变的几个特点:

第一,认知地图主要呈现路径型和节点型两种,其中节点型记忆草图最多,而区域型最少。节点和标志物要素出现频率最高,区域要素最低,可见居民对城隍庙的标志性节点空间记忆较深,而对整体空间布局印象模糊;

元素	要素内涵	城隍庙主要空间要素	要素占比
区域	属于二维平面范畴，具有某些共同能被识别的特征，这些特征不仅能从内部得到确认，而且从外部也能看到并可作为参照	小吃一条街、古玩市场、杏花菜市场	12.2%
边界	属于线形要素的一种，是两个部分的边界线，连续过程中的线形中断	南大门、蒙城路、淮河路	18.4%
道路	属于线形要素，居民日常活动的交通通道	蒙城路、霍邱路、淮河路、安庆路	20.4%
节点	属于点状要素，人们往来行程的集中焦点，具有连接和集中的双重特性	南大门、九狮楼、庐阳宫、百味园、下沉广场、小商品市场	26.5%
标志物	属于点状参照物，多为一个定义简单的有形物体，常被用作确定结构或身份的线索	城隍庙、牌坊、娘娘庙、财神爷庙、花戏楼	22.4%

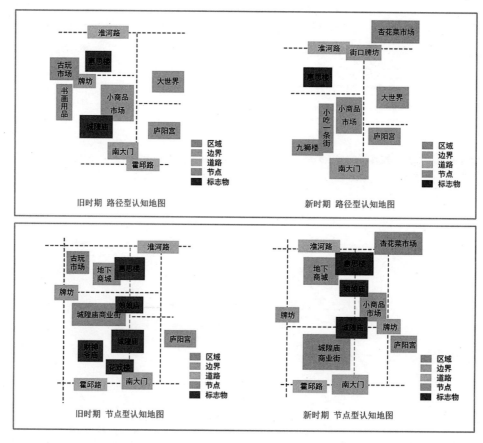

图4　城隍庙集体记忆认知地图

第二，路径型主要由生活性人行道展开，而节点型则由重要节点轴线串联各空间要素；

第三，通过对比新旧两个时期城隍庙的认知地图我们发现，对于具有历史文化性的标志性空间要素和与居民生活相关的商业节点有较好的历史延续性。

（二）集体记忆的历史时空耦合特征分析

运用认知地图法结合调查问卷法分析新旧两个时期的集体记忆空间分布、记忆强度的变化，绘制记忆空间图。

1. 集体记忆的空间范围变化

旧时期的集体记忆空间分布较为集中，并呈现较强轴线性，尤其是沿标志性建筑物的历史文化轴线和主要生活性道路两侧的商业区域。新时期的集体记忆分布相对零散，主要分布在沿历史文化轴线四周的商业区域。说明随着时代的发展和商品经济的繁荣，城隍庙居民的历史记忆有一定萎缩，记忆空间更多地与日常生活和商业活动挂钩（图5）。

2. 集体记忆的记忆强度变化

旧时期的集体记忆强度总体较高，集中分布。新时期的集体记忆呈现均质化，强度有所降低。两个时期的集体记忆中心大致吻合，均为位于场地中心的城隍庙历史文化主轴线，并呈现圈层结构。旧时期的圈层结构拥有更强的向心力，新时期则相对均匀且存在三个次级中心。说明历史文化要素在居民的记忆中仍占据重要地位，但随着时间的推移其记忆强度呈现减弱趋势（图6）。

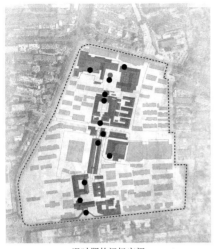
旧时期的记忆空间

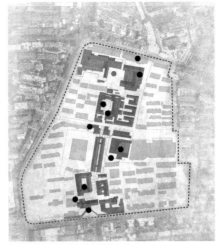
新时期的记忆空间

图5　城隍庙集体记忆认知地图空间范围变化

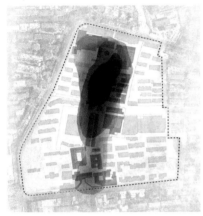
旧时期记忆空间

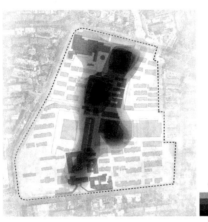
新时期记忆空间

低

高

图6　城隍庙集体记忆认知地图强度变化

三、记忆空间的形成因素分析及设计资源整合

（一）基于层次分析法的记忆空间形成因素分析

通过对城隍庙历史街区进行调查问卷、实地访谈等方式，深层次分析居民的活动与历史影响下的记忆空间之间的关系，了解记忆空间形成的因素。

1. 调研人群基本情况

共发放问卷300份，收回283份，问卷有效率为94.3%。从问卷的统计数据可以看到，签到人群主要为年轻群体，并保持一定的签到频率。可见新浪微博签到数据能够在一定程度上反映人群活动状况（图7）。

2. 形成因素分析

历史影响下的记忆空间形成因素是多方面的，结合参考文献并依据人们对生活游憩的需求和环境的知觉体验，在吸引力评价上从环境质量（E）、活动与情感（A）、管理与服务（S）这三个方面出发，每个方面选取了日常生活中较为重要的几个要素作为评价的因子，构建分层架构图（图8）。

通过层次分析法，计算得出记忆空间各准则层各因子的平均分、得分并统计总分（权重采用一致矩阵法结合人群访谈的方式确定），见表2。

（1）在环境质量因素方面，城隍庙在空气质量方面得分较高。由于城隍庙历史街区一期改造的完成，整个街区的环境质量有了明显的提高。随着建筑的翻新以及老旧小区外立面的改造，使得原本破旧街区的景观美感也得以提升。但由于道路的宽度太窄以及人车混

作者心得

《愿风裁尘，历史归真》

每一座建筑都盛满着过去的灵魂，每一处风景都是历史的墓志铭。

而人，作为城市历史记忆的载体，仿佛是一个个移动的容器，我们站起来，走出去，坐下来，不一定是为了那些空泛的大词，可能只是一片瓦、一条巷、一处广场、一个老地方。

正如本次竞赛题目"历史作为一种设计资源"所述的那样，历史是客观存在于我们每个人举趾之间的，而如何使蒙尘的她成为一种"设计资源"，以及在科技迅速发展的今天，如何在两者之间寻找一种平衡，或者说一种联系，这便是我们论文想要探讨与实现的内容——让原本根植于城市之中的集体记忆空间不再"遁形"，让原本模糊闪现的集体记忆在"互联网＋"时代重新签到。

写作的缘起是置身于"大数据"时代的我们平日一个司空见惯的行为——微博签到。在知识社会创新2.0和"互联网＋"的推动下，具有丰富、详细、实时特征的"大数据"为社会科学研究提供了新范式的转型机遇，也为城市空间规划研究提供了新方法和新内容。因此，我们决定以此为契机，开始以一种"现代"的眼光去审视和利用"历史"遗留下来的种种资源，并将其置于设计师的视角之下，进一步设计和优化城市中的记忆空间。同时，无论是"大数据"与"小数据"相结合，亦或是定量与定性相辅助，在这样辩证思考与分析的过程中，我们也如风一样，渐渐裁剪着城市历史表面的灰尘，重新唤醒每一份属于这个城市的特色记忆与文化活力。

反观在历史语境下城市空间与文化观念影响下的我们，无论时代怎样变迁，我们仍需要一种情愫与场所空间建立紧密的联系，正如霍夫曼所认为的那样，集体记忆便是这样一种不断累积的力量。唯有如此，历史作为一种设计资源，才能真正为大众而设计，为大众而服务。

最后，十分感谢我们的论文指导顾大治老师。感谢顾老师在整个论文写作过程中给予我们的启发、支持、建议与帮助。在历史与现代思考调和的过程中，很荣幸能有顾老师为我们指点迷津。

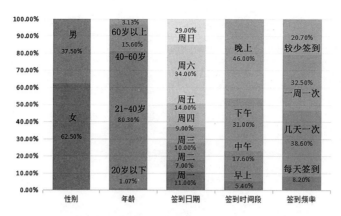

图7　调研人群基本情况

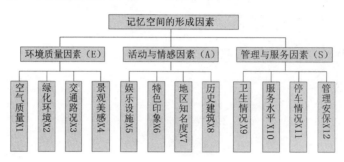

图8　分层架构图

指标权重表　　　　　　　　　　　　　　　　　　　　　　　　　　　　　　表2

环境质量	权重	平均分 城隍庙	得分 城隍庙
空气质量	0.5127	2.4	1.23048
绿化环境	0.2605	2.5	0.63168
景观美感	0.0764	4.2	0.65125
交通路况	0.1504	2.2	0.16808
		总分	2.68149

活动与情感	权重	平均分 城隍庙	得分 城隍庙
商业餐饮	0.3299	3.7	1.32747
特色印象	0.1562	3.6	0.56232
地区知名度	0.1852	3.8	0.70376
历史建筑	0.3287	4.2	1.57924
		总分	4.17279

管理与服务	权重	平均分 城隍庙	得分 城隍庙
卫生情况	0.4526	3.4	1.53884
服务水平	0.0752	3.9	0.29328
停车情况	0.2726	3.4	0.13906
网点便利度	0.1996	4	1.0904
		总分	3.06158

行等因素，交通路况的得分最低。

（2）在活动与情感因素方面，城隍庙在历史建筑和商业餐饮方面得分较高。城隍庙历史街区内保留了城隍庙、娘娘殿、恩惠楼等历史建筑，是老一辈居民历史的记忆点，也是该区域范围内知名的历史建筑。作为商业街，居民对城隍庙的餐饮和商业的满意度也很高。同时，城隍庙作为合肥市著名的历史商业街区，其地区知名度也为其吸引了大量的人群。

（3）在管理与情感因素方面，同样由于城隍庙改造一期工程的完工，原本卫生脏乱、缺乏秩序的城隍庙如今已经变得整洁干净，因此卫生情况得分最高。

总体而言，活动与情感因素的总分明显高于其他两个因素，因此可以看出，城隍庙历史街区的记忆空间的聚集和形成，具有一定的历史影响性。

因此，在进行记忆空间的设计时，应注重对不同年龄层的人群的考虑。注重对活动与情感因素的考虑，从商业餐饮、特色印象、地区知名度与历史建筑等方面考虑，通过历史建筑的保留与修缮、结合古建筑的特色商业餐饮的经营、特色印象以及地区知名度的塑造，使得老居民对该地段的记忆得以保留，年轻签到人群在记忆空间中聚集。

（二）基于签到数据和空间句法的居民活动空间分析

通过新浪微博 API 开放平台调用应用程序接口，获取所研究区域在研究时间范围内的签到信息。根据研究需要，选取用户 ID、时间、经度、纬度、签到内容 5 类信息作为研究数据，据此研究签到的时空动态变化情况（表3）。

采用 ArcGIS 软件的 Kernel 核密度分析法对研究范围进行分析，得到反映签到活动空间分布的核密度专题地图。其中，颜色越偏红色，则表示核密度越大，活动频度越大，活动越集聚；颜色越偏蓝色，则相反（图9）。

空间句法是 Bill Hiller 于 20 世纪 70 年代提出的理论。是一种对包括建筑、聚落、城市甚至景观在内的人居空间结构的量化描述，来研究空间组织与人类社会之间关系的理论和方法。

空间句法将城市中的街道网络作为研究中心，不同的街道具有不同结构上的地位和潜能。在拓扑结构上，有些街道比其他街道具有更高的可达性，具有成为目的地的更大潜力。

获取的签到信息部分文本表　表3

经度	纬度	时间	内容	用户
31.82983	117.18519	Sat Apr 16 11:59:07	黑色星期 六	XXXX
31.86743	117.257668	Sat Apr 16 11:57:36	今天和闺蜜来到了城隍庙玩儿，改造后的城隍庙感觉焕然一新	XXXX
31.80118	117.289864	Sat Apr 16 11:56:52	这个天气我喜欢	XXXX
31.78641	117.22663	Sat Apr 16 11:56:20	打卡	XXXX
31.82745	117.217148	Sat Apr 16 11:46:30	这家店的米线很好吃	XXXX

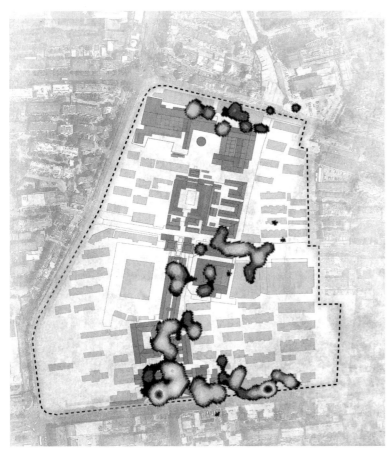

图9　城隍庙历史街区核密度地图

　　在街区尺度下，选择空间句法的主要分析是基于直线型街道简化的轴线模型，采用 Depthmap 软件对所选城隍庙步行商业街地段及其周边的轴线模型进行空间权重分析，主要是空间整合度[③]的分析；整合度值是空间开发潜力的参考，整合度高的区域人更容易到达，使用强度也越大，设计时使用较频繁的功能一般布置在整合度较高的区域（图10）。

图10　城隍庙周边区域整合度情况[④]

187

从核密度图和空间句法图可见，空间句法整合度高的空间，人气较高，核密度也更大。结合二者，可以大致反映城隍庙区域人群的活动空间情况。

将活动空间与记忆空间作对比，我们发现活动空间与记忆空间存在一定关联：

核密度地图显示，人群活动主要集中在商业步行街范围内；同时，步行街整合度较高，人群更易到达。这与居民的记忆空间吻合，说明日常活动密切的空间，能够保留更多的集体记忆。

历史文化性标志建筑区域核密度并不高，空间句法也显示其区域整合度较低，人群不易到达。说明历史文化标志物作为重要的集体记忆空间，其记忆资源还没有得到足够的利用，应加强此类空间的利用率。

因此，设计记忆空间时，空间的功能宜与空间结构相符合，使用频繁的功能更适合布置在人群活动密集、更容易到达的区域，这样可以有效利用城市空间，同时避免开发强度较大导致交通压力等后果。而历史文化空间作为集体记忆的重要资源，应注重发挥其空间效应，增加居民的使用，以进一步延续、强化集体记忆。

四、结论

第一，集体记忆空间具有物质性、情感性和社会性，与生活和公共活动息息相关。在规划设计中，将历史文化资源融入与居民日常生活相关的空间，加强历史空间的使用率，从而延续并强化集体记忆。

第二，在规划设计的过程中，要强调标志性节点要素，尤其是具有历史文化成分的地标性作用，并通过路径要素串联起来。此外，应对区域要素进行深层规划，加强集体记忆的空间感应。

第三，基于集体记忆的记忆空间与基于签到数据的活动空间具有一定的吻合程度和正相关性，记忆程度越高，街道可达性越高，签到数据越多，聚集的人群越多。说明历史依然影响着城市街区的发展，指导着记忆空间的塑造，同时吸引着城市人群的聚集。

注释：

① 霍夫曼·斯塔尔认为集体记忆是一种控制性的力量，也是一种不断积累的力量。

② 凯文·林奇指出，虽然人们脑海中产生的心理图谱复杂程度不一，但大多以空间形状要素表达，可以通过区域、道路、边界、节点、标志物这五类要素描绘。

③ 整合度，也称接近性，是度量到达某路段人流量的潜力。

④ 此图是根据 Depthmap 软件得出的结果作者自绘而成。

参考文献：

[1] 比尔·希利尔.空间是机器——建筑组构理论 [M]. 杨滔，张佶，王晓京译 . 北京：中国建筑工业出版社 .2008.

[2] 刘菁菁 .LBS 何处 "签到" [J]. 计算机世界 .2011.（19）.

[3] 陆敏，汤虞秋，陶卓民 . 基于认知地图法的历史街区居民集体记忆研究——以常州青果巷历史街区为例 [J]. 现代城市研究 .2016.（3）.

[4] 隋正伟，邬阳，刘瑜 . 基于签到数据的用户空间出行相似性度量方法研究 [J]. 地理信息世界 .2013（3）.

[5] 王波，甄峰 . 南京市区就业空间布局 [J]. 人文地理 .2011（4）.

[6] 张帆，邱冰 . 城市开放空间的满意度影响因子研究——以南京主城区为分析对象 [J]. 现代城市研究 .2014（8）.

[7] 甄峰，王波，陈映雪 . 基于网络社会空间的中国城市网络特征——以新浪微博为例 [J]. 地理学报 .2012.（8）.

图片来源：

图 1　新浪微博开放平台

图 2～图 13　作者自绘

刘 星

（北京交通大学建筑与艺术学院 硕士二年级）

不同规模等级菜市场分布的拓扑与距离空间逻辑初探

A Preliminary Study on Topology and Distance Space Logic of Different Size Market Distribution

■摘要：本文基于对 2005 年至 2015 年北京三环内不同摊位数量的菜市场的实地调研，以及北京人口数据，对菜市场和人口密度的关系、十年间三种不同规模的菜市场间的平均距离以及不同规模菜市场所处的街道肌理展开研究。其结论显示：三环内菜市场的分布密度以及规模密度和人口密度无明显关系，2005 年至 2015 年三环内菜市场间的平均距离增大，小型菜市场更多地分布在小尺度道路连接性好、街道肌理相对简单的区域，中型菜市场较多位于中尺度连接好或街道肌理整合的区域，大型的菜市场多分布于大尺度城市干道附近，并且中小规模的菜市场总是伴随着大规模的菜市场出现。

■关键词：菜市场；平均距离；人口密度；空间句法

Abstract：The Market is the basic commercial function of the residents of the community, which is closely related to the daily life of the residents. Based on the field investigation of the different size Market of Beijing in the period from 2005 to 2015 and the resident population data of Beijing, firstly analyzing the relationship between the Market and the resident population. Secondly, comparing the average distance of the three different sizes of Market during the ten years and researching the street texture of the distinctive Markets. The results show that there have no obvious relationships between the distribution density of the Market and population density, so does the scale density of the Market. What most influences the Market is the street configuration. From 2005 to 2015, the average distance between the Market has increased, especially the large scale Market changed most obviously. The small size Market most distributes in the street which is good connection and has simple street texture in the small area. Medium size Market is more located in the in the street which is good connection or has simple street texture in the mesa-scale. The large size Market most distributes near the main road of the city and the large size Marker can motivate the emergence of the small size and medium Market.

Key words: Market；Average Distance；Resident Density；Space Syntax

一、研究背景：非首都功能疏解进行时

随着我国快速的城市建设和经济发展，大城市往往面临着用地紧张、人口规模过大与交通拥堵等城市问题。另一方面，由于城市居民收入提升，对城市公共空间品质的要求也与日俱增。在此背景下，北京自 2015 年起逐步开始了严控城市规模，疏散首都人口和落后产能，改造城市街道界面治理开墙打洞的一系列举措。菜市场多年来一直被作为脏、乱、差的代表，自然也成了近期城市功能疏解的首要对象，而这些政策导向的城市风貌治理和功能疏解政策也再一次引发了自组织经济和管控制度的矛盾。此外，十年前在全国范围开展的"农改超"计划也将北京三环路以内的市场大规模迁出。然而，这种自上而下的疏散政治，不仅不能从根本上杜绝城市小商贩的聚集，反而带来了居民"买菜难"和"买菜贵"的问题，当时的诸多学者也从城市经济产业发展角度提出了不同的意见[①②]。十年后的今天，面对这场激烈的"疏解战"，作为从业者更应该冷静思考不同规模菜市场背后的空间逻辑，而不能是简单照搬"千人指标"的要求，以居住密度和服务范围为基础来评价菜市场的分布是否合理（如"15 分钟生活圈"）。

同时，因为菜市场本身容易受到政策的限制，易于分散和改迁，所以对不同年度进行的追踪研究极为必要，多年多次的数据积累方能保证数据的稳定性，从而准确地把握菜市场这种城市居民日常生活的基本服务型商业的空间变化趋势。

作为社区公共空间重要功能的菜市场，已有大量与其相关的研究。一部分是以距离中心地为基础的分析，吴郑重以台北菜市场的演化与转变为例，归结出台北当前多元、混杂的市场特征[③]；江镇伟以深圳南山区菜市场为例，简单的对社区人口密度和菜市场的关系进行分析，得出部分区域菜市场的数量和社区密度相关[④]，但与我国现有的城镇化地区、城市统计区和高密度城镇化地区的指标略不同[⑤]。以上研究都涉及了菜市场作为社区公共服务设施对城市的作用，但缺乏精细的数据支撑，或对数据的分析方式多在统计层面，忽略了空间对菜市场分布的影响。

从现有的文献和规范中不难看出，在理论研究和实践层面均把居住密度下的服务半径当做评价市场分布的基本规律和评价标准。然而，真实的城市空间是由街道构成的，而对个体摊位来说，它能否成功维持的关键在于其所在街道上是否有足够的客流量穿过。因此，即便满足距离控制标准，那些落位在小巷或道路近端处的市场也难以为继，或者不大可能形成更多的摊位聚集。更为重要的是，运动在街道空间中的分布更不能简单用以距离为基础的模型来描述，街道之间的拓扑联系则起到更为重要的作用。

空间句法作为一种以拓扑连接为基础的空间理论和分析工具，多年来被广泛应用于量化分析各类交通与功能用地、建筑内部空间形态等方向[⑥]，为量化研究菜市场的空间分布规律提供了除距离之外的一种新的空间测度。在这个研究方向上，盛强基于对北京三环内菜市场规模的调研数据，综合真实路网等级与拓扑空间结构分析了市场的空间分布，发现市场规模体现出的幂律与城市道路网络体现出的形态规律之间有对应关系。此外，该研究也发现大型批发类的菜市场显现出随着城市发展逐渐外移的趋势[⑦]。然而，该研究仅仅关注了街道空间拓扑结构的一个因素，并未综合考虑居住密度和服务距离等其他因素的影响。在此研究基础上，本文将基于笔者在 2015 年对北京三环内菜市场摊位数的实地调研，对比历史数据分析疏解政策实施前不同规模菜市场的变化趋势。此外，本文还将分析居住密度对菜市场规模和分布的影响，并与各级别菜市场周边一定范围街道拓扑空间联系进行对比，初步探索距离与拓扑结构两种因素如何综合影响市场的规模与分布。

二、研究方法：数据处理与建模方式

（一）调研方法和数据整理

本文选取的研究对象为北京三环路以内的菜市场，其数据来源为笔者 2005~2015 年对该区域进行的地毯式调研，内容包括各菜市场的类型、位置和具体摊位数。需特别说明的是：菜市场的摊位数量包括市场内固定的摊位数和菜市场周边的摊贩聚集两部分。由于摊贩往往是受到菜市场的吸引而聚集的，甚至在实际经营中多为市场内正式摊位员工在早上人多时临时出菜市场占道经营的一种策略，而这种经营活动客观上也反映了本地的需求强度，因此本文也将其作为正式菜市场的一部分，加总评估其规模。此外，本研究将大于等于 5 的经营个体摊位作为统计菜市场的阈值，排除了零散不成规模的水果店和生鲜店等噪音数据，并参考既有的研究成果[⑦]，将菜市场分为三个等级规模：5~70 个摊位的小型菜市场、70~150 个摊位的中型菜市场、150 个摊位以上的大型菜市场。结合中心地理论，高级别的菜市场本身亦可兼做低级别的菜市场。

（二）菜市场和人口数据的处理

不同于对大区域和城镇区的人口指标研究，本研究关注城市内尺度范围人口和市场规模的关系。但由于我国的人口统计数据往往以街道为单位，其统计力度不足以支撑高精度的模型研究，故本研究将各居住建筑类型、高度等信息折算为居住面积后，将各个统计街道内的人口按面积权重进行了重新落位。此外，为进一步消除其落位误差的影响，将各小区块的人口数据在 3km 半径内进行了均匀化处理，即计算各小区块周边 3km 可达范围内的人口总数。同理，为消除菜市场分布的偶然因素影响，本文对菜市场规模数据也进行了一定半径范围内的均匀化处理。具体来说，本文计算了反映菜市场分布的两种密度：分布密度和规模密度。菜市场分布密度指的是特定半径下，某个等级菜市场数量的加总；而菜市场规模密度则是指该半径下各菜市场摊位数量的加总，忽略了类型而仅关注摊位数，如图 1 所示。结合既有对菜市场购物出行行为的研究，本文选定 800m 作为上述两种密度的统计半径[⑧]。

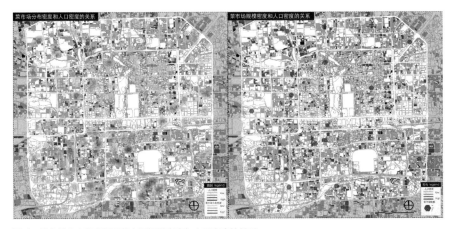

图1　菜市场分布密度以及菜市场规模密度与人口密度的关系

（三）不同规模菜市场的平均距离和道路肌理分析

基于整理后的数据，对不同年份的菜市场的平均距离即菜市场规模密度进行分析对比，并选取菜市场数量最稳定的 2009 年的菜市场划分规模做进一步研究。根据不同规模菜市场平均距离的大小，分为三个等级，即菜市场最密集区域和中等密集区域和非密集区域，并对不同规模的最密集区域做出比较，观察小规模菜市场密集区域，中等规模菜市场密集区域，中小规模菜市场均密集区域，中大规模菜市场均密集区域，大中小规模均密集区域的道路肌理和差异。分别计算了三种规模菜市场在 1000m 半径下的平均距离，即每个菜市场在 1000m 可达范围内有多少个其他相应级别的菜市场，并排除了模型中线段数量的干扰。

（四）街道拓扑连接性的测度方法

不同规模菜市场的空间落位的差异，除了受到菜市场周边环境质量和其他非关联性空间因素的影响，很大程度上还依赖于区位的空间连接度。整合度（integration）的算法含义是计算某条线段到一定几何距离可达范围内所有其他线段的最短拓扑距离（以综合折转角度为定义），它反映了该线段对其他线段的中心性。选择度 (choice) 算法含义是计算某条线段被一定几何距离可达范围内所有其他任意两条线段之间最短拓扑路径（同样以综合折转角度为定义）穿过的次数。基于这两个基本指标，2012 年底 Hillier、杨滔和 Turner 提出了标准化角度选择度（简称穿行度，缩写为 NACH）与标准化角度整合度（缩写为 NAIN）这两个指标[⑨]，其意义在于进一步消除了线段数量对分析效果的影响，实现不同尺度范围和复杂程度空间系统的比较。基于这些既有的研究成果，本文在两种参数值上对不同规模的密集区域的空间逻辑展开研究，探究其在不同半径的连接度对菜市场分布的影响和道路肌理的特征以及复杂程度对菜市场的影响。

三、论常理：菜市场数量以及规模和人口密度的关系

（一）菜市场分布密度和人口密度的关系

一般认为城市中菜市场的分布和规模往往与人口密度有关。图 2 显示了三环内菜市场分布密度（不考虑各市场内摊位数）和人口密度的关系，可看出菜市场数量在南城较密，北城分布更为均匀，大部分区域菜市场的数量较人口数量应有的配比较低，而这些区块多位于二环路以内。二环与三环路之间因存在更多的非居住区，如图 2 所示的三环附近黄色线段，菜市场的数量位于趋势线之上，说明此地区居住人口少但仍有菜市场出现，可得出菜市场数量与区域的人口数量无明显关系，即并非人口较多的地区菜市场的数量也相应增多，二者的决定系数 R 方值仅 0.0532。

此地区较多可能是由于外城的可达性较好，较大规模的菜市场更多位于此地段。

（二）菜市场规模密度和人口的关系

从图 3 观察发现，菜市场摊位数量与菜市场数量呈现的规律一致，与人口数量也无显著对应关系，大型菜市场多位于外城，受道路可达性的影响较大，而内城的菜市场的存

指导教师点评

菜市场是一种延续千年以上的功能，其本身绝对谈不上新，但一直以来我们对城市中再普通不过的这个老现象却往往缺乏足够的关注和认识，一厢情愿地按照类似布置消防站的原则来布置菜市场，而这一切却是违背市场自身的经济规律的。

本文从近年来疏解大城市人口带来的影响出发，以本研究团队近十年来积累的和作者本人实地调研获得的翔实数据为基础，结合人口等其他数据源分析了菜市场等级和规模的空间分布，质疑了人口密度和服务半径等因素的影响，探索了不同尺度层级拓扑街道网络联系对菜市场等级和空间分布的影响。

作为一个基础实证研究，作者本人的数据调研工作在 2015 年历时 2 个月左右的时间完成。而在写作过程中，又遇到了人口密度数据与菜市场空间分布不相关等种种意料之外的困难，可谓一波三折。然而，这一切又是绝大部分基础实证研究都会经历的，顺利发现的规律往往或没有创新性，或是一种伪相关。只有在不断尝试各种方法之后，数据背后隐藏的规律才会初露端倪。当然，作为一篇硕士阶段的小论文，本文发现的规律离建构一种创新的、综合拓扑距离与几何距离的功能分布量化模型尚显遥远。但经历了这个漫长曲折的过程，这些初步的发现还是足以报偿作者的艰辛劳动，让作者充分体会到了科研工作的苦与乐。

最后，希望作者本人和所有对基础实证研究感兴趣的青年学生和学者能够不忘初心，坚信只有做到超限的投入，才能获得无限的回报。

盛强

（北京交通大学建筑与艺术学院
副教授）

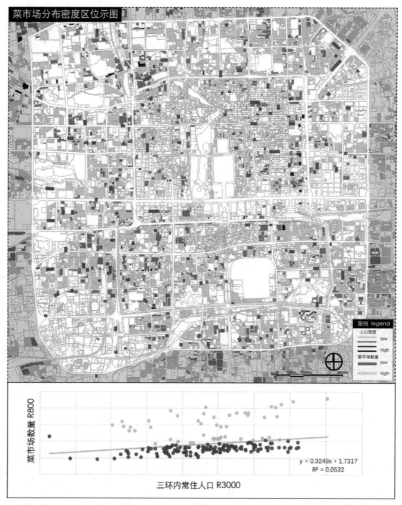

图2　菜市场分布密度区位示意

在优势更多的是提供生活的便利性。数据统计分析结果显示，较菜市场分布密度与人口密度而言，菜市场规模密度与人口密度的相关性稍高一点。并且相对人口数量，规模较大的菜市场的三环周边地区同时也是菜市场数量较多的地区，说明这些地区无论是从菜市场规模或是菜市场数量而言，都高出人口数量应对应比例。

四、究本质：菜市场分布的距离与拓扑空间规律

（一）2005 年至 2015 年菜市场总体变化趋势

如前所述，菜市场无论在数量上还是规模上均与人口密度无对应关系，可能更多地受到城市中的交通和空间结构影响，本部分将针对此假设展开深入的分析。首先笔者对比了 2015 年调研数据和历史数据的变化。图 4 展示了 2005~2009 和 2009~2015 年两个时间区段北京三环内菜市场数量和不同规模菜市场之间平均距离的变化。首先从数目来看，2005~2009 年三环路内全部 179 个菜市场中有 43 个消失，其中有 3 个被升级为超市，而大部分（23 个）是由于在城市开发项目中被拆除。与此同时，在此四年间增加了 46 个菜市场，与 2005 年相比，2009 年总体上菜市场是增多了，由 179 个增至 183 个。因此在当年农改超的政策下，北京中心城区的菜市场数量不仅没有减少反而略有增长。与之不同的是，2009 年到 2015 年间菜市场的数量则呈下降的趋势，即便在排除大范围城市建设区域，菜市场的数量还是下降了约 20 个。相似的变化趋势也明显通过市场间平均距离这个指标呈现出来：2005 年和 2009 年相比相差甚微，2009~2015 年菜市场间的平均距离明显增大，其中大规模的菜市场增幅最为显著，小规模市场增长较小，中等规模变化最不明显。以上说明十年间大型菜市场变迁较大，小规模菜市场变化较少，中等规模的菜市场最为稳定。

这个变化的趋势说明不同等级的菜市场反映出的规律是有差异的。大型菜市场往往兼具批发功能，是京外转运商与京内摊贩交易的主要场所。随着城市的发展，城市边界拓展用地价值提升，一方面对京外转运商来说外迁的菜市场便于周转，且能有效地降低租金，对各方都方便。因此在十年来一直在迁出导致该级别菜市场间平均距离下降。中型的菜市场反映出城市各个片区的需求，相对比较稳定。小型的菜市场则往往很容易受到政策的影响，2015 年北京很多区域都以"15 分钟生活圈"等方式整理过菜市场和摊位。这些新的卖菜点往往仅有 1~3 个摊位的规模，因此并未在本研究的统计范围之内。也正是由于这个因素的影响，导致了小型菜市场"减少"的表象。

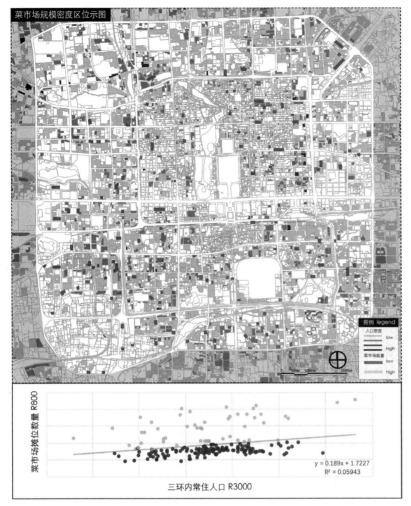

图3 菜市场规模密度区位示意

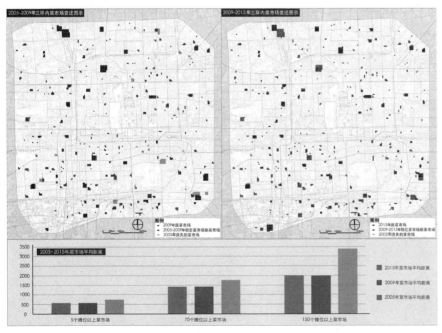

图4 2005~2015年菜市场变迁以及平均距离变化

基于上述原因，本文为了更加客观地反映菜市场分布的规律，排除农改超和疏解非首都功能的影响，在后面的研究中选取了 2009 年的菜市场数据用于分析其距离及拓扑分布规律。

（二）2009年菜市场空间分布逻辑再思考

1. 不同规模菜市场平均距离分析

本部分的分析将基于2009年的菜市场数据，按前述三个规模等级分别分析各个级别菜市场间的平均距离。在图5的分析图中，橙色、绿色和红色依次为小、中、大三个级别等级的菜市场。而在每个等级的菜市场内部，深色的区域为菜市场分布密度较高的区域，浅色区域为分布密度较低的区域。

从图5可以看出，小型菜市场在南城分布较密集，而北城较为零散。中型菜市场分布较小型市场更为均匀，东面由于是商业区域所以较少有中型菜市场，西北角中型菜市场的分布密度明显小于小型菜市场。大型菜市场的分布规律与中型菜市场类似，但数量少于中型菜市场，二者聚集的位置重合度较高。小型菜市场则弥补了大中型菜市场分布空缺的地区。

2. 三类菜市场在同等级平均距离的比较

根据大中小三类菜市场的分布密度等级不同，按其平均距离可在各类型内划分为三个等级。第一等级为各规模菜市场平均距离最小区域，即菜市场最密集地区，小型菜市场间平均距离为205~405m，中等规模市场间的平均距离为380~901m，大型菜市场间的平均距离为477~1230m。第二等级各规模菜市场间的平均距离范围增大，小型菜市场间的平均距离为205~555m，中等规模菜市场间的平均距离为380~1422m，大型规模菜市场间的平均距离为477~1982m。第三等级包含菜市场最疏散区域，最小型菜市场间的平均距离为205~705m，中等规模菜市场间的平均距离为380~1943m，大型规模菜市场间的平均距离为477~2735m。

图6为三类菜市场不同等级密集区的叠加比较，从第一等级密度能更清楚地看出三类菜市场各自的高密集区域，大型菜市场分布的高密集区域多位于商业聚集的地区，周边往往也出现中小型菜市场的聚集。中型菜市场密集区域与大型菜市场密集区域重合较多。但也有些区域只有中型菜市场密度较高而没有大型菜市场辐射，这些区域呈现为绿色。小型菜市场聚集区很少与大型菜市场共同出现，说明小型菜市场不如大型菜市场争夺城市商业优势区域的能力强，仅能占据一些空间区位较弱的地段。而从第二等级分布密度来看，大型菜市场分布较为稀疏的地区均被中小型菜市场占据，并且以小型菜市场为主，显现出小型菜市场的聚集是大中型菜市场缺位的有益补充。或由于这些位置的空间连接较差，大中型市场难以生存而小型市场聚集的门槛较低。

3. 三类菜市场高密度分布区案例分析

从图6中可以看出各类菜市场高密度分布区范围重叠较小，容易体现出各个区域的差异。因此，在本部分的分析中笔者将基于高密度分布区选取其中的特色区域案例，重点分析这些区域在空间拓扑连接上呈现出来的特点。

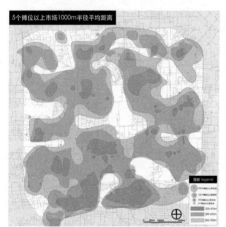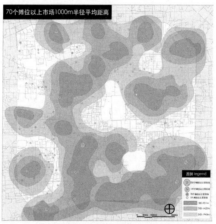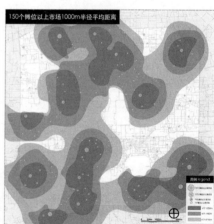

图5　三种规模菜市场1000m径平均距离范围

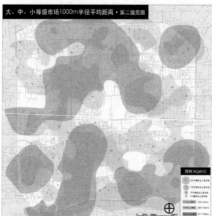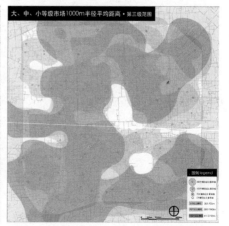

图6　三类菜市场同密度等级范围：左图为三类菜市场的高密度分布区叠加，中图为三类菜市场的中密度分布区叠加，右图为三类菜市场的低密度分布区叠加

图 7 左侧的地图中显示了三类菜市场高密度分布区内的各典型区域分布，右侧的散点图中依次列出了各个典型区域 1000m 半径、3000m 半径和 10km 半径的标准化整合度平均值与穿行度最高值。采用这些标准化参数而非常用的整合度和选择度指标主要考虑到二环路内外的地图精度略有不同，二环路内的胡同区路网较细，而外部主要为现代小区，路网较稀疏。使用标准化系参数（NAIN 和 NACH）可以有效排除这个影响。此外，对标准化整合度参数（NAIN）取平均值能够有效地评价这个片区的街道拓扑形态，越接近规整网格的地区其标准化整合度值越高（图 8）。而对该片区的穿行度取最高值的原因是可以有效地反映这个片区在城市中的空间联系，特别是在大尺度半径的分析中这个参数能够有效地反映某个片区的车流可达性，毕竟评价一个片区在城市中的可达性没必要强求该区域的所有街道都在城市中有较好的可达性，往往其中某条机动车主路会成为服务整个片区的入口。

图 7 中标出的 1、2 区为仅有小型菜市场高密度分布区。可发现在 1000m 的小尺度半径参数上，这两块区域均有相对于其他 8 个案例区较高的整合度数值和较低的穿行度最高值，但在 3 km 及以上半径分析中这两个区在两种空间参数上数值均较低。这个结果说明这类区域存在的空间基础是要求该片区有较高的路网密度及在小范围内相对规整的路网形态（图 8），但与外部空间连接性较差，缺少高等级道路穿过区域，而降低了其对大中型菜市场的支持力。

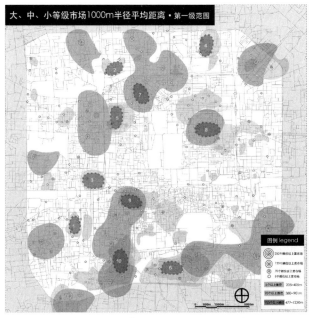

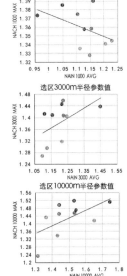

图 7　三类菜市场高密度分布区的典型区域分布及其空间拓扑支持条件分析

3、4 选区为仅有中型菜市场分布的密集区域，与 1、2 选区相比，它们在中尺度 3000m 半径和大尺度 10000m 半径均有较高的标准化整合度和穿行度参数值，仅在小尺度的空间参数值较差。对比这两个选区，案例 3 更依赖于空间的平均整合度，而案例 4 更倾向于依赖最大穿行度，得出中等规模菜市场的服务范围更广，并且分布较密的区域，多为空间肌理连接好或有高等级道路穿过的区域。

5、6 为小型菜市场和中型菜市场分布均为密集的地段，此类区域在各尺度上均有良好的空间参数值，且穿穿行度的最大值影响最为明显，均在有高等级路穿过且道路肌理相对较好的地段。当小型菜市场和中型菜市场同在一区域出现时，说明此区域至少要具备中等规模菜市场的空间要求，小规模市场的出现可能是由于受到中等规模菜市场的吸引而出现，中等规模菜市场对空间区位的空间潜力值要高于小市场。

7、8 选区为大中型菜市场均密集的地区，从整体上来看，这类区域对区位的空间参数值要求最高，更多的受穿行度最高值的影响，多位于主要干道附近。其中案例 7 在中尺度的平均整合度的值较差，道路肌理迷宫化（图 8），但在大尺度上的空间参数值最佳，

竞赛评委点评

论文研究基于作者长期调研累积的大量翔实数据，运用"空间句法"理论，清晰地揭示了不同规模等级的菜市场在城市空间中布局的规律。

论文写作体例规范，研究过程步骤井然，逻辑清晰严密，显示出作者优秀的科研能力。而科学、严谨的研究方法令研究成果具有很强的说服力。论文研究成果也颇具推广价值，可以运用于其他城市、其他公共服务设施类型的研究。

可以预期，随着大数据技术的进一步发展，很多原来难以获取的城市数据将被发掘，从中能够发现更多城市发展的隐秘规律。从这些研究中也将产生更多的优秀论文。

刘克成
（西安建筑科技大学建筑学院，
博导，教授）

本文有对于热点社会议题的敏锐观察，有运用空间句法探究中观城市空间拓扑特性的专业能力，有导师研究团队自 2005~2015 年的长期实证积累，最为珍贵的是，作者没有拘泥于直观且容易操作的方法，而是"自讨苦吃地"主动挖掘现象背后的规律。这种"自寻烦恼"的钻研精神正是构建民族文化自信中最不可或缺的价值。

李振宇
（同济大学建筑与城市规划学院，
院长，教授，博导）

论文紧密结合城市发展中功能疏散问题进行研究，以与市民生活息息相关的菜市场为研究对象，通过对北京三环路内人口密度和菜市场空间分布的分析，初步探索菜市场规模等级空间分布受距离和拓扑空间结构综合影响的一般规律。作者的研究方法具有一定创新性，通过数据处理与建模方式，将复杂、动态的研究对象简化，以定性与定量相结合的方式研究其衍生规律。论文论证充分，写作严谨，能够将理论研究与现实生活紧密结合，海量的数据统计、充分的实地调研与清晰的逻辑分析体现了作者扎实的理论功底。

梅洪元
（哈尔滨工业大学建筑学院，院长，
教授，博导）

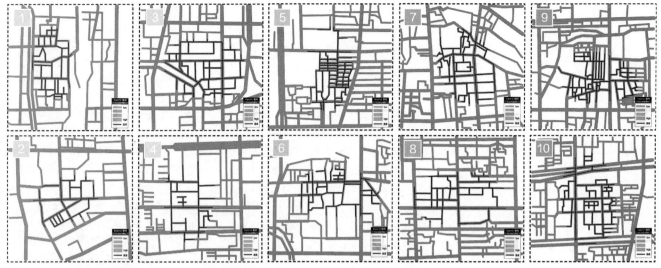

图8 各个案例选区道路肌理示意图

可看出中大型菜市场更多依赖于大尺度范围运动汇集的路段，受小半径范围道路肌理连接影响较小。

9、10选区为三种规模菜市场均密集的地区，在小尺度上由于受到小规模菜市场对道路肌理的需求，平均整合度较高，而中、大尺度上则于中大菜市场均密集区相似，选区穿行度的值较大，但平均整合度的值和中大型菜市场区域相比较低，说明小规模菜市场的密集区的大半径范围的平均整合度低，三种规模共生的区域为中大尺度有高等级道路连接，并且在小尺度上道路肌理相对简单，道路网格分级更明显。

五、结论与讨论：探求菜市场功能疏散新方法

本文针对近期热议的城市功能疏解问题，选区菜市场作为研究对象，通过对北京三环路内人口密度和菜市场空间分布的分析，初步探索了菜市场规模等级空间分布受距离和拓扑空间结构综合影响的一般规律，可总结为以下几点：

首先，从菜市场与居住人口的关系来看，市场的数量和规模与人口密度数据无明显关系。相反，菜市场与道路通达性和街道形态有紧密的关系。

其次，从各类菜市场在过去十年变化的规律来看，大型菜市场有不断迁出的自然趋势，符合功能疏解的条件，而中小型市场则需满足城市居民的日常生活需求，不宜进行疏解。

再次，从各类菜市场空间分布聚集的规律来看，大型菜市场受道路通达性的影响最为明显，小型市场更多的是受到小尺度范围街道肌理复杂程度的作用，中型菜市场则介于两者之间。

此外，本文的研究结论对当下社区生活服务功能规划方法的意义在于：不能只依赖居住密度或服务距离半径来规划菜市场等级和空间分布，而应该更多地考虑到各级别菜市场所在的道路或街道等级。可根据各个片区在不同尺度范围的空间拓扑可达性（实际操作中可参考交通流量）来判定其分布区位及适合的密度。当然，对拓扑空间可达性的测度远不如对服务半径来得直观和容易操作，本文作为一种基础研究仅在规律层面进行了些初步的探索，希望未来能够继续投身于这个方向的后续研究。

注释：

① 朱李明. 演化与变迁：我国城市中的"农改超"问题 [J]. 商业经济与管理，2004，148（2）：13-16.

② 皇甫梅风，郑光财，张琼，吴军. 居民消费习惯与"农改超"模式的思考 [J]. 商业经济与管理，2004，155（9）：17-20.

③ 吴郑重. "菜市场"的日常生活地理学初探：全球化台北与市场多样化的生活城市反思 [J]. 台北社会研究季刊，2004（55）：47-99.

④ 江镇伟. 社区级公共设施活力测度及影响因素研究——以深圳市南山菜市场为例 [D]. 深圳：深圳大学，2017.

⑤ 毛其瑞，龙瀛，吴康. 中国人口密度时空演变与城镇化空间格局初探——从2000年到2010年 [J]. 城市规划，2015（02）：38-43.

⑥ Hillier, B., Penn, A., Hanson, J., Grajewski, T. and Xu, J. *Natural movement: or, configuration and attraction in urban pedestrian movement*[J], in: Environment and Planning B: Planning and Design, 1993, volume 20, 29-66.

⑦ 盛强. 菜市场的等级与路网层级结构——对北京三环内菜市场的空间句法分析 [J]. 华中建筑，2016，06：20-25.

⑧ 黄世祝. 台南市蔬菜集散的空间结构 [D]. 台北：台湾师范大学地理研究所硕士学位论文，1982.

⑨ Hillier, B. Yang. T. Turner.A.. *Advancing DepthMap to advance our understanding of cities: comparing streets and cities, and streets to cities*[C]. in Eighth International Space Syntax Symposium,2012.

图片来源：

文中所有图片均为作者自绘

竞赛评委点评

　　本文针对北京市三环内菜市场空间分布这个特定问题，基于作者十年间的连续调查积累，实证性对比研究了菜市场与地段人口密度和城市道路格局的关联关系。其研究成果表明不同规模等级菜市场的空间分布与人口密度并无明显关系，而是与城市街道的形态结构具有密切的关联性，并随其规模的不同而呈现出与道路等级及其肌理结构的依附关系。作者敢于挑战传统规划思维中"习以为常"的空间分布认知，运用城市形态学量形结合的科学方法，得出了令人信服的结论。这种大胆设问又小心求证的科学态度使人感受到新一代青年学者的良好学术风尚和创新精神。

　　作者如能对这种空间分布规律及其动态变迁的动因机制有进一步的分析和实证，将更加有利于加深对其空间分布规律的科学认知，提升其在规划及政策制定实践运用中的有效性。

韩冬青

（东南大学建筑学院，院长，博导，教授）

　　菜市场同老百姓的生活息息相关，但常常因其"脏、乱、差"而成为城市功能疏解的对象之一。论文针对近年来北京疏解整治菜市场的现状，冷静思考菜市场背后的空间分布与变化规律，不仅整合定量与定性研究而开展了数据精准化的动态分析，同时也充分体现了建筑学专业学生的社会责任感和人文关怀。的确，我国城市经过30年的急速发展后，正经历着从"增量扩张"向"存量优化"的转型，从追求经济效益、强调空间集约高效美化，转向更多地立足于品质、活力和民生的综合提升。对城市空间形态与真实城市生活和民生问题的关联研究，已难以用传统的空间结构模式和静态的空间分析方法来解答。该篇论文正是反思了"千人指标"的传统范式，做出了数据翔实、逻辑清晰的回应。论文的数据截至2015年，随后互联网经济共享经济等正急速改变着老百姓的城市生活，期待有进一步的更多元的思考！

张　颀

（天津大学建筑学院，院长，教授，博导）

作者心得

　　自古以来，民以食为天，要论什么话题最热，当属是与居民日常生活息息相关的菜市场拆迁和改造问题。本论文也针对其展开了详细的研究与分析。我以为，科研的价值和乐趣也正在于此，于生活中发现问题，再借以科研来究其本质。

　　此外，本文的价值还在于这是一个持续了十年的研究，城市脉络的变化不同于飞速发展的网络科技，是一个较漫长的演变过程，完整性、持续性的研究才能更好地发现规律。作为实证性研究，从数据的收集和细致程度来说，本文也详尽而真实地记录了十年间各菜市场的变迁和摊位数的变化，我想这是每一位科研人员都应该有的态度，对数据的筛选与处理也理应客观对待，排出干扰性数据。

　　最后，我还想提出一点：对待科研学术，我们一定要善于思考，敢于打破思维定式。本研究在开始之初，也有一段时间的瓶颈期，对城市范围内人口和菜市场相关性较低感到诧异，但反复验证依然如此，故开始分析菜市场和道路肌理的关系。接下来或者会有其他学者针对此重新再进行验证，然后得出另一番理论，但无论如何，这些成果都是有价值的。本文也是在我硕士导师的研究基础上，进一步做出的分析。作为学生来说，不应先担心研究到最后是否会有正确的理论，而是应踏踏实实地坚持完成你的研究，就算没有得到有力的结论，这也是对其他科研工作者的一点贡献。

　　总之，科研之路虽艰辛且漫长，但保持一颗初心才最珍贵。

钱俊超 周松子
（华中科技大学建筑与城市规划学院 硕士三年级、本科三年级）

城乡结合部自发式菜场内儿童活动的"界限"研究
——以山西运城张家坡村村口菜场为例

Boundaries of Children Activities in Self-generating Food Market in Rural-urban Fringe Zone
— A Case Study of Zhangjiapo, Yuncheng, Shanxi

■摘要：由于日常生活需求，城乡结合部往往自发产生菜场。多数研究涉及附近居民、商贩、城管等人群，但"儿童"却被忽略。看护人的社会关系和场地物理要素对儿童活动造成了若干"界限"。本文通过影响儿童活动的三个因素（时间—永恒、年龄、时段；空间—物理要素、活动范围；人群—儿童、看护人、其他人等），展开对山西运城张家坡村村口自发式菜场为期一周的实地调研。以场地儿童行为活动为目标，深入研究三个影响因素后，总结出六种界限。进而提出空间设计来打破或利用界限，塑造更具包容性的儿童友好型自发式菜场。

■关键词：自发式菜场；儿童行为活动；时空人群；界限

Abstract：As a result of daily needs, self-generating food markets often emerge in rural-urban fringe zone. Most of current researches focus on neighboring residents, dealers and urban management staff, neglecting "children". Social relationship of guardians and physical features of the site set up several "boundaries" for children's activity. With 3 factors that affect children activity（time - eternity, age, time period；space - physical features, special range of activities；people - children, guardians, others, etc.）, an one-week survey of self-generating food market in the entrance of Zhangjiapo, Yuncheng, Shanxi was carried out. Focusing on children's behavior, 3 factors are studied and 6 boundaries are figured, based on which special design methods are proposed, in order to break or make use of the boundaries, create children-friendly self-generating food markets that are more inclusive.

Key words：Self-generating Food Markets；Children's Activity；Time；Space；Boundaries

随着城市的快速发展与不断向外扩张，城市与其周边的乡村接壤，形成了城乡结合部。在我国中小型城市中，城乡结合部尤为常见，常常有着极其明显的对比——现代高档小区与等待拆迁的自建房。由于人们的日常需求，这些城乡结合地带，自发形成了大量的菜场和集市。它们自发集中在城乡结合的交集地段，依托在城乡结合部的道路、空地或乡村紧邻城市的房屋旁。这个特定空间承载着周边人们的日常生活，有着较强的活力，在现代城市发展中发挥不可或缺的作用。在这里，因为便宜的菜价和物价及新鲜的农产品，吸引了周围各种阶级的人群（附近城市居民、周边工地工人、村子里的村民）。由于有较强的活力，从而吸引了更多的流动商贩。据调研，这些流动商贩一部分是本地村民，还有一部分是外来人口。本地村民、周边城市居民、外来流动人口、城管等各式各样的人汇聚在这里，进行着买卖水果蔬菜、熟食、日常用品，吃早餐，散步，遛狗，下棋，闲聊，商贩与城管斗智斗勇等一系列日常活动。

本文将研究的重点放在这些自发式菜场集市的儿童身上。这里有一个很有趣的现象：不论是商贩卖菜，居民来买菜、休闲，城管来管理，大人来这里都有明确的目的和原因。但是儿童却不一样，他们不是主动来这里玩的，而是被他们的父母带过来。当我们将视角聚焦在这些儿童身上，发现有些儿童可以在场地中和其他儿童相互玩耍，在儿童的世界里，他们是这个舞台的表演者；而有些儿童自始至终都没有离开父母半步，他们或被父母牵着或被自行车、电动车载着，当父母在买东西的时候，他们只能在旁边观察，他们是这个舞台的观察者；还有些儿童则一直待在三轮车里，除了与父母偶尔的几句交谈，他们一直都是独自一人，在这个舞台中，他们是被遗忘者。儿童的世界并没有成年人这么复杂，但是为什么这些儿童不能一起游戏与玩耍，儿童之间产生了这么多的界限呢？这正是本文将要探讨的问题。

一、相关研究综述

（一）媒体相关报道

通过网上新闻、新浪博客、微信公众号等，我们可以了解到在北京、贵阳等城市的正式菜场以及深圳的城中村里商贩儿童们的日常活动。例如，《菜市场里的"小候鸟"：帮父母吆喝，在摊位旁玩玩具》报道了北京市望京地区某菜市场里的儿童在暑假帮父母吆喝、打理蔬菜、帮顾客装菜，或者用父母的手机看电影，玩积木。贵阳新闻网《菜场里那些儿童们的别样暑假》中，有8岁的小女孩帮妈妈卖鸡蛋，在菜场里弹古筝，有小女孩给自己的爸爸画画当作生日礼物，做暑假作业等。在豆豆爸的博客《小市场，大学问——带儿童上菜市场的四个好处》里，博主谈到经常带儿童去厦门的菜场和生鲜超市，带儿童去认识蔬菜瓜果，学习数字、简单的数学计算、重量单位等。在UABB微信公众号《儿童节特辑 | 城中村的儿童》中，作者用图片的方式向世人展示了生活在深圳城中村的儿童的生活："对于生活在城中村里的儿童们来说，开心与幸福是他们衡量这个城市化产物的唯二标准"。

（二）儿童活动的相关研究

1. 户外开放空间

户外开放空间对儿童的成长有积极影响，在《开放空间——人性化空间》一书中，作者更多地从自然、绿色空间这个角度阐述了室外开放空间对于儿童成长的帮助。"对儿童来说，玩乐性的接触大自然和开放空间的主要意义，看似通过他们其后一生的反响方式而凸显出来。自由、轻易地接触既具冒险性又有趣的户外环境起着重要的作用：它有利于青少年的身体发育、身体健康、情绪健康、心理健康，以及社会成长。"

2. 儿童的活动与游戏

日本环境设计研究所会长仙田满教授在其论文《游戏环境的设计方法及其发展》中论述了儿童游戏与活动的相关研究。儿童游戏与活动需要具备四个基本条件：自由、快乐、

指导教师点评

论文以城乡结合部自发式菜场为背景，从日常生活实践与空间生产的视角，巧妙地聚焦在场所中的"儿童活动"。作者通过系统的混合研究方法，把定量与定性研究有机地结合起来，基于物理要素和社会关系揭露出六种界限，并提出了相关设计实践。这一研究过程和成果，不仅尝试了跨学科的知识生产，将心理学、社会学、人类学等学科纳入建筑学的空间研究范畴，如皮亚杰（Piaget）的儿童心理认知结构和德塞都（De Certeau）的日常生活战术操作；更重要的是，作者重新定义了空间设计需求，具体讨论了设计实践中的可能性。尽管论文访谈深度和分析稍显单薄，但作者尝试将似乎琐碎且平凡的日常生活放入城市与建筑的宏大话语之中进行剖析与整合，以期凿开固化的学科窠臼。与此同时，论文不止流于形式，更批判性地把知识的生产和实践的指导紧密地联系起来。

值得注意的是，论文最大的亮点在于其背后的思维逻辑，即依附（adhere to）。首先，依附体现在论文选题——"依附于"。论文的研究重点为"儿童"，但看护人在场所中的活动范围和路径等因素决定了儿童的活动。换句话讲，看护人在整个研究脉络中成为主线，作者"依附于"主线来探索儿童各种活动的意义。其次，依附体现在分析框架——"相互依附"。论文深入地研究了时间、空间和人群，通过分析研究结果的"相互依附"，揭露出儿童活动界限，继而提出设计策略。这一研究过程和结果是不可约或逆推的（irreducibility），它们需要在"相互依附"的过程中才能彰显其意义。譬如，论文中指出住户、行人、商贩的权力关系决定了不同的空间利用和日常实践，但需要同时分析场所的物理要素、早中晚时段和儿童年龄等复杂因素，才能理解儿童活动的意义。最后，依附体现在批判性反思——"非确定性"。论文批判性地指出德塞都的战术（tactics）概念生动地呈现在研究场所中，但对于儿童具有"非确定性"。由于儿童处于对既有规则和既有环境的探索阶段，很难独立进行战术行动，并且看护人会把自己与儿童考虑为一个个体。这一反思重新定义了德塞都的算计（calculation）和个体（individuals）的意义。不过论文中并没有提出在后续研究中"非确定性"的重要作用。例如极端天气或特殊事件等因素的介入，会导致研究结

（下转第201页）

无偿、反复。具备的四个条件：游戏空间、游戏时间、游戏方法和游戏集体。将游戏空间划分为6种基本空间类型：自然空间、开放空间、道路空间、无秩序空间、秘密集会空间、游具空间。

（三）相关术语界定

1. 城乡结合部

在20世纪20年代，西方发达国家出现城市郊区化现象后，在城市与乡村之间形成的过渡地带，西方学者称为城乡边缘区（或城市边缘带），1936年德国地理学家赫伯特·路易斯首次提出城市边缘带这一概念。威尔文将其定义为"在已被承认的城市土地与农业土地之间的用地转变区域"。"城乡结合部"是80年代我国规划界与土地管理部门提出的概念，源自于城市规划学，提出的目的是对城市规划区外缘进行规划与管理，主要指城市规划市区范围内的边缘地带，与城市边缘区只是名称上的不同，并不存在本质上的区别。

2. 自发式菜场

国内建筑学领域对于菜场这一城市空间的研究很少，与本文相关的菜场研究只有两篇：《菜场—摊贩—空间格局："温州村"公共空间演变"规则"研究》与《当代北京旧城菜市场空间研究》。而以自发式菜场或临时菜场为关键词和主题词并没有检索到相关论文。本文中的自发式菜场主要指城乡结合部中因周边居民需求而形成的菜场。这类菜场往往依托道路、空地或者农村自建房自发形成，没有特定的建筑遮蔽物。它为商贩与邻里、邻里与邻里之间提供交往空间，是一个充满人情味的地方，甚至成为人们工作、学习之余必去的消遣娱乐之地。自发式菜场往往具有灵活性、自发性、依赖性、多样性等特征。

二、影响儿童活动与游戏的三个因素：时间、空间、人群

（一）时间

与儿童活动相关的时间有三层具体含义：永恒、年龄、时段。永恒特指很长的一段时间内不变的东西，比如场地以及场地上固有的物理要素，它们在很长的一段时间内都不会变化。

年龄指儿童的具体年龄，不同年龄阶段的儿童认知能力不同，导致其活动方式和游戏类型不尽相同。著名儿童心理学家让·皮亚杰的"儿童认知发展阶段论"指出：0~2岁为儿童的感知运算阶段（Sensorimotor Stage），这是儿童精神发展的第一阶段，包括知觉和听、看、触摸、闻、咬等运动技能的初步发展；2~7岁为前运算阶段（Peroperational Stage），在这个阶段，儿童将感知动作内化为表象，建立了符号功能进行思维活动，使思维有了质的飞跃；7~11岁为具体运算阶段（Concrete Operations Stage），在本阶段内，儿童的认知结构由前运算阶段的表象图式演化为运算图式，儿童会更具运算性和逻辑性的思考；11岁以上为形式运算阶段（Formal Operational Stage），儿童思维发展到抽象逻辑推理水平，可以进行假设—演绎推理。

时段指的是一天之中清晨、白天、傍晚不同时间段自发式菜场呈现出的不同空间状态。

（二）空间

空间中和儿童相关的因素有空间物理要素和空间范围。

1. 空间物理要素

物理空间要素划分空间边界，从而影响儿童活动。在自发式菜场，物理空间要素分为固定要素与不固定要素两类。固定要素指和场地同时存在的，不因时间而变化的东西，例如场地的道路、铺砖、建筑物或构筑物、路灯等。不固定要素指随着时间变化而变化的东西，比如商贩摊位，不同的时间段呈现不同的状态。

2. 空间范围

杨·盖尔在《How to study public life》一书"驻足的良好场所"章节中讲到"在阿斯科利皮切诺广场的这个研究表明了行人通常是以对角线的方式穿过广场，而站立的人们都仔细地选择了空间边缘的位置"，"这些研究清楚地证明了日后被形容为的'边界效应'，即人们更倾向于在空间的边界驻足的事实"。对于自发式菜场这个公共空间来讲，场地并不是完全空旷，商贩们会按照自己的理解选择最适合摆摊的位置。那么，儿童的活动空间或者位于摊位旁，或者位于摊位以外的剩余空地。

（三）人群

影响儿童活动的人群主要有三类：儿童本身、儿童看护人、其他人。

1. 儿童本身

他们在场地中进行着不同的活动与游戏。在本研究中，他们是研究的重点。

2. 儿童看护人

儿童很少会单独存在在场地中。他们更多地是作为看护人的附属依附在看护人身边。如果在这个生活剧中，看护人是主角，那么儿童就是配角。虽然现在我们将镜头聚焦在这些儿童身上，但是我们依然无法将儿童和看护人剥离开来。

3. 其他人

对儿童活动产生较大影响的主要是城管。正如上文所提到的，儿童在场地中的活动依附于看护人的活动展开。因此，城管在市场管制的时候，会清理非机动车道的临时摊位，影响固定摊位的摆摊位置，对这部分看护人的儿童的活动起到关键影响。同时每次城管执法往往会有十多名城管参与，如此大规模的外来人对儿童心理也会造成一定影响。

三、场地调研

（一）场地介绍

基于以上分析解读和研究，作者以山西运城张家坡村村口自发式菜场为例，进行一周左右的实地调研。该调研基地位于运城城市东郊区（市区与郊区的连接点）——河东东街张家坡村的一块废弃空间，南面为外滩首府住宅小区，西侧为关铝花园住宅小区，东侧不远处有运城最大的滨水公园，北侧依靠张家坡村（图1~图3）。空地主要承载了周边小区居民、附近工地工人、张家坡村民、年轻打工者以及为生存奔波的摊贩们的日常生活，而且它在每天不同时间段呈现明显的变化：早上主要是周边居民吃早点的地方；白天是空地，用作停车场，很少有人停留；傍晚是热闹的集市——买卖、散步、遛狗、下棋、聊天等各种活动聚集在此。

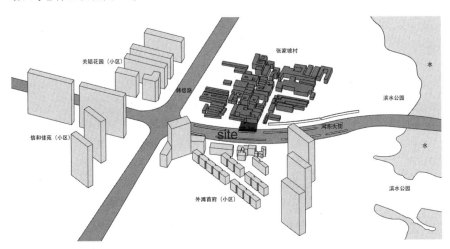

图1 场地周边环境

图2 傍晚场地现状照片（鸟瞰）

图3 傍晚场地现状照片（人视）

（二）调研方法

调研方法主要是地形测绘、定点观察与半结构访谈。

地形测绘主要针对固定物理要素和不固定物理要素，它们都影响儿童在场地中的活动。在当地政府提供的地形图的基础上重点标记影响儿童行为与活动的物理要素，同时标注摊贩的空间位置并用卷尺、步测测量其尺寸。

定点观察（针对不同时段下的空间和人群）一共观察七天（一周时间段，第一天试调研以体验为主，之后六天采集数据），分为规律性定点观察和连续性定点观察。规律性定点观察四个工作日和两个休息日，每天观察四个小时，分别为早上7~8点，中午11~12点，下午16~17点，晚上19~20点，在一个小时里每5分钟以拍照的形式记录场地儿童的瞬间活动，每个小时获得13组瞬时照片。然后在每个小时随机抽取10分钟拍摄场地内儿童活动的录像，用以分析场地动态和补充照片数据。同时测量每个小时内场地的风速、照度、温度等物理影响因素数据。

在后期，将所有儿童六天中四个时间段的空间位置、活动类型、性别、朝向等相关

（上接第199页）

果和过程的"变化"，甚至指向其他意义。也就是说，随着其他因素的多方面介入和不同视角的再批判，所揭露出的非确定性和不断变化的意义，为之后的设计研究提供了全新的思路。

孙子文
（爱丁堡大学建筑与景观学院博士生
兼设计导师）

信息录入 GIS 中。并结合街道地形、物理影响因素以及半结构访谈具体分析数据。

　　连续性定点观察（针对特定时间下的具体空间和具体人群）主要针对单个儿童在场地内一段时间的活动。对于买家的儿童来讲，记录从儿童进入场地一直持续到儿童离开场地的活动路径、活动类型及行为方式，父母与儿童的距离和在场时间等信息。对于住户和卖家的儿童来讲，记录儿童在某个时间段内的活动范围与活动方式、儿童与父母的相互关系等。

　　半结构访谈（针对于个体的感知和观点）面向附近活动居民、流动商贩以及他们的客户买家三类人群。从"为什么要来这里？平常来这儿的频率是多少？这里离你家有多远？你喜欢这里吗？"等问题入手了解相关情况。此前也尝试采访儿童，但是儿童家长戒心很重，对儿童的采访很快就结束了，也无法获得较多有效信息。因此，主要从带儿童的家长出发，了解儿童在场地的相关情况。

（三）调研分析

1. 时间

　　自发式菜场就像一个舞台，每天都在上演生活剧，虽然剧中的每个小故事都不同，但是每天的剧都是重复的，一天之中每一幕的场景依据时间展开（图4）。清晨，卖早餐的商贩在道路交叉口开始摆摊，来这儿的人或买早饭带走或在这儿吃早饭，被带着的儿童亦是如此。九十点钟，过了上班时间，场地逐渐变得冷清，只有少数行人以及早餐摊贩相互聊天，这时候基本没有儿童。等到十一点左右，烈日当空，早餐摊主们也收摊了，整个场地变得空旷，变成临时停车场。下午四点左右，太阳逐渐落山，一天中最热闹的场景拉开了序幕，商贩们开始摆摊。等到六七点钟，生活剧迎来了高潮，这时候儿童也是最多的时候。等到九点之后，太阳落山，夜幕降临，场地又渐渐变得安静了。

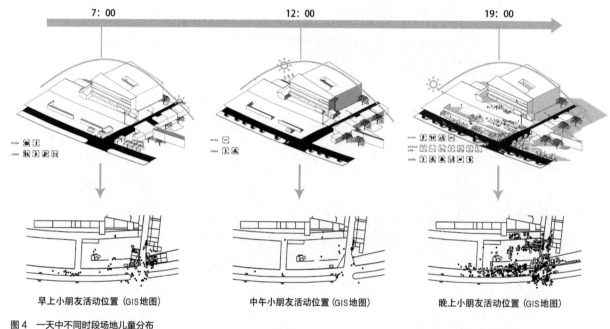

图4　一天中不同时段场地儿童分布

2. 空间

　　（1）固定要素主要有：①政府放置的"遮挡墙"（政府为美化街道，沿道路两侧布置的简易墙体，材料主要为铁皮）——它们的存在限制了摊位的摆放位置，从而影响场地内人流的走向和活动范围。②地形高差及地面铺砖变化——三层建筑南侧的空地比周边高半米，同时有硬质铺地（其他地方均为自然土地），这块空地的功能也与周边空地不同，它往往是休闲娱乐的场所。③路灯，对于傍晚的商贩来讲，路灯下面是摆摊的好位置。④场地周边的绿化带、公交站、场地内的大石块等（图5）。不固定要素主要是商贩摊位。商贩摊位在一天中呈现变化状态，但是大部分商贩每天的位置相同。

　　（2）空间范围：将定点观察拍照记录的儿童数据录入 GIS 地图中，获得在 2017.7.12—2017.7.17 日这6天中儿童的活动范围图（图6）。我们可以发现儿童活动主要在集中在场地边缘南侧的非机动车道上和东侧的小路以及场地内部东侧。这些地方也是成年人主要活动的空间。

3. 人群

　　儿童看护人：在实际调研过程中，看护人主要有三种：住户、行人、商贩。住户是这块地的拥有者，具有绝对权力，他们的日常生活与这块地密不可分。行人，一类是来散步，他们往往具有较好的社会地位；另一类是来买东西，"顾客是上帝"。商贩有临时商贩和固定商贩两类，固定商贩会经常来这里，有些还住在这儿，他们占据最好的摆摊位置。而临时商贩不定期来这儿，有的卖时令水果蔬菜，有的是偶然过来，他们游离在场地的边缘，对场地有距离感。

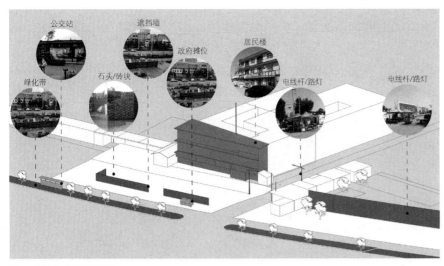

图5 固定的空间物理要素

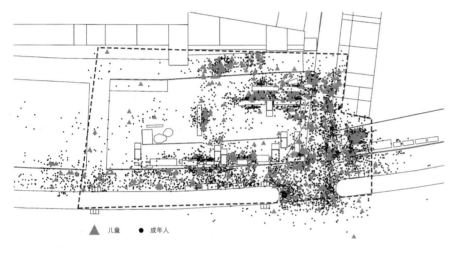

▲ 儿童 ● 成年人

图6 儿童的活动范围

四、时间、空间、人群之间的结合与联系，提出界限

　　时间、空间、人群中影响因素的相互结合与联系，产生了影响儿童相互间活动的界限。

　　界限1：时间+空间物理要素（空间），限定了儿童活动的边界。场地的物理要素有两类，一类是永恒的物理要素，例如上文提到过的政府遮挡墙、建筑物、路灯、绿化带、公交站等，它们不可移动，但是划定了儿童的活动边界。具体而言，场地北侧三层建筑的一楼吸引了餐馆，餐馆在门口的空地摆桌椅和象棋摊，这些桌椅和象棋吸引看护人来聊天，因此建筑前的空地成为儿童活动的主要区域，与其他空地之间产生了空间界限，界限在物质层面通过材质变化表现出来。遮挡墙的存在限制了摊位的摆放形式，摊位的摆放形式又影响着看护人的行走路线，而通过之前的分析，大部分儿童的活动和看护人的行走路线紧密相关。另一类是因时段变化的物理要素，也就是商贩摊位，图7、图8、图9具体展示了在清晨、中午、傍晚商贩摊位的空间分布。因此，不论是永恒的物理要素还是时段变化的物理要素实际上都影响了儿童活动的空间分布。

　　界限2：年龄（时间）+儿童（人群），不同年龄段的儿童之间存在界限。根据儿童认知理论，不同年龄段的儿童认知能力和运动能力不同。在实际观察中我们也发现，在一起玩耍的儿童，年龄往往相仿（图10），很少会出现不同年龄段的儿童玩得很好的现象，那么针对这种因为儿童年龄而产生的界限，应该如何解决呢？

　　界限3：时段（时间）+儿童（人群），时刻划分了儿童的活动。

　　自发式菜场北侧紧靠的三层居民楼，楼主是一个50多岁的本村妇女。我们对她进行

作者心得

　　这篇论文关注的并不是建筑和空间本身，而是其使用者，确切地来说是一类特殊的人群——儿童。整篇文章围绕一个很小的点展开，即儿童在自发式菜场中的活动界限。

　　在2017年暑假很幸运地参加了孙子文博士生组织的"步行实践"工作营，在一周多的实地调研训练过程中，我对自发式菜场中玩耍的儿童产生了兴趣。儿童为什么要来这块场地？儿童来这里具体在干什么？为什么许多儿童没有在一起玩耍，甚至有些儿童很孤单？产生了这些疑问之后，我和工作营的指导老师一起讨论，同时对这块场地进行更加深入地观察和分析，查阅了杨·盖尔、让·皮亚杰等学者的著作，学习前辈们对日常行为与活动的研究经验以及了解儿童心理学的知识，另外还学习国内许多建筑期刊同类型论文的写作经验。最后从空间设计出发，探索这些问题产生的原因及相关解决途径。

　　虽然由于时间和精力有限，结尾部分略显仓促，但是整篇论文达到了我的期望。它凝结了我的导师、我的指导者和合作者以及我自己的努力和智慧。更重要的是，我收获了很多在平时做设计作业和实际项目时无法学习到东西。首先，从最开始，我就扎根在了这块场地中。连续一周多，每天在四个固定时间段做定点观察和随机访谈；或者近距离观察场地中的人，和他们交流；或者在毗邻场地的三楼走廊俯瞰整个场地。多样的视角让我从多个维度理解我的研究对象。其次，与我的论文指导者孙子文博士的多次讨论交流让我受益良多，阅读大量前辈们的优秀论文对我帮助很大。从刚开始的茫然，不知从何下手，到后面逐渐找到感觉，自己的研究问题也逐渐清晰。最后，还有一个比较有趣的地方，论文中的许多思考和想法，都不是坐在图书馆想出来的；而是在场地上观察、和别人讨论、走路的时候，吃饭的时候，睡觉前，甚至是在洗澡的时候产生的。正所谓念念不忘，必有反响。这篇论文的获奖，是对我的肯定和鼓励，我也会再接再厉。

　　　　　　　　　　　　　　钱俊超

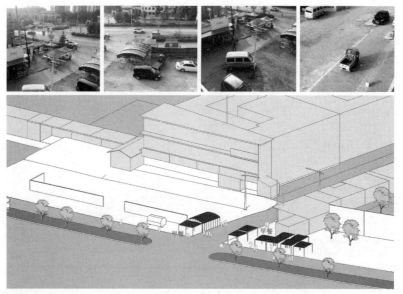

图 7　早上商贩摊位

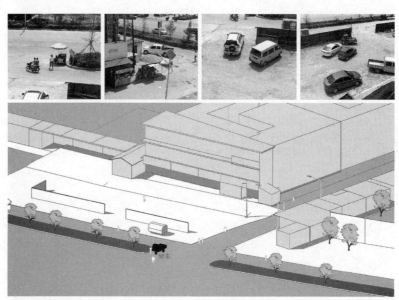

图 8　中午商贩摊位

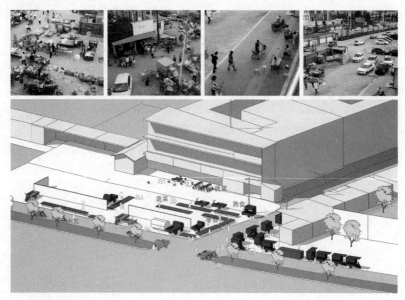

图 9　晚上商贩摊位

图10 场地内年龄相仿的儿童一起玩耍

作者心得

作为一名建筑本科生，很幸运能参与到这篇论文的写作中。通过参与这篇论文的写作，我系统地了解到如何比较规范地完成建筑学论文的写作。同时，我也感受到学习建筑设计和学习论文写作两者是相得益彰的，论文能够让我们的思考更具有逻辑性，更加严谨，有助于我们更好地完成建筑设计；而良好的设计素养又能让我们的想法在论文中通过图示语言表达，让读者更加直观清晰地理解论文。另外，我们在平时的建筑学习中不应该只关注建筑设计（比如设计舒适的空间、好看的造型、满足任务书的功能需求、合理运用材质等），还应该从人的日常行为与需求出发，将设计融入生活中，发现生活中的实际问题，并且能够尝试提出自己的思考或解决方案。

很感谢我的老师、合作者的共同努力以及各位评委对论文的认可。我会在接下来的学习中继续努力，我对建筑学的热爱将激励我在以后的学习中不仅要做好设计作业，同时多阅读一些理论著作和文章，不断提高自己的设计能力和学术素养。

周松子

了采访并记录了她家小孩一天的生活。

问题：可以简单介绍下您家里小孩的情况吗？

"我有三个儿子，五个孙子，儿子和儿媳妇们基本住到城里了，有一个孙子、一个孙女还有一个儿媳妇和我住在一起。大一点的是个女孩，5岁左右，小一点的是个男孩，3岁左右。"

问题：可以简单描述一下小孩们每天的生活吗？

"因为现在是暑假，小孩们起床都比较晚，大概九点多起床、洗漱，然后到东边的滨水公园玩、散步。大概十一点多回来吃午饭，白天外面又热又晒，他们基本都在室内玩玩具或者看电视，偶尔在走廊里或者楼下的空地活动一下。傍晚吃过饭六七点钟会到楼下玩一会，晚上八九点这个样子回屋吧，收拾一下准备睡觉。"

问题：那儿童晚上在楼下都玩什么呢？

"两个小孩都挺小的，基本就是散散步，当象棋桌那没人下棋的时候玩一玩象棋，偶尔会和其他儿童玩一下，聊聊天。"

在这两个儿童的一天中（图11），只有晚上6~9点这个时间段会到自发式菜场活动，活动范围一般也仅限于楼下的硬质铺地。整个场地中，比较适合室外活动的时间段为早上10点之前和下午5点之后，而中午因为过于炎热，没有人愿意停留。时段的背后，是天气和人们的作息规律，它们决定了儿童是否出现在场地。

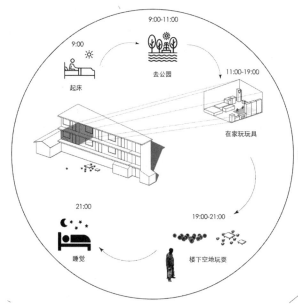

图11 住户儿童的一天

界限4：儿童看护人的社会关系（人群），这种社会关系更多地是看护人来场地的目的或活动。它对儿童的活动与游戏产生决定性作用。

儿童很少会单独来场地，因此看护人的活动和停留时间往往决定儿童的活动与行为。正如调研分析指出，在住户、行人、商贩这三类人中，呈现金字塔式社会关系。住户的儿童占有最有利的资源（比如绝佳的地理位置——在铺地很好的地面玩耍、有象棋可以玩、有凳子可以坐等），同时因为他们长期生活在这里，他们的活动也最自由，受父母的约束最少，甚至有时候可以脱离父母的视线监管范围。行人的小孩"地位"也不低。在场地中，他们更多地充当一个观看者的角色：看别人玩，看别人买卖，偶尔也会有父母带他们参与到玩和买卖中。商贩的小孩相对来说就很被动了，固定商贩的儿童来这儿的次数比较多，可能会和场地其他儿童有一定的互动。而临时商贩的小孩因为对场地很陌生，极度缺乏安全感，他们总是围绕在父母周围，活动相对比较单一和乏味（比如玩手机、闲坐在三轮车上）。三类不同的看护人的儿童结界就此产生（图 12）。

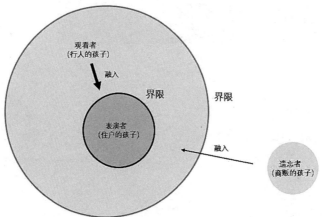

图 12　住户、行人、商贩儿童间的界限

界限 5：不同看护人的活动范围不同，他们的儿童活动范围也不同。

米歇尔·德塞都（Michel de Certeau）在《日常生活实践》（*The Practice of Everyday Life*）一书中详细阐述了战略（strategy）是有着明确的游戏规则，里面规则制定者和规则服从者的关系是明确的。但战术（tactics）则没有固定的体系和场所，只能寄生在规则中，是个体借用规则做各种有利于自己的操作。

这一观点和理论生动地体现在城乡结合部的自发性菜场中，即不同个体（商贩、行人和住户）在不同的线程中持续使用着不同的战术行动（称之为主线程）。对于儿童，他们往往是寄生于"主线程"或依附于不同的战术行动。他们的看护人在各种规则中往往扮演着弱势者，结合个体情况（把儿童和自己视为一个整体）进行行动。而在儿童的视角下，监护人弱势者的身份翻转成为规则制定者。例如，行人确保儿童在离自己 2 米的范围内活动或者干脆只让儿童在自行车上自己玩耍。此外，儿童作为特殊人群，处于对世界进行探索的阶段，往往很难独立进行战术行动。因此，儿童的活动范围和看护人的活动范围高度吻合（图 13）。通过调研数据分析，绘制了不同儿童的空间范围。商贩的儿童活动聚焦于一个点，通常在一个 2 平方米左右的摊位上活动；行人的儿童活动呈线性，贯穿整个场地；住户的儿童在一块较大的空间自由活动，呈面状。通过图 3 可知，这三类儿童的活动范围很少有交集，产生了活动界限。

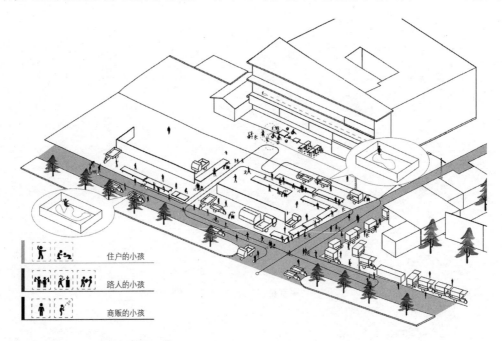

图 13　住户、行人、商贩儿童活动范围

界限 6：儿童和看护人之间的组合方式，影响儿童的活动的多样性。

看护人和儿童的组合方式也有很多，有三种模式：一家人隔代，即爷爷奶奶带孙子孙女；一家人亲子，爸爸妈妈带儿童；两家及以上的多个家庭组合模式。而每种模式下又有：一位看护人＋一个儿童、一位看护人＋多个儿童、多个看护人＋一个儿童、多个看护人＋多个儿童等四种不同的情况。

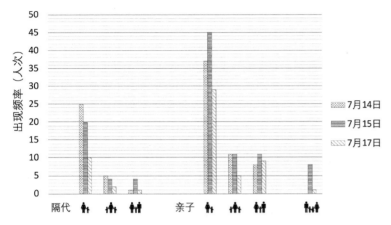

图 14　不同组合方式的儿童出现频率

图 14 统计了 7 月 14~17 三天中傍晚 7~8 点不同组合方式儿童的出现频率。通过图表可以看出，父母带儿童的模式最多；一位看护人带一个儿童的组合方式最常见。然而通过实际观察，组合方式越丰富，儿童的活动形式越多样。例如，在实际调研观察中，商贩与儿童的组合方式是年轻的爸爸和女儿，还有爷爷和女儿，在长达半个小时以上的时间里，儿童一直在一平方米多一点的三轮车上活动，他们只能一个人吃东西或者默默观察周边的其他人。行人与儿童的组合方式有一家三口，妈妈负责买菜，爸爸负责照顾儿童，这时候父子俩的活动路线就不会严格按照买菜路线了，爸爸会带儿童到下象棋的地方去玩。当出现两家奶奶都带着孙子来买菜时，奶奶可以在菜摊慢慢挑菜，两个儿童相互打闹、玩风车、玩菜，玩得很开心。因而，场地中儿童和父母的组合方式单一，也是场地上许多儿童孤单的重要原因。

五、打破界限，为儿童提供更开放的活动空间

通过影响因素的相互联系与结合，总结了 6 种影响儿童间活动的界限（图 15）。这 6 种界限中，其中有 3 种界限涉及社会关系、自然规律等，我们无法通过设计来改变，但是它们可以被疏导和利用，从而为儿童间的活动提供便利；有 3 种界限是可设计界限，建筑师通过一定的空间组织手法或针对性设计，可以打破这种界限，为儿童创造友好型公共空间。

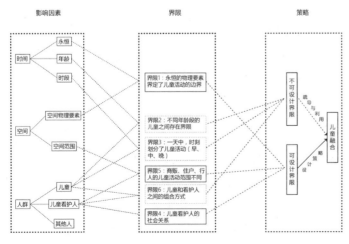

图 15　影响因素—界限—策略结构图

特邀编委点评

跨出去，收回来

设计作为一门围绕实践产生的学科，并没有自身完整的关于理论与方法的学术传统。一直以来设计研究一直在借鉴社会学、人类学、心理学等学科的理论和研究方法，来发展自身的学术研究。因此，借鉴其他学科在设计研究中是必须的。但是，跨出去能否收回来？应用其他学科的理论和方法，最终能否回到对于设计问题本身的讨论，是一个非常关键也是很常见的问题。另外，在设计实践中，建筑师常常有发明理论和概念以支持自己的设计的习惯，而这恰恰是在学术研究中所要避免的。设计师常常使用一些自创的、新奇的概念，而缺乏对于这些词语清晰的认识和明确的界定。而对于一个模糊定义的对象的研究和讨论是无意义的，因为针对这些词语及其背后的现象，没有一个发起认真的学术研究和讨论的基础。借鉴其他学科的理论和方法带来了另外一个问题：这些学科的理论和方法是针对本学科的研究对象的，如果在使用过程中没有有意识的导引，必然会走向那个学科的分析和结论。因此，设计领域的研究者在使用其他学科的理论和方法的时候，必须有一个清晰的锚固点，使其研究最终能够回到本学科关注的问题上来。这个锚固点，就是对于研究问题准确的界定。本文最大的优点就是准确定义了研究的对象：场所、人群和问题。场所——城乡结合部的自由市场；人群——儿童；问题——儿童在这个场所活动的界限。因此，虽然在研究中使用了相关学科的理论和综合的方法，最终仍旧能够准确地回到对于空间使用问题的研究上来。

王　韬
（博士，清华大学《住区》杂志执行主编）

（一）不可设计界限：疏导与利用

界限2：年龄界限是由儿童思维能力和运动能力的不同产生的，虽然我们无法通过空间设计来消除这种界限，但是通过分析这种界限，我们可以对场地进行年龄适应性设计。通过定点观察的数据我们分析统计了不同年龄段的儿童在场地出现的频率（图16）。通过图可知，场地中2~7岁的儿童出现频率最高，0~2岁、7~11岁的儿童出现频率均较低。因此，我们在对场地进行儿童友好型改造时，应该以2~7岁儿童适合的活动来设计。同时，我们也在调研过程中发现，对于一家人来讲，年龄大的儿童会照顾年龄小的儿童，陪年龄小的儿童活动或玩耍。因此，在设计中鼓励年龄大的儿童带年龄小的儿童一起玩耍。

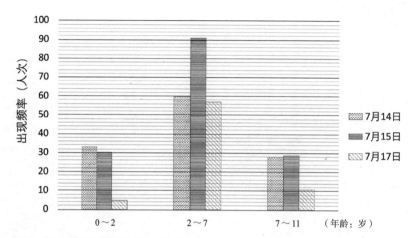

图16　不同年龄段儿童出现频率统计图

界限3：对于时刻划分早、中、晚儿童活动形成的界限，通过调研与前文分析，只有晚上5~9点才是儿童主要活动的时间段，因此在设计时，我们只要考虑这个时间段就可以。例如，白天都没有人经过场地或在场地停留，改造设计时不需要设计考虑儿童遮阳等。

界限6：不同的组合方式影响儿童和儿童的关系，进而影响儿童的活动方式。通过图17统计显示，父母带多个儿童、爷爷奶奶带一个儿童以及两家人以上的组合方式中儿童的活动类型较丰富。

因此，在场地设计中提倡鼓励多样的看护人组合方式。例如，多个爸爸妈妈带一个儿童，那么就有一个看护人主要陪伴儿童，这样儿童的活动范围就比较广，儿童在看护人的监护下可以更好地与其他儿童玩耍。

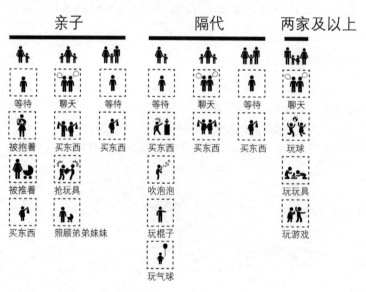

图17　不同组合方式的儿童活动类型

（二）可设计界限，提出设计策略

界限1：永恒的物理要素产生的界限。在本自发菜场中，政府遮挡墙和基地北侧三层楼房以及硬质铺砖对儿童活动影响最大。遮挡墙不应该仅仅是通过限制商贩摊位从而限制儿童活动范围的多余物件。我们可以发挥遮挡墙墙体的展示功能，布置一些利于培养儿童思维和认知能力的海报、图绘等。比如，上文中已证明，在本场地中2~7岁儿童最多，那么可以布置一些符号化、图表化的海报、图绘，吸引看护人带儿童来活动、游戏。又比如，三层楼房前硬质铺地对于儿童活动来讲更平整安全，相比较旁边的泥土地它更具有吸引力。

界限4：理解了儿童看护人与儿童之间主线与副线的关系之后。在儿童友好型空间设计时我们不一定仅从儿童的视角出发，从看护人的角度设计也是一个好的设计思路。因为儿童是依附于看护人存在的。杨·盖尔在《交往与空间》中讲到："高水平的活动有赖于两方面的努力：一是保证有更多的人使用公共空间；二是鼓励每个人逗留更长的时间。"场地中有不少奶奶带着儿童来的，那么我们在设计时只需要提供木质座椅即可（看护人有舒适的条件聊天，在场地上停留的时间久了，那么儿童在场地上的停留时间也增加了）；或者结合市场调研设计一些便利店、快捷餐馆等（这些店常常提供室外桌椅）。这样奶奶们在一起聊天，儿童在旁边一起玩耍，当儿童们有了玩伴之后，利用任何东西都可以玩得很开心。

界限5：在上文的分析中，商贩的儿童活动呈点状，行人的儿童活动呈线状，住户的儿童活动呈面状。他们之间唯一的交集就是象棋桌，这也使象棋成为整个场地最具有儿童活力的地方。杨·盖尔在《交往与空间》中讲到："当儿童们聚在一起，或当他们看到别的小孩在玩耍……游戏就可能发生，但这并不是预先确定的。首要的先决条件是相聚在同一空间。"在上文的儿童场地分布图中，儿童密集的地方除了交通空间，就是象棋桌周围了。象棋既适合中老年人玩，也可以作为儿童的临时玩具。因此，年老的看护人路过的时候总会驻足观看，为儿童创造了停留时间。年轻的爸爸在等待妈妈买菜的过程中，带儿童来这儿玩象棋，儿童就会和其他儿童在一起玩。通过这个具体事例，在设计时创造几类不同的看护人的活动路线交集是很重要的，并且尝试通过一定的设计手法让看护人在交集点多停留，从而为儿童的活动玩乐创造机会。

（三）根据策略，提出针对性设计

通过分析场地（图18），儿童出现频率较高的区域几乎都在摊位附近。而场地北侧空地是唯一不在摊位附近的儿童密集区。通过分析，可以得出它适合儿童活动的优势。首先，它是硬质材料铺地，适合儿童玩耍，没有物理要素这类界限；其次，它位于居民、行人、商贩活动的交集点，打破了不同监护人活动范围的界限；最后，它这里有象棋、桌椅，适合看护人来下棋聊天，没有看护人不便交流这类界限。所以，这块场地成为儿童最多、停留时间最久的地方。

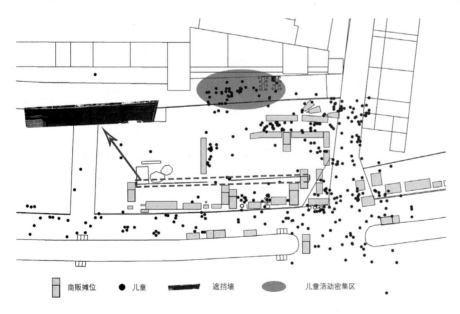

商贩摊位　● 儿童　　遮挡墙　　　儿童活动密集区

图18　儿童活动范围分析

通过以上案例，我们在场地内遮挡墙北侧进行简单设计，拟在遮挡墙北侧空地形成新的儿童友好型公共空间。首先遮挡墙北侧有较大空地，适合儿童及其监护人长时间停留；其次，本区域在行人和商贩活动的交集点，可以为商贩的儿童和行人的儿童提供更多的交流机会。最后，遮挡墙对设计有遮风挡雨的保护作用。

设计手法简单易操作，即在遮挡墙上布置适合2~7岁儿童看的益智海报，以及提供简易座椅（图19）。行人在购买、等待空隙带儿童来观看，舒适的座椅增加看护人停留的时间。同时场地离商贩摊位比较近，周围摊贩的儿童也会被吸引过来，和行人的儿童一起玩耍。最后针对行人儿童和商贩儿童形成新的儿童密集区（图20）。

图 19　场地儿童友好型设计

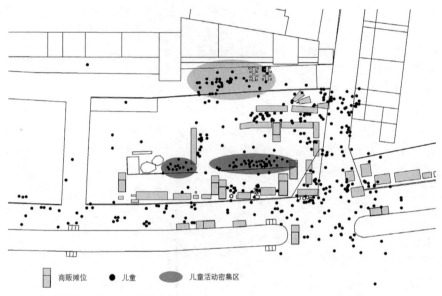

商贩摊位　　● 儿童　　儿童活动密集区

图 20　形成新的儿童密集区（设计预达到效果）

六、总结

儿童的社会比成人的社会简单很多，只要有合适的时间、空间、人群，不同的儿童很容易一起玩耍活动。本文通过剖析时间、空间、人群的具体影响因素，找出影响儿童之间游戏玩乐的界限，尝试通过疏导和利用不可设计界限，对于可设计界限提出具体策略等方式，并针对本场地现存的问题提出切实可行的具体设计，为儿童在自发式菜场的活动创造更友好的公共空间，帮助儿童健康成长。

因为时间、条件等方面原因，最后没有将具体设计落实到实际加以检验，比较可惜与遗憾。

参考文献

[1] 凯瑟琳·沃德·汤普森，彭妮·特拉夫罗. 开放空间：人性化空间 [M]. 章建明，黄丽玲译. 北京：中国建筑工业出版社，2011.

[2] Gehl，Jan. *How To Study Public Life*[M]. Washington，DC：Island Press/Center for Resource Economics：Imprint：Island Press，2013.

[3] 陈义勇，刘卫斌. 使用者行为视角的城市大型公共空间设计研究——以深圳北中轴广场为例 [J]. 中国园林，2015，31（07）：108-112.

[4] 戴晓玲. 城市设计领域的实地调查方法：环境行为学的视角 [D]. 上海：同济大学博士学位论文，2010.

[5] 冯果川. 建筑还俗——走向日常生活的建筑学 [J]. 新建筑，2014，（06）：10-15.

[6] 杨·盖尔. 交往与空间 [M]. 北京：中国建筑工业出版社，2002.

[7] 干露. 菜场—摊贩—空间格局："温州村"公共空间演变"规则"研究 [D]. 杭州：浙江大学，2016.

[8] 顾朝林，熊江波. 简论城市边缘区研究 [J]. 地理研究，1989，（03）：95-101.

[9] 胡双婧. 当代北京旧城菜市场空间研究 [D]. 北京：清华大学，2014.

[10] 李圆圆. 儿童户外游戏场地设计与儿童行为心理的耦合性研究 [D]. 重庆：西南大学，2009.

[11] 李月. 儿童图形感知研究 [D]. 大连：大连工业大学，2014.

[12] 刘敏，朴永吉，查玉国. 不同年龄段儿童游戏活动种类选择的差异性分析 [J]. 农业科技与信息（现代园林），2009，（04）：25-30.

[13] 让·皮亚杰. 发生认识论原理 [M]. 北京：商务印书馆，1981.

[14] 汪涛. 3—6 岁幼儿分享行为和分享观念的跨文化研究 [D]. 武汉：华中师范大学，2012.

[15] 吴佳莉. 城乡结合部空间拓展的动力机制和发展模式研究 [D]. 武汉：华中农业大学，2008.

[16] 仙田满，辛梦瑶. 游戏环境的设计方法及其发展 [J]. 世界建筑，2016，（11）：27-32+119.

[17] 杨璐，汪原. 小摊贩的城市空间策略——武汉市原英租界胜利街口案例研究 [J]. 新建筑，2015，（04）：27-30.

[18] 朱渊，朱剑飞. 日常生活：作为一种设计视角的关注——"日常生活"国际会议评述 [J]. 建筑学报，2016，（10）：19-22.

图片来源：

图 2、图 3、图 10 为作者拍摄，其他图表均为作者自己绘制。

周延伟
（南开大学文学院艺术设计系 博士一年级）

历史景观的再造与专家机制
——以郑州开元寺复建为例

The Reconstruction of Historical Landscape and Expert Mechanism
— the Reconstruction of Kaiyuan Temple in Zhengzhou

■摘要：现代社会，历史景观的再造是与传统文化的想象性进行连接的。尤其是在特色小镇建设的热潮之中，历史景观成了地方特色的重要标志。因此，历史景观的再造便成了地方突出特色的便捷手段。但显然，历史景观的再造不同于文物保护层面的复建，它是基于现实需要被发明出来的景观，是社会建构的过程。郑州开元寺的复建正是这个过程的产物，它可以被视作是以旅游为目的的文化工程。文章以此为例，着重探讨了历史景观再造的社会建构机制、机制中几方重要元素的相互运作过程以及它们与景观接受方之间的关系，并讨论了作为接受方之一的游客的地位与作用。

■关键词：历史景观；再造；旅游；专家机制；开元寺

Abstract：In modern society, the reconstruction of historical landscape is an imaginary connection with traditional culture. Historical landscape is an important symbol of local characteristics, especially in the construction of characteristic towns. In that case, the reconstruction of historical landscape has become a convenient means for highlighting local features. But obviously, the reconstruction of the historical landscape is different from the reconstruction of cultural relics. It is invented according to the actual condition and it is the process of social construction. The reconstruction of Kaiyuan Temple in Zhengzhou is the product of this process. It can be seen as a cultural project aimed at tourism. Therefore, the paper takes this as an example and discusses some problems, for example, the social construction mechanism of historical landscape reconstruction, the interaction between several important elements in the mechanism, the relationship between constructors and recipients, and the status and function of tourists as one of the recipients.

Key words：Historical Landscape; Reconstruction; Tourism; Expert Mechanism; Kaiyuan Temple

一、引言

2016 年 3 月,《国民经济和社会发展第十三个五年规划纲要》(以下简称《纲要》)正式公布,《纲要》第三十三章明确提出:"因地制宜发展特色鲜明,产城融合,充满魅力的小城镇。"[①] 2016 年 7 月,为落实《纲要》关于加快发展特色镇的要求,住房城乡建设部、国家发展改革委、财政部联合下发的《关于开展特色小镇培育工作的通知》中提出:"到2020 年,培育 1000 个左右各具特色、富有活力的休闲旅游、商贸物流、现代制造、教育科技、传统文化、美丽宜居等特色小镇。"[②] 此后,各省也纷纷出台了特色小镇的规划建设目标,掀起了一股建设特色小镇的热潮。2016 年 10 月,住房城乡建设部公布了首批 127 个中国特色小镇名单,"从类型来看,此次入选的小镇以旅游发展型和历史文化型为主,数量分别达到 64 个和 23 个,占比达到 68.5%。"[③] 换言之,以文化旅游为主或将成为特色小镇的发展趋势。约翰·厄里(John Urry,或译为约翰·尤瑞)在《游客的凝视》(第三版)(The Tourist Gaze3.0, 2011)一书中指出旅游风潮席卷全球,各个地方都希望把自己建构成游客凝视的对象,因而"当地性"(locality)[④] 就显得格外重要,历史文化遗存作为地方独一无二的代表,自然地成为特色小镇建设过程中突出"当地性"的关键性因素。有趣的是,对于古迹消失或缺乏的地方,历史景观的再造似乎成为一种解决问题的捷径。因此,有可能在较大范围内出现的历史景观的再造是一个不能轻易回避的问题。本文以此为引,借鉴郑州开元寺复建为案例,旨在探讨在以旅游为目的的历史景观再造的社会建构机制、机制中几方重要元素的相互运作过程以及它们与景观接受方之间的关系。

二、发明的古迹:郑州开元寺的消失与复建

(一)郑州开元寺的古与今

在今郑州市城隍庙西侧、第一人民医院附近,有"塔湾西街""塔湾街"等街道。不少人疑惑,此地无塔无水,为何称之为"塔湾"呢?实际上,这里是开元寺旧址,寺前曾耸立着一座舍利塔,塔周边地势低洼,容易积水,故名为"塔湾"。

当地曾流传着这样的民谣"郑州像只船,塔儿像桅杆。铁锚放大堂,县城不摇晃。"[⑤] 此民谣生动地描绘了郑州西高东低的地势,犹如一条大船停靠在岸边,开元寺塔就是这只大船的桅杆。旧时因古塔挺拔耸峙,景色清幽,周边建筑无出其右者,故被谓为"古塔晴云"。文人墨客多吟咏抒怀,乾隆十一年(1746 年),郑州知州张钺主修《郑州志》[⑥](刊刻于乾隆十三年即 1748 年,故称《乾隆郑州志》),卷首刻绘了郑州八景图,这是对郑州八景最早的记载,其中"古塔晴云"赫然在列(图 1),并配以手书的七言绝句,诗曰:"擎天一柱映斜曛,高造浮屠上入云。伊孰当年藏舍利,烟岚雨后色平分。"[⑦] 后又题五言律诗一首,诗曰:"开元初地辟,云际涌浮图。独立遗千劫,凌空占一隅。絮黏连不断,肤合有疑无。背郭炊烟起,常将霁霭俱。"[⑧] 光绪年间,郑州学正朱炎昭同样以此为题赋诗一首,诗曰:"间云片片度晴晖,缥缈偏从断塔归。颓顶疑磨苍盖漏,无心乱化白衣飞。飘过雉堞天弥远,煖上鳌峰露已晞。幻极古今多变态,何堪翘首望依依。"[⑨] 该诗被收录于《民国郑县志》中。

考寺之年代,据《嘉靖郑州志》记载:"开元寺,在州治东。唐玄宗开元始建。国朝永乐十八年,僧明福重建。"[⑩] 另据史载,唐初佛教,已臻隆盛,唐帝崇道抑佛,道教受到朝廷保护,"而佛教不为之少衰;流行民间,势力伟大,非道教可比。"[⑪] 至武后时,佛教已显出"盛极之弊"[⑫],玄宗即位后开始实行度牒制。"然玄宗虽崇道教,决非轻视佛教;盖当是时,即善无畏、金刚智来弘密教之时代也。开元二十六年,敕天下诸郡,郡各建开元、龙兴二寺:定国忌在龙兴寺行礼;千秋节在开元寺祝寿;此二端足为玄宗兼重佛教之证。"[⑬] 因此,开元寺之名源于唐玄宗开元年号并建于此时应是合理的。但由于资料缺乏,这一时期寺前是否有塔,我们不得而知。关于开元寺塔的年代,可以 1977 年清理发掘塔基时出土的石棺为拒。在棺盖上刻有"匠人鱼继永""大宋开宝九年"等题记,"在棺座上的刻记中也详细记述了修塔时人员组织情况,该座从形制大小均与石棺一致,应为同时期的配套雕刻。"[⑭] 因此,可认为宋太祖"开宝九年(976 年)"是建塔的确凿纪年。

指导教师点评

在国家经济社会高速发展的背景下,当下中国城市的盲目扩展在很大程度上忽视了原有的文脉基础和生态基底,传统的城市规划与建设模式已远远不能满足人民日益增长的对美好生活的需要。如何使中国城市成为承载思想和文化的诗意栖居,乃是时下各个领域共同关注的热点问题。在设计界,传统的文化和营造观念一直是现代设计创新的"源头活水"和不竭动力,而围绕传统文化和历史遗存的改造与设计现象在近年来更是层出不穷。周延伟同学能够发现这一问题,并以此为切入点对这一问题进行理性严谨的思考与分析,反映了其对专业问题的敏锐观察力。

难能可贵的是,周延伟同学的研究,并没有因循设计专业的常规视角去探讨传统文化应用于现代设计的方法和技巧,而是采用跨学科的思维,以郑州开元寺的复建作为历史景观再造的典型案例,将再造活动视作一种文化现象,去分析其背后隐含的社会运作机制。这一研究方式对于综合理解设计问题是值得借鉴的。换句话说,历史景观再造这一设计现象的出现,不是偶然的事件,而是与整体的社会经济、文化环境都息息相关。要全面理解这一现象,并不能仅仅依靠设计专业的知识,而应该具有宏观的视野,跨学科、跨领域进行综合的考虑与分析。

论文中还谈到了设计接受的问题,也颇能引人思考。作为实用艺术的城市景观,其价值的高低在于使用者的体验与互动。然而在实际设计中,使用者的需要常常处于被忽视的状态,从而造成了使用者的接受常常与设计者所规划的样式不一致的状况。我国大多数的历史景观再造都将大部分的原住民通过搬迁的手段从当地"艺术地"删除了,从而使再造后的历史景观成了失去民间生态的假的空壳,这一问题应当引起学界更为广泛的关注。

总而言之,周延伟同学的论文颇具启发性,深层次反映了当下中国城市的规划建设缺失崇高的人文情怀与人文科学的系统逻辑和具体的目标法则。城市的建设与发展不单单是政府的行为,而应引起全社会的共同关注和积极参与,这其中各行各业的专家学者应当发挥出越来越多的主导性作用。未来的城市发展,设计不仅要对城市形态、建筑相貌、空间场域进行理性的利用规划,更应体现其所承载的人文历史信息和人本情怀的美好理想与品格精神。物质形态的设计将成为中华优秀传统

(下转第215页)

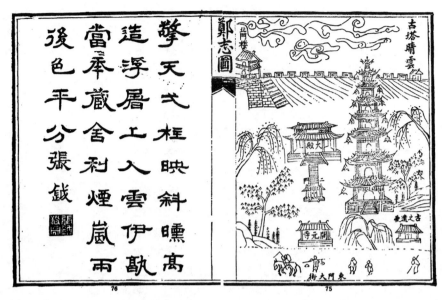

图1　郑州八景图之一——古塔晴云（周秉彝等编，刘瑞璘等纂．河南省郑县志（民国二十年重印刊本）
[M].台北：成文出版社，1968(8)：75-76.)

　　此后经年，开元寺塔屡遭毁坏，又多次修葺。据说，到清光绪年间，开元寺塔已成为无顶之塔。到了近现代，开元寺塔的形象出现在了清末民初法国出版的明信片上，日本人常盘大定和关野贞编著的《支那文化史迹·第五卷》[15]中（图2）以及著名建筑大师梁思成手绘的建筑画里（图3）。1938年至1944年期间，开元寺塔又先后遭到国民党军和日军的爆破和轰炸，彻底坍塌，仅存塔基埋在地下。1947年，当时的国民政府在开元寺旧址建立了河南省立郑州医院。1948年郑州解放后，医院更名为"郑州国际和平医院"，该院下设三个分院，七年后，一分院改称"郑州市第一人民医院"。1977年，郑州市第一人民医院增建门诊楼，为配合此基建工程，文物部门对开元寺塔旧址进行了清理发掘，出土的文物收藏于郑州市博物馆，至此塔迹彻底消失。[16]

图2　《支那文化史迹·第五卷》中的开元寺塔（[日]常盘大定，关野贞．支那文化史迹（第五卷）[M].东京：法藏馆，1939(11)：41.)

图3　梁思成手绘建筑画里的开元寺塔（赵虎编．中国著名建筑师画系——梁思成建筑画[M].1996(2)：121.)

　　2016年，开元寺塔在消失了近40年后，开启了异地重建的步伐，新建的开元寺被安排在郑州市区东南部十八里河镇和南曹乡，位于机场高速、107辅道、西南绕城高速的围合区域。该项目并非仅仅复建一座开元寺，而是将其周边近7平方公里的土地赋予了休闲、娱乐、商业、产业等配套功能，共同构成了"开元盛世文化产业园"这一大型的旅游、文化综合体（图4）。

图4　复建的开元寺及周边区域效果图（http://www.wanhuajing.com/d464841）

（上接第213页）

文化内涵与民族精神的传承和塑造者，这将是每一位设计者责无旁贷的学术使命！

薛 义

（南开大学文学院艺术设计系主任，教授，博士生导师，教育部高等学校艺术类学科专业教学指导委员会委员，天津市创意产业协会会长）

（二）"被发明的"历史景观

如何从宏观的角度看待这一现象呢？笔者认为不妨引进埃里克·霍布斯鲍姆（Eric Hobsbawm）"发明的传统"这一概念。霍布斯鲍姆发现"那些表面看来或者声称是古老的'传统'，其起源的时间往往是相当晚近的，而且有时是被发明出来的"。因此，他在《传统的发明》（The Invention of Tradition，1974）一书中写道：

> "被发明的传统"意味着一整套通常由已被公开或私下接受的规则所控制的实践活动，具有一种仪式或象征特性，试图通过重复来灌输一定的价值和行为规范，而且必然暗含与过去的连续性。事实上，只要有可能，它们通常就试图与某一适当的具有重大历史意义的过去建立连续性。……然而，就与历史意义重大的过去存在着联系而言，"被发明的"传统之独特性在于它们与过去的这种连续性大多是人为的（factitious）。总之，它们采取参照旧形势的方式来回应新形势，或是通过近乎强制性的重复来建立它们自己的过去。[17]

归纳霍布斯鲍姆的论述可以发现三个要点：其一，传统可以是人为发明的，是一种社会建构的过程；其二，"被发明的"传统是要为当下的实际需要服务的；其三，"被发明的"传统是对过去的有意选择。南京大学周宪教授在《现代性与视觉文化中的旅游凝视》一文中基于此创造了"发明的景观"这一概念，他认为："对当代旅游业来说，任何景观都不仅仅是一种客观的、物质的实在，更是一个需要不断地被'发明'的符号，以适应不断发展的旅游需要。"[18]

另外，关于历史景观的再造（或称古迹复建），笔者在查阅考古相关资料时发现，1964年在威尼斯通过的《国际古迹保护与修复宪章》第九条明确规定："（修复过程）以尊重原始材料和确凿文献为依据。一旦出现臆测，必须立即予以停止。"[19] 我国的《文物保护法》第二章第二十二条明文规定："不可移动文物已经全部毁坏的，应当实施遗址保护，不得在原址重建。"[20] 2016年3月《国务院关于进一步加强文物工作的指导意见》指出："防止拆真建假、拆旧建新等建设性破坏行为。"[21] 2012年12月《国务院关于进一步做好旅游等开发活动中文物保护工作的意见》指出："文物古迹和历史建筑应当尽可能实施原址保护，不得擅自拆除、迁移。……已经全部毁坏的，不得擅自在原址重建、复建。"[22] 但是有趣的是，在实际生活中复建之风却屡见不鲜，这就不得不成为一个值得我们深思的问题。也许休伊森（Hewison）在《古迹产业：笼罩在衰退氛围中的英国》（The Heritage Industry：Britain in a Climate of Decline，1987）一书中的论述可以提供给我们许多思考。面对英国引以为傲的古迹旅游产业，他写道："英国不生产商品，却大量制造古迹。……真实历史与古迹绝对是两码事，……一言以蔽之，古迹可隐蔽社会不公，掩盖地方差异，把肤浅的重商主义和消费主义巧妙地遮掩起来，但有时，这反而将最应该保留下来的元素摧毁殆尽。"[23]

由此观之，郑州开元寺的复建既不应被简单视作一项仿古建设工程，也不应被视为文物保护层面的重建。古寺异地复建，实际上是异地"新建"，它只不过是人为"发明"的符号，是对历史有意的选择，是为了适应当下新的旅游活动、文化活动等经济发展的需要而生产出的新的意义或形态，其背后隐含着一种实用主义的态度。换言之，新建的寺庙除了名字之外，与原来的古寺已经没有了上承下续的关系，开元寺仅仅是一个"由头"或"药引子"。从这个意义上说，假使没有了开元寺，也会有其他的历史景观或传统被发明出来成为整个项目的核心。

三、专家机制：历史景观的生产与传播

前文从宏观的角度分析了复建开元寺这一历史景观的再造现象，既然这一现象的核心是以旅游为目的的文化工程，我们不妨引入对旅游学界影响深远的厄里的"游客凝视"理论，根据厄里的理论，旅游活动可以归纳为一个"由地方生产符号、中介传播符号、游客验证符号、收集符号的符号化过程"^⑤，而以旅游为目的的历史景观的再造可以视作对这个过程的具体实践。因此，历史景观再造的前两部分可称为景观的建构，后两部分可称为景观的接受。本部分将着力探讨历史景观建构的过程中多方力量相互谋和的运作机制。

（一）"专家凝视"还是"专家机制"

厄里认为"游客凝视"是旅游体验的核心，其基本的含义来源于福柯（Michel Foucault）的"医学凝视"。学者刘丹萍在《旅游凝视——中国本土研究》中对散布在《疯癫与文明》《临床医学的诞生》《规训与惩罚——监狱的诞生》三部著作中有关"凝视"的阐述加以抽取整理，勾勒出福柯"凝视"理论的框架与要义^⑥。她认为，福柯的"医学凝视"不仅是一种科学劳动和现代医学实践，更是理性社会对异己进行规制的基本手段，是"实施主体施加于承受客体的一种作用力，象征着一种权力关系，是一种软暴力。"^⑦由此可知，厄里的"游客凝视"是一种隐喻的说法，它不仅仅指"凝视"这一动作，而是一种基于差异的"社会组织化和系统化"^⑧的建构行为。也就是说，看似游客自主发生的凝视行为，实际上受到了电影、电视、杂志、文学作品、旅游指南、网络信息等各种文化力量的操控。

总的来说，厄里的"游客凝视"主要是站在游客的角度讨论旅游问题，影射出其背后复杂的社会机制。一些学者认为单一的研究视角似乎有失偏颇，鉴于此，他们在质疑的基础上对其理论进行了深入的扩展。社会学家达亚·毛兹（Darya Maoz）在研究以色列背包客和印度旅游地居民的交往时提出了"当地人凝视"（local gaze）和"双向凝视"（mutual gaze）的概念。受其影响，吉莱斯皮（Gillesple）在研究被摄影者如何影响摄影者的过程中提出了"反转凝视"（reverse gaze）的概念。程与米勒（Cheong & Miller）提出了旅游"掮客"的概念^⑨，"掮客"包括公共"掮客"和私人"掮客"，公共"掮客"指的是旅游专家、学者、政府部门工作人员，私人"掮客"指的是旅游私人部门的从业者，关于"掮客"的研究可以说从正面回应了游客凝视的社会建构问题，国内学者称之为"专家凝视"^⑩。由此形成了由游客凝视、当地人凝视、游客间凝视和专家凝视共同构成的"旅游凝视系统"^⑪，"无论是游客凝视，还是当地人凝视，都是旅游规划者通过专业化的凝视建构的产物，是一种'被规划的凝视'，同时也是时时刻刻在政府主管部门监控下的凝视，是一种'被凝视的凝视'。"^⑫

关于"专家凝视"的说法，笔者认为尚需要严谨的推敲。单就构词的方式而言，作为系统的一个组成部分，"专家凝视"与其他三者采用相同的主谓短语结构看似是合理的。然而，从实际情况来看，游客和当地人作为旅游景观的接受方，视觉在很大程度上起到了主导作用，他们之间主要通过"看"与"被看"发生着关系，凝视（gaze）作为一种包含了丰富社会文化行为的"延长了的观看方式"^⑬用在这里是合适的；而专家作为旅游景观的建构方和维护方，更重要的是景观的生产与空间的实践，渗透着复杂的权力关系，隐含着多方博弈的运作机制，可以说它是其他三者的社会性基础，仅用凝视来形容似乎略显简单。故而笔者倾向于称之为"专家机制"。

（二）历史景观的生产与传播

开元寺的复建是政府主导下的建设项目，但引人注意的是，建成后的开元寺将成为少林寺的下院，而在历史上郑州开元寺和少林寺并没有直接的联系，也不是少林寺的下院。这一结果在现代得以实现，政府无疑看到了少林寺作为文化资本的品牌影响力，少林寺也同样看到了政府作为政治资本的公共强制力。政府需要经济和产业的发展满足政绩的要求，少林寺需要借助其他力量扩大品牌效力。二者各取所需，对项目的推进起到了关键性作用。而政治资本和文化资本的相互谋和无形中也成了吸引投资者纷至沓来的强有力的保证。由此，我们看到政治资本、文化资本和商业资本三者合力形成的开发团队，接下来他们需要设计者来实现相关的建设意图。透过设计者提供的鸟瞰图（bird's-eye view）可以发现，夸张宏大的风景中空无一人，创造风景的当地人被"艺术地"删除了。这种"透视性凝视"^⑭所展现的"无人风景"^⑮和"呈现在效果图上的美丽幻象"^⑯似乎只是"特权观赏者能够观赏的纯粹画面"^⑰，表现出了一种"前现代"的特点，暗含了一种隐性的权力模式，也反衬出了开发者和设计者之间的主从关系。当然，设计者也不是任人摆布，他们所具有的专业知识发挥着类似于福柯在《临床医学的诞生》一书中提到的权威话语体制的作用，影响了开发团队的决策。可以说，开发者和设计者通过文化碎片的遴选与加工，共谋实现了历史景观的再造，这是一个高度选择性的符号化的建构过程。

在方案确定之后，2016年5月18日，河南电视台主办的《东方今报》用了"封面"和"重磅阅读"两个版面对其进行了详细的宣传和报道，其数字版也迅速被新浪、网易、搜狐等多家媒体转载。在宣传文案中，项目被赋予了"丝绸之路上禅宗文化交流的新核心""国际文化融合的新道场""世界级禅宗文化的新地标"等更多的光环。在媒体的包装下，旅游目的地被进一步艺术化和唯美化，并且通过广告的形式将其推向市场，成为供潜在游客选择的商品，在"前凝视"阶段"规定了他们对景观的期待和满足感"^⑱。

至此，我们看到了厄里所说的"地方生产符号、中介传播符号"^⑲的过程，开发者和设计者实现了对历史景观的初步编码，编码的成果经由媒体的加工和传播形成了某种公共压力，强化了从"物的语言"到"人的语言"的转换效果，并最终完成了历史景观的符号化再现。而所谓"人的语言"，指的是"对旅游者有所触动"，能够诱发"旅行动因"、孕育"旅行想象"^⑳的语言。

下面简要分析一下历史景观符号化再现的策略。

首先，历史景观的符号化再现强调了崇高感和标签化的表达。开元寺，唐时建。若以此为据，新建寺庙应采用唐代风格，屋檐上

翘，屋瓦青黑。但在效果图上，寺庙如同紫禁城一般，呈现出一派明清的皇家气象，新塔同样没有沿用旧时的八棱形砖灰结构，而是金碧辉煌，极尽繁杂，如同一面高墙耸立于大殿之上，周边环绕着异域风格的经幢。另外，方案反复强调"国际旅游名镇""国家级文化产业实验区""河南省养生养老示范区"的项目定位，把"国际""国家级""5A""重点"等词汇当作景观最美丽的装饰，仿佛只有这些标签才是对景观品质的最好证明。可以说，宏大元素的拼贴、标签化的装饰，共同再造了崇高感的历史景观，这些难以明确年代和样式的景观或可解释为适应现代需要的创造，但是就效果的呈现而言，它无非塑造出了一个宏伟的、高高在上的"物神"形象，它不关乎历史，只关乎视觉，游客只能对其顶礼膜拜。

其次，历史景观的符号化再现通过流行文化的参与，掩饰了项目本身的商业特性。现代性所引发的都市问题，使人们渴望从"连续性"压抑的生活中暂时摆脱出来，禅修的低门槛满足了都市人的需求，弥合了都市与自然的断裂，因而成为现代社会的一种流行文化，进而被商人"转换为特定景观吸引游客的'卖点'"⑱。因此，虽然禅与佛既有联系又有区别，但是在项目之中却被人为地进行了同意置换。开元寺作为宗教场所的特定功能属性被"禅文化"的整体概念所替代，使之从一个严肃的佛教道场变成了供游客娱乐休闲的禅修中心。于是乎，"禅悟""禅艺""禅智""禅武""禅居""禅养"构成了项目各区域建设的主题和盈利的工具，甚至一些与当地毫无关联的禅文化元素也被加入其中。可以说，流行文化与商业共同编织了一件美丽的外衣，悄悄掩盖了旅游的商业本质，历史景观也因此成为一具失去了原初功能的空壳，保护着商业资本运作的内核。

最后，历史景观的符号化再现暗示了阶层与身份，建构了自我认同的想象。在现代性的条件下，消费文化中存在着对社会等级的区分与分类，旅游作为一种消费行为是建构自我身份认同的重要手段。人视角度的效果图反映了开元寺内部的空间构成以及人们在空间中可能发生的各种活动。考察这些效果图可以发现，虽然图面整体被修饰成古朴的色调，但仿古的店面中经常会出现现代时尚品牌的标志，人物形象则要么是大鼻子的外国人、要么是年轻时尚的青年男女、要么是公司的白领，而为保持环境优美辛勤工作的劳动者和为游客服务的当地人被人为地去掉了。梳理这些图面构成元素可以得知，它们都难以脱离现代消费社会的影子，在一定程度上暗示了精英阶层的身份想象。换言之，看似可以自由选择的景观，无形中成了一种身份的划分，游客只有具备了同等的身份，才有可能享有这样的景观环境，而一旦游客进入了景观之中，也自然地会与图面上的人物形象相联系，构建起自我的身份认同。

综上所述，专家机制涉及了开发者、设计者和使用者三个要素，景观⑲是沟通三者的媒介，这一景观既包括实际存在的景观，又包括由视觉和文字构成的媒体景观，在很多情况下，媒体景观会先于物质景观出现。开发者包括政府和开发商，具有景观营造的决策权，设计者依靠专业技能完成景观物质层面的营造，使用者包括当地人和游客。因此，专家机制就是由开发者和设计者构想的，借由媒体规训的，当地人配合制造出的一套供游客消费地方的方法（图5）。

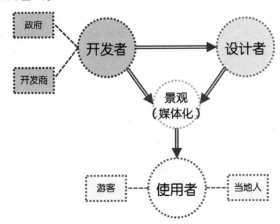

图5　专家机制构成要素及相互关系示意图（作者自绘）

作者心得

从2017年10月18日收到论文终审的通知，到10月26日收到进入小组前九名、成为一二三等奖候选的邮件，再到11月1日最终获奖名单的公布，再到今天拿到精美的获奖证书，短短半个月的时间内，我的情绪一直处于激动和兴奋之中。作为一名非建筑学专业背景的自由投稿的学生，我的论文能够得到多位业内专家学者的认可，并最终荣获此殊荣，我感到万分荣幸，这也从一定程度上反映了我的研究思路和角度是有意义的，是值得我再继续进行深入探索和挖掘的。

拙文从构思到定型，历时半年有余，进行了六次大范围的修改与调整，现在看来仍有瑕疵和言不尽意之处，部分问题言之尚浅，有待后续解决。此阶段性成果的取得，首先，应该感谢我的导师、南开大学文学院艺术设计系主任薛义教授，薛老师长期以来的谆谆教诲，锻炼了我对专业领域的问题意识；其次，要特别感谢南开大学文学院周志强教授，周老师渊博的学识和敏锐的思维令学生折服，本文原系课程习作，在文化研究课上，周老师和同窗的中肯点评与建议给了我无尽的启发；最后，要感谢天津大学仁爱学院陈殿霞老师，陈老师原系我的本硕同学，由于其在建筑专业教学与工作的经历为我提供了比赛的相关信息。

拙文能够从高手云集的硕博组中突围获奖，除侥幸因素外，我认为原因有二：

其一，紧紧围绕竞赛主题。全球化进程对于城市景观的身份认同、视觉整体性以及生活在其中的人们都产生了直接的影响。各地的趋同现象使历史景观成了地方"当地性"的重要标志。在我国城市"双修"和传统文化复兴大的背景之下，历史景观的再造成了与传统文化的想象性连接。因此，再造活动在全国范围内掀起了热潮，成了一项国家层面的文化工程，这一现象因而成为值得关注的热点问题。相信每位建筑行业的从业者都或多或少地参与过类似的设计项目。这种设计现象为什么会大规模的发生？如何从宏观的角度去理解和看待这一现象？它的本质是什么？我们设计者在其中发挥着什么作用？这些问题都是需要我们抛开单纯技术层面的视角去冷静思考的问题。

其二，跨学科的研究思路。拙文并没有采用"就事论事"的态度去分析典型设计案例所应用的设计方法与技巧，而是将其视为一种特殊的社会文化现象，借用文

（下转第219页）

四、使用者的接受：真实性的悖论

上一部分已经较为详细地分析了专家机制影响下的历史景观的建构过程，本部分将对历史景观的接受过程加以阐述。诚然，新的开元寺及周边区域正处于建设阶段，还未投入运营和使用，笔者不能对建成后的使用情况贸然评论，但可以依据国内类似案例的启发，对其进行一定合理化的评述。

旅游涉及"离开"（departure）这个概念[⑥]，当游客离开自己惯常的生活环境，到特定的历史景观去旅行，宣传中的古朴、自然便潜移默化地塑造了游客的"他乡期待"，他们渴望到这里寻求一种与现代性对立的"真实性"。但是，问题在于，大多数的历史景观是依据现实的需要"被发明出来"，难逃再造的痕迹，所以真实性也就成了一个伪命题。与本案类似，南京的夫子庙街区除了明远楼之外都是为了旅游重建起来的，我们不妨称之为虚拟的景观，在今天，它俨然已经被认为是一个当然的历史景观。游客在失去了真实性的景观中去寻找所谓的真实性，其获得的结果无非是虚假的真实体验。因此，公共舆论和现代媒介对旅游目的地进行的"传说性叙事"，便成了验证"事实性旅游"是否真实的参照物，似乎与媒体展示的符号出现在同一幅图框中就获得了真实性的期待实现。

显然，游客是旅游地景观的主要使用者，但我们也不能忽略当地人的存在，他们既是景观的使用者，同时也是景观的一部分。另举一例，北京前门作为一个文化、民俗的地标，被认为是当地人集体记忆中文化乡愁的落脚点。不管是政权更替的变革年代，还是物质贫乏的建设时期，前门都始终焕发着勃勃生机，但是在申奥成功后，对前门及周边地区的改造却使得兴旺的人气逐渐流失并且始终没有恢复。是什么原因造成了这一现象呢？"前门已经不再是人们心目中那个前门了。早先，使历史景观前门具有亲切感和纪念性质的，是它与民生的息息相关，与民间使用的具体事物之间千丝万缕的勾连；而如今，使前门陌生、疏离、为人冷落的，则是细节的缺失、印象的漂浮——改造翻修后的崭新前门，余下的是现代性设计和规划的主观意图，却看不到接地气的民间生态。"[⑧]换言之，改造过于重视硬件的复古，忽略了文化乡愁的回归，从而使得当地人看不到自己的情感经历和私人细节，虽然还是同一个名字下的同一片空间，但是当地人的真实性却成了脱离"民间生态"的"舞台上的真实"[⑪]。

回到本案，项目以重现"古塔晴云"景色作为宣传要点，并且鼓吹在古香古色的小镇中体验正宗的少林文化，使游客形成了古朴自然的"他乡期待"。实际上所谓的真实与正宗，只是被设计的方案，是"建构主义"的真实。地方提供给游客的体验活动大多是程式化的剧本，被安排在特定的场所，参与者类似于演员的表演实践，哪个动作需要停顿，哪些动作需要与游客互动，甚至用哪个角度供游客欣赏和拍照都进行了严格的设计。游客在走马观花的过程中，试图去收集媒体上展示的各种符号，一旦收集到了这些符号，就会产生一种似乎观赏到了真实性景观的幻觉。而对于当地人，政府和专家一方面为他们设置了"3万个直接就业岗位"和"15万个间接就业岗位"，另一方面也为他们建造了脱离了原本生活状态的复古的工作和生活环境。以民俗街为例，复古的外在形态和现代的内部装饰呈现出强烈的反差，形成了文化空壳的建筑和街道景观。当地人似乎成了这些场景中的"演员"，演绎着游客"他乡期待"中的真实存在。

总而言之，不管是对于"发明"的古迹，还是对于现存的古迹，对其真实性的评判在游客和当地人那里是明显不同的。对于游客而言，历史景观的真实性主要依靠视觉上的原始与差异，似乎只有"脱离现代社会商品逻辑的社会状态"[⑮]才意味着地方真实的活态，景观因而成为一种凝固的、冻结在历史某个时刻的、一成不变的文化状态。相反，地方通过旅游获得经济效益、呈现出的商品化的文化状态以及对原有景观造成的影响都被描述为"破坏"。对于当地人而言，历史景观只是一个外在的空壳，根源于集体记忆和文化认同的琐碎的日常生活状态才是真实性的全部。因此，游客一方面消费地方，另一方面又要求地方保持原初的状态；地方一方面要满足游客的"他乡期待"，另一方面要实现自身的发展，这本身就是景观接受过程中真实性问题所包含的互相矛盾的两端。

五、结语与讨论

历史景观的再造不同于文物的重建，它是"被发明的"传统，是基于当下的现实需要对历史的人为选择，是一个社会化的建构过程，它掩盖了消费社会重商主义和实用主义的本质特征。正如米切尔（W. J. T. Mitchell）在《风景与权力》（*Landscape and Power*，2002）一书中所言："我们不是把风景看成一个供观看的物体或者供阅读的文本，而是一个过程，社会和主体性身份通过这个过程形成。"[⑯]因此，我们看到的历史景观并不仅仅是视觉审美对象那么简单，它不光是一个名词，更是一个动词，它是一种文化工具，是"我们身处其中，受其影响，形塑我们精神的文化实践"。[⑰]

历史景观的再造是国家层面的文化工程，专家机制在其中发挥了主导性的作用。专家以权威的话语体系完成了景观的建构，实现了对景观接受的控制。在机制中，开发者和设计者通过包装和编码，共同进行了符号的生产，建构了游客凝视的对象，这种选择性建构过程直接决定了游客可以凝视什么，不可以凝视什么。媒体通过加工和修饰，传播符号，规定了潜在游客的"他乡期待"，塑造了游客凝视的方式。游客通过收集符号，去验证"被规划的凝视"[⑱]，他们"只会看到他们想看到的东西"[⑲]，而当地人则变成了场景中的"演员"，表现出麦卡奈尔（Dean MacCannell）所说的"舞台上的真实"[⑳]。

对这一过程的描述似乎显得过于绝对和强势，游客好像提线木偶一般任由摆布，但实际情况并非如此，游客具有很强的自主能动性。根据泰勒（John Taylor）的分类，游客可以分为"旅行家"（travellers）、"旅游者"（tourists）和"游玩者"（trippers）三类[㉑]。第一类游客大多希望独处，追求独一无二的景观体验，往往能够成为新的旅游目的地的开拓者；第二类和第三类游客常常是共同体行动，采用集体狂欢的方式，进行走马观花式的旅行。而厄里将游客凝视分成八种[㉒]，两相比较，可以发现，前者可以对应"浪漫的凝视"，后者可以对应"集体的凝视"。而集体的凝视是现当代大众旅游的产物，更易受到各种社会力量的规训。换句话来说，专家机制主要对由旅游者和游玩者构成的大众旅游团体发挥作用，对旅行家则影响较小。另外，旅行家关于旅游目的地的第一手资料往往能够成为专家机制的原初材料，为景观建构提供了参考；旅游者和游玩者通过多种媒体平台对旅行的反馈，也无形中加入了专家机制，成为影响后继游客的重要因素。

注释：

① 中华人民共和国国务院 . 中华人民共和国国民经济和社会发展第十三个五年规划纲要［EB/OL］. http://www.gov.cn/xinwen/2016-03/17/content_5054992.htm，2016 年 3 月 17 日。

② 住房城乡建设部，国家发展改革委，财政部 . 关于开展特色小镇培育工作的通知［EB/OL］. http://www.mohurd.gov.cn/wjfb/201607/t20160720_228237.html，2016 年 7 月 1 日。

③ 韦福雷 . 特色小镇发展热潮中的冷思考［J］. 开放导报，2016（6）：21。

④ ［英］约翰·厄里，乔纳斯·拉森 . 游客的凝视（第三版）［M］. 黄宛瑜译 . 上海：格致出版社，2016（4）：41。

⑤ 申永峰，于洪彬 . 郑州开元寺塔及地宫石刻［J］. 中州今古，2003（2）：63。

⑥ 现存的郑州旧志，包括明嘉靖郑州志、清康熙郑州志、清乾隆郑州志和民国郑县志四种。

⑦ 周秉彝等编，刘瑞璘等纂 . 河南省郑县志（民国二十年重印刊本）［M］. 台北：成文出版社，1968（8）：76。

⑧ 同上：1531。

⑨ 同上：1534。

⑩ 东方今报 . 彻底消失 42 年后 郑州重建开元寺［EB/OL］. http://dzb.jinbw.com.cn/html/2016-05/18/node_4.htm，2016 年 5 月 18 日。

⑪ 蒋维乔 . 中国佛教史［M］. 北京：中华书局，2015（1）：240。

⑫ 同上：240。

⑬ 同上：241。

⑭ 于晓兴 . 郑州开元寺塔宋代塔基清理简报［J］. 中原文物，1983（1）：17–18。

⑮ 本书初版为 1925 年的《支那佛教史迹》，共六卷；1939 年至 1941 年更名为《支那文化史迹》，共十二卷；1975—1976 年出版十五卷本，包括十三卷和两卷解说。详见：［日］常盘大定，关野贞 . 支那文化史迹［M］.1939（11）：41–42。

⑯ 本部分关于开元寺及塔的记述，其内容主要来源如下：

　　1. 于晓兴 . 郑州开元寺塔宋代塔基清理简报［J］. 中原文物，1983（1）：14–18 和 75–78。

　　2. 申永峰，于洪彬 . 郑州开元寺塔及地宫石刻［J］. 中州今古，2003（2）：62–63。

　　3. 周秉彝等编，刘瑞璘等纂 . 河南省郑县志（民国二十年重印刊本）［M］. 台北：成文出版社，1968（8）。

　　4. 蒋维乔 . 中国佛教史［M］. 北京：中华书局，2015（1）。

　　5. 鲍君惠 . 宋代郑州研究［D］. 郑州：河南大学，2011（5）：24–33。

　　6. 东方今报 . 彻底消失 42 年后，郑州重建开元寺［EB/OL］. http://dzb.jinbw.com.cn/html/2016-05/18/node_4.htm，2016 年 5 月 18 日。

　　7. 猛犸新闻 . 彻底消失 42 年后，"郑州八景"中的开元寺异地重建［EB/OL］. http://www.wanhuajing.com/d464841，2016 年 5 月 18 日。

　　8. 郑州市城乡规划局 . 郑州开元寺［EB/OL］. http://www.zzupb.gov.cn/GuiHuaGongShi/Gong Shi Content_985849E3-99AA-4538-B993-301EA3FDC5A0.html，2014 年 7 月 28 日。

　　9. 新浪博客 . 郑州名胜之一——曾经的开元寺和开元寺塔［EB/OL］. http://blog.sina.com.cn/s/blog_48fe7adb0102vrxx.html，2015 年 8 月 10 日。

⑰ ［英］E. 霍布斯鲍姆，T. 兰格 . 传统的发明［M］. 顾杭、庞冠群译 . 南京：译林出版社，2004（3）：2。

⑱ 周宪 . 现代性与视觉文化中的旅游凝视［J］. 天津社会科学，2008（1）：115。

⑲ 张松编 . 城市文化遗产保护国际宪章与国内法规选编［Z］. 上海：同济大学出版社，2007（1）：43。

⑳ 第十二届全国人民代表大会常务委员会 . 中华人民共和国文物保护法［Z］. 北京：法律出版社，2015（5）：12。

㉑ 中华人民共和国国务院 . 国务院关于进一步加强文物工作的指导意见［EB/OL］. http://www.gov.cn/zhengce/content/2016-03/08/content_5050721.htm，2016 年 3 月 8 日。

㉒ 中华人民共和国国务院 . 国务院关于进一步做好旅游等开发活动中文物保护工作的意见［EB/OL］. http://www.gov.cn/zwgk/2012-12/26/content_2299077.htm，2012 年 12 月 26 日。

㉓ 参见［英］约翰·厄里，乔纳斯·拉森 . 游客的凝视（第三版）［M］. 黄宛瑜译 . 上海：格致出版社，2016（4）：161。详见 Hewison, R. *The Heritage Industry：Britain in a Climate of Decline*［M］. London：Methuen，1987。

（上接第 217 页）

化研究的相关理论和方法加以解析，尝试去探寻当下历史景观再造这种设计现象频繁发生的文化逻辑和社会运作机制。于是乎，我发现历史景观的再造正如霍布斯·鲍姆所提出的"被发明的传统"，它是基于当下的现实需要而对历史的有意选择，是为了适应新的经济发展、文化活动等需要而生产出的新的意义或形态，而我们设计者更多的是在物质环境的营造方面发挥着作用，而这只不过是整体社会建构过程中的一个环节。基于此，作为设计专业的后学和未来的从业者，我们不光要具备对设计技艺本身的创新意识，更应努力超越固有的思维模式，关注设计的来源与接受，从其他的视角审视设计问题，力图找到新的思路和解决问题之道。

　　拙文乃是对历史景观再造这一核心问题的初步探讨，受此奖项鼓励，希望自己以后能够在此领域有所突破，写出更深刻的文章。

　　谢谢各位评委老师！谢谢赛事的各位组织者！

㉔ 胡海霞.凝视，还是对话？——对游客凝视理论的反思［J］.旅游学刊，2010（10）：73。

㉕ 刘丹萍.旅游凝视：中国本土研究［M］.天津：南开大学出版社，2008（4）：25-28。

㉖ 刘丹萍.旅游凝视：从福柯到厄里［J］.旅游学刊，2007（6）：92。

㉗ ［英］约翰·尤瑞（John Urry）.游客凝视［M］.杨慧，赵中玉，王庆玲，刘永青译.桂林：广西师范大学出版社，2009（4）：译序5。

㉘ Cheong S-M, Miller M L. *Power and tourism：A Foucauldian observation*［J］. Annals of Tourism Research, 2000, 27（2）：371-390。

㉙ 吴茂英.旅游凝视：评述与展望［J］.旅游学刊，2012（3）：109。

㉚ 同上：110。

㉛ 成海."旅游凝视"理论的多向度解读［J］.太原城市职业技术学院学报，2011（1）：69。

㉜ 陶东风，和磊.文化研究［M］.桂林：广西师范大学出版社，2006（10）：122。

㉝ ［美］温迪·J.达比.风景与认同：英国民族与阶级地理［M］.张箭飞，赵红英译.南京：译林出版社，2011（1）：17。

㉞ 同上：12。

㉟ 李溪.权力、文化与审美：当代城市景观的三重"幻想"［J］.景观设计学，2015（8）：25。

㊱ ［美］温迪·J.达比.风景与认同：英国民族与阶级地理［M］.张箭飞，赵红英译.南京：译林出版社，2011（1）：30。

㊲ 周宪.现代性与视觉文化中的旅游凝视［J］.天津社会科学，2008（1）：112。

㊳ 胡海霞.凝视，还是对话？——对游客凝视理论的反思［J］.旅游学刊，2010（10）：73。

㊴ 周宪.现代性与视觉文化中的旅游凝视［J］.天津社会科学，2008（1）：113。

㊵ 同上：113。

㊶ "景观"（landscape）的概念，可以分为三个方向：其一，作为视觉美学意义上的概念，与"风景""景色"同义；其二，作为地学概念，与"地形""地物"同义；其三，作为生态学概念，是生态系统的功能结构。本文所论及的景观主要侧重于视觉审美层面。参见俞孔坚.论景观概念及其研究的发展［M］.景观：文化、生态与感知.北京：科学出版社，1998（7）：3-7。

㊷ ［英］约翰·尤瑞（John Urry）.游客凝视［M］.杨慧，赵中玉，王庆玲，刘永青译.桂林：广西师范大学出版社，2009（4）：3。

㊸ 许苗苗.北京都市新空间与景观生产［M］.北京：中国社会科学出版社，2016（5）：10。

㊹ ［英］约翰·厄里，乔纳斯·拉森.游客的凝视（第三版）［M］.黄宛瑜译.上海：格致出版社，2016（4）：10-14。

㊺ 魏雷，钱俊希，朱竑.谁的真实性？——泸沽湖的旅游凝视与本土认同［J］.旅游学刊，2015（8）：74。

㊻ 本书中"景观"一词由"landscape"翻译而来，这个词在国内近年来常被翻译为"景观"，故此处"风景"与"景观"同意.详见：［美］W.J.T.米切尔.风景与权力［M］.杨丽，万信琼译.南京：译林出版社，2014（10）：1。

㊼ 闫爱华.风景研究的文化转向——兼评米切尔的《风景与权力》［J］.广西社会科学，2016（6）：193。

㊽ 成海."旅游凝视"理论的多向度解读［J］.太原城市职业技术学院学报，2011（1）：69。

㊾ ［英］约翰·厄里，乔纳斯·拉森.游客的凝视（第三版）［M］.黄宛瑜译.上海：格致出版社，2016（4）：126。

㊿ 同上：10-14。

51 参见：周宪.现代性与视觉文化中的旅游凝视［J］.天津社会科学，2008（1）：116；详见：John Taylor, *A Dream of England, Landscape, Photography and the Tourist is Imagination*［J］, Manchester：Manchester University Press, 1994：14.

52 在《游客的凝视》（第三版）中，厄里将游客凝视分为：浪漫的凝视、集体的凝视、旁观凝视、虔诚的凝视、人类学凝视、环境凝视、媒体化凝视、家庭凝视。详见：［英］约翰·厄里，乔纳斯·拉森.游客的凝视（第三版）［M］.黄宛瑜译.上海：格致出版社，2016（4）：22-24。

参考文献：

[1] 鲍君惠.宋代郑州研究.［D］.郑州：河南大学，2011（5）.

[2] 陈才.意象·凝视·认同——对旅游博客中有关大连旅游体验的质性研究.［D］.大连：东北财经大学，2009（11）.

[3] Cheong S-M, Miller M L. *Power and tourism：A Foucauldian observation*［J］. Annals of Tourism Research, 2000, 27（2）.

[4] 成海."旅游凝视"理论的多向度解读［J］.太原城市职业技术学院学报，2011（1）.

[5] ［日］常盘大定，关野贞.支那文化史迹［M］.1939（11）.

[6] 东方今报.彻底消失42年后 郑州重建开元寺［EB/OL］. http://dzb.jinbw.com.cn/html/2016-05/18/node_4.htm，2016年5月18日.

[7] 第十二届全国人民代表大会常务委员会.中华人民共和国文物保护法［Z］.北京：法律出版社，2015（5）.

[8] ［英］E.霍布斯鲍姆，T.兰格.传统的发明［M］.顾杭，庞冠群译.南京：译林出版社，2004（3）.

[9] 胡海霞.凝视，还是对话？——对游客凝视理论的反思［J］.旅游学刊，2010（10）.

[10] John Taylor, *A Dream of England, Landscape, Photography and the Tourist is Imagination*［J］, Manchester：Manchester University Press, 1994.

[11] 蒋维乔.中国佛教史［M］.北京：中华书局，2015（1）.

[12] 刘丹萍.旅游凝视：从福柯到厄里［J］.旅游学刊，2007（6）.

[13] 刘丹萍.旅游凝视：中国本土研究［M］.天津：南开大学出版社，2008（4）.

[14] 陆林，汪天颖.近年来国内游客凝视理论应用的回顾与展望［J］.安徽师范大学学报（自然科学版），2013（5）.

[15] 李拉扬.旅游凝视：反思与重构［J］.旅游学刊，2015（2）.

[16] 李溪.权力、文化与审美：当代城市景观的三重"幻想"［J］.景观设计学，2015（8）.

[17] 猛犸新闻.彻底消失42年后，"郑州八景"中的开元寺异地重建［EB/OL］. http://www.wanhuajing.com/d464841，2016年5月18日.

[18] 申永峰，于洪彬.郑州开元寺塔及地宫石刻［J］.中州今古，2003（2）.

[19] 陶东风，和磊.文化研究［M］.桂林：广西师范大学出版社，2006（10）.

[20] ［美］温迪·J.达比.风景与认同：英国民族与阶级地理［M］.张箭飞，赵红英译.南京：译林出版社，2011（1）.

[21] 韦福雷.特色小镇发展热潮中的冷思考[J].开放导报,2016(6).

[22] [美]W.J.T.米切尔.风景与权力[M].杨丽,万信琼译.南京:译林出版社,2014(10).

[23] 魏雷,钱俊希,朱竑.谁的真实性?——泸沽湖的旅游凝视与本土认同[J].旅游学刊,2015(8).

[24] 吴茂英.旅游凝视:评述与展望[J].旅游学刊,2012(3).

[25] 新浪博客.郑州名胜之———曾经的开元寺和开元寺塔[EB/OL].http://blog.sina.com.cn/s/blog_48fe7adb0102vrxx.html,2015年8月10日.

[26] 许苗苗.北京都市新空间与景观生产[M].北京:中国社会科学出版社,2016(5).

[27] 闫爱华.风景研究的文化转向——兼评米切尔的《风景与权力》[J].广西社会科学,2016(6).

[28] 杨冬梅.旅游凝视视角下798艺术区旅游行为的深度阐释:[D].大连:东北财经大学,2012(11).

[29] [英]约翰·厄里,乔纳斯·拉森.游客的凝视(第三版)[M].黄宛瑜译.上海:格致出版社,2016(4).

[30] [英]约翰·尤瑞(John Urry).游客凝视[M].杨慧,赵中玉,王庆玲,刘永青译.桂林:广西师范大学出版社,2009(4).

[31] 俞孔坚.景观:文化、生态与感知[M].北京:科学出版社,1998(7).

[32] 于晓兴.郑州开元寺塔宋代塔基清理简报[J].中原文物,1983(1).

[33] 周秉彝等编,刘瑞璘等纂.河南省郑县志(民国二十年重印刊本)[M].台北:成文出版社,1968(8).

[34] 住房城乡建设部,国家发展改革委,财政部.关于开展特色小镇培育工作的通知[EB/OL].http://www.mohurd.gov.cn/wjfb/201607/t20160720_228237.html,2016年7月1日.

[35] 中华人民共和国国务院.国务院关于进一步加强文物工作的指导意见[EB/OL].http://www.gov.cn/zhengce/content/2016-03/08/content_5050721.htm,2016年3月8日.

[36] 中华人民共和国国务院.国务院关于进一步做好旅游业开发活动中文物保护工作的意见[EB/OL].http://www.gov.cn/zwgk/2012-12/26/content_2299077.htm,2012年12月26日.

[37] 中华人民共和国国务院.中华人民共和国国民经济和社会发展第十三个五年规划纲要[EB/OL].http://www.gov.cn/xinwen/2016-03/17/content_5054992.htm,2016年3月17日.

[38] 张松编.城市文化遗产保护国际宪章与国内法规选编[Z].上海:同济大学出版社,2007(1).

[39] 张秀娟."旅游凝视"视角下的民族文化建构研究——以广南县"世外桃源"风景区为例[D].昆明:云南大学,2012(6).

[40] 周宪.现代性与视觉文化中的旅游凝视[J].天津社会科学,2008(1).

[41] 周志强.从"游客凝视"到"游客化"——评《游客凝视》意识形态批评的理论贡献[J].文学与文化,2010(1).

[42] 郑州市城乡规划局.郑州开元寺[EB/OL].http://www.zzupb.gov.cn/GuiHuaGongShi/GongShiContent_985849E3-99AA-4538-B993-301EA3FDC5A0.html,2014年7月28日.

特邀编委点评

本文最突出的特点是应用了"社会建构(social constructivism)"对当下的历史景观再造现象进行了分析。虽然建筑界对于社会过程对设计的影响并不陌生,但是事实上在设计研究中很少对一个设计场景或前提背后的社会过程和话语权力进行主动的分析。事实上,在设计研究中,要对政策框架、任务解读、社会过程等方面进行分析,都离不开社会建构理论。而对于一个大型项目的产生,尤其是公共类建筑,话语权分析也是必不可少的工具。但是,当下的设计研究很少有突破设计本身而介入到社会过程的例子。论文对于郑州开元寺历史背景和复建行为的社会过程进行了深入研究,摆脱了设计领域对于历史建筑复建的"原真性"的通常性讨论,而将分析深入到了此类复建背后的社会与经济机制。作者采用了"被发明的传统"的理论将此种复建与历史景观保护与修复区分开来,并提出前者事实上是将历史符号借用以服务于旅游和消费活动的一种行为。此外,作者还使用了符号学理论分析了在这种再造历史景观行为中,符号塑造和传播的过程,研究不同参与方尤其是专家在其中的作用。"社会建构"理论在本文中理论应用得当、案例分析研究深入,表现出了量化的理论驾驭能力和分析能力。不过,作为关键支撑理论,"社会建构"应该出现在文章的关键词中。

王韬

(博士,清华大学《住区》杂志执行主编)

陈博文
（同济大学建筑与城市规划学院　硕士研究生）

街区更新中第三场所的营造过程与设计应对

——以上海市杨浦大学城中央街区为例

Construction Process and Design Strategy
of Third Places in Community Renewal
— A Case Based Central Community of Yangpu
University Town in Shanghai

■提要：上海进入了城市空间内涵提升的发展阶段，并在新一轮总体规划中提出"更具活力的创新之城"发展目标。在城市更新和创新型城市建设的双重背景下，探讨公共空间的修复及其社会价值的发挥具有较强的现实意义。聚焦杨浦区近年来的街区更新和"知识创新区"建设，借鉴并完善第三场所理论框架，以杨浦大学城中央街区为典型案例，结合实地调研、访谈等方法，深入考量对比街区更新前后的变化。研究认为，更新后的杨浦大学城中央街区在可达性、舒适性、功能性、社交性四个维度有了明显改善，获得了第三场所的属性；第三场所通过构建地方社会网络、培育创新创生态的作用机制来推动杨浦的知识创新区建设；基于对第三场所营造过程和作用机制的理解，进一步讨论城市设计如何更好地在街区更新中营造第三场所、助力杨浦实现知识创新区的发展目标，并以此推动上海的创新型城市建设。

■关键词：第三场所；街区更新；知识创新区；城市设计；杨浦大学城中央街区

Abstract：Shanghai has entered the stage of development of the connotation of urban space, and put forward the development goal of "more dynamic and innovative city" in the new round of overall planning. Under the dual background of urban renewal and innovative city construction, it is of great practical significance to discuss the restoration of public space and its social value. Focusing on Yangpu District community regeneration and the "Knowledge Innovation Zone" construction in recent years, this paper references and perfects the third place theory framework, taking Yangpu University Town Central Community as a typical case, combined with the methods of investigation and interview, in-depth consideration of the changes before and after community regeneration. It is foungd that, the Yangpu University Town Central Community after the regeneration has been significantly improved in the four dimensions of accessibility, comfort, functional, social, got the third place of the third places of property; by constructing the local social network, cultivating mechanism innovation and knowledge innovation to promote the construction of ecological construction district of Yangpu; the process and mechanism of the third places on the understanding, to further explore the urban design how to create third places in the community renewal, helping Yangpu to achieve development goals of Knowledge Innovation Zone, and the construction of innovative city of Shanghai ultimately.

Key words: the Third Place; Community Renewal; Knowledge Innovation Zone; Urban Design; Yangpu University Town

我国城市化、现代化的快速进程中，许多城市在功能结构、空间容量、基础设施等方面有了较大改观（童明，2014），但作为人们日常生活的公共空间发生异化，如私有化严重、吸引力与活力缺失（王一，2016）、与地区关系松散等，未能发挥应有的社会价值。与充满生活情趣的传统城市相比，现代城市在理性层面进行了尝试，但就生活体验与文化特征而言，几乎是完全失败的（卡米诺·西特，1990）。随着我国经济发展步入新常态，一些城市尤其是特大城市的发展由外延扩张向内涵提升转变，进入城市更新的阶段，但公共空间的社会意义并没有因此得到回归（朱跃华，姚亦锋，等，2006；刘佳燕，2010）。城市更新应当是提升地区功能、包容弱势群体、保护历史脉络、营造场所特色4个维度的统一（唐子来，2016），在现实的多元利益博弈中却常常沦为市场逐利的工具。许多具有公共性和多样性的旧街区和历史街区，在开发商的更新改造后成为标准化的地产项目或贵族化的商业空间，功能单一、社会排斥、文脉断裂、特色缺失，加剧了现代城市生活的单调与乏味。在新一轮城市更新中，修复和重新构建真正回归社会生活的人性化公共空间是城市发展转型的核心议题。

与此同时，一些城市进入后工业发展时期，"创新型城市"成了时新的城市发展理念。创新型城市（区）是指城市的社会经济发展以科技创新为主要内涵，产业发展以科技含量的不断增加和原创性实践为特征、以知识创新及其转化作为发展动力。除了"创新"特征之外，创新型城市还强调"城市"，即创新活动与其他城市功能在空间上具有紧密的联系（杨贵庆，韩倩倩，2011）。国内许多城市提出了建设创新型城市的构想和目标，大力吸引创意阶层、集聚创新要素，以创新驱动促进产业结构升级与功能布局优化，最终实现城市的可持续发展。创新活动和城市空间的关系日益受到重视，在修复城市公共空间的过程中，积极营造有利于激发创新活动的特色场所是城市设计面临的更大挑战。

1982年美国社会学家Ray Oldenburg首次提出"第三场所"（the third place）概念，认为第三场所是除了家庭和工作地以外的非正式公共空间，是一种具有混合功能、促进社会交往、提升城市活力的空间形态（Oldenburg R，Brissett D，1982）。相对于传统意义的公共空间，第三场所更强调社交性（Oldenburg R，1989），通过激发群体活动与社会交往，促进知识的溢出与创新，对于城市更新、创新型城市建设具有重要意义。然而国内的相关研究刚刚起步，尚未形成完整的理论框架（冯静，甄峰，等，2015）；实证方面也还有进一步完善的空间。

如今，上海率先进入存量规划乃至减量规划的转型阶段，亟须利用城市更新的契机开展公共空间的修复[①]；《上海总体规划（2015—2040）纲要》明确提出"更具活力的创新之城""全球影响力的科技创新中心"[②]等发展目标，创新活动与创意阶层在呼唤城市的第三场所（王兰，吴志强，等，2016）。在这一背景下，对城市公共空间的物质特征、社会价值及其对创新型城市建设的作用进行思考，具有较强的现实意义。鉴于此，本文聚焦上

特邀编委点评

这是一篇基于实证调研的城市研究文章。文章整体论述结构清晰，递进逻辑关系通顺。开篇从相关领域文献综述开始，然后引用美国社会学家"第三场所"理论，借鉴其理论框架，从"可达性、舒适性、功能性、社交性"四个方面，对杨浦大学城中央街区的更新进行一手调研和循序解析，得出该区域正在发生"第三场所"营造的结论，并试图证明这里的"第三场所"有助于推动知识创新区的建设。

文章在物理层面的分析比较深入。通过调研和图解，对基于物理环境改造，从而促进有利于第三场所营造的四个方面的提升进行对比研究，论述详细，图解精准、明晰，有说服力。

文章在第三场所如何促进杨浦的知识创新区建设层面，即一个"第三场所"城市更新结果，是否必然会导向"创新型"城市建设，研究需要加强，结论尚不能服人。所以，围绕论文开篇提出的三个问题："①杨浦区的街区更新中是否正在发生着第三场所的营造过程？②第三场所对于推动杨浦区的知识创新区建设具有怎样的作用机制？③城市设计在这一过程中如何更好地发挥作用？"笔者认为，第一个问题解答清晰，第二个问题需要加强社会学、城市治理等方面的跨"物理设计"层面的研究，第三个问题则需要对城市设计进行符合本文主题需求的重新定义，即需要加强社会机制和政府政策相关的内容。

另外，当下国内很多与社科、人文、城市相关的专业研究，会拿中国现实来验证国外相关经典理论。但往往对国外理论的前提背景与中国现实的前提背景之异同，缺乏充分的比较分析，因此，国外哪些理论，或者说理论中的哪些部分，或者说哪些理论需要做怎样的调整，才能精准适合解释中国现实，往往缺乏足够的说服力。本文对"第三场所"理论的运用，也有类似问题。

范文兵

（上海交通大学教授，设计学院建筑学系系主任）

海杨浦区，以杨浦区近年来街区层面的城市更新和"知识创新区"的建设推进为背景，提出 3 个问题：①杨浦区的街区更新中是否正在发生着第三场所的营造过程？②第三场所对于推动杨浦区的知识创新区建设具有怎样的作用机制？③城市设计在这一过程中如何更好地发挥作用？为回答上述问题，借鉴并完善国外第三场所理论框架，以杨浦大学城中央街区作为典型案例，结合实地调研、访谈等方法，为街区更新中的第三场所营造及设计应对提供理论与实证依据。

一、研究框架

20 世纪 70 年代，西方发达国家城市的公园等传统公共空间日益衰落，许多购物中心成为公共生活的新场所。这种消费主义与体验经济所催生的公共空间具有一定的排他性特征。在此背景下，Ray Oldenburg 提出"第三场所"。他将家和居住的地方称为"第一场所"，花大量时间工作的地方称为"第二场所"，而"第三场所"则是居住地和工作地以外的非正式公共空间，如街道、街区中心、啤酒花园、咖啡厅等，其中聚集了期待社会交往的人。此外，他也对第三场所的主要特征进行了描述：①空间是中立的，所有人都受欢迎；②是一个杠杆，社会不同阶层的人都可以参加；③主要活动为谈话交流与信息共享；④具有较高的可达性，没有物理、政治壁垒；⑤有一些常客，是"离开家的家"；⑥环境温馨舒适，气氛和谐融洽。基于此，进一步将其概括为 4 个基本属性特征（图 1）：可达性、功能性、舒适性、社交性。每一属性具有空间—社会维度，即认为空间的物质属性与人们的社会活动是紧密联系的。

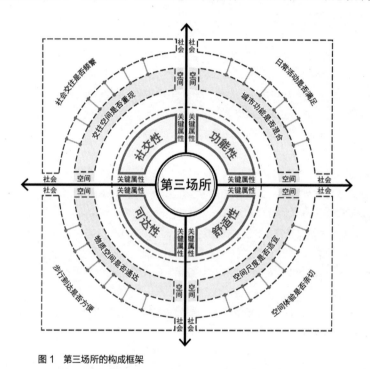

图 1　第三场所的构成框架

资料来源：笔者自绘

（一）第三场所的可达性

第三场所是可达性很高的公共空间，有利于人们方便地步行到达，成为这一空间的常客（李晴，2014）。可达性具有空间—社会维度（图 1），物质空间是否通达与人们步行到达是否方便直接联系在一起。通过物质空间的整合可以构建人与人之间的交流网络（童明，2014）。其中，物质空间的通达需要通过道路系统来加以实现，包括干线与地区的衔接、快速交通与慢行交通的衔接、公交站与步行线的衔接、地铁口与商业街的衔接等。

（二）第三场所的舒适性

第三场所具有舒适轻松的空间氛围，鼓励人们主动进入其中，在愉悦的空间情绪下产生社会交往、信息交换和知识溢出（冯静，甄峰，等，2015）。舒适性具有空间—社会维度（图 1），空间尺度是否适宜与人们的切身体验是否亲切直接联系在一起。空间尺度可以影响人们在环境中的行为和心理。适宜的空间尺度包括恰好的步行距离、亲切的街道断面、回归传统城市的小街区模式等。

（三）第三场所的功能性

第三场所具有多样的功能，包括混合使用的土地和多功能的建筑（周俭，2015）。这些功能并非简单叠加，而是相互关联和互补，在满足人们日常活动需求的同时，引发社会活动的"连锁反应"。因而功能性同样具有空间—社会维度（图 1），功能是否混合与人们日常活动是否丰富有趣直接联系在一起。不同的功能会链接不同的活动与人群，产生一种混合的、活力的、功能因时而变的公共空间（童明，2014；王一，2016）。正如 Jan Gehl 所描述的，一些"连锁性"的活动大多由另外两类活动延伸而来，人们处于同一空间中，"或相互照面、擦肩而过……人们在同一空间中徜徉、流连，就会引发各种社会活动"（Gehl Jan，2002）。

（四）第三场所的社交性

第三场所比以往任何传统的公共空间都更关注社交性（李晴，2011），把公共空间视为人们开展社会交往的舞台。正如"城市人"理论所阐释的（梁鹤年，2012），理性的城市人追求空间接触的机会，以此产生自由、选择与交往。社交性也具有空间—社会维度（图1），交往空间是否不断重现与人们的社会交往是否频繁直接联系在一起。合理的空间组织方式可以实现城市社会网络的完美建构（童明，2014），这就意味着在整体层面出现的城市功能与公共空间在局部层面也会重现，为人们提供不同层次、尺度的空间接触机会，形成大大小小、彼此联动的社交舞台。这种自相似的特点对于组织人们的社会活动具有重要的稳定性作用。

二、杨浦大学城中央街区的更新概况

2010年国家科技部批准了第一批20个"国家创新型试点城市（区）"名单③，上海市的杨浦区名列其中。杨浦区作为国内著名的"大学城"，拥有上海最为丰富的高校科研资源，也曾是上海的传统工业基地，拥有"百年工业、百年大学、百年市政"的人文积淀（张尚武，陈烨，等，2016）。杨浦区在2003年就提出从"大学城"走向"知识创新区"的战略构想，依托突出的高校资源，调整产业结构和优化空间布局，实现校区、园区、街区的"三区联动"（陈秉钊，杨帆，等，2005；吴志强，杨帆，2008），并以五角场和滨江地区作为建设重点。杨浦大学城中央街区的规划设计和建设正是在此背景下启动，是具有示范性意义的街区更新项目，目标是通过置换原有的低端工业园区形态、整合三区的优势资源，打造一个集学习、工作、生活于一体的知识创新型街区，进而推动杨浦的"知识创新区"建设。

（一）空间区位

杨浦大学城中央街区，现今又名创智天地，位于上海市五角场城市副中心（图2a），也处于杨浦区各大高校的核心位置，（图2b）。北达三门路，东联江湾体育场，西靠上海财经大学，周边环绕着复旦、同济等10余所国内知名高校。大学城中央街区目前主要有5个功能区块④：创智天地广场、创智坊、江湾体育中心、企业中心、江湾翰林高尚小区（图2c）。

图2　杨浦大学城中央街区的空间区位

资料来源：笔者自绘

特邀编委点评

本文资料详实，内容丰富，结构完整，对于学生论文来讲体现出深厚的工作量。作者也提出了自己的创新性理论框架并进行了实证分析，这些方面都是本文的优势。但从另一方面来说，本文过长的篇幅和类似分析报告的体例，也放大了一些先天的劣势——由于理论建构、现象描述、解释与评价、分析与决策等都企图在一个文本中呈现，有些部分的讨论显然深度不足：例如对于具体研究问题和研究假设的提出与分析——作者建构了自己的理论，再用这一框架来解释与评价具体案例——一方面作者所"概括"的"第三场所"理论的新框架是否经过验证？或者说基于这一理论框架是否能够对杨浦大学城中央街区的发展变化做出适宜的评价和解释？文章中除了引用一些不够明确的边缘性论文之外，并没有对该理论框架提出系统性的论证。建议的方法可能是更多地分析不同的案例，用相对类似地区（例如国际性的案例）和已经被相对认同达到"第三场所"所追求的价值的案例来作为例证，建构评价标准；又譬如在第四部分，大量篇幅的决策结果，并未提出足够的讨论来验证（例如案例的对比，或者模拟等方式），似乎是援引了规划文本的部分，显示出包罗万象的讨论和规划策略成果的全面企图，反而削弱了本文对具体研究问题的指向和深化讨论。第四部分应当和第三部分的描述、分析和评价更好地衔接，互为因果；再有一个较为显著的问题是第三部分的实证调研虽然内容很多，但实际上从数据的效力来看，由于很多实证性调研的方法论问题（例如样本量和样本选择），缺乏系统的说明性，仍旧处于一个基本的现象在相对个人化视角下的描述，有些数据的说服力有限（例如图16的热力图峰值都集中在五角场商业街区域，对所讨论的范围并没有太多有力的说明）。此外本论文还有一些如参考文献格式引用和文字错漏等小问题，同时在正文中使用加粗等强调方法，也不符合学术论文惯例。

总之，本文改进的空间更多地建议在对研究问题的清晰化和学术讨论的系统化和细微化方面，建议相对放弃对规划中觉得宏大的叙事追求，而是进一步探究该区域非常有特点的城市更新效率和价值，对其机制和效果做出更为深化的理解和判断。

何　捷

（天津大学建筑学院副教授）

（二）更新过程

杨浦大学城中央街区更新项目启动以来，街区空间品质与功能结构经历了大的发展变化。利用 2000—2015 年不同时间截面的卫星图⑤，展现街区更新的动态连续变化（图 3）。图中的黄色区块表示与前一时期相比发生了空间和功能的变化。目前已实施更新改造的范围主要集中在淞沪路两侧的中部地段和紧邻政民路的南部地段；西部的国定路居住小区、北部的上海新村及部分旧厂房、东部的江湾体育场等地段没有发生明显的变化。其中，江湾体育场是市级历史文化保护区，在保护的前提下进行了符合规定的修缮性工作。现今整个街区的更新改造尚未完成，杨浦区政府与瑞安集团（开发商）仍在积极推进西部和北部地段的更新工作。

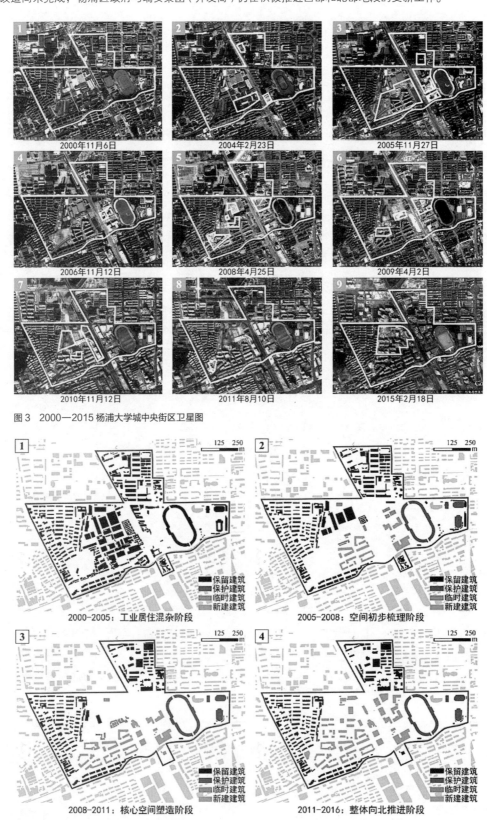

图 3　2000—2015 杨浦大学城中央街区卫星图

图 4　杨浦大学城中央街区更新的 4 个阶段

进一步将社更新过程划分为4个阶段（图4）：①工业居住混杂阶段（2000—2005）：工业、仓储、居住以及少量商业用地混杂交织，空间品质较差；②空间初步梳理阶段（2005—2008）：按照城市设计方案拆除了大部分厂房，在淞沪路两侧新建商业办公建筑；③核心空间营造阶段（2008—2011）：拆除了淞沪路以西的全部厂房，并向西面的国定路方向沿新建道路新建建筑，大学路的雏形基本形成；④整体向北推进阶段（2011—2017）：以大学路为基准，沿淞沪路向北推进建设，形成了如今的杨浦大学城中央街区。

三、街区更新中第三场所的营造过程

（一）可达性的营造过程

1. 物质空间：从封闭破碎到开放通达

通达的物质空间能为人们的步行到达、社会活动的发生提供物质性基础。选取道路系统连接性、道路系统与公交站点连接性，考量街区更新前后的空间可达性变化。对比2000年与2017年，街区整体对外的道路连接并未发生明显改变，这是由于该地区的城市主次干道体系基本形成，十余年来仅有少量支路和街区道路增加。相比之下，街区内部的道路连接则发生了较大变化：2000年，淞沪路以西为大片厂房建筑，仅有供车辆行驶、货物运输的主要通道，车行道路不连续，街区内部相对封闭而破碎（图5a）；2017年，随着淞沪路以西的创智坊、创智天地广场、江湾翰林等商业和居住地产项目逐步落成，支路及街区道路密度大幅提升，形成了以矩形、梯形为主的道路形态，可以实现街区内部的交通"微循环"（图5b）。

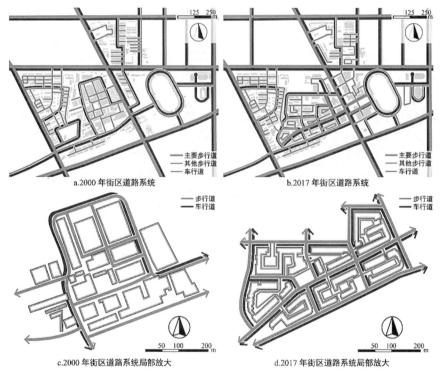

a.2000年街区道路系统　　　　b.2017年街区道路系统

c.2000年街区道路系统局部放大　　d.2017年街区道路系统局部放大

图5　2000年与2017年街区道路系统对比

车行系统的改善一定程度上促进了步行系统的连接性增强。原有的步行流线主要环绕厂房建筑的外围，呈现为零碎而不完整的格网状（图5c）。如今的步行流线组织变得流畅而通达，密度大幅增加，大体形成两个层次：第一层次与城市支路及街区道路基本重合，人车混行；第二层次在各个小街坊的建筑组团内部，围绕建筑院落组织，人车分离（图5d）。

大学城中央街区是嵌入于地区之中的，不仅服务附近的居住者和工作者，因而还有必要关注道路系统与公交站点的衔接关系。从2000年到2017年，随着上海公共交通服务的整体提升，街区及其周边呈现出公交站点与步行系统高度叠合的特点（图6）。分别划定公交车站和地铁站点的步行距离半径（200 米和 500 米），发现两者与街区主要步行入口的衔接关系均得到增强，街区以外的人们通过公共交通工具可以便捷地从主要入口步行进入街区。

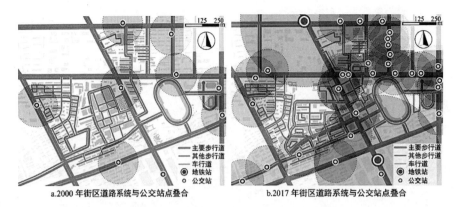

a.2000 年街区道路系统与公交站点叠合　　　　　　　　b.2017 年街区道路系统与公交站点叠合

图 6　2000 年与 2017 年街区道路与公交站点叠合对比

以上对道路系统连接性、道路系统与公交站点连接性进行了更新前后的对比。在街区内加密城市支路与街区道路，车行系统得到改善；围绕城市道路、建筑院落构建两个层次的步行流线，形成了具有连续性和层次性的步行系统；道路与公交站点尤其是轨道站点加强叠合关系，与周边地区产生更加紧密的空间联系。因此，在杨浦大学城中央街区更新前后，物质空间实现了从封闭破碎到开放通达的转变。

2. 步行到达：从无人问津到络绎不绝

物质空间层面的梳理为可达性的营造提供了基础条件，人们在街区中的实际步行活动是怎样的？历史与现状照片的对比反映了大学城中央街区从无人问津到行人络绎不绝的转变（图 7）。原本封闭内向的街区开始敞开胸怀"拥抱"行人，街区的人气日益兴旺起来。

a.2000 年的厂房与仓库　　　　　　　　　　　　b.2017 年的大学路一角

图 7　2000 年与 2017 年街区的行人步行情况对比

资料来源：网络图片搜索及笔者实地拍摄

在工作日（周四）以街头随机访谈的方式，选取在大学城中央街区上班或创业的工作者，询问工作日在街区的步行情况，并协助绘制活动地点与步行路径。当地的工作者可细分为两类人群，即，工作在此地且居住在此地、工作在此地而居住在他地。对于工作在此地且居住在此地的居民（图 8a），早上从家（主要为国定路里弄小区、江湾翰林小区）出发，步行途径大学路、国定路到达工作地，中午与同事结伴在大学路、智星路上用餐，傍晚下班后还有人利用闲暇时间环绕江湾体育场散步或慢跑；对于工作在此地且居住在他地的居民（图 8b），早上从江湾体育场地铁站或其他公交站到达街区，步行途径淞沪路、大学路等到达工作地，中午同样会短暂离开工作地

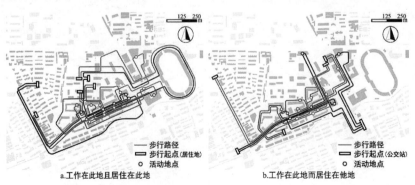

a.工作在此地且居住在此地　　　　　　　　　　b.工作在此地而居住在他地

图 8　街区工作者在工作日的步行情况调查

资料来源：笔者自绘

就近用餐，傍晚下班后则直接步行离开，转乘公共交通。对步行路径和活动地点进行叠合可以发现：人们工作日的步行流线具有网络化特征，大部分街道具有较高的人气；步行网络主要围绕大学路组织，容易激发更多的交流与碰撞。

以上结合物质空间重建和步行活动调查两方面，认为杨浦大学城中央街区更新后，物质空间实现了从封闭破碎到开放通达的转变，人们的实际步行到达变得方便而频繁，街区由无人问津变为络绎不绝。无论是空间维度还是社会维度，街区的可达性都被真正地营造了起来。

（二）舒适性的营造过程

1. 空间尺度：从块状园区到小型街坊

舒适的空间尺度可以赋予人们亲切的体验和愉悦的情绪，是吸引人们在空间中行走、逗留、进行社会交往的必要条件。街坊尺度及其内部的建筑院落组织可以反映杨浦大学城中央街区更新前后的空间尺度变化。从 2000—2017 年，淞沪路以东的街坊尺度变化不大，尽管有一定面积的更新项目落成，但并没有新的城市道路；淞沪路以西的街坊尺度则发生了较大变化，基于新的城市支路和街区道路形成了多个矩形和梯形街坊，长度和宽度在 40m 到 120m 范围内（图 9a、图 9b），与伦敦、旧金山、纽约等城市中心区的街坊尺度相似（图 9c、图 9d、图 9e），具有 "都市型小街坊" 的空间尺度特征。

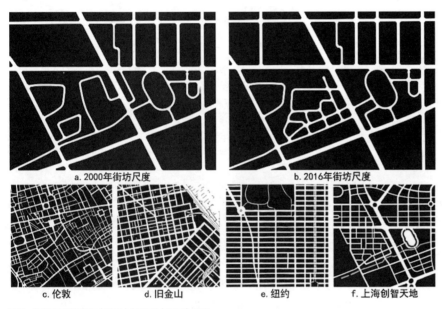

a. 2000年街坊尺度　　　　　　b. 2016年街坊尺度
c. 伦敦　　　d. 旧金山　　　e. 纽约　　　f. 上海创智天地

图 9　街坊尺度的纵向（时间）与横向（空间）对比

资料来源：笔者自绘

深入到街坊内部考量建筑院落的空间组织。2000 年，街坊内部以块状的大体量工业厂房、仓储建筑为主，这些建筑之间形成了狭小的缝隙空间，缺失内部的院落空间（图10a）；2017 年，更新后的街坊内部则采用了高低错落、大小不一的建筑体块组合方式，消解建筑体量，在内部围合形成尺度亲切宜人的院落空间。与道路网和街坊的形态相契合，内部的建筑院落空间也呈现为矩形和梯形，富有趣味和变化，能容纳各种室外活动的发生（图 10b）。

2. 切身体验：从单调乏味到趣味横生

舒适的空间尺度是否真的给人们带来了愉悦的体验和情绪？选取大学路与伟德路之间的一个街坊深入调查。一些存在于大学路、伟德路上的社会活动通过临街建筑的局部开口，从街道上被引入了街坊内部的建筑院落里，形成了具有一定私密性的公共空间，极大地丰富了空间体验，增加了穿行其中的趣味性（图 11）。随机询问在街坊内部院落中的几位休憩者的空间感受，有人认为 "在这里喝咖啡相对外面（大学路）安静，可以更好地和朋友聊天，而且也能享受到室外的阳光"，也有人认为 "在院子里喝咖啡的时候还能看到二楼的健身房里锻炼、跳舞的人，这是很有意思的"，还有人认为 "如果白天的话我更喜

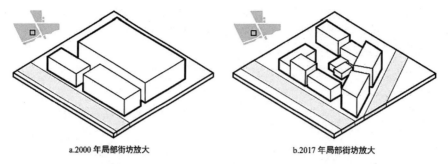

a.2000 年局部街坊放大　　　　　　b.2017 年局部街坊放大

图 10　相同尺度下 2000 年与 2017 年街坊内部的建筑院落空间对比

资料来源：笔者自绘

欢坐进来（院落里），晚上的话可能就会坐出去（街边），那时候的大学路可是一天当中最有生活气息的了"。

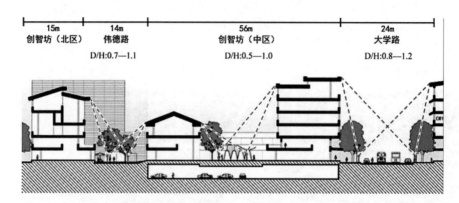

| 15m | 14m | 56m | 24m |
| 创智坊（北区） | 伟德路
D/H:0.7—1.1 | 创智坊（中区）
D/H:0.5—1.0 | 大学路
D/H:0.8—1.2 |

图 11　大学路与伟德路间的街坊内部建筑院落剖面

资料来源：笔者自绘

以上结合街坊的空间尺度与人们的切身体验两方面，认为杨浦大学城中央街区具有亲切宜人的街坊尺度和丰富的内部院落空间，取代了原有的体量庞大、单调乏味的园区式空间。从空间维度和社会维度看，街区能给人带来舒适感和趣味性，也就获得了更多的吸引力。

（三）功能性的营造过程

1. 城市功能：从低端工业到多元融合

唯有多样的功能才能激发多元的活动。功能具有不同层次的体现，基于街区自身特点，从土地利用、用地内功能组合、建筑内功能组合等方面，解析街区更新前后功能组织的变化。对比 2000 年与 2017 年的土地利用情况，2000 年的街区主要被工厂、仓库、质量差的老宅基以及七八十年代的新工房所占据，二类工业用地、居住用地、仓储用地和少量商业用地混杂布置（图 12a）。2017 年则以商业、办公、居住等更新项目取代了低端工业（图 12b）。具体而言，淞沪路两侧的创智天地广场，具有办公、商业、教育、展示、娱乐等功能；江湾体育场具有体育娱乐功能[⑥]；大学路两侧的创智坊具有办公、商业、居住、休闲等功能；淞沪路以东、政立路以北地段，

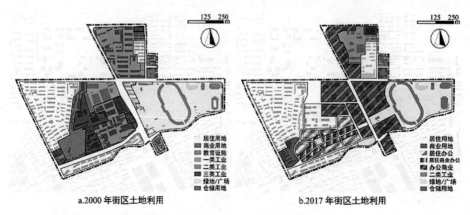

a.2000 年街区土地利用　　　　　　b.2017 年街区土地利用

图 12　2000 年与 2017 年街区土地利用对比

资料来源：笔者自绘

按照规划设计方案应以高科技办公为主，项目尚在推进中。

进入具体的功能地块，对比街区更新前后用地内部的微观功能组织情况。2000年，各类用地多为单一功能，除了临近国定路的居住小区具有沿街商业功能外，其他工业、商业用地内部相对匀质化（图13a）。2017年，街区各类用地内部的功能组织具有更大的弹性和多样性，原有的居住用地保持并提升了沿街商业功能，大学路两侧用地表现为商业功能比重上升、办公比重下降，淞沪路两侧用地则是办公功能比重上升、商业功能比重下降（图13b）。由此可见，更新后街区的各类功能地块内部也形成了不同的混合模式，体现了微观尺度上对区位、价值以及开发建设中不确定性的适应。

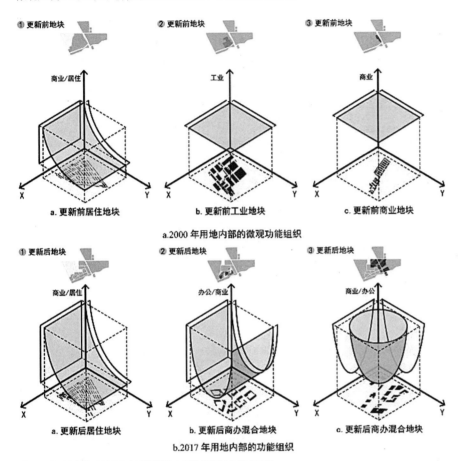

图13　2000年与2017年各功能地块内部的微观混合模式对比

资料来源：笔者自绘

进一步考量单个建筑内部的功能组织。其中，大学路两侧的沿街建筑在垂直方向上的功能组合最为典型（图14）。沿街建筑以多层建筑为主（6层）。首层主要是人流量要求较大、付租能力较高的商业店铺，包括咖啡厅、奶茶店、服装店、点心铺、便利店、书店等业态；2—4层为商业办公混合用途，包括健身会所、教育培训、留学咨询、法律、会计、口腔诊所等业态；5—6层则主要为居住办公混合用途，大多采用典型的LOFT住宅单元的形式，一个住宅单元占两层，部分单层空间，部分双层空间，能为工作活动提供所需要的楼层高度。这种半工作半居住的空间，被用于小型创业公司的办公室、夫妻公司乃至艺术家的创作坊。

2. 日常活动：从工业生产到街区生活

多样而混合的城市功能充实了精心设计的物质空间，但这是否真的激发和维持了有活力的街区日常生活？借助百度地图API接口分别获取工作日（周四）和休息日（周六）的不同时间截面下的热力图，反映街区的人群数量及活动强度的动态变化。在工作日（周四），人群活动从8点开始逐渐集聚，主要围绕淞沪路和大学路展开，这时候辛勤的上班族、创业者们开始了一整天忙碌的工作。从18点开始有所消散，这时部分工作者下班后直接离开了街区，但夜间依然有源源不断的人群进入大学路逛街、消费和休闲，补充人气

图 14　大学路沿街建筑的垂直功能组合模式

资料来源：笔者实地拍摄并改绘

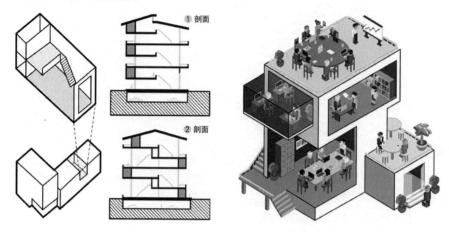

图 15　典型单体建筑的内部功能组成

资料来源：笔者实地拍摄并改绘

和维持夜间的繁忙生活。同时，LOFT 住宅、江湾翰林小区等具有居住功能的地块也容纳了相当一部分的居民，他们共同支撑起 24 小时有活力的街区生活（图 16a）。在休息日（周六），人群活动从 10 点开始集聚，比工作日稍晚，同样是围绕淞沪路和大学路展开。部分处于艰苦创业阶段的年轻人在周末也会进入办公空间中工作，周边地区的学生、教师、普通居民乃至游客也纷纷趁着周末短暂的闲暇时光前来参与社会活动。他们或是在咖啡厅里讨论课题，或是在街道上逛街聊天，或是在健身会所结伴锻炼身体，或是在工作坊里参加培训和沙龙。这些丰富有趣的街区活动一直到 21 点之后才消散，即便是到了凌晨也没有完全褪去（图 16b）。虽然无法与街区更新前实际日常活动状况进行对比，但可以推断的是，过去的工业厂房、陈旧住宅难以支撑起像如今这样一整天充满活力的街区生活。

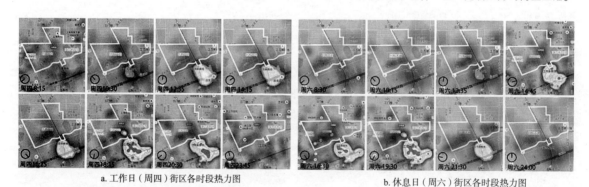

a. 工作日（周四）街区各时段热力图　　　　　　　　b. 休息日（周六）街区各时段热力图

图 16　工作日与休息日的百度热力图连续变化

资料来源：笔者百度地图截取并改绘

　　以上结合城市功能和日常活动两方面，认为杨浦大学城中央街区摆脱了不适应地区发展的低端工业形态，实现了功能的多元融合。依托于各类功能，人们的社会活动也活跃起来，产生了 24 小时持续活力的街区生活。功能性在空间维度和社会维度都得到了很好的诠释。

（四）社交性的营造过程

1. 交往空间：从无处可寻到不断重现

　　交往空间是否不断重现直接影响着人们社交活动的发生。考量街区的分形特征，以对比更新前后交往空间的变化。所谓分形特征，即整体与局部存在一定的自相似特征，可将一些建筑单体理解为模块，这些模块共同构成模块组，而模块组又进一步构成区域整体的模块群,这种分形特征对于人们在空间中的行为具有重要的稳定性作用(童明,2014)。

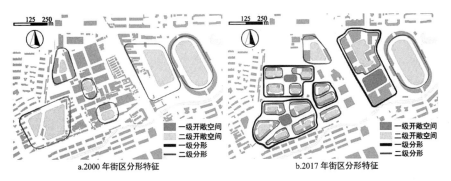

a.2000年街区分形特征   b.2017年街区分形特征

图17　2000年与2017年街区分形特征对比

资料来源:笔者自绘

对比2000年与2017街区内公共空间的分形特征。2000年的街区尽管也存在开敞空间,但这些空间主要用于货物装载、临时仓储等,不具有公共空间的社会属性;建筑的组合关系各自为政、缺少秩序,不具有尺度上的分形特征,交往空间无处可寻(图17a)。2017年的街区则形成了围合式的分形特征,街坊内的建筑围合形成院落级的公共空间,相邻的街坊又进一步围合形成更高级别的街心广场,这样的组合关系在更新后的地段不断重现,共同构成不同层级的、公共性稍有差异的外部空间体系,有利于人们穿梭其中,收获不同的空间体验,选择更偏爱的场所开展社会交往活动(图17b)。

2.社会交往:从缺少对话到促进社交

丰富的、不断重现的交往空间是否真正成为激发人们社会交往的空间触媒?在2017年5月的一个星期四下午5—7点之间,实地调查记录人们在户外的活动类型和空间分布。街区内的各类社会活动齐全,包括聊天、散步、遛狗、逛街、露天咖啡、广场舞等(图18)。这些活动有些在露天的户外空间中进行,有些在室内外过渡的灰空间中进行,构成街区流动的、有声的风景线。其中,以大学路为核心向两侧渗透形成中央社交活力带,是街区中最富有活力、社交活动最密集的特色公共空间。在临近傍晚时分,下班、放学和过路人群从不同方向在大学路上穿梭交织,在不同的节点汇聚,开展各自的活动。年轻人从SOHO楼门口散开,他们一部分直接离开街区,一部分涌向大学路上的餐馆、酒吧;创业者们在一天辛苦的工作后,也纷纷离开LOFT住宅,走进雅致的咖啡厅,于是不一会儿沿街的咖啡椅子上就坐满了客人;恰好临近期末,来自周边大学的大学生背着书包、抱着笔记本,结伴走进街角的咖啡厅,或激烈地讨论课程作业,或安静地在角落撰写论文,他们本身也成了一道让别人欣赏的独特风景。

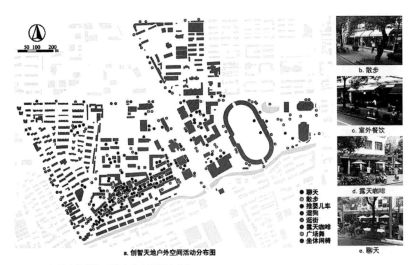

a.创智天地户外空间活动分布图

b.散步

c.室外餐饮

d.露天咖啡

e.聊天

图18　杨浦大学城街区的户外空间活动分布

资料来源:笔者自绘及实地拍摄

以上结合交往空间的分形特征和人们的社会交往活动两方面，认为大学城中央街区的交往空间具有围合式分形特征，不同尺度、公共性的空间在不断重现，成为激发人们社交活动的空间触媒。现场活动记录也显示，自发的社交活动在不同的空间节点汇聚，公司职员、创业者、大学生等都在此频繁地参与社交活动，社交活动成为街区最鲜明的特征与符号。

（五）第三场所的营造过程小结

以 2000 年和 2017 年作为杨浦大学城中央街区更新前后的时间节点，围绕第三场所的可达性、舒适性、功能性、社交性，统筹考虑空间—社会维度，展现了街区更新中第三场所的营造过程。具体而言：①可达性。通过车行系统的完善、步行网络的构建、加强与公交站点的叠合关系，物质空间实现了从封闭破碎向开放通达的转变。实地调查显示，人们的步行到达变得方便而频繁，街区由无人问津变为络绎不绝。②舒适性。回归传统尺度的小型街坊、亲切宜人的院落空间取代了过去低端的工业形态。调查与访谈显示，舒适的空间尺度给人们带来了更丰富的空间体验、更多的行走乐趣。③功能性。更新后的街区在土地利用、用地内部的微观功能组织、单体建筑内部均实现了不同程度的混合。工作日和休息日的热力图显示，24 小时持续活力的街区生活已初步形成。④社交性。更新后的街区的交往空间具有围合式的分形特征，不同尺度、公共性的空间在街区中不断重现，成为激发社会交往的空间触媒。现场活动记录也显示，社交活动在空间节点汇聚，形成了以大学路为核心的街区中央活力带。

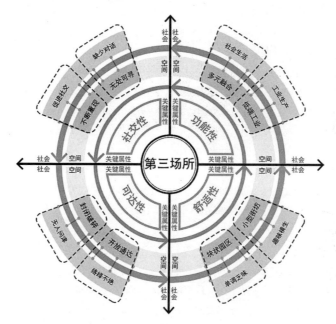

图 19　街区更新中的第三场所营造过程

资料来源：笔者自绘

需要指出的是，第三场所的营造过程并非单向、直线式的，而是循环、闭合式的（图 19）。在空间形态与社会活动的相互作用中，第三场所的可达性、舒适性、功能性、社交性也在向更高的层次发展演变，如此循环往复。更高层次的社交性是第三场所营造所追求的目的。

四、街区更新中第三场所的设计应对

（一）第三场所对知识创新区建设的作用机制分析

杨浦区的街区更新中正在发生着第三场所的营造过程，这对于推动杨浦区的知识创新区建设是否具有作用、具有怎样的作用？杨浦区十余年来的发展经验显示，走向知识创新区的关键在于校区、园区、住区"三区"之间形成内在联动机制，进而产生推动杨浦发展转型的合力。"三区联动"不能仅停留在空间层面，还要深入激活优势要素的流动与整合，促使"三区联动"由"物理作用"变为"化学反应"，实现创意阶层、创新企业、创新公共服务与创新基础设施 3 大创新要素之间的联动（张尚武，陈烨，等，2016）。从这个角度来看，第三场所的营造有利于加强整合"三区"的创新要素，是推动杨浦走向知识创新区的重要空间抓手和微观片段。具体而言，第三场所对于知识创新区的推动建设是通过社会网络构建、创新生态培育的作用机制而实现的。

1. 吸引创意阶层，构建地方社会网络

知识创新区的建设、第三场所的营造都是以创意阶层为核心主体。创意阶层追求充满活力的城市生活，特别是能够参与、体验和交往的公共空间，而不仅仅是一份工作或一处住所。更新后的杨浦大学城中央街区整合了大学路、街心广场、街坊院落、江湾体育场[6]、咖啡馆、众创空间等公共、半公共空间。这些空间有的是在规划设计方案中精心设置的公共开放空间；有的是创新企业提供的联合办公空间、众创空间等集约化、低成本、高效率的新型创意空间；有的是依托于街区公共服务和基础设施形成的日常交往空间；还有的则是通过对历史遗产的保护、活化和再生，形成具有文化内涵的特色休闲空间……它们共同构成了街区乃至五角场地区富有地方特质和符号意义的第三场所。当场所属性与人群需求相互匹配时，就容易吸引来自附近大学和企业的创业者、设计师、科学家、大学生等新兴的创意阶层。创意阶层主动在中央街区集聚，在第三场所中开展社会交往和创新构想，把理想的城市生活变为现实。

与此同时，第三场所为附近住区的居民提供了有趣的日常休闲空间，也为杨浦区创造了更多的服务岗位就业机会。创意阶层、周边居民、服务人员共同成为第三场所的使用者，在频繁的面对面接触中逐渐形成紧密而广泛的地方社会网络（陈秉钊，杨帆，等，2005；王兰，吴志强，等，2016）。社会网络的构建是以创意阶层为主导。围绕着创意阶层，既可能产生技术交流、知识分享等正式的联系网络，也可能产生聊天休闲、情感交流等非正式的联系网络（周素红，裴亚新，2016）。两者相辅相成，共同推动社会网络的稳定与拓展。

2. 形成创新氛围，培育创新创业生态

社会网络还需政府、风险投资家、运营管理者等主体的外部支持，才能促进概念阶段的创新构想转化为创新产品和服务，产生创新的协同效应。这一过程需要多元主体参与和协作，包括：杨浦区政府为初创企业提供多项优惠政策和专项支持基金；杨浦成立中小企业研发服务中心，负责中小企业的咨询服务和培育工作；瑞安（集团）房地产有限公司作为项目开发商和运营商，控制街区入驻的企业和商业业态类型，把握知识创新型街区的整体走向；杨浦科技创新（集团）有限公司等投资公司串联起大学、研发中心、科技公司，促进科研成果的产业化；上海创智天地发展有限公司组织创业培训、创智活动等；上海丰诚物业公司在街区定期开展不同形式的互动益智活动；多个中介机构帮助创业团队工商注册登记、纳税申报等；专业的律师、会计师、评估师事务所为其他企业提供高效的生产服务；等等。

持续不断的协同效应促成了大学城中央街区的创新氛围，进而产生创新溢出。地区性的创新溢出进一步推动和引领更大范围内的城市创新，最终走向知识创新区乃至创新型城市。如今，富有活力和创造力的信息技术、设计创意、高新科技、教育培训、会议展览等知识密集型产业集聚在杨浦大学城中央街区，频繁发生着密切的合作往来，彼此共享着创新的理念、技术和运营方式。以信息技术产业为例，入驻的跨国公司（包括IBM、EMC²、ORACLE等国际著名企业）研发中心主攻技术研发；大学教师与研发中心合作开展研究课题；研发中心将软件分包给周边的中型科技企业；中型公司再将一部分产品外包给大学路附近的初创公司；形成的技术创新成果又为其他相关领域的发展提供重要支撑……因此，杨浦大学城中央街区依托于第三场所的营造，转型为了具有旺盛生命力的知识创新型街区；也成为推动杨浦区走向知识创新区、上海走向创新型城市的重要空间抓手和微观片段。这一过程中，第三场所既是触媒，又是载体（图20）。

（二）以第三场所推动知识创新区建设的设计策略

杨浦大学城中央街区是推动知识创新区建设的一个成功案例，但杨浦区要真正实现知识创新区的发展目标依然任重道远（王颖，程相炜，等，2016）；同时，以街区为基本单元的、空间—社会维度的城市更新是杨浦区可持续发展的长期任务。通过街区更新中的第三场所营造来推动知识创新区建设是一条新的发展转型思路。城市设计应充分理解第三场所的营造过程及其对知识创新区建设的作用机制，在杨浦区的城市更新工作和知识创新区建设的同步推进过程中更好地发挥作用。

1. 步行便捷可达：提高各类生活目的地的可达性

（1）完善公共交通与构建步行网络

第三场所为本地街区服务，也为更大范围的地区共享，是城市居民向往和追求的休闲、交流场所。城市设计应不断完善公共交通尤其是轨道交通与第三场所的联系，为场所吸引更多人流，提升人气与活力。同时，修复和构建连续、完善的步行网络，鼓励街区的步行行为，提升街区的步行微循环能力。部分地段亦可尝试人车混行、促进人车对话，塑造街道活力。

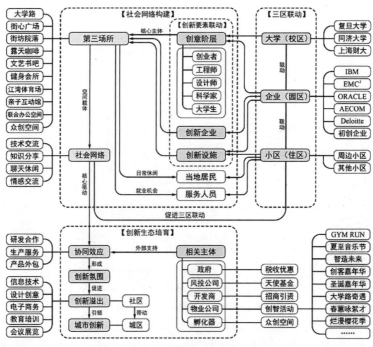

图20　第三场所推动杨浦"知识创新区"建设的作用机制

资料来源：笔者自绘

（2）打造关注创意阶层需求的生活圈

至2020年，杨浦区各个大学的本科生、硕士生和博士生将达20余万人。要留住和吸引创意阶层、在街区更新中培育形成知识创新型街区，应打造关注创意阶层需求的生活圈。2016年9月上海发布《上海市15分钟街区生活圈规划导则（试行）》，基于对不同居民群体活动规律和设施使用节奏的调查，形成了以儿童、老人以及上班族为核心使用人群的设施生活圈（图21）。设施圈有一定普适性，在实际的规划设计中应针对具体街区展开深入探讨和细化。

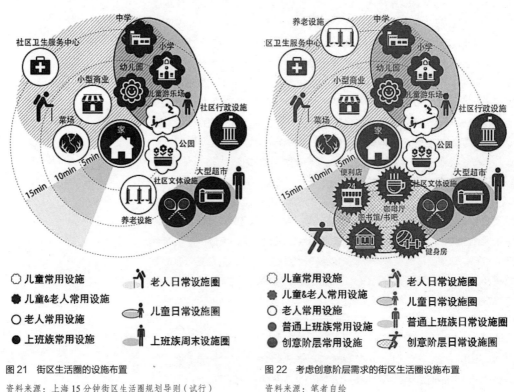

图21　街区生活圈的设施布置

资料来源：上海15分钟街区生活圈规划导则（试行）

图22　考虑创意阶层需求的街区生活圈设施布置

资料来源：笔者自绘

对于有条件集聚创新要素的街区，在《导则》建议的设施圈基础上，进一步关注创意阶层的日常生活需求，增加创意阶层日常频繁使用的咖啡厅、24小时便利店、餐馆、酒吧、书吧、图书馆、健身房、亲子互动馆、画廊、博物馆等设施，全面提升创新公共服务和基础设施的供给质量。这些设施为创意阶层使用，也为周边其他非创意阶层的居民所共享（图20、表1）。

导则建议设施圈与知识创新型街区设施圈的比较　　　　　　　　表1

一般街区的公共服务设施圈		知识创新型街区的公共服务设施圈	
设施服务圈分类	主要设施	设施服务圈分类	主要设施
上班族周末设施圈	文体设施、超市、娱乐和购物中心等	创意阶层日常设施圈	咖啡厅、书吧、健身房
		普通上班族周末设施圈	文体设施、超市、娱乐和购物中心等
儿童日常设施圈	各类学校、活动游乐场地、教育培训机构	儿童日常设施圈	各类学校、活动游乐场地、教育培训机构
老人日常设施圈	菜场、绿地、小型商业、养老设施	其他居民日常设施圈	菜场、绿地、小型商业、养老设施

资料来源：笔者自绘

2. 空间舒适宜人：塑造街区的人性化尺度和活力

（1）推行窄马路、密路网、小街区的街区制

参考杨浦大学城中央街区的城市设计，建议推行窄马路、密路网、小街区的"街区制"。考虑人的步行活动尺度，建议街区的步行通道间距宜为100~180m，公共活动中心区和轨道交通枢纽地区的步行通道宜为80~120m，确保居民穿行街坊的对角线以及任意相邻的两个街段边长在300~500m距离内。在步行路口的间距控制下，形成2~4hm²的街坊规模，不仅有利于塑造开放共享的城市空间，也有利于营造亲切宜人的、高低错落的、富有趣味的街坊院落空间，给人们提供舒适安全的空间环境。

（2）打造连续、开放、趣味的街道生活界面

在构建步行网络的基础上，沿步行网络提供丰富多样的街道生活界面，有助于产生步行或停驻的空间愉悦感，是提高居民步行满意度和塑造街区活力的关键。城市设计中应尝试对沿街功能业态进行约束，提倡沿街建筑底层的各类公共功能混合布局；购物、休闲多元业态使街区居民的生活形成多种多样的交集，激发更多的"连锁反应"；鼓励各类公共服务设施，尤其是创新基础设施沿街布置，促进公共资源的共建共享；优化街道建筑前区"灰空间"，形成建筑底层与室外空间环境的自然过渡和有机联系，营造浓郁的街道生活氛围。

3. 功能多元融合：培育自由包容的创新创业生态

（1）提供优质的居住和创业空间

新兴创意阶层、初创企业大多难以承担高昂的生活成本和创业成本[7]。杨浦区目前存留的大量老厂房、老公房，具有较大的改造激活潜力（陈秉钊，杨帆，等，2005）。应着眼于整个杨浦区的存量资源，在街区更新中灵活整合存量用地，通过空间改造和功能置换为创意阶层提供低成本、高品质的居住和创业空间，激发街的创新创业潜能。例如，在街区中发展嵌入式的创新空间，为小微企业提供工作场所；依托大学院校、科研机构优势资源，在临近地区置入创新创业空间；对历史风貌区、旧工业厂房的保护与活化，形成文化创意、科技创意的空间。其中，杨浦区工业用地的调整，不仅可以为创意阶层提供多元化的居住和创业空间，也有利于优化和完善城市功能（李冬生，陈秉钊，2005），推进知识创新区建设。当然，杨浦区的许多工业用地受制于产权等历史遗留问题（李冬生，2006），还面临着调整的重重困难与挑战。

（2）提供多元的服务业就业机会

街区更新中第三场所的营造可以为非创意阶层的普通市民提供新的就业机会，体现城市更新的包容性。新的就业机会是因创意阶层的日常生活、工作需求而产生，包括各类生活性和生产性服务业行业。一方面，这对于街区的街坊用地性质、单体建筑功能的混合度与弹性提出了更高的要求，需要在销售和租赁合同中明确对于物业管理的权限和要求，以确保主管部门对于日后空间功能类型运作的统筹管理，这也使得街区在招商引资阶段将

面临着更大的不确定性；另一方面，也需要对更新街区的各个街坊、建筑的功能业态进行严格有效的引导和控制，精心选择服务功能的类型组合、合理设置企业和商户入驻的门槛约束，以明确的目标导向推进街区的更新过程。第三场所功能的混合性与相关性，对于空间使用的社会参与度和活动连续度意义重大（杨贵庆，吴同彦，2013），不仅有利于服务业就业机会的增加，也将促进街区成为多功能复合的有机整体、24小时充满活力的知识创新型街区生活圈。

4.交往无处不在：促进社会交往和激发创新活动

（1）关注不同尺度的公共空间营造

上海的控规编制一直将公共空间作为重要的严控指标，但控制对象以较大的街区级以上公共空间为主（用地大于3000m²）（李萌，2017），忽视了日常生活中丰富有趣味、尺度更小的交往空间。杨浦大学城中央街区的院落尺度、街道尺度的公共和半公共空间是第三场所的重要构成部分；美国口袋公园、日本小游园的空间尺度也具有一定借鉴价值。因此，建议在街区更新中对零星的、消极的外部空间进行改造设计，结合原有封闭街坊院内部空间的适度对外开放，形成不同层次和尺度的街区公共空间体系，为第三场所的营造提供物质载体。然而，这需要上一层面的规划引导和控制要求来实现，控规编制的主管部门应充分考虑不同尺度交往空间的设置要求，并反馈到地块的开发控制图层中，作为强制性的规划设计条件。

（2）开展街区主题活动促进知识交流

街区主题活动可以促进人们在第三场所的社会交往与知识交流。杨浦大学城中央街区会定期策划开展不同主题的街区活动，大大提高了创意阶层和周边居民的参与度。活动可以是正式的，如技术交流、产品发布、研讨会议、合作洽谈等；也可以是非正式的，如娱乐休闲、生活创意、节庆聚会、情感沙龙等。尽管策划街区主体活动不是规划编制和管理、城市设计中的规定内容，但却日益成为街区更新中的重要环节，需要街区规划师、街区物业管理公司等主体的引导与推动，通过自下而上的社会参与、线下的面对面交流形成地方的社会网络，最终促进场所认同的形成和创意灵感的激发。

五、结语

随着我国特大城市进入存量优化、内涵提升的发展新时期，在城市更新中修复公共空间、实现社会价值是城市发展转型的核心议题；创新型城市建设要求修复公共空间的同时，营造有利于激发创新活动的特色场所，这是城市设计面临的更大挑战。第三场所对于城市更新和创新型城市建设均具有重要意义。本文借鉴并完善国外的第三场所理论框架，以上海杨浦区大学城中央街区为例，通过对比考量2000年到2017年街区更新前后的发展变化，认为街区更新中正在发生着第三场所的营造过程；进一步解释了第三场所对于推动杨浦区知识创新区建设的作用机制，提出以街区更新中第三场所的营造来推动杨浦区知识创新区建设是一条新的发展转型思路；基于对第三场所营造过程和作用机制的理解，讨论了城市设计如何更好地在街区更新中营造第三场所、实现知识创新区的发展目标，以此推动上海的创新型城市建设。

从街区的第三场所营造到杨浦区的知识创新区建设、再到上海的创新型城市建设，环环相扣。街区更新要主动适应杨浦区转型发展的要求；杨浦区城市更新和知识创新区建设也要主动适应上海城市空间内涵提升、功能结构优化的要求。如今，上海以土地利用规划确定的2020年3226平方公里用地规模作为上限，锁定总量并逐步缩减，倒逼城市发展模式的转变。杨浦区的城市更新和知识创新区建设是上海迈向2040卓越的全球城市过程中必须要经历的发展转型过程，具有较高的战略意义，也面临着巨大的挑战。未来较长一段时间，街区依然是城市更新的基本单元，通过街区更新促进上海的城市更新是长期的重要任务。后续还应对第三场所的空间—社会特征、设计策略有更加深入和细致的探讨。

此外，本文研究的第三场所，本质上是一种激发社会交往和创新活动的"特色活力区"。"特色活力区"具有极其丰富的社会内涵：可以是促进知识分享和激发创新的；可以是加强邻里互动和增进居民情感的；可以是集聚城市文化活动和增强市民认同感的；也可以是促进历史遗产与新兴建筑和谐共生的；等等。随着我国越来越多的城市步入城市更新阶段，要真正实现城市空间的内涵提升，还需要修复和再构建更多具有社会价值的公共空间，利用城市设计手段营造更多具有不同社会内涵的"特色活力区"，让市民在城市更新过程中也能收获更多关于城市规划与城市设计的"获得感"。

注释：

① "城市修补"于2015年中央城市工作会议中提出。2017年3月住房城乡建设部印发《关于加强生态修复　城市修补工作的指导意见》，安排开展生态修复、城市修补工作。"城市修补"包括城市更新、环境整治、城市设计等。

② 上海的目标愿景为"令人向往的创新之城、人文之城、生态之城"。城市性质为"上海至2040年建成卓越的全球城市，国际经济、金融、贸易、航运、科技创新中心和文化大都市"。

③ 2010年1月10日，国家科技部批准了20个"国家创新型试点城市（区）"，包括：北京市海淀区、天津市滨海新区、河北省唐山市、内蒙古自治区包头市、黑龙江省哈尔滨市、上海市杨浦区、江苏省南京市、浙江省宁波市、浙江省嘉兴市、安徽省合肥市、福建省厦门市、山东省济南市、河南省洛阳市、湖北省武汉市、湖南省长沙市、广东省广州市、重庆市沙坪坝区、四川省成都市、甘肃省兰州市、陕西省西安市。

④ 杨浦大学城中央街区目前已建成的地段主要有4大功能区块：创智天地广场，由十二幢甲级办公楼组成，已引进的大型企业有EMC、IBM、甲骨文和易保软件等；创智坊，以乙级办公楼和公寓式办公楼为主，重点引进具有自主知识产权的创业型企业、外包服务企业等；科技园，以定制总部级公司办公楼为主，重点

⑤ 引进企业总部；江湾体育中心，以历史保护建筑为主，已建成上海东北片重要的公共活动中心。

⑤ 由于本项目地块的 Google Earth 历史航片在部分时间段拍摄不清晰，无法展现清晰的城市肌理，只截取了 9 张不同时间节点下较为清晰的航拍图，这些时间节点未必具有典型性的节点意义。

⑥ 江湾体育场的已建和在建设施包括：上海体育博物馆、国际体育训练学校、水上中心、足球场、篮球场、网球场、攀岩广场、NBA 酒吧等。江湾体育场还将借助自身的资源，定期举办国际水准的体育赛事、演唱会、嘉年华等活动，成为全民健身的康乐中心。

⑦ 据调研，目前创智坊街区办公楼的具体租金是与公司租赁部具体洽谈确定。办公楼物业管理费大约为 21 元 / 平方米 / 月，商铺物业管理费大约为 40 元 / 平方米 / 月，停车位租费大约为 800 元 / 月。

参考文献：

[1] Gehl Jan. 交往与空间 [M]. 北京：中国建筑工业出版社，2002.

[2] Oldenburg R. *The great good place：cafes，coffee shops，community centers，beauty parlors，general stores，bars，hangouts，and how they get you through the day*[M]. New York：Paragon House，1989.

[3] Oldenburg R，Brissett D. *The third place*[J]. Qualitative Sociology，1982，4（5）：265-284.

[4] 陈秉钊，杨帆，范军勇. 知识创新区：科教兴国与"大学城"后的思考 [J]. 城市规划学刊，2005（2）：1-5.

[5] 冯静，甄峰，王晶. 西方城市第三场所研究及其规划思考 [J]. 国际城市规划，2015（5）：16-21.

[6] 冯静，甄峰，王晶. 信息时代城市第三场所发展研究及规划策略探讨 [J]. 城市发展研究，2015（6）：47-51.

[7] 高宏宇. 社会学视角下的城市空间研究 [J]. 城市规划学刊，2007（1）：44-48.

[8] 卡米诺·西特. 城市建筑艺术——遵循艺术原则进行城市建设 [M]. 南京：东南大学出版社，1990.

[9] 梁鹤年. 城市人 [J]. 城市规划，2012（7）：87-96.

[10] 李冬生. 杨浦老工业区工业用地更新与调整 [J]. 规划师，2006（10）：43-47.

[11] 李冬生，陈秉钊. 上海市杨浦老工业区工业用地更新对策——从"工业杨浦"到"知识杨浦" [J]. 城市规划学刊，2005（01）：44-50.

[12] 李萌. 基于居民行为需求特征的"15 分钟街区生活圈"规划对策研究 [J]. 城市规划学刊，2017（1）：111-118.

[13] 李晴. 基于"第三场所"理论的居住小区空间组织研究 [J]. 城市规划学刊，2011（1）：105-111.

[14] 李晴. 具有社会凝聚力导向的住区公共空间特性研究 [J]. 城市规划学刊，2014（4）：88-97.

[15] 刘佳燕. 公共空间的未来：社会演进视角下的公共性 [J]. 北京规划建设，2010（3）：47-51.

[16] 唐子来. 上海"城市更新"应体现四个维度 [EB/OL]. 中国经济导报（2016 年 2 月 3 日第 B02 版）. 详见 http://www.ceh.com.cn/llpd/2016/02/895815.shtml（TANG Zilai. China Economic Herald. 2016）

[17] 童明. 城市肌理如何激发城市活力 [J]. 城市规划学刊，2014（3）：85-96.

[18] 童明. 创意与城市 [J]. 时代建筑，2010（6）：6-13+15+16.

[19] 王兰，吴志强，邱松. 城市更新背景下的创意街区规划：基于创意阶层和居民空间需求研究 [J]. 城市规划学刊，2016（4）：54-61.

[20] 王一，卢济威. 城市更新与特色活力区建构——以上海北外滩地区城市设计研究为例 [J]. 新建筑，2016（01）：37-41.

[21] 王颖，程相炜，郁海文，等. 上海市杨浦区面向 2040 年建设大学型城区的思路与对策探讨 [J]. 上海城市规划，2016（01）：94-99.

[22] 吴志强，杨帆. "三区联动"组合都市知识经济圈——上海市杨浦区大学服务社会发展模式探讨 [J]. 上海城市规划，2008（5）：6-10.

[23] 杨贵庆，韩倩倩. 创新型城市特征要素与综合指数研究——以上海"杨浦国家创新型试点城区"为例 [J]. 上海城市规划，2011（03）：72-78.

[24] 杨贵庆，吴同彦. 创新型城市非正式交往场所的社会功能与规划研究——以上海市杨浦区"同济联合广场"为例 [J]. 上海城市规划，2013（1）：82-88.

[25] 张尚武，陈烨，宋伟，等. 以培育知识创新区为导向的城市更新策略——对杨浦建设"知识创新区"的规划思考 [J]. 城市规划学刊，2016（4）：62-66.

[26] 周俭. 全球城市空间与宜居生活 [J]. 科学发展，2015（10）：38-43.

[27] 周俭. 城乡规划要强化社会公正的目标 [J]. 城市规划，2016（2）：94-95.

[28] 周素红，裴亚新. 众创空间的非正式创新联系网络构建及规划应对 [J]. 规划师，2016（09）：11-17.

[29] 朱跃华，姚亦锋，周章. 巴塞罗那公共空间改造及对我国的启示 [J]. 现代城市研究，2006（04）：4-8.

朱　丹
（同济大学建筑与城市规划学院　博士五年级）

高密度住区形态参数对太阳能潜力的影响机制研究

——兼论建筑性能化设计中的"大数据"与"小数据"分析

Study on the Influence Mechanism of High Density Residential Area Morphological Parameters on Solar Potential
— Analysis of "Big Data" and "Small Data" in Architectural Performance Design

■摘要：本文探索了高密度住区形态参数与太阳能潜力的相关性及其背后的影响机制。研究设计了基于空间构型要素和密度构成要素的太阳能模拟实验，对765个形态样本进行参数化建模和太阳能模拟仿真计算。通过对实验结果数据的定量分析，提炼出影响太阳能潜力的关键形态指标，其中建筑密度与总光伏发电量具有强相关，容积率、建筑高度和空间开敞率三个密度表征参数与用能覆盖率具有强相关性，因此为形态优化设计提供了方向。在上述研究过程中，反思"大数据"的局限性，探索对数据进行多维度、多层次分析的有效方法。

■关键词：大数据；小数据；性能化设计；住区形态；太阳能潜力；量化分析

Abstract：This paper explored the correlation between the morphological parameters of high density residential area and the potential of solar energy and its influence mechanism. A solar simulation experiment based on spatial configuration elements and density components was designed, and 765 morphological samples were modeled and simulated by solar energy. Based on the quantitative analysis of the experimental data, the key morphological indexes of the solar energy potential are extracted, and the density of the building is strongly correlated with the total photovoltaic power generation, the volume ratio, the building height and the space opening rate. Rate has a strong correlation, so it provides a direction for shape optimization design. In the above research process, we will reflect the limitation of "big data" and explore the effective method of multi-dimensional and multi-level analysis.

Key words: Big Data; Small Data; Performance Design; Residential Morphology; Solar Potential; Quantitative Analysis

计算机科学的发展，使大数据以前所未有的方式将人、事、物之间的关系数字化、数量化，并渗透影响着社会生活的方方面面。大数据具有大量、高速、多样和真实性的特点，伴随着数字分析技术的进步，人们可以根据需要在各类数据中快速找到联系，找到数据表象之下的相关性。因此，大数据技术不仅应用于公共服务、交通物流、商业预测和社会行为及偏好预测，同时也为专业科学研究的数据处理与分析提供新的工具。城市规划与建筑设计也不例外。尤其是在数字化技术逐渐普及的今天，性能化的建筑设计的研究越来越依赖于大量数据来进行定量研究，并已取得一定的成果。大数据技术推进了对复杂事物的认知，但主要强调要素间的相关关系而忽视了逻辑上的因果关系，忽略了对现象背后机制的探寻。

基于上述思考，本文以数据分析为线索，研究高密度住区形态参数对太阳能潜力的影响机制，为以太阳能性能为导向的城市设计和建筑设计提供形态优化的方向和依据。并在此过程中，探索在建筑性能化设计过程中，对数据进行多维度、多层次分析的方法。

一、研究背景

何种城市形态最有利于太阳能资源的获取？从19世纪开始，该问题便吸引了城市规划师、建筑师、物理学家甚至医疗人员、卫生学家等多领域学者的共同关注。最初英国的一些卫生改革者和建筑师通过大量调查，指出阳光对人体健康的重要意义，并在随后的公共卫生运动中要求废除"窗户税"[1]，以保证城市住宅中可以获取充足的阳光。时至今日，人们以更加有机的视角审视建筑与城市环境之间的关系，在美学和功能之外，建筑在生态、环境方面的性能成为另一种价值判断。作为城市性能的重要指标，加之技术进步带来利用成本的不断降低，城市中的太阳能资源不断吸引着研究者的目光。目前主要研究进展如下：

（1）在城市层面，技术上已经可以完成对城市太阳能辐射资源潜力的估算研究。如对物理潜力的估算，即研究在一定区域面积内最大能接受收到的太阳能辐射量；对城市区域建筑外表面获得的太阳能辐射量的估算。然而对太阳辐射资源的估算局限于屋顶平面，欠缺建筑立面的太阳辐射数据研究。

（2）在街区层面，各个国家和地区的研究学者也做出了地域性的探索。斯洛文尼亚卢布尔雅那大学（University of Ljubljana）Mitja Košir 等人通过考虑建筑形态、密度、建筑朝向和设计4个参数，归纳出该地区7种典型的布局形态，研究了实际遮挡的情况下各地块的日照时长；加拿大康考迪亚大学 Caroline Hachem 等人，以小型住区和二层独栋住宅为研究对象，研究了不同建筑朝向、建筑形态（矩形、L 形、Y 形等）和建筑组合方式（独栋、联排）对区域太阳能光伏发电潜力的影响，探讨了可居住单元的几何形态和组合对不同性能标准的影响和权重；挪威科技和自然大学 Gabrielle Lobaccaroa 等人利用高度精确的辐射为基础的软件 DAYSIM 和 DIVA 得到了选定对象的太阳能潜力，同时探讨了运用该软件在现状环境下自动生成具有最大太阳能潜力的建筑形态；瑞典 Maria Wall 和 Jouri Kanters 等人通过建筑屋顶和外墙产生的能源，分析了典型瑞典城市街区每年的太阳能潜力，得出城市街区设计对年度总太阳能产出的影响最高达50%。

由上可知，关于城市形态参数与太阳能资源指标之间的关联性，各国学者不乏基于数据的定量研究，通过对大量的模型、数据进行训练和拟合，建立映射模型。解决方式变成了：问题（形态参数）从一个端口输入，对应的答案（太阳能资源）从另一个端口输出。然而研究多止于二者相关关系的发现，对其具体影响机制并未做深入探讨，两个端口之间

指导教师点评

建筑设计和城市规划的性能化和信息化，不仅带来绿色、健康、低能耗的城市空间，更是从长远角度来说，具有环境可行性和经济可行性的设计，这也是本团队长期以来重点关注的领域。在性能化和信息化设计的过程中，不可避免地要遇到数据处理问题。如同那句良言，"尽信书不如无书"，略改一个字，尽信"数"不如无"数"，也是成立的。朱丹同学的这篇文章以研究中遇到的大数据问题为出发点，对"热现象"进行"冷思考"，善于借助其他学科的方法及视角发现问题、分析问题，并层层抽丝剥茧地解决问题。在这个过程中，既完成了一篇研究论文，又是一次对研究方法很好的训练，这点值得肯定。

更广泛的来看，新理念、新技术、新方法不断出现，在为建筑师提供操作工具和思考维度的同时，也不断提醒我们要保持冷静，坚持思考，回归事物的本质。

宋德萱
（同济大学建筑与城市规划学院建筑系教授，博士生导师）

仍是一个"黑箱"。本文选取上海为研究对象，通过模拟仿真实验的方法，以数据分析为依据，力图探索高密度住区形态对太阳能潜力的影响及其背后的影响机制，"知其然"的基础上理清逻辑上的"所以然"，为基于性能的城市规划和建筑设计提供依据。

二、研究方法及实验设计

本文的研究问题为：探索高密度住区形态参数对太阳能潜力的影响机制，提取出影响太阳能潜力关键的形态参数，并分析其原因，以便为后续形态优化研究提供依据和基础数据库。研究方法概括为：在对实际案例调研统计的基础上，对研究对象的各形态参数范围进行合理的限定；通过不同形态参数的组合，建立大量、全面的形态样本模型；将模型导入太阳能模拟仿真平台，计算其太阳能潜力；对模拟结果数据进行定量分析，得出形态参数和太阳能潜力指标的因果关系，总结一般性规律。

（一）形态建模

为将研究问题聚焦于居住区形态与太阳能潜力的关系本身，通过对上海地区典型居住小区进行统计，并结合相关研究和设计规范，梳理出典型居住区形态参数组合。对于形态样本的设计，一方面要考虑实验复杂度的控制，以保证实验结果之间具有可比性；另一方面要保证形态样本对典型住区形态可能性的覆盖，使结果具有指导性和现实意义。据此原则，控制实验形态样本的参数设定如下（如图1所示）：

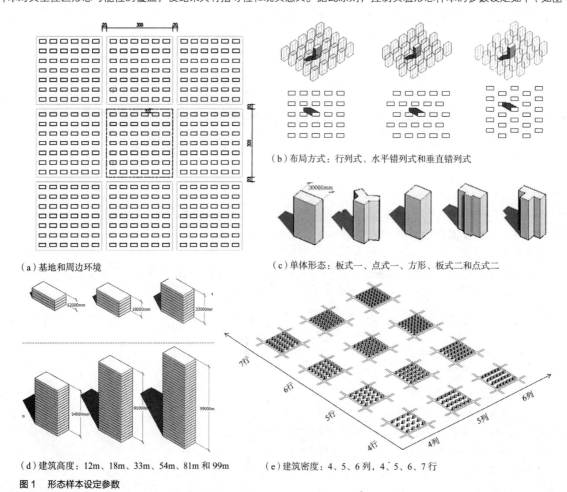

（a）基地和周边环境　（b）布局方式：行列式、水平错列式和垂直错列式　（c）单体形态：板式一、点式一、方形、板式二和点式二　（d）建筑高度：12m、18m、33m、54m、81m和99m　（e）建筑密度：4、5、6列，4、5、6、7行

图1　形态样本设定参数

1. 基地及周边环境

根据上海地区路网密度和住区规模统计数据，将基地面积设定为正南北朝向，东西宽300m，南北深300m，即基地面积90000m²。各方向建筑退红线15m。基地周边道路宽度为20m。周围城市肌理与实验对象相同布局，建筑高度一致。

2. 布局形态

布局形态在本研究问题中主要体现为建筑之间的相互关系，因此在本实验中的布局形态有三种：行列式，水平错列式和垂直错列式。

3. 单体形态

单体形态共包含：板式一、点式一、方形、板式二和点式二，共5种。为使得样本之间具有可比性，将建筑标准层面积统一设定为450m²。

4. 建筑高度

为控制实验复杂度，小区内各建筑层数一致。建筑层数取值为4F，6F，11F，18F，27F和33F，层高为3m，对应的建筑高度分别为12m，18m，33m，54m，81m和99m，共6种。

5. 建筑密度

在底层面积不变的情况下，建筑密度的设定主要体现为建筑楼栋数。行数分别为4行、5行、6行和7行，共4种；列数分别为4列、5列和6列，共3种。因此，小区共有3×4=12种不同建筑密度（楼栋数）。

依照参数组合完成建模之后，共获得3×5×6×4×3=1080个形态样本，将所有模型导入日照天正建筑软件逐一进行日照时间计算，移除不符合上海地区日照规范的样本，形成最终实验样本共765个。为方便描述，各个形态样本的命名规则为"单体类型_建筑高度_行数_列数_布局样式"，如"板式一_18M_5_4_行列式"表示式一的单体，建筑高度为18M，5行，4列，布局样式为行列式的样本。

（二）形态参数和太阳能潜力指标的选取

1. 住区形态参数

本文选取的形态参数包括两方面：空间构型要素和密度构成要素。空间构型要素主要指单体形态；密度构成要素包括如下4个参数：容积率、建筑高度、建筑密度和总建筑面积。

2. 太阳能潜力指标

太阳能潜力是一个相对抽象的概念，具体到本研究中指可用于光伏发电，即品质较高的太阳能资源。合理太阳能潜力指标的选取，一方面需要反映建筑表面获取的太阳能潜力的总量，另一方面从用能平衡的角度，还需包含居住区用能需求的信息。因此，本文选取两个指标：住区总发电量和太阳能用电保证率（下文简称"用电保证率"）。计算方法说明如下：

（1）首先确定建筑表面适宜安装光伏板区域，计算适宜安装区域内太阳辐射总量。本研究中适宜安装区域被界定为：立面满足年单位辐射量大于600kW·h/m^2、屋顶大于800kW·h/m^{2}的区域，符号分别为S_{600}和S_{800}。该临界值由丹麦学者Compagnon首次提出，之后被世界各地学者广泛接纳并使用，因此本研究以此作为临界值的设定标准。计算住区PV系统总发电量。考虑到立面开窗和屋顶设备用房，实际安装区域设定为适宜安装区域面积的75%，根据目前技术标准，PV系统效率设定为15%。

（2）如公式（1）所示，计算光伏系统总发电量与建筑总能耗之间的比值，即为"用电保证率"。根据上海地区住宅节能设计标准，住宅建筑年用电量设定为30kW·h/m^2。

$$用电保证率 = \frac{适宜安装区域太阳辐射总量 \times 75\% \times 15\%}{建筑面积 \times 30} \times 100\%$$

（1）

（三）实验工具

本研究采用参数化软件Rhinoceros-Grasshopper进行建模，针对不同形态参数的规划方案，利用其基于Radiance的太阳辐射模拟插件Ladybug进行的太阳辐射模拟；使用插件gHowl作为数据导出接口，将过程数据导出为.xls文件；数据分析软件为Excel和SPSS进行相关性分析。太阳辐射模拟使用的气象数据来源于Energy Plus的气象数据库。具体参数设定如下（表1）：

Ladybug for Grasshopper 模拟参数设定	表1
参数	设定
计算网格大小	1m×1m
起始时间	1月1日
终止时间	12月31日
计算间隔	1小时
计算范围	00:00—24:00
天空亮度分布模型	Tregenza
太阳辐射形式	直射辐射和散射辐射
气象数据	上海（北纬31.17°，东经121.43°）

作者心得

参赛论文的选题缘起于作者进行的一项关于高密度住区形态参数和太阳能潜力的关联性研究。在查阅相关前沿研究方法的过程中，笔者发现在建筑和城市规划领域的"大数据（Big Data）"已经被炒得非常火，而在实际运用的过程中，发现"大数据"在明显的优势之外，也带来了一些无法回避的问题：一来大数据无法解释研究问题自变量和因变量的因果关系，二来无法通过大数据对研究问题和研究对象进行细节刻画，由此引发作者反思其局限和困境，本文也由此而来。

随着研究的进行，笔者发现其他领域的学者在大数据的运用过程中，有着同样的困惑，即大数据在推进认知复杂事物的同时，暗含着不易解决的研究难数据题和伦理困境。这也更加坚定了作者对大数据问题进行深入思考的决心。此时，与大数据对应的另一个名词"小数据（Small Data）"进入了笔者的思考框架。与大数据的广度不同，小数据重点在于深度，对特定研究对象数据进行全方位的分析。在此过程中，思考的逻辑也渐渐清晰：通过大数据获得统计意义上的相关关系，然后再通过小数据提取出逻辑性的因果关系。这其实也提供了一个有普适性的思考路径：当我们对数据无法直接获得可解释性时，那就试着先观察出这些数据的统计规律性（"是什么"），然后再针对这些规律进行解释（"为什么"），大数据和小数据"配套而来"，对研究问题进行共同的刻画和描绘。

关于数据问题的探索也引发了笔者对于更广泛的"信息"这一概念的思考。数据不等于信息，唯有我们挖掘出来有适用价值的数据才可获得有效信息。这也是数据爆炸时代，一个非常有价值的话题，值得笔者继续思考。

三、实验结果分析

该实验平台可以完整地保留模拟过程的信息，因此每个样本的模拟均产生数万组过程数据，针对不同的目的提取包含相应信息的数据进行分析。对数据的分析主要围绕两个方面、分两个层次展开：

（1）"大数据"层面：通过自变量（形态参数）和因变量（太阳能潜力指标）的相关性分析，确定影响住区太阳能潜力的主要形态因子；

（2）"小数据"层面：在相关关系的基础上挖掘因果关系，理清其影响机制，为后续的形态优化研究提供方向。

（一）"大数据"——相关性分析

1. 全体形态样本模拟结果

图 2 和图 3 为全部样本的总 PV 发电量和用电保证率结果，不同布局形式的对标样本为相同单体形式，相同高度和相同行列数，即保证各形态指标均一致。总体来看，在总发电量和用电保证率两个指标下，三种布局之间的差别非常小，三条趋势线几乎重合。继续观察，总发电量在相同高度的样本中变化幅度较大，但在不同高度群体之间对比，并无显而易见的上升或下降趋势；而从图 3 可以看出，用电保证率随着建筑高度的升高呈现阶梯式下跌，相同高度群组内的样本之间也呈现出与总发电量一致的变化趋势。这可以初步解释为，建筑高度的增高带来总建筑面积的增大，在总发电量大致相当的情况下，用电保证率也就随之下降。

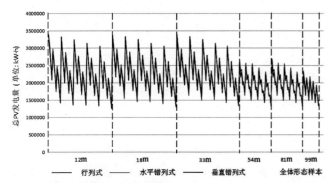

图 2　全体形态样本的总发电量模拟结果

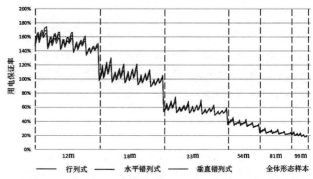

图 3　全体形态样本的用电保证率模拟结果

然而，进一步的思考，观察结果似乎与我们常识相左：建筑高度越高，似乎立面适宜安装 PV 面积越大，为何总发电量并没有随之增大？

2. 形态参数与总发电量的相关性

图 4 所示为住区总 PV 发电量与容积率、建筑高度、建筑密度和总建筑面积 4 个相关形态表征参数的散点图，表示总 PV 发电量与相关形态参数的关联性。其中图表中的公式表示自变量（形态参数）和因变量（总 PV 发电量）之间的函数关系，判定系数 R^2 表示二者关联程度，R^2 值越大表示关联程度越强，反之，则关联程度越弱。由图 4 可以看出，不同自变量和因变量表现出不同的函数关系和不同的相关程度。只有建筑密度一个形态参数，与总发电量之间具有很强的线性、正相关性（$R^2>0.9$），而其他三个参数容积率、建筑高度和建筑面积与总发电量关联性较弱（$R^2<0.1$）。

3. 形态参数与用电保证率的相关性

图 5 所示为用电保证率与容积率、建筑高度、建筑密度和建筑面积 4 个相关形态表征参数的散点图，表示相关形态参数与用电保证率的关联性。虚线 100% 以上的样本，其光伏发电量可以完全满足小区用电，并有余量输送给电网；虚线以下的样本，其光伏发量无法完全满足自身用电，仍需公用电网辅助供电。结果可以看出，建筑高度与因变量之间有非常强烈的幂函数、负相关性（$R^2=0.99$），容积率和建筑面积与因变量之间同样具有很强的幂函数、负相关性（$R^2>0.9$），而建筑密度与因变量关联性较弱（$R^2<0.1$）。

对比分析图 4 与图 2 的结果，我们的观察再次得到验证：总发电量只与建筑密度这一个二维形态参数强烈相关，而与立面维度即建筑高度没有明显相关性。如果这一观察得到合理论证，便也可以直接解释图 5（b）（d）所呈现相关性的原因，建筑高度的增高直接带来建筑面积的提高，因此总发电量均分到单位面积之后，用电保证率降低。因此，下文将对数据进行更深入和细致的分析，探索影响机制。

（二）"小数据"——影响机制分析

建筑的表面接受太阳辐射的范围有屋顶和立面两个部分。本实验基地内建筑高度一致，屋顶不存在相互遮挡，所以影响机制的讨论是形态参数对建筑立面接受太阳辐射的影响。

将屋顶发电量和立面发电量两组数据分开，便可以得到如图 6 所示结果，为全部形态样本屋顶／立面发电量所占比例。可以明显地看出来，在所有样本中屋顶发电量均超过 60%，即使在建筑高度达到 99m，建筑立面面积为建筑屋顶面积的 20 倍以上，建筑屋顶部分发电量仍然超过立面发电量。

1. 建筑高度和建筑密度

图 7（a）将屋顶与立面发电数据分组呈现，即可看出屋顶发电量与建筑密度呈线性相关，因为在屋顶无遮挡的情况下，适宜的

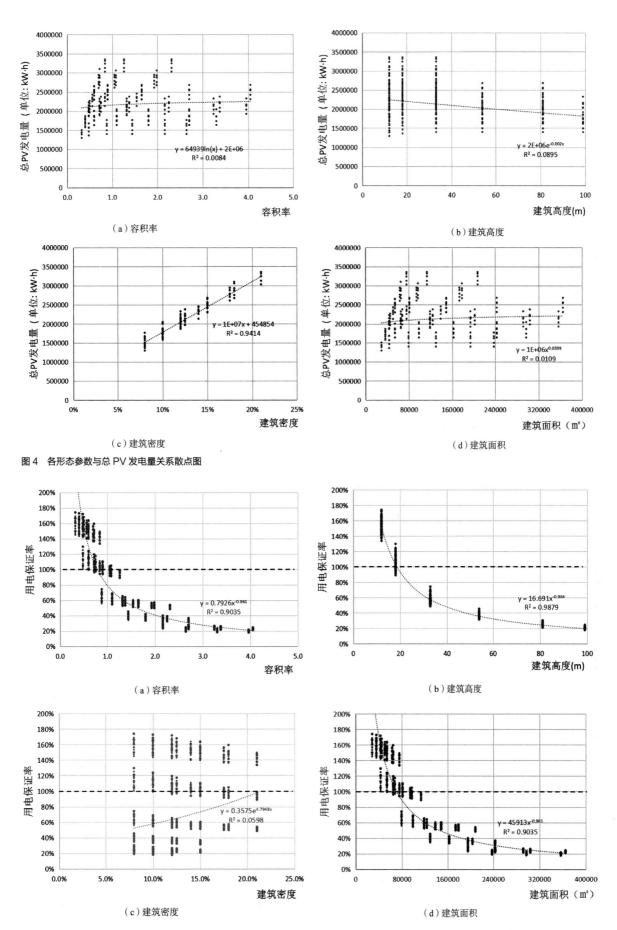

图4　各形态参数与总 PV 发电量关系散点图

图5　各形态参数与用电保证率关系散点图

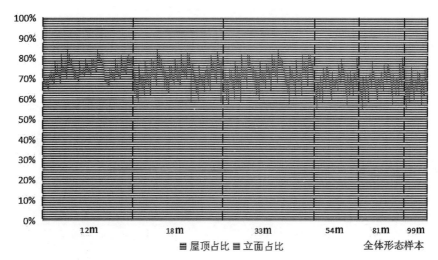

图 6　屋顶—立面发电量所占比例

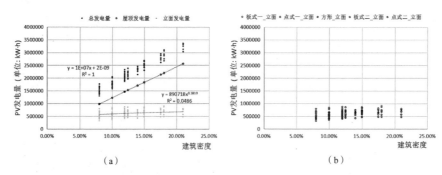

（a）　　　　　　　　　　　　　　　（b）

图 7　建筑密度与总 PV 发电量关系散点图

PV 安装面积直接取决于建筑密度的大小，而立面发电量与建筑密度则无明显相关性。再将立面发电量数据按照各单体类型分组如图 7（b），可以看出不同单体类型之间存在明显的差别，整体而言，由于自遮挡程度不同，在五种单体类型中太阳能潜力性能表现最优的为板式一，随后为点式一、方形和板式二，最劣为点式二。而对于特定单体形态的样本组内，立面发电量虽有变化但浮动很小。也就是说，不同行数、列数的变化，对立面发电量的影响很小。

这便带来了另一个疑问：似乎通过减少建筑楼栋数，即增加建筑间距的方式，无法带来立面光伏发电量的增加？

为上文提到两个疑问（关于建筑高度和建筑密度）探究原因，从最优和最劣的单体形态中抽出两组样本，针对具体形态样本的数据，对该问题进行更直观、更具体的分析，样本信息见表 2，立面发电量对比如图 8 所示。

从图 7 中不同形态样本之间的对比，我们可以直观地看到：不仅提高建筑高度无法增加立面发电量，通过减少楼栋数，即降低建筑密度的方式同样无法增加立面发电量。通过对各方案具体数据分析，原因如下：

抽取样本信息及形态参数　　　　　　　　　　　　　　　　表 2

样本编号	1	2	3	4	5
示意图					
单体形态	板式一	板式一	板式一	板式一	板式一
楼栋数	42	42	20	16	16
建筑密度	21.0%	21.0%	10.0%	8.0%	8.0%
容积率	0.84	2.31	1.10	0.88	2.16
建筑高度（m）	12	33	33	33	81
总建筑面积（m²）	75600	207900	99000	79200	194400
立面发电量（kW·h）	794261	797108	829395	792281	792281

样本编号	6	7	8	9	10
示意图					
单体形态	点式二	点式二	点式二	点式二	点式二
楼栋数	42	42	20	16	16
建筑密度	21.0%	21.0%	10.0%	8.0%	8.0%
容积率	0.84	2.31	1.10	0.88	2.16
建筑高度（m）	12	33	33	33	81
总建筑面积（m²）	75600	207900	99000	79200	194400
立面发电量（kW·h）	471904	472455	418298	423383	418298

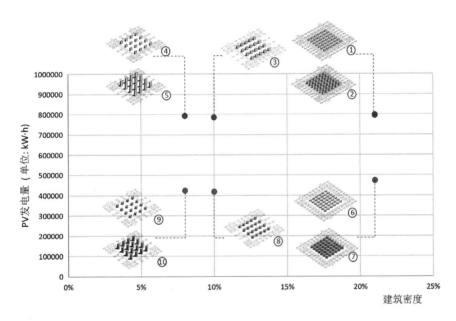

图8　抽取样本立面发电量对比

（1）对于建筑高度，由于周围建筑的遮挡，建筑立面的光伏适宜安装部位仅为上端一部分区域。如图9所示，因此在建筑间距不变的前提下，当建筑高度达到一定数值之后，建筑高度的增高并不一定带来适宜安装面积的增大。至此，我们通过对过程数据的分析，解释了第一个疑问，即总PV发电量不会随着建筑高度的升高而增大。

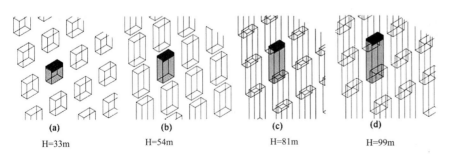

图9　不同高度适宜安装面积不变

（2）对比不同行数的形态样本，将适宜安装范围的立面高度数据 H 与其对应建筑间距 D 提取出来，发现各个散点几乎落下斜率一定的直线上，即表示 H 与 D 的比值基本不变（图10）。因此，如图11所示，增大建筑间距虽然可以增大每栋楼的 S_{600} 数值，但由于总体建筑楼栋数的减少，此消彼长之后整体适宜安装面积，即 S_{600} 总量大致相当。前文的第二个疑问也得到解释：在基地面积一定的情况下，立面总发电量仅在一定范围内进行较小浮动，建筑密度的增减，虽然可以引起空间开敞度的不同，但对立面总发电量影响不大。

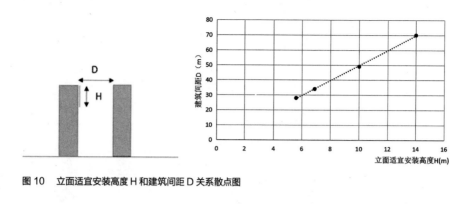

图 10　立面适宜安装高度 H 和建筑间距 D 关系散点图

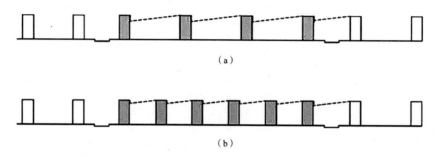

图 11　不同楼栋数总适宜安装面积基本不变

四、结语

基于太阳能潜力或其他性能指标的城市规划和建筑设计，是一个值得从各学科视角进行探索的领域。在此过程中，对数据的科学运用很大程度上会帮助我们在基于常识的预设之外，得到新发现，为以往受限制的研究方法提供新的维度。本文通过对大量形态样本模拟分析得到的数据库为基础，建立高密度住区形态参数（容积率、建筑高度、建筑密度和建筑面积）和太阳能潜力指标（总 PV 发电量和用电保证率）的关联性，并以相关性为基石，进一步对数据挖掘，分析因果关系，即现象之下形态参数对太阳能潜力的影响机制。结论如下：

（一）形态参数对太阳能潜力的影响

（1）总 PV 发电量。只有建筑密度一个形态参数，与总发电量之间具有很强的线性、正相关性，而其他三个参数容积率、建筑高度和建筑面积与总发电量关联性较弱。

（2）用电保证率。与上述结论相反，建筑高度容积率和建筑面积与用电保证率之间具有很强的幂函数、负相关性，而建筑密度与用电保证率关联性较弱。

（3）形态优化方向。增加建筑高度和增加建筑间距，均无法明显改善建筑立面的光伏潜力。有效的形态优化方向，一是提高建筑密度，以增加屋顶光伏适宜安装面积；二是增加不受遮挡的立面面积，以增加立面光伏适宜安装面积，比如采取南高北低的布局方式。

（二）大数据和小数据：从黑箱到白箱

大数据是一种资源，也是一种工具。数据让以往不可见的关系变为可见，它包含丰富的信息，却不解释信息。而恰恰是阐释，才是数据分析的核心。对于建筑师而言，而在抽象的数据图表和具体的建筑形态之间往往有巨大跨度和诸多层次、诸多棱面，如果只在一个或几个棱面收集数据，就像用二维的数据去刻画三维的世界，总是残缺。更危险的是，如果我们没有在使用之前看到数据的限制，便会不知不觉掉入"数据的黑暗陷阱"，这甚至比没有数据还要糟糕。

大数据长于相关性分析，而逊于揭示内在的因果逻辑。在建筑性能化设计过程中，大数据可以为我们提供基本的认知轮廓，提供了相关性，而因果关系，还在"黑箱"之中。正如系统化思维对我们的启示，要打开"黑箱"，便需要我们在数据分析过程中，界定数据的层次以及解释范围，根据分析目的的不同而变换不同的视角和维度，提取相应的"小数据""深数据"，尽可能的将黑箱内部的构造（即因果关系）展示出来，对研究问题形成全面的认识，进一步建立完整的解释框架，构建"白箱"系统，使我们的研究结论不囿于现有数据的限制，具有外推性。

对于热点话题和新兴技术，我们要放开胸怀去拥抱和尝试，这样才能理解；而只有真正的理解，我们才知道什么是合适的距离。

注释：

① 窗户税：是历史上英国政府对建筑物按开窗数量而征收的税项。

参考文献：

[1] Article.*Solar Energy*，Volume 85，Issue 9，September 2011：1864–1877.

[2] Caroline Hachem，Andreas Athienitis，Paul Fazio. *Design methodology of solar neighborhoods*[J]. Energy Procedia 2012（30）：1284–1293.

[3] Caroline Hachem，Andreas Athienitis，Paul Fazio. *Evaluation of energy supply and demand in solar neighborhood Original Research Article*. Energy and Buildings，Volume 49，June 2012：335–347.

[4] Caroline Hachem，Andreas Athienitis，Paul Fazio. *Investigation of solar potential of housing units in different neighborhood designs Original Research Article*.Energy and Buildings，Volume 43，Issue 9，September 2011：2262–2273.

[5] Caroline Hachem，Andreas Athienitis，Paul Fazio. *Parametric investigation of geometric form effects on solar potential of housing units Original Research*.

[6] C. Christensen and S. Horowi，"*Orienting the neighborhood：a subdivision energy analysis tool*," in ACEEE Summer Study on Energy.Efficiency in Buildings，California，2008.

[7] Compagnon，R. *Solar and daylight availability in the urban fabric*[J]. Energy Build. 2004（36）：321–328.

[8] Gabrielle Lobaccaroa，Francesco Frontinib. *Solar energy in urban environment：how urban densification affects existing buildings*. Energy Procedia 2014，48：1559–1569.

[9] https://energyplus.net/weather

[10] 郝庭帅. 当代社会生活的大数据化：困境与反思 [J]. 社会发展研究，2014（03）：196–211+242–243.

[11] （美）杰拉尔德·温伯格. 系统化思维导论 [M]. 北京：清华大学出版社，2003.

[12] Jouri Kanters，Maria Wall，Marie-Claude Dubois. *Typical Values for Active Solar Energy in Urban Planning Energy Procedia*，Volume 48，2014：1607–1616.

[13] 李振宇，常琦，董怡嘉. 从住宅效率到城市效益 当代中国住宅建筑的类型学特征与转型趋势 [J]. 时代建筑，2016（06）：6–14.

[14] M. Cellura，A. Di Gangi，S. Longo and A. Orioli. "*Photovoltaic electricity scenario analysis in urban contests：An Italian case study*," Renewable and Sustainable Energy Reviews，vol. 16，no. 4，p. 2041–2052，2012.

[15] Mostapha Sadeghipour Roudsari，Michelle Pak. *LADYBUG：A parametric environmental plugin for grasshopper to help designers create an environmentally-conscious design*. Building Simulation，2013，Chambéry，France.

[16] Mitja Košir，Isaac Guedi Capeluto，Aleš Krainer，ŽivaKristl. *Solar potential in existing urban layouts— Critical overview of the Existing building stock in Slovenian context*[J].Energy Policy 2014，69：443–456.

[17] M. Amado and F. Poggi，"*Towards Solar Urban Planning：A New Step for Better Energy Performance*," Energy Procedia，vol. 30，p. 1261–1273，2012.

[18] Pont，M. B.，Haupt，P. *Spacematrix：space，density and urban form*[M]. Rotterdam：NAi Publishers，2010：103–104.

[19] Pooya Lotfabadi. *Solar considerations in high-rise buildings*. Energy and Buildings 2015，89：183–195.

[20] 上海市规划和国土资源管理局. 上海市城市规划管理技术规定 [Z]. 2011.01

[21] 上海市规划和国土资源管理局. 上海市日照分析规划管理办法 [Z]. 2016.02

[22] Thomas，R. *Sustainable urban design：an environmental approach*[M]. London：Spon Press，2003.14–15.

[23] *Urban Planning Energy Procedia*，Volume 48，2014，Pages 1607–1616

[24] WMO，"*The State of Greenhouse Gases in the Atmosphere Based on Global Observations through 2010.*" eneva，2011.

[25] 维克托·迈尔·舍恩伯格. 大数据时代——生活、工作与思维的大变革 [M]. 杭州：浙江人民出版社，2012.

[26] 杨霞. 上海地区居住建筑能耗调研分析 [J]. 住宅科技，2016（09）：58–61.

[27] 张玉宏. 品味大数据 [M]. 北京：北京大学出版社，2017.

[28] 张玉宏，秦志光，肖乐. 大数据算法的歧视本质 [J]. 自然辩证法研究，2017，33（05）：81–86. [2017-09-22]. DOI：10.19484/j.cnki.1000-8934.2017.05.015

图片来源：

全文所有图表均为作者自绘

赵楠楠
（华南理工大学建筑学院　硕士一年级）

旧城恩宁路的"死与生"
——社会影响评估视角下历史街区治理的现实困境

The Realistic Dilemma of Historical District Urban Renewal from the Perspective of Social Impact Assessment

■摘要：社会影响评估是应用于城市建设项目全程的一项社会分析方法、动态监测过程与科学研究范式，在西方国家已有长期的研究基础与实践积累，但是在我国尚未受到足够重视。在大量实证调研基础上，本文以广州市恩宁路旧城改造项目为例，深度剖析了由于社会影响认识缺失所导致的多元主体利益失衡、公众参与开展困难与旧城更新进展艰辛等问题。在目前利益相关者难以建立共识的情况下，以恩宁路为代表的历史街区旧城更新亟须引入社会影响评估。

■关键词：历史街区治理；社会影响评估；旧城更新；广州恩宁路；公众参与；利益相关者

Abstract：Social Impact Assessment is a social analysis method，a dynamic monitoring process and a scientific research paradigm applied to the process of urban construction and urban renewal，which is widely used in western countries but less in China. Based on field researches，this paper analyzes the problems in the urban renewal process of Enning Road Historic District，such as the imbalance of multiple stakeholders and the difficulties of public participation. Therefore，under the condition of complicated social impact factors，the urban renewal requires Social Impact Assessment.

Key words：Historical District；Social Impact Assessment；Urban Renewal；Enning Road in Guangzhou；Public Participation；Stakeholders

引言

社会影响评估（Social Impact Assessment，SIA）的概念产生于20世纪60年代，

在1969年《美国国家环境保护法案》(*National Environment Policy Art*)将其正式定义后，社会影响评估逐渐发展成为西方国家城市建设与研究领域的一种重要开发手段、评价方法与研究范式(C. J. Barrow, 2000)。20世纪50年代，简·雅各布斯(Jane Jacobs)对美国城市大拆大建式城市改造(Urban Removal)模式的尖锐批判(Jane Jacobs, 1961)，极大程度上推动了社会影响评估的广泛实施。相比于早期的单个项目影响分析，现代的社会影响评估更加关注城市改造行为涉及的众多利益主体，以及所引起的复杂社会影响与潜在的社会冲突，并对开发项目进行动态监测研究，而公众参与是其中的一个重要内容。在这种情况下，社会影响评估作为一种社会研究方法参与在城市规划实践中，具有协调各方利益、提高规划科学性并推动城市发展的积极意义。

当前中国各大城市严格控制城市扩张规模，城市衰败地段的更新重建成为城市发展的重点内容，这种城市发展趋势表现为我国主要城市发展模式从新城建设为主的"增量建设"转为旧城更新为主的"存量规划""新常态"(邹兵, 2013)。随着旧城更新不断推进，土地流转、资源分配以及更新时序等城市管理措施往往引发众多社会影响与利益冲突。新常态下的理性规划意味着对社会影响的正确处理，社会影响评估被视为是参与式与渐进式规划原则的集合，有助于提高规划预测的科学性并缓解城市发展带来的社会问题(黄剑, 2009)。

社会影响评估过程强调社会参与城市规划整个过程，对于参与者的角色关系提供了理想范式。在对城市历史街区的改造更新过程中，由于历史文化价值及原住民现实需求，采取公众参与的治理方式显得尤为重要(何依, 2014)。本文在深度访谈及大量实地调研的基础上，全面了解恩宁路旧城更新中改造的模式及其产生的问题，探究永庆片区改造过程中各方利益相关者的实际角色关系，思考当前恩宁路旧城更新中存在的利益博弈与现实困局。对国内公众参与案例进行提炼整理后，本文进一步分析国内现有参与机制的优化可能，并提出在历史街区治理过程中引入社会影响评估以缓解发展带来的社会问题与公众矛盾。

一、理论回顾——社会影响评估与恩宁路街区改造概述

(一)社会影响评估：推动我国旧城更新模式转型

1. 国际语境下的概念发展

在美国，社会影响评估经历了三个发展阶段。起初，社会影响评估被视为环境影响评估(Environmental Impact Assessment, EIA)的一部分，是一种用于预测与分析社会影响因素的技术性工具，它与环境影响评估一同构成环境影响报告书(Environmental Impact Statement, EIS)(Ana Maria Esteves, 2012)。后来，社会影响评估成为一项独立的分析过程，其分析范围扩大到"所有公共或私人行为对人们生活、工作、娱乐相关活动的影响"(IOC, 2003)，用于持续分析、监测与管理规划及开发中产生的社会影响。而今，社会影响评估成为一项跨专业、跨学科的社会研究体系，被规划工作者视为推动各方利益相关者协作与支撑规划决策的方法论(Ana Maria Esteves, 2012)。

在我国，环境影响评估和社会影响评估的概念引入已有超过30年的实践经历(Bo-sin Tang, 2008)，2003年出现在《环境影响评价法》中。但是，对于国内城市规划领域来说，社会影响评估仍是一个相对陌生的概念与方法。目前国内对于社会影响评估的研究与应用都较为有限，仍然以环境影响评估的组成部分出现，主要应用于国际合作项目以及对突发灾害、社会冲突等危机事务的处理中(李强, 2011)。

2. 社会影响评估在旧城更新中的实际应用框架

社会影响评估并非一个线性的研究过程，而是在决策者做出选择之前，通过一系列的社会分析及公众参与，为决策提供更多科学依据及缓解社会冲突的措施。根据对相关文献资料的整理，归纳出社会影响评估在旧城更新领域内的四个阶段工作内容(图1)，包括范围界定阶段、方案优选阶段、协调实施阶段、管理维护阶段。

范围界定阶段主要包括对研究范围(如时间区间及地理界线)以及研究目标(如利益相关者群体及研究问题)的预估及界定。方案优选阶段包括研究社会影响提出替代方案、

指导教师点评

城市发展全过程就是一个通过不断改造及更新来提高改善民生水平的新陈代谢过程，更涉及社会发展与人民生活的方方面面。中共广州市委十届九次全会提出"建设枢纽型城市、推动城市有序更新"的要求。2017年6月，广州市政府印发《广州市人民政府关于提升城市更新水平促进节约集约用地的实施意见》，深入贯彻广东省第十二次党代会关于以"三旧"改造为抓手，推动城市更新和城市建设的决策部署，提升城市品质，促进城市精明增长。

在此背景下，作者结合本科毕业设计与公众参与的实践经验，以及参加美国麻省理工学院与华南理工大学建筑学院联合测试互联网公开课《社会责任地产开发：学习使用影响评估工具》所获得的国际最新规划理念，以广州恩宁路的城市更新历程与发展问题为主题展开实证研究。作者探讨了多元主体利益失衡、公众参与开展困难与旧城更新进展艰辛等问题与社会影响认识缺失之间的关系。作为硕士研究生一年级学生，作者较好地运用了非结构式访谈方法，对12位本地居民及7位本地经营者进行了约10个小时的访谈，访谈真实有效并采用拍摄的方式进行了完整的记录。作者较为创新地将社会影响评估理念引入中国城市更新议题，为城市更新的实践与研究提供了新的分析视角与可能的实施工具。

费 彦
(华南理工大学建筑学院城乡规划系
副教授)

邓昭华
(华南理工大学建筑学院城乡规划系
副教授)

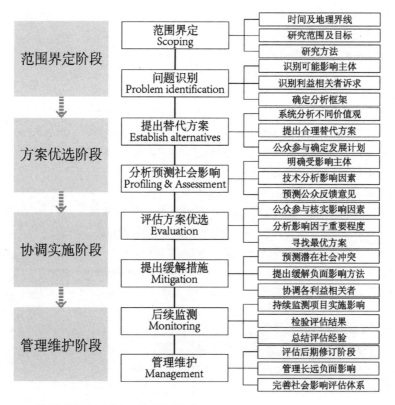

图1 城市规划全过程中社会影响评估工作框架

图片来源：笔者根据文献（C. J. Barrow, 2000）编绘

剖析利益关系预测发展方向以及分析潜在影响预估社会反馈，是整个评估中公众参与较为集中的阶段。实施与维护过程中通过对利益相关者之间的协调，提出方案优选建议及冲突缓解措施，减少发展带来的消极社会影响，并对规划实施后的社会影响进行持续监测并相应修订规划。

3. 社会影响评估过程中角色关系网络

社会影响评估的过程也是各方利益协调的过程，在这个过程中需要平等的公共讨论平台，也需要所有利益相关者的参与。在该信息传递网络中，应包括政府、媒体、开发商、本地居民、本地商家、专家学者以及协调者七类角色（图2）。其中政府角色是以监督机构为代表，确保参与式规划符合法律法规。协调者是以中立的第三方角色参与公共讨论，确保所有利益相关者公平公正地参与规划，这个角色极有可能是由政府委托，但并非代表政府立场。在以恩宁路为代表的历史街区旧城更新中，协调者的角色由规划师或学者担任的可能性较高。根据社会影响评估中信息传递网络图可以看出，七类角色互相关联，且由于各方相互之间的信息传递不需途经中间方，因此传递效率和真实性较高。

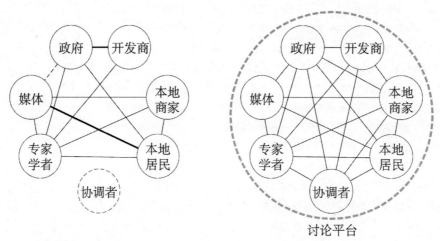

（a）恩宁路现状各方角色联系　　　　　　　　（b）社会影响评估中各方角色联系

图2 恩宁路现状社会关系及社会影响评估中社会关系设想

图片来源：笔者自绘

4. 社会影响评估引入我国旧城更新的意义

旧城更新活动产生的社会结果及社会影响错综复杂，一直是国内城市发展道路上的难题（郭湘闰，2008）。而政府主导的更新规划容易出现强势权利的象征，以至于形成新的社会冲突激化点（黄剑，2009）。近年来，旧城更新开放市场接口，居民在自主更新过程中暴露出专业知识匮乏的问题，且无论是居民还是市场都难以协调众多公权利与私权利的利益关系（胡娟，2010）。纯粹"自上而下"式政府主导模式与"自下而上"式居民自组织模式在面对复杂的社会关系或解决尖锐的社会矛盾时难以达成普遍共识。实际上，西方很多国家已在法律层面将社会影响评估看作是城市规划的必需方法，它在一定程度上可以保证规划人员不被政府或其他利益相关者左右（黄剑，2009）。规划者得以客观理性地认识到规划所产生的社会影响，进而及时完善规划方案。

公众对知情权与参与权的诉求日渐增长、人们私权利意识与本地文化保护的觉醒、公众社会责任感与正义感的提升、供应链中社会绩效管理的强化以及公众对资源配置的公平性诉求，使得社会影响评估在当前城市发展中应运而生（Ana Maria Esteves，2012）。在多元主体参与公共议题尚未达到共识的情况下，社会影响评估从社会角度为分析规划社会影响与帮助决策选择过程提供了一项科学研究方法（李强，2011），对新常态下旧城更新进行渐进式与参与式规划转型具有借鉴意义。

这种情况下，我国旧城更新引入社会影响评估具有两方面的作用。一方面，其科学理论体系将有助于研究旧城更新不同阶段中各社会群体之间的关系和诉求，为规划本身提供实际可行的依据与建议，以提高规划的科学性与可实施性，如前期的社会影响评估、中期的规划实施研究，后期的持续监测分析；另一方面，社会影响评估中所强调的公众参与为旧城更新中的社会治理提供一种具体的方法论，使公众参与深入规划决策过程与开发项目全周期。

（二）恩宁路：艰难前行的旧城更新探索（2006—2017）

1. 从一方决策到共同议题：近十年恩宁路的事件升温

在广州市荔湾区恩宁路旧城改造过程中，公众参与始终是大众热议的问题。恩宁路在大事件外在动因诱导下启动旧改项目，期间由于公众抗议使拆迁工程一度搁置（图3）。随着社会矛盾不断激化，恩宁路事件引发社会媒体越来越多的关注与讨论。2016年永庆片区改造项目启动，开发商以一个新的角色首次出现在历史街区更新过程中，其中的社会关系更加复杂。

图3 恩宁路2006—2017年卫星图变化

图片来源：笔者自绘

作者心得

首先真的很感谢有这样一次参与论文竞赛的机会，能够将自己经历与思考的内容展示出来。最初我是在毕业设计的契机下，接触到恩宁路旧城更新项目；与此同时，2017年"清润奖"论文竞赛的主题为"热现象，冷思考"。因此可以说，在一开始进行实地调研的时候就带着对论文主题的思考。对于恩宁路这样一个热议至今的旧城更新话题，如何拨开前人对其众多的报道、分析与评论，通过亲身感受和研究，来产生新的思考，是我成文的主要出发点。

近年来，国内旧城更新过程中民众参与意识逐渐强化，并且广州市恩宁路的更新进程由于开发商的介入，进入到一个敏感而矛盾的阶段。在这种状态下，恩宁路中的一举一动都受到民众与社会的关注。小到与当地居民访谈时，与每一户的接触和交流内容都有可能会传播至其他街坊以及新闻记者那里，并被社会媒体放大。可以说在旧城中的访谈与调研成果非常不易，因此我也很珍惜整个调研阶段的感触和体验。同时非常感谢毕业设计的三位指导老师，以及在毕业设计前期调研过程中一起参与的另外五位同学，如果没有他们的参与，前期访谈调研的深度与广度都有可能无法进行到本文现在的程度。

另外非常感谢的是，前段时期有机会参与麻省理工学院规划系教授开办的系列慕课，开始接触到社会影响与社会责任感方向的研究内容，其中社会影响评估作为本文重要的研究视角，为本文讨论的旧城更新议题提供了新的思考方向。

总体而言，比起竞赛的最终奖项，在我看来更重要的是，在成文过程中，我的实地调研得到各方鼓励，文章的思考内容得到支持与完善建议，这对我而言是最为重要的支持力量。由于写作时间较为仓促，文章内容与观点都仍需推敲与完善。希望在跟进恩宁路旧城更新后续发展中，能够继续在本文的基础上深入研究，产生更成熟的感触与思考。

从 2006 年恩宁路旧改开始至今，随着社会关系的转变，发展过程可分为四个阶段（表 1）。

第一阶段（2006—2008）：政府主导旧改，启动拆迁工程。

2006 年广州提出"中调"战略，政府主导启动恩宁路旧城改造项目。在拆迁初期，社区居民自发上访抗议无果，此时社会媒体开始介入，对政府强拆事件进行报道，促进恩宁路改造项目成为公共议题，形成舆论压力阻止拆迁工程[①]。这个阶段的恩宁路发展以政府为主导，媒体开始初步介入，而居民则是处于被动接受的弱势地位。

第二阶段（2009—2012）：民众意识觉醒，多方参与保护。

当地民众借助话语媒介力量，多次上书质疑拆迁安置与历史保护等问题，并提出居民自主更新的意愿，但均未收到政府部门正面回应[②]。此类民众请愿活动在 2010 年借"亚运城市市容建设"座谈会契机终于引起政府关注，并获得政府相关部门公开支持[③]。与此同时，民间组织开始陆续产生并推动着恩宁路事件的进程，如 2010 年成立的"恩宁路民间关注小组"以及"恩宁路学术关注小组"。这个阶段是民众声音最为集中的时期，居民、媒体、热心市民与专家学者共同组成强大的公众力量。

第三阶段（2013—2015）：改造拆迁延期，社会关注冷却。

随着恩宁路第四次拆迁延期公告的发布，整体拆迁活动暂时搁置，期间粤剧博物馆和荔枝湾恩宁涌综合整治项目启动。由于社会关注减弱，民间组织解散，恩宁路曾经激烈的社会冲突看似平静下来，但此时恩宁路以北地区大量建筑已经遭到拆迁破坏，原本的社区生活难以为继。这个阶段由于项目搁置，居民、媒体和社会公众声音开始消减。

第四阶段（2016 至今）：市场介入微改，再度引发争论。

2016 年政府启动永庆片区危（旧）房修缮和活化利用项目，万科承建进行微改造，这是广州首个开发商介入旧城历史文化街区改造的项目。在此之前，恩宁路以北永庆片区原本的建筑及社区生活尚未受到拆迁影响，而这一次的微改造项目使得恩宁路原本因拆迁遗留下来的社会矛盾一触即发，媒体的大量报道使恩宁路又一次成为公众关注的热点对象。2017 年，60 户恩宁路居民联名上书抗议永庆坊微改造工程[④]，此时居民与政府的关系达到信任危机最紧张的状态。这个阶段社会结构开始变化，社会关系包括政府、开发商、居民、媒体与专家学者，由于各方尚未达成共识，多方参与的旧城更新实际上面临困局。

2. 从大拆大建到保护规划：相关规划回顾

从 2006 年开始至 2011 年间关于恩宁路旧城改造发布了数版规划。根据上述发展阶段来看，在第一阶段中拟定的三版方案拆除了场地内大量建筑并新建高层住宅楼，提供居民原地回迁空间（林冬阳，2012）。第二阶段的规划方案开始注重对场地现有建筑的保留与修缮，在降低容积率的基础上，对场地内自然环境及交通系统进行了优化建议（图 4）。第三阶段规划与旧改项目暂时搁置，直到 2016 年开始启动永庆片区微改造。2017 年荔湾区规划分局开始着手准备"恩宁路历史文化街区保护规划"的编制工作，对于建设控制地带内的各类建设活动进行严格控制，对于核心保护范围内的历史建筑予以保护及修缮，体现了规划演变中不断加强的历史文化保护意识。

| 2007年原控规平面 | 2011年拟调整控规平面 | 2017年历史文化街区保护规划范围 |

图 4　2007—2017 恩宁路街区规划变化

图片来源：左图文献（林冬阳，2012），中图 www.gzlpc.gov.cn，右图笔者改绘

二、深度调研——多方参与下的现实困局

本研究主要采用入户访谈、面对面座谈会以及实地勘察等调研方法，与恩宁路旧改事件中各方利益相关者直接对话。其中，入户访谈对象主要集中于永庆片区、恩宁路骑楼街及吉祥坊片区，对象包括 12 位本地居民及 7 位本地经营者（图 5），访谈时长总计 582 分钟。座谈会参与者为万科永庆坊项目负责人、荔湾区规划分局代表及荔湾区城市更新局代表，座谈会时长共计约 3 个小时。另外，在调研过程中，笔者多次接触到新快报媒体记者，该媒体从 2007 年至今持续关注恩宁路发展并发表过大量具有社会影响的新闻报道。在这些实地调研及媒体接触的基础上，笔者收集到许多第一手资料，对恩宁路旧改历程中各利益相关者社会关系与实际诉求产生了更深的理解。

（一）公众参与的尴尬处境：永庆片区纷争中民众情绪积重难返

恩宁路是广州市最早一批进行旧城更新的项目，最初由于亚运会市容建设的要求，拆迁改造工程在公众参与渠道缺失的情况下快

四个阶段恩宁路街区事件节点、相关规划与新闻报道一览表　　　　　　　　　　　　　　表1

阶段	时间	事件	相关规划	相关报道
第一阶段	2006年	恩宁路连片危破房改造项目启动	《恩宁路地块广州市危破房试点改革方案》	
	2007年	恩宁路改造项目正式对外招商 恩宁路第一次拆迁公告发布 人大代表要求就近安置和回迁	《恩宁路地段旧城改造规划》	《恩宁路居民：拆迁前应听我们心声》
	2008年	居民上书质疑拆迁 恩宁路改造规划区内正式拆迁		《广州业主6月买房子9月要拆迁　集体上书全国人大指恩宁路拆迁违反物权法》 《孟浩穷追恩宁路拆迁，荔湾"危改办"首次表示能不拆的房子尽量不拆 不愿走的尽量就近安置》
第二阶段	2009年	政府发布第一次拆迁延期公告 荔湾区危改办提出安置方案 政府就街区发展方向召开公众咨询 恩宁涌综合整治工程三期启动	《荔湾区恩宁路旧城更新规划》(第二稿) 《荔湾区恩宁路旧城更新规划》(第三稿) 《恩宁路历史文化街区保护开发规划方案》	《恩宁路拆迁变更为何不公开》 《恩宁路改造规划不能偷偷摸摸进行》 《规划编制前应听取公众意见》 《恩宁路拆迁变更业主欲退款收回房子》 《搬空的房子为何被出租？》 《恩宁路规划方案终出台今起征询公众意见》 《孟浩：公布哪些房拆哪些保留》 《以保护之名搞商业开发？》 《一看，心都凉了：就是商业开发呀，哪里是公共利……》
	2010年	恩宁路居民联名公开信反对拆迁 金声电影院拆迁 时任广州市市长视察恩宁路 政府发布第二次拆迁延期公告	《荔湾区恩宁路旧城更新规划》(第四稿)	《恩宁路最后留影》 《183户居民联名反对恩宁路规划方案》 《220恩宁人家发公开信要求制定合理补偿方案》 《市政协委员吴名高：恩宁路应马上停止全面拆迁》 《改善人居？怎么居住环境没改善？》 《恩宁路边拆边招商是公益还是商业化？市政协委员吴名高建议好好评估现有房子价值》 《2700多套私房找不到业主　扯住广州旧城改造步子》 《西关自梳女的私房跑断腿还是要不回来》 《恩宁路如何迎亚运？》 《恩宁路成"拆迁主题公园"》 《恩宁路空屋成贼屋》 《这里可拍唐山大地震》 《恩宁路拆迁为何烂尾》 《区府拨款用人手清垃圾》 《恩宁路最初规划走了弯路》 《恩宁路拆迁"烂尾"追踪：危破房改造要先安置后拆迁》 《我为何请市长来看看恩宁路？》 《人大代表与恩宁路的命运选民感叹：去哪里找人大代……》
	2011年	政府将特色建筑纳入保护 恩宁路改造规划获批 政府发布第三次拆迁延期公告	《荔湾区恩宁路旧城更新规划》(第五稿) 《荔湾区恩宁路旧城更新规划》	《保留历史建筑占街区面积过半》 《望建老人院化粪池解决消防》 《部分历史建筑，建议保留仍被拆》 《或建西关大屋一套卖上千万》 《恩宁路居民发(公开信)支持自主更新》 《恩宁路是谁的恩宁路》
第三阶段	2013年	粤剧博物馆地块控规调整		《恩宁路入保护规划　守住恩宁路即守住广州历史》
	2014年	荔枝湾涌完成"揭盖复涌"		
第四阶段	2016年	永庆片区危旧房修缮和活化利用项目开始招商 启动恩宁路历史文化街区保护规划投标	《永庆片区微改造建设导则》 《永庆片区产业导入管理控制导则》	《万科在恩宁路这样微改造，你喜欢吗？》 《恩宁路改造最大的问题是还没有保护规划就开工了》 《施工遮挡破坏居民房子　广州恩宁路改造受质疑》 《恩宁路变身创客旅游小镇会否逼走原住民？》 《台湾建筑大腕看恩宁路微改造，这些被忽视的问题……》
	2017年	恩宁路居民联名向政府递交建议书 广州首个居民参与的城市更新论坛"历史街区微改造论坛"成立		《恩宁路改造：政府要辟场地让老街坊叙旧，要补贴当地文化特色的营生》 《恩宁路街坊："忍无可忍"》 《万科广州恩宁路旧改项目被曝遭居民联名投诉》 《恩宁路保护规划公众参与为何遇冷？三大教训值得……》

数据来源：笔者根据相关文献及新闻报道整理

入户访谈——永庆大街居民王姨（时长105分钟）　　　　　　　入户访谈——永庆二巷居民张伯（时长80分钟）

入户访谈——恩宁路居民苏伯（时长25分钟）　　　　　　　入户访谈——大地新街居民吴姨（时长40分钟）

图5　永庆片区及恩宁路周边居民入户访谈照片

图片来源：笔者自摄

速推进，场地内历史建筑的拆迁激起强烈的民众抵制和广泛的社会关注。后期迫于舆论压力项目暂时搁置，新闻媒体和原住民对于恩宁路的守卫战暂时偃旗息鼓，但实际上恩宁路激发的社会矛盾没有得到真正解决，当永庆片区开始新一轮的改造项目，原本居民与政府之间的矛盾又转为居民与开发商之间的矛盾，各种社会冲突在新闻媒体的发酵下一触即发。

　　永庆片区微改造项目是广州市首个开发商介入的历史文化街区更新项目，片区内大部分房屋产权已经收归国有，2015年开始进行方案设计，2016年万科承建微改造进行具体实施。但整个过程中依然缺少对公众参与的重视，据居住于永庆大街的王姨讲述[⑤]，在项目落地之前她从未见到项目实施方案，甚至在新快报的媒体记者登门采访之前，她对于永庆片区改造项目承建方情况都毫不知情[⑥]。王姨认为开发商是在居民"毫不知情的情况下突然开始施工"，并且"也没有同居民商量，没有告知居民将永庆片区改造成商业街的方案策略"，而政府（更新局）对于整个微改造项目情况的交代只有一块标识"危房改造"的告示牌[⑦]。

　　总体而言，永庆坊事件中激起的社会冲突不单单是针对开发商违规建设行为，也是恩宁路事件中民众原本遗留情绪的再次爆发。这一次的改造项目，虽然保留了大部分建筑空间格局和立面风貌，但由于更新范围较大，新增建筑部分与旧建筑的衔接面临现实挑战，并且对于重建的屋顶样式、街道铺面、建筑高度等是否与原本西关风貌相协调的问题众说纷纭[⑧]。

（二）诉求表达的层层桎梏：信息传递中社会关系复杂难以破冰

1. 永庆片区改造利益群体复杂，各方角色错位致使信息交换效率较低

　　永庆片区微改造项目的纷争中，主要关联六类角色，包括政府、开发商、新闻媒体、规划师、居民以及专家学者。笔者根据自身实际调研的情况整理出该事件演进中的信息传递网络（图6），连线宽度从细到宽表示双方联系的紧密程度从低到高。

　　调研发现，在事件长期演变中当地居民已经形成具有一定规模的街坊代表团体，但居民代表多元性较为有限。居民代表大部分是吉祥坊片区以及永庆片区原住民，在吉祥坊片区拆迁开始时期即自发产生，近两年又新增永庆片区居民代表。根据笔者调研，南片区居民及骑楼街居民表示未曾参与居民代表组织的活动，也不了解事件进程[⑨]。现状恩宁路以南片区仍然存在较为完整的社区生活，由于规划范围涉及南片区，其社区成员也属于间接利益相关者，他们的意见也应成为居民发声的组成部分，而代表团体对于南片区居民的联系相对不足。

　　从信息传递网络可以看出，政府、开发商对实际空间变化具有直接推动作用，包括规划师、评估专家以及研究学者在内的专家群

体在政府与居民之间从协调者的角度体现桥梁与沟通的作用，而居民与媒体更多的是以信息表达为主影响实际空间发展。其中媒体与居民代表之间的联系非常密切，但媒体与政府、开发商以及规划师之间缺乏有效沟通，信息交换效率较低。在媒体与民众对话的过程中，以媒体为主导的言论力量逐渐转化成一种质疑旧城更新合理性的舆论压力（聂远征，2014）。虽然媒体促进了事件的透明化，但其传递的价值观对公众影响较大（邓昭华，2014）。这种媒介话语实践表现出旧城更新不仅仅是城市发展的经济活动，而且背后存在着一定的利益博弈。

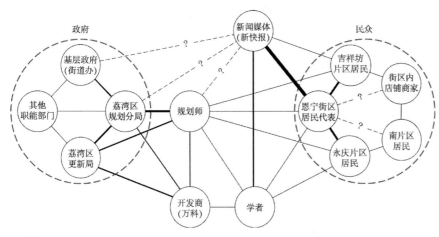

图6　永庆片区改造纷争中各角色信息传递网络

图片来源：笔者自绘

2. 政府基层社区组织部门缺位，对公共参与活动组织支持不足

信息传递中政府基层部门角色缺位，民众声音难以传递。根据笔者经历，由于政府基层部门如街道办、社区居委等角色的缺位，使得组织效率较低，公众参与活动难以推动。在开展调研之初，笔者向街道办和社区居委等基层政府部门寻求支持，但从寻找利益相关者到开展相关参与活动（入户深度访谈、组织座谈会、认知地图绘制及空间意象填写），在与社区成员对接的过程中，依然主要依靠单方力量进行动员，活动进程较为缓慢。

政府角色的必要性体现在两个方面：一是民众参与渠道受限。在恩宁路十年发展中，居民数次联名上书或发布公开信表达对旧改拆迁工程及更新规划的质疑和建议，但此类书面参与途径在居民看来依然是属于"被动的公众参与"[⑩]，在改造过程具体事务中居民难以真正接触到政府，反映出城市规划中公众参与制度的不足。二是公众意识需要指引。居民诉求的关注内容主要集中在对拆迁补偿和安置问题的利益诉求，对于整个街区的保护及发展关注较少，民众公共意识的不足也反映出政府指引的必要性。

3. 多元行动者之间接口错位，发展目标与基本议题尚未达成共识

媒体与政府及规划师之间信息接口错位，公众表达渠道受限。在永庆片区改造的纷争中，以新快报为首的新闻媒体已成为一股新兴的话语力量。调研显示，部分居民对政府、开发商及专家学者有不同程度的信任危机，但对媒体记者则知无不言，而新快报自身也发文称其为"居民表达意见的唯一渠道"[⑪]，并称"新快报的报道推动了社会进程"[⑪]。然而对于非拆迁地段内的居民，新快报等媒体的存在感较弱，居民依然苦于寻找公众表达的传递渠道[⑫]。

当前的媒体时代中，大众媒介由于其观点独立性和平台公开性，在公众及政府决策者之间可以发挥桥梁作用，提供信息沟通和公众表达的平台（聂远征，2014）。但根据实际调研发现，恩宁路事件中存在媒体与居民联盟的特殊现象，而媒体与政府及规划编制部门的接口错位也使得信息的传递与交换路径错位，各方在进行表达时难以达成共识。

三、冷静思考——旧城更新中的街区治理

（一）民众意识的强化提出公众参与街区发展新模式

1. 公众参与应保证民众能够参与决策过程

当前大多数规划中，如专家评审、规划公示及公众咨询等传统参与形式在一定程度上可以推动规划调整，但整体仍然是政府主导的决策机制。社会影响评估的推进，有助于改善公众参与及法定规划之间的关系，真正实现公众参与涵盖规划发展全过程（表2）。

在恩宁路的更新过程中引入社会影响评估面临两方面的挑战，一方面由于相关制度建构缺位，使得渐进式与参与式规划实施起来较为困难，另一方面街区内社会关系的复杂性使公众参与深度较为局限。从国内典型参与式规划案例来看，大多数的公众参与以规划公示及访谈调查为主要参与形式，但这些以政府主导、公众被动参与为主的规划较难推动决策过程。

国内公众参与城市规划案例一览表　　　　　　　　　　　　　　　　　　　　　　　　表2

项目名称	公众参与与法定规划的关系	参与主体	组织形式	参与方式	参与目的	参与效果
恩宁路旧城改造规划	部分交融	各级政府、媒体、当地居民、热心市民、开发商、专家学者	政府主导、媒体介入、公众被动参与	规划公示、媒体宣传、公众咨询	获取社区成员支持	项目搁置，影响规划方案设计
海珠桥南改造设计	部分交融	规划局、媒体、当地居民、热心市民、专家学者	政府主导、媒体介入、公众主动参与	媒体宣传、网络征集、问卷调查、访谈调研	介绍规划目的、讨论编制内容	规划调整，影响规划决策制定
菊儿胡同更新设计	部分交融	规划编制机构、当地居民、专家学者	政府主导、公众被动参与	规划公示、入户访谈	介绍规划方案内容、获取社区成员支持	设计调整，影响规划方案实施
厦门总规环评报告	相互包含	规划编制机构、市民、媒体、专家学者	公众倡导、政府组织、媒体介入、公众主动参与	规划公示、公众座谈会	讨论项目环境影响、收集公众意见	项目搁置，影响规划决策制定
深圳总体规划编制	部分交融	规划编制机构、市民、媒体、专家学者	政府主导、媒体介入、公众被动参与	规划公示、媒体宣传、问卷调查、座谈会	介绍规划方案内容、收集公众意见反馈	规划调整，影响规划方案内容
武汉东湖绿道规划	部分交融	规划编制机构、市民、媒体、专家学者	政府主导、公众主动介入	众规平台、网络问卷、座谈会	收集公众方案建议、获取市民支持	设计调整，影响具体方案设计
香港中环新海滨城市设计	相互包含	规划编制机构、市民、媒体、专家学者	政府主导、公众被动参与	展览、公众论坛、电话调查、公众访谈	介绍规划方案内容、收集公众意见反馈	设计调整，影响规划设计方案
扬州文化里改造设计	部分交融	规划编制机构、基层政府、当地居民	政府主导、公众主动参与	入户访谈、众筹改造	介绍规划目的、协商方案内容、获取公众支持	规划调整，影响规划方案实施

数据来源：笔者根据相关文献整理

2. 地方知识对旧城更新的实践具有指导作用

社会影响评估在旧城更新中主要有两方面的应用，一是梳理社会关系，预测社会影响，为理性规划提供科学依据；二是将地方知识与规划决策相结合，提供公众参与接口，缓解社会冲突的同时加强规划的地域性与针对性。

例如在与永庆片区原住民叶伯的访谈中，他认为改造后的屋顶样式、构件样式及街道麻石铺面与西关传统风貌不协调，"破坏了岭南漂亮的历史建筑"。微改造项目之初原住民角色的缺失，使得本土特色在规划中体现不到位。而历史街区中原住民对于传统文化及场所精神更加敏感，在规划决策中加入地方知识将有助于更具针对性地进行街区更新。地方知识的体现方式众多，例如规划人员组织原住民进行街区特色构件的识别与样式库的构建，在改造过程中可以作为具体实施选择的指导。

（二）多元主体条件下的历史街区治理需要社会影响评估的制度保障

1. 多元参与制度保障仍需完善，保证信息传递透明度

社会影响评估中公众参与是最为重要的内容，而参与的基础是保证信息传递的透明性，使各方可以顺利进行信息平等交换最终实现共赢（Lawrence Susskind，2014）。调研发现，恩宁路旧改项目早期规划中对于公众参与的考虑不足，公众了解规划信息的渠道非常有限。如今由于新闻媒体的介入使得公众具有更多获取信息和表达意愿的渠道，公众参与的意愿也日渐强化，急需建立完善的参与机制，明确责权利主体，保障公众在参与过程中的科学性与合理性。在提高公众意愿公开透明化的同时，应简化利益双方联系的中间传递方，保证信息传递的效率与真实性。

2. 政府与多元治理主体需设立讨论基准共同参与街区治理

当前恩宁路的更新改造面临瓶颈，公众参与意识不断强化，但关于历史保护对象、建筑改造形式以及街区发展方向等内容公众意见混杂，难以协调一致。对于针对性较强的专业问题，公众的专业知识较为有限，经常出现参与效率低下、讨论文不对题的现象。因

此，在规划领域中，应由专家学者牵头设立讨论基准，从专业角度出发，以"街区公约"的形式对于街区内建设运营行为、街区规划发展方向等方面进行标准设定，如历史建筑定义标准、传统文化保护范围、社会参与模式等内容，便于政府与公众在规划指引下共同开展讨论与行动。

四、结语与讨论

（一）恩宁路的"濒死"状态

街区更新如今面临瓶颈、步履蹒跚，尚未达到政府、居民与开发商的多方共赢局面。

恩宁路旧改项目是在广州亚运会市容建设推动下，首个将历史居住街区改造为文创休闲街区的旧城更新项目。如今恩宁路的濒危状态体现在两个方面：一方面，从 2006 年政府主导启动的拆迁工程导致街区肌理和历史建筑遭到严重破坏，期间公众参与缺位及规划程序规范性不足致使改造进程一度滞缓，这体现出完全"自上而下"式更新模式的弊端。另一方面，纯粹"自下而上"式更新模式也具有其局限性。当下的恩宁路历史街区由于社会角色关系趋于复杂，长期积累下来的社会矛盾难以破冰，民众参与的意愿逐渐开始转向消极情绪，使得参与式规划难以动员。永庆片区改造项目激发了新的社会影响，在这种情况下，各方已形成的利益关系逐渐变化，由原先的政府—民众—专家三者关系演变到现在政府—民众—媒体—开发商—专家五类角色的复杂关系网。其中新闻媒体充当了恩宁路"看门人"的角色，当前恩宁路的一举一动都被大众传媒话语放大，这种被媒体二次传递的信息链背后体现了政府与民众的接口错位，这也使得更新过程中各方推动都较为困难，街区发展陷入困局。

（二）"向生"希望的恩宁路

街区治理需要引入社会影响评估，地方知识与规划决策的结合是地域性与科学性的结合，有助于推动街区重新焕发活力。

恩宁路旧城更新过程涉及复杂的社会关系、历史文化、人文经济及自然环境要素，街区活化激发的社会影响广泛而深远，在以存量治理为主的城市规划新常态下，旧城发展急需引入社会影响评估，完善公众参与机制，机制的完善在一定程度上可以为濒临失望的民众提供一种公众参与的信心。近年来，随着民众意识的逐渐强化，公众参与城市规划成为旧城更新中备受关注的内容。在这样的社会背景下，以社会影响评估为系统研究方法、公众参与为主要实践形式的社会治理模式逐渐成为活化旧城的新兴模式。即由政府主导组织，联合社会组织、企事业单位及社区居民等各方治理主体，通过平等合作、协商、沟通等方式共同参与社会公共事务治理，最终实现公共利益最大化的过程。

总的来说，本文从社会影响评估的视角对恩宁路旧城改造热点事件进行了梳理与思考，根据实证调研情况分析了当前主流报道背后街区发展的现实困局，提出引入社会影响评估推动历史街区旧城更新模式的转型，在完善多元参与机制的同时重视地方知识的实践意义。

注释：

① 新快报 2007 年报道《恩宁路居民：拆迁前应听我们心声》，http://news.163.com/07/1211/01/ 3VD6NT4M000120GU.html.

② 新快报 2010 年报道《183 户居民联名反对恩宁路规划方案》及 2011 年报道《恩宁路居民发〈公开信〉支持自主更新》，http://news.sina.com.cn/c/2010-02-05/014017048442s.shtml. http://news.sina.com.cn/c/ 2011-06-29/034922723118.shtml.

③ 羊城晚报 2011 年报道《〈新快报〉恩宁路系列报道，穷追五年终成正果》，http://news.ycwb.com/2011-07/01/content_3475992.htm.

④ 新快报 2017 年报道《万科广州恩宁路旧改项目被曝遭居民联名投诉》，http://www.guandian.cn/article/20170215/182910.html.

⑤ 笔者对永庆大街 12 号民居原住居民王姨进行长达两个小时的入户访谈，该居民在永庆片区改造后依然居住于此。

⑥ 原话为"如果不是何珊同莫冠婷来告诉我这里是万科介入的，我们都根本不知道"。

⑦ 原话为"他们（更新局）说挂了这个牌就无需向你居民解释，因为是危房改造"。

⑧ 笔者对永庆二巷 16 号民居原住民张伯进行长达一个半小时的入户访谈，该居民在永庆片区改造后依然居住于此，他认为永庆片区改造后建筑样式和街道麻石铺面不是 "原汁原味的西关特色"。

⑨ 笔者对居住于恩宁路 175 号的李婆婆进行访谈，她表示 "没有听说过（居民代表）有组织什么事情，政府现在也都好像没有人理的样子"。

⑩ 原话为 "你们不能说有公众参与，可以说我们居民是被逼强行参与。你们搞活动要邀请我们来的嘛，你们不邀请我怎么说话"。

⑪ 羊城晚报 2011 年报道《〈新快报〉恩宁路系列报道，穷追五年终成正果》，http://news.ycwb.com/2011-07/01/content_3475992.htm。

⑫ 笔者对恩宁路 143 号店铺商家苏伯进行访谈，该店家从 1979 年就在此经营铜店，他表示 "没听说过新快报来采访居民，拆成这样，老街坊都没剩几个了"。

参考文献：

[1] Ana Maria Esteves，Daniel Franks，Frank Vanclay. *Social impact assessment : the state of art*[J]. Impact Assessment and Project Appraisal，2012（01）：34-42.

[2] Bo-sin Tang，Siu-wai Wong，Milton Chi-hong Lau. *Social impact assessment and public participation in China : A case study of land requisition in Guangzhou*[J]. Environmental Impact Assessment Review，2008（28）：57-72.

[3] C. J. Barrow. *Social Impact Assessment : An Introduction*[M]. New York：Oxford University Press Inc，2000.

[4] 邓昭华，王世福，赵渺希. 新媒体的规划公众参与和前瞻——以广州大佛寺扩建工程事件为例 [J]. 城市规划，2014（07）：84-90.

[5] 范欣智. 恩宁路地区粤剧名伶与名人故居的现状及保护构想 [J]. 神州民俗，2012（06）：34-37.

[6] 郭湘闽. 土地再开发机制约束下的旧城更新困境剖析 [J]. 城市规划，2008（10）：42-49.

[7] 黄灿强. 广州市恩宁路历史建筑与利用技术研究 [D]. 广州：广州大学，2013.

[8] 黄剑，戴慎志，毛媛媛. 浅析西方社会影响评价及其对城市规划的作用 [J]. 国际城市规划，2009，（5）：79-84.

[9] 何依，邓巍. 从管理走向治理——论城市历史街区保护与更新的政府职能 [J]. 城市规划学刊，2014（06）：109-116.

[10] 胡娟. 旧城更新进程中的城市规划决策分析——以武汉汉正街为例 [D]. 武汉：华中科技大学，2010.

[11] IOC. *Principles and Guidelines for Social Impact Assessment in the USA*[R]. IAIA，2003. Jane Jacobs. The Death and Life of Great American Cities[M]. New York：Vintage Books，1961.

[12] Lawrence Susskind. *Good For You，Great For Me : Finding the Trading Zone and Winning at Win-Win Negotiation*[M]. New York：PublicAffairs Books，2014.

[13] 李强，史玲玲. "社会影响评价" 及其在我国的应用 [J]. 学术界，2011（05）：19-27.

[14] 林冬阳，周可斌，王世福. 由 "恩宁路事件" 看广州旧城更新与公众参与 [C]. // 多元与包容——2012 中国城市规划年会，2012.

[15] 刘垚，田银生，周可斌. 从一元决策到多元参与——广州恩宁路旧城更新案例研究 [J]. 城市规划，2015（08）：101-111.

[16] 聂远征. 旧城改造的媒介话语建构——以武汉汉正街改造和广州恩宁路改造为例 [D]. 武汉：武汉大学，2014.

[17] 王浦劬. 国家治理、政府治理和社会治理的含义及其相互关系 [J]. 国家行政学院学报，2014（03）.

[18] 王世福，沈爽婷. 从 "三旧改造" 到城市更新——广州市成立城市更新局之思考 [J]. 城市规划学刊，2015（03）：22-27.

[19] 吴良镛. "抽象继承" 与 "迁想妙得" ——历史地段的保护、发展与新建筑创作 [J]. 建筑学报，1993（10）：21-24.

[20] 吴祖泉. 解析第三方在城市规划公众参与的作用——以广州市恩宁路事件为例 [J]. 城市规划，2014（02）：62-75.

[21] 杨宏烈，徐铭. 构建历史街区民间文化产业群——广州恩宁路骑楼街区的保护创意 [J]. 热带地理，2007（06）：569-573.

[22] 翟斌庆，伍美琴. 城市更新理念与中国城市现实 [J]. 城市规划学刊，2009（02）.

[23] 赵民，刘婧. 城市规划中 "公众参与" 的社会诉求与制度保障——厦门市 "PX" 项目事件引发的讨论 [J]. 城市规划学刊，2010（03）：81-86.

[24] 邹兵. 增量规划、存量规划与政策规划 [J]. 城市规划，2013（02）：35-37.

潘 玥
（同济大学建筑与城市规划学院　博士二年级）

社群、可持续与建筑遗产

——以妻笼宿保存运动中的民主进程为例探讨学习日本传统乡村保护经验的条件、问题和适应性

Community，Sustainability and Built Heritage

— Conditions，Problems and Adaptations in Learning from Japanese Experiences in Rural Heritage Conservation through the Case of Democracy Development in the Preservation and Regeneration Plan of Tsumago-juku in Japan

■摘要：在建筑遗产的保护语境中，除却已被登录保护的对象，大量处于保护清单之外的城乡风土建筑遗产该如何恰当处置，在"存"与"废"之间又该如何作利弊权衡，这已成为我国城市更新及乡村复兴中的一大难点和热点。联合国可持续发展原则中着重指出在城乡可持续发展中平等这一原则所蕴含的文化权利，即支持全体公民对有形遗产与无形遗产的所有感。本文聚焦于日本著名乡村遗产整体保存案例——"妻笼宿"，考察了其从20世纪60年代起所经历的保护演进阶段中的民主进程，包括江户时代遗存——妻笼宿的历史、遗产保护政策评价、社群参与度、理论模型等方面，试图在新的文化政治语境下探讨学习日本传统乡村保护经验的条件、问题与适应性，以对我国正在进行的当代风土建筑遗产保护和进化阶段提供有益的参考。

■关键词：社群；建筑遗产；保护；参与；发展

Abstract：In China's case, how to deal with the huge amount of vernacular built heritage in the urban and rural development in the perspective of social value under the consideration of urbanistic impulse is one of the most complicated issue to be concerned within the area of conservation. The United Nations Sustainable Development Goal 11 principle of equity in sustainable urban development necessitates recognition of cultural rights—the right to 'sense of belonging' for all citizens as 'tangible' and 'intangible' heritage. By tracing back the progress of the preservation and regeneration plan of Tsumago—juku in Japan since 1960s in the respects of vernacular building history, critically analysis of policies, community initiatives, theoretical models, this paper focused on presenting an understanding of the translations of conservation doctrines on the ground with trans-national objectives of conservation in neo – liberal contexts. By comparison with the conservation concepts as community making, public participation, stakeholders, and preservation technique, the paper in the end put forward view points on the great influence of democracy development in Japan's conservation from the preservation and regeneration plan of Tsumago-juku.

Key words：Community；Built Heritage；Conservation；Participation；Development

一、问题的提出

日本传统乡村保护的优秀案例很多，特别是在我国城市更新及大量乡村亟待复兴面临着困难的阶段中，日本的案例常常引起我们学习的兴趣，在公众和专家中都形成了一股股讨论的热现象。的确，20世纪50—60年代日本的农村看起来脏乱差，经过保护性改造都成了非常整洁漂亮的乡村，但是面对这样的现象，尚需冷静的思考发问，这些传统乡村中的年轻人是否留下了呢？如果不考虑这些保护成立的条件、问题以及适应性，一味强调保护后呈现的美好的一面，对中国的乡村保护实践而言，依然是雾里看花，并不构成实质性的推动。一枚硬币要看两面，学习他者的经验也是如此，不可偏看。

以最近受关注的日本古川町濑户川的农村改造为例，1968年起以饲养3000条锦鲤为契机治理污水。经过几年的坚持，河流变干净了，锦鲤图案也成了当地的代言。除了改造自然环境之外，对新建筑改造都以传统风格为首选，并在此基础上复原传统工艺，使用榫卯衔接之外，在出檐、隔栅、斗拱上保存木造工法，斗拱上的"云"装饰作为当地工匠的名片，提振了工匠热爱传统工艺的信心。而且还兴建"木匠文化馆"，展示当地木匠的文化。在这些基础上，复兴民俗活动，譬如每年一月举行的三寺参拜等。以上这些行动并非官方行为，而是该村的村民自发进行。政府的出资以及在这些推动下进行的立法活动，是在这些地方的民间的力量下进行的。

再看其他案例，与古川町同一时期进行保护的日本乡村——长野县木曾町妻笼宿（图1、图2），这一乡村改造周期更久，长达15年。自1967年，当地政府开始谋求对妻笼宿进行观光开放，并且请到了东京大学著名的建筑历史学家太田博太郎加入观光计划制定，太田教授经过仔细调研后认为，妻笼宿遗留的幕府末期的古宿场具有很高的历史价值和年代价值，应当对妻笼宿进行完整保护，以保护来带动观光开发。在学者和当地政府（包括民间组织）紧密配合下，进行了第一、第二次保存运动，妻笼宿渐渐出名；至第三次保存运动时，也就是在1975年，日本政府受到妻笼宿地方体立法的促动，修正《文化财保护法》，将类似于妻笼这样的古老聚落和街区追加为文化财保护对象之一，称之为"传统的建筑物群保存地区"。南木曾町借此获得国家补助金，将妻笼宿第三次保存计划顺利地进行了下去。

在考察这个案例的过程中，值得注意的是，在保存过程中伴随着一项对民主进程起着巨大的作用，并注意到最终搭建产生的当地遗产"照管体制"，这一体制在今天仍然在妻笼宿的保护中发挥着很强的作用。我认为这是一种由妻笼当地社群自发形成的遗产保护性社群，在这个社群中融入了住民意识，形成了"妻笼共同体—生态系"。这一"照管体制"对于遗产保护和城市发展所具有的意义是：第一，是有机的，能够应对变化的。这是一种保护机制多样性的呈现，一种更有潜力的遗产保护的可能性，代表着民间组织引领下的社会价值的实现，也是现今民间保护团体NGO（Non-Governmental Organization）的发展借鉴；第二，是紧密联系当地社群的，并由当地人的特点出发，因为当地人最了解当地的社会，组织本身附着了很强的感情依赖和传承习惯（图3、图4）；第三，是人道的，原住

图1 日本妻笼宿寺下地区上嵯峨屋附近　　　　　　　　　图2 日本妻笼宿寺下地区街道，下部石路为中山旧道

图3 妻笼宿每年十一月举行的"文化文政风俗绘卷之行列"

图片来源：作者自摄

图4 "文化文政风俗绘卷之行列"中的嫁女队伍行
走在中山道上

图片来源：作者自摄

民不会被迁出，而是作为主体，参与遗产保护，参与乡村发展的进程，住民的积极性得到最大发挥；第四，是可持续的，也即符合联合国可持续发展原则中着重指出在城乡可持续发展中平等这一原则所蕴含的文化权利，即支持全体公民对有形遗产与无形遗产的所有感。全体公民伴随社会与经济的转型，伴随个体的社会性成长。

接下来，本文将试图考察当地的社群和社会特殊性、这些社群具有的能动性，以及为何在这一保护运动中当地人承担建设和保护的主体，能动性如何发挥更大的建设作用。

二、住民意识与妻笼共同体的组织内发展

首先值得注意的，就结果来看，妻笼地方体最显著的两大产物是：住民宪章和住民相互扶助原则。这两种产物的产生伴随着战后，即1950年代日本住民运动的开展，妻笼的民主进程是这一运动的缩影。1960年由于日本政府推行《国土综合开发法》，造成乡村过疏化。日本实施"国民收入倍增计划"带来的后果包括通货膨胀、两极分化、大都市人口过密化和农村人口过疏化等。日本所尽力推行的高度经济增长政策下，实际鼓励第二产业，农村的劳动力外流到都市，是一种经济效率为主导的短视的经济政策，其结果是自然环境受到很大破坏，各地的公害频发，都市集中了过量的人口，人们对于这样的生活逐渐开始反思。在这样一种社会状况下，重返人在生活和文化中的主体性在日本各地初露端倪，而妻笼的动向就是这一浪潮中最集中的显露。应注意的是，妻笼共同体的逐渐形成与妻笼的文化有着非常切近的关系，实际上考察妻笼街并保存的运动源流恰恰是从战后妻笼文化——演剧研究的发展开始的。

首先，妻笼地方体的形成是在一种较为特殊的条件下生成，有其个性。在1948年，妻笼公民馆成立演剧研究会。妻笼公民馆的目的被认为是要培育民主主义社会的人，其"谈话守则"是这些活动的产物。战后初期的演剧活动的主体是妻笼的年轻人，比较有名的曲目比如《王者与预言者》，将王者（权利阶层）和预言家（庶民）的关系进行了戏剧化的阐释，庶民的智慧得到自身的认同，而"谈话守则"便是在这种背景下产生，被认为是民主主义的遗产。这一守则对于后续的妻笼保存运动有着非常重要的作用，妻笼的建筑遗产保存与否，并非只是个人的问题，是全体住民所共同面对的问题。

木曾处于山野之中，妻笼更是深山之中（图5、图6），相互扶助原则下的共同体这样的生存方式是妻笼独有的。这种共同体，是在当时的时代和体制下，根据自身的生存需要

产生的自我保护方式，这种共同体反对强权，是在民众与旧权力阶层对抗的过程中产生的组织。在妻笼的演剧和流行的诗歌，譬如《木曾诗集》(解放诗集)中，充满了这种"弱者连带"的意识，因此妻笼共同体的自立基础来自于地方社会的本质。这便被称为"妻笼文化"。再加上战后，妻笼两次受到中央文化的影响。第一次是关口存男和米林富男进行的文化教育活动，第二次是以太田博太郎为中心的妻笼宿保护运动的开展。妻笼文化继续发展成了一种感性、内向，与共同体的基础根源联系紧密的思想。

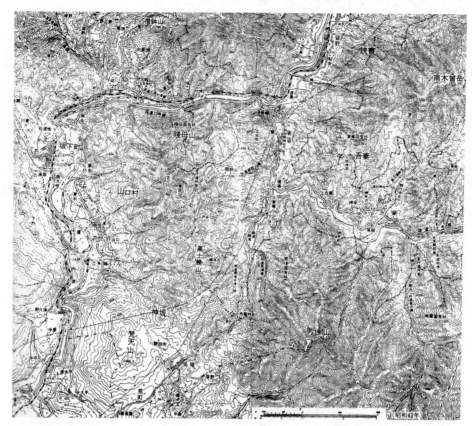

图5 妻笼及附近地图
图片来源：太田博太郎，小寺武久:《妻籠宿保存·再生のあゆみ》

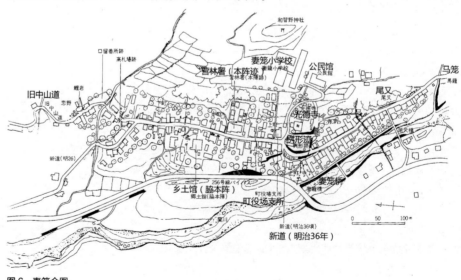

图6 妻笼全图
图片来源：太田博太郎，小寺武久:《妻籠宿保存·再生のあゆみ》

1948年，妻笼成立演剧研究会。1950年，反对战前的封建支配层；御料林解放加速了地方民主化的进程。1955年，成立制茶工厂，农业发展。但与此同时，妻笼町村合并，形成极端过疏化，地域崩坏，农业不振。农业上，一方面国家颁布的政令《六割农民切拾》中林山属于皇家，加深了妻笼农业不振。1960—1966年，国道19号线开通，人口剧减，并大量外流。此时，妻笼公民馆活动的积极分子自1964年起自发收集乡土资料，1965年组构了"妻笼宿场资料保存会"。

1965年，在《妻笼宿场资料保存会》结成意趣书中这样指出:"在我们的妻笼，每家均有继承自祖先，对于日常生活没有用处但却非常宝贵的民俗资料和文化遗产处于沉睡之中……为了保存这些乡土资料，我们结成这一妻笼宿场资料保存会。在组织上，作为妻笼分馆的小组活动的一环，进行组织和运营，发现、保存、整理资料为主要的目的；将来，设立资料博物馆，给很多的学生和一般的游客，宿场研究者的学术研究和观光提供参考和便利。"[①]这一资料保存会继续吸纳了公民馆、妇人会、青年会的很多成员，其组织功能一直得以延续。在妻笼的战后发展中，这是一个重要的组织，在随后的妻笼宿保存运动中起到了很大的作用。这个组织完成的第一件比较大的事件，即对于奥谷胁本阵旧宅的保存，经历了这次成功的保存之后，保存会人员得出共识"活用宿场遗迹，是地方的人们生存之道"，并随后组成第二个重要的地方体保护组织"爱妻笼会"，大会通过了《住民宪章》，随后开展了15年的妻笼宿保存运动，特别吸纳了妻笼全体住户都参与保存运动，成为乡村保护历史上的罕见成功之举。

可以发现，妻笼地域在将经历剧烈变动之前（变动指的是妻笼宿场自昭和初期停止其机能）其住民的主体性危机经历了重大确认。究其原因，这是因为"二战"后，妻笼有了公民馆进行文化活动，这对于战后乡土再建主体性的发现有奠基的作用："在高度的经济发展政策下，提到所谓的日本人的故乡时，可以解读出近代文明冲击下的人们共同感受到的压抑感。70年代时，在妻笼的运动，实际上给全国范围内的保存运动带来了很大的益处，其价值被充分肯定。这样的运动的连带化被得到认识。但是，并不意味着妻笼的运动是一种彻底的地域化运动。其本质并不是地域主义，只适用于一个地域。而是从地域出发，推而广之的从全日本历史和社会的维度上进行的一种创造。"[②]妻笼的民主进程的成果并不意味着它是一种地域自我主义，而有着其在推动地方传统和文化遗产保护上的普遍意义。

1970年，爱友会成立，继续进行文化推广活动。从妻笼公民馆建立，至70年代完成保存运动，建立乡土资料保存会和爱妻笼会，形成互助原则和住民宪章，这些组织架构形成，基本可以视作妻笼社群组织化的成熟标志。

三、街区（townscape）保存运动和地方社会发展进程中妻笼社群的推动作用

战后至1955年，妻笼宿附近的马笼宿（图7、图8）因岛崎藤村的文学作品而兴起观光热潮。1952年，在马笼本阵的藤村宅迹建立了藤村纪念馆。因被诟病"马笼宿已落入俗套"，"像妻笼宿这样保持下去更好罢"这类声音随之出现[②]，引发木曾郡向妻笼引流观光客的探讨，妻笼的保存意识随之萌芽。

1961年，吾妻村、读书村、田立村合并，南木曾町诞生。7年后，妻笼地区人口从1757人减至1347人。为了发展南木曾町，町长片山亮喜制定了《南木曾町主要政策五

图7　岛崎藤村笔下的马笼宿

图片来源：作者自摄

图8　马笼宿内的藤村纪念馆及本阵迹

图片来源：作者自摄

个年计划》③，计划共有道路整备计划、教育振兴计划与观光开发计划几个部分。计划自 1964 年起执行了 5 年。片山亮喜町长针对国家的"广域行政"，提出"狭域行政"以应对国家经济高速成长期。观光开发计划指出，南木曾町的自然是一大观光资源，而旧中山道的开发，可设计古道漫游线路、妻笼乡土馆、国民宿舍等进行开发。教育振兴计划强调基于乡土民俗资料的保存和文化财的保护，并公开保存于妻笼乡土馆的资料。这一计划是妻笼当地初次结合观光与文化财保护的尝试，町长又在 1961 年 8 月成立了南木曾町观光协会，与 1965 年成立的乡土资料保存会和 1968 年成立的爱妻笼会一同为观光进行调查和准备工作。

乡土资料保存会这方面，一直试图继续扩大保存活动的范围，构想着宿场的整体街区保存，适逢"长野县明治百年行事"，妻笼住民曾纷纷自发拍下妻笼宿的照片进行投选。1968 年，新的住民组织爱妻笼会构建后，定下"三不"原则，至 1971 年形成了重要的约束条款《住民宪章》。事实上，所谓的爱妻笼会是一个全体住民需参加的组织，这种全户加入的实现，对于保存运动的顺利开展有很大的影响。《爱妻笼会会则》第 4 条，写明的该会活动内容如下：1. 妻笼地区的文化遗产（有形的、无形的、民俗资料、纪念物）的"补完"运动；2. 保存宿场；3. 保护风致；4. 区民的学习活动（讲演会、讲习会、展示会、先进地考察见学等）；5. 其他必要的获得认可的事业。①

爱妻笼会实行的是妻笼全体住民都需加入的组织，爱妻笼会在具体组织上，每四户出一家代表参与，共 60 个人，组成代表议员会议进行对话。确立关于妻笼从保存到再生的原则。那么为何爱妻笼会决定妻笼全户加入？爱妻笼会解释的原因有二：首先，妻笼的住民本是江户时期中山道的木曾道部分宿场的旧户，为了使得再生计划有效实施，需要使得全体住户参与；其次，街区的特殊形态决定了需要从点到线面的保护统一，因此需要全体参与。①

巧合的是，妻笼自发形成的共同体所具有的保护理念与中央文化引领人物的意见方向一致。1967 年 11 月至次年 2 月，南木曾町政府委托东京大学建筑史研究专家太田博太郎先生对妻笼进行了保存调查，在调查报告中，太田先生向长野县提出关于妻笼观光开发的重要方针——整体集落保存。对于这种保存方式的重要性与可能性，太田先生指出：

（1）妻笼宿选择以宿场作为保存状态，虽不是最佳也是较优的选择；

（2）当地住民对保护十分热心，住户数量不多，故得到住民全体同意和支持也相对容易；

（3）宿场的规模小，保存费用较少；

（4）施工中的国道 256 号线将替代妻笼作为交通要道的功能，妻笼今后没有需扩大路幅的问题；

（5）至宿场的游客还包含对藤村文学感兴趣的人群；

（6）在观光之外不需要考虑关于"过疏化"的对策。③

长野县和南木曾町政府后续主导的保存计划实际上都是基于太田先生这次提出的保护理念展开的。长野县于 1968 年提出的《旧中山道妻笼宿调查报告》，对构成宿内景观的各要素进了具体的评价。区别于仅将妻笼视作近代宿场町景观的角度，此报告对自然景观给予了重视。宿内的道路恢复旧路面石砌铺装，对侧沟、水流进行复原，下埋电缆等基础设施，将围墙作为景观要素进行考虑，统一新旧围墙的观感。②1968 年 3 月，长野县向町政府提出《妻笼宿保存计划基本构想》报告书（以下简称《构想》），再次重申观光开发不能对妻笼宿的保存计划造成影响；同时，对妻笼宿历史景观的保存将以更多地向公众开放为目的，且保存和观光不能以牺牲原住民的生活便利为代价。妻笼宿的保存不是完全的历史复原，而是考虑了复原的"传统生活空间再构成"。也就是说，人们感受到的旧街道的氛围主要来自于建筑立面，街道立面后的建筑，如果不妨碍历史景观，可大胆筹划创造具有历史感的景观氛围。在"保存整备构想"一节中，《构想》对建筑物进行了保存阶段的划分：

（1）历史的，景观的，具有重要意义的，具有复原可能性的：尽量使其公有化，进行复原保存；

（2）纳入经若干整修维持历史景观的建筑（允许内部变更）；

（3）纳入经大幅修复维持历史景观的建筑（允许内部变更）；

（4）不显示历史景观，但并未扰乱氛围的，以一定规律维持历史景观的建筑；

（5）对历史景观造成明显不和谐的需拆除的建筑。[③]

后续问世的三次保存计划以及各类报告书虽对上述《构想》有所改动，但都以其为基本方针。南木曾町政府则于1968年8月发表《观光开发的基本构想》，按照太田先生的方针与长野县的《构想》，确立对旧中山道的三留野、妻笼、马笼三处集落进行整体保存。由此，对于妻笼宿场的保存成了观光开发计划中的核心部分。

至此，妻笼宿保存计划中最重要的"全体保存"的构想成形，这一理念并不是来自国家层面的推动，而首先是妻笼地方体、町政府与县政府以及专家学者三方面在制定观光开发的计划过程中的自发产物，这在日本也从未有过先例。

从1968年开始，妻笼宿保存和再生计划前后共进行了三次，历经15年结束（图9）。妻笼宿第一次保存计划的实施耗资3600万日元，持续了5年，于1968—1970年实施，以寺下地区为主，被称作"第一次妻笼保存事业"。这次保存计划基于太田先生的基础调查而成，共完成26栋建筑的整修与复原。其中解体复原3栋，大规模修理12栋，中等规模修理6栋，小规模修理5栋。这一次的保存计划成果体现在妻笼乡土馆入馆人数的快速增加上。1968年的入馆人数是3500人，1970年则达到93000人，增加了近30倍。

1971—1975年期间，町政府独立进行了新一次的保存计划，被称作"第二次妻笼保存事业"。这次计划的实施范围较第一次扩大，对妻笼的恋野、上町、中町、下町、尾又地区共58栋建筑进行了保存和修复工作。同时也对消防设施、宿内道路（石铺）、公共设施进行了改修。

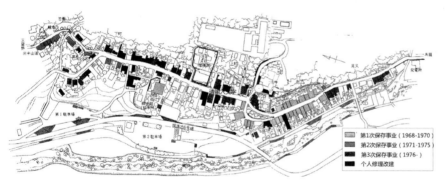

图9 妻笼宿历次保存实施情况

图片来源：太田博太郎，小寺武久：《妻籠宿保存·再生のあゆみ》

1971年由爱妻笼会举行的妻笼住民大会，通过了《住民宪章》，提出以保存为优先的原则，遵守"不售""不借""不拆"三大规定，以及保存优先的原则，排除来自住民以外的外部资金进入。值得注意的是，其强调的"三不"原则，相对于南木曾町政府《旧中山道妻笼宿保存和调和》（1968年2月文）而言，前两个"不"显示妻笼共同体更为强调抵抗外部资本和抵抗俗化。南木曾町的修正十分及时，基于《妻笼宿守护住民宪章》，在两年后即1973年制定的另一部地方性法规《妻笼宿保存条例》提出：在妻笼的宿场景观区域、在乡景观区域、自然景观区域中进行任何的新建与改建活动都需获得町长的确认和许可才能进行，并针对濒危建筑形成补助金制度。

来自于从下而上的保存运动和地方自治体保存立法活跃，也推动了国家立法的完善。1975年，日本文化厅对于古老集落与街区的保存立法进入新一轮修改，并于同年7月修正颁布新版《文化财保护法》，追加了新的保护对象——传统的建筑物群保存地区，将其纳入文化财保护对象名录，提供国家补助金。以此为契机，1976年4月，南木曾町将1973年制定的《妻笼宿保存条例》进行了一次修改，同年6月确定新的保存计划，将妻笼宿的保存面积扩大。同年9月，妻笼入选日本第一批"国之重要传统的建造物群保存地区"，并完成"第三次妻笼保存事业"。这次保存计划将国家补助金首先用于较为重要的消防设施的改造，并对宿场共计57栋建筑进行保存和修复（图10~图15）。

图10 妻笼宿寺下地区光德寺附近

图片来源：作者自摄

图11 妻笼宿寺下地区修复的建筑"出梁造"细部

图片来源：作者自摄

图12 妻笼宿脇本阵附近中町地区

图片来源：作者自摄

图 13　妻笼宿脇本阵附近中町地区修复的建筑"出梁造"细部
图片来源：作者自摄

图 14　妻笼宿寺下地区建筑的传统板窗
图片来源：作者自摄

图 15　妻笼宿寺下地区的宽幅门扇
图片来源：作者自摄

四、遗产照管系统的积极因素和需要优化的空间

历经 15 年的妻笼宿的保存计划，逐渐得到社会各方面的肯定，获得了"日本建筑学会奖""日本设计协会奖"等奖项，并受到社会各界肯定。其中，日本建筑学会公布的评议总结了妻笼宿保存得以成功的原因：

（1）在作为地方自治体的事业、当地住民协力的保护、以科学研究为基础的学者三方推动下成功。

（2）在保存与观光开放一直以来的对立中，妻笼宿很好地融合了这些矛盾。

（3）不仅限于单栋建筑物，而是将集落周边广大的自然区域作为保存事业的一部分。[④]

正如日本建筑学会总结的，妻笼宿保存的成功来自于地方自治体的执行力、当地住民被激发的热情，以及学者对科学保护理念的固守。在这三方面的助力外，尚得益于媒体的宣传和国家政策的跟进。但是，最为重要的是，妻笼的保存运动是自下而上进行的，民间的保护组织即妻笼共同体发挥着关键的作用，形成一种遗产照管体制，在保护开展的运作机制上，这种照管体制有制衡"利益一边倒"的关键力量。

小林俊彦先生深刻道出了不同价值诉求如何平衡的原委："利益组织（观光协会）与保护组织（关爱妻笼会）中，保护组织防止了以经济利益为先导的决定，保护组织所不能完成的调用资金，由观光协会承担。因此，即使是观光化保护，也可以在预想到其结果之前就进行地方组织的搭建，进行较好的平衡。"[5]

　　在这里，价值是历史环境更新过程中真正的问题核心。怎样让遗产主体的价值诉求统一于目的与媒介？兰德尔·梅森（Randall Mason）在解读美国保护历程时，指出涉及保护领域与社会的关联性问题时，两种作用力同时存在。"馆藏式的推动力"（curatorial impulse）是向内看的动力，建立在植根于鉴赏家和手工艺式的、保存艺术品的方法的基础之上。城市进程的推动力（urbanistic impulse）是向外看的动力，试图使历史保护实现更广泛的社会目标，致力于同时满足非保护目标的保护实践。[6]在妻笼宿的保护过程中，如其所言，馆藏式推动力与城市进程推动力的互相作用，在保护诉求和社会利益之间达到平衡。

　　另一方面，这一遗产照管体制仍然在发挥作用。自1970年起，妻笼的观光客一直在持续增加。1971年间39万人，1972年达54万人，自此以后，每年观光客数量均达到60万人以上。伴随着观光客的增加，妻笼彻底摆脱了贫困，但是也处于新的种种矛盾之中。随着观光客的增加，需要在利益和理智之间平衡。在1974年的时候发生了住民拒绝观光客来袭的现象，原因在于由于观光客的增加，住民每日忙于接待，生活上受到很大压力，无暇照顾儿童与小孩的问题也逐渐严重。为了更好地应对，爱妻笼会在1977年组织了妻笼冬期大学讲座，并每年举行一次，对妻笼保护和观光现状进行反省，提出今后保护妻笼宿的方针：基于地域振兴的目标，需继续坚持保存优先的原则，即"不忘初心"；遵守《妻笼宿守护住民宪章》与《妻笼宿保存条例》；尊重地域个性，妻笼宿的自然与历史环境属于全体住民，继续整体和活态地保存物质环境与住民生活；[2]坚持住民、行政、学者三位一体的保护模式。[7]从更大的区域范围来说，需在以传统形式保存下来的木曾十一宿里的马笼宿、妻笼宿以及奈良井宿的街道中，赋予木曾谷再生的可能，以此挖掘这一区域的新价值所在。[8]

　　在城市化过程中，遗产照管的当地化、社群化是一种多样性的保护构建，其带来的积极因素很多，也有需要优化的空间。妻笼所面对的危机其实是很多乡村在城市化进程中的缩影，因此其经验也值得遗产保护者不断地再思考。

五、回到问题

　　妻笼宿三次保存计划耗资5.77亿日元（图16），用于建筑物保护修缮的费用是1.59亿日元，单栋耗资1.59亿/141栋=112.7万日元，按照当时汇率，相当于33800元人民币左右，考虑到当时人民币购买力，大约相当于现在的450万元人民币，单栋建筑的修缮花费可谓不菲。而5.77亿日元的花销大部分用于基础设施的改进上，包括修路、消防、停车场等，总额4.18亿日元，大大超过了花在修缮建筑上的钱。再看其资金来源，国家投入2.79亿日元与地方自治体2.98亿日元的份额，投入比是对半开的结果。在资金调用上，盈利组织（妻笼当地营业者组成的观光协会）与非盈利的保护组织（当地于1965年成立的资料保存会）之间互相制衡，保护组织防止了以经济利益为先导的决定，调用资金则是保护组织不能完成的，由营利组织进行。因此妻笼的观光化，早在其预想到的结果之前进行了地方组织的搭建，进行了利益的平衡。现在的妻笼已经是日本乡愁的代表，赫赫有名。NHK电视台的一档节目《不停走在街道上的旅行》（街道テクテク旅）记录了原短道速滑选手河原郁惠踏破铁鞋欲寻找母亲小时候所见的街道，终于找到妻笼宿，将在街道上拍回来的照片递给母亲时，母亲说道："我有一张一样的老照片，正是在生你之前拍的。"此语使观众大为感动。妻笼的美名传遍了天下。

　　妻笼这样一个作为日本乡村改造的优秀案例，看似成功，却并没有遏制日本农村过疏化，只是在某种程度上延缓。70年代妻笼保护运动以来，尽管名声大振，其人口仍在持续减少（图17），我们看到当地政府进行反思后提出今后保护妻笼宿的方针可归纳如下：妻笼并没有抑制住人口减少的问题，基于地域振兴的目标，需继续坚持保存优先的原则；"不

年度	建物保存修理	郷土館整備	中山道保存整備*	防災	駐車場整備	生活道路	その他	合計	国費	県費	町費	財団等	個人
42		2,862,000						2,862,000		250,000	2,612,000		
43	12,160,000	100,000	85,000				232,880	12,577,880		9,655,000	2,922,880		
44	10,999,000	210,000			632,000		270,000	12,111,000		9,082,000	3,029,000		
45	9,413,000	175,000	①8,430,408		889,656		560,000	19,468,064		11,669,000	6,149,064	②1,100,000	550,000
46		1,454,000	①1,573,000	640,000	1,000,000		②2,500,000	7,167,000	②2,500,000	1,508,000	3,159,000		
47		880,000	615,000		600,000		1,070,000	3,165,000		500,000	2,515,000		150,000
48	11,746,015	1,922,000	①2,822,000		4,245,000			20,735,015		2,871,200	17,638,815		225,000
49		2,500,000	①1,704,000		350,000			4,554,000		1,250,000	3,304,000		
50	5,737,000	900,000	①1,943,860		3,150,000		295,000	12,025,860		2,950,000	9,075,860		
51	6,871,000	①4,019,000	200,000	35,300,000			②6,000,000	52,390,000	33,023,000	4,023,000	15,344,000		
52	9,175,000			60,600,000			①5,992,000 / ②11,983,000	87,750,000	45,353,000	13,577,000	28,820,000		
53	24,300,000		①16,600,000	1,730,000	275,000		40,647,883	83,552,883	63,842,883	5,495,000	14,215,000		
54	26,462,000	5,358,000	①30,580,740		10,168,000		②5,000,000 / ③4,583,000	82,151,740	32,200,000	5,817,000	39,134,740	④5,000,000	
55	26,360,000	150,000	①30,000,000		4,179,700	12,500,000	②14,000,000	87,189,700	48,564,000	6,649,000	31,976,700		
56	15,966,000	①2,496,000	②15,200,000	7,885,000	615,000	45,000,000	③2,203,000	89,365,000	53,792,000	19,686,000	15,887,000		
計	159,189,015	23,026,000	109,754,008	106,155,000	26,104,356	57,500,000	95,336,763	577,065,142	279,274,883	94,982,200	195,783,059	6,100,000	925,000

图16 妻笼宿保存计划历年支出表

图片来源：南木曾町：《木曽妻籠宿保存計画の再構築のために——妻籠宿見直し調査報告》

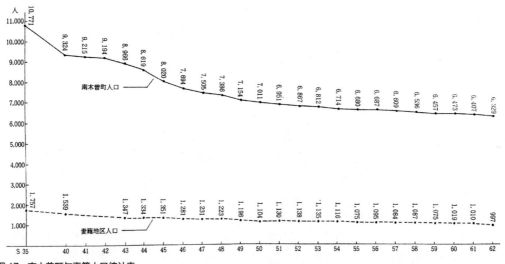

图17 南木曾町与妻笼人口统计表

图片来源：南木曾町：《木曽妻籠宿保存計画の再構築のために——妻籠宿見直し調査報告》

忘初心"，遵守《妻笼宿守护住民宪章》与《妻笼宿保存条例》；尊重地域个性，妻笼宿的自然与历史环境属于全体住民，继续整体和活态地保存物质环境与住民生活；需在以传统形式保存下来木曽十一宿里的马笼宿、妻笼宿以及奈良井宿的街道中赋予木曽谷再生的可能，这便是挖掘这一区域的新价值所在；坚持住民、行政、学者三位一体的保护模式等。

以此观之，学习日本乡村保护经验的条件首先是，需在一种城乡资源差别较小的情况下讨论。日本乡村过疏化是其实施"国民收入倍增计划"带来的后果，即通货膨胀、两极分化、大都市人口过密化和农村人口过疏化现象产生。但是其城乡资源的差别并不是非常严重。即使到了最偏僻的长野县境内深山里的妻笼马笼等地，依然有十分便捷的交通设施，最为明显的是覆盖力度极大的铁路网。而在其乡村比如妻笼村，有着完备的市政设施，包括警察局、邮电局、学校、公园、医院，甚至干净的公厕。而这些基础设施在中国的大部分还在使用旱厕的乡村尚未实现，在这样一种不成熟的条件下学习，对中国的乡村补课的力度将十分巨大，这种补课不仅是金钱人力上的大量投入，还有即便投入了，短期也看不到产出的时间成本。这意味着学习日本乡村保护经验的问题将是即使拉近城乡资源差别，我们也可能同日本一样无法遏制中国自身的乡村过疏化。

美国保护界人士非常看重的 NGO 对于推行保护性开发事业的作用，在日本乡村保护中，有以上考察可知这样的组织确乎存在，效果也很明显，起作用显然是肯定和积极的，问题是这样的组织在日本是有，而且作用巨大，在中国是否有其土壤，其适应性如何？费孝通先生早在 1947 年写下《乡土中国》，将中国乡村的社会格局称作为"差序格局"，这是一种与经济基础无关的种群特性。西洋人包括日本人在内，其社会犹如田里的捆柴，每一根柴就像个人总能在整个柴堆里找到同把、同扎、同捆的柴。在这样一种团体界限明显的社会格局下，个人的归属和义务是非常明确的。而"差序格局"意味着我们的格局不是一捆一捆清楚的柴，而是一块石头丢在水面上所发生的一圈圈波纹，其波纹即中国社会结构的基本特性"人伦"的远近，每个人都是他社会影响下所推出去的圈子的中心，故形成根深蒂固的"私"。面对这样一种到今天都未多大改变的境况，国家对乡村保护和发展需要投入的资金或许只会更多，依靠地方民众进行更大程度的自我建设，特别是留守的人多为老人妇女的情况下，显然是缘木求鱼的心态。学者有没有用武之地呢？有，而且更大。乡村改造问题需派"大红包"的同时发"大红花"，意味着根据中国乡村社会依旧重视人伦的角度，将农村作为巩固家族地望和凝聚人气的中心，而这需要更多的文化精英至少在告老时有志于还乡，以作为农村望系所在，也意味着许多舶来的青年到乡村充当现代乡绅，投入农村改造实践的做法，需更受到鼓励和肯定。所谓聚落，聚是人聚，落是群落，没有吸引住年轻人返乡的更积极要素在聚落中，人口过疏化无论在日本还是别国，也只能越演越烈。

注释：

① 南木曽町. 木曽妻籠宿保存計画の再構築のために——妻籠宿見直し調査報告 [R]. 長野：南木曽町，1989：9-22.
② 澤村明. 街並み保存の経済分析手法とその適用——木曽妻籠宿の40年を事例に [J]. 新潟大学経済論集，2009，88（2）：19-32.
③ 太田博太郎，小寺武久. 妻籠宿——その保存と再生 [M]. 東京：彰國社，1984.
④ 長野県南木曽町商工観光課. 46年度学会賞受賞業績——妻籠宿保存復元工事の経過概要 [J]. 建築雑誌，1972（8）：831-833.
⑤ 小林俊彦. 妻籠が保存すべきもの [C]// 長野県南木曽町 & 財団法人妻籠を愛する会. 妻籠宿保存のあゆみ. 長野：長野県，1998：4-8.
⑥ 梅森. 论以价值为中心的历史保护理论和实践 [J]. 卢永毅，潘玥，陈旋，译. 建筑遗产，2016（3）：1-18.
⑦ 今津芳廣，加藤亜紀子，小宮三辰，林金之. 木曽路を行く [J]. 建築と社会，2007，1020（03）：44-49.
⑧ 遠山高志. 妻籠宿 - その保存の事例について [J]. 建築と社会，2007，1020（03）：40-41.

叶 葭
（天津大学建筑学院 硕士二年级）

我国传统民居聚落气候适应性策略研究及应用

——以湘西民居为例

Study on climate adaptability of traditional residence in China

— Taking Xiangxi folk houses as an example

■摘要：中国幅员辽阔，纵跨多个气候分区，各地的传统民居基于对气候因素的适应与利用，促进了多种多样的建筑形式的产生。湘西地处"中国之中"，夏季闷热潮湿，当地传统村镇及民居巧妙利用自然通风，实现了较好的室内热环境，这种因地制宜的设计理念及方法，值得我们进行总结和借鉴。

　　本文从建筑气候学的角度，研究湘西地区传统聚落规划层面及民居单体层面的气候设计经验，总结其风环境的影响因素和规律，以期为当今中国的建筑设计提供参考依据。

■关键词：湘西；传统民居；气候适应性；建筑气候学；自然通风；Airpak 软件

Abstract：China is a country with a vast territory. Chinese traditional residences scattered in China's north and south，spanning multiple climate zones. Each type of traditional residences has its own specific architectural form which has close relationship with local climate. In the center of China, Xiangxi has a unique natural environment. The weather there is hot and humid in Summer and the local residence has a good adaptability in natural? ventilation of climate.

Study and analyse the Xingxi traditional settlements planning and housing design from the view of the bioclimatic architecture theory. Suming up their experience and use them to guide the planning and building design of the project，combined with the demands of modern society.

Key words：Xiangxi；Traditional Residence；Climatic Adaptability；Bioclimatic Architecture；Natural Ventilation；Airpak

一、前言

（一）传统民居气候适应性的研究意义

　　目前，国内对如何借鉴传统民居建筑的研究不在少数，但是多从建筑美学和空间构成、文化意境和构造做法来进行总结和分析。可以说在相当长的一段时间内，我们在如何对待继承传统民居建筑的问题时，只是停留在表面层次上，而对于较深层次的内容则涉足不多，尤其忽略了对我国各地的传统民居建筑从生态观念和气候适应性的角度进行深入挖掘和探索。

在发达国家，许多建筑师通过现代高技术手段建立建筑与自然资源环境之间的最优配置。而在经济、技术相对落后的发展中国家，许多建筑师则是通过充分了解本地区、本民族传统建筑设计理念及技术的特点，形成具有地区特色的低成本适宜技术。例如埃及建筑师哈桑·法赛和印度建筑师柯里亚。哈桑·法赛侧重于从构筑形态入手，主要对穹顶及遮阳构件等进行利用和改进。柯里亚则侧重于从院落空间形态的转化入手，针对当地气候创造出特有的空间形式，提出"形式追随气候"的理念。

（二）相关概念界定

1. 湘西传统民居

湖南西部地区（简称湘西）包括湘西土家族苗族自治州、怀化地区及武陵源区，是少数民族聚居地。湘西民居多包括苗族、土家族、侗族民居，多利用当地的木、竹、草、石等材料建筑，保持了朴素的地方文化和浓厚的民族风格特征，对研究少数民族居住建筑有很高的价值。

2. 建筑气候学

建筑气候学与建筑学、建筑物理环境、环境心理学以及气候学有着密切的关系。它一方面研究气候对建筑、人的影响；另一方面研究人的生理需求对气候和建筑气候提出的要求，从而提出调整、改善、提高居住环境质量的方法。

3. 气候适应性

"适应"一词《辞海》中的解释：①生物在生存竞争中适合环境条件为形成一定性状的现象；②个体随环境的变化而改变、调节自身的同时，又反作用于环境的相互过程。

本文中的气候适应性是指建筑适应自然界的太阳辐射、风、湿度等的气候因素，充分利用有利要素，趋避不利要素，创造适宜的居住环境。是建筑对于气候环境改变，产生一种相互适应的状况，是建筑与气候的一种互动过程。

（三）研究方法与技术框架

1. 文献研究

认真收集了大量关于湘西传统民居的文献资料，并通过小气候环境辐射范围做出分类，进行了分析、归纳与拓展。其中，包括了聚落的特征形态以及在面对气候要素影响下的聚落外部环境形态、内部环境形态、单体民居形态都有哪些相应特点。并针对于气候区，总结湘西传统民居的调节手段和营造方法，从而得出最后结论。

2. 软件模拟分析方法

通过建模分析典型案例的风环境，来比较验证同一地形条件下，不同气候区，所表现出的湘西传统民居适应气候的不同特点，揭示湘西传统聚落环境空间的形态、单体民居形态方面与气候之间的联系，并总结其气候适应性策略。建模所需的 Airpak 软件常用来分析室内自然通风，现在也用来研究小区规划对小区的风环境影响做分析，本文用来分析湘西传统聚落规划、湘西传统民居单体对传统聚落的风环境影响。而 Ecotect 软件可以模拟具体地点建筑物的物理环境，本文将通过软件模拟来分析湖南湘西地区的夏季气象数据。

3. 技术框架

以湘西民居为研究对象，从聚落规划设计层面和单体设计层面分析湘西地区的村落及民居单体如何适应自然界的太阳辐射、风、湿度等的气候因素，创造适宜的居住环境，并运用 Airpak、Ecotect 软件模拟分析，总结它们的适应气候的生态经验用于指导项目规划及单体设计。

二、湘西地区气候特征分析

湘西隶属湖南省，位于我国建筑气候区划的第 III 建筑气候区，建筑热工气候分区的夏热冬冷气候区。四季分明，冬长夏短；夏季湿热，冬季湿冷。气温日较差小，降雨充沛，日照较充足。地域气候设计策略采用隔热与遮阳、通风兼顾型气候区。该地区气候分

指导教师点评

首先，就选题立意而言，本篇论文选题新颖，视角独特。我国传统民居一直都是建筑领域的研究热点，也是我国当代建筑创作的重要灵感来源。目前，国内关于民居的研究多侧重于空间、构造、美学、文化意向方面，随着可持续发展的不断推进，对于民居的气候适应性和生态经验的研究也越来越具有时代意义和应用价值。

其次，在研究内容与研究方法方面，本文的主要创新点在于作者发挥建筑学知识背景的优势，将建筑技术领域的 Airpak 人工环境系统分析软件作为研究民居建筑与环境之间关系的崭新手段。通过软件模拟的方法对湘西传统民居聚落和建筑单体进行深入的定量分析，将影响民居内外部自然通风的空间组织规律作为"设计导则"，用于指导具体项目设计且取得理想的优化效果。突破了过去对于传统民居的研究以定性分析为主的局面，对于未来本土化、生态化的建筑、规划设计很有指导意义。

针对本篇论文目前的研究成果，尚存在以下方面有待后期继续完善，如：软件并不能完全还原民居所处的真实自然环境，其模拟结果与实际情况之间存在差异，有待实测验证；湘西地区聚集了包括苗族、土家族、侗族等众多少数民族，其民居类型繁多、特点各异。文章选取了当地留存较多的土家族民居为主要模拟原型，对象相对单一，对于当地其他类型的民居有待深入分析和系统性总结等。

王志刚
（天津大学建筑学院副教授）

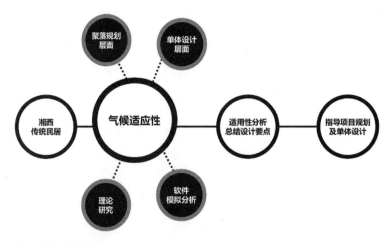

图1 研究方法框架图

图片来源：笔者自绘

析结果和各月适宜的气候调节策略及调节时间如图2所示。可见，湘西地区采用自然通风的降温策略时间主要集中在6月、7月及8月。因此，本文以湘西民居在夏季采用的被动式降温策略为主要的研究对象。

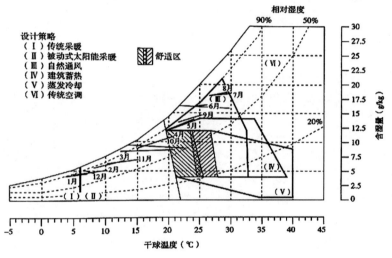

图2 湖南地区气候分析图

图片来源：《建筑气候学》

三、湘西传统民居气候设计策略

（一）聚落外部环境选址策略

民居选址是民居营建之初的重要工作，汉刘熙《释名》曰："宅，择也，择吉处而营之。"可见，民居选址的目的是选择自然资源配置合理、微气候环境优良的适合居住和生活的"吉处"。古人在民居营建之初，都会找风水先生"相土品水"，寻找适宜居住的"风水宝地"。

以湘西地区为例，湘西地处群山环抱之中，属夏热冬冷地区，所以选址需兼顾冬季纳阳避风和夏季遮阳通风。在这样的地理气候条件影响下，湘西民居渐渐形成"坐北朝南，负阴抱阳，背山面水"的格局特点。

这样的格局有以下生态特征：

（1）湘西地区夏季多为西南风，建筑坐北朝南，可以利用南向风压增强室内通风的能力。

（2）青山环绕形成相对封闭的空间，可以使场地避免冬季寒风，遮挡东西向日照。基地宽敞平坦或在缓坡之上便于排水营建、前无高大山体遮挡便于纳阳。此外，周围的山体和树林都可以吸引雷电，自然消雷。

（3）场地前的流水或池塘提供生活饮用水源和丰富水产品，便于交通运输以利物资交流，还可以引水农田灌溉、夏季可形成凉爽的水陆风。且聚落与水源保持一定距离，基地因通风而相对干燥也有助于避雷。

 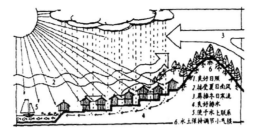

图 3 村落最佳选址图   图 4 村落选址与生态环境的示意图

图片来源:《传统民居生态经验及应用研究》

（二）聚落内部空间布局类型及其特征与设计策略

在民居营建过程中，受不同场地的自然和人文条件影响，古人对于场地的改造和营建采取了不同的方式，在聚落布局中表现为多种形式。湘西传统聚落根据其外部自然环境结合其内部空间布局特点可分为以下六类（表 1）：

湘西传统聚落内部环境分类表   表 1

名称	图例	特征与策略、典型实例
沿河形成的线形村落	拔茅村平面图（图片来源:《湘西风土建筑》）	特征与策略： 湘西有众多的村镇是沿河伸展开的，它一般选址在河湾或河流的交叉处不易受冲击的地方。平行于河，常形成一条内向型的街道（河街），村民的生活都与这条河发生关系 线形街巷具有导风作用。由于多依山傍水，主要街道的一些支巷开向河道或者山坡，在夏季可以引入水风或山风，改善街道内小气候 典型实例：拔茅村
垂直于等高线的线形村落	云盘村平面图（图片来源:《湘西风土建筑》）	特征与策略： 湘西地势起伏丘陵众多，土地格外珍贵，许多村落选址在不宜耕作的坡地上，形成向阳跌落的线形村落。夏季，在迎风面由于地势的上升，风速会增加；冬季，山体可有效阻挡寒风 典型实例：云盘村、吉信镇
平行于等高线的线形村落	列比洞村平面图（图片来源:《湘西风土建筑》）	特征与策略： 采用等高线布局形式，前低后高；单栋建筑相互错开，使建筑之间挡风少，尽量不影响后面建筑的自然通风和视线 典型实例：列比洞村、德夯村

275

名称	图例	特征与策略、典型实例
群组形村落	马鞍山村平面图（图片来源：《湘西风土建筑》）	特征与策略： 群组形村落有两种情况：一是在同一标高平面上形成群组，另一个在高程不同的几块台地上形成群组。建筑一般以晒坝或池塘为中心布局围绕池塘的亲水空间，有效调节组团微气候，降温效果明显。组团进风口朝向夏季主导风向，分散狭小的小出风口有利于风在庭院内部的停留，并在无风条件下形成热压通风 典型实例：小兴寨、马鞍山村、吉斗寨、龙肱村
梳式布局	下坪村平面图（图片来源：《湘西地区传统民居生态性研究》）	特征与策略： 在梳式布局中，聚落的结构除强调街巷的通直对正之外，还十分注意在聚落中形成温度差和气压差，以利于通风。一般来说，温度差是通过在聚落外部合理的布置水塘、树木等获得。这些水塘、树木对于空气有降温作用，从而形成了自然通风的条件 典型实例：下坪村
密集式布局	张谷英村（图片来源：《湘西民居》）	特征与策略： 密集式布局的一个最重要特征就是在建筑间设置了许多非常窄小且两侧有高墙遮挡的巷道空间。由于巷道内接受太阳辐射的面积小，且时间短，所以巷内温度较低，当地称为"青云巷""侧巷""火巷"等。从技术上讲，这些窄巷被称为"冷巷"。它们既解决了交通问题，又能供人们纳凉，更重要的是可以形成热压通风，调节聚落微气候环境 典型实例：张谷英村

（三）湘西传统聚落风环境影响因数分析

1. 道路布局

下坪封总平面图如图 5 所示。

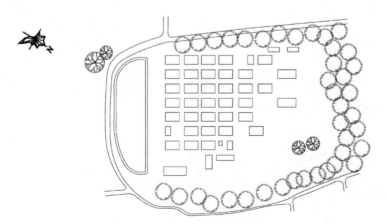

图 5 下坪村总平面图

图片来源：笔者自绘

以梳式布局为例，选取下坪村作为研究原型，运用 Airpak 模拟聚落风环境（图6、图7）。通过调整主街与夏季主导风向的夹角可发现：街巷风速随着夹角的增大而减小，当且当夹角大于30°，风速明显衰退。因此，聚落的建筑布局开敞重点考虑夏季主导风向，有效范围为30°。此外，值得注意的是梳式布局的聚落主街高宽比通常为1:1~5:3，巷道高宽比为3:1~2:1，高大的外墙和狭窄的街道有利于民居的相互遮阳，产生阴凉空间。（图8、图9）

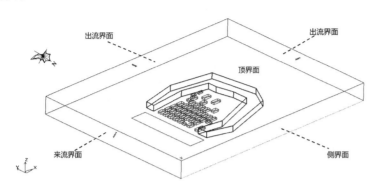

界面条件设置			
	来流温度℃	水体温度℃	树林温度℃	风速 m/s
夏季	30	21	23	8

图6　下坪村 Airpak 模型及界面条件设置

图片来源：笔者自绘

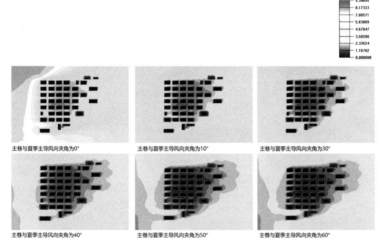

主巷与夏季主导风向夹角为0°　　主巷与夏季主导风向夹角为10°　　主巷与夏季主导风向夹角为30°

主巷与夏季主导风向夹角为40°　　主巷与夏季主导风向夹角为50°　　主巷与夏季主导风向夹角为60°

图7　下坪村风环境（风速）模拟图

图片来源：笔者自绘

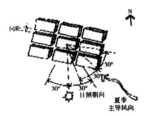 

图8　夏热冬冷地区建筑布局与日照和风的关系

图片来源：《建筑气候学》

图9　街巷高宽比不同时太阳辐射地面的情况

图片来源：《传统民居被动降温技术研究——以天井空间为例》

2. 节点空间

节点空间在聚落营建中是普遍存在的，如湘西民居中的晒坝、池塘、井台、龙池、风水树、门楼等，这些节点空间既具有视觉的标志性作用，也常常作为人们停驻、休憩、交往的室外空间。

作者心得

这篇文章其实是基于我本科的毕业设计的研究深化而来的。记得当时的毕设任务书是关于张家界武陵源区的某个特色客栈的规划布局与建筑单体设计，是一个落地的实际项目。由于我本科是建筑专业出身，对规划方面的了解并不算多。除了满足甲方给出的硬性指标和要求，如何衡量几个规划方案间的优劣？这个问题困扰了我许久。仅靠主观的概念创意是远远不够的，我想要找出更为精确和科学的方法将设计方案进行量化，从而得到一个客观而有说服力的数据结果。在这里特别感谢我的毕业设计指导教师——王志刚老师，他建议我从项目所在地湘西特有的气候条件和当地民居入手，给予我极大的启发。这便是这篇论文最初的起点。

在研究湘西民居的过程中，我发现了一些有趣却又容易被忽略的细节，例如：在沿河形成的线型村落中，主要街道的一些支巷往往是开向河道或者山坡，这是为了在夏季引入水风或山风，改善街道内小气候；在民居单体的建筑中，其天井处的檐口高度通常为南侧高于北侧，这是为了在夏天将湿润的南向季风纳入室内，同时在冬季避免北风的侵入……这些人们习以为常的细节其实都是前人几千年生活经验累积下来的大智慧。

目前，国内关于民居的气候适应性的研究成果多为简单的图解和定性的理论总结，缺乏科学论证。由于没有足够的时间、人力以及设备进行实地测算，我选择软件模拟作为主要的研究手段。在软件的选择上，起初我选用的是本科时期较为熟悉的 Ecotect 中的 winair 插件来模拟建筑的风环境。Ecotect 是款简单又易上手的软件，但其在建筑风环境方面的演算结果相对单一且粗略，无法满足研究的精度要求。幸得我校技术所的师兄师姐相助，解决了我技术上的难题，在他们的帮助下，我初次尝试 Airpak 这款软件。Airpak 拥有优秀的解算功能和可视化后置处理，能够准确地模拟研究对象内的空气流动、传热和污染等物理现象，并且生成风速、风矢、温度、速度、压力、热导、舒适度等方面的可视化图像，为我的研究和方案设计提供了大量重要的数值报告。

当然，我的这篇论文还是存在不少局限与不足，例如：缺乏实地测算的真实结果验证；缺少对不同布局类型的聚落进行系统性的模拟分析与测算；由于对建筑通风和计算机模拟这两个专业领域的知识

（下转第279页）

在湘西传统聚落中，晒坝是融功能与象征为一体的，除了具有晾晒谷物空间和家庭活动空间的实用功能，还具有家庭、村镇的中心的精神与象征功能。不少聚落公共空间是由较大的晒坝广场形成的。广场空间的方位是有象征意义的。晒坝的朝向，是不被围合的敞开面，与村落风水选定的朝向一致。许多村落的晒坝栽种百年大树，谓之风水树，树下有石砌的神灵象征物，人们相信风水树和神灵能保佑全村。在群组型布局中，若聚落中央为晒坝广场，白天巷风出晒坝广场，晚上广场风入街巷。由于古树和周围建筑形成阴影，加之广场风和巷道风交替，是适宜人们停留、交往的公共场所（图10、图11）。

龙池与晒坝有着类似的实用功能和象征意义。一些村镇或富户的大宅前多设龙池。许多聚落有围绕"龙池"的居住群组，龙池敞开的一面多为村镇入口，时常配以风水树，树下还有石砌的神龛，形成完整的图像。龙池一方面满足生活用水也可以调节局部微环境。聚落以龙池为中心，形成"水陆风"，白天水风入巷，夜晚巷风吹向水面，创造了怡人的室外环境（图12）。

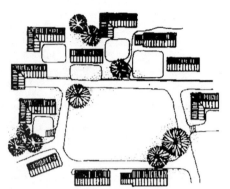

图10 围绕晒坝四面周边式空间
图片来源：《湘西风土建筑》

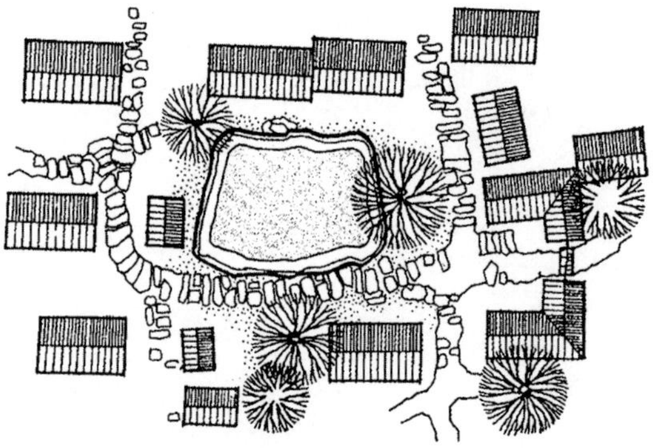

图11 围绕池塘四面周边式空间
图片来源：《湘西风土建筑》

图12 龙池
图片来源：《湘西风土建筑》

（四）湘西传统民居单体气候适应性设计策略——庭院天井的地域气候适应性

如表2所示，湘西民居在适应气候方面采取了多种策略。由于篇幅所限，本文仅围绕庭院天井的气候适应性展开研究。

全国典型地点民居气候特征　　　　　　　　　　表2

编号	夏	冬	日温差	年温差	建筑措施特色	典型地点
1	干热	干冷沙暴多	大	大	生土结构、小天井、窄巷、增湿、连片建造、厚重	新疆和田
2	热	冷、日照强	大	大	生土结构、窑洞、争取日照、厚重	甘肃兰州
3	无	干冷、日照强	大	大	生土结构、争取日照、厚重、庄巢民居普遍	青海西宁
4	热	冷、日照强	大	大	争取日照、天井、外廊、厚重	华北北京
5	湿热多雨有风	冷、有风	小	大	天井、降温防潮降湿	江南苏州
6	湿热多雨	稍冷、无风强	小	中	天井、廊、长出檐、高台基、土墙、冷摊瓦作、穿斗结构	川西成都
7	湿热	稍冷	小	中	小天井、廊、长出檐、穿斗结构、吊脚楼、冷摊瓦作、对流防潮	湖南湘西
8	湿热多雨	无	大	小	大坡屋顶、架空、通透、廊、长出檐、冷摊瓦作、防洪防潮	甘肃兰州

注：年温差>21℃，大；21℃>年温差>16℃，中；年温差<16℃，小；日温差>10℃，大；10℃>日温差>8℃，中；日温差<8℃，小。
资料来源：笔者自绘，参考：《中国民居建筑》

1. 天井尺寸

在湘西，夏季气候炎热，冬季气候寒冷，所以建筑需满足夏季遮阳和冬季纳阳的双重要求。故此，天井南北进深小，缩小夏季太阳直射面，从而减少太阳辐射；相反，天井东西开间大，就是扩大冬季采光面，以增加日照。

湘西民居的天井顶界面狭窄，仅为3×4m左右，空间高耸，高度却可达5~6m，内部形成阴影区域，这样就减少了太阳热量的输入（其开口的长宽比约1:1.5~1:2，进深与建筑高度之比约为1:0.8~1:1）（图13）。

2. 天井挑檐长度

天井的出挑长度在南向较短，约1m；在东西向约为2m。这样的做法，有利于遮挡夏季入射角度高的直射阳光，也有利于冬季低入射角的阳光进入建筑内部，同时还可起到防雨的作用。

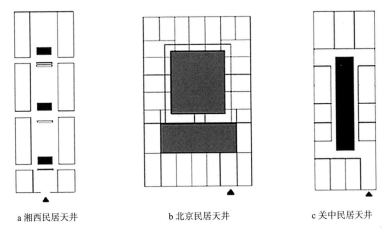

| a 湘西民居天井 | b 北京民居天井 | c 关中民居天井 |

图13 湘西民居天井与北京、关中民居天井开口方式比较图

图片来源:《基于地域气候的湖南传统民居开口方式的研究》

（上接第277页）
都非常有限，模拟和评价方法上还有所欠缺……这些遗憾我会在今后的科研学习中逐步完善。最后，十分感谢《中国建筑教育》"清润奖"主办方给予我这次机会，能够得到各位评审老师的提点与建议，对我来说是一次宝贵的学习经验。

3. 天井檐口高度

天井处的檐口高度在南侧比北侧明显要高很多。这样可以在夏天将湿润的南向季风更好地纳入室内，在冬季则可以大大减少北风对室内的侵袭（图14）。

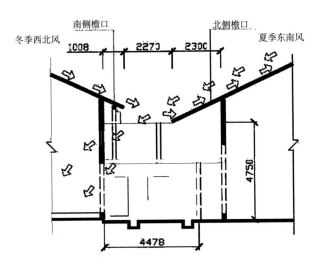

图14 天井檐口通风示意图

图片来源:《基于地域气候的湖南传统民居开口方式的研究》

4. 天井布置原则

自然通风一般分为两类：风压通风（穿堂风）、热压通风（烟囱效应）（图15~图17）。风压通风风速取决于进风口、出风口面积及室外风速相对于窗口风向。热压通风取决于进风口、出风口之间的垂直距离及温差。在湘西民居中，天井既是引风口，又是出风口，起着组织和枢纽的作用。

湘西民居中一般布置有前后两天井。风从前天井吹向厅堂，进入通道，从后天井或

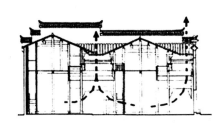

图15 湿热空气由天井排出

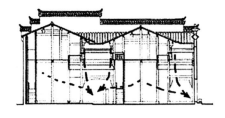

图16 阴冷处的冷空气流向天井

图片来源:《传统民居被动降温——以天井空间为例》

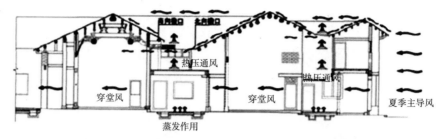

图 17　张谷英村夏季天井通风示意图

图片来源：《湖南中北部村镇住宅低技术生态设计研究》

侧庭院回归自然，形成对流（图 18）。根据风压通风和热压通风原理，天井进出风口位置应有高差，且二者路径不宜曲折。另外，如图 19 所示，可在四角留出四个小天井，比单纯的合院天井更有利于通风、采光，又大大丰富了内院的空间。

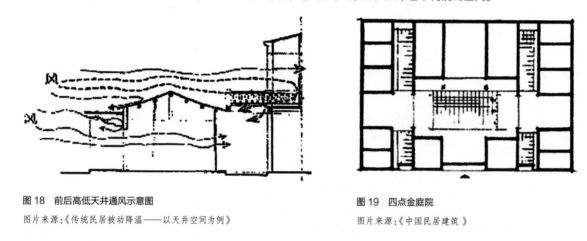

图 18　前后高低天井通风示意图

图片来源：《传统民居被动降温——以天井空间为例》

图 19　四点金庭院

图片来源：《中国民居建筑》

5. 天井设计策略小结

（1）建筑布局采用前庭后院，中设天井，天井四周挑檐较深，以达到遮荫避阳的作用，给室内创造了良好的阴凉环境。

（2）天井出挑长度也有讲究，其东西向比南北向出挑更深，这一细部处理是为了在满足夏季的遮阳隔热要求的同时，还能满足冬季纳阳采暖的需要。

（3）天井在形状上采用横长方形，东西开间大，南北进深小，这样的处理是为了缩小夏季的太阳直射面，增加冬季的太阳照射面，以达到遮阳、采光的双重要求。

（4）天井进出风口位置高差，二者路径不宜曲折。

（5）可在四角留出四个小天井，比单纯的合院天井更有利于通风、采光，又大大丰富了内院的空间。

四、张家界武陵源区特色客栈生态设计策略

（一）项目概况

项目基地位于湖南省张家界市武陵源区，具有良好的景观资源与交通条件。用地约为 6.67 公顷，西侧与北侧临河，南侧现有城市道路，容积率不高于 0.8，建筑密度不大于 30%，绿地率不低于 35%，建筑限高 16 米，标志性景观构筑物可突破限高，机动车停车位为 70 个，其中地面停车位占 10%~15%。功能内容包括特色客栈组团、独栋情景商业以及景观会所，其中主要功能为特色客栈，并可细分为居住型与酒店型两种产品类型。设计风格是具有湘西地域特色的度假型客栈。

（二）项目总体规划设计理念

由于项目基地处于平地形，遂将群组型布局与梳式布局相结合，客栈依照群组型村落的布局原则组成组团，再依照梳式布局的原则进行道路设计（图 20）。建筑布局重点考虑夏季水陆风的特点，组团开口朝向索溪河，内河的引入既优化了聚落内部景观也改善了其内部的微气候。道路设计重点考虑梳式布局的原则，主街与夏季季风夹角控制在 30° 范围内，主街高宽控制在 1:1~5:3，巷道高宽控制在 3:1~2:1，由于客栈单体檐口高度在 6~9m 之间，因此设计主街宽度为 10m，巷道宽度为 3m。

通过软件模拟分析可以看出，优化后的规划方案的温度有显著降低，相较之前无序的风环境，通往河流的巷道设计及合理的组团开口方式使水陆风容易引入聚落内，有利于通风降温，形成有序的风环境（图 21~图 25）。

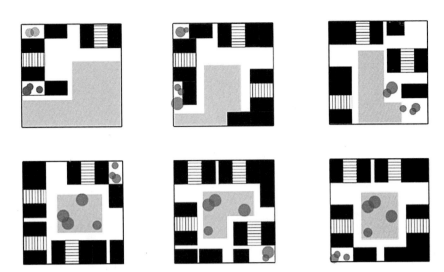

图20　6种客栈组团平面简图

图片来源：笔者自绘

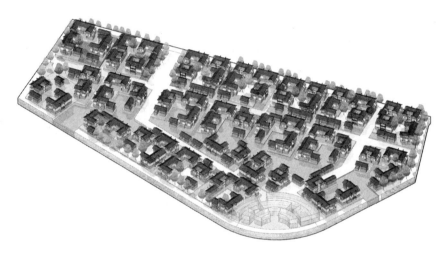

图21　根据风环境分析优化后的规划方案（轴测图）

图片来源：笔者自绘

图22　根据风环境分析优化后的规划方案（平面图）

图片来源：笔者自绘

界面条件设置

	来流温度℃	水体温度℃	风速m/s
夏季	30	21	8

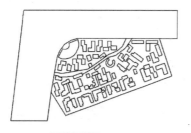
原设计院规划方案

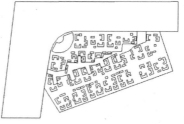
风环境优化后规划方案

图 23　原规划方案与优化后方案 Airpak 模型及界面条件设置（高度 1.5m）

图片来源：笔者自绘

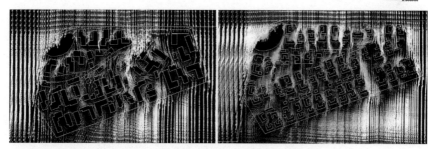

图 24　原规划方案与优化后的规划方案风环境（风矢）模拟对比图（高度 1.5m）

图片来源：笔者自绘

原规划方案

优化后规划方案

图 25　原规划方案与优化后的规划方案热环境（温度）模拟对比图（高度 1.5m）

图片来源：笔者自绘

（三）项目单体设计理念

1. 传统民居平面类型归纳

湘西民居以"间"作为建筑的基本组织单元，通过开间数和层数的变化，又可组合出多种"建筑类型"。湘西民居的"间"，面宽约为 3~5m，进深约为 6~8m。根据左右厢房位置的变化，可将湘西民居的基础平面分为 8 类，如图 26 所示。

2. 传统民居室内风环境软件模拟

为研究方便，笔者以永顺县某宅三开间两层的凹字型院落为研究原型，从平面布局、外墙洞口等方面采用控制变量的方法进行软件的模拟分析（图 27）。

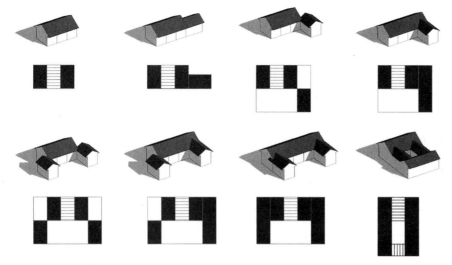

图26　湘西民居8种基础平面类型

图片来源：笔者自绘

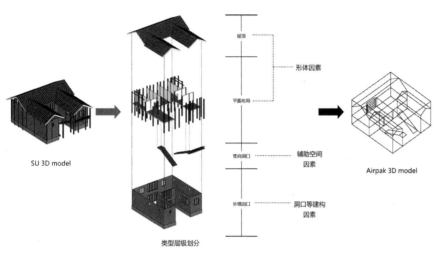

图27　永顺县某宅三开间两层的凹字形院落

图片来源：笔者自绘

（1）进风口宽度的影响作用分析。

通过软件模拟分析可以看出，在门洞宽度逐渐增大的过程中，堂屋的风速先增大后减小，在门洞口宽度为2400mm时最高。这是因为当门洞口较小时，风速衰减较严重，对堂屋影响较弱。宽度在2400mm以上时，由于门洞口的风速逐渐减小，气流不能充分吹向堂屋，导致堂屋风速较小（图28）。

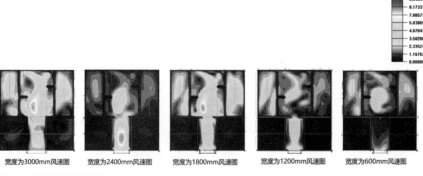

图28　平面风速分析（高度1.5m）

图片来源：笔者自绘

（2）平面开间数量的影响作用分析。

通过软件模拟分析可以看出，在平面开间数逐渐增大，即院落的横向宽度不断增大过程中，堂屋的风速逐渐减小，在开间数为3时最高，开间数为5时开始明显衰退（图29、图30）。

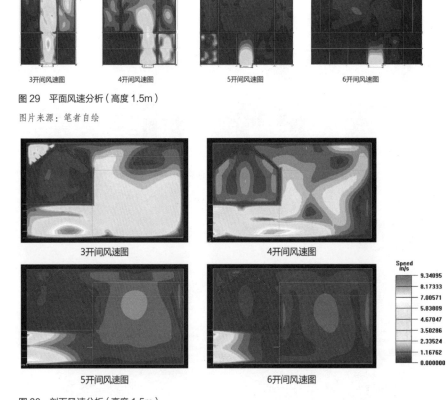

图 29　平面风速分析（高度 1.5m）

图片来源：笔者自绘

图 30　剖面风速分析（高度 1.5m）

图片来源：笔者自绘

3. 客栈单体平面设计理念

建筑的自然通风包括穿堂风（风压通风）和烟囱效应（热压通风）两方面。穿堂风风速取决于进、出风口的面积，随着面积的增大，先增大后减小。热压通风取决于进风口、出风口之间的垂直距离，且随着垂直距离的增大而增大。根据上文对湘西传统民居室内风环境模拟得到的结论，笔者采用三开间和四开间作为建筑基础原型，结合两侧厢房布局得到 6 种客栈单体（图31）。通过 Airpak 分别模拟客栈的室内风环境，对客栈的门窗洞口位置进行调整，改善其内部通风。经测算当进风口宽度为3.5m 左右时，穿堂风风速最大。另外，为了达到理想的热压通风，结合湘西民居的天斗设计，采用半开放的楼梯间，在其顶部加盖玻璃制的"光瓦"的天斗，以增大进、出风口的垂直距离，增大热压通风的风速。

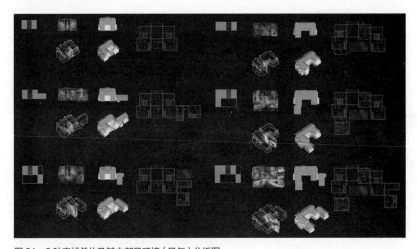

图 31　6 种客栈单体及其内部风环境（风矢）分析图

图片来源：笔者自绘

结语

民居是人类最早、最大量、与人类生活最密切相关的建筑类型，在一定程度上揭示出不同民族在不同时代和不同环境中生存、发展的规律，蕴藏着各民族的生产、生活、宗教、习俗等文化思想和审美观念。中国幅员辽阔，纵跨多个气候分区，各地的传统民居基于对气候因素的适应与利用，促进了多种多样的建筑形式的产生。

本次项目是笔者一改过去传统的设计思路，尝试从民居气候适应性的角度入手进行研究。前期阅读了大量相关文献资料，让笔者对传统民居空间形态背后所蕴含的生态经验有了深刻的认识。初次尝试用 Airpak 软件模拟民居风环境，对于该软件的功能还未学习透彻，在边界条件参数设置等方面存在不够严谨的方面，谨以此文抛砖引玉，呼吁大家共同探讨建筑气候适应性设计的问题。目前，国内对如何借鉴传统民居建筑的研究不在少数，但是多从建筑美学和空间构成、文化意境和构造做法来进行总结和分析。对待继承传统民居建筑的问题时，只是停留在中国传统建筑文化中的表面层次上，而对于较深层次的内容则涉足不多，尤其忽略了对我国各地的传统民居建筑从生态观念和气候适应性的角度进行深入挖掘和探索。随着可持续发展、环境保护、绿色节能问题日益受到重视的今天，这个命题的探讨更加具有意义。

参考文献：

[1] 巴鲁克·吉沃尼 . 建筑设计和城市设计中的气候因素 [M]. 汪芳，张书梅，刘鲁译 . 北京：中国建筑工业出版社，2010.

[2] 湖南省建设厅 . 湘西历史城镇村寨与建筑 [M]. 北京：中国建筑工业出版社，2008.

[3] 李建斌 . 传统民居生态经验及应用研究 [D]. 天津：天津大学，2008.

[4] 李丽雪 . 基于地域气候的湖南传统民居开口方式的研究 [D]. 长沙：湖南大学，2012.

[5] 柳肃 . 湘西民居 [M]. 北京：中国建筑工业出版社，2007.

[6] 王爱玲，杨坤丽，李茂杰 . 成都古镇某民居夏季室内热环境研究 [J]. 筑论坛与建筑设计，2013：42.

[7] 王宏涛 . 湘西地区传统民居生态性研究 [D]. 长沙：湖南大学，2009.

[8] 王昀 . 传统聚落结构中的空间概念 [M]. 北京：中国建筑工业出版社，2009.

[9] 魏挹澧 . 湘西风土建筑 [M]. 武汉：华中科技大学出版社，2010.

[10] 杨柳 . 建筑气候学 [M]. 北京：中国建筑工业出版社，2010.

[11] 叶欣 . 院落式民居采光及通风研究 [D]. 武汉：华中科技大学，2006.

[12] 彰国社 . 国外建筑设计详图图集 14 光·热·声·水·空气的设计——人居环境与建筑细部 [M]. 李强、张影轩译 . 北京：中国建筑工业出版社，2005.

[13] 郑彬 . 传统民居被动降温——以天井空间为例 [D]. 南京：东南大学，2011.

顾聿笙
（南京大学建筑与城市规划学院　研究生二年级）

对中国现代城市"千篇一律"现象的建筑学思考

——从城市空间形态的视角

Architectural Reflection on the Monotonous Phenomenon of Chinese Modern Cities

— From the Perspective of Urban Spatial Form

■摘要：近年来，伴随着中国城市的大力建设和发展，人们对于现代城市"千篇一律"现象的讨论和争议不断。对于"千篇一律"的讨论多是停留在建筑材料、建筑形式和在城市内体验的层面上。本文试图从城市空间形态和建筑设计规范约束的角度想要给"千篇一律"现象的成因以新的视角和建筑学的思考。此外，还会对"千篇一律"现象做客观的讨论和冷静的分析。

■关键词：现代城市；千篇一律；空间形态；设计规范；建筑布局

Abstract：In recent years，with the vigorous construction and development of Chinese cities，people have discussed a lot about the phenomenon of the sameness of modern cities. The discussion mostly stays in the level of building materials，architectural forms and people's experience in the city. This paper attempts to give a new perspective and architectural thinking from the view of the urban spatial form and the restriction of architectural design norms. Besides，the paper will also make an objective discussion and a sober analysis of the phenomenon of sameness.

Key words：Modern City; Monotonous; Spatial Form; Architectural Design Code; Building Pattern

一、前言背景

　　近二三十年，随着中国的经济迅猛发展，人们的物质生活水平大大提升，同时各大城市的建设也如火如荼地进行着。大规模粗犷的建设，在满足生产生活之余也暴露了不少的问题。比如很多人在热议的现代城市千篇一律、毫无特色的问题，人们走在城市里或是看一张城市的照片无法区分是置身南方城市还是北方城市，甚至平原城市和山地城市也越发趋同。现代中国城市的规划乃至其中建筑的设计多半是学自西方，现代的建筑材料如混凝土、钢、玻璃以及西方现代的方盒子建筑形式使得全世界的现代城市都在一定程度上"千篇一律"。不过中国有一些富有"中国特色"的不同处：第一是因为追求速度与效益，建筑的设计过于粗糙并存在很多的重复乃至抄袭，与西方现代建筑相比缺少很多文化和理论作为设计的基石，往往是只得其形而未见其精髓；第二是缺乏对老建筑和老城区的保护和改造意识，太多一刀切的拆迁和城市更新把无数富有文化和审美的老建筑老城区加以破坏。与此相比，欧洲的巴黎、伦敦也都是非常现代的城市，不过它们对老城有很好的保留和利用，也形成了独一无二的城市意象和记忆。很多人在批评现代城市的趋同化时，角度多半是从建筑材料趋同、建筑形式趋同等的角度，本文会从城市空间形态和建筑设计规范制约的视角给出针对这个问题的一些建筑学的思考。

人对于城市的感知多半是在城市空间内感受到的。城市的空间形态是由建筑围合出来的，空间形态与建筑的肌理形态互为图底关系。现代城市的肌理形态往往复杂而难以被描述，而对空间形态的研究就可以对城市形态的研究提供新的视角和方法。许多的研究已经表明城市的空间形态对人位于城市内时的视觉体验和内心感受有显著影响，同时也与对人的健康有很大影响的城市微环境（热环境和风环境）相关联。所以，对现代城市的空间形态进行研究是很有必要的。南京作为中国现代发达的城市之一，自改革开放以来，城市规模获得了极大发展，城市的肌理形态和空间形态也太复杂。本文选择南京作为研究现代城市空间形态的案例，分析其空间形态的形成机制，以期由此来给现代城市"千篇一律"状态形成寻找一个新的解释视角。

对城市形态的研究现已有多种学科和多种理论参与阐述，相关学者们会有不同的视角和观点，但不论是建筑师还是地理学家都认为研究城市形态的最小构成单元是建筑和其所在地块的集合体。以南京为例，城市的道路把城市划分成许多个街区，每个街区都由数个乃至数十个地块组合而成。而每一座建筑都是在其相应的地块内升起。一个地块内的建筑根据业主的喜好和设计师的审美可能会有不同的布局形式和建筑形式。但是每座建筑的设计必须要满足国家、省级乃至地方针对设计出台的规范条文。这些规范条文的规定多是从建筑与道路、建筑与地块边界线以及建筑与建筑之间的关系作出规定和限制。因此，道路红线和地块的边界线可以作为研究由建筑围合而成的城市空间形态的工具和抓手。

城市内的空间形态可以大致分为两类：第一种是和城市道路相邻的、由道路两侧建筑围合而成的空间形态；第二种就是由相邻地块内的建筑围合而成的空间形态。以南京城市中心高密度区——新街口地区为例，可以对这两种空间形态进行分析。城市道路根据其等级可以分为四类：快速路、主干路、次干路和城市支路。地块根据其土地使用方式主要可以分为商业地块和居住地块。居住地块内建筑围合的空间形态比较清晰，其肌理形态也已经被量化描述。居住建筑的布局形式主要是要由容积率要求和日照需求所决定的。然而商业地块内建筑的肌理和形式没有清晰的组织规则和逻辑，因此本文研究主要关注商业地块及和商业地块相邻地块之间由建筑围合出的空间形态。

本文主要关注以下两方面：一是对于由道路两侧建筑围合的空间形态，主要分析建筑对道路红线的退距和建筑出入口的布局，从而得出此类空间形态的形成机制；二是对于由相邻地块内建筑围合的空间形态，研究会用地块边界线作为总结分析和描述的抓手。

二、研究和分析

本文的研究选择南京新街口中心区的四个街区作为案例（图1）。这四个街区内的肌理形态丰富多样，可以作为中国当代城市复杂肌理的一个代表和缩影。研究首先根据2005—2017年的城市卫星地图绘制了四个街区完整的总平面图。如果只保留四个街区内的建筑线，可以发现空间形态凌乱复杂而难以被描述。但梳理了中心区的道路系统，画出由主干道、次干道、支路组成的路网体系以明确街区和地块组团的情况。再把街区和地块组团内划分出地块的权属边界线。接着明确地块的用地性质，分为商业用地和居住用地。

指导教师点评

对城市空间物质形态的认知是20世纪中叶以来建筑与城市研究的重要内容，顾聿笙的论文《对中国现代城市"千篇一律"现象的建筑学思考——从城市空间形态的视角》，针对中国现代城市"千篇一律"的现象，基于城市形态学的系统理论与方法，以道路红线和地块边界线为抓手，围绕南京中心区四个街区对城市空间形态的形态规律与形成原因进行深入分析，总结出城市空间形态的基本类型，以及城市法规及建筑规范对"千篇一律"城市空间形态的具体影响。论文选题新颖，立论明确，论证有力，在研究方法上有一定的创新性。首先，论文没有针对热现象"城市千篇一律"进行惯常的从建筑形式、材料和视觉效果进行简单的批判，而是找到不一样的角度，从城市空间形态以及城市法规作用的角度进行思考，企求寻求形态构成更深层次的原因。其次，论文以南京市中心的四个街区为例，通过图示与统计进行具体详细的案例研究，避免了泛泛而谈，将数据作为论据，真实可信。建议在后续研究中，根据街区尺寸、地块属性（尺寸、形状、容积率）等对更多的研究案例进行分析，加强结论的说服力。

丁沃沃
（南京大学建筑与城市规划学院院长、
教授、博士生导师）

南京市及全国的建筑设计规范是随着时间推进在不断修订完善的。因此，还需要确定每一个地块内建筑建造的日期并找到当时对应的规范以进行对比和研究。由此可以发现，城市内的空间形态是有其形成规则的。

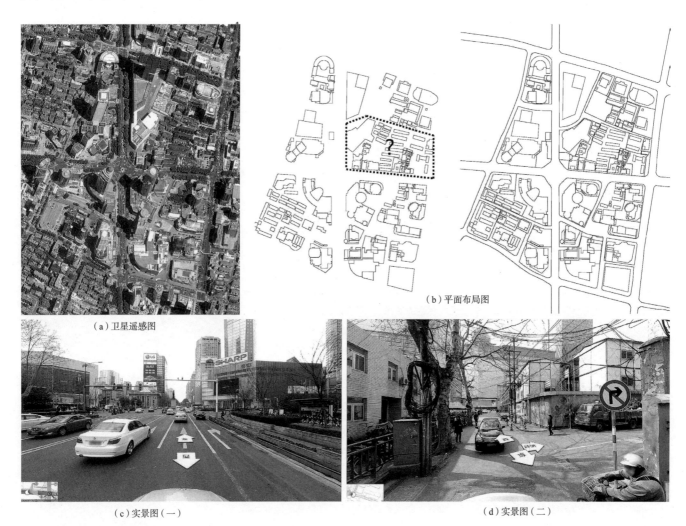

（a）卫星遥感图

（b）平面布局图

（c）实景图（一）

（d）实景图（二）

图 1　新街口中心区的四个街区图

（一）关于规范条文的研究

与建筑布局模式相关的法规条文主要有两方面：第一是建筑对各种"线"的退距，分为对道路红线和对地块线的退距。第二是建筑之间规定留出的间距，主要是为了满足日照需求和消防需求。

建筑对于"线"的退距目的是控制建筑边缘距离道路红线或是地块线的最小距离。对于道路红线的退距大小与道路的等级以及建筑的高度有关系：道路等级越高（道路越宽）、建筑的高度越高，退线的距离就越大。对于地块线的退距大小与建筑的高度和宽度有关：建筑高度越高、宽度越宽，退地块线的距离就越大。建筑，尤其是居住建筑之间的退让距离需要满足日照需求和防火需求。具体的规范也对水平布局、垂直布局、倾斜布局的建筑之间的距离也有不同的规定。以南京市 2004 年出台的《南京市城市规划条例实施细则》为例，图 2 展示出其中的具体要求：

而消防规范对建筑之间间距的要求与建筑的高度和建筑的防火等级都有关系，以 2006 年出台的《高层民用建筑设计防火规范》为例，表 1 对于建筑之间的最低防火间距都作了规定。

消防规范对建筑间距的要求　　　　　　　　　　　　　　　　　　　　表 1

建筑类型	塔楼	裙房	其他民用建筑		
			建筑防火等级		
			一、二级	三级	四级
塔楼	13	9	9	11	14
裙房	9	6	6	7	9

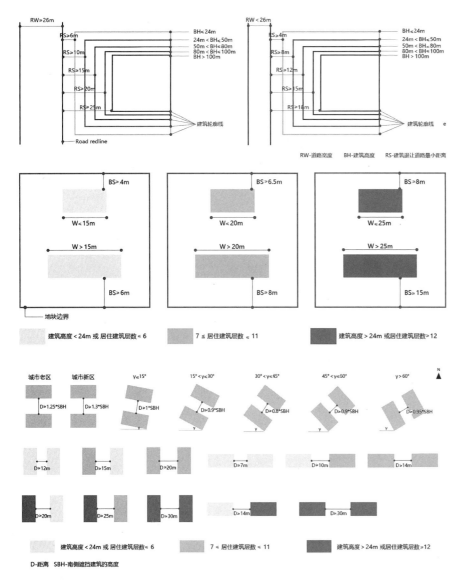

RW-道路宽度　　BH-建筑高度　　RS-建筑退让道路最小距离

建筑高度 < 24m 或居住建筑层数 ≤ 6　　7 ≤ 居住建筑层数 ≤ 11　　建筑高度 > 24m 或居住建筑层数 ≥ 12

D-距离　SBH-南侧遮挡建筑的高度

图2　《南京市城市规划条例实施细则》对建筑间距的规范要求

作者心得

　　参加《中国建筑教育》主办的"清润杯"大学生论文竞赛并取得硕博组三等奖对我来说是一件很荣幸的事情。论文写作的灵感来源于我研究生期间一直在研究的城市形态及其空间形态和这些年大热的话题——"现代城市千篇一律"两者结合的一个综合考量。在导师的指导下，我看了一些城市形态相关的论文，了解到现代城市的空间形态是复杂多样而很难描述的，而被建筑围合出的空间形态与城市肌理形态互为图底关系，是一个很好的研究视角。而针对"城市千篇一律"这个现象本身我一直也挺感兴趣并做了一些思考，最初的感觉就是这未必是一件坏事，可能需要各学科的学者从社会学、建筑学、城市形态学、心理学、物理科学等各个角度进行讨论和思考，也希望借由自己在城市形态学上的一点小研究给出一点不一样的视角。研究的过程中自己学到了很多学术研究的逻辑和方法，并要特别感谢导师还有同门、学长学姐的指导和启发，没有他们我很难完成这篇论文的写作。

（二）空间形态的研究

1. 与道路相邻的建筑之间的空间形态

　　城市道路对城市布局的影响往往是非常持久的，历史遗留的道路大多会被修缮、拓宽后继续使用，在城市新区也是先规划好路网系统再进行街区的划分。所以在研究南京这样的中国现代城市的空间肌理时，第一要考量的就是与道路相邻的建筑垂直面之间的空间形态。

　　在结合规范的要求和实际案例的研究后，可以发现与道路相邻的建筑与道路红线之间空间形态可以分为以下两类：第一种是按照规范退出可兼做消防通道的道路；第二种是在满足规范之余，在局部或整体退让出作为入口集散、停车、景观等的广场。具体到建筑所在地块的用地性质，建筑与道路红线之间的空间形态有7种类型（如图3所示）：第一种是建筑退让红线形成的道路空间（A）；第二种是退让红线形成广场空间（B）；第三种是局部退让出入口广场空间（C）；第四种是南北向道路与住宅用地相邻形成的锯齿状空间（D）；第五种是东西向道路与住宅用地相邻或是道路与商业用地形成的T形空间（E）；第六种是因为建筑的形体变化而空出的可作为道路、广场或停车等的不规则空间（F）；第七种是前六种空间形态的两种或多种的组合（G）。与道路相邻的建筑之间的空间形态则是由上述七种空间的组合加上道路本身形成的空间。因此从理论上来说，道路两边建筑间的空间形态种类有7×7=49种，再加上各种形态沿道路的组合情况多样，因此沿道路的形态种类会很复杂而多变。以南京中心区为例，沿道路有7种典型的空间形态。对其以一边的建筑与道路红线的空间形态 + 道路 + 另一半建筑与道路红线的空间形态进行编号命名，分别为：ARA，ARB，ARC，BRC，BRE，CRC，ERE。由此可以用这种编号的方式对沿城市道路的建筑间的空间形态进行称呼与分类。

图 3　与道路相邻的建筑之间的空间形态

2. 相邻地块之间的空间形态

除了与城市道路相邻的建筑垂直面间的空间形态外，相邻地块之间的空间形态也值得考量。因为城市内的建筑都是在地块内生长起来的，它们的外部空间形态与地块权属边界息息相关，因此可以用地块边界线作为抓手研究相邻地块之间的空间形态。

建筑与地块线相邻的空间种类与和道路相邻的空间种类一样，都是从 A 至 G 共 7 类。值得细究的是地块之间交接的方式。地块间的交接方式主要有三种：第一种是两个地块一边相邻，呈一字形交接；第二种是三个地块 T 字形相交接；第三种是四个地块成十字形相交接。以南京中心区为例（图 4），所有地块组团中"一"形交接有 5 个，占比 15.6%；"T"形交接有 26 个，占比 81.3%；"十"形交

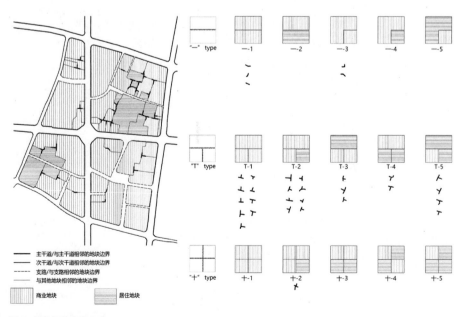

图 4　地块间的交接方式

接有 1 个，占比 3.1%。文章着重考虑与商业地块相关的空间形态，不讨论完全是居住地块相交时的情况。按照地块用地性质的不同，"一"形交接可以细化成五种：两个地块一边相交时，都是商业地块的编号为一 –1，一个商业地块和一个居住地块交接组合的编号为一 –2；一个地块围合另一个地块有两边相交时，两个地块都是商业地块编号为一 –3，商业地块围合居住地块编号为一 –4，居住地块围合商业地块编号为一 –5。"T"形交接可以细化成五种：三个商业地块的两两组合的编号为T–1；对于有两个商业地块和一个居住地块的组合，一个商业地块一边与另两个地块角部相邻的类型编号为T–2，而一个居住地块的一边与另两个地块角部相邻的类型编号为T–3；对于有一个商业地块和两个居住地块的组合，商业地块的一边与另两个居住地块局部相邻的类型编号为T–4，而一个居住地块的一边与另两个地块角部相邻的类型编号为T–5。"十"形交接也可细化成五种：四个地块都是商业地块的编号为十 –1；三个地块为商业地块，一个地块为居住地块的编号为十 –2；对于两个商业地块和两个居住地块的组合，两个商业地块在一边相邻的编号为十 –3，两个商业地块对角相接的编号为十 –4；一个商业地块和三个居住地块组合的编号为十 –5。对南京主城区的 33 个街区内的各地块组合方式的数量进行统计如图 5 所示，可发现一形和十形都较少，以 T 形组合为主，特别是 T–4 和 T–5 组合类型最多。

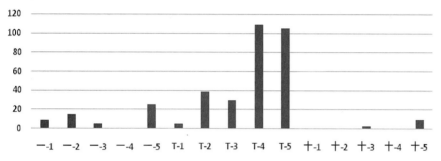

图 5　南京主城区 33 个街区各地块组合数量统计图

以南京中心区的地块组合类型为例进行研究，画出与地块线相邻的空间形态（图 6）。十形交接数量很少；一形交接数量较少，且其空间类型可考虑为与道路相邻空间形态里

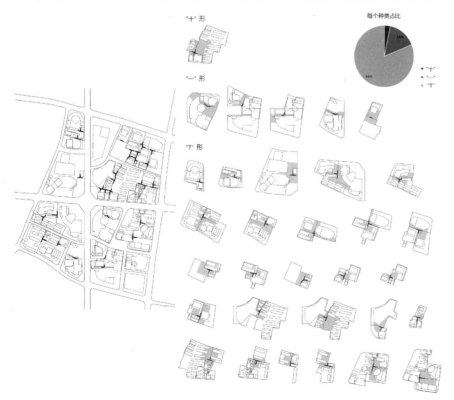

图 6　南京中心区相邻地块的空间形态

道路宽度为 0 时的情况。所以，重点考量 T 形交接的空间类型。T 形交接抓手抓出的空间有三种主要的形态类型：第一种是条形空间，即为了满足交通、消防规范的道路空间；第二种是广场空间，即局部或整体退让出来的出入口、停车等的空间；第三种是与住宅建筑相邻的空间，南北向地块线相邻的住宅建筑空间是锯齿状空间，东西向地块线相邻的空间是条状的 T 形空间。T 形交接的空间类型是由这些空间形态组合而成的。这些空间形态也都可以抽象为 A~G 其中的空间形态，因此也同样可以对这些空间形态进行编号和称呼。

三、结论

现代城市的城市肌理复杂多样，难以被描述，但可以从建筑间的空间形态出发进行描述与总结。以城市道路和建筑所在地块的地块边界线为抓手进行研究，空间形态主要分为沿道路的空间形态和地块之间的空间形态。建筑设计规范对于建筑退让道路红线、地块红线及建筑之间的采光、消防的间距等都有规定，对于空间形态的形成有较大的指导意义。建筑与道路红线之间的空间形态可以抽象简化为 7 种模式，因此沿道路的空间形态可以被编号和描述出来。地块之间的空间形态与地块的组合方式有很大关系。常见的一形、T 形和十形组合关系中，T 形占绝大多数。对南京中心区的研究发现，地块组合间的空间形态虽复杂多变，但基本的空间类型是一样的，也可以进行编号和描述。

以南京为例的研究表明，现代的设计规范对城市建筑的布局形式乃至城市的空间形态有很大的约束和导向。居住建筑以行列式和点式为主，空间逻辑已经很清楚。商业建筑虽然自由度较高，但是也离不开规范的约束，其布局形式和围合出的空间形态也可被认知描述。各个城市的建筑生成的逻辑是一样的，其空间形态也是大同小异的类似。加上建筑材料、形式等的趋同，现代城市的"千篇一律"也可以被理解了。

因此，可以说现代城市的建筑在一定程度上是被设计规范"约束"出来的。规范对城市空间形态的形成、人们在城市里的感知有很大的影响，因此对设计规范进一步的完善和细致是很有必要的。以瑞士的规范为例，它会规定建筑的层高，即人在城市里会感到建筑的层线是守齐的，会非常的和谐整齐。瑞士的规范还会规定有些街区沿街的建筑二层以上不退地块边界，如果需要最多一层可以退界，上面的层需要悬挑出以保持街区界面的整齐。诸如这样规范层面的限制才可以让建筑在满足对应业主需求的同时在大的尺度上保持协调统一。

不过，随着科技的进步和发展，人们的生活方式甚至都在趋同，大家都在喝着差不多的咖啡、用着差不多的手机电脑、获知着差不多的信息、过着差不多的上下班的生活。城市内的大多产出都是追求利益最大化、效率最大化而进行着的。而建筑某种程度上也是一种满足生产生活的产品，只要能满足人们的需求，并有着不错的审美取向，"千篇一律"也未必是件坏事。需要注意的是，建筑师们需要设计出更因地制宜、更反映时代的作品，外表或许"千篇一律"，但细节一定有其针对性。而随着经济科技的进一步发展，随着人们眼界品位的提升，随着日渐对于"个性""创新"的追求，也一定会催发出新的不一样的建筑。而这一切都是需要时间，需要许多人的努力的。所以，对于"千篇一律"不妨不急着批判，冷静地思考一番。尤其是建筑师们，怎么样的建筑是好的，怎么样设计出好的不一样的建筑，都是留待思考和实践的事情。

参考文献：

[1] Conzen，M.R.G. "*Alnwick，Northumberland：A Study in Town Plan Analysis*"，Institute of British Geographers，1960.

[2] Conzen，Michael P. *Thinking about Urban Form：Papers on Urban Morphology*，Peter Lang Publishing，2004.

[3] Gianfranco Caniggia，Gian Luigi Maffei. *Architectural Composition and Building Typology：Interpreting Basic Building*，Firenze：Aliena，2001.J.W.R.Whitehand（2011）Issues in Urban Morphology，Urban Morphology.

[4] 蒋菁菁. 城市商业地块与建筑布局模式研究——以南京为例 [D]. 南京：南京大学，2015。

[5] Karl Kropf. *Aspects of Urban Form*，Urban Morphology，2009.

[6] Lina Zhang. *Urban Plot Characteristics Study：Casting Center District in Nanjing*，China，International Seminal of Urban Morphology，2013.

[7] 王冬雪. 街区内部空间与地块边界线的关系研究——以南京为例 [D]. 南京：南京大学。

图片来源：

图 1~ 图 6　自绘。

袁怡欣

（华中科技大学建筑与城市规划学院　硕士一年级）

共享便利下的城市新病害：共享单车与城市公共空间设计的再思考

The New Urban Problem Based on the Sharing Resource : Rethink of the Bike-sharing System and Urban Public Space Designing

■摘要：共享单车的使用，在为市民出行提供便利的同时，也造成了城市公共空间的新问题，尤其在人群集中、交通复杂的区域，问题更为突出。本文选择武汉市商业区户部巷、景区东湖绿道与部分公共交通站点，通过大数据城市热力图、现场调研与统计分析，记录共享单车的分布状况并总结其在使用中造成的问题。最后结合有效的国际经验，对于武汉市共享单车的使用与停放，提出结合城市公共空间与景观立体化停车的设计建议。

■关键词：共享单车；城市病害；公共空间设计；热力图；立体停车

Abstract : The bike-sharing system makes the urban transportation more convenient. While taking more convenience to us, it also leads to some new problems in urban public space, especially in those spaces have many people gathered, such as center business district, scenic zone and the transfer stations of the traffic. This paper chooses three typical districts of Wuhan City to observe and analysis the using condition and problems of the bike-sharing system. At last, the paper tries to give some advices to the designing of the urban public space with the practicable international strategies.

Key words : Bike-sharing ; Urban Problem ; Public Space Designing ; Heat Map ; Parking Tower

一、前言

2015 年 9 月 7 日，ofo 小黄车正式上线，开启了"全球第一个无桩共享单车出行平台"。自此开始，多家共享单车如雨后春笋，至今已在我国 30 多个城市上线投入使用。共享单车基于互联网定位服务，具有诸多优势：无桩停车，随走随停；手机扫码，支付便捷；

出行方式无污染，环境友好。因此，共享单车以其完美解决"最后一公里"出行问题的角色定位，一经推出，就颇受欢迎。至 2016 年，我国共享单车用户规模达 1886.4 万人，预计 2017 年可达到 4965 万人，同比增长 163.2%。2017 年 8 月 3 日，交通运输部公开发布指导意见，并首次明确共享单车的发展定位是城市绿色交通系统的组成部分，并实施鼓励发展政策。

在共享单车为居民出行带来众多便利的同时，也在城市中造成了不少问题：无序停放，影响正常交通秩序；使用与停放占用其他交通空间，存在安全隐患；单车投放不合理，有的街区需要骑车却无车可骑，有的街区却单车泛滥，影响出行等。

2016 年 12 月 29 日，摩拜单车进入武汉，正式开始运营；接着，2017 年 1 月 6 日，ofo 小黄车也进入武汉，初步投放单车 1000 辆，最终预计投放单车 20000 辆。至今为止，武汉市已进入摩拜、ofo、哈罗、酷奇与牛拜共五家单车企业，投放单车约 68 万辆，在武汉市商圈、景区与公共交通站点处，共享单车无序停放造成的问题越来越严重（图 1）。在部分小区、医院区的出入口处甚至因此张贴有"禁止共享单车入内"的标识。

图 1　共享单车停放乱象

武汉市作为我国中部的中心城市，总面积 8569.15 平方公里，常住人口 1076.62 万人，是我国内陆最大的交通枢纽。[7] 2016 年 9 月发布的《长江流域发展规划纲要》中，将武汉与上海、重庆共同列为超大城市。研究共享单车在武汉的使用与发展，不仅对武汉市自身的发展有建设意义，对其他城市的共享单车发展管理也有相当的参考价值。

共享单车投入使用后，对其使用与停放造成问题的报道多发生在人流密集、交通复杂、单车使用量高的商圈与景区，以及主要公共交通换乘站点。在武汉市新闻热点报道中，共享单车的使用与停放造成问题的区域，常有户部巷商圈、东湖绿道景区与交通站点。户部巷商圈是武汉市著名商业街区——"汉味小吃一条街"，集小吃、娱乐、休闲于一体，吸引众多市民与游客聚集。东湖绿道是为市民提供享受"慢生活"的景观绿道，禁止机动车出入，让市民能够在此安心舒适地骑行、跑步、赏景。沿主要道路的公交站点与地铁站点则是市民由地铁向其他交通方式转换的节点。因此，本文将选择武汉市户部巷商圈、东湖绿道景区与沿主干道的 12 个公交站点和 3 个地铁站点，对共享单车在这些区域的使用情况进行调查研究。

二、研究方法与步骤

（一）研究问题与参数

本文主要研究调查区域内共享单车的使用状况、停放状况，与其在调查区域造成的问题，调查参数包括区域内停放的单车类型、单车停放数量与在不同位置的分布情况。

（二）研究方法

本文主要使用 3 种研究方法：一是城市热力图（图 2~ 图 4），基于手机定位大数据的热力图，可以显示区域人口的密集程度，热力图中颜色越亮，表示人口越为密集；二是现场调研，通过拍照、摄像对调查区域内的交通状况进行记录；三是统计分析，对调查区域内停放的单车类型与数量进行分区记录，运用 Excel 软件对记录数据进行比较分析，归纳总结共享单车分布特征。

（三）研究步骤

第一步，查看城市热力图与单车分布图。通过百度地图中的"城市热力图"服务，查看武汉市内人口密集的区域。由热力图可以看出，户部巷商业区、光谷广场以及部分地铁站点周边，为人口密集的区域。此外，通过单车手机客户端，查看单车分布图，可以发现，除城市热力图显示的区域外，东湖绿道的出入口区域也是共享单车大量聚集的区域。

第二步，现场观察。本文选择武汉市的户部巷商圈、东湖绿道、沿主要道路的公共交通站点作为观察点，进行调查分析。这些观察点都是武汉市中人流量大、交通状况复杂的区域，也是共享单车大量聚集的区域，共享单车的使用与停放在城市中造成的问题在这些

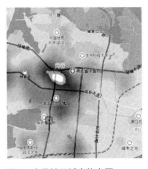

图2 武昌区、洪山区城市热力图
（周日10点）来源：百度地图

图3 光谷地区城市热力图
（周日10点）来源：百度地图

图4 武昌区城市热力图
（周日10点）来源：百度地图

区域也更为明显。通过对以上观察点聚集的共享单车进行拍照、摄像，并记录相应的单车类型、数量与分布位置，同时对这些区域的交通状况进行拍照记录。

第三步，统计分析。对观察区域按照交通节点进行分段，并通过对观察记录的相应分段数据，总结共享单车的停放状况，讨论共享单车在这些区域内造成的问题，并分析原因。

三、共享单车的使用现状与问题分析

共享单车的使用状况在不同时段有所差别，工作日多向公共交通站点聚集，周末除交通站点外，还多向商圈、景区周边聚集。共享单车在城市中主要造成两大类问题：一是骑行时占用其他通道，影响交通秩序，存在安全隐患；二是无序停放带来的一系列问题，在商圈阻塞道路与街区出入口，在景区影响景区运营、观景平台使用与绿道骑行的安全和舒适；在公共交通站点，阻塞地铁站出入口，影响人群出入地铁；占用公交车进站停泊区域，影响乘客上下公交车。

（一）户部巷商圈的单车停放分布状况与问题分析

户部巷商圈观察区域（图5）位于武昌区解放路以西，中华路以南，民主路以北，在自由路、民主路与中华路各设有一个出入口，区域面积约为59500m²。在调查过程中，以出入口为节点将道路分区，出入口自身作为一个独立区域，对各分区的共享单车停放状况进行记录。具体分区如下，1区：通往户部巷自由路出入口道路段；2区：自由路出入

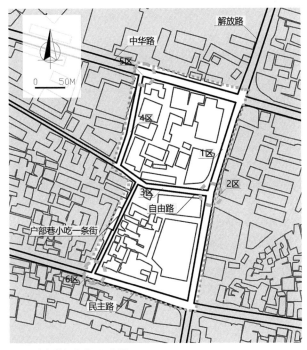

图5 户部巷调查分区示意图

指导教师点评

共享资源为国外发迹，这几年在国内盛行为风潮，尤其以共享单车为甚！据统计，目前国内已有28家运营商在经营共享单车事业，估计有约1600万辆共享单车存在于国内的公共环境，武汉或许就有68万辆车的状况。因此，最近这一年多常见于报章媒体报导城市公共空间由于共享单车创造了多少的便利，也会由于共享单车的随意乱置、在街巷中任意游串，而形成新的城市混乱，因而也生成城市环境的新病害现象，此即为本次论题所选的"热问题"。

文中作者首先运用田野调查技术中的场所现象观察法，选择适合进行科研论题观察的场所与时段，观察与记录场所中共享单车的选择利用、停泊所形成的现象，与所形成的附近交通的混乱状况，将这些所获取的场所特征信息记录在空间图纸与调研表中，后依不同的时间段进行场所特征现象的多时间段追踪观察，以认识共享单车在场所中所形成的停泊状态变化，以及对于场所交通所形成的确切影响。由于道路交通受到混乱状态而形成的影响，无法从单一节点观察获得客观确切的认识，作者巧妙地运用即时交通大数据图像呈现的热力图作为判读认识的工具，从而认识所形成的空间信息状态，并可协助进行长时间的追踪观察，此为本文的亮点之一。其后，则运用多时段观察、分析所获，结合大量国内外案例参照，以提出自己的创新思考未来可能面对的应对设计策略方案，如此也为本文的"冷思考"。

本文的特点为能够具体、贴切地结合竞赛主题设定，以非常扎实的田野调查工作，结合目前甚为流行的大数据技术，以及以十分清晰的科研思路进行论题的推演阐述，是为本次能够获得如此成功与亮丽成果的重要契因。

雷祖康

（华中科技大学建筑与城市规划学院
博士生导师 副教授）

口；3区：区域内自由路段；4区：户部巷通往中华路出入口路段；5区：中华路出入口；6区：户部巷民主路出入口。

根据记录，户部巷商圈内共停放共享单车约184辆，4种单车类型，分别是摩拜、ofo小黄车、哈罗与酷奇单车，其中摩拜单车最多，占比达42%（图6）。在区域分布方面，本区域共享单车密度约为每100m²停放0.3辆，多向商圈主要出入口集中（图7），以2区最多，占整体停放量的58%；其次是通往主要出入口的道路，占11%；接下来是中华路与民主路的出入口，均为9%；最后才是商圈内部道路，占比分别为6%与7%。

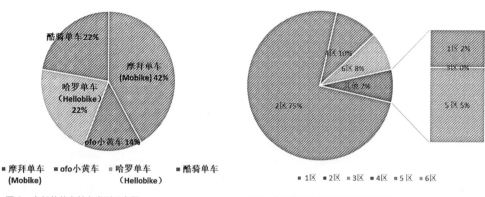

图6 户部巷共享单车类型示意图　　　　　　　图7 户部巷共享单车分区停放示意图

从分布密度来看，本商圈单车停放密度并不高，但是由于周边的交通基础设施不完善，共享单车停放又多在商圈出入口集中，也造成了周边环境的问题。

问题一，共享单车骑行时，使用机动车道，与机动车抢行，存在安全隐患。问题二，共享单车商圈主要出入口无序停放（图8），侵占人行道，并且阻塞人行过路横道，影响市民与游客通行。此外，共享单车的无序停放，对居住在本商圈周围的居民，也造成了极大影响。本商圈内居民的主要出入口为中华路段的出入口，这里经常因共享单车停放拥堵，导致居民使用机动车出入困难，并占用机动车停车位，影响其停放。

图8 户部巷出入口交通状况

（二）东湖绿道的单车停放分布状况与问题分析

东湖绿道调查区域（图9）由绿道磨山出入口起，部分磨山道、湖山道与全程湖中道组成，全长约6.3km。调查过程中，以景观节

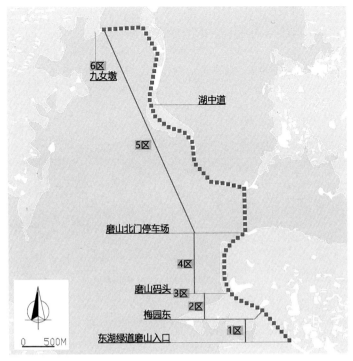

图9 东湖绿道调查分段示意图

点将绿道分段,具体分段如下,1区:东湖绿道磨山出入口至梅园东;2区:梅园东至磨山码头;3区:磨山码头;4区:磨山码头至磨山北门停车场;5区:湖中道;6区:九女墩。

本区域内共停放共享单车762辆,平均约每公里停放115.2辆单车,共计5种单车类型,比户部巷商圈增加了牛拜单车,其中摩拜单车最多,占比52%(图10)。在区域分布方面,4区停放最多,即进入东湖绿道1公里范围内,占比多达40%;其次是6区,占比15%;其他分区则均在10%左右(图11)。除这些企业运营的共享单车外,进入东湖绿道的还有武汉市公共自行车项目"江城易单车"。该项目在东湖绿道投放累计1000辆自行车,设置12个公共自行车停车点,安装智能锁车器750个,借还车与武汉市内公共自行车系统相同。[14]

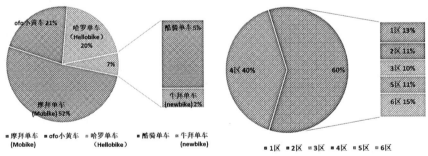

图10 东湖绿道共享单车类型示意图　　图11 东湖绿道单车分区停放示意图

共享单车在东湖绿道造成的问题主要由无序停放引起的。东湖绿道原是为居民骑行、赏景、休闲而设计的,而大量共享单车都停放在绿道上,在4区绿道段,绿道的一半宽度都用来停放单车。当进入景区游客量较大时,从出入口通向4区绿道段就会形成拥堵。此外,道路旁边并不能满足大量单车的停放,所以部分单车还会停放至景区内的人行道与东湖周边的观景平台上,极大地影响游客的体验。而原本设置用于停放武汉公共自行车的停车点,在2~4区也停满了共享单车,在4区设置的一处具有30个停车桩的公共自行车停车点,停放了41辆共享单车,却不见一辆公共自行车。

针对景区内共享单车的停放问题,管理部门也采取了一定措施,但并未能有效解决。

作者心得

共享单车进入学校的时间是2017年初,当我第一次看到它们的时候,心想这种模式真好,既环保又能增加资源利用率,而且相对公交车站的城市单车使用更加便利。但没想到的是,在共享单车进入校园不到3个月时间,上下课时从教学楼通往宿舍与食堂的路口就常常出现被停放的共享单车堵塞的情况,使得原本通行压力很大的道路上更加拥挤,共享单车的弊端逐渐显现。尽管如此,对这种状况的感受也仅停留在心理上的不满,并未多想。直到与导师讨论此次论文题目时,老师建议考察共享单车的使用与停泊状况,才发现原来生活中天天遇见的状况也可以作为研究主题。

确定论文主题与研究对象后,选择调查点也是一项很究的环节,最初我想就在学校路口记录日常的单车使用与停放状况,再进行相应的讨论,但是取样学校,获取的数据相对就会单薄,需要扩大范围。恰好现今对大数据的使用逐渐增加,而以大数据为基础的热力图,就成为城市中选择调查点极好的辅助工具。接着便是最重要的现场调查与数据获取,在去现场调查前,导师与我沟通了很多方面的内容,并讨论确定了到现场后的调查内容与需要获取的数据,完成准备工作后再进行现场调查。在这之前我曾经也有过几次类似的调查经历,但都是到了现场后再确定相关的调研内容、获取方法与记录方式等,所以花费的时间较多而且效率低。此次调查有较为充分的前期准备,能够到达现场后就进行工作,效率提高很多。获取数据后分析数据,总结问题都较为顺利,最后便是思考应对策略,因为对于城市单车停放相关材料的积累并不充足,我在这一环节遇到了困难,于是在老师的指导下对相应国内外共享单车停放的设施与策略材料进行收集与研究,并完成应对策略的思考。

在此次论文写作过程中感受最深的有三点:一是要热爱生活并努力将生活中的问题转化成研究主题;二是在具体调查工作开展前一定要做好充分的准备工作,才能够高效地完成调研工作;三是要积极与导师交流,材料前期准备和后期修改时与导师沟通交流多次,从材料收集、文章构架与格式等方面进行了多次调整,若是在中期过程中也能保持这样良好的沟通状态,文章能够更加精进。

这是我在硕士入学后完成的第一篇投

(下转第299)

比如，设置推荐停车点，设置自行车停放装置。但由于共享单车多在出入口 1 公里以内的绿道周边集中停放，导致出入口处的停车点完全不够用，单车停放层层叠叠，而在绿道中段（如 5 区）设置的推荐停车点，单车停放则又寥寥无几。

（三）公共交通站点的单车停放分布状况

公共交通站点主要选择珞喻路与鲁磨路沿线的 12 个公交站点与 3 个地铁站点进行拍照记录。3 个地铁站的通往道路的出入口处，也都有大量单车停放（图 11），包围出入口，影响乘客出入；12 个公交站点中，只有 3 个共享单车停放数量较少，其他站点均有单车大量停放，影响乘客上下车（图 12）。

图 12　公交站点共享单车停放状况

综上所述，共享单车在城市环境中造成的问题主要分两类，一是骑行过程中引起的交通安全问题，二是无序停放引起的一系列问题。造成这两类问题的原因可归纳为三方面，一是自行车专用基础设施不足（图 13），包括自行车道、相应的交通标识与停放区域；二是共享单车投放点布局与推荐停车点设置不够合理（图 14），提供的资源不能够较好地与需求相匹配；三是对使用者相应的指导与规范不足，在共享单车使用规划过程中，公众参与度也不高。

图 13　被压缩的非机动车道　　　　　　　图 14　停满共享单车的出入口停车点与空闲的绿道中段停车点

四、城市设计策略中配合公共自行车使用的国外经验

共享单车在我国风行的同时，也有不少国家的公共自行车系统（表 1）发展运营成熟，并具有相应较为完善的城市设计策略，比如荷兰、丹麦、德国、法国等。本文将从自行车专用设施、停放设施与相应政策三方面进行整理，以便为共享单车在我国城市中使用规划中提供参考。

（一）自行车专用设施配置

在应对使用自行车的策略中，首先就是完善自行车专用设施。城市中要设置完善的自行车道，包括自行车专用通道、路边自行车道和自行车优先街道等各类通道，这些自行车通道在城市中形成完整的网络系统。此外，城市中还设有配合自行车通道使用，完整统一的彩色标识系统。为了保证自行车骑行的安全性，还会对道路交叉口进行改善，并设置自行车优先通行的交通信号。[13] 在丹麦，全国有 12000 公里的自行车道，其中构成丹麦自行车主干道的共计 11 条，总长达 4233 公里。其中拥有 50.4 万人口的哥本哈根，约有 400

（上接第297）

稿论文，非常荣幸能在此次竞赛中获奖，感谢导师的耐心指导，也感谢《中国建筑教育》"清润奖"论文竞赛的肯定，我会在之后的学习过程中更加努力，积极发现生活中的热点，争取更上一层楼！

欧洲主要公共自行车系统汇总表　　表1

城市	面积（km²）	人口（万人）	系统名称	单车数量（辆）	站点数量（座）	站点布置方式	支付方式
里昂	47.95	50.07	Velo'v	4000	343	每两个站点之间自行车程不超过5分钟	租赁卡/公共交通卡
巴黎	105.4	248.33	Velib'	23900	1751	参考巴黎市人口密度，平均每300米范围设置一处	租赁卡/地铁交通卡
巴塞罗那	101.9	161	Bicing	6000	420	/	租赁卡
伦敦	1577.3	800	Barclays Cicle Hire	8000	550	/	支付年费/短期购买电子钥匙

（整理自《中国城市公共自行车系统发展特征及作用研究》[10]）

公里完全分隔的自行车专用通道与路边自行车道。在拥有27.5万的德国明斯特市，则建有约320公里的自行车道。

配合自行车道路的还有其他设施。比如放在路边的自行车流量计数器，为自行车系统规划提供数据支持；还包括与公共交通接驳的设施，如与地铁接驳的停车位设置。在日本，在轨道交通站点就有运营公司设立自行车借用处，方便乘客转换交通工具。

（二）自行车停放设施

对于自行车的使用者而言，品质良好而方便到达的停放设施也是非常重要的。在荷兰、丹麦、德国的城市中不仅提供充足的自行车停放设施，还会在停放处提供照明，布置录像监控以提高安全性。在德国明斯特市中央火车站和汽车站设置有3300个高品质的停车位，设有斜坡与街道平面连接，地下层与轨道交通连接，而且停车点左方街道就设有公交站点。在日本，则建有专为自行车停放的立体停车库，不仅节约用地面积，改善自行车停放状况，而且运作效率高，刷卡后13秒就能顺利取车（图15）。

图15　日本立体停车塔

在荷兰的阿姆斯特丹市，中心商业区设有15个有人看管的停车点；在欧登塞市，则设有400个有遮挡的自行车停放位与一个自动停车站。就在今年的9月14日，荷兰中央火车站大型改造项目的一期工程已经竣工，并对外开放，这是世界上最大的自行车停车场，现已建成6000个停车位，并计划至2018年底可容纳12500辆自行车。该停车场不仅24小时营业，并配有自行车维修站，方便使用者停放、修理维护自行车。

（三）安全教育、交通规范与公众参与

在荷兰、丹麦和德国，安全教育与骑行技能训练是儿童在校的必备课程，培训结束后还会由交警对学生进行考核。交通安全教育除针对骑行者外,对于机动车驾驶员的培训会更加深入系统。

在推行自行车政策和实施相关规划的过程中,广泛的公众参与也是非常重要的。在荷兰的欧登塞,在推行政策和规划过程中,会召开听证会、公众讨论会议并通过新闻报导获取公众的意见与建议,提高公众意识,使公众接受规划对城市和生活带来的新变化。

五、对武汉市应对共享单车使用的城市设计策略建议

根据对武汉市观察点的调研,并结合其他自行车出行发展成熟国家的城市设计策略,对于武汉市共享单车造成的问题改善提出以下建议(表2)。

共享单车使用建议 表2

共享单车停放设施	用地限制较大的已建成环境	少量多处设置小型地下立体停车库
	用地较为充足的户外景区环境	结合景观立体停车
	大型交通站点	空间分层,地上人行、地下一层停车、地下二层轨道交通
	结合数据分析,合理布置停车区	
共享单车专用设施	建设安全完整的自行车专用道路网络	
	设置统一完善的自行车道路标识	
相应政策与公众参与	推广深化交通安全教育	
	媒体宣传;通过多种方式获取居民意见与建议	

(一)共享单车停放设施

对于共享单车无序停放的问题,首先要增加停车设施建设,丰富停车方式,无桩停车、定点停车相结合,街面停车与地下车库相结合;同时结合数据分析共享单车的使用分布情况,合理布局推荐停车点。其次则应在人流密集、交通复杂的区域限制共享单车停放。此外,应督促企业运营及时清运疏散,以免共享单车长时间停滞在人口聚集区,阻塞交通。

1.用地限制较大的已建成城市环境

共享单车大量投放使用,城市中用于停放单车的基础设施并不能立刻完成改造,而且在改造过程中,用地限制也很大,即使完成改造,大量单车的投放,仅依靠地面停车,也无法满足停放需求。因此,针对用地限制较大的已建成环境,建议设置小型地下立体停车库(图16)。该类型停车库,地面占用面积小,并且可以结合公交站点、道路甚至大型商业综合体出入口,进行分散设置,化整为零,将原来停车"平面延伸"改变为向地下立体停车。

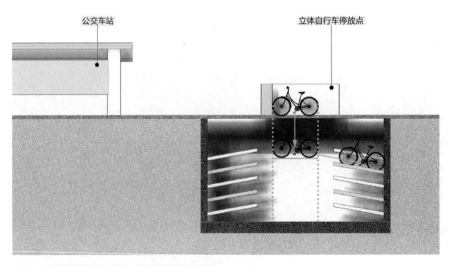

图16 公交站旁设置立体自行车停放处概念示意图

2.用地较为充足的户外景区环境

对于东湖绿道这样的大型景区,游客众多,大量使用共享单车也是必然情况,也需要解决单车大量停放的问题。在这种户外景区环境中,通常用地较为开阔充足,在进行单车停放的同时,也要保持景区的游览体验不受影响。因此,结合景观进行立体化停车则是很好的选择(图17)。在出入口处单车集中停放区域,设置容易到达的停车区域,下层停车、上层游览观光活动。需要骑行的游客进入景区时,则可以进入下层停车区,取车后直接进入景区。

地面：游览活动　　　　　　　　　　　　　　　　　　　地下：单车停放

图 17　景区出入口上层游览下层停车概念示意图

3. 大型公共交通站点等节点空间

对于大型公共交通站点，比如地铁站，转换各种交通方式是非常重要的。而共享单车的停放也是地铁站点要面临的问题之一。针对这种节点空间，同样建议空间分层（图18），并设置相应出入口。使用共享单车的乘客由自行车道进入地下一层停车区，停放单车，再去往下一层乘坐地铁。需要骑行单车的乘客也可在出地铁后在停车区取车出行。不需要转换交通工具的乘客，则可以选择相应出入口直接出站。对于地铁交通与街面交通而言，地下一层单车停放区成为一个转换点，向上一层为街面交通，向下一层则为轨道交通。

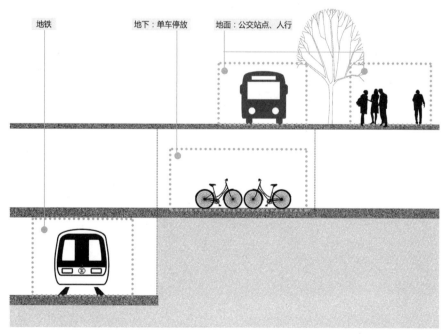

地铁　　　　　　　　地下：单车停放　　地面：公交站点、人行

图 18　公共交通站点空间分层概念示意图

4. 合理布局停车设施

在丰富停车方式，根据不同环境设置不同停车设施的同时，也需要结合用户数据，合理布置停车点。在用地限制大，停车量也大的区域就需要多处设置小型停车点，避免单车停放聚集在一处，造成交通问题，影响环境使用。在用地限制小的区域，则应根据数据分析，依据停车数量建设相应稍多的停车区域。此外，分设的停车点也可作为共享单车运

营的临时车库，作为投放、使用和清运环节中的缓冲阶段。

（二）共享单车出行的交通安全问题

对于共享单车出行交通安全问题，一方面，需要补充相应的自行车通道，建设完整的自行车道路网络，并设置完善统一且容易识别的自行车道路标识系统。另一方面，应该通过各共享单车平台与各类媒体宣传共享单车使用指引，加强使用者的交通安全意识，并对使用者骑行与停放提供指导与规范。

此外，在共享单车的投放与推荐停车点布局的过程中，应该及时向居民发布信息，获取居民意见与建议，增加相应部门与公众的协调，推动相关政策与规划的执行与实施。

六、结语

共享单车作为城市中公共交通的补充方式，可持续发展且无污染，既方便居民出行又有利于城市环境，但是没有与共享单车发展相匹配的基础设施与城市设计策略，导致一系列的城市问题，会使得共享单车的众多优势大打折扣。

本文通过对武汉市商圈、景区与公共交通站点的调查分析，发现共享单车的使用和无序停放会造成安全隐患，阻塞交通，影响城市公共空间的使用等问题。通过对成功推广自行车使用的国家城市策略的梳理，并为武汉市共享单车的发展提出以下建议：增加自行车专用设施，包括完善的道路网络、统一的道路标识；设置完善的单车停放设施，并结合用户数据分析，合理布局停车点；加强交通安全规范的普及教育，并加强在共享单车发展规划中公众参与的力度，以推动武汉市共享单车的良好发展，改善共享单车抢占机动车道、无序停放的现状，为市民营造便捷舒适的单车出行环境。

参考文献：

[1] ArchDaily. 世界上最大的自行车停车场在荷兰诞生. 搜狐新闻 [EB/OL]. http：//www.sohu.com/a/191953924_414249. 2017-09-14.

[2] 比达网. 2016中国共享单车市场研究报告. [EB/OL]. http：//www.bigdata-research.cn/content/201702/383.html。

[3] 白婉莹. 浅析共享单车的发展之路 [J/OL]. 中国商论，2017，（11）：1-2.

[4] 陈燕申，陈思凯，张子栋，陈长祺. 丹麦国家自行车战略解析及启示 [J]. 综合运输，2017，39（05）：74-79+84.

[5] 陈燕申，孙莉莉，高寒. 自行车交通系统政策和规划及实施探讨——以丹麦欧登塞市为例 [J]. 道路交通与安全，2014，14（05）：18-24.

[6] 湖北日报. 武汉共享单车已达68万辆 政府：或暂停共享单车投放 [EB/OL]. http：//m.xinhuanet.com/2017-08/29/c_1121559101.html，2017-08-29.

[7] 武汉市统计信息网. 武汉概览. [EB/OL]. http：//www.whtj.gov.cn/details.aspx?id=3439.

[8] 黄昕. 武汉：共享单车停在非指定位置将不能锁车. 看看新闻 [EB/OL]. http：//www.kankanews.com/a/2017-08-21-0038121110.shtml，2017-08-21.

[9] 李爱华，杨涛. 摩拜单车小黄车登陆，武汉公共自行车"三足鼎立". 武汉晚报 [EB/OL]. http：//whwb.cjn.cn/html/2017-01/08/content_5586212.htm，2017-01-08.

[10] 唐克双，方芳. 日本自行车交通 [J]. 城市交通，2008，（01）：88+53.

[11] 汤諹，潘海啸. 中国城市公共自行车系统发展特征及作用研究 [M] 上海：同济大学出版社，2015.

[12] 新华社. 我国首次明确共享单车属"城市绿色交通" [EB/OL]. http：//news.xinhuanet.com/2017-08/03/c_1121426488.html，2017-08-03.

[13] 约翰·普切尔，拉尔夫·比勒，孙苑鑫. 难以抵挡的骑行诱惑：荷兰、丹麦和德国的自行车交通推广经验研究 [J]. 国际城市规划，2012，27（05）：26-42.

[14] 朱春堂，李莹 等. 1000辆可免费租用公共自行车将进驻东湖绿道. 长江网 .[EB/OL]. http：//news.cjn.cn/24hour/wh24/201612/t2935358.htm，2016-12-21.

图片来源：

图1，图8，图12~图14　作者自摄

图2~图4　百度地图城市热力图

图5~图7，图9~图11，图16~图18　作者自绘

图15　http：//www.360doc.com/content/14/1208/19/11532035_431355441.shtml

张 璐
（天津大学建筑学院 本科五年级）

社会资本下乡后村民怎么说？
——以天津蓟州传统村落西井峪为例

After Social Capital's Entry, What Do the
Villagers Say?
— A Case Study of Xijingyu, a Traditional Village in
Jizhou, Tianjin

■摘要：当前社会资本纷纷进村，掀起乡建热潮。本文以天津西井峪村为案例，通过多次实地考察，梳理现状问题，剖析开发公司九略与村民利益之间的关系，尝试揭示乡建背后的资本动机与运作逻辑。九略进村后，国家拨款直接授予九略，改变了乡村资本环境；九略参与村内决策与利益分配，改变了乡村结构，并引发村民的主体地位和利益需求的变化。因此，乡建不仅要提升环境，还需要明确村民主体地位、健全村民自治组织、规范资本进入乡村的途径与权益等。
■关键词：乡建实践；西井峪；九略；社会资本；村民利益
Abstract：The current social capital's entry to villages set off a rural boom. Based on the study of Xijingyu Village in Tianjin, this paper analyzes relationship between Jiulüe company and villagers, tries to reveal the capital motive and operation logic behind rural construction. After Jiulüe's entry, the capital environment, village decision-making and benefits distribution, rural structure and the status of villagers changed. Thus rural construction shouldn't only enhance environment, but also clear the status of villagers, improve villagers'self-government right and regulate the entry of capital.
Key words: Rural Construction；Xijingyu；Jiulüe；Social Capital；Villagers Interests

一、引言

2015年的天津西井峪村，九略乡建公司进入。第一年就举办了村晚市集，旨在为村内农产品提供销路，打造本地农产品与市集活动品牌，吸引更多乡村爱好者、摄影爱好者了解西井峪村。当时活动众多，包括市集、露天电影、摄影会、现场游戏活动等。石头广场内人来人往、熙熙攘攘。围观的村民热情高涨，纷纷自发在路边摆摊售卖自家农产品（图1）。

图1　西井峪村晚市集（2015）

　　转眼两年过去，村晚市集选择进入蓟州酒店进行。场地越发"高大上"（图2），然而村民难登堂，游客难以直接接触西井峪，乡村场景不再。九略改变市集举办地的营销策略可能与此前村晚市集的收费活动有关——2016年底，进入村晚市集需要收取5元门票。村民因此有些不满，游客在场外张望却无人进入市集内。村晚市集的第一次商业运作不够顺利，转战酒店举办是九略的另一种商业运作尝试。

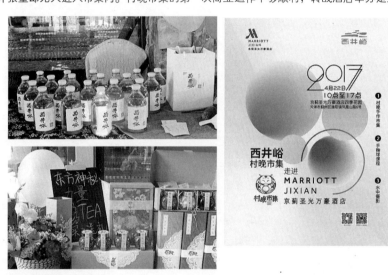

图2　西井峪村晚市集（2017）

　　此外，九略开展"优选农舍"改造计划，首批改造成功的"维东家"和"山云间"瞬间翻了身，游客络绎不绝。然而当我们多次调研走进村民自营的农家乐时，发现尽管没有精美的装饰和院落，但其居住条件并不逊色，价格相比于"优选农舍"更是物美价廉。这些农家院主人对九略多是不服或不满，因为公司只为优选农舍宣传，农家乐的生意相对没有那么如意了。

　　再回首九略的其他项目，例如能赚大钱的高端民宿原乡井峪度假山居和深受游客喜爱的拾磨书店，似乎村民对它们的不喜爱更多一点，有些大胆的村民直言九略侵占村内用地赚自己的钱……社会资本与村民利益出现摩擦。

二、西井峪乡村建设简述

（一）西井峪概况

　　西井峪是京津地区第一个民俗摄影村，由冯骥才先生亲自题写"西井峪民俗摄影村"。2010年7月，西井峪被住房和城乡建设部、国家文物局正式列入第五批"中国历史文化名村"，成为天津市唯一的"国字号"历史文化名村。2012年12月，被住房和城乡建设部、文化部、国家文物局、财政部列入首批中国传统村落，成为天津市唯一获此殊荣的自然村。

　　西井峪位于蓟县北部府君山脚下（图3），中上元古界地质公园保护范围内。截至2015年，全村有131户，常住98户，计309人。

　　西井峪完整地延续了清末民国时期的街巷、建筑布局结构和村落环境，整体采用当地石材建造，建筑形式独具特色，丰富的民俗文化得以留存（图4）。

後寺村
西井峪村（核心保护区）
东井峪村遗址
下庄村
山前村
—— 西井峪村域界线
▓ 西井峪村域范围

图3　西井峪的地理位置与范围

街巷空间	干道（边界清晰，建筑围合）	干道（边界不清晰）	支路
公共空间	随缘亭	石头广场	西崖晚眺
基础设施	石磨	村入口	石刻雕塑
基础设施	村西停车场	公共厕所	供水管
民居	全石头砌筑	砖石混合建筑	砖结构建筑

图4　西井峪村落环境

目前村落范围土地达 4084.5 亩，耕地面积少，以玉米、谷物为主（表 1）。

西井峪用地现状 表 1

总用地面积	用地性质	用地面积	用地占比	产出品种
4084.5 亩	建设用地	733.5 亩	18%	—
	耕地	300 亩	7%	玉米、谷子、高粱、豆子、牡丹
	林地	3051 亩	75%	雪花梨、柿子、杏、樱桃、核桃、苹果

西井峪以前有石料厂，后因环境保护及旅游发展已经关闭。目前村内无第二产业。作为历史文化名村及传统村落，西井峪旅游业发展迅速，同时面临一些问题。村民收入以外出做建筑工为主，农家院收入次之（表 2）。

村民收入来源 表 2

经济来源	人口占比	收入情况
农家院	10%~15%（十几户农家院）	最高年收入 30~40 万元；平均约 7 万~8 万元
建筑工	70%	大工年收入 4 万元；小工年收入 2 万元，户均年收入 5 万元
务农	15%~20%	老人为主。年收成好时 8 千~1 万元，不好时自用

（二）西井峪乡建前存在的主要问题

（1）人口外流，生产力不足

据九略统计，2015 年，西井峪 70 岁及以上人口占到 10%。村内老龄化严重（图 5）。

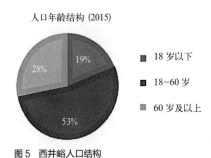

人口年龄结构 (2015)

- 18 岁以下
- 18~60 岁
- 60 岁及以上

图 5 西井峪人口结构

（2）土地收益小，整合难

西井峪地区土壤类型以褐土为主，质地黏重，多为中性或微碱性，养分不足、肥力偏低，适宜耕种物产品种有限。同时村庄用水难，目前通过打深机井获取基岩地下水。除去人工成本，平均每亩每年几百元收益。

同时，西井峪用地权属关系复杂。因历史遗留问题，村内现存 3 个大队，经营权承包到户时以生产队为中间方分配。因此每一块地都被分给若干村民，所以每家村民的用地分布零散且面积小，造成集中开发时，集中收储土地的经济成本、议价时间成本高。

（3）村民自建同风貌保护间的矛盾

由于农村结婚另建婚房的习俗，改建旧屋，兴建新房的需求变得强烈而紧迫。同时，政府编制的保护规划严格限制房屋加建。在经历缓慢的发展期后，随着第一户加建二层的村民的出现，越来越多的人开始改建房屋，突破规定。在村民和政府的对抗中，村落保护和乡村旅游都一度陷入困境。

（4）旅游以农家乐为主，同质竞争激烈

随着乡村旅游热的发展，西井峪村凭借其历史文化名村的称号与石头建筑特色吸引了大量游客前来，经营农家乐成为一部分村民致富的途径。但横向、纵向对比，其竞争力优势不明显。

截至 2011 年底，蓟州 11 个乡镇正在开展休闲农业旅游，已创建 1 个全国特色旅游景观名镇，2 个全国农业旅游示范点，104 个市级旅游特色村，7 个休闲农庄，共 1260 个休闲农业旅游经营户。

西井峪位于蓟州县城周边，距离北京天津都有一定距离（图 6）。

通过在城市空间下的 POI(point of interests) 数据梳爬获悉，北京、天津分别有 4973、3003 个农家院（图 7），天津农家院大量集中在蓟州（图 8）。

相比其他蓟州农家乐，西井峪距离蓟州站、省道、蓟州城都较近，地理优势明显。作为历史文化名村，保护价值高，具有一定的旅游吸引力。但劣势也十分明显，村落面积小，新建建筑受限，人口流失严重，整体有城中村的发展趋势。尽管背靠府君山，却没有与

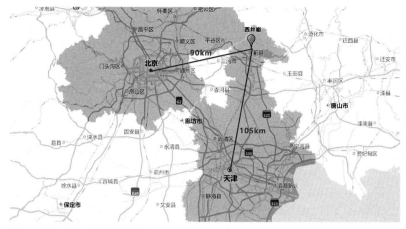

图6 北京－天津－蓟县区位关系

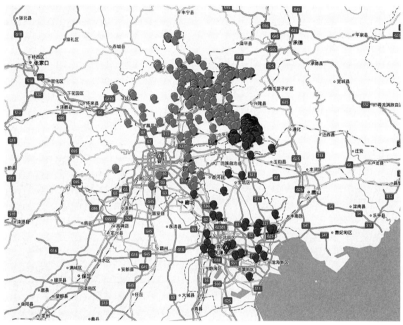

图7 北京、天津农家院情况

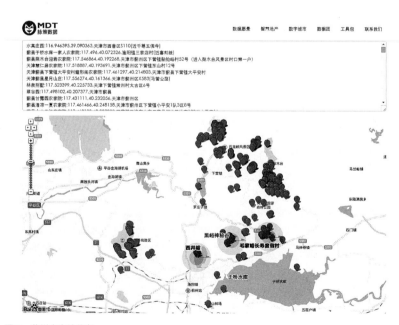

图8 蓟州农家院分布

之联系的旅游发展项目。西井峪目前主要依靠农家乐的收入模式不容乐观。

三、乡建团队进入西井峪

2015 年 5 月，九略乡建团队（以下简称九略）与天津市蓟县渔阳镇政府签约了西井峪乡村旅游项目全程委托运营服务合同，由政府聘请专业团队自上而下为西井峪提供为期三年的传统村落保护及乡村旅游产业运营服务。九略隶属于九略（北京）旅游管理公司，致力于为政府及投资方提供旅游项目开发、落地的全程集成服务，包括旅游策研、设计管理与运营管理。九略在西井峪的工作旨在通过旅游开发与运营引导村民在保护传统建筑形式下改善生活条件、发展旅游业。经过两年多的发展，到 2017 年 6 月，九略主要进行了从社会工作、环境整治、营销活动、民宿发展等方面开展了多种乡建实践（表3）。

九略主要工作内容　　　　　　　　　　　　　　　　　表3

类型	项目	时间	内　容
社会工作	考察学习	2015.09.14	率村民赴河南信阳美丽乡村——郝堂村考察学习
	乡村讲堂	2016.01.05	关于农产品的新思考与新思路
		2016.11.24	西井峪农家院经营管理问题专题培训
环境整治	景观设计		使用代表村庄特点的石头和食物两种要素作为景观元素，就地取材，将每块宅基地边界与地形地貌、生活需要生动结合
	配套设施		标识设计、石头广场装灯、旅游厕所修建
营销活动	资源遗产类	2017.03.25	索尼 α café 摄影精英赛天津站外拍活动
		2016.10.16	综艺节目《星厨集结号》走进西井峪录制
	文化遗产类	2017.03.18 ~04.17	老奶奶的布鞋展——"奶奶的布鞋，古村的传承"
			皮影戏表演等
	特色产品类		村晚市集
		2017.04.15	商务印书馆拾磨乡村阅读中心签约揭牌
	旅游体验类		户外素拓、团聚团餐、古石村探秘之旅、亲子营等
民宿发展	原乡井峪度假山居		建筑师设计建筑，公司经营；价位：1000 元以上／天
	优选农舍		建筑师设计改造，村民经营；价位：200 元左右／天，包早餐

笔者通过多次深入采访九略工作人员获悉，社会工作成效不足。讲座宣传的形式往往不能令村民信服，理论与实践之间还有距离。村民积极性越来越低，最终停办。

环境整治方面（图9），九略聘请专业设计团队，选用代表西井峪特点的"石头＋食物"作为景观元素，就地取材，将宅基地边界与道路边界明确，同时提升边角地的利用率，进行绿化或粮食种植。石头村特色更加突出（图10）。

九略的营销工作最为成功。微信公众号"遇见西井峪"中活动宣传众多，成为吸引游客的重要途径（图10）。西井峪的改造运营成果得到各方认可，常有外省官员或领导来村内视察学习、电视台活动报道不断。商务印书馆的阅读中心已建立。一方面西井峪建设已经获得主流平台认可，另一方面借这些平台，西井峪的名号也会更响。民宿改造已初具规模，初见成效。原乡井峪度假山居作为高端民宿，已经引起相关从业者与游客关注；优选农舍口碑发酵，游客众多（图10）。自媒体宣传（12%）和媒体新闻（7%）成为了解西井峪的主要途径。石头村特色风貌（36%）和自然风光（24%）最具吸引力。

笔者 2017 年 6 月针对游客发放 100 份问卷，收回有效问卷 100 份①发现（图11）：游客以家庭组团（59%）和朋友结伴（36%）出行最多，其年龄主要在 30 岁往上（75%）。旅游目的以体验农家生活、游览自然风光最多。西井峪能吸引大量新游客（56%），同时留住一批回头客，其中近半数人（43%）可以一年多次来到西井峪。61% 的人选择在西井峪住宿，农家乐仍是首选（64%），15% 的人入住优选农舍。游览过后，游客表示建筑特色是西井峪留给游客印象最深的点，而基础设施不完善是最主要的问题。

综上所述，在九略进入后，西井峪旅游发展已经初具规模。九略微信公众号宣传成为西井峪提升知名度的重要途径，同时九略致力于推出各色亲子、摄影、体验、团建活动，打造村晚市集等特色品牌。资本进入活化了传统村落社区，为其深厚的文化底蕴和建筑遗迹提供了传播平台与体验机会。

在对村民采访中发现：尽管过半数的村民认为西井峪在变好，对九略的正面评价却不足 1/4（图12）。那究竟是什么造成村民对九略的认可度偏低呢？ 进一步整理发现，对九略公司持不同看法的村民可以分为两类：利益相关者与利益无关群体，直接影响了其对九略的认可度。因此笔者试图从乡建热潮背后的资本逻辑出发，进行分析研究。

图9　环境整治

了解西井峪的途径

- 本地人
- 登山
- 媒体新闻
- 朋友推荐
- 网络搜索
- 自媒体宣传
- 其他

西井峪吸引点提及频率

- 其他
- 石头村特色风貌
- 乡村生活体验
- 特色民宿农家乐
- 特色活动
- 自然风光

图10　了解西井峪的途径及西井峪吸引点

印象最深的点提及频率

- 都好
- 建筑特色
- 民俗文化
- 民俗与餐饮
- 拾磨书店
- 乡村生活体验
- 特色农产品
- 自然风光

主要问题提及频率

- 餐饮
- 基础设施不完善
- 交通不便利
- 旅游景观不足
- 标识不明
- 住宿环境
- 停车
- 其他
- 无

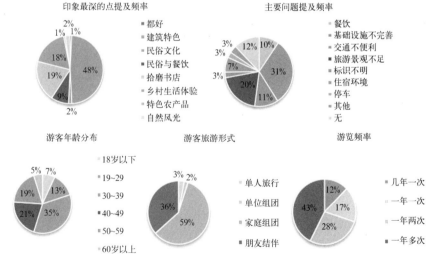

游客年龄分布

- 18岁以下
- 19~29
- 30~39
- 40~49
- 50~59
- 60岁以上

游客旅游形式

- 单人旅行
- 单位组团
- 家庭组团
- 朋友结伴

游览频率

- 几年一次
- 一年一次
- 一年两次
- 一年多次

图11　游客问卷统计结果

四、乡建热潮背后的资本逻辑

伴随当代新一轮"乡建热潮"的是京津发展"新常态"、城镇化发展"下半场"等巨大而深刻的时代变革,在这些变革背后既有增长主义发展模式不可持续的现象,也蕴藏着城市工商资本严重过剩的积累危机。过去30年间中国城市中快速成长起来的工商资本面临着严重的过剩问题,亟需找寻新的增值空间,产品下乡、资本下乡成为新时期实现资本升值的必然选择。在这样的背景下,回归乡村、找寻"乡村"成为政府、精英人士、社会大

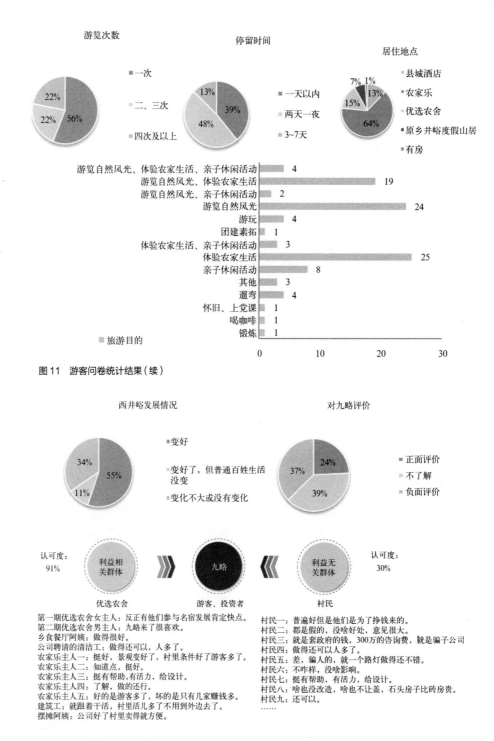

图 11 游客问卷统计结果（续）

图 12 村民对西井峪发展及九略评价

众的共同取向，"乡建运动"也在这样的一种总体社会情怀中以各种各样的形式铺陈开来。

西井峪作为历史文化名村、传统村落，面临着同样的保护与发展问题。资本介入后的乡建活动持续近 3 年，已经出现资本与村集体、村民利益冲突问题，同时更需谨慎规范资本运作的模式，警惕资本直接、简单地将乡村建设异化为资本增值的工具。

目前乡建的推动主体有三种类型：（1）政府主导开展的新农村建设、美丽乡村建设，旨在提升民生福祉；（2）精英分子（包括学者、艺术家、退休官员等）怀着"重建乡村"的情怀，对乡村发展进行干预，提升乡村品质和知名度，从而进一步吸引发展要素集聚；（3）城市资本在各类"新农村建设项目"的外衣包装下进入乡村，对乡村产业与空间进行再改造。西井峪村的乡建属于第三种类型。

五、西井峪社会资本与村民利益关系

根据村民访谈结果与实际情况比对，对以九略公司为代表的社会资本理论与村民利益关系进行分类，有如下几种类型，以九略的六项工作为例分析[②]（图 13）。

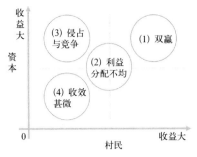

类型	项目	资本与村民利益关系
社会工作	考察学习	(4) 收效甚微
	乡村讲堂	
营销活动	村晚市集	(1) 双赢；(3) 侵占与竞争
	老奶奶的布鞋展	(4) 收效甚微
民宿	优选农舍	(1) 双赢；(2) 利益分配不均；(3) 侵占与竞争
	原乡井峪度假山居	(3) 侵占与竞争

图 13　资本与村民利益关系图

（一）社会工作

考察学习成效有限，乡村讲堂仅三讲就惨淡收场。因此都属于收效甚微型，以失败告终（表4）。

社会工作村民评价　　　　　　　　　　　　表4

	评价		内容
考察学习	对考察学习的评价（未参加7%、好评5%、差评9%、未填写79%）	好评	有用
			房顶内部装修按照郝堂村改的
		差评	只看了郝堂村好的部分，没有看老村
			看热闹的多，学习效果欠佳
			不怎么样，时间短
乡村讲堂	对乡村讲堂的评价（未参加4%、好评22%、差评18%、未填写56%）	好评	发家致富，还凑合
			有点用
			有一定帮助
			照这样办行，讲的好
			题很专业化，非常满意
		差评	没了解老百姓基层情况，老百姓思想像散沙
			不是自己关心的，越来越不中
			没什么新意，网上都有
			理念先进，但不够接地气
			实施有困难，老百姓没那么多钱
			没实际行动，没组织过

（二）村晚市集

一方面构建了农产品交易的平台，另一方面吸引更多游客、摄影爱好者、手工艺者等进入西井峪，打造产品品牌。

尽管大部分村民对村晚市集收费不认可（表5），但对九略的组织表示满意，这也是村晚市集成功之处。市集上产品种类较为丰富，但农产品竞争力弱，销售情况差。因此，部分村民认为市集直接获利（卖农产品）低，甚至不如平时自己摆摊卖得好，觉得市集办不办无所谓。但正如另外的村民所见，市集最重要的是吸引更多的游客来西井峪，从而带来其他消费。

针对市集收费情况，村民反对意见很高。因其一方面直接损害村民利益（村民亲戚经过需交费），另一方面收费直接减少了进入市集的游客（村民收益几乎为零），最终造成市集的失败。此外，随着时间流逝，市集的新意在减少，对游客吸引力在下降，商业化运作的初次尝试也以失败告终，如何进一步吸引游客，留住游客，促进消费是市集及西井峪旅游发展面临的重要问题。

（三）考察老奶奶布鞋展

老奶奶布鞋展属于一次性活动，村民对此评价各异（表6），且不具备长期产出利益

竞赛评要点评

蓟州西井峪村是当代中国无数个面临现代化转型村落的一个缩影，在近年乡建及特色小镇建设热潮中，西井峪村的资本下乡又具有典型代表性。小作者在持续三年的调研之后敏锐地抓取了这一选题，对西井峪村的资本援建情况从村民的角度进行了还原与分析。

本文的突出优点是视角客观公正，资料详实，分析中正，调研成果的梳理（图表辅助手段）在无形中已自行阐明了作者的研究取向与分析结果，这很大程度增强了文章的说服力。

本文的不足与可提升之处：1.西井峪作为一个历史成长型村落，村民社会关系的梳理是不应缺失的一环，这不仅对集体经济较弱以及村集体领导力缺失有一个根源性解释，而且会对将来如何加强村集体领导力、用何种方式促进村民自治，从而提高村集体经济利益，形成一个较令人信服的解决方案；2.本文在深度调研的同时，以远超出本学科专业范畴的知识方式来尝试解决问题，而推动建筑学或规划学发展的根本动因必来自专业范畴内的根本性改进与发展，从这一层面上说，我们更希望论文从专业本体出发，给出促进社会问题解决的思路与方法，这也是论文竞赛持续举办的初衷之一。

李 东

（《中国建筑教育》执行主编）

本文以较长的篇幅描述了西井峪在近年来发生的变化，分析其背后可能的原因，展示了作者对于"乡建"这一热点社会议题的敏感度与思考深度。从地理历史、人口资料、建设过程到对投资方与村民的访谈，再到热门大数据的爬取，乃至从多角度提出的解释与对策，展示了作者扎实而全面的学术能力。然而这篇文章最能打动读者的并非对社会热点的关注，更不是研究能力，而是自2015~2017年的持续研究，这种坚持在任何时代都是学术研究的基础，在当代更加弥足珍贵。

李振宇

（同济大学建筑与城市规划学院，院长，教授，博导）

评价方面		评价		内容
市集收费		村晚市集收费 ■不合理 ■合理 ■没听说 ■没参加 ■未填写 7% 22% 9% 10% 52%	合理	应合理化收费，没意见
				盈利，第一次成功第二次就有经济收入
				合理，就是有点贵
			不合理	不应该，说是给老年人
				不好，亲戚来了还要收费
				一收费就没人来了
				不应该，应该取得村民支持
				不合理，穷人想买点东西还得先收费
				最不成功的一点，起到相反作用
九略现场组织			满意	组织得很好
				村民有自己的摊位，提供桌椅
				还行，希望再热闹一点
			不满意	价位不合理
				开始可以，后来没人来了
				不如自己卖
村晚市集	产品种类	产品种类 ■种类少 ■可以，丰富 ■未参加 ■未填写 7% 15% 22% 56%	丰富	山货，土产
				瓜果梨桃，小米鸡蛋核桃
				挺多，农副产品，盆栽
				绝大多数村里的，1/3市里的
				点心，每次都不一样
			匮乏	种类少，吃的，农副产品
				许许多多都是虚构的，外头运的，跟咱没关系
				样少，个人喜好啥可以去卖就好，样越多客人越多
				外头的多
	农产品销售情况	农产品销售情况 ■满意 ■不满意 ■未参加 ■未填写 7% 24% 22% 47%	满意	人特别多，卖得挺好
				不清楚，村民收入多些
				核桃小米，有的能卖，有的不能卖
				预计一年四次，能卖的卖点
			不满意	卖得少
				卖不出去，公司收购
				买的人少，都是来看看
				一开始还行，后来就不行了
				卖点，还不如自己卖
				卖不了多数，不如平时
	举办频率	举办频率需求 ■希望多举办 ■控制在一定量少办 ■不办或无所谓 ■未参加 ■未填写 7% 21% 9% 22% 41%	多举办	多举办，农闲时举办
				多办点，每月几次才行
				多点比少点强，添人气
				卖的愿意多办点
			控制在一定数量	一年1、2次好
				不应多办，一年最多2~3次
				一年3次
				慢慢发展
			不办或无所谓	办不办没多大影响
				不用了，大队搭钱太多，维护治安
				没必要，交通不好
				差不多，没人了，没新意

的可能，被归为收效甚微型。

（四）优选农舍

优选农舍为参与的村民提供改善条件的机会，并且公司提供宣传和稳定客源；打造的西井峪优选农舍品牌为公司发展和产品推进打下基础。首批改造的山云间和维东家收入较之前均大幅提升（图14）。对于山云间、维东家、九略三者为共赢。

但由于九略只为优选农舍宣传，拒绝为普通农家院宣传，变相产生竞争，引起了部分农家院的不满。且九略为农家院设计的标识，因为其大小样式差异，被村民视为不公平（表7），反映出九略对于乡村需要缺乏了解。

民俗展览活动村民评价　　　　表6

	评价		内容
民俗展览活动		有好处	好，好多人参观
			很好，买的人还算多
			对老太太宣传很好，对经济有帮助
			很好，影响年轻人
			去的人不少，鞋子基本都能送出去
		没用	就那么回事
			没什么作用，只是宣传
			能卖点鞋，致富不了，不管事
			不知道钱用哪去了，公司的名义
			卖不出去

餐厅、厨房　客房×2　露天平台
1st FLOOR　菜园　2nd FLOOR　客房×5

改造前后收入对比	山云间	维东农家院
改造前	1.5万左右	3万左右
改造后	19.8万元	19.3万元
收益净增长	18.3万元	16.3万元

图14　维东家改造平面与实景及优选农舍收入情况

尽管村民表示优选农舍居住品质和入住情况都表示比之前有提升但在谈及是否愿意加入优选农舍时，更多的村民表示不愿意加入。主要原因有：①家中老人为主，不能开农家乐；②缺少资金，从第二批开始大部分经费都要村民自己负担③；③不满意九略的设计，不忍心改造自家老房，或希望按照自己想法改造；④已经改成农家乐，且对九略不给客源表示不满，不认可九略做法，认为没必要重新改造房屋。

（五）原乡井峪度假山居

原乡井峪度假山居及其配套设施拾磨书店、食飨，租用村内土地与民居进行改造。但由于西井峪缺乏集体经济，村集体很难因此获益（图15）。

①九略利用老屋改造高端民宿，依靠公司自己经营。公司由参与改造提升乡村的投资方，同时转变成经营者，与其投资的优选农舍属于类似产品。村民对原乡井峪度假山居不甚了解。

②拾磨书店为游客提供了休闲娱乐的地方，备受追捧。但对于村民却没有实际效用。至少50%的村民没有进去看过书，几乎所有村民没有喝过咖啡。部分村民不认识字，同时当地老人爱喝茶，咖啡价格高，书店和咖啡豆不是村民需要的。有村民提及应多点果树栽培类的书籍，现在村东口的村委会有一个小型阅读室为村民服务。

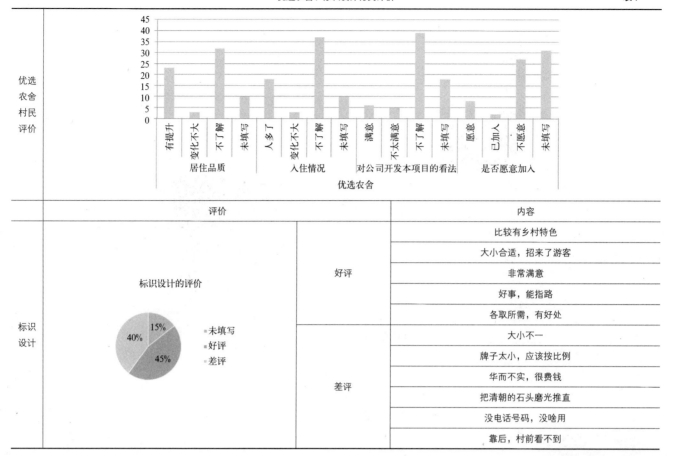

优选农舍村民评价

	评价		内容
标识设计	好评		比较有乡村特色
			大小合适，招来了游客
			非常满意
			好事，能指路
			各取所需，有好处
	差评		大小不一
			牌子太小，应该按比例
			华而不实，很费钱
			把清朝的石头磨光推直
			没电话号码，没啥用
			靠后，村前看不到

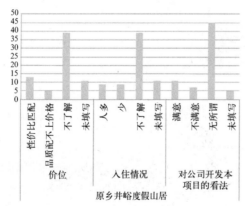

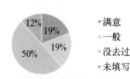

图15　原乡井峪度假山居、拾磨书店村民评价

六、结语

（一）原因剖析

首先，由于历史遗留问题，村领导集体对于西井峪为例发展规划也有不同的看法和措施推进[④]，村民也因此产生不同意见。村集体做决定难，服众更难。

其次，目前村民各自谋生，年轻人纷纷外出务工，老人种地，没有第二产业，旅游发展也主要依靠农家乐。总体来看，西井峪缺少集体经济与集体产业，进一步造成村集体话语权弱，领导力不强。随之而来的，是福利体系无法建立。村民个体产生的收益无法转化为集体收益或产生集体福利。

此外，九略作为咨询公司，擅长以运营为主、设计外包的模式进行乡建，造成较难从更宏观的层面整体把握西井峪发展方向与产业规划，因此村内无集体产业的现状仍未发生大的改变，问题难以从根源解决。

因此，九略入驻后，公司虽然在规划设计及实践落实方面投入巨大、尝试村集体沟通协调，但由于上述原因，村集体难以接手整体运作，只能点（九略）对点（村民个体）进行操作，利益分配直接与村民个体对接，最终产生村民利益分配不均或无利可图的现象。

除去以上客观原因，九略公司试图租用村民土地改造为高端民宿或商业营业场所，走精品化路线，获得高收益。九略试图既做管理者，又做被管理的经营者，可能产生与村民间的利益竞争。高端精品民宿的发展，使得西井峪已经初见乡村绅士化倾向。而作为土地所有者，缺少集体经济造成大量普通村民难以有效参与资本增值循环从而被排斥在垄断地租获取的路径之外。

（二）建议与展望

（1）明确村民主体地位

作为村落的主人，村民对于村落保护与发展有主张的权力。对于村落保护发展的道路选择、利益分配等方面，村民理应有最高的参与度和充分的话语权。

（2）提升村集体领导力

统一而有力的村集体领导核心，不仅有助于为传统村落发展做出有远见的决策，同时能起到凝聚村民的作用，集中力量办大事。

（3）健全村民自治组织

以村集体为中心，整体代表村民参与商业模式，发展集体产业，明确思路、合理规划、获取规模收益，并形成与之相应的福利分红体系，实现盈利与分配的良性循环。

（4）整体规划与局部改造并行

传统村落因其特殊性，既要保护又要发展。因此既需要宏观整体规划，明确发展目标与产业规划，同时也针对具体空间或建筑进行改造更新，辅之以宣传策划活动。

（5）规范资本进入乡村的途径与权益

建立以农民为主体、多元参与的乡村合作社，实现合作社与外部资本投入的有机结合，规避由外来工商资本单一主导乡村要素整合的弊端。

注释：

① 笔者从 2015~2017 年多次前往西井峪调研：2015~2016 年间多次往返西井峪，初步收集整理村内基本资料，参与了解九略公司的活动。2017 年 5 月，在九略工作近 3 年之时，对部分村民、游客进行访谈与问卷调研，对九略在地负责人进行访谈。对西井峪保护与旅游发展情况进行预调研，为深入调研做准备。2017 年 6 月，再次进入西井峪，对 100 名游客及 68 位村民进行问卷调查及入户访谈。

② 环境整治方面，公共厕所、停车场改造仍在进行中，路灯未使用，石头广场的灯得到村民好评居多，均与资本、村民个人利益无关，整体提升村内环境。因此未在后文做进一步探讨。

③ 优选农舍原计划"三年改造九户"，第一批改造三户，报名及抽签决定。其中一户中途退出，山云间和维东家改造完成。此次改造每户总费用 40 万 ~50 万元，村民承担 10% 改造资金，九略承担 90% 改造资金。目前正在进行第二批改造，报名及抽签选定四户，改造总费用与第一批接近，九略为每户提供 8 万元资金，其余由村民自行解决（一般以贷款为主）。因此第二批相比于第一批村民需缴纳的资金更多，成本更高。

④ 西井峪由于历史遗留问题，目前有三个大队。村主任计划在西井峪发展观光采摘园，以种枣树为主，以创建集体经济，增加旅游业收入。村书记计划集中收取村中心的闲置老屋，由村集体集中改造、租赁或功能置换，以形成集体产业建立村民福利体系。双方理念、支持者都略有不同，未形成强有力且统一的领导集体。

参考文献：

[1] 张京祥, 姜克芳. 解析中国当前乡建热潮背后的资本逻辑 [J]. 现代城市研究,2016,(10):2-8.

[2] 陈旭, 赵民. 经济增长、城镇化的机制及"新常态"下的转型策略——理论解析与实证推论 [J]. 城市规划,2016,40(1):9-18+24.

[3] 张京祥, 赵丹, 陈浩. 增长主义的终结与中国城市规划的转型 [J]. 城市规划,2013,37(1):45-50+55.

[4] 梁婧, 周景彤. 我国是否存在资本过剩问题 [J]. 中国金融,2015(11):64-65.

[5] 田英杰. "家电下乡"的经济学思考 [J]. 中国集体经济,2009(12):29-30.

[6] 涂圣伟. 工商资本下乡的适宜领域及其困境摆脱 [J]. 改革,2014(9):73-82.

[7] 李淼. 中国首份美丽乡村建设宣言在蓉发布 [N]. 四川日报,2015-11-20(003).

竞赛评委点评

这是一篇很接地气的论文习作。作者敏锐地捕捉到了当前中国乡村复兴中的热点问题，从现象入手，却不限于现象的描述，而是通过扎实的调研，不仅呈现了现象自身，而且经由见物见人的深入调查，发现了乡建背后的资本介入结构对乡村变迁所起到的巨大作用，剖析了在外来资本作用下，村民所处的被动尴尬境地及其背后所存在的机制建设的缺失状态。

略显不足的是，作者对外来资本进入"西井峪"的决策及实施过程没有提供必要的调研及剖析成果，因此，在现象揭示与作者最终的建议之间，缺乏有力的逻辑联系。而这一点很有可能是此项研究最为艰难的部分。

从现实生活中发现问题，据此展开研究，这一可贵的学术作风值得大力提倡！

韩冬青
（东南大学建筑学院 院长，博导，教授）

[8] 吴理财,吴孔凡.美丽乡村建设四种模式及比较——基于安吉、永嘉、高淳、江宁四地的调查[J].华中农业大学学报(社会科学版),2014(1):15–22. [2017–09–19].
　　DOI：10.13300/j.cnki.hnwkxb.2014.01.004

[9] 何慧丽,程晓蕊,宗世法.当代新乡村建设运动的实践总结及反思——以开封 10 年经验为例[J].开放时代,2014,(04):149–169+8–9.

[10] 渠岩."归去来兮"——艺术推动村落复兴与"许村计划"[J].建筑学报,2013,(12):22–26.

[11] 申明锐.乡村项目与规划驱动下的乡村治理——基于南京江宁的实证[J].城市规划,2015,39(10):83–90.

图表来源：

图 1(右)、图 2、图 9　源自公众号"遇见西井峪"

图 1(左)、图 4、图 14(中)　笔者自摄

图 3、图 6、图 7、图 8、图 13、图 14(上)　笔者自绘

图 10~ 图 12、表 4~ 表 7、图 14(下)、图 15　笔者通过村民访谈或游客问卷统计结果绘制

表 1、图 5　数据来自于九略城市规划咨询有限公司《蓟县渔阳镇西井峪村基础资料汇编》

表 2　笔者访谈九略公司工作人员所得

表 3　作者自绘

作者心得

　　本次论文写作始于历史文化名城课的一次作业调研。课程老师就是我的论文指导教师张天洁老师。课程要求对传统村落西井峪进行调研研究。恰巧在两年前,我参与的大学生创新创业训练计划项目就是以西井峪为研究对象。因此在课程中继续深入调研。

　　两年时间,西井峪发生了更多的变化,九略公司的乡建工作、策划活动等都有一定成效。尤其以"遇见西井峪"的公众号建设得最好,从中可以看到西井峪在一点一点变好,游客也变多了。在对西井峪的数次拜访中,我见到了九略工作人员,深入访谈后了解其中遇到的困难,最主要的就是和村民的沟通协调问题。在西井峪不断变化的背后,充满了艰辛和不易。

　　因此我试图去了解九略和村民在整个乡建过程中的关系。暑假时期,我带领 5 位低年级同学一起到西井峪进行问卷调研。在和村民的接触过程中,了解到一些人对西井峪变好的欣喜,也发现一些人对九略的不满。这些村民的不同反应令人印象深刻。

　　此后,我整理问卷结果,阅读参考文献,在跟张老师的反复讨论中,努力挖掘这些现象背后可能的原因。最终,我从社会资本与村民利益关系方面进行了梳理,试图通过客观的文字去刻画西井峪的乡建之下村民的看法。在最终呈现中,对于西井峪的旅游发展情况、游客看法、九略的成功之处因已有较多的报道所以并未详细展开。但在调研和写作中,对西井峪的发展情况掌握了一些鲜活的一手资料,希望今后有机会能将更多的发现呈现出来。

　　以上是我对于本次论文写作内容的一些心得体会。本次写作过程中,要感谢很多人,最重要的就是指导教师张天洁老师。在调研中,老师教授了很多方法;在研究中,老师对于弱势群体的关怀、对于人在城乡发展中所处地位的思考一直在影响着我;在写作中,老师引导我建立研究框架,更有逻辑、针对性地去进行表达。这是我第一次论文写作,张老师始终细致耐心、循循善诱,给予了我很多指导和帮助。另外,还要感谢在课程作业中、暑期调研中帮助过我的同学们。

　　总之,本次经历对我来说非常宝贵。一方面对乡村建设、西井峪发展都有了更深入的了解;另一方面,跟随张老师的学习过程中,研究思维得到训练,我对科研工作有了进一步的了解。当前,建筑及城乡规划领域中还有很多的热现象需要更多的冷思考,希望自己能继续去发现、去思考、去研究。

　　最后,感谢本次竞赛活动举办方,非常荣幸能获得专业评委的肯定,感谢评委老师给予我的鼓励!本次论文由于知识水平有限、时间仓促,多有不足,希望借此机会能得到更多前辈老师的指正。

冯唐军

（武汉工程大学资源与土木工程学院　本科三年级）

由洛阳广场舞老人抢占篮球场事件而引发的利用城市畸零空间作为老年人微活动场地之思考

——以武汉市虎泉—杨家湾片区的畸零空间利用为例

The Thinking of Making Use of the City Leftover Space as the Small Activity Venues for the Elders from the Event of Fighting for the Basketball Court from the Elders for Their Square Dance in Luoyang

— Case Study of the Using of the Leftover Spaces in Huquan-Yangjiawan Area in Wuhan

■摘要：从洛阳广场舞老人抢占篮球场的热点事件里反思当前我国城市的老年人活动场地缺失问题，并提出了将城市畸零空间改造为老年人微活动场地作为解决该问题的一种方案。本文选取武汉市虎泉—杨家湾片区内的 19 个畸零空间作为调研对象以探讨该方案的可行性，并对这些畸零空间的区位优劣进行比选，最后分析了利用畸零空间作为老年人微活动场地的一些设计策略。

■关键词：畸零空间；老年人；微活动场地；广场舞

Abstract：Through the reflection of the lack of activities venues for the elders in our city from the hot event of fighting for the basketball court from the elders for their square dance in Luoyang，a scheme was put forward to solve the problem which is transforming the city leftover space to be the small activity venue for the elders. This paper selects 19 leftover spaces in Huquan–Yangjiawan area in Wuhan as the research object to explore the feasibility of the scheme，and compares the advantages and disadvantages of the location of these leftover spaces，and analyzes some design strategies for making use of the leftover space to be the small activity venues for elders in the end.

Key words：Leftover Space；The Elders；Small Activity Venues；Square Dance

　　2017 年 5 月 31 日，一桩因为小事而引发的冲突在社交网络上引起了民众的广泛讨论，成了一时的热点新闻，这便是发生在洛阳王城公园的广场舞抢占篮球场事件。这起事件的起因与发展非常简单：跳广场舞的老年人与打篮球的青年人针对傍晚时洛阳王城公园的篮球场地使用权产生冲突，并导致部分老年人对青年人大打出手，从而使得事件升级发酵，并最终引起了整个社会的全面关注。

　　这起事件并非孤立，与之相类似但并不具备太多热点价值的老年人与其他运动人员争抢场地的事件在我国时有发生。例如紧接其后，在 6 月 16 日《南京晨报》所报道的"南京篮球场也遭大妈霸占，惊动警方前来调解"一事，俨然洛阳争抢篮球场地事件的翻版；另有《青年报》于 6 月 12 日所报道的"上海公共篮球场调查，场地和谐的共用背后蛋糕太小谁也吃不饱"一文中，也提到上海诸多公园内都存在老年人因为广场舞或太极拳而占用篮球场地的现象。显然在当前的城市生活里，老年人和青年人关于活动场地的冲突已经成为一个颇为尖锐的问题。

　　针对该热点现象的讨论，社交网络多集中在事件双方的行为准则以及道德素养层面，但是对于导致该冲突的一个客观存在的原因：即目前我国城市中可供老年人活动的场地相对于需求而言严重的不足的问题，大众的讨论却少有涉及。因此，作为建筑和城市规划类的大学本科生，笔者尝试从自身的专业视角对该热点现象背后所存在的城市老年人活动场地缺失问题进行剖析，并提出一种解决思路：即广泛利用城市现存的畸零空间作为老年人的微活动场地，以弥补老年人活动场地不足的现状。本文选择武汉市虎泉—杨家湾片区内的畸零空间作为研究对象探讨将其改造为老年人微活动场地的可行性以及适宜的场地设计策略。

一、研究背景

（一）我国当下老龄化趋势以及老年人活动场地缺失的现状

　　根据 1956 年联合国《人口老龄化及其社会经济后果》确定的划分标准，当一个国家或地区 65 岁及以上老年人口数量占总人口比例超过 7% 时，则意味着这个国家或地区进入老龄化。而截至 2015 年底我国老龄人口已经达到 1.44 亿人（图1），占总人口的 10.3%，预计到 2020 年，我国老龄人口更将达到 2.48 亿人，老龄化水平将达到 17.2%。因此，我国的城市建设如何更多的与老年人使用需求相契合，已经成为目前十分重要的研究课题。

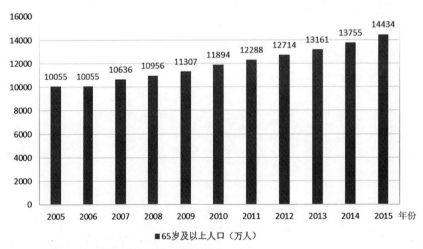

图 1　2005—2015 年我国 65 岁及以上人口变化趋势图

　　但是近些年来我国城市中适宜于老年人的活动场地却并没有得到很好的增加和改善，尤其是在当下大中城市寸土寸金的背景下，房地产的发展虽然突飞猛进，但也大幅度挤占了城市原本应该预留的公共活动空间，而社区内部的老年人活动场所又多存在面积狭小、设施简陋、功能单一、管理松散等问题。伴随着年老所带来的生理和心理上一系列的变化，老年人对于自身活动环境的敏感程度远甚于中青年人。早在 1982 年召开的维也纳老龄问题世界大会（World Assembly on Ageing）上便指出了"年长者的住处切不可被视为仅仅是一个容身之地。除物质部分外，它还有心理和社会的意义也应予以考虑"，这强调了我们应该重视老年人居住区域内活动场地的建设工作，因为在近期频繁发生的老年人与青年人争抢篮球场地等事件便是当前老龄化背景下老年人活动场地严重不足而造成的社会问题之一。

（二）利用城市畸零空间作为老年人微活动场地的政策支持与导向

　　在缺乏足够经济利益驱动的情况下，完善老年人活动场地建设的工作只能依靠政府部门坚定的政策支持以及充足的资金投入。基于此，国家发展改革委、国家体育总局等 12 个部门于 2015 年 9 月 30 日联合发布了《关于进一步加强新形势下老年人体育工作的意见》，明确表达了要充分利用现有公共设施，在公园、广场、绿地及城市空置场所等地点建设适合老年人体育健身的场地设施，为老年人提供广场舞等活动场地的要求。该意见表明了在城市无法提供足够多新建活动场地的前提下，应该加大对现存场地和设施的再利用，将其改造为适宜于老年人活动场地的观点，同时这也是本文的构思启发。

二、武汉市虎泉—杨家湾片区的城市建设概述

武汉市虎泉—杨家湾片区位于在武昌东湖与南湖之间，为武昌的传统中心城区通往光谷高新区的咽喉要道，武汉轨道交通二号线以及虎泉街、雄楚大道两条平行的东西向交通干线横贯整个片区，其交通通行压力较大，道路拥堵程度常年比较严重。

该片区居住场所非常密集，因旧城改造不够彻底，高楼大厦与老旧住房比邻而居的现象十分常见，导致片区内的人员构成较为混乱，环境十分嘈杂。且该片区无任何公园、绿地和水体，区内生态环境不佳，居住其中的生活品质不够理想。

三、畸零空间的定义

畸零空间是指在城市发展过程中产生的未能被合理规划、利用而导致暂时被闲置的零碎地块。在近些年来中国城市化进程以粗犷的形式迅猛发展的背景下，畸零空间广泛出现在城市各个角落，且多数处于被管理者所忽视的状态。

四、虎泉—杨家湾片区畸零空间的分类特征

（一）畸零空间的分类

笔者在虎泉—杨家湾片区寻找并调研了共 19 处可用于老年人微活动场地的畸零空间（图 2），并对这 19 处畸零空间进行了编号和归纳，总结出了这 19 处畸零空间共分为以下四类：

图 2　虎泉—杨家湾片区的畸零空间分布图

指导教师点评

冯唐军同学的这篇论文能够在"清润奖"全国大学生论文竞赛中有所斩获，我感觉既是一个意外的惊喜，同时也应该是一件意料之中的事情。如果让我针对其获奖的结果来反推其在论文写作过程中有哪些可取之处，那么我认为他最终能够获奖的主要原因在于他对于一名本科生所应该完成的研究要求有一个非常清晰的定位，并且以中规中矩的姿态严谨地完成了整项研究。

这个定位首先体现在论文的选题高度契合本次竞赛的主题，即"热现象，冷思考"。洛阳广场舞老人抢占篮球场事件是今年一度被热议的社会新闻，而社会的主流舆论基本都在对于老年人的具体行为进行讨论抑或是批判，而作者能够跳出主流的议论范畴，深入思索这类事件背后可能存在着的现今城市老年人活动场地缺失问题，并与城市中畸零空间的利用进行结合，使得文章的选题具有了足够的新意而不至于泯然于大众。

其次，这个定位也体现在作者始终坚持从最小的方面着手进行研究：作为其选题切入点的抢占篮球场事件本身就是一个很小的冲突，而其最终的研究对象即武汉市的虎泉—杨家湾片区也是一个面积不大且特点十分明确的区域，这一切都避免了在论文中过于宏大的叙事而导致本科生无法驾驭，且限于有限的篇幅文章无法展开。

这个定位最后还体现在了作者扎扎实实地履行完成了整个研究的过程：通过调研明确了片区内畸零空间存在的位置、自身特点以及当地老年人的活动要求，然后整理这些数据对畸零空间进行分类，并以此进行其作为老年人微活动场地的可行性分析，同时根据地块的优劣程度不同比选出最适合作为老年人微活动场地的畸零空间，在最后还提出了老年人微活动场地的一些设计策略。整个研究过程可谓环环相扣，足够完整。

彭 然

（武汉工程大学资源与土木工程学院
教师）

1. 建筑物或小区之间较宽的夹缝地带

如 8 号地块为保利华都和红星社区之间的夹缝地带，11 号地块为三金雄楚天地和永利大厦之间的夹缝地带。这类畸零空间的形状一般为狭长形，存在使用不便的问题，但是整体面积尚可，与相邻社区之间的通达性较好。

2. 因道路改扩建拆除沿街建筑而留下的较大面积空余空间

此类地块主要集中在雄楚大道的南北两侧，原因在于雄楚大道多次进行改扩建，原沿街建筑部分被拆除。例如 9 号地块即为原明德肛肠医院被拆除后留下的三角地带（图 3~ 图 4），另有雄楚大道北侧的 6 号、14 号地块，南侧的 13 号、16 号地块也均为此类。位于主干道两侧的该类地块存在交通噪声和灰尘污染较严重的缺点。

图 3　9 号地块建筑拆除前状况　　　　　　　　图 4　9 号地块建筑拆除后状况

3. 城市道路或建筑之间不规则的夹角地块

如 7 号地块为雄楚大道、虎泉街和永利大厦围合而成的三角形地带，另有 1 号、2 号、18 号地块也为此类。此类地块一般尺度较小，且形状不规整，改造利用的难度较大。

4. 因原有用途被废弃而导致的闲置地块

此类地块的现存数量最多，如 15 号地块为惠安小区的一块闲置用地，现为化料堆积场所（图 5）；又如 4 号地块原先为服务名都花园的小型垃圾储运站，现已废弃，因疏于管理导致地块上遍布垃圾、污水横流，严重影响了周边的环境卫生（图 6）。另有 3 号、5 号、10 号、12 号、17 号、19 号地块均为此类。此类地块一般形状较为规整，多与居住小区直接相邻，改造和利用的优势比较大。

图 5　成为化料堆积场所的 15 号地块　　　　　　图 6　遍布垃圾的 4 号地块

（二）畸零空间的特征

该片区的这四类畸零空间在总体上具备以下四个特征：

1. 畸零空间的孤立化

畸零空间往往是城市建设过程中因规划、利用不够合理而产生的"边角碎料"，因此每个畸零空间都具备完全独立的边界。笔者所调研该片区内的 19 个畸零空间全部缺乏相互关联，畸零空间之间不可能形成有机的整体。

2. 畸零空间的碎片化

作为城市用地中"边角碎料"的畸零空间注定不可能具有规则的形状，多以狭长形和三角形居多，以散乱布局的形式而存在（图 7）。

3. 畸零空间的面积大小不一

不同类型的畸零空间面积往往相差数倍之多。城市道路或建筑之间不规则的夹角地块面积多较为狭小，如 2 号地块的面积仅为 179

平方米；因原有用途被废弃而导致的闲置地块则可能产生面积较大且形状规整的畸零空间，如19号地块的面积达到了1818平方米（图7）。

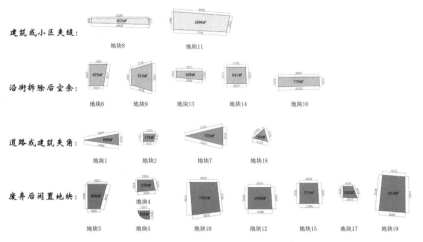

建筑或小区夹缝：
地块8　　地块11

沿街拆除后空余：
地块6　地块9　地块13　地块14　地块16

道路或建筑夹角：
地块1　地块2　地块7　地块18

废弃后闲置地块：
地块3　地块4　地块5　地块10　地块12　地块15　地块17　地块19

图7　虎泉—杨家湾片区的畸零空间形状与面积比较图

4. 畸零空间存在红线不清，产权不明的问题

经调研，部分地块被闲置已达数年甚至上十年之久，其间所处片区经历了多次旧房改造和道路改扩建，甚至还存在当地农村集体土地被征用为国有城镇土地的情况，导致其产权问题可能含糊不清。

（三）畸零空间的利用情况

基于以上，可知该片区的畸零空间因其位置分散、形状不规整、面积大小不一、产权界定不清晰等问题而导致商业开发的难度较大。因此，该片区的畸零空间多数处于闲置状态（表1），部分成为生活垃圾或者建筑垃圾的堆放场所，如19号地块（图8）；另有部分成为附近施工企业的临时工棚，如16号地块（图9）；还有部分紧邻居住区的畸零空间因无人管理和使用，成为附近小区居民乱停乱放私家车的场所，如10号、12号地块（图10~图11）。

虎泉—杨家湾片区畸零空间的利用现状统计表　　　　表1

地块编号	1号	2号	3号	4号	5号	6号	7号
地块性质	闲置空地	闲置空地	废弃绿地	垃圾堆放	闲置空地	杂物堆放	闲置空地
地块编号	8号	9号	10号	11号	12号	13号	14号
地块性质	废弃搭建	闲置空地	私车停放	临时搭建	私车停放	临时工棚	闲置空地
地块编号	15号	16号	17号	18号	19号		
地块性质	化料堆积	临时工棚	闲置空地	废弃绿地	垃圾堆放		

图8　19号地块的垃圾堆积　　　　图9　16号地块的临时工棚

目前国内外对于此类畸零空间的利用以绿化或者放置雕塑景观来提升城市整体环境和文化品位的居多，其中以纽约曼哈顿高线公园（图12）的成功案例最为典型。根据2017年7月12日《武汉晚报》关于"武汉今年拟建百座示范'口袋公园'，今起征集巴掌

作者心得

作为一名以画图见长的建筑学本科生，此次暑假经老师介绍接触到"清润奖"论文竞赛，开始了长达近2个月的论文调研和撰写工作。论文定题可谓几经周折，从最开始火遍全国的共享单车话题，再到之后的BIM话题，均浅尝辄止，定题似乎都充满重重阻碍。还好有老师的耐心提点和指导，我开始深入对于此次论文的主题"城市畸零空间作为老年人微活动场地"的研究展开调查工作。

定题完成之后，老师和我立刻开始了对于虎泉—杨家湾片区的城市畸零空间地块的调研和一系列的问卷调查。在整个调研过程中，我查阅了大量的文献资料，并对于其中可以作为论文辅助参考的部分进行了整理，我从中学习到了很多，不仅是专业知识，更多的是对于问题的多方位思考。论文的撰写不是单纯的文字堆积，而是自己对于某个事情的多方面的调查与认知。论文中的某个论点需要有足够充足的论证数据时，则需要自己身体力行查阅资料和数据调查，而不是凭空捏造，敷衍了事。

在论文撰写过程中，也出现了很多问题，论文每定稿一次，老师就重新提出新问题，反复的修改。文字方面大到成段增删改，小到语句间标点符号的使用，图片方面则从PS图片制作方面各种问题的提出，再到手绘稿的精细程度把控，老师均精心检查且耐心提出，让我落于实处仔细修改，使我不得不折服于指导老师的耐心和专业。

这次论文撰写让我对于建筑学专业有了新的认识，在专业视野上则更加开阔。很幸运这次论文竞赛能够获奖，感谢《中国建筑教育》杂志社编辑部老师以及各位专家评审肯定了我的成果，同时感谢我的指导老师彭然对我的悉心教导，最后也感谢那个一直坚持到最后不放弃的自己。

图 10　10 号地块的车辆停放　　　　　　　　图 11　12 号地块的车辆停放

图 12　纽约曼哈顿高线公园

地"的报道，武汉市目前也有将街头闲置用地进行绿化的迫切愿望。但是在将畸零空间进行绿化的基础上进一步挖掘其现实中的使用价值，将其作为周边社区老年人微活动场地的尝试，目前在国内外尚缺乏足够的实践。

五、虎泉—杨家湾片区畸零空间作为老年人微活动场地的可行性分析

在整个调研过程中笔者共向虎泉—杨家湾片区内的老年人共发放了问卷 100 份，对其活动场地的缺乏程度、日常活动的人数、日常活动所能接受的步行距离、日常参与的活动类型、对活动场地环境以及器材设备的要求等方面均进行了详细的调查，并回收了有效问卷 95 份。根据问卷调查结果以及现场调研情况的综合分析，笔者得出了利用这些畸零空间作为老年人微活动场地的可行性存在于以下四个方面：

1. 片区内老年人活动场地不足

虎泉—杨家湾片区因其旧城改造的不彻底，其居住模式有"大社区、小散栋"夹杂混列的特点。虽然片区内存在如保利华都、凯乐桂园、名都花园等较为大型且配套设施能够保证老年人日常活动需求的社区，但是夹杂在这几个大型社区之间的却多为缺乏活动场所的老旧小区或者城中村内的独栋住宅。因此，为居住其间的老年人设置足够的公共活动场地是非常有必要的。

2. 片区内公共绿地缺失

虎泉—杨家湾片区不仅人口稠密，且不存在任何一处公园、绿地或者水体（图 13），而微活动场地的建设则是对该片区公园绿化不足的补充，也可以满足片区内居民尤其是老年人的日常活动需求。

3. 分散式的小场地更加便于老年人利用

虎泉—杨家湾片区内老年人活动的"小场地 + 分散布局"优势大于"大场地 + 集中布局"。老年人一般存在生理机能衰退、体质较差等情况，根据问卷调查的结果，高达 76％ 的老年人希望自己每天从家到活动场地的步行时间不超过 15 分钟。考虑到老年人较为缓慢的步行速度，即行走距离为 800 米以内为宜，因此分散布局的各个畸零空间在其半径为 800 米的辐射范围内可以覆盖该片区的大量居民区（图 14），满足多数老年人的活动需求。反之如果专门开辟集中式的大型活动场地，其覆盖范围必然十分有限。

利用畸零空间作为老年人微活动场地的弊端在于其尺度较小，难以满足聚集人群较多的老年人集体活动，例如大规模广场舞等。但是根据调查结果，该片区 80％ 的老年人更倾向于"三五成群的少量人活动"，而希望参与"大型集体活动"的老年人仅占调查人数中

图13 虎泉—杨家湾片区及其周边的绿地与水体情况　　图14 畸零空间在800米半径内的辐射范围

的8%（图15）。即使在参与广场舞的老年人中，依然有71%倾向于接受"三五成群的少量人活动"（图16），而并不热衷于参与大型的集体广场舞（图17）。这一调查结果与笔者的实地调研情况也是相吻合的：根据共进行了三次的19:00—21:00夜间时段调研发现，虎泉—杨家湾片区老年人的广场舞活动主要在虎泉街保利华都小区南门口、雄楚大道欧亚达建材家居广场正门口以及楚康路名都花园小区正门口三处场地开展，在这三处场地跳广场舞的老年人多为5~15人规模，在人数最少时甚至一个场地仅有3人活动（表2）。由此可见，小规模的广场舞是符合该片区中老年人活动需求的。除广场舞之外，闲聊纳凉、携带儿童玩耍、器械健身等其他老年人所热衷的活动更不需要大型场地，因此虎泉—杨家湾片区内较小尺度的微活动场地是能够满足大多数老年人活动需求的。

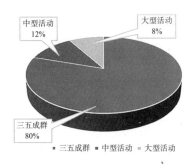

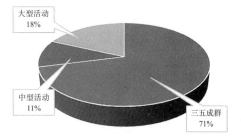

图15 老年人对活动人数的倾向调查　　图16 广场舞老年人对于活动人数的倾向调查

图17 虎泉—杨家湾片区为多小规模广场舞活动

三个广场舞场地活动人数随时间的动态变化统计表　　　　表2

	19:00~19:30	19:30~20:00	20:00~20:30	20:30~21:00
保利华都小区南门	3~8人	10~15人	14~17人	12~15人
名都花园小区正门	0人	9~12人	7~10人	0人
欧亚达建材广场正门	0人	5人	3~5人	3~4人

4. 片区内的畸零空间具备良好的区位优势

虎泉—杨家湾片区的畸零空间多临街，交通通达性较好，且大多数距离住宅密集地段有一定的距离（表3），在进行广场舞时对于周边居住区的噪声干扰比较小。对于老年人，跳广场舞最方便的地点自然是在其居住的小区中，因为这可以大幅度减少其步行距离。但是发生在居住区里的广场舞噪声扰民问题却屡见不鲜，且经常成为各大媒体热衷报道的生活纠纷，引起了社会上很多人对于广场舞的抵制。因此，通过分散式布局的微活动场地进行引导，将参与人数众多的大型集中式广场舞降格为参与人数较少的分散式广场舞，并且缩小广场舞的场地面积，则广场舞音乐的音量可以大幅度降低，这对于缓解广场舞的噪声扰民问题是很有作用的。

虎泉—杨家湾片区畸零空间与最近住宅楼之间的距离统计表　　　　　　　　　　　　　　　表3

地块编号	1号	2号	3号	4号	5号	6号	7号
距离	140米	155米	135米	110米	125米	145米	110米
地块编号	8号	9号	10号	11号	12号	13号	14号
距离	105米	95米	125米	135米	95米	95米	125米
地块编号	15号	16号	17号	18号	19号	平均距离	121米
距离	120米	105米	170米	110米	120米		

综上所述的四点，在虎泉—杨家湾片区以畸零空间作为老年人微活动场地具有较好的可行性。

六、将虎泉—杨家湾片区畸零空间作为老年人微活动场地的区位优劣比选

为了进一步分析这19处畸零空间作为老年人微活动场地时各自的区位优劣，笔者分析了这些畸零空间可能存在的不利因素，在调研中设计了如下问题："假如将您身边的一些空地改造为老年人活动场地，您不乐意于接受以下哪些因素？"在回收的95份问卷中，选择"到达时需穿越主干道，通行不便"的共67人，占比70.5%，为最主要的不利因素；选择"临近主干道路或商业街区，环境嘈杂"的共30人，占比31.6%；选择"夹在高层建筑之间，难以获得日照"的共26人，占比27.4%，这两者为次一级不利因素；选择"场地尺度小，不利于活动开展"的共14人，占比14.7%；选择"场地畸形，不利于活动开展"的共12人，占比12.7%，这两者为再次一级不利因素；另有选择"其他"的共10人，占比10.5%（图18）。

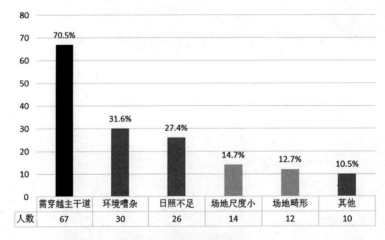

图18　虎泉—杨家湾片区畸零空间的不利因素调查统计图

在该调查结果的基础上，再结合这19个地块各自在正常步行范围内所能覆盖的居住区广度，得出如下所示的统计结果（表4）：

将这19个畸零空间的区位优劣进行评分，每一个首要不利因素扣3分，次要不利因素扣2分，再次要不利因素扣1分；对于正常步行范围内场地对居住区的覆盖广度不足的扣2分，中等的扣1分，由此得出这些畸零空间的区位优劣可分为下列4个层次（图19）：

第一层次：10号、12号、15号、19号地块。这4个地块扣分为0分，不存在任何不利因素，且其在正常步行范围内对于居住区的覆盖广度比较强，为最理想的微活动场地选址。这四个地块均为因原有用途被废弃而导致的闲置地块，此类地块一般深入居住区内部，不临主干道路，且形状较为规整，这些是其具备利用价值的主要优势。但是弊端在于距离住宅楼较近，如将其设置为广场舞场地可能会存在一定的噪声扰民隐患。

第二层次：1号、3号、4号、6号、9号、11号、14号、16号地块。这8个地块扣分为1~3分，存在较少的不利因素，也是作为老年人微活动场地的理想选择。

第三层次：5号、13号、17号、18号地块。这4个地块扣分为4~6分，存在较多的不利因素。这些地块均临近雄楚大道，环境

19处畸零空间的区位劣势统计表　　　　　　表4

地块序号	需穿越主干道	环境嘈杂	日照不足	场地尺度小	场地畸形	居住区覆盖度
1					*	不广
2		*	*	*	*	中等
3		*				中等
4				*		中等
5		*		*		不广
6		*				中等
7	*	*			*	中等
8	*	*	*		*	中等
9		*				广
10						广
11						中等
12						广
13		*		*	*	广
14						广
15						广
16		*			*	广
17				*		中等
18		*		*	*	广
19						广

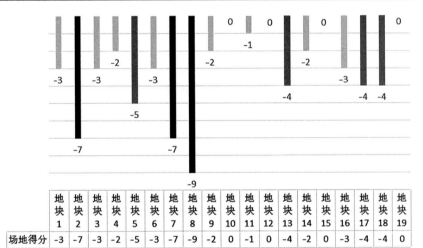

	地块1	地块2	地块3	地块4	地块5	地块6	地块7	地块8	地块9	地块10	地块11	地块12	地块13	地块14	地块15	地块16	地块17	地块18	地块19
场地得分	-3	-7	-3	-2	-5	-3	-7	-9	-2	0	-1	0	-4	-2	0	-3	-4	-4	0

图19　19处畸零空间的区位优劣得分图

比较嘈杂，场地尺度小，其中5号地块周边住宅较少，位置比较孤立；而18号地块则为道路相交所形成的三角形地带，形状不够规整（图20）。

　　第四层次：2号、7号、8号地块。这3个地块扣分为7~9分，存在更多的不利因素。其中7号地块为雄楚大道和虎泉街所夹而成的三角地带（图21），如果将其设置为微活动场地，老年人必须穿越主干道才能到达，且场地周围车辆众多，这对于身体机能衰退并经常携带儿童的老年人是存在一定安全隐患的；而8号地块对于大多数居民而言同样存在穿越主干道才能到达的问题，其为永利国际大厦和三金雄楚天地两个高层建筑之间的夹缝地带，心理感受比较压抑，老年人冬季活动所需的日照不足，是这19个畸零空间中区位情况最不理想者（图22）；2号地块则为湖北商贸学院教学楼北面的空地，紧邻雄楚大道，环境嘈杂，且冬日的阳光易被高大的教学楼所遮挡，也是不利于作为老年人微活动场地的畸零空间之一（图23）。

图20　18号地块为道路相交的三角形地带

图21　主干道所夹而成的7号地块

图22　处于高层之间夹缝地带的8号地块

图23　位于教学楼北面空地的2号地块

综上所述，在实际应用中可优先选择更具区位优势的畸零空间作为老年人的微活动场地。

七、利用畸零空间作为老年人微活动场地的设计策略

根据调查结果，在微活动场地中老年人最希望具备的是"充足的景观绿化"，其在全部的95人中共有82人勾选，占比为86.3%。另外，选择"充足的座椅"有74人，占比77.9%；选择"健身器材和儿童娱乐设施"有69人，占比72.6%；选择"用于舞蹈、健身操等活动的空地"有59人，占比62.1%。以上四点老年人的需求度最高，是进行老年人微活动场地设计时首先需要考虑的因素（图24）。

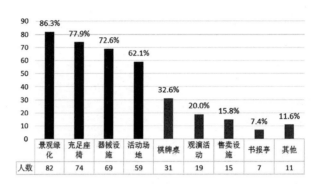

	景观绿化	充足座椅	器械设施	活动场地	棋牌桌	观演活动	售卖设施	书报亭	其他
人数	82	74	69	59	31	19	15	7	11

图24 微活动场地中老年人的喜好调查结果

基于以上调查结果，并结合老年人动态和静态活动的不同特点进行综合分析，笔者认为在该片区内利用畸零空间进行老年人的微活动场地设计主要可以参考以下几个策略：

（一）设计的核心在于体现一个"微"字

"微"字首先表现在设计过程中不应当以做加法为主，而应当以做减法为主。追求的可以不是"麻雀虽小五脏俱全"这样的功能综合体，而是根据老年人的不同活动要求，结合场地的空间尺度、形状以及区位特点，进行不同的分散场地之间的差异化设计，使一个片区内相邻近的每一个场地都具备独立性，并且功能各异。同时应当注重场地内部的微尺度设计，把握细节，在简洁的基础上追求更加精细化的设计。

例如对于尺度较大，空间形状比较规整，且和居民住宅之间有一定距离的地块可设置以广场舞等动态活动为主的场地，如11号、15号地块等。这些地块主要的弊端在于临近主干道，环境较为嘈杂，但是相对于其他静态活动而言，嘈杂环境对于广场舞的影响较小。以广场舞为主的场地可设置室外电源接口以便于连接设备放置音乐，并在合适的位置设置衣架供老人悬挂衣物和随身物品。而对于紧邻居住区的安静地块，可设置为闲聊纳凉、携带儿童玩耍和器械健身等静态活动地，如10号、15号、17号地块等。

（二）应注重以提供休闲空间为目的的小尺度绿化设计

将绿化分散在虎泉—杨家湾片区内不同的微活动场地中，其最主要的价值在于可以有效弥补该片区内缺少公园绿地的问题，给该片区内的广大市民尤其是老年人提供相对近距离的户外休闲场所。其具体的设计手法可以有以下几种（图25）：

（1）将绿化结合休闲步道设计。步道的设计宜弯曲，避免因为直线而导致的单调乏味，步道边可设置一定数量座椅供散步的行人短

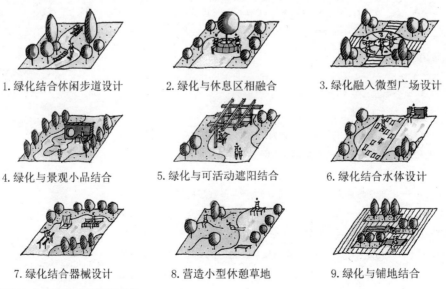

1. 绿化结合休闲步道设计　　2. 绿化与休息区相融合　　3. 绿化融入微型广场设计

4. 绿化与景观小品结合　　5. 绿化与可活动遮阳结合　　6. 绿化结合水体设计

7. 绿化结合器械设计　　8. 营造小型休憩草地　　9. 绿化与铺地结合

图25 小尺度绿化的设计手法分析

暂休息。

（2）将绿化与休息区相融合，提高空间的利用效率。如以景观树池的形式设置座椅，或者将座椅结合微景观植物进行布置等。

（3）将绿化融入微型广场设计。可以保证广场周边有足够的绿植，为场地内的休闲活动营造绿意盎然的氛围。

（4）将绿化与景观小品的设计相结合。绿植环绕的景观小品不仅可以作为场地的视觉焦点，也同样能够具备座椅功能。

（5）将绿化与可活动的遮阳设施相结合。遮阳架上可设置藤蔓植物，丰富景观的视觉层次，遮阳架下则可设置休闲座椅。

（6）将绿化结合水体设计。注重绿植与水体之间的视觉呼应以及人与水体之间的行为互动，让亲水活动成为场地的设计亮点。

（7）将绿化结合器械设计。可以将老年人健身设施和儿童娱乐设施融入景观绿化之中，使其在活动过程中获得良好的身心体验。

（8）营造小型休憩草地。休憩草地可满足老年人陪伴儿童玩耍的需要，更为开阔的场地视野也可以起到放松身心的作用。

（9）将绿化设计与铺地相结合。铺地可采用亲和性强的木材料制作，结合地形的高低错落还可以设计成为座椅，并在座椅周围融入绿植，以获得良好的视觉效果和较强的实用性。

（三）应以契合老年人的使用要求作为设计重点

1. 充分考虑场地的无障碍设计

因为老年人多有轮椅使用者，因此场地出入口的宽度不宜小于 1.5m，以保证轮椅使用者和行人可以同时通行。场地出入口与外部路面如果有高差限制时应当考虑设置最大坡度为 1:12 的坡道，且坡道不过于陡峭和曲折。而场地内部也同样不宜存在过于剧烈的高差起伏，以避免老年人在场地内的行动不便（图 26）。

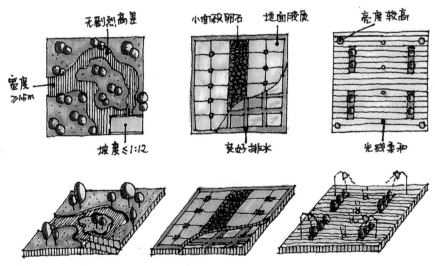

图26 契合老年人使用要求的微活动场地设计手法

2. 选择适宜于老年人活动的场地铺地

老年人活动场地的铺地选择首先应确保其防滑性。而根据调查研究表明，有 52.7% 的老年人对活动场地倾向于选择软质地面，因此老年人活动的地面以胶质为宜。场地中的休闲步道则可选择卵石或碎石，但由于其粗糙性并不适合老年人长期活动，只宜小面积铺设。同时场地的铺地必须拥有良好的排水系统，防止雨天积水打滑（图 26）。

3. 选择适宜于老年人活动的场地照明

因为老年人的视力不及中青年人，因此宜在场地中设置亮度较高的照明灯或地灯以保证老年人夜间的活动需求，同时应保证灯光的照射柔和且舒适，避免给老年人带来不适感（图 26）。

参考文献：

[1] 蔡创. 上海公共篮球场调查：场地和谐共用的背后蛋糕太小谁也吃不饱 [N]. 青年报，2017-06-12.

[2] 陈智通. 武汉今年拟建百座示范"口袋公园"，今起征集巴掌地 [N]. 武汉晚报，2017-07-12.

[3] 崔婧琦. 基于公共交往需求的城市消极空间重塑途径 [J]. 城市建设理论研究，2012 (16).

[4] 黄桑桑. 城市畸零空间初探 [J]. 文艺生活，2016 (10).

[5] 林文杰，于喆，杨绪波. 居住区老年人户外活动及其空间特征研究——夏季户外实态活动调查 [J]. 建筑学报，2011 (2).

[6] 刘泉，梁江. 消极空间的积极应对——长春市某街巷的环境设计研究 [J]. 规划师，2007 (5).

[7] 李梓林. 关于城市消极空间的一些思考 [J]. 建筑建材装饰，2015 (12).

[8] 史莹芳. 尊老莫忘敬老：居住区老年人室外活动场地设计 [J]. 城市住宅，2009 (7).

[9] 宋伟轩，朱喜钢. 中国封闭社区——社会分异的消极空间响应 [J]. 规划广角，2009 (11).

[10] 王海岚. 南京篮球场也遭大妈霸占，惊动警方前来调解 [N]. 南京晨报，2017-06-16.

[11] 王江萍，李弦. 社区老年人室外活动场地的环境生态研究——以武汉市 6 个居住区为例 [J]. 武汉大学学报（工学版），2006 (10).

[12] 王珺林，文杰，汤丽珺. 居住区老年人户外活动场地规模特征研究——基于北京老年人户外活动实态调查 [J]. 华中建筑，2013 (5).

[13] 袁丁毅. 洛阳广场舞老人抢篮球场地盘打伤小伙，警方介入 [N]. 新京报，2017-06-01.

[14] 张剑敏. 适宜城市老人的户外环境研究 [J]. 建筑学报，1997 (9).

图片来源：

图 1 http://www.chyxx.com/industry/201609/450544.html

图 2，图 7，图 13~ 图 16，图 18~ 图 19，图 24~ 图 26 作者自绘

图 3~ 图 6，图 8~ 图 11，图 17，图 20~ 图 23 作者自摄

图 12 http://www.vcg.com/

郭梓良

（苏州科技大学建筑与城市规划学院　本科四年级）

城市意象视角下乌镇空间脉络演化浅析

——基于空间认知频度与空间句法的江南古镇调研

A brief analysis of the evolution of Wuzhen spatial

context from the perspective of urban imagery

— Jiangnan, an ancient town research based on

spatial cognition frequency and spatial syntax

■摘要：乌镇作为江南古镇的代表，具有悠久的历史和完整的空间脉络。近年来其旅游开发与遗产保护兼顾。在此过程中，城市建设事件为古镇保护更新提供了契机。本文以城市意象的视角，在时间维度上梳理乌镇空间脉络，通过实地调研与空间句法等方法，建立乌镇局部要素与宏观总体互动模型，明确关键城市意象要素。探析乌镇未来发展的问题与挑战，提出与互联网结合的城市发展方式，引导城市机理的整合和城市意象的塑造。

■关键词：乌镇；空间脉络；城市意象；空间句法

Abstract：As the representative of the ancient town of Jiangnan, Wuzhen has a long history and a complete spatial context. In recent years, its tourism and heritage protection both have developed very well .In this process, the event of urban construction provides an opportunity for the protection and renewal of ancient towns. This paper bases on the perspective of urban image, through on-the-spot investigation and the methods of space syntax, to research Wuzhen in time dimension space, to establish Wuzhen local factors and macro overall interaction model, to make the key city image elements clear and to explore the problems and challenges of future development of Wuzhen so that we can propose the urban development mode combining with the Internet, and guide the integration of urban mechanism and the shaping of urban image.

Key words：Wuzhen；Spatial Context；Urban Image；Spatial Syntax

一、乌镇历史沿革

浙江乌镇是典型的江南地区汉族水乡古镇[①]。如图1所示，明清以前其城市格局较为松散，呈自然生长状态发展，并在明清时期发展趋于完整。在现代化进程中，乌镇经历了高度的商业化改造，产生了个别城市意象要素消失、城市文化与个性消失等诸多问题。而随着乌镇的发展，古建筑已经无法满足现代建筑的功能需要，在公建领域尤其突出[②]。

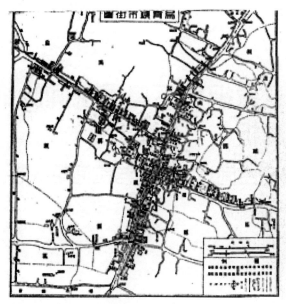

图1 《乌青镇志·乌青镇市街图》

随着数字化时代的到来，古建保护与商业化之间的矛盾变得更加复杂，原有城市意象面临重重挑战，在互联网时代下的乌镇城市意象如何保护与发展，将成为新时代的热点问题。纵观乌镇城市发展历史，其具有碎片化、平民化的结构，与互联网的特性相呼应[③]，这给了我们"旧"古镇的"新"探讨方向。

二、时间维度的乌镇城市意象演化规律调查

寻找古镇新的发展方向，势必先要理清古镇的历史空间脉络。本研究以城市意象要素为切入点，展开实地调研，在时间维度上探究古镇的城市意象演化规律。其主要时间节点的城市意象要素变化与城市建设息息相关。

乌镇的发展在明清时期依托于水系，形成以水路交通为主的交通体系，区域分区逐渐固定。乌镇开设时期，则以陆路为主，水路为辅的交通体系，区域分区改变，增加了标志物，并扩大了边界；随后乌镇大剧院、木心美术馆、乌镇互联网会议中心的依次建立，构成了乌镇新时期的标志物节点（见表1、表2）。

东栅   表1

时间	明清时期			
改变要素	形成以水路交通为主的交通体系	区域分区固定	主要节点形成	主要标志物形成
时间	开设乌镇景区（2003年）			
改变要素	主要交通方式改变	区域分区变化		增加标志物

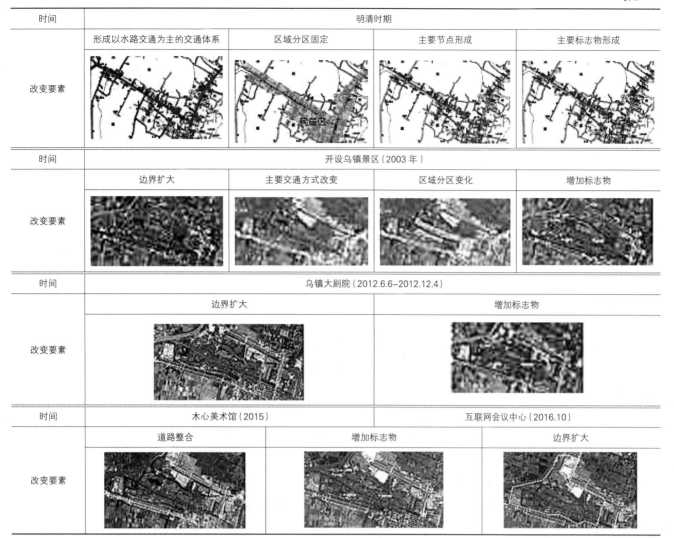

时间	明清时期			
改变要素	形成以水路交通为主的交通体系	区域分区固定	主要节点形成	主要标志物形成
时间	开设乌镇景区（2003年）			
改变要素	边界扩大	主要交通方式改变	区域分区变化	增加标志物
时间	乌镇大剧院（2012.6.6-2012.12.4）			
改变要素	边界扩大		增加标志物	
时间	木心美术馆（2015）		互联网会议中心（2016.10）	
改变要素	道路整合	增加标志物		边界扩大

从上述调研的分析结果，可以窥见时间维度的乌镇城市意象演化规律：从依托于水系发展的交通体系、居住区域、单一轴线的标志物和线性城市空间，逐渐演变为分区域的、块状网格化的城市空间；新时代古镇的交通系统不再依赖于水系，以陆路交通为主，居住区发展、居民活动逐渐远离水系。时间维度中的乌镇城市意象各要素演化特点及不足，见表3。

通过实地走访并结合调研分析，不难发现新时代乌镇发展与保护的矛盾：①沿河区域原有的居住功能被商业逐渐替代，本地居民的居住区域逐渐远离河流，其居住环境远不如从前；②虽然景区内仍有水路交通系统，但是只限于景区内部，原有的水路交通系统并没有得到很好的发展，甚至因景区的封闭性和居住区逐渐远离河流而逐渐衰退；③在乌镇不断地发展过程中，原有古建标志物逐渐被现代大体量公建所取代，为了满足现代功能需求的现代建筑体量与尺度越来越"大"，原有的空间序列在新时期重构带来了城市意象的破坏（如进入西栅古镇的方式由原来的景区大门到古镇变为了景区大门到乌镇大剧院到木心美术馆到古镇，空间序列上的改变，使古镇给人带来的冲击感降低，而乌镇大剧院与木心美术馆因其巨大的体量和空间序列的前置，使得给人的冲击感极大的增强，从公共建筑和标志物来说这无疑是成功的，但是从保护古镇自然发展所形成的城市意象角度来看，其巨大的体量与前置的空间序列使得古镇原有的城市意象受到了一定的破坏）。

要素	演化特点	不足
道路	城市道路体系不断完善，道路具备良好的可达性。区域内实行人车分流，车行限定在外围，内部供行人自由穿梭	水路交通分别成为东栅、西栅和乌镇市区三个区域，限制了原有的水路交通的自由度
区域	商业区逐渐向河流集中，居住区则逐渐远离河流。北部形成由乌镇大剧院、木心美术馆以及互联网会议中心形成的文娱区域	居民的居住环境变差
边界	乌镇边界不断扩大。由沿河的条状逐步扩展为向东西南北四方向发展，东西横向，南北纵向都得到了极大的丰富，成为一个综合性区域	无
节点	桥梁仍然承担着重要的节点作用，只是在桥梁附近增加休息片区，分担桥梁的节点作用，也在一定程度上维护古桥的安全	由于古桥宽度过窄，人流量大，使得交通拥挤
标志物	原有的古建标志物逐渐被现代大体量公建所取代，古建筑意向逐渐没落	明清的标志物丧失其标志性

三、乌镇局部要素与宏观总体的互动关系

（一）乌镇局部城市意象要素调研设计及结论

本文引入城市意象要素认知频数概念[④]，对构成乌镇城市意象的五大要素进行分析。通过实地调研以及问卷调查[⑤]，我们对乌镇城市意象进行更深入的探究（表4、表5）。

表4

东栅意象要素比较					
元素	标志物	道路	节点	边界	区域	总计
频数	294	148	138	94	114	788
比例（%）	37.31	18.78	17.51	11.93	14.47	100.00

西栅意象要素比较					
元素	标志物	道路	节点	边界	区域	总计
频数	130	100	128	110	118	586
比例（%）	22.18	17.06	21.84	18.77	20.14	100.00

表5

东栅五大基本要素频数和频率

标志物	频数	频率		道路	频数	频率
茅盾故居	78	0.672		东大街1号路	72	0.621
江南木雕馆	66	0.569		2号路	44	0.379
古戏台	42	0.362		新华路3号路	32	0.276
余榴梁钱币馆	34	0.293				
乌青水龙会	32	0.276		区域	频数	频率
汇源当铺	22	0.190		商业区	64	0.552
高竿船	20	0.172		景点区	50	0.431

节点	频数	频率		边界	频数	频率
兴华桥2号桥	28	0.241		东市河1号河	52	0.448
仁义桥5号桥	28	0.241		3号河流	22	0.190
仁寿桥3号桥	22	0.190		京杭运河2号河	20	0.172
永安桥4号桥	22	0.190				
应家桥1号桥	20	0.172				
仁德桥6号桥	18	0.155				

西栅五大基本要素频数和频率

标志物	频数	频率
木心美术馆	28	0.359
乌镇大剧院	26	0.333
白莲塔	22	0.282
邵明书院	18	0.231
茅盾陵园	16	0.205
乌将军庙	12	0.154
关帝庙	8	0.103

道路	频数	频率
西栅大街 2 号路	56	0.718
3 号路	24	0.308
步行栈道 1 号路	20	0.256

区域	频数	频率
景点区	46	0.590
住宿区	40	0.513
商业区	32	0.410

节点	频数	频率
仁济桥 1 号桥	28	0.359
定升桥 4 号桥	22	0.282
迁善桥 3 号桥	20	0.256
万兴桥 6 号桥	20	0.256
咸宁桥 2 号桥	16	0.205
放生桥 5 号桥	12	0.154
通安桥 7 号桥	10	0.128

边界	频数	频率
西市河 3 号河	44	0.564
旧京杭运河 1 号河	32	0.410
护镇北河 2 号河	20	0.256
护镇南河 4 号河	14	0.179

通过对表 5 的数据进行整理与归纳，绘制出乌镇东栅与西栅的各个城市意象要素的要素意象图，见表 6。

表 6

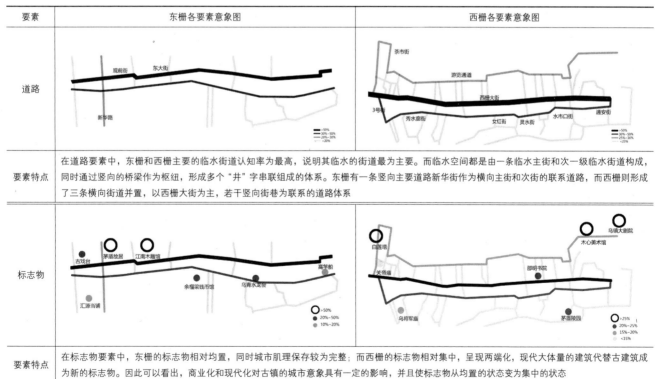

要素	东栅各要素意象图	西栅各要素意象图
道路		
要素特点	在道路要素中，东栅和西栅主要的临水街道认知率为最高，说明其临水的街道最为主要。而临水空间都是由一条临水主街和次一级临水街道构成，同时通过竖向的桥梁作为枢纽，形成多个"井"字串联组成的体系。东栅有一条竖向主要道路新华街作为横向主街和次街的联系道路，而西栅则形成了三条横向街道并置，以西栅大街为主，若干竖向街巷为联系的道路体系	
标志物		
要素特点	在标志物要素中，东栅的标志物相对均置，同时城市肌理保存较为完整；而西栅的标志物相对集中，呈现两端化，现代大体量的建筑代替古建筑成为新的标志物。因此可以看出，商业化和现代化对古镇的城市意象具有一定的影响，并且使标志物从均置的状态变为集中的状态	

节点	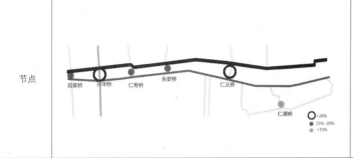	
要素特点	在节点要素中，东栅和西栅节点要素并没有太大的差异，分布均置，认知频率接近。然而在实地的调查中，各个节点的辨识度很低，没有明确的标识，使得人们很容易混淆各个节点，从而无法判断自己所处的位置	
区域	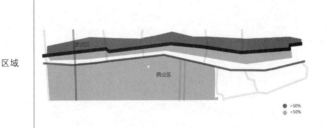	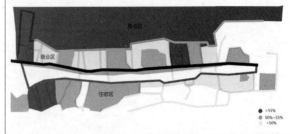
要素特点	在区域要素中，东栅大街将整个东栅景区分为了上下两片区域，其滨河空间的特点使得区域沿河道呈带状分布。东栅景点区的分布比较完整集中，认知频率较高。而住宿区和商业区则沿河道交替分布。东栅的区域相对完整，认知频率较为接近。西栅的区域分布相对松散，各个区域之间互相穿插，使得认知频率差异较大。其商业化程度比东栅较低	
边界	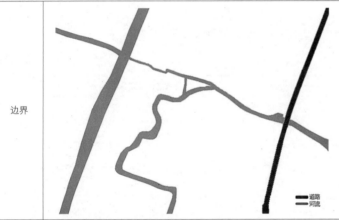	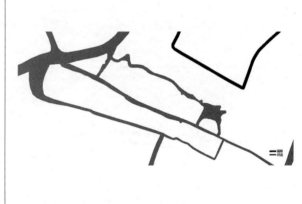
要素特点	在边界要素中，东栅、西栅的边界要素都以水系为主，而且符合他们滨水空间的特点。又因其水系的不同，东栅、西栅的边界呈现出不同的特点，东栅为常见的"十"字形，而西栅则为拉长的"日"字形	

对乌镇东栅、西栅各个要素的分析表明，五大要素相互之间存在一定的联系。对于滨水古镇来说，河道决定了其发展形态。河道作为边界要素，决定了道路要素和区域要素的形态。而节点要素和标志物要素，则取决于边界、道路和区域的互相作用，如西栅的标志物要素就集中于道路、河流的交叉口。

此外，通过对比东栅和西栅的城市意象要素可以发现，现代大体量建筑和商业化的发展对古镇的城市意象有一定的影响。东栅的城市意象保存较为完好，但是与其相比，西栅受到乌镇大剧院、木心美术馆的影响，其主要标志物由原来的白莲塔替换为了乌镇大剧院，一定程度地改变了古镇的格局。受到商业化的影响，东栅、西栅的部分建筑功能发生了转换。东栅受商业化的影响，已经没有大规模的居住区，大部分转化为了集中的商业区。

（二）基于空间句法的乌镇城市空间分析

本文采用空间句法⑥的方法分析乌镇城市空间关系，为乌镇城市更新提供量化数据参考，通过对不同时间点的乌镇城市空间关系的分析，探究乌镇宏观层面的城市空间变化规律。

通过描绘乌镇2010年卫星图和2017年的卫星图的路网，把路网简化成为轴线，建立宏观层面的城市路网轴线模型，如图2所示。通过使用DepthMapX软件⑦对路网轴线模型进行分析运算⑧，得到基于Segment Map的T1024 Integration的运算结果，如图3⑨所示。图中颜色越接近红色的轴线则表示道路的可到达性越高。从图可以看出乌镇的主要道路是依河而建的快速道路，越接近两河流交汇的地方，可达性越高。通过不同时间卫星图片和 T1024 Integration 运算结果的对比，发现在乌镇发展的过程中，其城市居民的居住区域越来越远离河流，同时原本自然生成的乌镇城市道路空间形态逐渐被"方格网状"的现代城市道路空间所替代，虽然道路的可达性变高，但是失去了其原有的空间特色。其可达性最高的道路从滨河道路逐渐变化为不依托于河道的城市快速道路。

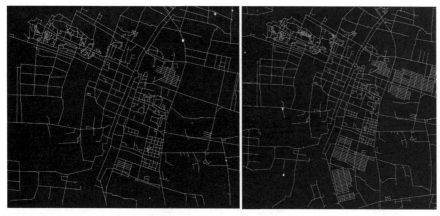

图 2　乌镇 2010 年与 2017 年路网轴线对比图

图 3　乌镇 2010 年与 2017 年 Glabal Integration 对比图

（三）乌镇城镇化发展中，局部要素与宏观总体的互动关系

要探究乌镇局部要素与宏观总体的互动关系，就要找出局部要素与宏观总体之间的连接点，研究截取宏观总体与局部要素所重叠的区域，通过叠加该区域内乌镇的局部要素和 T1024 Integration 的运算结果得出图 4。

图 4　乌镇 2010 年与 2017 年局部要素与 T1024 Integration 的运算结果叠加对比图

运算结果中显示节点要素并无太大变化，主要变化在于增加的两个标志物要素，以及道路要素随着两个标志物要素的增加而增加。总体上，原来的主要滨河道路由于道路的改变可达性变低，其主要的轴线被破坏。由此可以发现宏观的乌镇意象总体的改变往往是因为一段较长时间内的多个局部要素变化的叠加，其中局部要素的变化频率较为频繁，但对总体的影响较小，宏观总体的变化则是较为缓慢的，需要长时间的累积，但是对空间形态起决定性的作用。

四、乌镇城市意象要素保护与发展的可行性

（一）关键城市意象要素的跳跃关联与认知状况

通过探究时间维度的乌镇城市意象演化规律和乌镇局部要素与宏观总体的互动关系，可以发现乌镇重要的城市意象要素为标志物要素和道路要素，这两个要素变动最为频繁，且对人认识乌镇的城市意象起到决定性作用。

如图5所示。东栅的主要标志物为茅盾故居和江南木雕馆；西栅的主要标志物为木心美术馆、乌镇大剧院和白莲塔。其中，木心美术馆和乌镇大剧院为现代建筑，其余为明清时期建筑。东栅的主要道路为东大街；西栅的主要道路为西栅大街。这两条主要道路都为滨水主要道路，是城市意向的重要意象要素。可以发现，乌镇的关键城市意象要素呈散点状分布，但是具有内在的关联，其认知程度具有跳跃性。

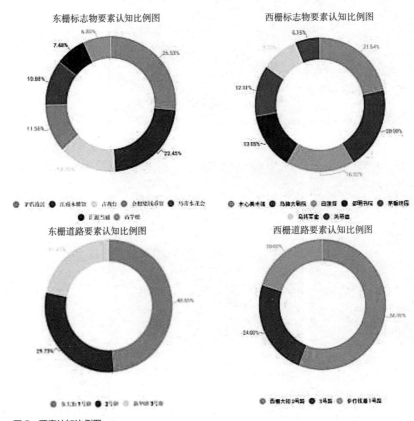

图5　要素认知比例图

（二）乌镇城市意象保护与发展的可行性

一方面，随着乌镇的发展，现代大体量建筑逐渐取代原有古代建筑物，成为重要的城市标志物要素。虽然其建筑物或多或少地用各种建筑设计手法使建筑融入当地环境，但是其大型的体量，以及在网络时代中产生的影响力，都使乌镇原有的江南水乡古镇的城市意象遭到破坏。另一方面，由于乌镇东栅和西栅景区的发展过于封闭，居住区逐渐远离河道，使得原有的水路交通系统逐渐凋零，只存在于景区内部。陆路交通也由于景区的封闭性而遭到割裂。

互联网时代下，诸多信息都可以在数字化平台实现数据化，更能进行大数据分析，以对乌镇未来的发展趋势进行预测，从而对城市未来的发展进行准确的规划。通过数据的及时更新，可以对城市规划及时进行调整。而通过多种网络渠道，收集群众的意见，则能提高普通居民、游客对城市规划的参与度。同时，通过视线调整、建筑消隐、弱化建筑体量、调整空间序列、恢复城市轴线等手段，保护古镇的城市意象。此外，通过GPS定位系统与大数据分析相结合，可了解每条水路的使用需求及使用情况，可重点恢复与保护其使用频率高、使用需求大的水路。其他城市意象要素如标志物古建、主要道路、主要节点等都可以使用此方法做到精确与高效的恢复与保护。

五、结语与展望

浙江乌镇是典型的江南地区汉族水乡古镇，具有六千余年的悠久历史，其镇上的西栅老街是我国保存最完整的明清建筑群之一。本文通过梳理时间节点、实地调研和空间句法多种空间的研究方法，从多个角度梳理乌镇的空间形态演化规律，发现存在的实际问题；并通过与互联网相结合，创造可行的乌镇保护与发展的策略，从而使得乌镇的城市意象得以保护。

注释：

① 具有六千余年的悠久历史，其镇上的西栅老街是我国保存最完整的明清建筑群之一。

② 2012 年乌镇大剧院建成。2015 年木心美术馆建成。2016 年的互联网会议中心建成。

③ 王澍："乌镇就是一个碎片化、平民化的结构，这个其实是跟互联网的本性一样的。所以表面上看两者根本不搭界，但其实本质上非常有关系，我把这个关系找到了。"引自：2016-11-06 09：44：11《新京报新媒体》，作者：李兴丽。

④ 城市意象要素认知频数是指问卷中某项具体要素被认知的次数，以 n 表示。城市意象要素认知频率是指城市意象要素认知频数与问卷数的比值，以 N 表示。因此，城市意象要素认知频率的公式分别为：N=n/116、N=n/78（表 4、表 5）。

⑤ 本次调查问卷分为《乌镇城市意象调查问卷（东栅）》和《乌镇城市意象调查问卷（西栅）》（见附录），有效份数东栅为 116 份、西栅为 78 份。通过调查数据的整理与分析，对乌镇局部城市意象五要素进行了归纳与总结。

⑥ 空间句法是一种描述和分析空间关系的方法，是用数学方法对空间关系进行分析的手段。

⑦ DepthMapX 软件是一种专业的用于空间句法分析的运算软件。

⑧ 运算参数为：n，564，1000，2000，3000，5000，10000。

⑨ 图 3 是基于 Segment Map 的 T1024 Integration 中的情况。

参考文献：

[1] 胡华颖.城市、空间、发展——广州市城市内部空间分析 [M].广州：中山大学出版社，1993.

[2] 胡俊.中国城市，模式与演进 [M].北京：中国建筑工业出版社，1994.

[3] 凯文·林奇.城市意象 [M].北京：华夏出版社，2001.

[4] 秦萧，甄峰，熊丽芳，朱寿佳.大数据时代城市时空间行为研究方法 [J].地理科学进展，2013，32（9）：1352-1361.

[5] 王飞，邓昭华.基于互联网认知的城市印象分析 [J].城市观察，2014（5）：182-189.

[6] 王剑锋.城市空间形态量化分析研究 [D].重庆：重庆大学，2004.

[7] 武进.中国城市形态：结构、特征及其演变 [M].南京：江苏科学技术出版社，1990.

[8] 熊鹏，徐洁，余溪，张阳生.基于认知地图的西安城市意象研究 [J].规划师，2011，27（S1）：33-37.

[9] 徐磊青.城市意象研究的主题、范式和反思——中国城市意象研究评述 [J].新建筑，2012（1）.

[10] 许佩华.江南传统水乡城镇景观原型及其形式表达 [J].江南大学学报，2006（4）：66-69.

[11] 薛小敬.国内外城市设计发展分析与探索 [D].太原：太原理工大学，2012.

[12] 张进.《远方的家》系列纪录片中的城市意象研究 [D].兰州：西北师范大学，2013.

[13] 朱庆，王静文，李渊.城市意象的句法表达方法探究 [J].华中建筑，2005，23（4）：77-81.

[14] 张诗雨.发达国家城市规划管理的经验 [J].中国发展观察，2016（7）.

图表来源：

图 1 《重修乌青镇志》。

图 2 Google 地球。

图 3 Google 地球。

图 4 作者绘制。

图 5 作者绘制。

表 1 作者绘制（表中图片作者绘制）。

表 2 作者绘制（表中图片作者绘制）。

表 3 作者绘制。

表 4 作者绘制。

表 5 作者绘制。

表 6 作者绘制（表中图片作者绘制）。

附录：

乌镇城市意象调查问卷（东栅）

尊敬的女士/先生：

  您好，我们是苏州科技大学建筑与城市规划学院的学生。为了解您对于乌镇的直观印象，特对本地区进行调查。本次调查为匿名调查，并严格遵循《统计法》第三章14条"**属于私人单项调查资料，非经本人同意不得泄露**"的规定。十分感谢您的支持和合作，祝您生活顺心，万事如意！

（请在□中打√）

1. **您的性别是：**   □ 男   □ 女
2. **您的年龄段是：**   □ 25 岁以下   □ 26～45 岁   □ 46～60 岁   □ 60 岁以上
3. **您的文化程度是：** □ 中学及以下 □ 大学   □ 研究生及以上
4. **您的职业是：**   □ 政府机关   □ 事业单位   □ 企业   □ 农民   □ 学生   □ 自由职业

1. **您是：**   □ 本地住民   □ 外来务工人员   □ 游客
2. **您对乌镇的第一印象怎么样？**   □ 极好   □ 好   □ 一般   □ 较差   □ 差
  为什么这样认为：_____
3. **您来乌镇之前最期待的景点是：（多选，请按程度由高到低，依次填写序号 1～8，可同序号）**
□ 古戏台 □ 汇源当铺 □ 江南木雕馆 □ 余榴梁钱币馆 □ 茅盾故居 □ 乌青水龙会 □ 关帝庙 □ 其他
4. **您对下列景点印象较深的有：（多选，请按程度由深到浅，依次填写序号 1～8，可同序号）**
□ 古戏台 □ 汇源当铺 □ 江南木雕馆 □ 余榴梁钱币馆 □ 茅盾故居 □ 乌青水龙会 □ 关帝庙 □ 其他
5. **您觉得下列景点品质较好的有：（多选）**
□ 古戏台 □ 汇源当铺 □ 江南木雕馆 □ 余榴梁钱币馆 □ 茅盾故居 □ 乌青水龙会 □ 关帝庙 □ 其他
6. **请选出下图中您能认出的道路：（多选）**

□ 1 号路

□ 2 号路

□ 3 号路

7. **请选出下图中您能认出的桥：（多选）**

□ 1 号桥
□ 2 号桥
□ 3 号桥
□ 4 号桥
□ 5 号桥
□ 6 号桥

（请翻到背面继续填写）

8. 请圈出下图中您认为有趣的区域：（多选）

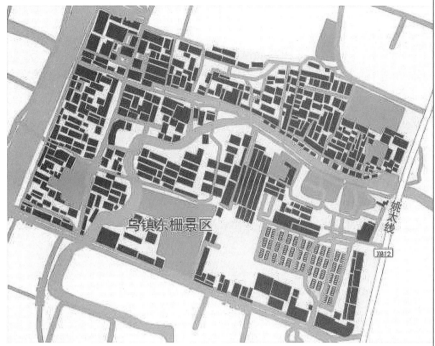

9. 请选出下图中您能认出的河流：（多选）

☐ 1 号河流

☐ 2 号河流

☐ 3 号河流

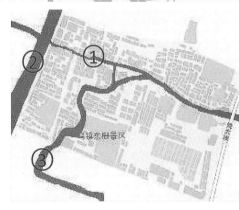

10. 请在下图中的两种区域中标出①商业区、②景点区。

（问卷结束，耽误您宝贵的时间，再次感谢您的合作！）

乌镇城市意象调查问卷（西栅）

尊敬的女士/先生：

　　您好，我们是苏州科技大学建筑与城市规划学院的学生。为了解您对于乌镇的直观印象，特对本地区进行调查。本次调查为匿名调查，并严格遵循《统计法》第三章14条"属于私人单项调查资料，非经本人同意不得泄露"的规定。十分感谢您的支持和合作，祝您生活顺心，万事如意！

（请在□中打√）

1. 您的性别是：　　　　　□ 男　　　　　□ 女

2. 您的年龄段是：　　　　□ 25岁以下　　□ 26~45岁　　□ 46~60岁　□ 60岁以上

3. 您的文化程度是：　□ 中学及以下　□ 大学　　　　□ 研究生及以上

4. 您的职业是：　　　　□ 政府机关　□ 事业单位　□ 企业　　□ 农民　□ 学生　□ 自由职业

1. 您是：　　　　　　　□ 本地住民　□ 外来务工人员　□ 游客

2. 您对乌镇的第一印象怎么样？　　□ 极好　　　□ 好　　□ 一般　　□ 较差　　□ 差

　　为什么这样认为：_____

3. 您来乌镇之前最期待的景点是：（多选，请按程度由高到低，依次填写序号1~8，可同序号）

□. 乌镇大剧院　□ 木心美术馆　□ 邵明书院　□ 白莲塔　□ 茅盾陵园　□ 乌将军庙　□ 关帝庙　□ 其他

4. 您对下列景点印象较深的有：（多选，请按程度由由深到浅，依次填写序号1~8，可同序号）

□. 乌镇大剧院　□ 木心美术馆　□ 邵明书院　□ 白莲塔　□ 茅盾陵园　□ 乌将军庙　□ 关帝庙　□ 其他

5. 您觉得下列景点品质较好的有：（多选）

□. 乌镇大剧院　□ 木心美术馆　□ 邵明书院　□ 白莲塔　□ 茅盾陵园　□ 乌将军庙　□ 关帝庙　□ 其他

6. 请选出下图中您能认出道路：（多选）

□ 1号路

□ 2号路

□ 3号路

7. 请选出下图中您能认出的桥：（多选）

□ 1号桥　　□ 2号桥
□ 3号桥　　□ 4号桥
□ 5号桥　　□ 6号桥
□ 7号桥

（请翻到背面继续填写）

8. 请圈出下图中您认为有趣的区域：（多选）

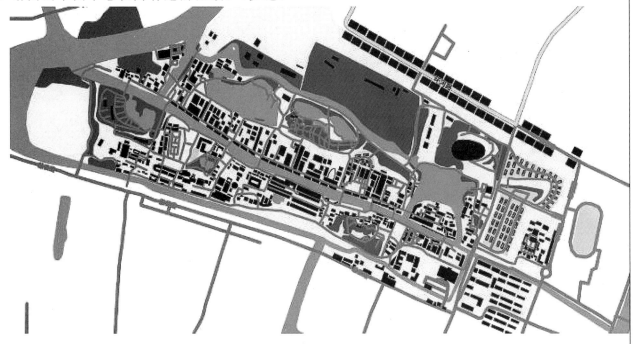

9. 请选出下图中您能认出的河流：（多选）

□ 1 号河流　　□ 2 号河流

□ 3 号河流　　□ 4 号河流

10. 请在下图中的三种区域中标出①商业区、②住宿区、③景点区。

（问卷结束，耽误您宝贵的时间，再次感谢您的合作！）

作者心得

首先感谢竞赛评委对我的肯定，感谢"清润杯"大学生论文竞赛所提供的平台，让我有机会在真实调研的基础上，结合建筑学专业，阐述本人具有独立见解和理性分析的研究成果。同时感谢张芳老师对我的指导与帮助以及科研立项团队的努力付出（团队其他成员：孙怡、刘洋、袁佳）。

一、论文立意

浙江乌镇是典型的江南地区汉族水乡古镇，具有6000余年的悠久历史，其镇上的西栅老街是我国保存最完好的明清建筑群之一。在现代化进程中，乌镇经历了高度的商业化改造，产生了个别城市意象要素消失、城市文化与个性消失等诸多问题。古建保护与商业化之间的矛盾变得更加复杂，原有城市意象面临重重挑战，在互联网时代下的乌镇城市意象如何保护与发展，成为本论文的探究方向。

本论文来源于由张芳老师指导、本人主持的科研立项的科研成果（项目编号：201610332003Z）。如图1所示，科研项目以科学的研究方法，严谨的研究逻辑探究热点问题。

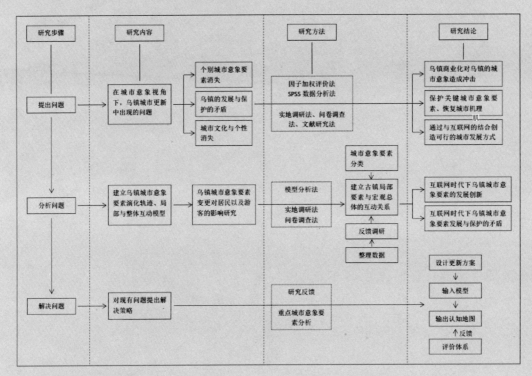

图1 科研立项研究技术路线

二、研究方法

通过传统实地调研的方式，以实际体验感知为基础初步提出乌镇城市意象要素的关键因素，切实感知当地所存在的突出矛盾与实际问题。通过问卷调查，建立统计数据为后续研究提供基础。对调研数据进行整理与分析，探究研究乌镇局部要素的内在关系。

采用空间句法的方法分析乌镇城市空间关系，从宏观层面为乌镇城市更新提供量化数据参考。

三、研究成果

时间维度的乌镇城市意象演化规律：从依托于水系发展的交通体系、居住区域、单一轴线的标志物和线性城市空间，逐渐演变为分区域的、块状网格化的城市空间；新时代古镇的交通系统不再依赖水系，以陆路交通为主，居住区发展、居民活动逐渐远离水系。

通过建立局部要素与宏观总体之间的连接点，探究乌镇局部要素与宏观总体之间的关系。乌镇意象总体的改变往往是因为一段较长时间内的多个局部要素变化的叠加，其中局部要素的变化频率较为频繁但对总体影响较小的，宏观总体的变化则是较为缓慢的需要长时间累积的，但是对空间形态起决定性的作用。

四、不足与展望

本文通过空间句法来研究乌镇宏观层面的城市空间关系，但这种方法有其自身的局限性，其运算模型涵盖的路网不够全面，一部分低等级的人行道路并未涵盖。

互联网时代下，将大数据与乌镇局部要素与宏观总体的互动模型相结合进行分析，以对乌镇未来的发展趋势进行预测，从而对城市未来的发展进行准确的规划。

342　设计的智慧：建筑和历史的对话

陈　阳　龙誉天
（西安交通大学人居环境与建筑工程学院　本科三年级）

商业综合体所处街道环境对其发展影响的量化研究

Quantitative Study on the Impact of the Street Environment Where Commercial Complexes Are Located on Their Development

■摘要：随着近年来西安市政府大力推行"大西安"城市圈计划，使得很多边缘城区成为建立新商业中心的优选地段，这无疑会为拉动区域经济发展、分担市中心交通压力做出贡献。

本文在空间句法轴线模型的基础之上，从城市道路空间结构的角度量化出西安市现有商业中心所处地段的区位特点，建立其与商业规模大小的数学回归模型，并运用此模型对主城区周边待开发区域进行商业潜力预测，为今后西安市商业的进一步拓展提供了有益参考。

■关键词：空间句法；商业中心；ArcGIS；多元线性回归模型；西安市

Abstract: With the implementation of the "Great Xi'an" urban circle plan by Xi'an Municipal Government in recent years, many marginal urban areas have become the prime locations for the establishment of new commercial centers, which will undoubtedly contribute to the development of regional economic development and the sharing of traffic pressure in the city center.

Based on the spatial syntactic axis model, this paper quantifies the location characteristics of the existing commercial center in Xi'an from the perspective of urban road space structure, establishes a mathematical regression model of its size and commercial scale, and uses this model to predict the commercial potential of the area to be developed around the main city. It provides a useful reference for the further expansion of Xi'an's business in the future.

Key words: Spatial Syntax; Commercial Center; ArcGIS; Multiple Linear Regression Model; Xi'an

一、绪论

（一）研究背景

随着西安市经济的不断发展，西安城市商业中心正在迅速扩张，大大提高了市民的生活水平。然而，西安市城市商业中心的布局尚存在不少问题：大型零售网点过于集中在市中心地带，而新建区域的商业配套服务却十分欠缺。《西安市商业网点发展规划说明》指出这一现状对于商业经济发展所产生的不利后果："西安市的大型零售网点过于集中分布在市中心地带，占了总数的60.42%。新兴居民区网点欠缺，由于大型网点集中分布，商业中心对网点的平均支撑力减弱，导致局部地区市场竞争加剧，使得不少大型零售网点经济效益下滑，经营困难"。

在新区建设规划的过程当中，城市商业中心的选址问题非常重要。在进行城市规划模型的考察中我们发现，空间句法模型作为一个全新的城市研究范式，在体现空间主体性、反映人的行为特征和结识空间结构深度等方面具有独特的优势，故我们选择空间句法模型研究西安市商业中心的选址问题。

（二）城市商业中心区位研究现状

1. 国外商业中心区位研究

国外对于商业中心位的研究主要分为商业中心位类型研究、商业中心位结构研究、商业市场区划分研究和商业中心位解析。

商业中心位类型研究对商业网点的集聚形态进行分类，分类的出发点在于商业活动的规模、形态、位置和业态等特征，代表人物有普拉德福特（1937）和贝利（1963）。

商业中心位结构研究分析了不同类型的商业集聚形态之间的关系，其代表人物加纳（1966）以正方形格子状的交通路线为前提，提出商业中心地模型，戴维斯（1972）在其基础上提出了一般的中心商业地区空间融合模型，该模型意味着即使商业中心种类相同，但等级不同，其最终经营的区位空间也不同。

商业市场区划分研究和商业中心位解析则均以消费者行为、认知研究为导向的，主要从消费者的知觉和行为的角度来探讨零售区位的分布问题。

2. 国内商业中心区位研究

国外对于商业中心位的研究主要分为商业活动空间结构研究、商业中心位因素分析和商业新业态及区位特征探讨。

商业活动空间结构研究分为以空间结构、地域结构和内部结构为研究重点的三个研究方向。最新成果的代表人物赖志斌（2009）分析了影响零售商业网点选址的人口、经济、市场竞争三个关键要素，结合ArcGIS提出了一种基于权重设置的零售商业网点选址评价模型，并阐述了模型的应用流程。

商业中心位因素分析和商业新业态及区位特征探讨则分别以市场导向和新业态为研究重点，二者理论成果不多。

3. 小结

在经济学、社会心理学、地理学的支持下，区位论的迅速发展为城市商业中心位研究提供了极其丰富的理论模型，而这些模型似乎仅限于以人为主体进行研究，而忽略了城市的空间主题，尤其是城市道路结构的空间主题。

（三）研究内容与方法

本文开创性地从城市空间这一因素出发，研究西安市商业中心与城市整体路网的关系，借由空间句法软件Depthmap、地理分析软件ArcGIS、数学建模软件SPSS建立一套依据空间句法理论的西安市商业中心商业规模评分系统，对潜在的商业区域进行评分预测。

二、研究理论概述

（一）空间句法理论及有关研究

1. 空间句法的概念

空间句法这一空间类型分析理论，是由伦敦大学比尔·希列尔教授所创立的。空间句法研究的目的是将空间形态具体化，生成一套可以将空间进行量化表示的数值，使得空间组成能够在计算机辅助下应用于空间设计。

按照图论本质来看，空间句法是一种探讨纯粹关系的理论。在表达复杂关系的图示中，被连接的物体是"节点"，节点之间的关系成为"连接线"。如图1所示，在相对深度图中，选择一个节点作为整个图的根节点，并且按照其他节点到达该根节点所必须通过的最少节点数，而将它们分支在根节点的上面。通过这种方式看待图解，即可以看出各节点之间的关系，以及其在整体节点中的重要程度。

以k点为根节点的相对深度图到顶部的距离较远，代表人到达该节点是较困难的；以h点为根节点的相对深度图到顶部的距离则较近，代表人到达该节点较方便，并不需要经过很多节点即可到达目的地。

2. 空间句法主要指标

空间句法的主要指标包括控制值（Control）、平均相对深度（Mean Depth）、全局整合度（Global Integration）、局部整合度（Local Integration）、深度（Depth）、连接度（Connectivity）。在这其中我们使用到了前四种，现将其计算公式和简单意义介绍，见表1。

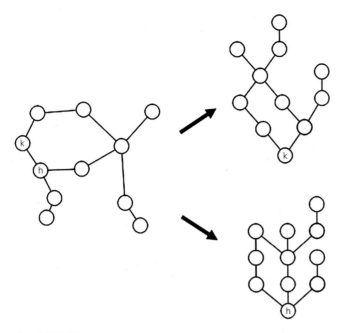

图1　相对深度图

来源：作者自绘

主要指标计算公式和数值意义　　　　　　　　　表1

指标名称	计算公式	数值意义
控制值 （Control）	$Ctrl_i = \sum\limits_{j=1}^{k} \frac{1}{C_j}$	与一条直线连接的其他直线的节点数的倒数总和
平均相对深度 （Mean Depth）	$MD_i = \dfrac{\sum\limits_{j=1}^{n} d_{ij}}{n-1}$ n 为总节点数	表示该点所在位置的可达性的平均值，值越大越不易到达
全局整合度 （Global Integration）	$R_n = \dfrac{1}{RRA_i}$ $RRA_i = \dfrac{RA_i}{D_n}$ $D_n = \dfrac{2n\left[\log_2\left(\frac{n+2}{2}-1\right)^{-1}\right]}{(n-1)(n-2)}$ $RA_i = \dfrac{2(MD_i - 1)}{n-2}$ R_n 为全局整合度	表示该点在整体系统中的可达程度
局部整合度 （Local Integration）	以三步计算深度，再代入 MD 和 RA 公式中	表示该点在局部系统中的可达程度

（二）商业规模量化问题

1. 目前已有理论

目前国内外学术界对于商业规模如何量化尚无统一方法，国外现存的理论包括 Christaller 中心地理论、聚集效应理论、门槛理论等，国内的研究则只针对个别城市进行研究，包括吴伟明和孔令龙对南京市 28 个商业中心进行综合规模比较，运用聚类分析法划分南京市商业中心等级，对苏州市区主要商业中心进行规模指数比较，运用数轴分析法划分苏州市商业中心等级。杜霞和白光润以上海为例，选取上海各个等级商业中心作为研究对象，探讨其发展特征和机制，预测未来商业的空间发展趋势等。

另外，宁越敏在对上海市商业中心进行等级划分时选取了四个变量：①商业中心内商店的数量；②大型百货商店或购物中心的楼层总数；③国内外品牌专业店和专卖店的数量；④贵重钟表和金银首饰店的数量。

上述理论或方法，除宁越敏外，均需要大量数据如城区面积、营收、人流量、服务人口等，这些数据过于庞大且部分属于保密资料，由于研究能力所限，我们选择在宁越敏的研究方法之上加以改良。

2. 从 POI 数据和热力图入手的商业规模量化模型

兴趣点（Point of Interests，POI）是导航、智能交通、基于位置服务等应用中一种重要的基础数据 [11]。大多数地理信息用户是通过使用 POI 了解地理信息，在互联网上所有的电子地图都包含了 POI 信息，而无论哪个地图网站的 POI 信息肯定都包含了名称、类别和位置这 3 个主要的属性。

具体来讲，POI（Point of Interest）数据就是电子地图上的空间坐标，用以标示出该地所代表的政府部门、各行各业中的商业机构（加油站、百货公司、超市、餐厅、酒店、便利商店、医院等）、旅游景点（公园、公共厕所等）、古迹名胜、交通设施（各式车站、停车场、超速照相机、限速标示）等场所。

该研究所使用到的 ArcGIS 软件是一款架构于地理信息系统上的、集成了全面的地理信息系统功能的软件，被广泛应用于地理信息的采集、制作与分析。GIS 作为一个新兴的平台，能够高效便捷地计算分析区域 POI 通达度，反映 POI 的辐射范围 [13]。在本文中，我们将 POI 数据导入到 ArcGIS 中进行分析。图 2 为大众点评网的 POI 数据导入 ArcGIS 软件中截图（以钟楼商业中心为例）：

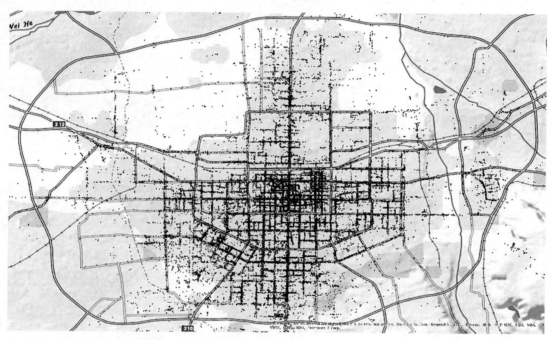

图 2　ArcGIS 软件中的 POI 数据坐标点（以钟楼商业中心为例）
来源：作者自绘

POI 数据的空间分布密度能够反映不同层次的城市中心区：密度最高的 POI 聚集区通常表示城市中最主要的中心区；密度较低的 POI 聚集区通常表示较次要的城市中心区。通过多密度空间聚类发现的 POI 聚集区之间通常存在嵌套关系，如图 3 所示。在此例中，由于密度的差异，圆形区域 A 包含的 POI 对象的城市中心度要比环形区域 B 内 POI 对象的中心度高。

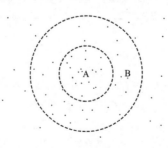

图 3　不同层次的 POI 聚集区
来源：作者自绘

通过统计一个商业中心不同半径内的 POI 数量，即店铺数量，再进行加和可以准确地反映出一个商业中心的商业规模。

热力图是一种大数据可视化产品。此类产品以 LBS 平台手机用户地理位置数据为基础，通过一定的空间表达处理，最终呈现给用户不同程度的人群集聚度，即通过叠加在网络地图上的不同色块来实时描述城市中人群的分布情况[15]，如图4所示。

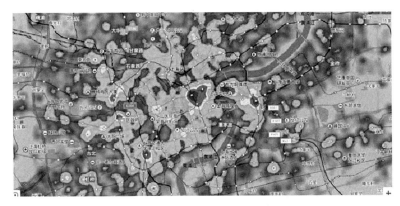

图4　百度地图热力图界面
来源：百度地图

热力图提供了一个观察城市空间的全新视角，它很大程度上反映了城市空间被使用的情况，即各处的人流密度。诸类问题在过去难以进行统计，而现在凭借大数据平台我们可以详实准确地进行研究。

在市场上，百度和微信的热力图功能比较完善。在这其中，由于微信的手机用户覆盖率接近100%，且光顾城市商业中心的大多为喜欢社交的中青年人，所以我们决定使用微信热力图进行研究。

综上，使用POI数据和微信热力图从店铺数量和客流量两个变量出发共同衡量商业中心的商业规模，便可互相验证，抵消误差。

（三）多元线性回归模型与SPSS

多元统计分析是数理统计的一个分支。它研究如何有效地整理和分析受随机影响的数据，并对考察的问题作出推断或预测。线性回归分析可以用来研究两个或两个以上变量之间的相关关系，它假设被解释变量与解释变量之间为线性关系，用一定的线性回归模型来拟合被解释变量和解释变量的数据，并通过确定模型参数来得到回归方程，然后可以通过此回归方程分析变量之间的相关关系。其经验公式为：

$$\hat{Y} = f(x_1, x_2, \cdots, x_m) = b_0 + b_1 x_1 + b_2 x_2 + \cdots + b_m x_m \tag{2-1}$$

其中是 Y 被解释变量，x 是解释变量。

相关关系就是研究一个变量与另一个变量间的相互关系，可用相关系数 "r" 表示其相互关系的强弱，定 0～0.33 为弱相关，0.33～0.67 为中等相关，0.67～1 为强相关。其计算公式为：

$$r = \hat{\rho} = \frac{\sum_{t=1}^{T}(x_t - \bar{x})(y_t - \bar{y})}{\sqrt{\sum_{t=1}^{T}(x_t - \bar{x})^2}\sqrt{\sum_{t=1}^{T}(y_t - \bar{y})^2}} \tag{2-2}$$

在线性回归中，存在：

$$R^2 = r^2 \tag{2-3}$$

SPSS 是英文 Statistical Package for the Social Science（社会科学统计软件包）的缩写。SPSS 的基本功能包括数据管理、统计分析、图表分析、输出管理等。SPSS 统计分析过程包括描述性统计、均值比较、一般线性模型、相关分析、线性回归分析等。

三、研究过程

（一）研究范畴和研究对象

1. 研究范畴

本文以西安市为实证研究范围，着重分析由城市道路网络所构成的空间结构对城市商业中心位选择的影响。西安市正处于快速扩张，形成"大西安"城市圈的重要发展阶段，迫切需要为城市自身蕴含的结构与功能关系进行梳理，以理解和知道城市扩张与商业发展，因此选定为本文研究对象。

2. 分析对象

《西安市商业网点发展规划》中明确指出，从构建国际化大都市的角度出发，大力发展西安区域性商贸中心，规划西安区域商业中心共 20 个。其中近期发展对象包括：小寨商业中心、土门商业中心、胡家庙商业中心、北二环商业中心、高新区商业中心、沙坡商业中心、张家堡商业中心、红庙坡商业中心、曲江商业中心、经开区商业中心、纺织城商业中心、三桥商业中心 12 个区域商业中心。

我们选取其中前九大商业中心，外加钟楼商业中心，共 10 个分析对象。

（二）使用 Depthmap 建立空间句法轴线模型

1. 建立不考虑地铁的空间句法轴线模型

在西安市 AutoCAD 道路路网图的基础上，使用空间句法软件 Depthmap 将其建构成轴线模型，并对各个空间句法参数值进行计算。我们选择了 4 个参数值来表征道路路网的空间结构特种，它们分别是控制值、平均相对深度、全局整合度、局部整合度。

西安市 2016 年道路路网空间结构特征参数轴线图如图 5、图 6、图 7 所示。

图 5　西安市 2016 年道路路网空间结构平均相对深度轴线图

来源：作者自绘

在图 5 中，颜色越接近红色表示深度值越大，道路隐藏得越深，越不易到达；颜色接近蓝色的相反。

图 6　西安市 2016 年道路路网空间结构全局整合度轴线图

来源：作者自绘

在图 6 中，颜色越接近红色表示全局整合度越大，从全局角度来看越容易到达；颜色接近蓝色的相反。

| （a）局部整合度轴线图 | （b）控制值轴线图 |

图 7　西安市 2016 年道路路网空间结构局部整合度和控制值轴线图

来源：作者自绘

在图 7 中，数值、定义随颜色的变化趋势与图 6 相同。

从 Depthmap 中提取的空间句法参数值见表 2。

从 Depthmap 中提取的空间句法参数值（不考虑地铁）　表 2

	控制值 （Control）	全局整合度 （Integration）	局部整合度 （Integration R³）	相对深度 （Mean Depth）
北二环商业中心	18.2935	1.83401	5.07833	7.66991
钟楼商业中心	15.3343	1.88816	5.02448	7.47861
曲江商业中心	8.00911	1.74525	4.56593	8.00911
土门商业中心	5.52091	1.74879	4.22933	7.99494
高新区商业中心	8.15213	1.61261	4.3625	8.58566
红庙坡商业中心	3.85305	1.69538	4.16764	8.21531
沙坡商业中心	2.86118	1.57296	3.67553	8.77686
张家堡商业中心	18.2935	1.83401	5.07833	7.66991
小寨商业中心	15.3343	1.88816	5.02448	7.47861
胡家庙商业中心	14.2071	1.8244	4.7051	7.70504

2. 建立考虑地铁的空间句法轴线模型

由于地铁会大幅度改变城市道路之间的拓扑距离，则其必定会对结果产生一定的影响，所以我们在上述基础之上，手动连接了 Depthmap 轴线模型，分别连接了地铁一号线、地铁二号线、地铁三号线沿途所有站点并重新计算，设定同一线路各站点的拓扑距离均为"1"，不同地铁线路由于存在换乘问题，故它们之间的拓扑距离也分别设定为"1"。

示意图差异较小，不再列出。仅从 Depthmap 中提取的空间句法参数值，见表 3。

从 Depthmap 中提取的空间句法参数值（考虑地铁）　表 3

	控制值 （Control）	全局整合度 （Integration）	局部整合度 （Integration R³）	相对深度 （Mean Depth）
北二环商业中心	18.3766	1.98896	5.09122	7.15037
钟楼商业中心	15.366	2.03708	5.03892	7.00509
曲江商业中心	9.01828	1.84516	4.56871	7.62969
土门商业中心	5.52091	1.81266	4.23022	7.74855
高新区商业中心	8.22821	1.86665	4.41435	7.55335
红庙坡商业中心	3.8493	1.81584	4.17289	4.17289
沙坡商业中心	2.9381	1.81489	3.81337	7.74027
张家堡商业中心	18.3766	1.98896	5.09122	7.15037
小寨商业中心	15.366	2.03708	5.03892	7.00509
胡家庙商业中心	14.2819	1.94571	4.73276	7.28707

（三）量化商业中心的商业规模

1. 使用 ArcGIS 对 POI 进行统计

1）数据的筛选处理

本研究所使用的 POI 数据来自百度地图、高德地图和大众点评网。POI 数据量较大，各厂商提供的数据内容各有差别。共有 5 年量（2010—2014）的百度地图数据，约 37 万条；7 年量（2010—2016）的高德地图数据，约 125 万条；大众点评网数据约 25 万条。欲将 POI 数据导入到 ArcGIS 中，就要对 POI 数据进行处理。首先要校验 POI 数据的有效性。用以下两种方法校验 POI 数据的有效性：（1）数据的初步筛选和整合；（2）筛选后数据的实际投影效果。以大众点评网的 POI 数据为例，本研究中的 POI 数据需要在地图上进行投影，并不需要进行细致的分类，也并不需要关心商业的具体地址，故图 8（a）的高亮部分就是无效的数据；另外需要删除不属于商业的数据以及 GPS 空间坐标信息不全面的数据，故图 8（b）的高亮部分也是无效的数据。此处需要使用软件中的筛选功能，具体步骤在此不赘述。在做完筛选与整合的工作后将该组数据整合而成。

shop_id	mall_id	verified	is_closed	name	alias	province	city
549994	NULL	FALSE	TRUE	吴斯汀西餐酒廊	NULL	陕西	西安
549995	NULL	FALSE	FALSE	内蒙古小羔羊火锅城	NULL	陕西	西安
549996	NULL	FALSE	TRUE	熠源休闲吧	NULL	陕西	西安
549997	NULL	FALSE	TRUE	小利餐厅	NULL	陕西	西安
549998	NULL	FALSE	TRUE	威龙酒店	NULL	陕西	西安
549999	NULL	FALSE	FALSE	新城餐厅(新城广场店)	NULL	陕西	西安
550000	NULL	FALSE	TRUE	怪味面屋	NULL	陕西	西安
550001	NULL	FALSE	TRUE	混城餐厅	NULL	陕西	西安
550002	NULL	FALSE	TRUE	人和食屋	NULL	陕西	西安
550003	NULL	FALSE	TRUE	澎湖湾餐厅	NULL	陕西	西安
550004	NULL	FALSE	TRUE	梨园食府	NULL	陕西	西安
550005	NULL	FALSE	TRUE	天各面屋	NULL	陕西	西安
550006	NULL	FALSE	FALSE	老三届	NULL	陕西	西安
550007	NULL	FALSE	TRUE	爱特糕饼(咸宁西路店)	NULL	陕西	西安
550008	NULL	FALSE	TRUE	新元海鲜粥坡(南大街店)	NULL	陕西	西安
550009	NULL	FALSE	TRUE	莉莉食屋	NULL	陕西	西安
550010	NULL	FALSE	TRUE	千百度牛肉面馆	NULL	陕西	西安
550011	NULL	FALSE	TRUE	潢城饭庄	NULL	陕西	西安
550012	NULL	FALSE	TRUE	恬源大排档	NULL	陕西	西安
550013	NULL	FALSE	TRUE	船吧	NULL	陕西	西安
550014	NULL	FALSE	FALSE	蛐蛐火锅(振兴路店)	NULL	陕西	西安
550015	NULL	FALSE	TRUE	成都魏火锅	NULL	陕西	西安
550016	NULL	FALSE	TRUE	格兰明珠	NULL	陕西	西安

i	descript	tags	map_typ	latitude	longitude	navigati	traffic	parking	charac
3	s2 NULL	NULL	7		0		西安餐厅	NULL	NULL	NULL
3	s2 NULL	NULL	7		0		西安餐厅	NULL	NULL	NULL
3	s2 NULL	NULL	7		0		西安餐厅	NULL	NULL	NULL
3	s2 NULL	NULL	7		0		西安餐厅	NULL	NULL	NULL
3	s2 NULL	NULL	7		0		西安餐厅	NULL	NULL	NULL
3	s2 NULL	NULL	7		0		西安餐厅	NULL	NULL	NULL
3	s2 NULL	NULL	7		0		西安餐厅	NULL	NULL	NULL
3	s2 NULL	NULL	7		0		西安餐厅	NULL	NULL	NULL
1	s1 NULL	NULL	7		0		西安餐厅	NULL	NULL	NULL
3	s2 NULL	NULL	7		0		西安餐厅	NULL	NULL	NULL
3	s2 NULL	NULL	7		0		西安餐厅	NULL	NULL	NULL
3	s2 NULL	NULL	7		0		西安餐厅	NULL	NULL	NULL
3	s2 NULL	NULL	7		0		西安餐厅	NULL	NULL	NULL
3	s2 NULL	NULL	7		0		西安餐厅	NULL	NULL	NULL
3	s2 NULL	NULL	7		0		西安餐厅	NULL	NULL	NULL
3	s2 NULL	NULL	7		0		西安餐厅	NULL	NULL	NULL
3	s2 NULL	NULL	7		0		西安餐厅	NULL	NULL	NULL
3	s2 NULL	NULL	7		0		西安餐厅	NULL	NULL	NULL
3	s2 NULL	NULL	7		0		西安餐厅	NULL	NULL	NULL
3	s2 NULL	NULL	7		0		西安餐厅	NULL	NULL	NULL

（a）POI 中的无效数据　　　　　　　　　　　　　　　　（b）POI 中的无效数据

图 8　POI 中的数据筛选示例

来源：作者自绘

初步筛选后的 POI 仅包括数据序号、GPSX 值和 GPSY 值。经过数据的初步筛选和整合得到百度地图数据约 29 万条，高德地图数据约 43 万条，大众点评数据约 20 万条。然后将整理筛选的数据投影到 ArcGIS 中与实际的街道对比查看各厂商提供的 POI 数据的实际有效性。分别将获取的三组数据导入到 ArcGIS 中。具体投影方法：首先将整理好的数据（仅含 POI 数据编号、GPSX 值、GPSY 值）导入坐标转换器，将中国国家规范的 GCJ 坐标系转化为全球标准 GCS 坐标系；然后在 ArcGIS 软件中找到与实际情况符合良好的西安数字地图，将转换过坐标系的数据投影到数字地图上。具体投影效果见图 9。

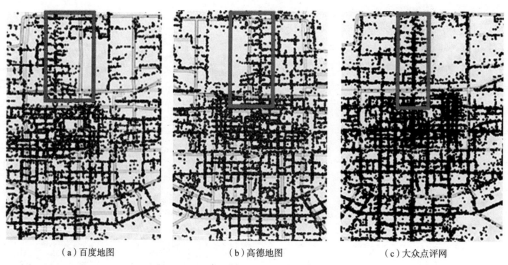

（a）百度地图　　　　　　　　　（b）高德地图　　　　　　　　　（c）大众点评网

图 9　三种软件的 POI 在 ArcGIS 上的投影

来源：百度地图、高德地图、大众点评网

可以从图 9 红框中显示出的数据点偏离实际街道的程度粗略得到以下结论：大众点评网的数据与实际道路位置吻合度最高，高德地图的数据其次，百度地图的数据吻合度最差。究其原因，百度地图公司由于种种原因在常用的转化算法中又写入了独特的算法机制，导致由国内使用的 GCJ 坐标系转化到 GPS 系统专配的全球 GCS 坐标系时准确度较差。又由于此种误差存在 X、Y 两种值上的误差，故如若不知道具体算法，最后投影结果十分难以矫正。由于各厂商提供的 POI 数据量相差并不是很大，且考虑到研究的严谨性，故百度地图和高德地图所提供的 POI 数据不再使用，仅使用大众点评网提供的 POI 数据。大众点评网提供的 POI 数据的具体投影结果见图 10。

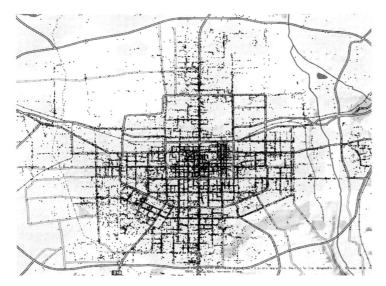

图 10　大众点评网提供的 POI 数据的具体投影结果

来源：作者自绘

2）POI 数量的提取

在完成 POI 数据的投影后，需要统计之前所提出的不同商业中心、商店的不同半径内的 POI 数据量。以下以小寨商业中心举例说明。首先找到小寨商业中心在电子地图上的具体位置。然后分别画出半径 0.5km、1km、1.5km 的矢量圆，如图 11。在数据处理上选择数据连接，将矢量圆与 POI 数据连接并统计出被矢量圆覆盖的 POI 数据的量。最后记录每张属性表中各矢量圆覆盖的 POI 数据量（Count 值），制成表格。

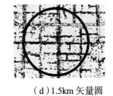

（a）小寨商业中心　　（b）0.5km 矢量圆　　　（c）1km 矢量圆　　　（d）1.5km 矢量圆

图 11　在不同尺度下统计小寨商业中心的 POI 数量

来源：作者自绘

10 个商业中心不同半径内 POI 数量详表见附录，表 4 仅展示其 POI 加和总数与得分。

各商业中心的 POI 加和总数与得分　　　　　　　　　表 4

	高德导航总数	得分	大众点评总数	得分	平均得分
北二环商业中心	1841.00	10.19	2575.00	4.18	7.19
钟楼商业中心	7303.00	100.00	15547.00	100.00	100.00
曲江商业中心	3183.00	32.26	6276.00	31.52	31.89
土门商业中心	1791.00	9.37	3650.00	12.12	10.75
高新区商业中心	5340.00	67.72	6502.00	33.19	50.46
红庙坡商业中心	1221.00	0.00	2260.00	1.85	0.93
沙坡商业中心	2107.00	14.57	3032.00	7.56	11.06
张家堡商业中心	1471.00	4.11	2009.00	0.00	2.06
小寨商业中心	4037.00	46.30	9629.00	56.29	51.29
胡家庙商业中心	1908.00	11.30	3462.00	10.73	11.01

2. 使用热力图对人流量进行量化

微信热力图将具体人流量数值进行简化公布，而不仅仅是通过转换为不同颜色进行直观的展示，这为我们的研究提供了方便。

我们提取了 10 个商业中心在 2017 年 4 月 1 日（周六）的人流量变化曲线，并从中选取客流量最具有代表性的 12 时、16 时、20 时进行研究，图 12 为沙坡商业中心、土门商业中心、小寨商业中心的例子。

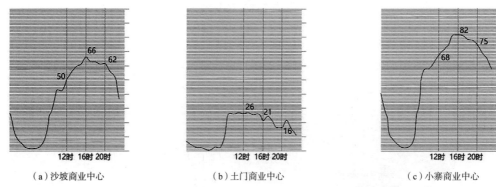

（a）沙坡商业中心　　　　　　　　（b）土门商业中心　　　　　　　　（c）小寨商业中心

图 12　沙坡、土门、小寨商业中心人流量变化曲线

来源：作者自绘

将微信热力图所设定的人流量下限和上线分别设为 0 分和 100 分进行平均分段后，10 个商业中心在 12 时、16 时、20 时的得分及平均得分见表 5。

各商业中心各时间段人流量得分及平均得分　　　　　　　　　　表 5

	12 时	16 时	20 时	平均得分
北二环商业中心	39.00	42.00	44.00	41.67
钟楼商业中心	53.00	62.00	58.00	57.67
曲江商业中心	36.00	36.00	35.00	35.67
土门商业中心	26.00	21.00	16.00	21.00
高新区商业中心	55.00	56.00	44.00	51.67
红庙坡商业中心	30.00	27.00	29.00	28.67
沙坡商业中心	50.00	66.00	62.00	59.33
张家堡商业中心	35.00	33.00	36.00	34.67
小寨商业中心	68.00	82.00	75.00	75.00
胡家庙商业中心	55.00	67.00	60.00	60.67

3. 综合量化商业规模

10 个商业中心的 POI 平均得分即为其各自的店铺数量得分，热力图平均得分即为其客流量得分。分别将 20 组"百分制"得分转换为"五分制"，加和得出的"十分制"得分，即得出 10 个商业中心的商业规模量化最终结果，见表 6。

各商业中心各时间段人流量得分及平均得分　　　　　　　　　　表 6

	POI 平均得分	五分制得分	热力图平均得分	五分制得分	商业规模得分
北二环商业中心	6.32	0.32	38.27	1.91	2.23
钟楼商业中心	100.00	5.00	67.90	3.40	8.40
曲江商业中心	31.25	1.56	27.16	1.36	2.92
土门商业中心	9.91	0.50	0.00	0.00	0.50
高新区商业中心	49.99	2.50	56.79	2.84	5.34
红庙坡商业中心	0.00	0.00	14.20	0.71	0.71
沙坡商业中心	10.23	0.51	70.99	3.55	4.06
张家堡商业中心	1.14	0.06	25.31	1.27	1.32
小寨商业中心	50.84	2.54	100.00	5.00	7.54
胡家庙商业中心	10.18	0.51	73.46	3.67	4.18

将得分转化为圆形面积其投影到地图上，如图 13 所示。

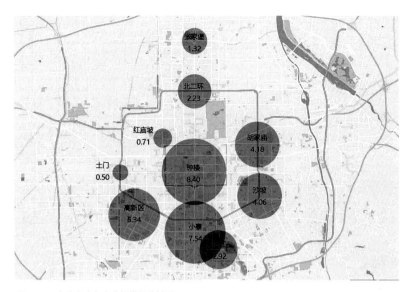

图 13　现有商业中心商业规模得分地图

来源：作者自绘

（四）使用 SPSS 建立线性回归模型

1. 不考虑地铁的线性回归模型

在该模型中，选取不考虑地铁的轴线模型的控制值（Control）、平均相对深度（Mean Depth）、全局整合度（Global Integration）、局部整合度（Local Integration）分别作为解释变量 X_1、X_2、X_3、X_4，商业规模得分作为被解释变量 Y，见表 7。

建立不考虑地铁的线性回归模型的各项变量　表 7

	Y	X_1	X_2	X_3	X_4
北二环商业中心	2.23	18.2935	1.83401	5.07833	7.66991
钟楼商业中心	8.40	15.3343	1.88816	5.02448	7.47861
曲江商业中心	2.92	8.00911	1.74525	4.56593	8.00911
土门商业中心	0.50	5.52091	1.74879	4.22933	7.99494
高新区商业中心	5.34	8.15213	1.61261	4.3625	8.58566
红庙坡商业中心	0.71	3.85305	1.69538	4.16764	8.21531
沙坡商业中心	4.06	2.86118	1.57296	3.67553	8.77686
张家堡商业中心	1.32	18.2935	1.83401	5.07833	7.66991
小寨商业中心	7.54	15.3343	1.88816	5.02448	7.47861
胡家庙商业中心	4.18	14.2071	1.8244	4.7051	7.70504

将数据导入 SPSS 计算后得到结果见表 8、表 9 和表 10。

模型汇总 [b]　表 8

模型	R	R 方	调整 R 方	标准 估计的误差	Durbin–Watson
1	.902a	.814	.664	1.58654	1.588

从表中可以看出，为 0.814，所以该回归模型成立且有统计学意义。

系数 ª 表 9

模型		非标准化系数	
		B	标准 误差
1	（常量）	−1759.406	400.489
	控制值	−.669	.338
	全局整合度	465.806	106.421
	局部整合度	9.304	5.055
	相对深度	113.830	25.941

共线性诊断 ª 表 10

模型	维数	特征值	条件索引	方差比例				
				（常量）	控制值	全局整合度	局部整合度	相对深度
1	1	4.831	1.000	.00	.00	.00	.00	.00
	2	.167	5.383	.00	.07	.00	.00	.00
	3	.002	45.717	.00	.27	.00	.03	.00
	4	.000	115.486	.00	.41	.01	.82	.00
	5	1.056E-6	2138.379	1.00	.25	.99	.15	1.00

构建的回归方程为

$$Y = -1759.406 - 0.669X_1 + 465.806X_2 + 9.304X_3 + 113.830X_4 \tag{3-1}$$

可以看出，常量和全局整合度存在一定的共线性，与商业规模得分呈正相关的是全局整合度、局部整合度和平均相对深度，呈负相关的是控制值。

2. 考虑地铁的线性回归模型

在该模型中，选取考虑地铁的轴线模型的控制值（Control）、平均相对深度（Mean Depth）、全局整合度（Global Integration）、局部整合度（Local Integration）分别作为解释变量 X_1、X_2、X_3、X_4，商业规模得分作为被解释变量 Y，见表 11。

建立考虑地铁的线性回归模型的各项变量 表 11

	Y	X_1	X_2	X_3	X_4
北二环商业中心	2.23	18.3766	1.98896	5.09122	7.15037
钟楼商业中心	8.40	15.366	2.03708	5.03892	7.00509
曲江商业中心	2.92	9.01828	1.84516	4.56871	7.62969
土门商业中心	0.50	5.52091	1.81266	4.23022	7.74855
高新区商业中心	5.34	8.22821	1.86665	4.41435	7.55335
红庙坡商业中心	0.71	3.8493	1.81584	4.17289	4.17289
沙坡商业中心	4.06	2.9381	1.81489	3.81337	7.74027
张家堡商业中心	1.32	18.3766	1.98896	5.09122	7.15037
小寨商业中心	7.54	15.366	2.03708	5.03892	7.00509
胡家庙商业中心	4.18	14.2819	1.94571	4.73276	7.28707

将数据导入 SPSS 计算后得到结果见表 12、表 13 和表 14。

模型汇总 ᵇ 表 12

模型	R	R 方	调整 R 方	标准 估计的误差	Durbin–Watson
1	.910a	.827	.689	1.52645	2.821

从表中可以看出，为 0.827，所以该回归模型成立且有统计学意义。

系数[a]　　　　　　　　　　　　　　　　　　表 13

模型		非标准化系数	
		B	标准 误差
1	（常量）	−121.960	29.261
	控制值	−.987	.407
	全局整合度	61.441	14.656
	局部整合度	2.578	5.203
	相对深度	1.010	.533

共线性诊断[a]　　　　　　　　　　　　　　　　　　表 14

模型	特征值	条件索引	方差比例				
			（常量）	控制值	全局整合度	局部整合度	相对深度
1	4.838	1.000	.00	.00	.00	.00	.00
	.147	5.745	.00	.05	.00	.00	.01
	.015	18.137	.00	.00	.00	.00	.80
	.000	129.443	.05	.42	.28	.92	.09
	.000	173.129	.95	.53	.72	.08	.10

构建的回归方程为

$$Y = 121.960 - 0.987X_1 + 61.441X_2 + 2.578X_3 + 1.010X_4 \quad (3\text{-}2)$$

可以看出，常量和全局整合度、控制值和局部整合度分别存在一定的共线性，与商业规模得分呈正相关的是全局整合度、局部整合度和平均相对深度，呈负相关的是控制值。

3. 小结

通过这两个模型的对比分析可以看出，含有地铁的模型的 R^2 更高，故预测能力更强，这也印证了我们的猜想。

R^2 高达 0.827 说明了 AutoCAD 路网模型足够精细，商业规模量化方法足够科学。

四、研究结果

（一）在 Depthmap 中进行总体初步预测

Depthmap 具有出色的二次编程功能，可供用户自定义公式以进行可视化表达。我们在已经建立的轴线模型中添加公式“Commercial Scale”，即“商业中心规模”，并将软件颜色范围中的 Red 值设置为 0 以便区分。

“Commercial Scale”的公式为：

$$\begin{aligned} Y = & -121.96 - 0.987 \times \text{value}(\text{“Control”}) + 61.441 \times \text{value}(\text{“Integration [HH]”}) + \\ & 2.578 \times \text{value}(\text{“Integration [HH] R3”}) + 1.01 \times \text{value}(\text{“Mean Depth”}) \end{aligned} \quad (4\text{-}1)$$

value(“X”) 是编程语言，即提取 X 的数学数值。

西安市预测商业规模得分轴线图如图 14 所示。

由于数值大于等于 0 的轴线都以红色表示，所以图中显示为红色的轴线即为有商业潜力的轴线。从图 14 中我们可以看出大致的趋势，即西安市东北方向和西南方向有较大的商业潜力，东南方向有一定的商业潜力，西北方向几乎没有商业潜力。

（二）对部分地区进行量化预测

1. 预测对象的选取

我们选区了纺织城地区、后卫寨 / 三桥地区、郭社地区、浐灞经济开发区、保税区地区、鱼化寨地区、西安北站地区、韦曲地区、长乐东路地区、明德门地区、务庄地区、北池头地区共 12 个地区进行商业规模的预测。

其中，纺织城地区、后卫寨 / 三桥地区、郭社地区、浐灞经济开发区依据《西安市商

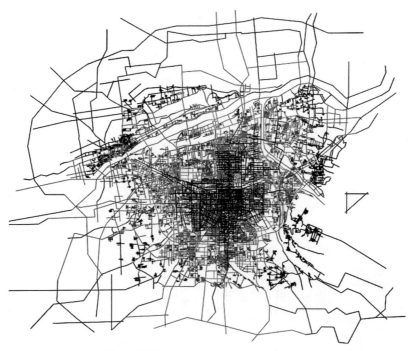

图14　西安市预测商业规模得分轴线图

来源：作者自绘

业网点发展规划》选定，保税区地区、鱼化寨地区、西安北站地区、韦曲地区、长乐东路地区则分别是三条地铁线的终点站，明德门地区、务庄地区、北池头地区是从图14中观察得到的有潜力地区。

2. 预测结果

这些地区的空间句法参数值及预测商业规模得分见表15。

各地区空间句法参数值及预测商业规模得分　　　　　　　　　　　　　　　　表15

	控制值	全局整合度	局部整合度	相对深度	预测商业规模得分
西安北站地区	1.08333	1.73841	2.79283	8.03679	−0.90
保税区地区	4.36069	1.80512	3.64534	7.77674	1.90
浐灞经济开发区	1.45117	1.77551	3.11379	7.88977	1.69
长乐东路地区	3.36234	1.73145	3.15915	8.06509	−2.61
纺织城地区	0.834921	1.74433	3.04668	8.01292	0.34
韦曲地区	1.65397	1.75815	3.34143	7.95777	1.08
郭社地区	3.24529	1.59573	3.87649	8.66596	−8.37
鱼化寨地区	1.77464	1.82687	3.50933	7.69606	5.35
后卫寨 / 三桥地区	0.863095	1.75475	3.07293	7.97128	0.97
明德门地区	3.75838	1.80657	4.2768	7.7713	4.20
务庄地区	1.07955	1.7941	3.16381	7.81838	3.26
北池头地区	3.83025	1.74873	4.02724	7.99525	0.16

（三）预测结果的解读和评估

1. 预测结果的解读

我们对预测结果进行分级：大于3分的为"商业潜力巨大地区"；1—3分的为"有商业潜力地区"；0—1分的为"有一定商业潜力地区"；小于0分的为"几乎没有商业潜力地区"。

从数学模型的计算结果可以得出以下结论：

（1）鱼化寨地区、明德门地区、保税区地区的商业潜力巨大，可以建议进行大规模的投资建设。

（2）浐灞经济开发区、韦曲地区、务庄地区商业潜力良好，同时又由于其均远离城区，故可以作为区域商业中心得到良好发展。

（3）纺织城地区、后卫寨 / 三桥地区、北池头地区有一定的商业潜力，可以考虑一定的投资。

（4）西安北站地区、长乐东路地区、郭社地区商业潜力非常小，不建议进行投资扩张。

将其预测商业规模得分转化为圆形面积投影到地图上，如图15所示。图中包含已有的沙坡商业中心，以供对比参考。

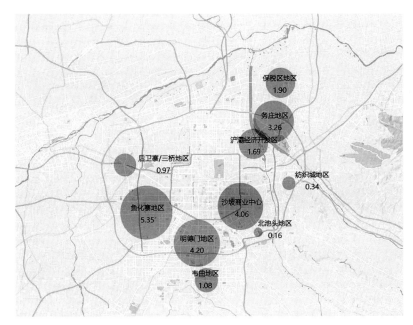

图 15　预测商业规模得分地图

来源：作者自绘

2. 预测结果的评价

预测结果的优点：

（1）得分较高的地区均在西安市西南方向和东北方向布局，这与西安地铁三号线的开通不谋而合；此外东南方向和西北方向商业潜力较小，也与市民普遍认知相同。这些结果证明了预测结果的可靠性和科学性。

（2）此预测结果给出了量化的数学回归模型，可以计算出商业潜力的大小，将这些数值与现有的商业中心商业规模数值进行对比可以形象地展示出未来可能发展到的商业规模。

（3）由于绘制的西安路网图的面积与精细度均达到一定水平，故可以利用此模型计算西安市区几乎任何一条路的商业潜力。

（4）政府在政策制定时更多考虑的是各地区人口密度因素和兼顾均衡发展的目标，缺少对于城市空间结构的考量，本预测结果可以做有益的补充。

预测结果的不足：

本预测方法仅从城市空间结构进行预测，缺少对其他因素的补充，故结果不能全面地展示各地区的商业潜力。

此外，还可以得到以下结论：

地铁对于提升地区的商业潜力作用巨大；西安市东南方向有待市政工程上的进一步开发利用。

五、结论与展望

（一）结论

经过努力我们获得了包括"商业中心规模"参数的 Depthmap 轴线模型，此模型可以通过颜色直观地反映出西安每一条街道、每一个地区的商业潜力的大小。此外，我们还着重选择了 12 个地区进行量化运算，得出了它们的预测商业潜力数据，并直观地表达在示意图中。

我们的结论是，西安市西南方向区域和东北方向区域的商业潜力巨大，其中以地铁三号线途经的鱼化寨地区、务庄地区以及明德门地区最为引人注目。

另外，西安市东南方向区域尚待开发的潜力大，北向和西北向的商业潜力很小，这些负面结论也能为未来的商业扩张和"大西安"城市圈政策的制定提供有益的参考。

（二）展望

本文所提出的研究思路和方法，不仅仅适用于西安市，它完全有潜力发展成为适用于我国所有城市商业中心布局的一整套研究体系。

另外，本研究方法可以从反向入手，对一些需要僻静环境的单位如疗养院等进行布局研究。

参考文献：

[1] 陈永胜，宋立新.多元线性回归建模以及 SPSS 软件求解 [J]. 通化师范学院学报，2007，（12）：8-9+12.

[2] 杜霞，白光润.上海市区商业等级空间的结构与演变 [J]. 城市问题，2007，（12）：39-44.

[3] 比尔·希列尔.空间研究3：空间句法与城市规划 [M]. 段进等译.南京：东南大学出版社，2007.

[4] 郭勃，徐跃通，孙维君.基于 ArcGIS 网络分析的区域 POI 通达度研究 [J]. 鲁东大学学报（自然科学版），2015(01)：68-71.

[5] 卡尔维诺.看不见的城市 [M]. 香港：中国文化艺术出版社，2004：2.

[6] 李新阳.上海市中心城区餐饮业区位研究 [D]. 上海：同济大学，2006.

[7] 穆一.空间句法简明教程 [M]. 深圳：深圳大学建筑研究院，2014.

[8] 宁越敏，黄胜利.上海市区商业中心的等级体系及其变迁特征 [J]. 地域研究与开发，2005，（02）：15-19.

[9] Song K，Li M，Shao Y，et al. Research of the relationship between space accessibility and urban land price by point-based space syntax-art. no. 67540E[J]. Proceedings of SPIE-The International Society for Optical Engineering，2007，6754.

[10] 吴伟明，孔令龙.城市中心区规划 [M]. 南京：东南大学出版社，1999.

[11] 吴志强，叶锺楠.基于百度地图热力图的城市空间结构研究——以上海中心城区为例 [J]. 城市规划，2016，（04）：33-40.

[12] 西安市商业网点发展规划 [Z]. 2004：12.

[13] 张玲.POI 的分类标准研究 [J]. 测绘通报，2012，10：82-84.

[14] 张云菲，杨必胜，栾学晨.语义知识支持的城市 POI 与道路网集成方法 [J]. 武汉大学学报（信息科学版），2013(10)：1229-1233.

[15] 赵刚.基于空间句法的城市商业区位研究 [D]. 山东大学，2013.

[16] 赵卫锋，李清泉，李必军.利用城市 POI 数据提取分层地标 [J]. 遥感学报，2011(05)：973-988.

王佳媛 贾燕萍
（华中科技大学建筑与城市规划学院 本科四年级）
（宁夏大学土木与水利工程学院 本科四年级）

楚门的世界

——失智老人的社区环境改造思考与探索

the Truman Show

— Thinking and Exploring the Community Reconstruction for the Elderly with Alzheimer's Disease

■摘要：随着中国步入老龄化社会，国家政策的导向和社会关注促使养老产业方兴未艾，养老地产也开始大热。但是，近年来养老问题似乎存在简单化、扁平化和商业化的倾向，养老地产与一般的养老服务也不能广泛地适应每个老人的需求。本文以武汉汽发社区及其中的失智老人为例，切实从病理及心理出发去考虑失智老人的特殊困境，关注其生活细节需求，从其身边的环境改善入手，在无需过多投入的前提下，提出针对失智老人的社区适老化改造建议。

■关键词：养老地产；失智老人；社区；适老化改造

Abstract：Under the background of aging society, coupled with the inclination of national policies and attentions of the public, pension industry is developing while pension real states becomes popular. However, there seems to be a tendency towards simplification, flattering and commercialization in the pension problems. Also, pension real states and normal pension services can not apply universally. The paper took the old people with Alzheimer's disease in Qifa Community for example, considering their certain difficulties in lives from both mental and physical parts, as well as focusing on their living details. I will put forward easygoing strategies for renewing their living community mainly aiming at the old people with Alzheimer's disease.

Key words：Pension Real States；The Elderly with Alzheimer's Disease；Community；Modifications for The Elderly

引言

随着中国进入老龄化社会，老有所养、老有所依成为整个社会面临的既现实又紧迫的社会问题。如今，养老产业特别是养老地产以及伴随而来的高额养老成本作为社会上的一个热点话题受到热议及广泛关注。但如果我们冷静下来认真思考就会发现，综合考虑政府及社会所能提供的养老资源有限，以及老人家庭对养老成本负担能力不足的现实，使得能够进入养老机构、能够负担得起养老地产的老人只是少数，大部分老人还是只能居家养老。

事实上居家养老是更适合我国国情及民情的一种重要养老方式，只是长期以来我们在环境设计方面对社区特别是对老旧社区的养老功能重视不够，针对失智老人的社区环境设计更是欠缺。因此，对现有社区环境进行适合失智老人的优化设计改造，就成为既能快速满足居家养老需求，又无需高昂成本投入的现实解决方案。

一、蓬勃发展的养老产业面临的尴尬与思考

近年来，我国人口老龄化正快速发展。我国 60 岁及以上的老年人口，在 2013 年底达 2.02 亿人[①]，2015 年底达 2.22 亿人[②]。到"十二五"期末，我国失能老人将达 4000 万人；失智老人为 600 万到 1000 万人，2050 年将达到 2700 万人[③]。这都给我国的政府养老职能带来了巨大压力。

2013 年，国务院出台《关于加快发展养老服务业的若干意见》，用政策支持促进我国养老产业的发展。就在当年的第三季度，全国各地新增养老项目 25 个，养老地产爆发式增长，被房企以及保险机构大力追捧，不乏 160 亿元、200 亿元的巨额投资项目。

养老地产如此大热，除了是由于老龄化的快速发展和国家政策的大力支持，还因为人们对其适老化设计的需要、对后续结合养老服务的期待。可是，养老产业发展到现在，却面临一些令人尴尬的事实，存在着将养老问题扁平化、商业化的倾向。比如名义上做养老地产，实则在圈地；比如将养老地产郊区化；比如只做到了适老化建设，而忽视了后续的养老服务……

笔者认为，就优化养老环境而言，应着重思考以下三个问题：

（一）新建 VS 改造

新建一块养老地产，涉及政府、地产商、建造者等各方，老人们有权选择是否购买，而无权在一开始就诉说自己的需求。改造老人现行居住的环境，也涉及许多方面，但与购买一套养老地产最重要的不同是，老人始终是诉求者。可是目前，大家关注的焦点大多在于构建带有适老设计的新社区，而忽视了老人既有生活环境的适老化改造。

另外，确实有老人喜欢安全的新家，喜欢认识新的伙伴儿；但是从一般老人的生活习惯和心理特征来看，他们更难以适应新的环境，更不愿意离开已经生活了几十年的地方。从他们身边的环境入手进行适老化改造，也许更得人心。

（二）商业化 VS 平民化

养老地产属于商业地产，并非福利产业，目前的社会保险、商业保险与政府补贴对于养老地产的购买申请也各有困难。尚且不谈商家想要赚取高额利润，就算是正常的养老地产价格，也会导致真正需要这些服务的人没有能力购买。

而就原本社区和住宅适老化改造来看，价格相对亲民得多。在走廊上加装扶手，在入口加装无障碍坡道等，所需成本、负担与一套养老地产不可相提并论。

（三）大改大建 VS 润物细无声

就适老化改造而言，目前社区与住宅的适老化改造服务也尚未成熟，现有的改造服务与老年人的实际需求仍相去甚远。除了一系列必要的无障碍改造外，其他的例如为改善公共服务设施而大建地下停车场、大改房屋结构以加大空间等等，是否切实为老人利益考虑，都需打上问号。

我们真正需要关注的是老人所想，从生活的细处入手，并不一定要大兴土木，也能做出改善。比如，并非所有老人都只有腿脚不便这么一个问题，很多都存在认路困难、视力减退、精力不足等。如果关注他们的生活，去了解在什么情况下会认路困难，对哪些地方辨认模糊，从这些细节进行改造，并不会对社区有太大改变，但又切实改善了老人的生活。

二、个人体验与社区老人现状问题探究

针对老龄化与养老产业的问题，为探索老人原住社区的适老化改造，笔者于 2017 年 3—5 月对武汉市洪山区汽发社区及其住户进行了调查。通过调查发现社区中有不少失智老人，他们对曾经熟悉的生活环境感到陌生，就像美国电影《楚门的世界》中的主人公一样，感觉自己生活在一个并不真实的虚幻世界中，并对周围环境有着一种恐惧感。

（一）体验汽发社区

这是一个见证了老武汉工业发展的地方，是中国长江动力集团的家属区。彻彻底底的老房子，呈行列式整齐排列着；有年代感的红砖、青瓦随处可见；房屋格局深受苏联影响；老旧的红墙上还有"文革"时期用白石灰刷的大字"毛主席万岁""中国共产党万岁"。

汽发社区是武汉汽车发动机厂的家属区。武汉汽车发动机厂的前身，是 50 年代的武汉汽轮机厂，经历了数次更名、合并，现在属于中国长江动力集团有限公司。汽发社区中的住户基本都是厂内的退休职工及家属。并且在笔者走访住户的过程中，得知大部分的退休职工于 1956 年被招工到厂里工作，现在年龄在 75~90 岁。

（二）社区中的失智老人

第一次来到汽发社区，我们遇到了"微笑奶奶"。"微笑奶奶"在一群奶奶中显得特别安静平和，不说话，就是坐着靠背的椅子上，

安安静静地看着大家。有时候大家笑她也笑，有时候看着大家发着呆，但就是一句话也不说。我们好奇地走上前去给奶奶们打打招呼，聊聊天，慢慢地了解到微笑奶奶患有失智症，俗称老年痴呆症。（图1）

随着对社区了解的深入，我们得知这个社区中患有失智症的老人并非个别，其中给我们印象最深刻的就是"走路爷爷"。爷爷年轻时是也是车间工人，闲暇时喜欢给周边拾掇些小花架，搬来小石雕，画画国画。爷爷患病以后，再也无法拾掇这些了，就是喜欢走路。这个社区走了大半辈子，患病后却渐渐找不到家了，即使带着跟踪器，也无法防住一切危险。于是，爷爷的活动范围变小了，活动的时间也变少了。（图2）

与这些居家养老的失智老人不同，我们走访社区养老院，得知了养老院中叶奶奶的生活情况。叶奶奶今年81岁高龄了，是长江动力集团的退休职工。最初叶奶奶进入养老院，由于脱离了原本生活的环境，显得极不适应，白天思念家人朋友，夜晚出现了疯狂洗涤的行为。发展到后来，叶奶奶频频逃离老人院，寻寻觅觅地走到家的附近，后又反复被送回。最后一次逃离时，不小心摔倒骨折，自此以后，叶奶奶只能长期躺在病床上，病情也时好时坏。现在，奶奶的语言能力和理解能力已经退化，只有当我们问到她的家人和她的老邻居时，才能有所反应，道出只言片语。（图3、图4）

图1 "微笑奶奶"与邻居

图2 "走路爷爷"与老伴

图3 关在家中的失智老人

图4 围护森严的老人院

（三）失智老人的主要困境

通过对汽发社区中的失智老人及社区养老院的走访，我们了解到了失智症老人最显著的几个生活困难（图5）：

1. 记忆减退，认路困难，识别障碍

首先，大多数的患病老人都存在记忆减退的现象，只对长期记忆印象深刻，对于短期记忆印象浅薄，时常忘记自己在干什么。其次，他们的定位、定时能力退化明显，会在熟悉的场景中迷路，从而导致漫无目的地游走或者独自徘徊。再次，他们的视觉识别能力也低于一般老人，对于墙壁与地面的转角识别、不同颜色的区分识别都多少存在障碍。

如前文所说的"走路爷爷"一般，在生活了几十年的社区内不停地迷路，情况时好时坏。而且不能强行减少其外出频率，活动的减少会增加他们不安、焦虑，不利于病情的控制。

2. 需要旧物、旧事、旧人刺激

老人患病后，缺乏安全感，很多时候沉浸在自己的世界里，同时也不能脱离他熟悉的环境。看到旧物，会进行反复的回忆思考。许多失智症老人年轻时的喜好会慢慢丧失，而存留下来的旧物会变成他们最不能割舍的东西。

如叶奶奶常常不记得自己在哪儿，却可以兴奋地间歇道出自己以前在厂里工作时的事情，可以记得有老邻居、家人来看望自己。

3. 看护需求特殊

阿尔兹海默症随着时间的发展，可以分为不同的阶段。轻度痴呆期，会出现轻度认知障碍，比如近期记忆力减退、逻辑思维能力下降、计算能力等降低；中度痴呆期，表现为情绪反常和远期记忆退化，老人的行为逐渐异于常人；重度痴呆期，最终会发展为昏迷、死于并发症。对于失智老人的看护，不同于一般老人，需要专业的、亲切的、无微不至的关怀。

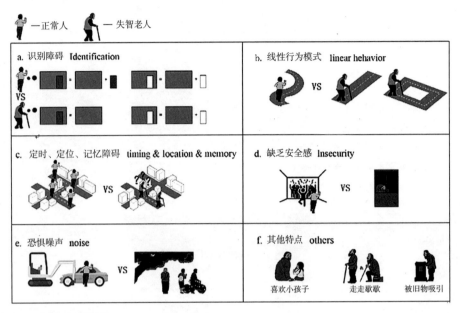

图5　失智老人主要症状

三、针对汽发社区失智老人的环境改造设计

根据以上对汽发社区实地调查及失智老人面临的困境分析，我们从点、线、面三个层面，对汽发社区环境进行了改造设计。

（一）"面"层改造——平安回家

我们将失智老人的活动范围划定为整个社区以内。社区内共18栋房屋，排为三列，西列、中列、东列各六栋。社区内路段均为水泥铺砌，有三条主路贯通社区，南北向两条，东西向一条，能够通行机动车和非机动车（图6）。我们将改造的房屋通过列数分为三个区域，在保持主路的完整性和维持社区交通的畅通的前提下进行了以下改造设计：

1. 色彩标记楼栋

每个区域赋予不同的颜色标记。东列为蓝色，中列为黄色，西列为红色。色块的大小宜以失智老人能辨认同时不引起沿街立面变化过大的尺度为准。（图7）

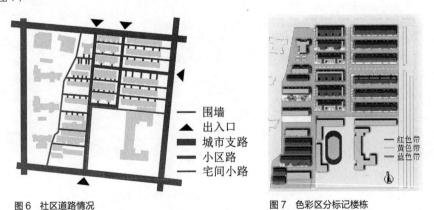

图6　社区道路情况

图7　色彩区分标记楼栋

2. 色彩强化视觉

社区内有多栋房屋立面材料为混凝土，其立面与地面的交接处颜色区分不大，失智症老人对反差较小的颜色存在识别障碍，会将两处视为同一平面。在墙面的齐腰处粉刷房屋所代表的颜色，形成屋脚色带，以增强墙地的区分，减轻失智老人的识别障碍。同样，西列为红色，中列为黄色，东列为蓝色。另外，在每条色带的底部，增设有足够宽度的反光带。当天色变暗，路灯亮起，墙脚的反光带反射路灯灯光，以保证失智老人在夜晚仍对墙地界面保持有效的区分。（图8）

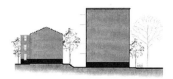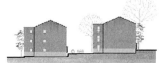

图8 色彩标记立面示意

3. 大门处的色彩利用

社区主要出入口的大门处，是需要防止老人走失的重要节点。此时可以利用失智老人的色彩识别障碍，即对反差不大的两种颜色辨别较弱的特点，进行大门设计。在社区内侧，将门或出口的位置刷上与围墙相近的颜色，以减弱门的存在感，防止老人走出社区；在社区外侧，刷上与围墙对比较大的颜色，强化门的存在感，使外出的失智老人能迅速找到社区入口的位置。

另外，在条件允许的情况下，除了用颜色作为软提醒之外，还需用科技手段作出硬保护，如警铃、监控器等，以最大程度地保障失智老人的安全。

（二）"线"层改造策略——路径漫游

失智老人游走的主要有两个特点：第一，他们适合于直线型或回形的行走路径，不适合行走蜿蜒曲折的路线。第二，由于体力原因，他们一次性能行走的时间和路径都较短，需要相应的设施保证他们停留的安全舒适。针对以上特点，我们参考社区的平面，为失智老人设置了适宜的漫游路径，与此同时实现相应的路径优化。

1. 路径选择

如图9列出了较为合适的参考路径，A、B、C为直线型路径，D、E、F、G为回形路径。基于对出入口位置、道路条件、对住户的打扰程度等因素的考虑，G路径为最合适的选择。

2. 路径优化

在老人的漫游路径上，改花坛为抬高花床。即将花坛抬高0.8米，以适宜轮椅上失智老人进行种植。花床内进行种植的植物种类需要有所限制，应为可食用的植物，如芥蓝、荠菜、马齿苋等……以防止失智老人误食。同时，有气味的花草可以刺激老人的嗅觉，提高他们的敏感度，成为一个引导行走的提示，强化路径系统。

花床边缘应结合设置木质无障碍扶手，提供温和触感。考虑老人的行走习惯与体力，每隔100米需设置与扶手结合的座椅，座椅旁边设置轮椅固定装置，让坐轮椅的老人也可稍作停留。（图10）

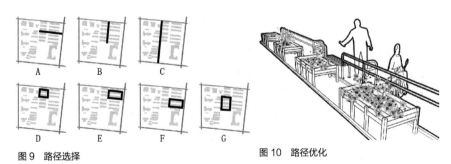

图9 路径选择　　图10 路径优化

（三）"点"层改造策略——重拾记忆

失智老人在前期和中期有两个最显著的病理特征：无短期记忆但有长期记忆；个性、情绪、行为发生改变。这两个病理通过一定的外界刺激都能得到缓解甚至改善，为此，我们作了如下改造设计：

1. 怀旧疗法

选择社区中心的一栋房屋的山墙面放置投影布，在它对面房屋的山墙面之前放置座位，将其一楼闲置的店铺作为放映室。看电影是集体活动、怀旧活动，也并不需要过多的交流，十分适合失智老人，在增加社区活力、凝聚力的同时，刺激失智老人的记忆。

作者心得

倾听老社区，倾听失智老人

发现老旧社区中失智老人的生活困境，看似偶然，实存必然。在生活中，我们已听过太多身边失智老人走失的消息，看过太多失智老人出现疯狂行为的场景。大家普遍害怕患上老年痴呆，其实不仅仅是害怕病痛，更重要的是怕失去尊严、给子女带来沉重的看护负担……许多正在新建的养老养生地产项目受到大力追捧，仿佛只要让老人们住进养老地产，就是给他们的后半生上了份保险。但是走进社区的我们亲眼看到，在养老地产大热的背后，还有这些居住在老旧社区中的失智老人。他们依恋、需要老旧社区的"老"和"旧"，这是他们仅存记忆中的点点星火。

在发现社区中失智老人的困境后，我们开始频繁地走访社区中的老人，数次去到社区养老院，进行了大量的访谈、实验和观察。我们除了需要对失智老人自身在社区中的生活困境足够了解，还要注重失智老人与陪护者在社区环境下的互动，深入研究失智老人的生理及病理特征，以提供针对性的环境疗法。调研过程是完成此作品最重要的阶段。在这个过程中，由于失智老人这一研究对象的特殊性，有一个接一个的困难使我们常常感到无法继续深入；但也正是这些老人们令人痛心的生活现状，一次又一次地坚定着我们做完做好的决心。

"失智老人的社区环境改造"一开始是我们做的一个课程设计，课程设计的深度仅止于对汽发社区的改造方案。论文是在课程设计的基础上完成的，汽发社区在其中更像是一个引子，我们除了做到发现问题、解决问题，还对问题的解决方式进行了普适化的推广，希望这篇论文的影响范围并不只有汽发社区。

感谢论文竞赛的主办方，让我们有这个平台能够传播我们的探索成果；感谢论文的指导老师，不仅与我们有情感上的共鸣，更为论文的深入和完善提供了最强有力的支持；感谢汽发社区中的老人、医院、养老院，为我们的调研提供了非常多的帮助。衷心祝福所有的失智老人及家属平安喜乐。

2. 交流疗法

失智老人对大尺度空间不适应，而喜欢在小尺度空间内逗留。我们以一个 1.5 米 ×1.5 米的小空间作为单元，这个单元仅可容纳一个失智老人坐的轮椅，与一个看护者的座位，它们散落于社区中受老人青睐的聊天 "圣地"。在一个单元中，失智老人与看护者垂直而坐，像是两人垂直坐在一个小尺度的角落里，给予老人尽可能多的安全感。单元可以进行不同的重复、组合，可以就是两个人的，可以聚集很多人，但是每个人并不面面相对。(图 11)

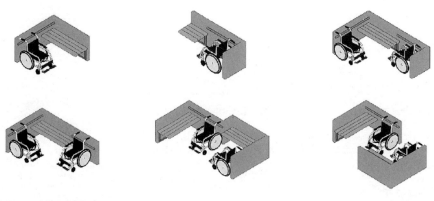

图 11　交流小空间组合

3. 音乐疗法

在社区内安装广播，定时播放不用类型的音乐达到治疗的目的。我们选择将广播安装在黄蓝地带的尽端与学校的三岔路口处，此处通往社区外菜场与光谷商圈，是老人聚谈、漫游的必经之地。清晨 7:00—8:00，播放五六十年代音乐以及新闻广播，给老人时间和记忆提醒；傍晚 5:00—6:00，播放舒缓的轻音乐，提醒老人回家，避免天色变暗，认路困难。

（四）点、线、面的关系

点、线、面这三个层次不是相对孤立的，而是水乳交融的。露天影院作为地标可以方便失智老人定位，从而导引回家；小尺度交流空间同时可作为老人漫游路线中的临时休憩点；广播点可用听觉来提示时间与定位；花床既能丰富老人的活动，又能作为嗅觉刺激来引导路径……(图 12)

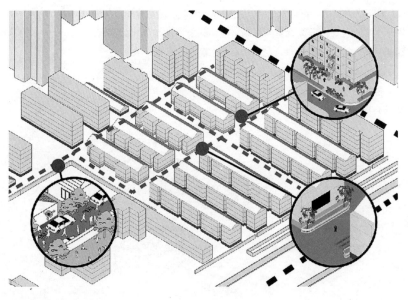

图 12　三 "点" 分布图

点、线、面互为组份，相互影响，同时对失智老人的视觉、听觉、触觉、嗅觉四种感官进行全方位刺激，在方便他们的活动的同时，达到治疗与导引的目的。

四、失智老人针对性社区改造建议

对于失智老人，家人们为了避免他们出现生命危险，有时不得不将他们锁在家里、锁在养老院中。被锁起来的他们，好似电影《楚门的世界》中的楚门，活在一个类似 "乌托邦" 的世界中。他们不会再走失了，不会再把家里弄得乱七八糟了，不会在外面有生命危险了。可是无论他们多安全，却克服不了作为 "笼中鸟" 的恐惧。

我们希望失智老人能走出来，至少能在社区范围内活动。当然，前提是社区环境对他们来说足够安全。基于对汽发社区环境改造的经验，并从失智老人的病理及心理出发，总结出以下具有一般性特点的、具有失智老人针对性的老旧社区改造建议，包括帮助定时、帮助定位、辅助设施建设、引导行止、促进活动五个方面：

（一）帮助定时

1. 借助时钟

可借助显眼易辨、定时敲响的时钟，通过视觉、听觉来提醒患者现在的准确时间。

2. 借助阳光

可利用阳光的方位与亮度提醒痴呆患者现在的大致时间，但要注意阴影与"黄昏症候"对患者的心理影响。

3. 借助事件

可借助社区中的人早锻炼、买菜、吃饭、摆板凳聊天、收板凳回家、学生上下学、年轻人上下班、小贩出收摊等时间较为固定的事件，帮助患者定时。

（二）帮助定位

1. 设立地标

可利用场地现有标志物（如标牌、器械、地形、光照等），或在道路交叉口等处设立地标，时刻提醒失智老人自己所处的位置。地标设置不宜过疏过密，过疏削弱定位感，过密易导致迷惑。地标设置密度以在路口处的视野范围中有 1~2 个为宜。地标应显眼易辨。

2. 区别分区

为场地中的建筑划分分区，并赋予每一个分区独特有的特征（如色彩、主题等），区别应明显，时刻提醒失智老人自己正处于哪个区域。

（三）辅助设施建设

1. 日光与照明

（1）日间光照：在失智老人行走的主要道路上不宜有太多影子与遮蔽，避免引起患者的误解与恐慌。

（2）夜间光照：夜间照明应使失智老人在夜间仍能找到回家的路。晚上不宜一直亮着大片的灯，可以采用反光胶带加上若干盏路灯照亮。

（3）黄昏照明："黄昏症候"一般发生在下午 3:00—8:00，具体时间随季节而变。该阶段由于自然光照的改变，是失智老人古怪行为在一天中最常出现的时间，而且可能持续几个小时。路灯中应装有调光开关，在太阳要下山时逐渐调亮灯光。

2. 颜色方案

（1）用颜色凸显：背景（墙壁、地面等）颜色应尽量与功能物件（器械、座椅等）颜色形成明显反差。

（2）用颜色隐蔽：将不想让患者注意或靠近的物件涂成与背景颜色相同的颜色，或故意在其前方制造"黑洞"（如放置黑色席垫等）。

（3）对涂色的要求：避免使用特别亮眼的漆。色卡偏向深色一段的中间区域，往往能使失智老人表现出更佳的色彩认知。色彩偏浅会减弱辨识度。避免使用网格、不同颜色的条纹以及波点，而使用简单的几何图案。

3. 地面

地面应尽量平整。警惕可能在地面上形成的阴影。

4. 人行道

在失智老人常活动的外墙齐腰处，包括不安全的出入门口，用彩色壁纸做边界线。人行道宽度不应小于轮椅通行宽度 1.5 米，以适合两人同时辅助一台轮椅通行时的宽度为宜。人行道旁应加设行走老人与坐轮椅老人共用的扶手，且应随扶手设置轮椅固定设施。应符合《无障碍设计规范》。

5. 社区家具

搬走影响患者进出的社区家具，不应出现一碰就摇摆或移动的大件家具。椅子宜随设轮椅固定设施。给失智老人使用的花床，考虑轮椅上的患者的体验，应适当抬高，且宜增设轮椅固定设施。

6. 悬挂物

简化悬挂在墙上的任何东西；尽量减少失智老人对已不能继续参与的活动的回忆。

（四）引导行止

1. 定位引导

若在患者视野范围内有明显指示牌、地标、色彩分区等，使其明确自己的定位，可使患者找到行走的方向。

2. 事件引导

若在患者的视野范围内有公共活动的发生，可能激励患者走过去并参与其中。

3. 辅助设施引导

利用照明、色彩、地面、人行道、社区家具、悬挂物等辅助设施进行引导。

（五）促进活动

1. 空间布局

很大的空间会让患者感到明显的不舒服，特别是在社交场合。患者对过去的认知比现在更强烈，需要给他们提供更多的机会来幸福、舒心地回忆过去。

2. 接触自然

鼓励患者参加室外活动，喂鸟、观鱼、风铃、园艺等都是令人感兴趣的事物。如园艺，花床需抬到大概三英尺高（约0.91米）；宜种植香葱等可食用、易存活的无毒绿植。

五、结语

老龄化社会回避不了又迫切需要解决的问题就是养老。养老地产虽热，但高昂的成本对于解决问题并不现实，且在中国国情民情下多数老人还是倾向于居家养老。对于失智老人来说，居家养老的好处还包括长期相处的街坊邻居之间能够通过交流互动获得精神慰藉，减少对陌生环境的恐惧感，同时亲友的精神慰藉也是对失智老人进行医学治疗所提倡的方法。

失智老人居家养老急需解决的问题就是社区的安全性及环境的熟识性。如果失智老人因容易迷路而只能待在家里，就像《楚门的世界》主人公那样被锁在一个他人营造的世界里，那么所有的无障碍设计对于他们来说意义有限。老吾老以及人之老，我们要让失智老人能够走出家门，安全地在社区中与多年的街坊邻里聊天交流，就应通过关注他们的生活细节及所面临的困境，对老旧社区在帮助定时、帮助定位、辅助设施建设、引导行止及促进活动等方面进行有针对性的设计改造，帮助他们有机会走出家门，让日渐麻木的感官仍能看到、摸到、闻到、听到这个老社区的新活力，觉得自己从未脱离这个世界，也从未远离自己的老友。

人口老龄化是社会发展带来的问题，我们也要用发展的眼光来解决问题。人口老龄化并不可怕，可怕的是人们对它的恐惧与误读。大热的养老地产并非面面俱到，商业化、简单化、扁平化鲜可避免，高成本的养老地产在有限的负担能力面前也难以持续。何不换一种思路，就从老人们身边的环境入手，优化社区环境，进行适老化设计改造，增加合理的设施设备，更能创造出适合老人生存的环境。

注释：

① 中华人民共和国.2013年国民经济和社会发展统计公报[R].2014-2-24.

② 中华人民共和国.2015年国民经济和社会发展统计公报[R].2014-7-11.

③ 中国老龄科学研究中心课题组.全国城乡失能老年人状况研究[J].残疾人研究，2011（2）：11-16.

参考文献：

[1] 安圻.基于失智老人行为特征的养老机构环境设计研究[D].大连：大连理工大学，2015.

[2] 陈赛飞.国内养老现状的分析及社区养老的构想[J].绿色科技.2015（3）：286-288.

[3] 胡芳洁.养老地产冷与热[N].经济观察报，2012-7-23（38）.

[4] 黄雪辉.关注时下养老地产热[J].科技智囊.2012（8）：28-35.

[5] Lawrence，A. An Urban Architecture to Nurture People Affected by Alzheimer's Disease[D]. Carleton University，Ottawa，Ontario. 2012.

[6] 苏清.社区养老模式下旧住宅小区适老化改造设计研究[D].徐州：中国矿业大学，2015.

[7] 于恩彦.老年痴呆症的人性化康护理念和实践——老年痴呆症的希望之光[M].杭州：浙江大学出版社，2015：1-201.

[8] 赵益.痴呆症老人居住环境设计研究[D].成都：西南交通大学.2015.

[9] 周燕珉，林婧怡.我国养老社区的发展现状与规划原则探析[J].城市规划.2012，36（1）：46-51.

图片来源：

所有图表均为作者自摄或自绘。

王嘉祺　刘　可

（合肥工业大学建筑与艺术学院　本科五年级）

基于 GPS 技术的古村落空间节点构成优化策略研究

——以安徽泾县查济古村落为例

Research on Optimization Strategy of Spatial Node Structure of Ancient Villages Based on GPS Technology

■摘要：本研究选取典型旅游开发型古村落中的空间节点为研究对象，利用 GPS 步行实验数据对村落中的空间节点进行选取，同时对不同节点空间与游客的游览行为之间的关联进行了定性与定量的研究，通过 GPS 数据的行动轨迹线、卫星捕捉点及核密度图像的分析，全面地把握了空间节点中游客的行为和滞留状况，进而分析总结出旅游开发型古村落中不同类型空间节点与游客的行为特征关系。

■关键词：空间节点；游览行为；行动轨迹线；卫星捕捉点；核密度计算

Abstract: In this study, we select the spatial nodes in the typical tourism development ancient villages as the research object, use the GPS walking experiment data to select the spatial nodes in the villages, and qualitatively analyze the relationship between the different node space and the tourists' Quantitative research, through the GPS data of the trajectory, satellite capture points and nuclear density image analysis, a comprehensive grasp of the space nodes in the behavior of tourists and retention status, and then summed up the tourism development of ancient villages in different types of space nodes and the behavioral characteristics of tourists.

Key words: Space Node; Tour Behavior; Action Trajectory; Satellite Capture Point; Kernel Density Estimation

一、研究背景、目的及方法

　　近年来随着社会经济及旅游产业的快速发展，选择外出旅行的人越来越多。与此同时，越来越多的古村落也在依托自身有利条件进行了大规模的旅游开发，充分地展示了自身自然人文特色，挖掘了潜在的社会、文化和经济价值。但不恰当的旅游开发不仅仅会影响游客的游览体验，更有可能会破坏原始村落的村落结构和空间形态，使得传统的村落空间和乡村文化不断流失。因此，探讨如何正确地对古村落进行旅游开发具有十分重要的意义。

空间节点作为联系古村落空间形态以及旅游开发的重要环节之一，也是游客所接触到的最为直观的部分，同时具有旅游服务节点和村落空间展示双重特征。村落空间节点的设计不仅要满足游客基本的通行、休息、游玩等需求，还要考虑到不同区位的空间节点中游客所可能发生的行为活动，并为其提供相适应的活动场地。然而，由于部分古村落的旅游开发对于节点空间设计不够关注，对于节点空间的规划和布置也都相对简单，节点之间并没有很大的功能区分，对于不同位置的节点布置也缺乏针对性，造成了不同节点之间的使用情况存在较大的差异。

本研究通过选取典型案例，并结合村落空间节点所应有的重要元素——游客活动，对空间节点中游客的行为特征进行调查，从而把握空间要素与人的行为的关系，进而为村落空间节点的规划设计、文化与旅游氛围的营造、游览活动空间的组织，提供合理的依据及科学的方法。

研究采用民用 GPS 为实验器材，该设备可以连续计测轨迹点的经纬度、速度及方向等数据。通过 GPS 行走实验的方法，研究对选定游客的行为活动进行深入调查，以弄清人在村落中的行动轨迹和停留状况是如何随着场所的空间变化而变化的，以期把握人在村落内的步行行为、游览活动的组织和对应的节点空间的相互关系。

二、调研概况

步行实验调查于 2017 年 4 月 3 日至 4 月 4 日展开，天气晴转多云，温度 20~26℃，保证了游客的行为不受天气的干扰。调查人员在查济古村落景区开放全时间段，对前来游览的游客进行从景区入口至出口的全程无间断行为轨迹调查。调研采用集思宝公司的 G3 型 GIS 数据采集器，并设置为每 5 秒钟记录一次卫星定位点。本次调研共记录有效数据 30 组。（表 1）

	游客数据统计		表 1
	女性	男性	合计
20 岁以下	8	6	14
20~30 岁	12	11	23
30~50 岁	16	18	34
50 岁以上	5	4	9
合计（人）	41	39	80

采集文件为游客的轨迹线数据，由于卫星捕捉会受到自身精度和信号好坏而产生误差，因此导入软件后要对部分偏离过大的数据进行修正。将该点移动至前一轨迹点与后一轨迹点中间值位置，从而使轨迹线形态更为符合实际情况，随后将游客轨迹线与查济总图叠加在 GIS 软件中生成卫星定位点图，并通过软件分析生成相关点核密度图像。（图 1）

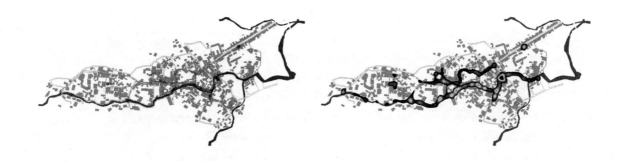

图 1 游客轨迹点密度及核密度图

三、查济空间节点的选取与分析

通过对全体游客轨迹线与核密度图像分析可以发现密度值较高的区域，即游客的主要游玩区域集中在沿河小路以及村落主街上，其余支路空间密度较低，可见大多游客以沿河小路及主街的几个分区为主要游览对象，支路上的空间利用较少。

本研究选取核密度值较高的区域作为研究节点，并针对所选节点的空间特性进行分析。选取村落主街上核密度程度较高的节点自东至西定为 A1~A2，同样选取沿河小路附近核密度较高的节点自东向西定为 B1~B8 展开空间特征研究，在整体上将这些节点按照主要影响因素的不同分成三类，并制作节点空间示意图进行分析。（图 2、图 3）

图2 研究节点选取

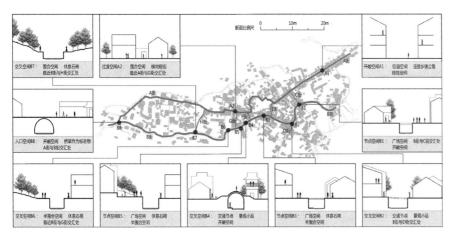

图3 节点空间分析

（一）与重要旅游资源相邻的节点

在村落中有着较高可识别度的A2、B1和B5节点，这些节点都靠近村落中较为著名的旅游景点，且大多都包含了一个较为开敞的空间，其中B1和B5节点靠近水系，而A2节点则位于村落的内部。A2空间是古村落主街A与通往河岸小路G的交叉空间，是从村落西侧进入村落内部的必经之路。A2空间西侧有较为开敞的广场空间，且靠近景点二甲祠。从A2空间沿主街往东则要穿过一个门洞，内外空间界限分明，门洞后部空间顿时收缩，形成较明显的空间收放变化。A2空间附近分布部分纪念品售卖及特色小吃。

B1空间是游客们从沿河入口进入古村落遇到的第一个道路交叉口，沿C街往北可以通往商业街A，往西有分为南北两侧的两条沿河小路可供选择，往南则通往查济新村。空间开敞，围合感不强。除了作为交通空间，B1空间还靠近重点文物保护单位——宝公祠。B1附近分布着各类小吃和纪念品售卖商店，路径可选择性强，部分游客返回时也会经过B1节点，因而游客在此处滞留时间较长且人数较多。

B5空间是沿河最后一个重要景点洪公祠的前广场，洪公祠的室内地坪标高比广场标高高出约1.5m，广场面积较大，背山面水，具有很好的围合感，设置了长石椅供人休息。节点附近只有一些沿街小商业存在。

（二）受到商业、景观等因素而产生的空间节点

包含了A1、B2、B3、B4节点，其中只有A1节点是位于新街之中，且主要受商业活动影响，其他三个节点都位于滨水的B街中，且受到的影响因素也较为复杂，包括景观、商业、休息设施等。

A1空间位于商业街A中端，作为商业街较为繁华的部分，业态较为多样，分布着大量的宾馆、酒店及便利店等服务设施，密度较高，是部分游客吃饭及住宿休息的场所。但A街东段新建商业街部分线性空间特征较为明显，围合感不强且功能过于单一，不利于人的停留而仅仅作为通行性空间。

指导教师点评

随着我国经济社会的持续发展，村落旅游成为人们关注的热点。从"热现象、冷思考"的深度出发，本文选取了具体的开发型古村落——查济作为调研对象展开实地研究，从具体的实例出发，针对村落旅游中人群的行动特征进行客观分析，并针对空间提出了一定的优化建议。

本篇论文体现了以下三个创新点：其一，运用GPS技术对古村落游客展开考察，可以科学客观地把握研究对象的行动轨迹和停留状况。其二，采用核密度图像的分析方法直观表达游客停留与行动状况，将空间节点特征与GPS数据所反映的游客行动特征进行对照分析。无论从调研手段还是分析方法上本文均具有一定的创新点，提出的优化策略对传统村落空间保护更新有一定的实际意义。其三，本文构架分明、内容科学详实，分析图有力强化了论说的清晰性；注释引用、图片来源和参考文献编纂扎实规范，体现了作者严谨的研究和学术态度。

李 早 叶茂盛

B2 空间是一个三岔路口，B 街与 D 街在此相交，又位于河湾的转折处，人流量大，道路狭窄，联系河岸两侧道路的石板桥仅供两人同时通过。由于此处观景效果极佳，上可览粉墙黛瓦傍墨山，下可观清流激湍绕村流，引得无数游客驻足。B2 空间附近分布着几家饭店和旅馆和一些特色小吃及纪念品售卖。

B3 空间是架于小河之上的小广场，空间至此处豁然开朗，在广场边缘排列着石凳供游人休息，河岸两侧分布着密集的饭店宾馆、纪念品售卖、特色小吃以及画材店。同时此节点靠近 B 街与 E 街交叉口，游客轨迹线复杂。

B4 空间是横跨小河两岸的一座圆拱桥，桥虽跨度不大但起拱很高，造型优美，桥的拱顶是整个沿河游览路线上的最高点。桥上桥下都可供人们穿行，空间丰富并具有良好的景观视野。到此处沿河商业逐渐减少，在 B4 空间的北面仅有几家特色小吃。

（三）起交通节点作用的空间节点

主要分布在游览线路的后半部分区域，由于这些区域的指向性较差且缺乏一些吸引游客的景点，部分游客会在节点处停留并分散。

B6 空间位于沿河街 B 的中部，也是旅游团旅游路线的终点，南靠山，北面水，有一石桥横跨河岸通往对岸，北面较为开阔，房屋分散且矮小，在紧靠山体的部分设置了大量的石凳供游人休息，附近商业较少。

B7 空间是沿河街 B 与连通画家村和古村小路 H 的交叉空间，南侧紧邻山地，空间较为局促，北侧有一小空地，且周围建筑较为低矮，空间稍显开敞。此处是沿河通往村落西侧的必经之路，往北可通往村落主街 A。由于自然山水与徽派古建在此交相辉映，也是游客们聚集的开放空间。此处商业较少，仅有几家临河而设的饭店与旅社。

B8 空间是查济古村最西的部分，是一个交叉路口，也是沿河街 B 的最高点，三面环山位于峡谷之间，从这里可以通往其他附近的村镇，所有游客来到这里都会面临路线选择问题。附近商业业态单一且数量稀少，仅有一家青年旅社。

四、步行行动轨迹及空间要素关系的分析

（一）行动路线统计与空间内行动状况分类

GPS 数据的行动轨迹线可以清晰地表现出景区内部游客游览过程中的游览轨迹、活动范围、路线选择以及不同人群之间行为模式的差异等。将每组游客的行动轨迹按照轨迹线数据的形状特征分为四类，分别是直线型、折线型、往复型和滞留型。并对选取的空间节点内的轨迹数据进行分别的归类统计，对比总结出不同空间节点中游客游览轨迹的差异，进而了解节点内游客的行为模式与所在的节点中的空间特征的关联。（表 2、图 4）

结合查济景区整体的游客行动轨迹线图可以基本了解游客的游览路线较为多样，大多都呈现出大小不同的环形。动线基本覆盖了古村落内部的所有公共街道空间（除地图北部山坡上的公路及村落西部的部分私家庄园），其中贯穿村落南部的沿河道路以及村落中部的东西向道路为旅游主线，具有十分明显的动线特征，其中沿河道路作为游览线路的起始线路，密集程度最高，动线特征也最为复杂多样，对于空间节点的选取也都基本集中在这条线路上。而联系两条主要游览线路的为 5 条南北向较短的路，并形成了几个大小不同的环形流线，几条支路的动线密集程度也呈现出由东向西逐渐降低的现象。在东西向的支路与主路的交口出现了一些较为明显的动线特征，并存在部分空间节点。

对空间节点 A1 区域的线性分析发现，节点空间一作为村落新建商业街中的一个较为重要的节点，行动轨迹线的样本数据并不多，只占了总数的 30%。虽然在轨迹线中表示的基本都是滞留型的轨迹，但在数据统计中 66.6% 的动线数据都属于直线型，只有 22.2% 的游客选择在此地长时间滞留。可见，游客的目的性对于此处的空间节点中的行为活动类型有着很大影响。

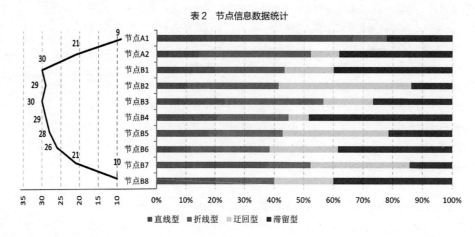

表 2　节点信息数据统计

A2 空间是位于线路中后期的重要节点，对于整体动线具有较大的影响，折线型和滞留型的动线达到了 76.2%，其节点本身具有较好的观赏和休息体验。

B1 空间是一个类型十分复杂的节点，包含了交通、景点、购物、休息等多种功能，其内部的动线类型也十分繁杂，大部分游客往返都会经过此节点，导致了 B1 空间中行动轨迹线的数据量极大。此节点中存在着宝公祠景点，且道路较为狭窄并存在沿路商业行为，

导致了部分游客的滞留行为。

B2 空间是一个较为特殊的空间，其中迂回型的动线数量达到了 44.8%，游客从 B 街到达 D 街游览，随后需要原路返回再次回到 A 街继续参观，存在一定的人流对冲现象。B3 与 B4 节点较为类似，是 B 街中的沿河街道景观空间，都受到了周边商业和南北向街道的影响。然而 B4 节点周围存在着一个著名景点月亮桥，因而滞留型的动线数量高出了很多，达到 48.3%。

B5 空间与 B1 空间较为相似，在空间特征上简化了很多，都存在景点、小商业和开敞空间，在此节点处可掉头返回。B6 节点与 B5 节点位置较为接近，空间缺乏导向性，部分游客选择在此休息以及掉头从河对岸返回。

B7 与 B8 空间都属于交通节点，B7 空间的导向性较差，部分游客在此产生了停留和迂回的行为，并由少部分按原路返回，人流到此后分成了三股。在 B8 节点处也有类似的问题，产生了少量的游客滞留休息现象，但此节点的空间边界较为明确，只有少量游客原路返回。

（二）GPS 卫星定位点与停留状况分析

卫星定位点可以准确而又完整地记录游客的行动和停留状况。当游客的游览速度较快时，轨迹点会呈现松散的线状分布，而当游客速度缓慢或是停留时，轨迹点会在小范围内密集排布。

通过卫星定位点的图示表达，并对比节点空间特征，我们能够很明显地看到沿着河流的 B 街的轨迹点最为密集，且其中存在着部分轨迹点明显集中的节点空间，表明了景观要素对于游客游览行为有着巨大的影响。

A1 空间的轨迹点数量较少，分布较为集中，空间中的停留状况较为明显。而周边的点密度则十分稀疏，表明了 A1 空间作为商业空间只对部分有目的需求的游客有吸引力，其他游客在通过此处时速度较快，且总体的轨迹点密度较低，对于游客的吸引力较弱。

A2、A4、A5 空间都是属于轨迹点数量较多，但整体分布较为均匀的综合性节点，都包含了景观、商业、交通等多种功能，只在其中部分的区域存在轨迹点密集的节点，例如 A2 节点中的一些商业空间以及 B4、B5 节点中不同道路间的交叉口处和景观空间。

B1 空间的轨迹点分布数量最多，密度也最大。轨迹带主要分布在景点宝公祠的入口区域以及内部展览区域，在 C 街与 B 街交叉口处的桥上也有几个轨迹点较为密集的区域。此节点的活跃性强，对于游客的吸引力强，大量游客进入 B1 空间后会产生停留活动。但由于此处的道路较为狭窄，且存在大量反向人流，所以轨迹点总体较为密集，游客的游览速度较缓慢。

B2 与 B3 节点都属于受到路径影响较大的空间节点，两个空间都在道路的交叉口位置产生了较为明显的密集的轨迹点分布区域，可见游客在经过道路交叉口时往往会减慢速度甚至短暂停留。且在 B2 节点中，轨迹点在 D 街的中端大量聚集，除了受 D 街中的德公厅屋景点的影响，还有大量游客在此选择沿 D 街返回 B 街，而产生了大量人流的对冲减速和短暂停留。

B6、B7、B8 空间在轨迹点的分布特点上比较相似，都在一个特定的交通节点产生轨迹点的聚集，并且在聚集处产生了分流，可见从 B6 到 B8 节点，轨迹点的数量和密度都在不断的减少。在聚集点处往往有可供游客休息的空间，且空间的指向性较差，多数游客在此会选择休息或是短暂停留，随后会选择不同的路径继续游览。

（三）核密度图像绘制与行人活动趋势分析

核密度推定（Kernel Density Estimation，或称核密度估计）是使用核函数根据点或折线要素，计算每单位面积的量值，以将各个点或折线拟合为光滑锥状表面。对于采集到的样本数据进行核密度分析可以更好地把握游客的行动趋势，也能更为直观地表现出游客活动的倾向性，从而对不同节点处的游客活动进行更好的预测和分析。

通过核密度图像可以清晰地表现出游客的主要活动区域集中在村落中临水的 B 街中，并形成了多个连续的峰值，可见滨水景观和街道的营造对于游客路线的选择起到了很大的作用，也说明了 B 街作为渣济旅游景区的主线路在设计上是比较成功的。然而作为主线

作者心得

1. 初次尝试，认真学习

这是我第一次学习写作这样一篇较为严谨深刻的学术论文，通过这次的学习，我深刻体会到，在调查研究和学习写作中都要谨言慎行、谦虚谨慎、尊重他人。在写论文时也是这样，引用别人观点时，不能断章取义，要客观地反映前人的研究成果。

论文的引言、理论框架、研究方法、分析与结论都是一脉相承、互相依存的，而不是单独孤立的。因此，在论文写作中，应该注重逻辑衔接，增强文章的可读性，在图表绘制中也要注意真实性、直观性和简明性相统一。

2. 文献阅读

读文献的目的主要就是快速准确地了解当前研究现状，并学习他人的研究成果。写论文前常常没思路，或者卡壳的主要原因是文献读得太少。杨绛先生曾经说过，你的问题主要是想太多，而书读得太少，其实学术研究也是一样的道理。在写论文前，尽可能地将所有要阅读的国内外文献搜集到，然后取其精华，弃其糟粕。但也要与时俱进，多去浏览一些杂志期刊，或是了解互联网上的时事热点，及时跟进最新文献，将最新的研究成果引用到自己的文章中。

3. 频繁与导师交流

在论文写作过程中，每次遇到瓶颈，我们都会及时和导师沟通，导师的每句话可能都会给我们打开写作思路，或让我们意识到之前所犯下的一些错误，所以每次和导师沟通的机会都十分重要，而且每次与导师的交流都让我们自身对于研究课题的理解更加的深入。

4. 学习使用软件的能力

由于现在期刊基本接受电子版论文，所以需要提高一些常用办公软件的使用。例如：平时与导师汇报时需要制作 PPT 来表述自己的写作思路，以及 Word 中绘制各种图表（柱状图、条形图）、SmartArt 的方法、表格的边框底纹、特殊符号的使用。此外，这次的论文写作还用到了一些平时难以接触到的专业分析软件，如分析行人 GPS 路径的 GISmap 软件等，都对我自学能力的提高产生了很大的帮助。

5. 每天坚持，持之以恒

在写作期间最好保持每天写作的习惯，就算有事耽搁了，也要在脑中回忆论文的内容，否则我们可能就会发现之前的思路有些模糊了，再要重新开始就要花更

（下转第 373 页）

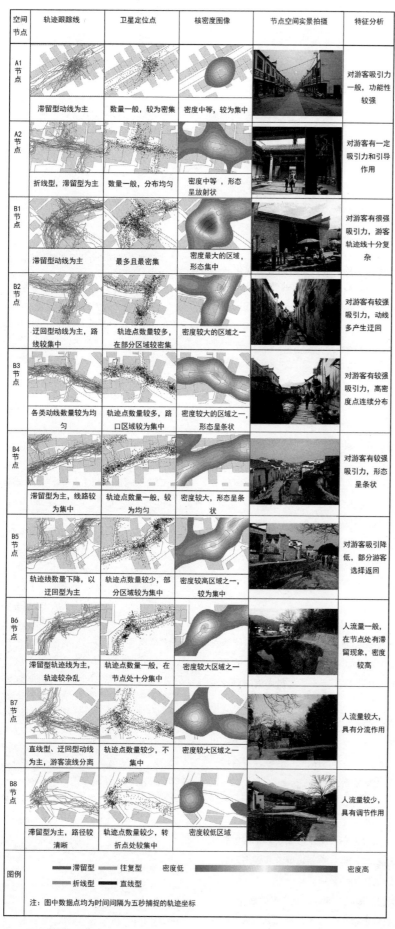

空间节点	轨迹跟踪线	卫星定位点	核密度图像	节点空间实景拍摄	特征分析
A1节点	滞留型动线为主	数量一般，较为密集	密度中等，较为集中		对游客吸引力一般，功能性较强
A2节点	折线型，滞留型为主	数量一般，分布均匀	密度中等，形态呈放射状		对游客有一定吸引力和引导作用
B1节点	滞留型动线为主	最多且最密集	密度最大的区域，形态集中		对游客有很强吸引力，游客行轨迹线十分复杂
B2节点	迂回型动线为主，路线较集中	轨迹点数量较多，在部分区域较密集	密度大的区域之一		对游客有较强吸引力，动线多产生迂回
B3节点	各类动线数量较为均匀	轨迹点数量较多，路口区域较为集中	密度大的区域之一，形态呈条状		对游客有较强吸引力，高密度点连续分布
B4节点	滞留型为主，线路较为集中	轨迹点数量一般，较为均匀	密度大，形态呈条状		对游客有较强吸引力，形态呈条状
B5节点	轨迹线数量下降，以迂回型为主	轨迹点数量较少，部分区域较为集中	密度较高区域之一，较为集中		对游客吸引力降低，部分游客选择返回
B6节点	滞留型轨迹线为主，轨迹较杂乱	轨迹点数量一般，在节点处十分集中	密度较大区域之一		人流量一般，在节点处有滞留现象，密度较高
B7节点	直线型、迂回型动线为主，游客流线分离	轨迹点数量较少，不集中	密度较大区域之一		人流量较大，具有分流作用
B8节点	滞留型为主，路径较清晰	轨迹点数量较少，转折点处较集中	密度较低区域		人流量较少，具有调节作用
图例	滞留型　往复型　折线型　直线型		密度低　密度高		

注：图中数据点均为时间间隔为五秒捕捉的轨迹坐标

图 4　节点空间特征分析

路之一的 A 街，人气则明显落后于 B 街，且主要的人流也都集中在靠近景区入口附近的区域。

B1 节点的分析颜色最深且远远高于其他节点，整体呈点状，核心为宝公祠入口处，核密度由内到外逐渐降低，外部形态向道路及景点方向伸展且仍然保持较高的密度。A2 和 B5 节点的密度较为相近，形态上与 B1 节点具有相似的特征，但数量上相较于 B1 节点差距较大。

A1 节点的形态较为特殊，整体为圆形，集中程度极高，周边的密度极低，说明游客在此停留的时间较长且位置集中。而 B2、B3 和 B4 三个节点形成了整体都有较高密度的连续高密度点，且线形态上都呈条状，位置都集中在路口及景点附近。且这三个节点沿路的密度偏高，表现出游客在此处的游览速度较慢，且在多个景点以及商业处产生停留。

B6 到 B8 节点处则明显体现出路口处的密度点密度高且形态较集中，并且密度衰退较快，表明了游客大多在节点处长时间停留，且在节点以外的游览速度较快，说明这些区域的景色对于游客缺乏吸引力。

（四）村落节点存在的问题分析及优化策略

通过上述研究可知，古村落中游客的行动特征与所处的场所空间有着十分密切的联系，而村落中重要节点空间的营造也会对游客的行为和活动产生影响。从村落整体的角度来看，B 街是营造得比较成功的一段街区，而 A 街则显得对游客缺乏吸引力，因而可以对 A 街的商业和景观方面做出一定的改善，同时加强 A 街的传统文化要素，凸显文化主题，提高 A 街的活力并与 B 街产生区别。

从空间节点本身的研究可以发现，B2 和 B5 节点自身存在着较大的问题，空间内产生了较多的往复型动线，尤其是 B2 节点，穿行人员数量大且折返的游客占到了半数，且在道路交口处产生较为明显的集聚现象，说明了 B2 节点处的空间组织不合理，应考虑如何将此节点处的人流合理疏导或返回 A 街。

B5 节点由于随后景点标识不明确，也产生了数量较多的往复型人流以及动线分散的现象，应加强 B5 节点处的空间处理，同时强化道路交口处的线路标识，吸引游客继续沿线路游玩。且随后的 B6 到 B8 节点也都有同样的问题产生，且存在后续游览流线较长且缺乏景点的问题，建议可以优化 B6 和 B7 节点处的空间组织，增加可短暂停留的游览休息的自然景点，并将流线在 B7 节点处截止，让游客从 B7 节点处返回 A 街继续游览，强化游览线路的连续性和整体性。

在 B1 节点处存在了人流集聚的现象，这主要是由于宝公祠景点以及狭窄的沿河石板路导致的。按之前所述的方法将游客流线从 B7 点引导至 A 街可一定程度地缓解 B1 节点空间返回游客导致的人流对冲问题，同时将景点处的小摊贩转移到西侧的小空地处统一安置也可以一定程度地缓解这个问题。

而在其他节点空间的处理上，主要就是要处理道路交口处的路标以及商业分布问题，避免游客在道路交口处产生长时间停留，商业最好避免在道路交口处使用沿路对外摆摊的方式，导致游客停留时产生的道路拥堵现象。

五、结语

本研究调查了游客在查济传统古村落景区中的行动特征，以及在其中的行为活动与节点内部空间特征的关系，进而研究了游客的行动特征与节点要素、流线组织之间的关系。研究发现，查济景区内部游客分布不均匀，存在着明显的游客密集区域与稀疏区域，且在部分节点处由流线组织混乱，空间指向性差等问题。在此基础上提出了一系列的节点空间优化策略，试图改善景区内游客分散的问题。

研究运用 GPS 在较为成熟的古村落景区空间中进行步行实验，通过游客动线可视化，路线统计分析，卫星定位点可视化与核密度推定等定量化、可视化的分析方法，对照空间要素的特征，综合分析了一个成熟的传统村落景区中游客行为活动与空间形态的关系以及景区中游客的行动情况，停留状况，由此得以把握住人在景区中的活动和对应空间要素的相互关系。研究从建筑学、社会学、行为心理学的角度研究了传统村落景区节点空间所应具有的场所特质。本研究对于现如今大力开发的各种传统民居古镇等景点的空间优化有着一定的借鉴意义。

参考文献：

[1] 叶茂盛，曾锐，曾俊 . 基于 GPS 技术的文化商业街区步行行动调查研究——以 "南京 1912" 为例 [J]. 南方建筑，2013（1）：10-15.

[2] 叶鹏，王浩，高非非 . 基于 GPS 的城市公共空间环境行为调查研究方法初探——以合肥市胜利广场为例 [J]. 建筑学报，2012（s2）：28-33.

[3] 彭梅 . 城中村居住形态分析——GIS 在城市问题中的运用 [J]. 建筑学报，2009（02）：42-44.

[4] 山本友里，屋代智之，重野寛，等 . 歩行者用道路上におけるリアルタイムな混雑情報の取得・提供手法 [C]. 情報処理学会研究報告，2004（05）：37-42.

[5] 白川洋，歌川由香，福井良太郎 . 無線情報端末を利用した歩行者ナビゲーションシステムの提案 [R] 情報処理学会第 46 回グループウェアとネットワークサービス研究会（GN），2003：71-76.

图、表来源：

图、表均为作者拍摄及绘制

（上接第 371 页）

多的时间与精力。

在这次做学术研究的过程中，我们都培养出了严谨的科学品质，也领悟出了其中的一些道理，这对我们今后一生的学习、工作和生活都会有很大的帮助。

特邀编委点评

本论文在实证工作上显得很扎实，对数据掌握较好，分析也比较明确，在实证调研方面做得很好。但作为一篇学术论文——尤其是以产生"优化策略"为目标的学术研究——来看，很多的讨论还是比较薄弱。实证研究论文的基本格式一般来讲包括研究背景、文献回顾、研究方法、数据、现象、分析、讨论和结论这几个部分，本文不但缺乏文献回顾，第四（四）部分作为明确在题目中提出的研究目标显然讨论不足，对现象的描述占较大的比重，但对机制的讨论和深层的解释不够深入。同时这部分讨论的目的也存疑——究竟是用这部分讨论来验证实证研究方法的效力（背景部分的研究目标似乎就是这样"提供科学方法"的表述）？抑或如标题中提出需要得出优化策略？另一方面在研究方法上，由调研员尾随跟踪以获取位置数据虽然是常见的方法，但如果以 GPS 轨迹为基础数据并在相对较小的外部空间尺度上进行讨论的话，必然涉及数据的空间同步问题（譬如调研员是否能够完全复制被跟踪对象的空间轨迹和速度）。同时 30 组 80 人的跟踪数据相对较少，同时很多俩人或以上的群体行为造成的重复性轨迹必然会影响数据的有效性和说明性，也未明确指出抽样方法。这一数据和方法上天然的缺陷，只能通过增加有效样本和数据量加以弥补，现在相对较少的样本对于很多细节尺度的解释来说并非能够完全支持。论文需要在结论部分对这一研究方法和技术上的特点进行反思与讨论，对解释数据的有效性做出更好的判断。

何 捷
（天津大学建筑学院副教授）

张　琛　李雄杰
（天津城建大学建筑学院　本科三年级）

真实性：作为传统与现代之间的必要张力

——乡建热潮背景下云南地区乡旅关系的再思考

Authenticity：as the necessary tension between tradition and modernity，the relationship between the countryside and the tourism in Yunnan Province is reconsidered

■摘要：乡建热潮下，云南地区的乡建多是以旅游开发为主导模式。本文以批判的视角和发展价值观，对云南地区乡村古镇类 "特色小镇" 的现状发展作了深入调研和总结，对当前呈现出的问题进行了分析和反思，尝试提出了有别于传统观念的乡建中的真实性理念。并通过实际案例分析，对村镇建设过程中的乡旅关系和设计策略在理论和实践层面进行了探讨。

■关键词：乡建；云南地区；旅游开发；特色小镇；乡旅关系；真实性

Abstract：Under the upsurge of rural construction，the construction of rural areas in Yunnan mainly takes tourism development as the leading mode. Based on the perspective of the value and development of critical view of the development status of Yunnan rural town class "characteristic town" has made the thorough investigation and summary of current shows the problem of analysis and reflection，try to put forward a reality different from the traditional concept of the concept of rural construction. And through the actual case analysis，the township brigade relationship and design strategy in the process of village and town construction are discussed in theory and practice.

Key words：Village Construction；Yunnan Area；Tourism Development；Characteristic Town；The Relationship Between the Country and Tourism；Authenticity

一、引言——乡建中的真实性问题

（一）玉湖完小教学楼引发的思考

丽江玉龙雪山脚下的玉湖村，诞生了一个地域特征很强的建筑作品——玉湖完小教学楼，它摘取了2005—2006亚洲建协建筑金奖等诸多奖项，其建造之精细，形式之唯美，环境之融合，体现出建筑师的深厚造诣（图1、图2）。然而，如今的玉湖完小教学楼却因破败不堪而被迫停止使用。受当地高海拔气候的影响，强烈的日照、凛冽的寒风以及随风变化方向的雨水，使得建筑主要围护构件——木格栅严重变形和腐朽。

究其原因，与当地民居常用的"L"形或者"U"形院落所不同的是，建筑师为了能形成两个半开放的院落，采用了"Z"字形院落的布局方式。面向西南的院落，虽有良好的景观视野，这个方向却是当地的主导风向（图3），也最容易受到高原强烈阳光的暴晒，这是外立面木格栅老化的主要原因。

  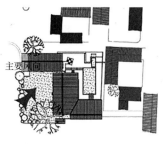

图1　东北向院落　　　图2　西南向院落　　　图3　主要风向示意图

明星建筑的残破不得不使建筑师反思，在乡建环境中，什么是乡建应该真实关心的问题，而乡建又应该基于怎样的"真实性"？

（二）"真实性"理念的溯源和村镇建设

"真实性（authenticity）"一词最早源于希腊语，意思是"自己做的""最初的"。真实性的概念最初用于描述博物馆的艺术展品，之后被借用到哲学领域人类存在主义的研究中。

在建筑学领域，"真实性"的理念更多是用于文化遗产保护，最早见于1964年的《威尼斯宪章》[①]。《威尼斯宪章》提出"将文化遗产真实地、完整地传下去是我们的责任"。1994年11月，28个国家的专家在日本奈良通过《关于"真实性"的奈良文件》[②]。该文件指出："依据文化遗产的性质及其文化环境，真实性判断会与大量不同类型的信息源的价值相联系。信息源的内容，包括形式与设计，材料与质地，利用与功能，传统与技术，位置与环境，精神与情感，以及其他内部因素和外部因素。"文化遗产保护中的真实性问题强调其历史的物质形态、非物质形态以及其所处的自然与人文环境，所有这一切能够表现出由于历史的传承所形成的鲜明特色。

反观当下如火如荼的美丽乡村和特色小镇的建设，多是以商业旅游开发为主导，无论是传统文化还是建筑形象，都显现出不同程度的同质化。对"真实性"进行探讨，无疑是针对同质化现象的一剂良药。

而乡建中"真实性"问题与遗产保护中的"真实性"含义具有显著差异。文化遗产在强调"真实性"时更加侧重其历史性特征，然而乡建的根本在于现实的生活使用，更加侧重于当下。

针对以上问题，本文通过实地调研分析，以云南地区各具代表性的村镇为研究对象，尝试通过调研更深入地探讨乡建中的"真实性"概念，并尝试提出了相关设计策略。

二、云南地区乡村古镇类"特色小镇"现状问题探究

云南省作为民族文化大省，在过去几十年中，经济建设相对落后，却拥有丰富的旅游资源，许多地方仍处于未开发状态。近年来，国家相关部门陆续公布了我国第一、二、三批特色小镇创建名单，云南省丽江古城等全省105个小镇成功入选国际水平、全国一

流、全省一流特色小镇创建名单，规模数量位居全国前列。由此，笔者带着前文提出的疑问，走访了云南省内23个被纳入国家特色小镇建设项目的村镇，现对发现的问题作如下归纳：

（一）旅游房地产的过剩开发

云南省过去几十年在一些传统村镇中开发了大量的旅游房地产项目。旅游房地产作为地产开发和旅游开发的纽带，进一步挖掘了旅游资源的潜力，也在一定程度上提高了周边地区的旅游效应。然而，过度开发的旅游房地产往往存在同质化、空心化、资源利用率不高等问题。

以楚雄彝族自治州楚雄市的彝人古镇为例。彝人古镇是以彝族传统建筑为平台，以彝族文化为亮点的文旅小镇，位列全国一流特色小镇建设的名单之中。目前的彝人古镇，虽有别致怡人的风景，但是有大约80%的建筑处于闲置状态，其余建筑多用作酒店经营和商品售卖。且近年新建建筑的建筑风格也十分迥异，与彝族传统的"一颗印"四合院和土掌房相去甚远。（图4~图7）

图4　风格迥异的"马头墙"

图5　用作酒店经营的建筑

图6　闲置的建筑

图7　别致的景观

（二）乡镇主体的流失

传统村落原住居民的大量流失带来了另一种"空心化"。以丽江古城为例，每年数百万游客参观旅游带来的商机，使大批外地人涌入古城租房开店。根据当地的调查资料表明，1987年至1997年，每年平均有90.4户296人迁出，同时每年又有79.8户240人迁入[3]，开始出现了原住居民与外来人口大幅度对流的现象；1997年至2007年，随着古城申遗的成功，人口置换的速度也达到了高峰（表1）；2007年至今，古城人口置换的速度略有减小，外迁人口减少，但置换幅度并未大幅度缩小。著名纳西族学者杨福泉博士曾说"古城的灵魂，不在小桥，不在流水，而在人家，以及存在这一民族中的文化"。如今丽江古城的"人家"屈指可数，文化产业的发展前景令人堪忧。

1997—2007年丽江古城人口置换现状　　　　　　　　　　　　　　　　　　表1[④]

1997年/人	总迁出/人	年平均迁出/人	年迁出人口比/%	总迁入/人	年平均迁入/人	年迁入人口比/%	2007年/人
30000	27600	2760	9.2	3200	320	36.5	5600

（三）"特色"标签化

何为"特色"？住房城乡建设部近期印发的《住房城乡建设部关于保持和彰显特色小镇特色若干问题的通知》中指出"传承小镇传统文化、不盲目搬袭外来文化。要保护历史文化遗产、活化非物质文化遗产、体现文化与内涵"。比较通知要求，从现状来看，差距是显而易见的，不少营业者打着民族特色的幌子经营谋生，丽江古城的酒吧一条街——新华街便是一个鲜活的例子。每逢夜幕降临，一家家酒吧就开始上演各自的演艺节目，卖唱者，跳舞者，酗酒者，甚至还有吞火者，如此般的喧嚣嘈杂与茶马古道那份恬静显得格格不入。

（四）生态环境的破坏

旅游经济高速发展的同时是生态环境的急速恶化。以大理白族自治州双廊镇为例，大理近年来客栈数量猛增，洱海地区环境承载压力加大，水污染严重，双廊镇尤为突出。据统计⑤，双廊的客栈数量从2012年的100多家发展到2016年的380多家，"双廊变得像个'大工地'"，双廊镇玉几岛的村民李湾西（化名）说。随之而来的便是蓝藻连片集中爆发，水质大幅度下降。根据洱海流域保护局水质情况的通报显示，2016年洱海水体透明度是十年以来最低的一年，2016年洱海流域污染负荷排放总量和2004年相比增加了50%以上。

三、对现状问题的分析及反思

（一）当积淀百年的乡村复兴遇上疯狂的城市速度

深圳、浦东等新兴城市化地区的建设伴随着建筑业的高速发展，吸引了众多建筑师。今天所说的建筑师，往往都是城市建筑师：他们在城市接受教育，面对城市问题。所以，乡建给当今的建筑师提出了诸多挑战。整体而言，我国的乡建还处于初期摸索阶段，许多乡建工作者并没有长期积淀的乡建经验，这无疑会导致我国快餐式的高速城市发展模式被简单复制至乡村。以营利为目的的商业性旅游开发保护模式便成了乡村复兴的主要手段。这样简单粗犷的营利模式短期内或许能为乡村经济带来一定收益，但是当地村民是实际收益的主体吗？上文所列举的问题会不会为"复兴"之后的乡村带来新一轮的"乡村复兴"呢？

（二）当建筑师、规划师取代了村民发展主体的地位

在实践中，真实的传统文化和特色作为乡建的深层任务，却因其实体性弱和难出业绩，几乎无人过问；作为中层任务的传统生产方式的保护，也因当代倡导的"现代化便是发展"的理念而乏人思考。相反，作为底层任务的建筑设计与规划设计倒成了人们最热衷的问题。在建设实践中，村民的话语权显得非常渺小。大多数新建或改造往往不是根据村民的意愿设计而成，并且大多数的改造仅仅是停留在涂脂抹粉的"化妆式改造"。乡建更是一个社会、文化学层面的概念，建筑师和规划师在其中的力量是微小的，应该改变以往的设计习惯甚至喜欢预设结果的设计方式，而在既有的场景中挖掘更多的可能性这样的场景条件更多是出自当地的文化传统以及村民的愿景。试想，如果村民的建设主权被剥夺，乡村社会文化被忽略，这样的设计又有何存在的价值？

（三）当太多的利益掺杂在村镇建设的幌子里

前文中提到的丽江古城大量原住居民的流失以及大量商家的迁入，这样的现象在云南地区可谓非常普遍。是什么力量驱使原住居民做出这样的选择，针对这一问题笔者对丽江古城原住居民和外来创业者进行了采访。

案例1，男，公务员，34岁，纳西族，原住居民

受访者表示："你想你到底是要一年拿七八万甚至几十万的房租到外面好好买栋房子生活，还是要住在里面，又不方便。"

案例2，男，39岁，黑龙江人，酒店老板兼导游，2007年到丽江创业

受访者表示："2007年正是丽江古城旅游最热的时候，游客数量猛增，旅行社、酒店、汽车公司、饭店等基础设施都不完善，觉得很有搞头就开始大搞建设。一开始只是青年旅社，收益还不错，后面开始大搞装修，越搞越繁华，房价节节上升，几百几千一个晚上的都有了。"

利益的诱惑使得所谓的历史城镇保护失去了其本质的意义，遗留下来的历史文化遗产俨然成了利益博弈的利器。当然，在众多村镇建设项目中，这或许只是冰山一角，更多的利益博弈我们不得而知，又该如何去平衡这样的关系呢？

四、云南地区相关优秀案例分析

当然，在众多村镇建设项目被商业性旅游主导的情况下，也不乏一些没有过度依赖旅游来发展的优秀案例。下文分别选取了高黎贡手工造纸博物馆和沙溪复兴工程两个各具

作者心得

从乡村到城市，从城市到乡村

首先，感谢《中国建筑教育》能够提供这样一个自由公正的竞赛平台，写论文是一个非常好的探索和求知的过程。关于参赛和选题，我和队友并没有刻意奔着奖项来参加此次竞赛，选题也没有刻意以"课题"的形式去选一些前沿高深的话题，而多半是来自于生活，可以说是出乎意料，但也在意料之中。

笔者出生于云南中部的一个县城，自幼对大城市有一种乌托邦式的憧憬。2014年，我来到天津求学，眼前繁华的一幕似乎满足了我对大城市的所有幻想。好景不长，大城市的同质化让我逐渐感到疲乏，当然也免不了一些主观因素的影响，所以每次返乡的路上总是有一种期待和温暖。2016年，国内建筑师上山下乡的浪潮逐渐掀起，许多乡建的案例通过媒体的形式展现在了我们眼前。但纸上得来终觉浅，而恰恰吸引我眼球的却是家乡的一些已开发或尚未开发的古村镇，这是多么的亲切却又陌生！亲切，是因为那里有淳朴的村民，优美的风景，独特的少数民族文化；陌生，是因为商业性旅游的卷入使得各地的古村镇都显得大同小异。

所以，选题就这样产生了，我不断在寻思，商业性旅游的卷入必定会使乡村得以复兴吗？带着这个问题，我又再次走访了云南各地的古村镇，我发现每个村镇都有其内在的、独特的"基因"，而商业性旅游的卷入使得古村镇的外在被严重同化；另外，通过几个不同村镇的细微对比，我发现游客数量的增多绝不意味着乡村复兴的实现，而现状面临的问题恰恰就是历史建成环境中的一些不真实的因素的存在。最终，得以在论文中浅谈了一下自己对于乡建中"真实性"问题的观点，收获颇丰！

最后，感谢对我论文付出辛勤指点的周庆教授和陈立镜老师，以及同甘共苦、一起奋斗的队友！

特色的项目，以"真实性"的角度对二者进行了梳理和了解，总结出了它们的一些共同之处。

（一）建筑尺度的"真实性"——高黎贡手工造纸博物馆

建筑位于高黎贡山脚下的新庄村，该地区具有鲜明的地域特征和深厚的传统文化，场所自身具有极高的保护价值。然而，在建筑师的理解中，"保护"并不是维持原状，而是通过与当下的结合，促发新的生命力。

建筑师华黎在观看村中传统的造纸过程，了解造纸工艺和流程的过程中受到启发。华黎注意到，造纸的原料是当地的树皮，是完全自然的原料，制造过程也完全是手工，体现了一种尊重自然的态度。这个过程也体现了事物的生命轮回过程。由此，回收当地可降解的材料——木头来盖这个房子成为这一设计中最突出的特征。这一做法避免产生大量的建筑垃圾，创造了一个有生命的建筑。

而手工造纸最大的文化价值就是其真实性，纸体现了制造者的劳动痕迹及性格特征，因此具有情感价值。为表达这种真实性，华黎考察了当地的建筑资源和建造传统，希望与当地的工匠进行合作，从"建造真实"的角度体现与"当地"的一种深入结合。在此之前，这个建筑被设计者赋予了"微缩村庄"的概念，希望它能给穿梭其中的人一种村庄街巷空间的体验，和一种对"造纸"的提示。

由于当地工匠不大会看图纸，因此设计师与工匠之间主要通过模型和现场进行交流。没有施工图，纸面（设计）和现场（建造）的距离被拉近，许多构造做法是建造过程中与工匠讨论和试验中被确定而非预先设定。例如屋面和外墙的做法，最终确定外墙采用当地的杉木，屋顶打算用竹子来做，而地面和基础则采用了当地的火山岩，这一点也体现了建筑在材料使用上的真实性。（图8）

图8 高黎贡手工造纸博物馆建造过程

（二）区域尺度的"真实性"——剑川沙溪复兴工程

沙溪古镇位于云南剑川西南部，北面紧邻藏区，南面是著名的普洱茶产区，沙溪正好处于中间地带，所以在历史上，茶马古道会经过沙溪。20世纪中叶之后，汽车运输代替了马帮运输，茶马古道因此衰落，沙溪也从此衰败下去。当时的沙溪只能用破败凋敝来形容：老房子东倒西歪，屋顶瓦缝长满了杂草，民居商铺芜杂凌乱。如今的沙溪，没有丽江古城的喧嚣与吵闹，千年的茶马古道集市依旧保留（图9）。当地的人们依然过着日出而作，日落而息的田园生活，怡然自得。眼前的一切，那些在沙溪阅读时间的乡建工作者的功劳是不可抹去的。塞翁失马，焉知非福，沙溪因茶马古道的衰落而沉寂，又因落寞而幸存。

图9　仍在进行交易的"千年集市"

一个偶然的机会，沙溪开始进入国际视野，寺登街被列入世界纪念性建筑基金会（WMF）2002年值得关注的100个世界濒危遗址名录。"中国沙溪（寺登街）区域是茶马古道上唯一幸存的集市，有完整无缺的戏台，客栈，寺庙和寨门，使这个连接西藏和南亚的集市相当完备"。这句简单的描述从此改变了沙溪寺登街的发展轨迹，成了后来沙溪复兴工程的起点。沙溪工程确定了以四方街修复、古村落保护、沙溪坝可持续发展、生态卫生、脱贫与地方文化保护以及宣传6个各具特色、分合自如的子项目。

沙溪的灵魂停在寺登街，而寺登街的灵魂住在老戏台。千百年来，四方街的一草一木没有太大变化，作为中方负责人的黄印武先生处理文物时也显得格外小心，奉行"最小干预，为了最大的价值"的原则。我国传统文物的保护大多奉行"修旧如旧"的原则，但黄先生注意到从"旧"到"旧"其实始终没有摆脱现象的层面，没有触及到背后的本质原因，容易引起误解和混淆。"真实性"的提出直接与"价值"关联。所以，在做寺登街戏台修复的项目时，黄先生寻求着尽量少的改变，尽量减少不必要的历史信息损失，而不是单纯追求一种"旧"的效果（图10）。

沙溪从一个籍籍无名的小镇，被联合国教科文组织定为保护遗产。这样的改变，往往会将一块与世隔绝的纯净之地，染上浓重的商业氛围。从农村来说，首先解决的是组织方式，其次要解决的是发展路径。如何平衡商业性的利益诱惑与乡村复兴的关系似乎在这里找到了答案：黄先生提出了合理解决村民组织化，使得村子与村民形成利益共同体的概念。如果村民做损害村庄利益的事，结果是损害到自身的利益。这样才能将村子与村民的命运紧紧相连。

再者，黄先生提出的发展路径是：众筹。这些参与众筹者的背景多种多样，组成了多面手的乡村建设团队。参与者大多怀有独特的愿景，有最小的逐利性与最大的主观能动

魁阁戏台及两翼修复前平面图　　　　　　　　　　　　　魁阁戏台及两翼修复后平面图

魁阁立柱加固过程　　　　　　　　　　戏台藻井修复过程

图 10　魁阁戏台及两翼修复过程

性。以众筹的路径发展乡村建设，实际上是将城市与农村结合：城市将知识技术输入，而农村则把物产、环境提供出来，让城市的人可以享受，彼此需要，优势互补。

（三）乡建中的"真实性"表达

以上两个案例虽然尺度不同，但在"真实性"表达上具有许多共同之处。

1. 对当地"特色"的理解把握精准到位

设计的开始，两者都没有从"专业"的角度出发来预设结果，而是立足于当地的实际"特色"，深入调查、研究、分析，在真正弄懂乡村现状的情况下，再谨慎地提出相应的策略和措施。

2. 旅游只是推动当地发展的一个工具和手段

两者都没有单方向地过度依赖旅游来谋求发展，而仅仅是作为一个工具和手段来带动当地手工业、生态农业、加工业等其他产业的发展，从而形成多元化的产业结构。

3. 以村民为主体，发展多元化的乡建工作者

以上两个项目在整个过程中，村民都是乡村发展的主体，而建筑师只是作为客体，调动当地村民的自主性和积极性，引入适合当地建造条件和技术的建造模式，来"辅助"村民完成设计。另外，两者都有不同行业的人员介入的现象，通过多元化的协同合作，来提升乡村的活力。

4. 建筑师的在地性和乡建工作的时间沉淀

值得注意的是，在以上两个案例中，建筑师都不远千里来到现场，接触当地的生活和技术，以尊重的态度完成设计。更让人钦佩的是，黄印武先生在沙溪生活了 13 年，潜心钻研沙溪的复兴之道，俨然成了沙溪中的一员。

五、基于"真实性"理念的相关设计策略和设计实践

（一）保护群体记忆的"真实性"，尊重古村镇原有格局

如今的元阳哈尼梯田小镇面临着商业性旅游入侵所带来的重重困境，最具代表性的文化景观梯田也因此出现了荒废的征兆，弃耕现象屡屡出现。本次设计的选址地点阿者科村同样也面临着"空心化"的问题，散落在梯田间的哈尼民居年久失修，原有公共活动场地荒弃凌乱。而农耕无疑是阿者科村哈尼族同胞最具代表性的群体记忆，如何营造梯田、兴修水利、栽种水稻、耕作梯田形成了一套完整的梯田农耕体系。这样独特的气候条件和地理位置，使得当地人世代以耕种红米为生。笔者试图在阿者科村原有形态（图11）的基础上通过对哈尼族红米价值的挖掘，为提升村民生活条件寻找新出路。

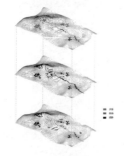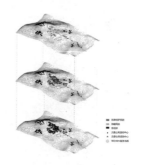

图 11　阿者科村场地整体概况

（二）保护传统生产的"真实性"，发展适应文化生态的经济产业

元阳哈尼梯田小镇之所以能吸引大量游客至此消费旅游，最主要的因素是其壮美的梯田文化景观和哈尼民族风情。若是因商业性旅游的兴起而置梯田于不顾，则会导致梯田景观的逐渐消逝，从而影响了旅游的效益，形成一种恶性循环。所以，以快速营利为目的旅游产业是没有长久生命力的，应该倡导一种具有地域特色的、生态环保的休闲产业，能与相应的手工业、加工业完全有机地结合起来，形成一条可持续发展的产业链。

（三）保护建造模式的"真实性"，实现传统与现代的嫁接

乡村是村民自己的，只有积极调动村民的自主性和积极性，乡村复兴才成为可能。笔者对阿者科的居住概况作了详细统计，以明确他们生活的现状和意愿。笔者向当地工匠[⑥]了解了当地的传统民居的建筑材料和惯常做法，同时注意到，当地梯田产生的秸秆数量巨大，而常常进行焚烧。因此，查阅相关资料后（表2），笔者尝试将秸秆作为一种建筑材料引入到围护体系中，以此替代传统的夯土材料。尝试通过现代技术将经验体系转化为理论体系，提供一种适合"当地"的建造模式。（图12～图17）

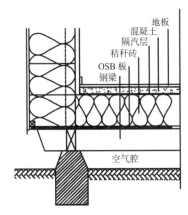

图12 阿者科32号宅地理位置及现状照片

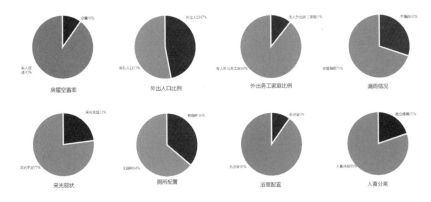

图13 阿者科居住情况统计调研

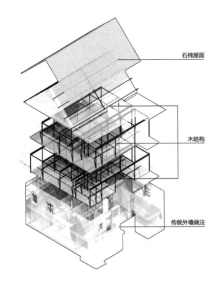

图14 阿者科32号宅改造前示意图

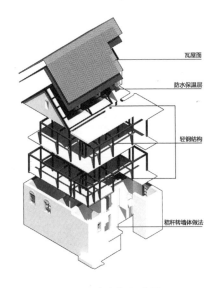

图15 阿者科32号宅改造后示意图

图16 可通风楼地面构造

（四）保护生态文化的"真实性"，实现乡村资源的可持续循环利用

多年来我国的快速城市化发展和过度的乡村工业化发展，已经导致我国的大量乡村地区产生了生态危机。正是因为自然生态是乡村发展的根基，所以生态环境的保护也自然成了乡村发展的前提。鉴于前文提到的阿者科村燃烧秸秆现象严重的问题，笔者试图通过对建筑使用后的秸秆进行回收利用，通过现代技术将秸秆材料转化为生物质能，进而解决了部分能源需求的问题，也实现了对"红米"的二次循环利用。

（五）保护村民权利的"真实性"，发挥政府部门的维权作用

在村镇建设中，作为主体的中低收入原住居民的利益往往被忽略，他们面临着外出

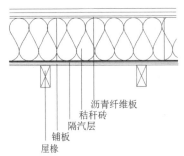

图17 秸秆屋顶构造

381

秸秆砖与夯土墙相关性能对比   表 2

材料	照片	经济性	防火	保温隔热	抗震	环保
秸秆砖		施工便捷 技术简单使用寿命长	高防火等级抗火 90min	热阻高、导热低达节 能建筑标准冬暖夏凉	蠕动 抗震性能好	来源废料 制作耗能低可再利用
夯土墙		造价低廉 就地取材使用年限低	耐火性好	导热小、热稳定 冬暖夏凉	抗震较差 需加固措施易开裂	吸氮 卫生条件差 居住环境差

打工的抉择、耕种田地的占用、社会关系的断裂等等问题。而我国的村镇建设涉及村民、开发商、政府等多方面的利益冲突。所以，政府部门作为维权主体的介入是很有必要的，应采取相应的措施平衡好各方面的矛盾。同时，各民间组织的适当介入，亦能担当宣传者、引导者、教育者、培训者的角色，帮助社区村民提高自身参与能力。（图 18）

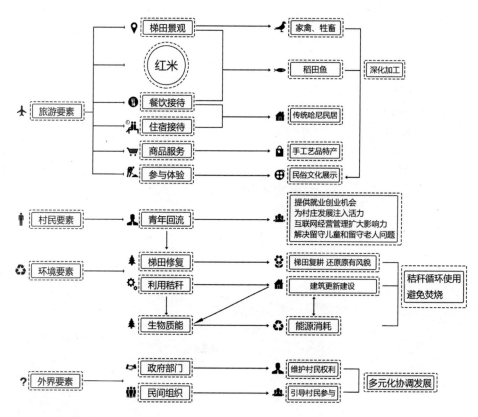

图 18 阿者科村整体设计概念示意图

六、结语——真实之真实

乡建之路，道阻且长。仅本文着重讨论的云南地区，因其独特的地理环境和立体气候条件以及各民族的人口迁徙，造就了文化和生态的多样性，素有"一山不同族，十里不同天"的说法。放眼全国，情况将愈加复杂。每个古村镇都是一卷立体展开的历史文本，有独一无二的结构、语言、词汇，若有缺失、残破、污渍，需要修复，完整保护。而古村镇的生活随时代的发展而变化，其氛围也是多样的。我们不能以一贯的、固有的思维模式来应对乡村问题，例如本文着重探讨的旅游业，而应奉行"此时此地"的独立精神，真正走进乡村，体验生活，关注现实，尊重传统，挖掘特色。所以，与我国当前的城市建设所不同的是，乡村建设的制度体系应该是处于一种"模糊"状态的动态体系，任何的理论和观点都必须经由"真实性"的实践加以检验，才能真正实现传统与现代的和谐统一。

注释：

① 又称为《国际古迹保护与修复宪章》，宪章分定义、保护、修复、历史地段、发掘和出版 6 部分，共 16 条。明确了历史文物建筑的概念，同时要求，必须利用一切科学技术保护和修复文物建筑。强调修复是一种高度专门化的技术，必须尊重原始资料和确凿的文献，决不能有丝毫臆测。其目的是完全保护和再现历史文物建筑的审美和价值，还强调对历史文物建筑的一切保护、修复和发掘工作都要有准确的记录、插图和照片。

② 是在日本政府文化事务部的邀请下，于 1994 年 11 月 1—6 日出席在奈良举办的 "与世界遗产公约相关的奈良真实性会议" 的代表起草。此次会议是由日本政府文化事务部与联合国教科文组织、国际文化财产保护与修复研究中心（ICCROM）及国际古迹遗址理事会（ICOMOS）共同举办。

③ 数据来源：见笔者从丽江古城派出所获得的《人口及其变动情况统计年报表（总表）》；受到地方政府信息公开程度的限制，不同年份数据的来源有所不同，完整程度也受到限制。

④ 数据根据纳西族学者杨福泉教授的统计结果推算，为约数。

⑤ 根据云南省统计局公开数据显示。

⑥ 马有昌年轻时做过木工、石工。阿者科 32 号宅就是在他手上盖起来的。马有昌说，因为石材加工和运输在当地都不容易，所以传统的哈尼族民居只是在墙基部分用石材，其余部分用土坯或者夯土。

参考文献：

[1] 王淑佳. 以旅游开发为主导的丽江古城遗产保护案例研究 [D]. 重庆：重庆大学，2007.

[2] 李超，张兵. "丽江模式" 缺陷的探讨 [J]. 昆明理工大学学报（社会科学版），2010（10）.

[3] 常青. 历史建筑修复的 "真实性" 批判 [J]. 时代建筑，2009（3）.

[4] 华黎. 建造的痕迹——云南高黎贡手工造纸博物馆设计与建造志 [J]. 建筑学报，2011（4）.

[5] 黄印武. 在沙溪阅读时间 [M]. 昆明：云南民族出版社，2009.

[6] 黄印武. 传统与真实性——沙溪乡土建筑实践 [J]. 建筑师，2012（8）.

[7] 曾伊凡. 在地建造——当代建筑师的乡村建筑实践研究 [D]. 杭州：浙江大学，2016.

[8] 李华东. 传统生产方式保护与传统村落的未来 [J]. 建筑师，2016（5）.

[9] 张定中. 浅谈村镇建设与旅游业 [C]. 中国名村名镇保护与旅游发展高峰论坛文集，2007.

[10] 杨大禹，朱良文. 云南民居 [M]. 北京：中国建筑工业出版社，2010（7）.

[11] 费孝通. 乡土中国 [M]. 北京：中华书局，2013（7）.

[12] 张颀. 此时此地的乡村建筑 [J]. 城市环境设计，2015（7）.

图片来源：

图 1、图 2　李晓东工作室。

图 3　笔者改绘。

图 4～图 7　笔者自摄。

图 8　TAO. 迹建筑事务所。

图 9　笔者自摄。

图 10　黄印武. 在沙溪阅读时间 [M]. 云南民族出版社，2009。

图 11～图 18　笔者自绘。

张晨铭 李星薇

（西安理工大学土木建筑工程学院 本科二年级）

"共享之殇"①

——共享单车对城市公共空间影响及其优化对策研究

Sharing Regret

— Study on the Influence of Bicycle-sharing on Urban Public Space and Its Optimization countermeasures

■摘要：近年来共享单车愈发成为一种新交通方式与一种新业态，但在城市原有空间格局下，数量与规模快速增长的共享单车与城市空间产生了矛盾与冲突。针对共享单车在城市内部过度集中停放等现象，以共享单车在城市公共空间的放置方式及人们对共享单车使用后的放置方式的调查研究为依据，通过对城市工农空间的分析，对共享单车与城市空间的现有问题提出解决策略，建立一种包容、创新、方便、实用的共享城市空间体系。

■关键词：共享单车；居住公共空间；工作公共空间；游憩公共空间；交通公共空间；优化对策

Abstract：In recent years, the sharing of bicycles has become a new mode of transportation and a new form, but in the original spatial pattern of cities, the number and the rapid growth of shared bicycles and urban space have created contradictions and conflicts. In view of the phenomenon that the shared bicycle is over-centralized in the city and so on, based on the investigation of the way of sharing the bicycles in the urban public space and after the way of sharing the bicycles through the analysis of the urban and industrial space, The existing problems of urban space proposed to solve the strategy, the establishment of an inclusive, innovative, convenient and practical shared urban space system.

Key words：Bicycle-sharing; Living Public Space; Working Public Space; Recreational Public Space; Traffic Public Space; Countermeasures Research

一、前言

2017 年，我们的城市在发展过程中出现最热的现象之一，就是共享单车大规模的出现。而其自从问世以来就饱受瞩目，它给居民生活带来极大便利，改变交通革命的同时，一场共享单车与城市空间的抢夺战也悄然打响。

这场争夺战，正是社会企业无节制追求共享单车的投放数量和覆盖面，从而导致共享单车大量占用我们的城市空间。由此，我们不得不思考共享单车与城市间的关系。共享，即是与他人共同享有使用体验，单车是一种共享，城市空间同样是一种共享。而当它无节制享有公共资源时，又该如何定义与保障它的公共性与公益性，如今饱受争议的共享单车无秩序占地停放现象背后，又有着怎样深层次的原因等待我们发现。

二、共享单车现象

"共享单车"指的是一种通过线上应用软件连接自行车和人，通过线下提供自行车服务，基于"共享经济"理论而运营的一种商业模式。

截至目前，已有 30 余家企业进军共享单车行业，100 余万辆单车正散布在全国至少 30 个城市，甚至有公司正以"一天一城"的节奏密集入驻。未来扩张速度仍在加速，2016 年至今，共享单车的行业领头企业 ofo[2]和 Mobike（摩拜）[3]的订单已达 3000 万辆，被媒体称为"产能大跃进"，如图 1、图 2 所示。

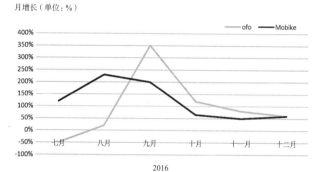

图 1　2016 年 ofo 与 Mobike 单车日增率分析

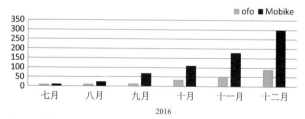

图 2　2016 年 ofo 与 Mobike 单车使用数量分析

目前，"北京市共享单车投放总量约 70 万辆，而近期北京规划院《共享单车与电动自行车停放》课题，阶段性成果指出，北京仍需要 172 万～201 万辆共享单车"。对于这样的大数量，即使交通部门表明，北京市的整体城市空间还能有一定容量来容纳不断增长的共享单车，但依旧有源源不断的问题出现：约有 85% 共享单车集中在中心城区与城市副中心，这一数量多达 60 万辆。与此同时，有车无处停，无车四处寻这一现象屡见不鲜，更有甚者将无处可停的单车停在马路上。

同样的问题也出现在西安，2017 年以来，ofo、Mobike（摩拜）、酷骑等共享单车企业相继"涌入"西安市场，据不完全统计，"目前西安共享单车的投放量已超 30 万辆，但相应的停放区域却寥寥无几"。在这样的情况下，共享单车占用人行道、盲道、消防通道的现象比比皆是，市民的行走空间也不断被乱停乱放的共享单车挤占。有很多市民表示，因为共享单车在小区内随意停放，小区的出行都变得困难起来，需要不断绕开那

指导教师点评

此篇论文紧扣今年论文大赛的主题与要求，由论文题目的设置要求自然形成整个文章的主题框架结构。社会上的热点很多，如何选取热点，选取的热点是否可以在建筑学专业领域对问题进行解决，这是一个难点。本篇论文将研究对象放在"共享单车"上，从"热"上回应了题目要求，又从"共享单车"与城市公共空间发生的种种矛盾的思考上体现出了"冷"。最后试图对具体的现实问题进行解决，问题的解决也是从建筑学本专业的问题上下手——处理空间关系。所以整篇文章从选题到结构安排再到研究内容的完整性，还是不错的。

论文中的一个亮点，是将共享单车现象与城市公共空间进行结合研究，并且以使用分类的研究方法，得到了在目前的城市公共空间中的影响程度。然后再开展具体的策略研究，策略研究也是针对具体的城市环境，去解决具体的问题。

这篇论文的两位学生，在完成论文时还是二年级，相信是所有参赛学生中年级最低的。在最初看到论文题目的时候，我觉得可以尝试一下，结合指导学生在北京参加外埠实习的机会，做一下相关的调查研究，回到西安再继续完成剩下的部分，论文的指导工作总体上也觉得很顺利。

二年级的学生，对于学术论文是没有概念的，一切都是零基础，开始的初稿几乎为废稿，但也正是因为低年级学生才"可塑"，学生很谦虚也很有悟性，在我和学生的共同努力下，能在本科二年级就获得大赛组委会专家老师的肯定并获奖，实属不易。

我认为这篇论文最大的特点是学生确实在从城市发展的角度出发，试图去解决某些问题，即使解决的程度不是很深。这一点也是我在指导学生论文中的总基调。

国内的建筑教育已经由经典的建筑教育走向多元化、特色化、国际化，中国的建筑教育已经融入世界建筑教育的体系中，而中西部高校的建筑学教育面对格局的变化，青年建筑学专业高校教师如何去适应本校考核评价体系与外校新常态下的种种变化挑战，确实压力很大，但也充满希望。

丁　鼎
（西安理工大学土木建筑工程学院，助教）

些横七竖八的车辆，一不留神都会把车挂倒。共享单车彰显的是一个崭新的共享时代，但我们的城市却是原有的城市。如何在原有的城市空间格局下，包容这些新兴事物而不破坏城市空间的有序性，让新与旧和谐共生，这是我们需要去探讨的问题。

三、对城市公共空间影响现状分析

城市公共空间一般是"在于城市建筑实体之间、全体公众可达，同时具备形态的开放性和属性的公众性的开放空间体"，城市公共空间对维系城市活力、承载公共生活、培育市民认同感及提升城市环境品质具有关键作用。

但是，共享单车的出现引发了我们对于城市公共空间的重新思考。在"共享热"下公共空间与单车的冲突，反映出的是现有城市公共空间格局与共享单车存在空间上的矛盾。调查数据显示，"49.7%的人会在'最后一公里'时的选择；47.4%的人主要用于休闲骑行；38%的人会在'上下班路程3～5公里间通勤'时选择共享单车；另有21.7%的人在购物时使用"。可见共享单车的使用已经非常普遍了。

根据城市四大功能——居住、交通、工作、游憩④，将公共空间分为与之对应的居住型公共空间、工作型公共空间、交通型公共空间、游憩型公共空间四类。通过研究共享单车对这四类公共空间的影响，分析城市公共空间现状。

（一）对居住区公共空间的影响

居住型的公共空间，是指"分布在居住区内或其周边的公共空间，其内容包括社区中心、绿地、儿童游乐场、老年活动中心等"。

通过调查发现，人们使用后共享单车停放的位置通常分布在居住区的主干道、楼间空间以及公共绿化区域。这些单车也大多被用作上下班及上下学的代步工具。停放位置的随意性很大程度上占据了居住区的公共空间，给居民的生活带来不便。除自行车棚及机动车停车位外，居住区内并没有为共享单车开辟专属的停取车位。且由于共享单车的公有性，人们并不在意其被盗窃或损坏，停放在外的单车很容易被来往车辆刮倒或被人为破坏，造成共享单车公司的经济损失。如图3、图4所示。

图3　北京草厂胡同内共享单车　　　　图4　西安未央区某小区的共享单车

（二）对工作型公共空间的影响

工作型公共空间包含生产型和办公型两大公共空间，生产型公共空间包括工业区的公园、绿地等，办公型的公共空间包括市政广场、市民中心广场、商务中心休憩广场等。

1. 对生产型公共空间的影响

生产型公共空间在城市规划时往往离居住区较远，处于城市边缘地带，骑行外出往往时间过长，因而员工普遍有私人车辆。厂区内已经有完善的设施用于停机动车和非机动车，并且有专人管理。当工业区的规模到达一定程度后，相关的管理会更加完善。例如西安市未央区的红旗厂⑤，在上下班时间，主干道会进行长达15分钟的交通管制，员工无需对于交通安全问题而担心。在出入的大批车辆中，几乎看不到共享单车的身影。共享单车对工业园内环境影响不大，在厂区员工眼中共享单车并不是那么方便，在用车高峰期有可能走过几个街区都找不到一辆。因为厂内对非机动车辆的"友好"让他们很早就已经适应了骑自行车上下班，就像七八十年代的人们一样，有时遇到意外情况，人们也会骑共享单车，但共享单车的出现并没有改变什么，也没有影响到工业园区内的环境。

2. 对办公型公共空间的影响

通过调查实地研究，中小型企业的办公楼及私人工作室入驻高层住宅楼已成为普遍现象。高楼林立的市区办公楼群里空间狭小封闭，缺少合理的外部空间次序；博物馆、图书馆、纪念馆、美术馆、公园、文化宫等公共建筑内部及周边限制非机动车辆进入，而外部的停放空间不足，导致自行车无序停放，侵占行人空间甚至占用盲道、挤占公共自行车桩位。

（三）对游憩型公共空间的影响

共享单车的存在空间对游憩型公共空间的影响主要体现在休憩健身和商业娱乐两方面。其中，休憩健身型公共空间包括中央公园、绿地、度假中心、水上乐园等；商业娱乐型公共空间包括商业街、商业广场、娱乐中心等。

共享单车"爆棚"⑥的出现，准确地说，实质上是"特定地点共享单车数量过多汇集，因此产生占用道路等用地、妨碍正常的交通与生活秩序的现象"。

1. 对休憩健身型公共空间的影响

旅游业较发达或公园绿地覆盖面较大的城市，通常在特定区域内都会有公共租车项目。这类租车项目是旅游业的衍生产业，属于私人承包盈利项目，不属于共享单车范畴。因为基站本身限制了还车，也限制了使用路线，本地居民通常不会使用，主要是面向旅游者。

自行车骑行是旅游者体验目的地城市的重要方式，共享单车的出现让游客对公共租车项目提出质疑，共享单车无疑是更经济、更便捷的选择。但国内旅游景点普遍禁止外来车辆进入景区内，游客大多将车子骑至景区外后随意放置，在同一景区外出现大量共享单车，加之同行企业的恶意竞争，大批的僵尸车阻塞景区附近交通干道，对景区的外观影响较大，且对停车区域的管理通常只针对私家车辆，共享单车在公共停车空间的停放非常混乱。

调研过程中，笔者切身体会到了共享单车在公共停车空间内的不讨喜。在北京劳动人民文化宫⑥外有一个大概30平方米的非机动车停放区域，之前一直是停放电瓶车或者是私有自行车的地方，当笔者准备将共享单车停放在区域内进入文化宫的时候，恰好遇到接孩子放学的家长，在取车过程中几个家长一直在抱怨共享单车的出现影响了他们的正常交通。共享单车侵蚀了存取车的通道，将私人车辆堵在内部无法移动，只有将共享单车逐辆移开，才能将自己的车子取出，如图5所示。

造成这种问题的原因是因为自行车服务点与休闲旅游点的空间耦合度⑦较低、与旅游网络特征的协调性较差。

2. 对商业娱乐型公共空间的影响

共享单车的"爆棚"多存在于商业街口、商业广场及娱乐中心附近，其"爆棚"在特定的时间段内是瞬间的，这种现象挤压了商业娱乐区附近的步行街，侵占了盲道，给步行的人们带来不便。人行道上原有的非机动车停车区域无法满足大量的共享单车停放，人们仅把单车作为一种交通工具，而非将其作为一个健身或是游览的代步工具。到达目的地后便直接停放，停靠点的随机性，使共享单车不易被回收，损坏率上升，如图6、图7所示。

（四）对交通型公共空间的影响

"而现代城市建设中，无论地铁与公交车系统怎样完善，都在空间布局上无法将'最后一公里'问题完美解决"。而共享单车却可以，所以其在交通型空间的爆发式出现，就很好理解了。

共享单车的存在空间对交通型公共空间的影响主要体现在城市出入口（车站、码头、机场等）、交通枢纽（立交桥、过街天桥、地道）、道路节点（交通环岛、街心花园）、通行性空间（商业步行街、林荫道、滨湖路）。

1. 对城市出入口空间的影响

城市出入口道路是为城市承担出入境和少量过境交通的道路，处于城市道路和公路之间。城市出入口道路主要有三种形式：与郊区公路相连的放射性道路；连接机场、港口等对外交通枢纽的专用路；连接大城市卫星城镇的道路。

以北京和西安为例，因其都是内陆城市，所以不考虑连接港口的专用路。而机场出入口道路主要以快速路为主，没有共享单车存在的空间，所以我们的研究对象主要是火车站及长途客车站的共享单车。

通过实地调研发现，虽然火车站和长途客车站附近公共汽车及小轿车非常多，且人员混杂，但除了车站或附近的工作人员使用共享单车上下班外，很少有旅客骑自行车出行。规定的停车区也只摆放零星的几辆共享单车。

2. 对交通枢纽空间的影响

"交通拥堵的本质是一定空间内人或车密度过大"。城市交通枢纽的作用是缓解交通堵塞，实现分流，保证道路交通通畅。共享单车瞄准人们出行的"最后一公里"，所以在地铁口及城市主要公交站附近设有面积较大的规定停车区域。共享单车风靡后，相关部门并未重新规划停车区域，也并未合理引导使用者正确停放单车，加之共享单车企业间的恶性竞争，共享单车与原有政府投入的公共自行车产生了冲突，大批投放使用的共享单车侵

图5　北京劳动文化宫外的共享单车

图6　北京三里屯太古里附近人行道（1）

图7　北京三里屯太古里附近人行道（2）

占公共自行车桩位，大量公共自行车闲置、损坏。在人流量较少的时候，共享单车的数量达到顶峰，就像是海水涨潮般涌入道路的各个地方，不仅侵占了公共空间，而且对道路交通造成影响。（图8）

图8　北京王府井大街附近

3. 对道路节点空间的影响

从 20 世纪 90 年代至今，随着机动车道的不断扩张，致使人行道受到压迫或者被沿街商亭和摊贩占领，自行车道不断萎缩甚至在许多路段消失不见。而在有的路段，自行车不得不在没有任何防护隔离的辅路上与机动车并行，更有甚者只有仅仅 30 厘米的宽度，十分局促、危险。

在这样的情况下，自行车始终处于一种尴尬的地位：十字路口、交通环岛等地方及一些重要道路节点的红绿灯设计并不特定于非机动车辆，而对于街道上的商铺门口，往往积聚着大量单车影响行人的通行。当笔者调查朱宏路龙首北路口的单车现状时，道路上公交车站附近共享单车的停放情况也不容乐观。原本就狭小的人行车道因为停放大量共享单车而极度拥挤，原本不大的人行空间如今也仅容一人通过。如图9、图10所示。

图9　西安市朱宏路龙首北路口　　　　　图10　西安市朱宏路龙首北路口

4. 对通行性空间的影响

城市通行性空间具有流通性，其设计主旨是不把空间作为一种消极静止地存在，而是把它看作一种生动的力量。这类空间具有流动感和引导性，为避免人车停滞，在最初规划设计时通行性空间内很少留有停车区域。在实地调查过程中笔者也很容易发现，在商业步行街内、林荫道和滨湖路上很少见到共享单车，而在这些通行性空间的出入口处往往停放有大量的共享单车和机动车，造成出入口的堵塞。

四、对城市公共空间影响的分析结论

通过前期对各个空间类型的调查研究，可发现受到共享单车影响最大的公共空间是交通枢纽型公共空间，其次是人口密度极大的办公型公共空间，对于居住型公共空间与道路节点型公共空间的影响一般严重，游憩型公共空间所包含健身型与娱乐型公共空间内部基本不受影响，但是对外部的影响严重，而通行性公共空间受到的影响不严重，生产型空间与城市出入口型空间甚至几乎不受到共享单车的影响，其分析结果见表1、表2。

2016 年 ofo 与 Mobike 共享单车使用数量图　　　　表 1

城市公共空间类型	居住型	工作型		游憩型		交通型			
		生产型	办公型	健身型	娱乐型	城市出入口型	交通枢纽型	道路节点型	通行性型
城市公共空间特征	较为封闭，人口数量大	离居住区较远，处于城市边缘地带，有专人管理该空间	人流量大，建筑物密度较高	人流量大，景观节点多，开放型空间	多为商业性质，紧邻城市干道，人流量大，处于城市繁华区	承担出入境和少量过境交通，处于城市道路和公路之间，车流量大	具有缓解城市交通堵塞的作用，车流量大	起到分流作用，人流、车流量大	具有流动感和引导性
共享单车在此空间特征	潮汐现象[①]严重，且分布在居住区内或其周边的公共空间，排布集中	数量少，取用率低	潮汐现象严重，多分布在办公建筑四周，排布集中	内部数量较少，外部数量很多	步行街类型内部单车数量多，普通商业楼外部单车数量多	数量少	单车数量非常大，且取用率非常高，排布集中	单车数量较多且分散	数量大，取用率高

2016 年 ofo 与 Mobike 共享单车使用数量图　　　　表 2

	居住型	工作型		游憩型		交通型			
		生产型	办公型	健身型	娱乐型	城市出入口型	交通枢纽型	道路节点型	通行性型
最严重							●		
较严重			●						
一般									
严重	●			●	●			●	
不严重									●
无影响		●				●			

五、优化策略初探

（一）共享单车对居住型公共空间的优化策略

对于居住型公共空间，具体的做法主要是商家通过付给小区保安或管理人员一定的报酬，通过硬性拦截而保证共享单车停放位置的固定和集聚性，并在此基础上将共享单车取放点转移到居住区边界。这不仅可以实现设施共享，同时这些设施对居住边界也有一定限定作用，并且也方便单车公司对单车进行管理。城市公共设施纳入住区边界空间后可减少对街道的占用，相应也可以提高这类设施的分布密度；而对于占地面积较大的小区，考虑居民出行与管理方便，也可以在小区内部适当设一些用车点，如图 11、图 12 所示。

（二）共享单车对办公型公共空间的优化策略

办公型公共空间最初只是一栋写字楼前的空地或由几栋写字楼所围合而成的小空间，随时代发展人们在工作之余更需要的是精神上的放松。如今的办公区空间逐渐向商务中心附加休憩广场的模式转型，休憩广场的出现给办公空间一个缓冲，这样的空间组合往往没有明显的边界，可自由出入。

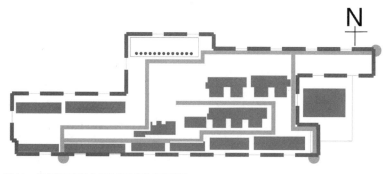

图 11　共享单车在居住型公共空间的存在状况

图12 优化空间布局后共享单车在居住型公共空间的存在状况

笔者选取西安市国家开发银行大厦及其附近绿化，提出优化策略。西安市国家开发银行属国家开发银行陕西省分行，地处西安市雁塔区高新一路与南二环交汇处。高新区是西安市的商务中心区，高楼林立，公路交错，很少有公共绿地或者广场。西安市国家开发银行大厦的西北方向有一片绿地广场，地上停车场处于两者之间。共享单车出现后，一些在大厦内或附近上班的人们为了方便，把单车停在大厦门口、停车场出入口、人行道及次干道上，影响机动车通行。

通过实地调查研究分析，认为可以在保障方便通行的情况下，优先考虑在主体建筑与休息广场的过渡空间处设置共享单车停放点。在本案例中，可以将共享单车的停放点集中在过渡空间地上停车场的边缘区域，便于建筑区人群与广场区人群的共同使用，如图13、图14所示。

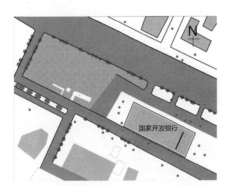
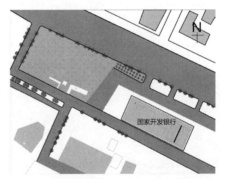

图13 共享单车在办公型公共空间的存在状况　　　图14 优化空间布局后共享单车在办公型公共空间的存在状况

（三）共享单车对游憩型公共空间的优化策略

游憩型公共空间分娱乐型与健身型两种，共享单车对二者的影响皆是对内部影响不大，对外部影响较多。在对游憩型公共空间提出优化策略时，我们着重考虑共享单车与其空间出入口的关系上，同时游憩型空间的流动性往往小于交通性，因而划定单车停放空间时应尽量避免路边空间，且此类型空间出入口往往伴随大量需要用车的人群，因而车辆停靠不能过于分散。

以西安市东大街骡马市⑩为例，该区段主要由一条南北向的主干道以及多个东西向的次干道为步行街网络，它们同其他沿街商铺组成步行街系统。且这条南北主干道的北端直通同样是商业街的东大街，人流量巨大。

骡马市内部并不限制单车，但由于人流量大，进出店铺不方便等原因，选择骑车进去的人数并不多，因而骡马市内部单车呈少而分散的特点。而北侧出入口则是共享单车停放的重灾区，单车随意停放在宽度较低而人流量巨大的街道上，严重阻碍行人的正常通行，影响市容市貌。

由于骡马市北侧入口中心处设有地下通道出入口，沿街道路采用护栏，因而主要人流都是从东、西两个方向涌来，据笔者实地观察，即使人流量较大，但其出入口区域依然存在着低人流量区，即护栏与地下人行通道出入口的中间区域，由此我们可以选择在这段区域聚集地划定停车空间，限制共享单车进入步行街内，使其集中停放在此处，避免散乱停放，如图15、图16所示。

（四）共享单车对交通型公共空间的优化策略

通过对城市交通型公共空间的分析，我们发现交通枢纽型公共空间往往伴随着道路节点型公共空间的出现。因而主要就交通枢纽型与道路节点型这两种公共空间进行统一优化。

以北京清华东路西口的地铁站为例，地铁站地处交通枢纽型与道路节点型公共空间交叉处，附近毗邻两所著名高校及其附属中小学，人流、车流量大。通过对清华东路西口地铁口及其附近区域的调研，笔者发现了共享单车在此区域内的一些停放现象：

"潮汐效应"：公交站点、地铁口、过街天桥附近等区域上班期间被共享单车包围，下班后又全部被骑走，出现共享单车堆积。

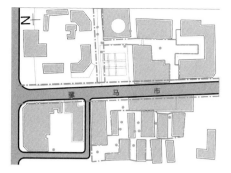

图15 共享单车在游憩型公共空间的存在状况

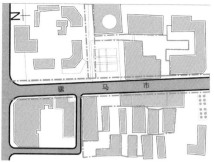

图16 优化空间布局后共享单车在游憩型共空间的存在状况

"堰塞湖效应"：在道路节点密集、轨交站点集中、商业载体地区形成单车堆积，骑进来的多，骑出去的少。

"蝴蝶效应"：停放共享单车的时候具有随意性和从众性。

"马太效应"：由于没有划定停放区域，用户在自行车停放较多的地方优先停放，导致这些地方的车越来越多。

这类交通型空间较其他类型空间更具流通性，自行车取用率高，且多在交通性极强的地段，所以在选择规划共享单车停置点时，应避免一定聚集性空间内扎堆停放。

通过分析，我们认为应采用窄长的且较为分散的方式规划摆放共享单车，在本案例中，北京清华东路西口地铁站处于丁字路口交通节点处，在划定区域时应寻找出通行量较低的空间进行单车的停靠，例如地铁出入口后的盲区，两颗行道树之间的空隙等。在提高城市空间利用率的同时，提高城市空间的包容性，改善城市道路交通公共空间的结构布局，如图17、图18所示。

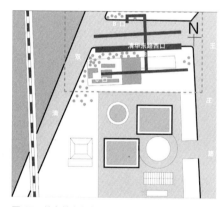

图17 共享单车在交通型公共空间的存在状况

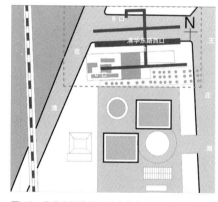

图18 优化空间布局后共享单车在交通型共空间的存在状况

六、结语

共享单车作为一种新兴产物，必然与现有的城市空间发生碰撞与冲突。它在带给城市空间无限机遇的同时，又带给了城市空间新的挑战。

"要从根本上减少问题的发生，需要做好顶层设计，出台一套科学、规范的管理办法，以此来引导市民的行为，促使大家规范使用。"

对于现有的这些城市空间来说，共享单车对其影响程度参差不齐，因而分析问题的方向与优化解决问题的策略也有所不同。当务之急则是处理好这些受到共享单车影响最严重、较严重以及一般严重的城市空间，提高自行车服务点与各个类型的城市空间的耦合度以及与城市格局的协调性。

在未来，单车有着无限可能，城市亦有着无限可能。

作者心得

经过了近两个月的等待，最终，我们的论文获得了本次竞赛的三等奖。感谢组委会举办这次比赛，让我有幸参与了这次竞赛，现在重新回顾这段参赛经历，从过程中汲取到的远比结果重要。

在拿到今年的论文题目"热现象？冷思考"时，指导老师已经给了我一个写作的方向。近年来共享单车愈发成为一种新交通方式与新业态，但在城市原有空间格局下，数量与规模快速增长的共享单车与城市空间产生了矛盾与冲突。基于这种热现象，我们又如何对被逐渐挤压侵占的城市公共空间进行重新规划？对"共享热"下的理性思考是我们此次论文的主题。

我们选取共享单车的发源地北京与我们所居住的城市西安作为研究对象，将城市公共空间分为居住型公共空间、工作型公共空间、交通型公共空间、游憩型公共空间四类。调查研究共享单车在两座城市的各个公共空间内的存在状况并进行类比分析，发现对于现有的这些城市空间来说，共享单车对其影响程度参差不齐，因而分析问题的方向与优化解决问题的策略也有所不同。

我们选择具有代表性的区域（西安市国家开发银行大厦及其附近绿化、西安市东大街骡马市、北京市清华东路西口的地铁站）作为重点研究并进行优化策略初探。发现基于现有的城市规划，共享单车的存在与城市公共空间有很大的冲突，单单建造或开辟一处共享单车的储存空间是远远不够的，甚至可能适得其反。要想让共享单车与城市融合，需要人们素质的提升，企业的配合，更需要有关部门对城市的公共空间针对不同问题进行区域范围内的重新规划。

共享单车作为一种新兴产物，必然与现有的城市空间发生碰撞与冲突。它在带给城市空间无限机遇的同时，又带给了城市空间新的挑战。

在撰写论文的过程中，对于共享单车这个开始新奇，如今却有些"泛滥成灾"的新兴产物，让我从开始的质疑其存在想简单粗暴地取缔它，到经过与导师和队友讨论，实地调研以及查阅大量的资料论文，最终找到了合理的规划疏通方法。在这个过程中，团队成员间思维的碰撞让我学习到了另一种思考方法。

我们写这篇论文的目的并不单单针对共享单车的问题，而是希望让城市公共空间真正为公所用，让人们了解如今城市

（下转第392页）

（上接第 391 页）

公共空间所存在的问题，不要让"共享"成"殇"。也希望这篇文章只是一个引子，会有更多的人开始研究和发现更好的城市规划方法。让城市空间升级，让在其中生活的我们更具幸福感。

在未来，单车有着无限可能，城市亦有着无限可能。

张晨铭

本次论文获得了三等奖的佳绩，很是荣幸。在漫长的论文写作中，非常感谢丁鼎老师对我们的悉心指导，同时也非常感谢"清润杯"组委会对我们论文成果的认可。

进行论文创作时是在8月，而在6月我们确定了论文主题与方向，在随后的两个月里对共享单车的各项资料进行查阅，并对西安市与北京市的共享单车现状进行调研活动，观察共享单车与城市空间的冲突矛盾。在这期间，所有与单车、与城市有关的新闻话题都是我们所关注的对象，随时随地对论文有帮助的场景进行拍摄活动。

在写论文前期，我们查阅了非常多的论文资料，列出了论文大纲，写一稿的时候足足写了1万字出头。而后拿给老师，老师对我们的大纲进行修改，并且将字数删减至3000余字。在这3000余字的基础上，我们又不断进行补充，不断进行修改。终于在不断的修改过后，有了现在的论文成果。

在写作期间难度较大的部分就是我们的选题方向鲜有人做过，能参考的资料少之又少。在提出解决策略时，大多论文对此都是泛泛而谈，没有具体的内容，这就需要我们不断的思考，从而提出合理的解决措施。在对于共享单车与各个城市空间分区的归纳总结上，我们也进行了不断的讨论、思考，列出了一张相对合理的表，并对各个城市区间的共享单车布置下了一番功夫，而后得到比较完整的优化策略。

共享单车如今是城市热点，新兴的事物与旧有的城市难免有碰撞，有摩擦。但如果处理好二者的关系，新旧相生，城市拥有新活力，共享单车找到新归宿，这是每一个城市人的福音。或许我们的论文在一定程度上还尚有不足，存在着需要改进的地方。但我们希望我们的论文可以给每一个正在从事有关工作的人提供一个新思路，新想法，从而帮助他们更好地解决城市空间问题，这是我们所最希望的。

李星薇

注释：

① "殇"在《现代汉语词典》的释义为：1.未成年而死：幼子早殇。2.为国战死者：国殇。殇魂。这里指共享单车作为新兴企业而出现的种种问题所折射出的遗憾。

② ofo小黄车是一个无桩共享单车出行平台，缔造了"无桩单车共享"模式，致力于解决城市出行问题。用户只需在微信公众号或APP扫一扫车上的二维码或直接输入对应车牌号，即可获得解锁密码，解锁骑行，随取随用，随时随地，也可以共享自己的单车到ofo共享平台，获得所有ofo小黄车的终身免费使用权，以1换N。

③ 摩拜：摩拜单车，英文名mobike，是由胡玮炜创办的北京摩拜科技有限公司研发的互联网短途出行解决方案，是无桩借还车模式的智能硬件。人们通过智能手机就能快速租用和归还一辆摩拜单车，用可负担的价格来完成一次几公里的市内骑行。

④ 《雅典宪章》中提出了城市功能分区。它认为，城市活动可以划分为居住、工作、游憩和交通四大部分并提出这是城市规划研究的"最基本分类"。

⑤ 西安红旗机械厂，现称中航工业西安航空发动机（集团）有限公司（简称"中航工业西航"）建于1958年，是中国大型航空发动机制造基地和国家1000家大型企业集团之一，公司有工程技术人员2500多名，属于国有军工企业。

⑥ 北京市劳动人民文化宫，前身是皇室太庙，建于明永乐十八年（1420年），明嘉靖、万历和清顺治、乾隆年间都曾重修、改建，是明清两代封建皇帝祭祖的地方。新中国成立后，周恩来总理亲自批准，把太庙改为劳动人民文化宫，交给北京市总工会作为工人文化娱乐活动的场所，并于1950年五一国际劳动节正式开放。所以，郭沫若同志作诗说："昔为帝王庙，今作文化宫。"

⑦ 耦合度，就是两者之间的密切关系程度，也可以理解为互相依赖的程度。

⑧ "爆棚"一词，《现代汉语词典》的释义是"爆满"的方言，一般指影剧院、体育场等地方观众、听众特别多以至容纳不下；也指轰动的、令人震惊的消息，是粤语口头语。棚是旧时戏班子巡游乡村演出时，以竹竿搭建的舞台，四乡八邻观众集中拥挤导致舞台倾塌叫作爆棚。在2017年4月，爆棚这个本来局限于地方、少数群体使用的词语，借助于现代发达的通讯网络传遍全国，而且与共享单车捆绑一起，一时成为舆论的焦点。

⑨ 潮汐现象原指海水的一种周期性的涨落现象，此处则是说明自行车在同一地点，有时大量堆积，而有时又无车可用的现象。

⑩ 骡马市街位于西安市东大街东段南侧，北起东大街，南至东木头市，据钟楼仅百米之隔。骡马市自唐朝起就有商业贸易之用，至今仍是西安规模较大的商区，不断吸引着年轻人的到来。

参考文献：

[1] 余国磊. 浅析"共享单车"运营和管理中存在的问题与对策 [J]. 知识经济, 2017(9)：87-88.

[2] 张灿灿. 共享单车"产能大跃进"能否无偿"共享"公共空间 [EB/OL]. http://www.rmzxb.com.cn/c/2017-03-27/1444003.shtml, 2017/03/217.

[3] 蒋梦惟, 魏蔚, 林子. 北京需要多少共享单车 [EB/OL]. http://money.163.com/17/0818/07/CS3UEDT2002580T4.html, 2017/08/18.

[4] 阿琳娜, 燕武. 西安遭遇共享单车围城之困 [EB/OL]. http://finance.sina.com.cn/roll/2017-06-16/doc-ifyhfhrt4555529.shtml, 2017/06/16.

[5] 李昊. 城市公共中心规划设计原理 [M]. 北京：清华大学出版社, 2015.

[6] 薛强. 国人共享单车使用情况调查 [J]. 金融博览（财富）, 2017(1)：24-26.

[7] 周建高. 共享单车爆棚与中国城市空间结构问题 [J]. 长安大学学报（社会科学版）, 2017：20-29.

[8] 杨柏. 共享单车引发的路权之争 [J]. 当代贵州, 2017(19)：63.

[9] 李琨浩. 基于共享经济视角下城市共享单车发展对策研究 [J]. 城市, 2017(3)：66-69.

[10] 周建高, 蒋寅. 解决城市交通拥堵必须改善土地利用结构——以中国和日本比较研究为视角 [J]. 国家行政学院学报, 2016(3)：113-117.

图表来源：

表1~表2 作者自绘

图1~图7 作者自摄

图8~图15 指导教师指导绘制

周一村　詹　鸣
（郑州大学建筑学院　大学四年级）

宗族观念影响下的传统村落空间形态演变研究

——以河南省南召县铁佛寺石窝坑村为例

Study on the evolution of traditional village spatial form under the influence of clan concept

— take Shi wo keng which is located in Nanyang Henan province

■摘要：传统村落的整体空间形态演变受到多种因素影响，而宗族发展更是增添了演变过程中的多样性和复杂性。该文以河南省南阳市南召县石窝坑村为例，在详细调查村落家族关系、家庭成员、房屋状态、个人去向、婚姻生育情况的基础上，综合分析当地的地理环境、文化因素、建造工艺，围绕石窝坑村百年的宗族发展脉络，还原村落空间肌理的演变过程，从宗族结构、宗族观念与家族势力等方面揭示村落空间形态演变与宗族发展之间的关系，为传统村落的保护与更新提供了新的视角和切入点。

■关键词：豫西南山地；传统村落；宗族发展；空间演变；建造方式

Abstract：The development of the traditional villages' spatial morphology is influenced by many factors which add diversity and complexity to the progress of the patriarchal clan expansion. Taking Shi wo keng which is located in Nanyang Henan province as an example，based on a detailed investigation of its family connection，family members and housing conditions，the paper has made a comprehensive analysis of local geographical environment、cultural elements and construction technology. Centering on the centurial clan developing venation of Shi wo keng，the paper restores the evolution progress of the villages、spatial texture and it reveals the relationships between the expansion of patriarchal clan and the evolution of spatial morphology from several main aspects：clansmen structures、ancestral ideal and clan forces which provides people with new ideas of protecting and updating villages and the continuation of villages' culture and feature with architectural design methods.

key words：Mountainous Regions in Southwest of Henan Province; Traditional Village; Development of Patriarchal Clan Evolution of Spatial Morphology; Construction Technology

一、村落概况

石窝坑村位于南阳市南召县云阳镇铁佛寺村，地处豫西南山地——伏牛山脉，是秦岭向东延伸的末端。如图1、图2所示。

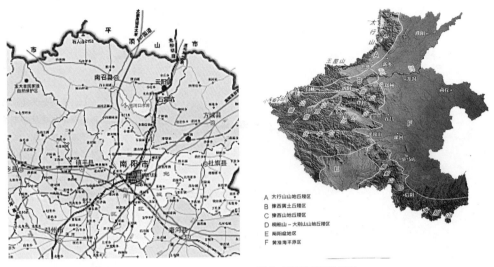

图1　石窝坑行政区位图　　　　　　　　图2　石窝坑地理位置图

石窝坑村位于中国重要地理分界线"秦岭—淮河"线、800毫米的降水线上，是中国南北方交汇区域、湿润带与半湿润带交汇处，处于温带大陆性气候区和亚热带季风气候区的交界地带，具有明显的过渡性气候特征：冬冷夏热，冬季干冷，少雨雪，夏季炎热。

自然地理环境对石窝坑村的影响主要表现为村落的选址适应山地形态，依山傍势，建筑的布局和构造方式也适应夏季通风、冬季保暖的要求。

石窝坑村历史悠久，深受楚汉文化影响。楚王行宫曾坐落于云阳。相传西汉末年，刘秀为躲避王莽追杀到此逃难，坚硬的山石路径上留下几处刘秀坐骑的马蹄印窝，至今蹄印凿凿，村名由此而来。石窝坑村北临九里山、韩信寨，其周边环境如图3~图5所示。

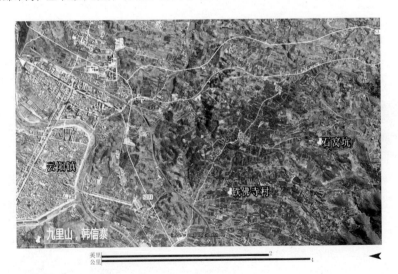

图3　石窝坑村周边环境

整个村落东高西低，南高北低，四周高中间低，呈内凹之势。石窝坑目前有38户人家，河东16户，河西22户，共206人。村子以一条贯穿村子南北的河沟一分为二，河东姓王，河西姓朱。两大家族以沟为界，在村落百年历史中各自发展，互相影响。村落住宅依河而建，大多以石为墙，以瓦为顶，80年代后才逐渐出现砖墙平顶的建筑形式。如图6~图9所示。

图4　从石窝坑村远望九里山

图5　石窝坑村旁边的韩信寨

图6　石窝坑村鸟瞰图

图7　远看位于山坳中的石窝坑村

指导教师点评

解剖一只麻雀
——本科阶段写作论文的一次尝试

　　本篇论文选取南阳市南召县石窝沟村——这一豫西南浅山丘岭区的石头村落作为研究对象，首先介绍了村落自然地理环境、人文历史背景、村庄的基本布局形式和建筑特点。第二部分重点阐述了村落空间形态的演变过程：以时间为线索主要分为四个阶段：村落初建、发展、扩张和定型时期；每个时期村落空间形态主要从四个方面论述：村落形态与自然环境（山、水）的关系，村落形态与道路的关系，重要公共建筑的位置及形态，村落形态与单体建筑分布等。第三部分详细分析了石窝坑村朱、王两大家族在不同历史时期自身的发展过程，不同家族建造房屋

（下转第397页）

图8　穿村而过的小河（一）

图9　穿村而过的小河（二）

二、村落空间形态演变

（一）村落初建时期

石窝坑最早的建筑（王家）位于紫藤树（目前村落中心区域）东偏南15°、大约60米处。第二个建成的建筑（朱家）在紫藤树北边大约60米处。两者隔河相望，岸形南北边较窄，中间较宽，两岸相距6~10米不等，河水较少，仅2~3米。

建村初期多以板打墙（两边夹板，中间填土，用夯夯实而成）和茅草顶对房屋进行简单地遮蔽。如图10、图11所示。

图10　板打墙施工现场

图11　土墙茅草房

河东处，距紫藤树南边约75米处有一个打麦场，面积约一亩地。村子水源（打水井）位于河东靠岸处，距紫藤树东边65米处，从建村至今未变。

交通方面，村东村西没有桥衔接，过河需要踩着石头。村子主入口位于紫藤树北偏东25°、180米处，主道路于北偏东30°、150米处分为两支。在这个阶段，石窝坑初具雏形，空间形态主要为线装的河流以及高差不一的两岸地形，交通流线仅分为河东河西两支，空间流线与肌理单一。两栋建筑、打水井、打麦场三者布局关系明确，以水源与村落为中心形成空间节点的雏形。如图12所示。

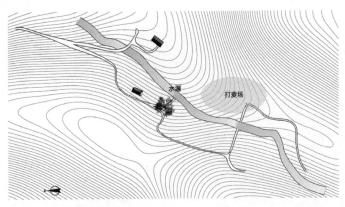

图12　村落初建时期平面图

（二）村落发展时期

河东建筑（王家）由1栋扩展为3栋。分别坐落于原建筑的东边10米处与西南边45米处，而河西建筑（朱家）由两栋扩展为六栋。其中四栋依旧在村中心处，围合原建筑就地建造。另一栋坐落于紫藤树南偏东30°、大约160米处，离村中心较远。关于建筑建构方式与技术，大多建筑从草顶过渡到了瓦屋顶，而原先板打墙土的含量越来越低，最终墙体的主体被石头取代。如图13、图14所示。

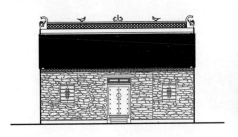

图13　石墙瓦顶房立面图

图14　石墙瓦顶房

这个时期的村落公共建筑上，值得一提的是，原先位于河东的打麦场由紫藤树南边75米处迁移至主入口西边约3米处，面积约两亩地。

交通方面，主道路依旧分为两支，村西道路于紫藤树北偏东40°、100米处出现拐点，并于紫藤树处产生新的分支，西支于紫藤树西南180米处再次产生分支，一支通往河东，一支通往村庄西南角。村东道路则沿着东岸曲折延伸。此时依旧没有桥，但河中石头变得密集，方便更多人通行。

在这个阶段，石窝坑村已经有了些许发展，空间形态主要为入口处大型的打麦场和由原先单一建筑发展出的两个建筑群，值得一提的是，由于村南较远处新建筑的出现，空间节点发生了变化，建筑由原来的单一发散过渡为多元发散。交通流线也随着建筑的增加相比于之前阶段产生了新的空间肌理，空间关系简单而明确。如图15所示。

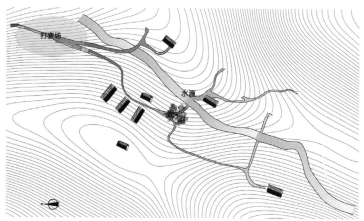

图15 村落发展时期平面图

（三）村落扩张时期

河东建筑（王家）由3栋扩展为7栋。河西建筑（朱家）由6栋扩展为9栋（其中一栋由王家迁移至此）。每家每户不再是单一建筑体，院墙逐渐兴起，院落的出现极大改变了村落的图底关系。

建造的材料和技术出现较大变化，砖墙、石墙大量建起，平屋顶逐步增多，有取代坡屋顶之势。新建的拱桥由石头搭建而成，结构类似西方的拱券，体现出当时石匠们高明的建造技术。如图16~图19所示。

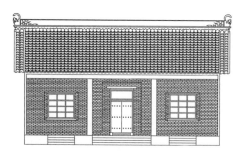

图16 砖墙瓦顶房

图17 石窝坑第一座石拱桥

图18 房屋建造中砖的用量增加

图19 平房增多

（上接第397页）

的位置分布和使用的建筑技术与材料等。第四部分在前两面两部分的基础上，从家族观念、家族结构、家族势力和家族式营造方式四个方面深入剖析了村落空间形态与两大家族发展演变之间的关系，揭示了传统村落掩藏在形态外表之下的内在结构和深层影响因素。第五部分对全文进行总结，展望传统村落发展的前景。

本篇论文的主要特点有：

1. 调研深入。几位同学多次深入石窝坑村和周边区域调研，采用测绘、拍照、绘制分析图等方式全面客观地展现出村落和建筑的风貌；与村民座谈，访问当地老人、经验丰富的工匠和风水师，掌握了大量有关石窝沟村的一手资料，为论文的写作打下了坚实的基础。

2. 视角宽广。论文综合了建筑学和社会学的研究方法，深入剖析豫西南山地村落——石窝坑的村落形态与建筑特色，为中原地区非典型性民居的研究增添了一个翔实的案例。但论文没有停留在对村落和建筑泛泛的描述上，而是挖掘、探究形态背后的影响因素，并抓住村落形态演变与宗族发展演变这一对关系深入剖析，思考传统村落内在生命力和核心价值所在，这一点是非常可贵的。尝试用跨学科的方法研究身边的专业相关问题，多角度地分析思考问题，论文的作者给出了一份漂亮的答卷。

作为本科三年级的同学，勇于尝试论文写作是非常值得鼓励的，但同时也要认识到自身的不足之处。首先是理论研究水平有待提高，收集资料更要学会整理资料，学习吸纳同一领域的优秀研究成果。其次是解决问题的能力有待提高。学以致用，深入剖析问题之后，对解决问题的思路、方法也应有自己的独特见解，并且更为专业和有效。

黄黎明
（郑州大学建筑学院，讲师）

在公共建筑方面，打麦场的位置没有变动，但是，村中心紫藤树处修建起了石凳与石桌，形成了石窝坑村最大的公共活动区域。如图20~图22所示。

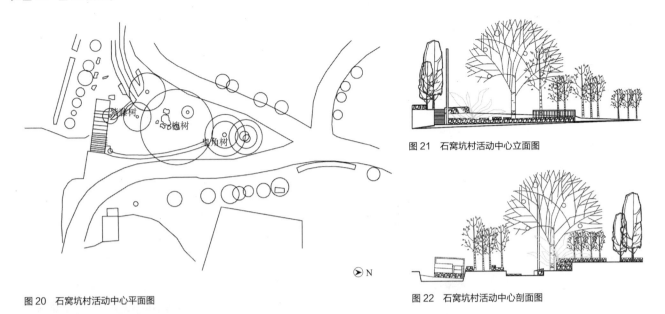

图21　石窝坑村活动中心立面图

图22　石窝坑村活动中心剖面图

图20　石窝坑村活动中心平面图

村落在交通上出现两个较为显著的变化：第一，主道路在主入口处由原来的两支增为三支，拓展了一条靠西支路，由打麦场延伸至河西新建的两栋建筑。第二，村北处修建了石窝坑的第一座拱桥。如图23、图24所示。

图23　入村主路

图24　通往河流两岸的道路岔口

在这个阶段，石窝坑村快速发展，大量新建筑产生，建造方式也出现了质的变化。村落中心的公共活动空间形象更为丰富——石凳石桌与紫藤树，以及新修建的石头拱桥。值得一提的是，由于王姓建筑首次迁移至河西，空间节点发生更为多元的变化，而四合院这种新建筑形式的出现，使石窝坑形成了多个内聚性空间，关系明确。这时的交通流线已经略显复杂，支路的衍生和拱桥的产生让河东河西两岸的空间交流变得更为有机。如图25~图27所示。

（四）村落定型时期

河东建筑群由6座变为10座（其中3栋由朱家迁移至此），且最新一栋建筑坐落于村子东南角，河西建筑由9座变为22栋。随着村落产业结构从农业转向林业，村落河流西岸也开始种植树木，如冬青、红白玉兰、桂花、槐树等。

建造技术方面，很多建筑回归了早期的石头墙与瓦片坡顶。同时，水泥的运用让更多建筑变得更为坚固。形式上，四合院数量减少，单间双间增多。

公共建筑方面，村中最为明显的变化有两个：第一，原先主入口处的打麦场被改建为停车场，面积约400m²。第二，于紫藤树北偏东20°、约15m处，修建了一个1.5m×1.2m×1.2m大小的土地庙。如图28、图29所示。

交通方面，南边的水泥拱桥建起，这是全村的第二座桥。另外主入口位置依旧，三条支路各自分流，通往新建建筑，空间肌理变得更为复杂。如图30、图31所示。

图 25 紫藤树

图 26 紫藤树下的公共活动中心

图 27 村落扩张时期平面图

图 30 村中支路（一）

图 31 村中支路（二）

图 32 三棵古树下的村落公共中心

图 28 土地庙

图 29 龙王庙

图 33 石拱桥旁边的古井

在这个阶段，石窝坑于 1990 年代已经基本停建，村落整体布局不再有较大变化，村落中心的公共活动空间形象也基本确定，土地庙、龙王庙以及南北向的两座拱桥。石窝坑的空间形态顺应当地自然风貌：河沟是整个村落的"轴"，不同高差的居住建筑大致平行地排列在河沟的东西两侧，形成十分清晰的道路网。至此，石窝坑整体空间的历时性很明确地呈现了出来。如图 32～图 34 所示。

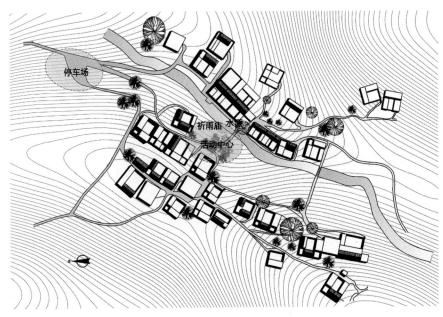

图 34 村落定型时期平面图

三、村落宗族关系的演变

调研中我们发现，石窝坑村的宗族发展历程没有一个十分完整的族谱记录，家族历史主要是通过口口相传的方式得以保留，所以研究的时间跨度有限，最早只能追溯到村落一百年前后。另外，村落本身规模不大，宗族结构简单，所经历的历史就在五六代人左右。调查方法主要通过访谈年长的村民，考察房屋的年代特点等。村民姓名中包含的字辈关系也作为还原村落宗族发展的重要参考依据。

正如村落概况中提到，石窝坑村目前有 38 户人家，河东 16 户，河西 22 户，共 206 人。河东王姓称他们居住的山坡为王财岭，在他们的口中，老祖宗是一个叫王财的人，在两百多年前迁入石窝坑，在这个山水环绕的地方，慢慢发展生息繁衍，形成了现在的王姓宗族。如图 35 所示。

而河西朱姓对于自己宗族的起源是这样阐述的：他们的祖先是从山西洪洞大槐树下迁过来的，起初是在石窝坑村旁边的朱坪村移民垦殖，进入石窝坑至今已经是第八代了。村民名字中一般都有一个字辈，表明了他在宗族中的辈分等级，字辈来源于宗族中为村子做出过贡献的能人的名字。王姓宗族的字辈记载的有：德、金、清、臣、景、明。前年，王清发老人离世，臣字辈成为王姓宗族中辈分最大的一辈。朱姓字辈记载的依次为：万、贵、长、德。今年 77 岁的朱万多是朱姓宗族中辈分最高也是唯一一位万字辈的老人，村子中的王姓人家也将朱万多视为石窝坑辈分最高的老人。如图 36 所示。

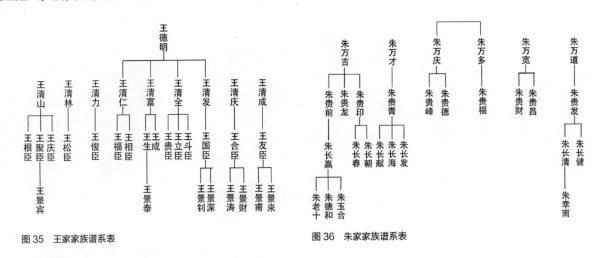

图 35 王家家族谱系表 　　　　　　　　　　　　　　　图 36 朱家家族谱系表

（一）清末民国初

石窝坑百年之前，王、朱两姓便隔河相望。在这条决定了村落发展脉络的河沟东侧，王姓最早住址位于紫藤树（目前村落中心区域）东偏南 15°、大约 60 米处，现在是村书记王福臣的家。朱姓宗族从朱坪村迁入石窝坑后，房屋选址在紫藤树北边大约 60 米处，也就是河沟的西侧，现在是朱万多老人的院子。两个家族的人口在相当长的一段时间内，受到生产力限制、战乱的影响而保持稳定的趋势。空间上出现了"河东王，河西朱"格局的雏形。

王、朱两姓房屋的材质作为村落内部空间与外部空间的界面，也是空间肌理的重要组成部分。如文中第二部分提到的，石窝坑村最早的房屋墙体为板打墙，早期的屋顶为茅草顶，村子入口处的第一栋房屋（现为朱贵龙家）就是采用这样的营造技术。如图37所示。

由于宗族发展上的一种停滞状态，空间肌理的演化也受到限制。在这社会动荡，经济衰弱的几十年里，村落空间缓慢发展，形成最为基本的道路系统。如图38所示。

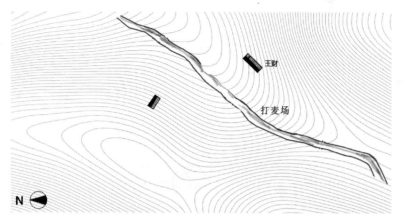

图38 清末民初村落家族分布图

（二）新中国成立初期

村子在60多年前，新中国成立以后，人口增长速率有些许增长。村落的宗族进入了一个新的发展阶段。这个时间点，王姓宗族在河沟东侧已经有了3幢居住建筑。宗族内部由德字辈演变成了清字辈的一代人当家，由于家族人口超出原有房屋的承载力，住宅建筑开始扩展，出现了分家的概念，王清山在紧邻原有住址东侧建造了新的住宅，王清发和王清富兄弟两个分别在原来住址的西南侧建造了新的有三间房屋的住宅。父辈留下来的住宅由王清仁沿用。

这个时间的朱姓宗族从2幢扩张到了6幢，宗族势力从空间上来看较王姓宗族发展较快，原因可能是石窝坑当时的村长是目前的村长王福臣的父亲——王清仁。同时，朱姓中万字辈开始长大成人，由于组织家庭的需要，在朱姓最早住宅选址的周围建造新的房屋。在距离村中心较远处的地方，也就是紫藤树南偏东30°、大约160米处，朱姓宗族中的朱贵福建造了一幢新的住宅。在石窝坑村空间肌理演变中，这次迁移摆脱了之前向原有住宅四周扩建的单一发展模式，为村落空间发展提供了一个新的基点。房屋的屋顶从草顶过渡到了瓦屋顶，这种瓦屋顶的屋脊和挑檐具有较高的审美追求。如图39所示。

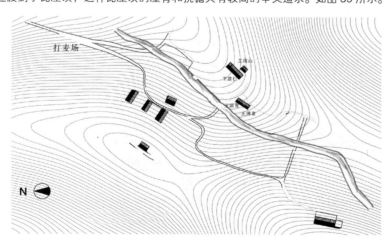

图39 新中国成立初期村落家族分布图

建造技术方面的改变表现为板打墙中渐渐加入大的石块，土的含量越来越低，最终墙体的主体被石头所取代。这种石头墙墙身厚度可达半米以上，因此具有冬暖夏凉的优点。在外观上，一层层石头堆叠而上，具有建筑学审美上的韵律感，凹凸不平的表面在

作者心得

很高兴我们的论文能够获奖。距离这篇论文的写作已经过去了大半年，现在回想起那段时间仍然觉得充实而有乐趣。那时每天都翻看着与乡建有关的书和文章，整理石窝坑村的丝丝缕缕历史，和指导老师讨论乡建的意义。也是从那个时候开始，我才构建起了我对乡建的价值观，才认识到传统村落保护发展过程中的种种困境和矛盾。

这篇论文的起因是建筑测绘。总平面测绘工作结束之后，我们组与村落所有居民（村子规模很小）进行了对话，从他们口中零零碎碎的讲述中，似乎看到了一个村落从初生到濒临衰亡的模糊的影子。我们又进一步了解了这个传统村落的宗族关系、人口去向、婚姻状况等方面，村落的发展历程逐渐清晰起来。随着调研的深入，发现这么小的一个村子竟然有很多可以挖掘的地方。建筑学绝不只是单纯的造房子，它还包含了很多与社会学甚至人类学交叉的领域，这让我对建筑学边界有了新的认识，更激发了我在这个专业上的兴趣！这次写作经历让我学到了知识，体会到了思维的快乐。

因为当时时间精力有限，论文中有许多不严谨的地方，我对此感到十分遗憾和抱歉。衷心感谢一直耐心指导我们的黎明老师！感谢一起努力奋斗的小伙伴！

周一村

阳光照射之下表现出丰富的光影变化。石窝坑村经济条件落后，房屋的扩建中为了节省资金，许多古老的板打墙和石墙沿用至今，例如现在村民王国臣的家中，依旧可以见到80年前建造的的板打墙。在这种就地取材的建造方式下，产生了石窝坑村如今的村落风貌。如图40所示。

图40　干摆石头墙

（三）改革开放时期

自1978年开始，土地个人分配政策落实下来，人口发展到达巅峰。不仅仅建筑格局产生了巨大变化，建筑形式也发生变化。村民纷纷在房屋前面用砖墙围合出私人的院落。村落内部空间由建筑院落和街巷空间重构，道路的概念在院落的产生之后被强化。建造材料出现了大量砖墙，石墙建筑也同时大量建起。屋顶的屋脊出现了花瓦脊，再后来屋顶形式出现了平屋顶，这种平屋顶虽然没有坡屋顶凉爽，但是干净不生老鼠，坡屋顶渐渐被视为贫困与落后的象征。在这个阶段，建筑出现了由石墙瓦顶到砖墙瓦顶的过渡。

河东王姓宗族随着清字辈的衰老，逐渐由臣字辈当家。第一个重要变化是王福臣和王相臣兄弟二人继承父亲王清仁的住宅，并在住宅北侧为之加建了院子。第二个重要变化是王清山家族住宅的迁移。原来的房屋不再使用，在村中心紫藤树南边200米处新建了房屋。对于这次选址的原因，现在当家的王聚臣说："原先地方不够用了，队里就把地分到了这里。"王清富的两个儿子王生和王成（两人都是臣字辈的）在父辈宅院的南边建造了两个新的住宅。沿河岸的一条道路被挤了出来，丰富了村落的空间形态，街巷空间节点的连通性增强。石窝坑村的道路交通组织向着利于宗族内部沟通与交流的方向发展。如图41所示。

图41　村中道路景观

河西朱姓此时以宗族最早的宅基（现为朱万多家）、朱贵发家、朱贵富家为中心，呈放射状向周边扩展。以朱万多家为中心增加了朱长献、朱长春、朱长广共6幢房屋。朱长健和朱长清分家，弟弟朱长健在哥哥房屋西面建了新的房屋。

河西岸出现了第一个王姓家族——王景来新建的房屋打破了两大宗族在空间上的界限，随后朱长赢的儿子朱大利在王姓家族聚集的东岸建造了新家，两大宗族在村落空间上形成了交流。村南的第一座拱桥在这段时间出现了，空间上将王朱两个宗族联系起来，也反映了新时代的宗族观念中不同宗族之间相互对立隔阂的倾向渐渐减弱，这两座石桥是石窝坑百年石匠工艺的里程碑式的构筑物，在建筑工艺上具有很高的造诣。石桥的出现使得紫藤树这块空间节点成为两大宗族交流放松的焦点，村落的空间形态更趋复杂化。如图42所示。

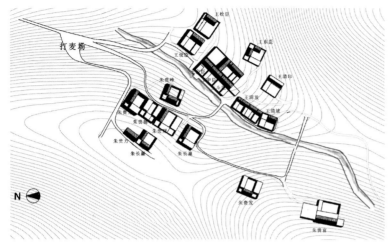

图 42　改革开放时期村落家族分布图

（四）20 世纪 90 年代至今

自20世纪90年代以来，石窝坑村的空间形态趋于稳定。几位朱姓老太太一起修建的水泥的祈雨庙，成为石窝坑代表性建筑。随着人口的增多，及王姓家族往村南高地迁移，第二座拱桥在这个阶段被建成，坐落于村南，连接东西两岸。政策调控下，砖房的建造受到限制。由于经济条件落后导致的人口外流，目前村落有两座宅院已经无人定居。从村落的人口去向可以看出，很大一部分年轻人选择离开家乡，定居在镇上或者到更远的地方谋生。这不仅是房屋的空置，也意味着村落进入了一个缓慢衰败的阶段。村民自然不愿意过着没有尊严的漂泊生活，但是城市的经济收入、公共设施、生活水平又迫使他们离开情感维系的家乡。传统村落生存发展的生命力是以传统的生产方式为根基的思想观念、制度礼仪等。人在其中起着至关重要的作用。传统村落人口外流，村落的生产力衰败，村落的宗族制度面临消解，乡村社会面临坍塌，传统村落也会走向衰败。在类似于石窝坑村这样的传统村落的保护与更新过程中急需控制住人口外流的趋势，从根源上保证传统村落的生命力，让作为中华文明仅存的基因库的传统村落的生存得以延续。如图43~图45所示。

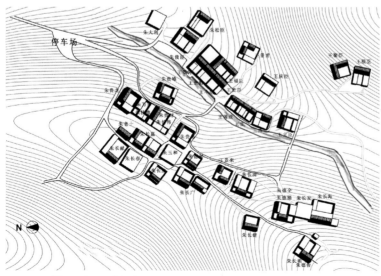

图 43　20 世纪 90 年代至今村落家族分布图

作者心得

　　转眼间，为2017清润奖论文奋斗的日子已经过去了一年多，从最初古建测绘中的模糊的构思，到思路逐渐清晰的写作，整个论文完成过程难以用语言来表达。与同伴们历经了几个月的奋战，去年九月真正提交论文时才松了一口气。回想那段日子的经历和感受，我感慨万千，在文章写作的过程中，我们拥有了无数难忘的回忆与收获。我用眼到、脑到、手到来总结这次论文的构思写作过程。

　　用眼睛去观察，处处留心，发现特点——大三在河南省南召县铁佛寺石窝坑村进行古建测绘实习，绘制村落总平面图时发现村落中两大姓氏的人家隔河而居，同一姓氏的人家居住在一侧，另一姓氏的人家居住在另一侧，布局清晰，特点鲜明。隔河而居的人家成为我们论文的出发点。用大脑去思考，提出问题并解决问题——从用眼睛观察，到用大脑思考，实际是"演绎"思维的过程，是描绘研究蓝图的过程。通过多次调研走访与查找资料，我们渐渐还原河流两侧人家逐渐壮大与村落发展的过程，开始思考家族的发展是否与村落空间形态演变之间存在某种关系，考虑在当今村落人口流失、发展缓慢的背景下，是否可以从家族因素入手，发展保护传统村落。用手去完成落实——从大脑到论文写作，便是归纳与表达的过程，把我们的观察与思考用文字的形式表达。

　　眼、脑、手协同合作，勤观察，多思考。论文撰写没有捷径，一步一个脚印，认认真真完成。论文的字里行间都凝结着我们和辅导老师的心血。最后，感谢黄黎明老师的悉心指导，和一起为论文努力奋斗的小伙伴，也预祝今后参赛的同学们从论文写作中有所收获！

　　　　　　　　　　　　　　　　詹　鸣

图 44 人口的变迁影响着村落的发展　　　　　　　　　　　图 45 石窝坑村的未来何去何从

四、村落空间形态与两大家族的关系

石窝坑村的空间形态是在多种因素共同制约下演变而来的，它并没有遵循某些明确的几何规律，水系、山势、风水之说、气候、家族、时代背景等都会在一定程度上影响村落空间的形成。根据上文对石窝坑空间形态分析与两大家族发展演变的过程来看，可以将家族发展对村落空间形态的影响归纳为家族结构、家族观念、家族势力、家族式建造这几个方面。

（一）家族结构

家族结构是以血缘关系为纽带建立起的一个血缘共同体结构。血缘结构不可变而家族结构是会发生变动的。判断一个聚落的宗族构成，多根据聚落居民的姓氏构成来判断。石窝坑朱王两大家族属于很基本的双姓村。村落依据家族结构的不同还有单姓村、主姓村和多姓村。石窝坑村脉络清晰的家族结构有利于从中挖掘出家族结构的分衍、异化和瓦解对于传统村落空间肌理的生长演替的影响。在建村之初的平面图上不难发现，建筑选址一般位于等高线稀疏且靠近水源之处，平缓的地势利于建筑活动的开展，在风水上也有"藏风聚气""峭势险凶"之说，陡峭的地势往往被认为有碍生命与事业的发展。但在村落后来的生长中，一些选址往往会为家族结构做出让步。以王景甫和王庆臣住宅选址为例，村落南边较为平坦适宜建造房屋，实际选址却紧邻老房屋东侧。

家族结构决定着村落空间肌理发展的类型，复杂的宗族结构会衍化出丰富的村落空间，简单的家族结构之下的空间肌理往往是主线明晰的。成千上万的传统村落表现出丰富的空间特征，充满差异性的家族结构是原因之一。在拯救传统乡土文化的过程中，中国乡村文化的丰富性和差异性首先被认识到，并且被保护和继承下来。

（二）家族观念

王姓家族首先迁入石窝坑，在房屋选址上选择了河沟东边。其后迁入的朱姓家族选择了西岸，朱姓家族特意将选址向河沟退了 60 米之远。从朱姓家族择西而建来看，在王姓迁入东岸后，一种隐性的家族观念暗示着东边土地的归属，也决定了朱王两姓东西相对的格局。

家族和宗族的概念在小范围内是相同的。宗族观念被儒家学说深深影响，三纲五常从社会的层面上影响着村民宗族意识形态。儒家注重行为礼仪人伦规范，推崇礼乐教化，讲求兼济天下，这种等级分明的思想意识，对于村民宗族观念的形成有着潜移默化的影响。在宗族意识高度分明的情况下，石窝坑的河沟两岸将各自一边的格局延续了百年之久。从近年来王景来和朱大利这种宗族在村落空间格局上的交流的出现可以看出，村民的宗族观念正发生着缓慢的变化。原来保守固执的宗族观念趋于开放化，更具包容性。

石窝坑村属于北方传统村落，宗族观念并不像南方传统村落那样典型，它没有南方传统村落等级分明的宗族体系、神社祠堂，宗族之间少有严格规章，仅停留在意识层面。以朱万多老人为例，无论在朱姓宗族还是王姓宗族中，村民都承认朱万多老人是村子辈分最高的，这说明村民的宗族意识与南方传统村落不同，由于空间上的紧密联系，潜移默化地产生了宗族观念的模糊，两大宗族处于微妙的关联中。宗族意识上的模糊与默认使得两大宗族在空间上有了更多交融的可能性，空间肌理的演变形式进一步摆脱两岸各自扩张的单一模式。在改革开放时期，王景来从河东迁移到河西，成为河西第一个王姓家族，恰恰在这个时候，石窝坑第一座拱桥出现了。而在 90 年代，朱姓家族迁移到河东之后不久，石窝坑第二座拱桥被建造起来。东西两岸交流变得更为紧密。桥的建成和当时的建造水平、材料种类、经济状况等都有密不可分的联系，更重要的是，它表现出时代变迁下宗族观念的淡化，在村落的空间形态上直接得到了体现。

（三）家族势力

石窝坑村空间肌理演变过程中一个标志性的转折点是河沟东西两岸格局的打破。而这次王姓的迁移是以王景来家族势力鼎盛为背景下发生的，男丁少、势力薄弱的家族不会贸然采取这种有风险的做法。在建造选址上，家族势力影响着批准下来的建设土地的优劣，例如王聚臣与王根臣的房屋选址离村落入口、村落公共活动中心较远，交通并不方便，很大程度上是村子批给他们的建设用地选址不如力量强势的其他家族。又如从现在的村落布局来看，王书记的住宅位于村落中心，距桥，河，水源，停车场都最为方便，家内布局也是村子里最好的。公共设施的位置决定于家族之间势力的博弈。在刚刚建村时体现得尤为明显，王家比朱家稍早一些迁到石窝坑，水井的位置和打麦场的位置分布在河东岸靠近王家第一栋建筑处，为王姓家族的使用提供较多便利。

（四）家族式建造

石窝坑村传统的建筑活动一般由村落的村民互相帮忙完成，近年来才出现了雇工人修建的方式。在这种传统的修建模式之下，每个村民都是匠人，同样的搭建技术往往会在建造活动中进行交流和改进，调研发现，这些建造的团体往往是由血缘关系密切的村民组成。从朱姓、王姓的各家院落组成来看，同一家族建筑形态结构空间有相似性，再从园林布局角度分析，我们发现同一家族，院落周围的树种近似。这说明，宗族关系对空间结构的影响不仅仅体现在整个石窝坑总平面的大体布局上，而是渗透在每家每户具体建造的细微之处。

例如，观察建造在同一时期之下的民居，朱姓家族和王姓家族的墙体虽然都由石头垒成，但其砌块大小、规则性和整体呈现的外观都不一样。河沟西岸朱姓家族所用石块较大较扁，如图46所示。河沟东岸王姓家族所用石块较小较方，石头堆砌的缝隙干净利落，如图47所示。

类似的情况也出现在檐角的尾兽、屋脊的瓦作装饰方式上。如图48、图49所示。

图46 朱家石墙砌筑方式

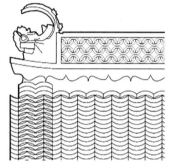

图48 朱家瓦顶装饰细部

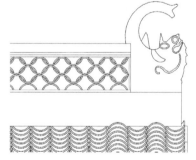

图49 王家瓦顶装饰细部

传统的修建模式体现出古村落人情化的民风。然而，在时代发展之下，这种互助式的建造模式渐渐消亡，传统建造工艺的传承也随之成了难题。

五、结语

我们的调研描述了在这个没有什么特别引人注目的事件发生的地方，一个村落从初生，到扩张，到定型，再到如今勉强维持着农耕生活形态的、边缘的、人口流失活力渐消的局面。这个传统村落就像一个可以被多重解读的复杂符号，它独特的居住格局、清晰的宗族系统，它的居民文化，它的政治经济等，如果不加保护地任由全球城市化浪潮对其侵蚀，很可能在不久的将来，风干成为文字和图像记载下的一个传统村落标本。

想要维持传统村落的内在生命力、传承传统农耕文明，使村落朝着健康自然的演化方向继续成长发育，只考虑延续传统村落空间形态、保留或者更新村落传统建筑，这样的

图47 王家砌墙砌筑方式

做法是追求表面的、难以为继的，如此规划出的村落发展是缺失了文化灵魂的。相比村落形象风貌，传统的生活、生产方式才是村落的活力源泉，才是传统村落的核心价值所在。家族因素作为传统生活和文化的重要组成部分，影响着村落空间形态的演化，理应被给予足够的重视。

从石窝坑家族发展影响下的村落空间形态演变研究看来，家族结构、家族观念、家族势力以及互助式的建造方式都会对村落的空间形态产生影响。家族结构从根本上影响着一个村落空间肌理演变的方式和空间形态的复杂程度。家族观念左右着村民建房的选址过程从而影响村落空间形态。势力强盛的家族对于村落公共设施的位置有着决定性的权利。家族互助式的建造方式让村落中的细部构造特色体现出变化与统一。宗族关系对村落空间演变的影响，是每一家每一户每一个村民在他们土生土长的村落留下的痕迹。村落空间格局呈现的，是一代代人在这片土地上发生的故事，记录和反映了宗族发展以及宗族发展之外的历史。

从建筑的角度对传统村落的解构不是经验主义地去验证各种片面直观理论，我们依据调研结果，发掘空间上建筑的证据，剥离出家族发展对于传统村落空间演变的导向作用。近年来，针对传统村落的讨论如火如荼，打着发展旗号的旅游开发却愈演愈烈，然而对于传统文化、农耕文明的保护才是当务之急。传统村落的危机在表面上表现为工业化建筑材料取代本土材料，城市空间形态扰乱传统村落的特色肌理，深层次的则是传统价值观岌岌可危，农耕文明、传统习俗难以传承。归属感的缺失与对故土情感的淡薄让传统村落越来越留不住人，人口外流带来村落发展停滞、乡村社会坍塌的后果。在这种处境之下，可以考虑以家族因素作为社区营造模式的切入点，重新审视人情在传统村落保护发展中的重要性。延续甚至加强原有的宗族发展与空间形态关系，帮助村民找回归属感，丰富村落文化生活，增强邻里互动往来，沿着宗族关系的脉络做出更加精细的发展规划。在规划建设中，不能将眼光局限于延续传统村落风貌，需要达到一个保护文化特色、唤回乡村感情的共识。

参考文献：

[1] 费孝通. 乡土中国 [M]. 北京：人民出版社，2013.

[2] 彭一刚. 传统村镇聚落景观分析（第一版）[M]. 北京：中国建筑工业出版社，1992.

[3] 吴良镛. 人居环境科学导论 [M]. 北京：中国建筑工业出版社，2001.

[4] 车震宇. 传统村落旅游开发与形态变化 [M]. 北京：科学出版社，2007.

[5] 刘哲，常艳，华欣. 浅谈豫西南山地传统居民的营造技术特性 [J]. 华中建筑，2015（02）.

[6] 段进，揭明浩. 空间研究 [M]. 东南大学出版社，2009.

[7] 孙晓曦. 基于宗族结构的传统村落肌理演化及整合研究 [D]. 武汉：华中科技大学，2015.

[8] 屈秋谷. 社区营造模式下传统村落保护与发展研究——以高家河村为例 [D]. 西安：西北大学，2015.

[9] 凯文·林奇. 城市意象 [M]. 北京：华夏出版社 2002.

[10] 李德华. 城市规划原理 [M]. 北京：中国建筑工业出版社，2001.

[11] 周春山. 城市空间结构与形态 [M]. 北京：科学出版社，2008.

[12] 王均. 传统聚落结构中的空间概念 [M]. 北京：中国建筑工业出版社，2009.

[13] 冯淑华. 传统村落文化生态空间演化论 [M]. 北京：科学出版社，2011.

[14] 张小林. 乡村空间系统及其演变研究：以苏南为例 [M]. 南京：南京师范大学出版社，1999.

[15] 高峰. 空间句法与皖南村落巷道空间系统研究——以安徽南屏村为例 [J]. 小城镇建设，2003（11）.

[16] 王静文. 传统聚落环境句法视域的人文透析 [J]. 建筑学报，2010（06）.

[17] 王枝胜，刘琳. 古村落居住建筑的特征 [J]. 城乡建设，2009（02）.

[18] 朱晓明等. 历史环境生机——古村落的世界 [M]. 北京：中国建材工业出版社，2002.

附录一：

2016 年《中国建筑教育》"清润奖"大学生论文竞赛题目

2016 China Architectural Education / TSINGRUN Award Students' Paper Competition

竞赛题目：历史作为一种设计资源（本、硕、博学生可选）

出题人：韩冬青

历史是客观的存在，对历史的诠释和传承却隐含着今人的认知意识与方法。历史由此延伸到当下及未来的生活情景之中。历史不仅意味着一种记忆的存储，更可以转化为当今的设计资源，以观念的启迪、意境的呈现、格局的铺陈、空间的驾驭、建造的匠心等等丰富的意念和形态融化到当下和未来建筑环境的设计之中。我们的论述将致力于探索设计进程中对历史宝藏的多视角、多层面的发掘和诠释，并使之转化为某种创造性的运用策略，使沉淀的历史在当代的设计中展现出新的文化活力。

请根据以上内容深入解析，立言立论；竞赛题目可根据提示要求自行拟定。

附录二：

2017 年《中国建筑教育》"清润奖" 大学生论文竞赛题目

2017 China Architectural Education / TSINGRUN Award Students' Paper Competition

出题人：赵建波、张颀

竞赛题目：热现象·冷思考（本、硕、博学生可选）

请根据以下提示文字自行拟定题目：

建筑、城市、环境，与生活息息相关，一些项目案例、事件活动、思想探索、新鲜话题、焦点问题，都会因受到广泛关注而放大成为全社会的"热点现象"，并被"热议"解读，这种现象在媒体时代并不鲜见。而基于深入调研的理性解读与专业研究，对于这些热点现象的专业矫正作用尤显可贵。本次竞赛要求学生针对近年来所呈现的某一热点现象或热门话题，在真实调研的基础上，提供专业维度的新思考，阐述具有独立见解与理性分析的研究成果，不作人云亦云，真正实践"独立之精神，自由之思想"。

请根据以上内容选定研究对象，深入解析，立言立论；论文题目可自行拟定。

附录三：

2016 年《中国建筑教育》"清润奖" 大学生论文竞赛获奖名单

2016 硕博组获奖名单

获奖情况	论文题目	学生姓名	所在院校	指导老师
一等奖	界面、序列平面组织与类"结构"立体组合——闽南传统民居空间转译方法解析	陈心怡	天津大学建筑学院	孔宇航、辛善超
二等奖	武汉汉润里公共卫浴空间设计使用后评价研究	杜娅薇	武汉大学城市设计学院	童乔慧
二等奖	"弱继承"，一种对历史场所系统式的回应——以龚滩古镇为例	夏明明	清华大学建筑学院	张利
二等奖	近代建筑机制红砖尺寸的解码与转译	张书铭	哈尔滨工业大学建筑学院	刘大平
三等奖	"历史"-"原型"-"分形"-"当代"——基于复杂性科学背景下的建筑生成策略研究	傅世超	昆明理工大学建筑与城市规划学院	王冬
三等奖	在历史之内获得历史之外的创生——意大利建筑师卡洛•斯卡帕的建筑与怀旧类型学	潘玥	同济大学建筑与城市规划学院	常青
三等奖	历史街区传统风貌的知识发现与生成设计——以宜兴市丁蜀镇古南街历史文化街区为例	王笑	东南大学建筑学院	唐芃、石邢
三等奖	浅论中国古典园林空间的现象透明性	王艺彭	山东大学土建与水利学院	傅志前
三等奖	从童山濯濯到山明水秀——武汉大学早期校园景观的形成和特点研究	唐莉	武汉大学城市设计学院	童乔慧
优秀奖	大屋顶变形中的历史意识与设计探索——从象征到表现	徐文力	同济大学建筑与城市规划学院	王骏阳
优秀奖	毕达哥拉斯的遗产：勒•柯布西耶建筑中的数比关系溯源	周元	山东建筑大学建筑城规学院	仝晖、赵斌
优秀奖	奥古斯特•佩雷的先锋性	董晓	同济大学建筑与城市规划学院	王方戟、卢永毅
优秀奖	晚清江南私家园林景观立体化现象及其设计手法因应——以扬州个园为例	刘芮	南京大学建筑与城市规划学院	鲁安东
优秀奖	建筑设计中的历史思考	王国远	同济大学建筑与城市规划学院	陈镌
优秀奖	基于旧工业建筑改造的立筒仓保护与再利用策略研究	王旭彤	东北大学江河建筑学院	刘抚英、顾威
优秀奖	来自民间的智慧——黔东南侗寨木构民居的乡土营建技艺解析	谢斯斯、詹林鑫	西安建筑科技大学建筑学院	穆钧、黄梅
优秀奖	"形势"下的"形式"——基于语用学角度下的武汉大学老斋舍研究	周瑛	武汉大学城市设计学院	童乔慧
优秀奖	对北京历史街区居民户外聚集的空间句法分析	刘星	北京交通大学建筑与艺术学院	盛强
优秀奖	基于山水"观法"的古典园林空间流线调研分析	刘怡宁	东南大学建筑学院	唐芃
优秀奖	从巴别塔到空中步道——螺旋路径的当代进化与类型学研究	张翔	哈尔滨工业大学建筑学院	展长虹
优秀奖	关系的可视化——SANAA 作品"透明性"的另一种定义	王汉	中央美术学院建筑学院	傅祎
优秀奖	历史与时代精神造就新传统——希格弗莱德•吉迪恩关于空间观念的转变与现代建筑的形成过程的理论	陆严冰	中央美术学院建筑学院	张宝玮、王受之
优秀奖	基于叙事空间分析的沈阳旧城更新应对	张伟伟	东北大学江河建筑学院	顾威
优秀奖	晋西传统民居院落形成的地形因素初探——以孝义贾家庄村、碛口西湾村、李家山村和碛口古镇为例	杨丹	苏州大学金螳螂建筑学院	余亮
优秀奖	中国传统藏书楼及园林的范式演变研究——从"嫏嬛福地"到"天一阁"	周功钊	中国美术学院建筑艺术学院	王澍
优秀奖	传统建筑致凉模式及其在现代营建中的应用	周伊利	同济大学建筑与城市规划学院	宋德萱

2016 本科组获奖名单

获奖情况	论文题目	学生姓名	所在院校	指导老师
一等奖	"虽千变与万化，委一顺以贯之"——拓扑变形作为历史原型创造性转化的一种方法	张琳惠	合肥工业大学建筑与艺术学院	曹海婴
二等奖	提取历史要素 延续传统特色	杨博文	北京工业大学建筑与城市规划学院	孙颖
	基于"过程性图解"的传统建筑设计策略研究——以岳麓书院为例	聂克谋、孙宇珊	湖南大学建筑学院	柳肃、欧阳虹彬
	古河浩汗，今街熙攘——《清明上河图》城市意象的网络图景分析	赵楠楠	华南理工大学建筑学院	赵渺希、刘铮
三等奖	花楼街铜货匠人的叙事空间——传统工匠生活作为一种设计资源	张晗	武汉大学城市设计学院	杨丽
	"观想"——由传统中国画引申的建筑写意之法	王舒媛	合肥工业大学建筑与艺术学院	曹海婴
	艺未央·村落拾遗——基于传统村寨更新的艺术主题聚落设计研究	韦拉	西安建筑科技大学建筑学院	李涛、李立敏
	历史作为一种设计资源——从隆昌寺看空间围合与洞口	曹焱、陈妍霓	南京大学建筑与城市规划学院	刘妍
	记忆的签到——基于新浪微博签到数据的城隍庙历史街区集体记忆空间研究	田壮、董文晴	合肥工业大学建筑与艺术学院	顾大治
优秀奖	历史模型指导下的城市低收入人群增量住宅更新设计研究	徐健、沈琦	山东建筑大学建筑城规学院	王江
	"明日的庙宇"——蔚县古建筑测绘设计教学活动探讨	杨慧、葛康宁	天津大学建筑学院	丁垚
	寺与城的共融：广州光孝寺—六榕寺历史地段城市设计探索	王梦斐	华南理工大学建筑学院	冯江
	传统公共生活的延续与创生——城市性格转变背景下苏州古城传统公共空间研究	吴亦语、沈嘉禾	苏州科技大学建筑与城市规划学院	张芳
	中国当代建筑设计中园林式意趣空间的营造——以苏州博物馆为例	林必成	安徽工程大学建筑工程学院	俞梦璇、席俊洁
	文化激活——诏安旧城区文化生活的创新肌理织补研究	胡钦峰	福建工程学院建筑与城乡规划学院	邱婉婷、叶青
	历史与当下的并置——由本雅明的星丛理论探索历史资源在建筑设计中的转化策略	温而厉	合肥工业大学建筑与艺术学院	宣晓东
	基于历史引导下生土建筑的演变和当代生土民居现状及其未来生态发展浅析	范鹭、贺长青	大连大学建筑工程学院	姜立婷、赵剑峰
	在小城镇历史文化的现象学研究中探究小城镇的未来	钟宽	湖南科技大学建筑与艺术设计学院	王桂芹、杨健
	浅析传统建筑空间意境表现及传承延续	朱彬斌	浙江农林大学风景园林与建筑学院	王雪如、何礼平
	土楼基因——基于乡村复兴的"到凤楼"改造及再生设计研究	朱颖文、吴天棋	厦门大学建筑与土木工程学院	陈薇（东南大学）、王绍森（厦门大学）
	记忆的风景——深圳二线关的日常性纪念	葛康宁、吕立丰	天津大学建筑学院	张昕楠、孔宇航
	苏州网师园中的廊空间营造	马佳志	沈阳建筑大学建筑与规划学院	王飒
	新农村背景下闽西传统乡村民居改造策略研究——以长汀"丁屋岭书院"竞赛方案为例	王长庆、邢垚	厦门大学建筑与土木工程学院	李芝也
	从中国传统建筑文化中的逻辑空间看建筑的信息化	陈向韶、张云琨	大连大学建筑工程学院	赵剑峰
	天津原日租界产权地块形态研究	徐慧宇	天津大学建筑学院	郑颖

附录四：

2017 年《中国建筑教育》"清润奖" 大学生论文竞赛获奖名单

2017 硕博组获奖名单

获奖情况	论文题目	学生姓名	所在院校	指导老师
一等奖	不同规模等级菜市场分布的拓扑与距离空间逻辑初探	刘星	北京交通大学建筑与艺术学院	盛强
二等奖	城乡结合部自发式菜场内儿童活动的"界限"研究——以山西运城张家坡村村口菜场为例	钱俊超；周松子	华中科技大学建筑与城市规划学院	孙子文
二等奖	历史景观的再造与专家机制——以郑州开元寺复建为例	周延伟	南开大学文学院艺术设计系	薛义
二等奖	街区更新中第三场所的营造过程与设计应对——以上海市杨浦大学城中央街区为例	陈博文	同济大学建筑与城市规划学院	一
三等奖	高密度住区形态参数对太阳能潜力的影响机制研究——兼论建筑性能化设计中的"大数据"与"小数据"分析	朱丹	同济大学建筑与城市规划学院	宋德萱；史洁
三等奖	旧城恩宁路的"死与生"——社会影响评估视角下历史街区治理的现实困境	赵楠楠	华南理工大学建筑学院	费彦；邓昭华
三等奖	社群、可持续与建筑遗产——以妻笼宿保存运动中的民主进程为例探讨学习日本传统乡村保护经验的条件、问题和适应性	潘玥	同济大学建筑与城市规划学院	常青
三等奖	我国传统民居聚落气候适应性策略研究及应用——以湘西民居为例	叶葭	天津大学建筑学院	王志刚
三等奖	对中国现代城市"千篇一律"现象的建筑学思考——从城市空间形态的视角	顾聿笙	南京大学建筑与城市规划学院	丁沃沃
三等奖	共享便利下的城市新病害：共享单车与城市公共空间设计的再思考	袁怡欣	华中科技大学建筑与城市规划学院	雷祖康
优秀奖	近代建筑修复热潮下忽视材料原真性之冷思考	张书铭	哈尔滨工业大学建筑学院	刘大平
优秀奖	历史印凿·族系营造——湖南永州上甘棠村聚落形态的图译及其更新序列研究	党航	湖南大学建筑学	何韶瑶
优秀奖	基于实测的校园共享单车布局可视化研究——以山东建筑大学为例	王长鹏	山东建筑大学建筑城规学院	刘建军；任震
优秀奖	生态文明背景下闽南大厝天井空间的地域性研究	刘程明、王莹莹	天津大学建筑学院	刘彤彤；张颀
优秀奖	方位角统计视野下斯宅传统民居朝向分布特征	池方爱	日本北九州市立大学国际环境工学部	Bart Dewancker
优秀奖	生产性养老及城市老年人生产性参与	吴浩然	天津大学建筑学院	张玉坤
优秀奖	空间—行为关联视角下的建筑外部空间更新研究——以天津市西北角回民社区为例	王志强	天津大学建筑学院	胡一可；孔宇航
优秀奖	共享单车与城市轨道交通接驳优化研究——以合肥地铁 1 号线为例	张可	合肥工业大学建筑与艺术学院	徐晓燕
优秀奖	成都市高新区芳华社区沿街店招适老性指数评估方法及应用研究	刘骥	西南交通大学建筑与设计学院	祝莹
优秀奖	南京老旧小区零散空间系统化分析——以南京王府园小区为例调研	孙源	东南大学建筑学院	朱渊
优秀奖	Comparison of Quantitative Evaluation system between ESGB and EEWH	张翔	哈尔滨工业大学建筑学院 & 新加坡国立大学设计与环境学院	展长虹；刘少瑜
优秀奖	公众参与决策模型在城市更新规划中的应用——以河北省邯郸市光明南大街为例	张建勋、姜建圆	河北工程大学建筑与艺术学院	连海涛；吴鹏
优秀奖	武汉市高校图书馆学习共享空间模式研究	胡浅予	华中科技大学建筑与城市规划学院	彭雷
优秀奖	理论的"过去式"——对绅士化批判的再思考	陆天华	南京大学建筑与城市规划学院	于涛
优秀奖	传统街区整治改造的联动策略链研究——以宜兴市丁蜀镇古南街为例	韦柳熹	东南大学建筑学院	唐芃
优秀奖	基于 CiteSpace 可视化软件的国内外 TOD 发展趋势研究综述	卓轩	中国矿业大学建筑与设计学院	邓元媛；常江
优秀奖	城市教育设施引起的居住空间分异研究——以厦门市厦港、滨海街道小学为例	王丽芸	厦门大学建筑与土木工程学院	文超祥
优秀奖	基于共享单车截面流量数据的空间句法分析	杨振盛	北京交通大学建筑与艺术学院	盛强

获奖情况	论文题目	学生姓名	所在院校	指导老师
一等奖	社会资本下乡后村民怎么说？——以天津蓟州传统村落西井峪为例	张璐	天津大学建筑学院	张天洁
二等奖	由洛阳广场舞老人抢占篮球场事件而引发的利用城市畸零空间作为老年人微活动场地之思考——以武汉市虎泉—杨家湾片区的畸零空间利用为例	冯唐军	武汉工程大学资源与土木工程学院	彭然
	城市意象视角下乌镇空间脉络演化浅析——基于空间认知频度与空间句法的江南古镇调研	郭梓良	苏州科技大学城市规划与建筑学院	张芳
	商业综合体所处街道环境对其发展的影响量化研究	陈阳、龙誉天	西安交通大学人居环境与建筑工程学院	竺剡瑶
三等奖	楚门的世界——失智老人的社区环境改造思考与探索	王佳媛、贾燕萍	华中科技大学建筑与城市规划学院；宁夏大学土木与水利工程学院	谭刚毅
	基于 GPS 技术的古村落空间节点构成优化策略研究——以安徽泾县查济古村落为例	王嘉祺、刘可	合肥工业大学建筑与艺术学院	李早、叶茂盛
	真实性：作为传统与现代之间的必要张力——乡建热潮背景下云南地区乡旅关系的再思考	张琛、李雄杰	天津城建大学建筑学院	周庆、陈立镜
	共享之殇——共享单车对城市公共空间影响及其优化对策研究	张晨铭、李星薇	西安理工大学土木建筑工程学院	丁鼎
	宗族观念影响下的传统村落空间形态演变研究——以河南省南召县铁佛寺石窝坑村为例	周一村、詹鸣	郑州大学建筑学院	黄黎明
优秀奖	"共享单车"助力城市慢行系统的创新建设——以芜湖市中心城区为例	林必成	安徽工程大学建筑工程学院	李茜、崔燕
	城市高架的"剩余空间利用"到"空间积极拓展"——人行活动视角下苏州环古城高架的空间调查	韩佳秩	苏州科技大学建筑与城市规划学院	张芳
	基于"拼贴城市"理念的旧区城市设计——以贵阳市南明区汉湘街地块为例	陈晨	贵州大学建筑与城市规划学院	邢学树、韩宇
	失智而不失质——养老机构中适于失智老人的空间研究设计	栾明宇、许瑞杰	山东建筑大学建筑城规学院	王茹
	文化桥梁如何连接东西？——美国的中国园林之造园意匠和景观感知探析	夏成艳	天津大学建筑学院	张天洁
	开放街区提升城市活力的空间机制研究——以北京煤市街周边地区为例	周晨	北京交通大学建筑与艺术学院	盛强
	基于"社区需求"的存量社区"渐进式"更新设计策略探讨——以厦门港沙坡头传统片区为例	高雅丽、衷毅	厦门大学建筑与土木工程学院	韩洁、王量量
	"城市：越夜越美丽"——基于微博位置大数据的合肥城区夜生活空间研究	朱安然、杨滢钰	合肥工业大学建筑与艺术学院	白艳
	建筑遗产保护型草根 NGO 发展历程及能力评定——以天津记忆建筑遗产保护团队为例	张宇威	天津大学建筑学院	张天洁
	基于迹线与时间数据分析的医院建筑空间设计解析	徐健、房俊杰	山东建筑大学建筑城规学院	门艳红
	基于考现学的北方乡村日常生活空间研究——以天津蓟州西井峪村为例	刘奕汝、齐敏茜	天津城建大学建筑学院	胡子楠
	乡建热潮下的历史村落改造——以湖北石骨山人民公社为例	严婷	华中科技大学建筑与城市规划学院	谭刚毅
	基于国内"集装箱建筑热"下的冷思考	宫文婧	山东科技大学土木工程与建筑学院	—
	可适应家庭生命周期的中小套型住宅研究	章诗谣、甄靓	天津大学建筑学院	许蓁
	陌上花开醉迷徽州景，灯火婆婆侧卧古坊榻——民宿不能仅止于情怀，更需要有诗意的栖居	朱立聪、于瀚清	武汉工程大学资源与土木工程学院	彭然
	徽派建筑宜居性研究——以宏村修敬堂为例	梁马予祺、王洋	青岛理工大学建筑学院	郝赤彪、许从宝
	"乡村共生体"视角下传统村落的发展探究——以碛口古镇更新改造为例	范倩、司思帆	天津城建大学建筑学院	杨艳红